高等学校公共基础课“十二五”规划教材

大学计算机基础教程

(第三版)

主　编　王凤领

副主编　丁康健　文雪巍

　　　　张　莉　李　钰

主　审　葛　雷

西安电子科技大学出版社

内容简介

《大学计算机基础教程》(第三版)是在第二版的基础上改编而成的，是计算机公共基础课教材。本书包括计算机基础知识、操作系统及其应用、文字处理软件 Word 2003、电子表格软件 Excel 2003、演示文稿制作软件 PowerPoint 2003、网络技术基础、图像处理软件 Photoshop CS3、动画制作软件 Flash CS3、Dreamweaver 网页设计基础和常用工具软件介绍共 10 章内容。本书在内容的组织和选择上，主要以适合本科院校学生对计算机文化基础知识的需求为原则，着重于将最基本、最实用的内容讲解清楚，在掌握一般理论基础知识的基础上，更加强调应用能力的培养。

本书论述简明、图文并茂，可作为非计算机专业本科、专科“大学计算机基础”课程的教材，也可供其他相关人员参考。

为了便于教与学，与本书配套的《大学计算机基础案例与习题》(第三版)将由西安电子科技大学出版社同时出版。

图书在版编目(CIP)数据

大学计算机基础教程/王凤领主编. —3 版. —西安：西安电子科技大学出版社，2012.8(2014.7 重印)
高等学校公共基础课“十二五”规划教材
ISBN 978-7-5606-2878-3

Ⅰ. ① 大… Ⅱ. ① 王… Ⅲ. ① 电子计算机—高等学校—教材 Ⅳ. ① TP3

中国版本图书馆 CIP 数据核字(2012)第 168132 号

策　　划　毛红兵
责任编辑　刘玉芳　毛红兵
出版发行　西安电子科技大学出版社(西安市太白南路 2 号)
电　　话　(029)88242885　88201467　　邮　　编　710071
网　　址　www.xduph.com　　电子邮箱　xdupfxb001@163.com
经　　销　新华书店
印刷单位　北京京华虎彩印刷有限公司
版　　次　2012 年 8 月第 3 版　2014 年 7 月第 7 次印刷
开　　本　787 毫米×1092 毫米　1/16　印　张　27
字　　数　640 千字
印　　数　22 001～25 000 册
定　　价　46.00 元
ISBN 978-7-5606-2878-3/TP・1359

XDUP 3170003-7

前　言

《大学计算机基础教程》和与之配套的《大学计算机基础案例与习题》(西安电子科技大学出版社出版)自出版以来，得到了很多教师和学生的好评与支持，同时在兄弟院校得到了广泛的使用，对此我们感到非常荣幸，同时也对那些关心、支持并对本书提出宝贵意见和建议的专家、教师及广大读者表示衷心的感谢！

本次再版继承了第二版的论述简明、图文并茂等特点，仍然以加强应用能力的培养为主，并根据广大读者反馈的意见和多年来的教学实践经验，对第二版教材的部分内容进行了更新，增加了 Photoshop、Flash、Dreamweaver 三个软件的介绍，逐渐向办公自动化软件新版本进行过渡。本书的内容调整主要体现在以下几个方面：

(1) 内容更加新颖。对第 2 章操作系统及其应用的内容进行了删减。

(2) 删减了计算机基础知识中过多的理论内容，以案例方式突出实际操作应用。

(3) 增加了第 7 章图像处理软件 Photoshop CS3、第 8 章动画制作软件 Flash CS3、第 9 章 Dreamweaver 网页设计基础三部分内容。

(4) 知识点覆盖更加全面，且紧密围绕工作与生活，并对第 6 章网络技术基础进行了调整，增加了第 10 章常用工具软件介绍。

本书由王凤领担任主编，丁康健、文雪巍、张莉、李钰任副主编，由葛雷主审。其中，第 1～2 章由张莉编写；第 3～4 章由王凤领编写；第 5 章由邢婷编写；第 6 章由李钰编写；第 7 章由文雪巍编写；第 8 章由丁康健编写；第 9 章由于海霞编写；第 10 章由单晓光编写，最后由王凤领统稿并定稿完成。

在本书编写过程中，哈尔滨德强商务学院计算机与信息工程系主任陈本士给予了指导，并提出了宝贵的意见。同时，本书的出版也得到了该院教务处郭少凯先生和西安电子科技大学出版社的大力支持，在此表示衷心的感谢！

由于编写时间仓促，加之作者水平有限，书中难免有不妥之处，敬请同行和读者批评指正。

编　者

2012 年 6 月

第二版前言

《大学计算机基础教程》和与之配套的《大学计算机基础案例与习题》(西安电子科技大学出版社出版)自出版以来，得到了很多教师和学生的好评与支持，同时在兄弟院校得到了广泛的使用，对此我们感到非常荣幸，同时也对那些关心、支持并对本书提出宝贵意见和建议的专家、教师及广大读者表示衷心的感谢！

本次再版继承了第一版的论述简明、图文并茂等特点，仍然以加强应用能力的培养为主，并根据广大读者反馈的意见和多年来的教学实践经验，对第一版教材的部分内容进行了更新，逐渐向办公自动化软件新版本进行过渡。本书的内容调整主要体现在以下几个方面：

(1) 内容更加新颖。在本书的第3章、第4章、第5章分别对相应软件的2007版本进行了特点及界面简介。

(2) 本书删除了操作系统的功能和分类，增加了Windows 7操作系统的简介和Windows XP注册表及磁盘管理器的介绍，并对现在流行的输入法的使用进行了讲解。

(3) 第3章增加了对长文档编辑的操作方法；第4章中增加了数据透视表及单变量求解的操作方法；第5章增加了"应用设计模板"内容。各章的例子更具有代表性，讲解更加新颖，插图更加美观。

(4) 知识点覆盖更加全面且紧密围绕工作与生活。第6章增加了对网络应用新功能的介绍。

本书由陈本士、丁康健担任主编，副主编为文雪巍、李钰，张莉、邢婷、单晓光、于海霞、刘胜达等，主审为王凤领。在本书编写过程中，哈尔滨德强商务学院计算机与信息工程系陈荣耀教授给予了指导，并提出了宝贵的意见，同时也得到了该院教务处郭少凯先生和西安电子科技大学出版社的大力支持，在此表示衷心的感谢！

由于编写时间仓促，加之作者水平有限，书中难免有不妥之处，敬请同行和读者批评指正。

编　者

2011年6月

第一版前言

随着知识经济和信息技术的发展，信息化办公异常活跃，掌握计算机的使用已成为现代人必须具备的基本能力。

独立本科学院学生对计算机文化基础知识的需求有其自身特点，在掌握一般理论基础知识的基础上，更加强调应用能力的培养。为了适应独立本科学院学生计算机基础知识和技能的教学要求，哈尔滨商业大学德强商务学院与西安电子科技大学出版社共同策划、编写、出版了《大学计算机基础教程》一书。作者在独立本科学院从事了多年的计算机基础教学工作，积累了丰富的经验，在此基础上编写了本书及与其配套的《大学计算机基础案例与习题》。

本书内容包括计算机基础知识、操作系统及其应用、文字处理软件 Word 2003、电子表格软件 Excel 2003、演示文稿制作软件 PowerPoint 2003 和网络技术基础等。

本书由陈荣耀担任主编，副主编为邢婷、丁康健、唐友、单晓光、鲁彦彬，刘喜双、李钰、文雪巍、于海霞、刘胜达、梁晓丽、姚健等，主审为郭鼎印。在编写本书的过程中，哈尔滨商业大学德强商务学院计算机科学系主任戴宗荫教授给予了悉心指导，并提出许多宝贵意见，同时该院教务处郭少凯先生也给予了大力支持，在此一并表示感谢。

由于编写时间仓促，加之作者水平有限，不妥之处在所难免，敬请批评指正。

编　者

2008年5月

目　录

第1章　计算机基础知识

计算机是20世纪人类最伟大的发明之一，计算机技术是20世纪发展最快的科学成就之一。人类步入21世纪以来，计算机技术更是得到了空前的发展。随着计算机技术、多媒体技术和通信技术的迅猛发展，特别是计算机互联网的全面普及，全球信息化已成为人类发展的大趋势，计算机已成为信息化社会中必不可少的工具。掌握计算机基础知识，提高实际操作能力，是21世纪高素质人才的基本要求。

1.1　计算机概述

电子计算机，俗称“电脑”，是一种电子化的信息处理工具。人们也经常用计算机(Computer)来指代电子计算机。计算机是由一系列电子元器件组成的设备，主要进行数值计算和信息处理。它不仅可以进行加、减、乘、除等算术运算，还可以进行与、或、非等逻辑运算。计算机技术是信息处理技术的核心。计算机是一种能够输入、存储信息，并按照事先编制好的程序对信息进行加工处理，并最终输出人们所需要的结果的自动高速执行的电子设备。

1.1.1　计算机发展简史

世界上第一台计算机ENIAC(Electronic Numerical Integrator And Calculator，电子数字积分计算机)于1945年底在美国宾夕法尼亚大学竣工，1946年2月正式投入使用。二战期间，由于军事上的迫切需要，美国军方要求宾夕法尼亚大学研制一台能进行更大量、更复杂、更快速和更精确计算的计算机，最初专门用于火炮弹道计算，后经多次改进才成为能进行各种科学计算的通用计算机。ENIAC 采用电子管作为计算机的基本元件，由 18 800多个电子管、1500多个继电器、10 000多只电容器和7000多只电阻构成，占地170平方米，重达30吨，耗电量每小时150千瓦，是一个庞然大物，如图1.1所示，每秒能进行5000次加法运算。由于它使用电子器件代替机械齿轮电动机进行运算，并且能在运算过程中不断进行判断并作出选择，过去需要100多名工程师花费一年才能解决的计算问题，它只需要两个小时就能给出答案。但是，这台计算机尚未完全具备现代计算机的主要特征，仍然采取外加式程序，没有存储程序，这也是它的主要缺陷之一。

电子器件的更新推动着电子计算机的高速发展，计算机按各时期所使用的元器件可分为四代：第一代为电子管计算机，第二代为晶体管计算机，第三代为集成电路计算机，第四代为大规模及超大规模集成电路计算机。

图 1.1　ENIAC 图片

1．第一代计算机

1946 年～1957 年，为电子管计算机时代。

第一代计算机的主要电子元器件为真空电子管，以汞延迟线、磁芯等为主存，以纸带、卡片、磁鼓、磁带和磁芯等为辅存，因此体积庞大，造价高，耗电量大，存储空间小，可靠性差且寿命短；没有系统软件，编制程序时只能采用机器语言和汇编语言，不便于使用；运算速度低，每秒只能运算几千至几万次，主要用于军事和科研中的科学计算。

2．第二代计算机

1958 年～1964 年，为晶体管计算机时代。

第二代计算机的主要电子元器件为晶体管，以磁芯为主存，以磁带、磁带库、磁盘和磁芯等为辅存，因此较电子管计算机体积减小了许多，造价低，功耗小，存储空间加大，可靠性高，寿命长且输入/输出方式有所改进；运算速度提高到每秒几百万次，通用性也有所增强，应用领域扩展到数据处理和过程控制中；开始出现用于科学计算的 FORTRAN 和用于商业事务处理的 COBOL 等高级程序设计语言及批处理系统，编程和操作较以前方便了许多。此时，诞生了软件业，出现了程序员等新兴职业。

3．第三代计算机

1965 年～1971 年，为集成电路计算机时代。

第三代计算机的主要电子元器件为中、小规模集成电路，以半导体存储器为主存，以磁带、磁带库和磁盘等为辅存，因此较电子管计算机体积进一步减小，造价更低，功耗更小，存储空间更大，可靠性更高，寿命更长且外设也有所增加；运算速度提高到每秒近千万次，功能进一步增强，应用领域全面扩展到工商业和科学界；出现了 BASIC 和 PASCAL 等更高级的语言，操作系统和编译系统得到进一步完善，且出现了结构化的程序设计方法，使编程和操作更加方便。

4. 第四代计算机

1971 年至今，为大规模、超大规模集成电路计算机时代。

第四代计算机的主要电子元器件为大规模、超大规模集成电路，以集成度很高的半导体存储器为主存，以磁盘和光盘等为辅存，因此，体积越来越小，造价越来越低，功耗越来越小，存储空间越来越大，寿命越来越长且外设越来越多；运算速度达每秒上亿次至百万亿次，功能越来越丰富；随着计算机网络的空前发展，应用领域扩展到人类社会生活的各个领域；出现了更多的高级程序语言，系统软件和应用软件发展迅速，编程和操作更加方便。

1.1.2　计算机的分类

计算机种类繁多，分类方法也多种多样，可以按处理对象、用途、规模、工作模式和字长来进行分类，如图 1.2 所示。

- 计算机的分类
  - 按处理对象分类
    - 模拟计算机
    - 数字计算机
    - 混合计算机
  - 按用途分类
    - 专用机
    - 通用机
  - 按规模分类
    - 巨型机、大型机、中型机、小型机
    - 微型机、嵌入式计算机
  - 按工作模式分类
    - 客户机
    - 服务器
  - 按字长分类——8位机、16位机、32位机和64位机等

图 1.2　计算机的分类

1. 按处理对象分类

按处理对象数据的表示方法不同，计算机可分为模拟计算机、数字计算机和混合计算机三大类。

1) 模拟计算机

模拟计算机又称“模拟式电子计算机”，问世较早，是一种以连续变化的电流或电压来表示被处理数据的电子计算机，即计算机各个主要部件的输入和输出都是连续变化着的电压、电流等物理量。其优点是速度快，适合于解高阶微分方程或自动控制系统中的模拟计算；其缺点是处理问题的精度差，电路结构复杂，抗外界干扰能力和通用性差，目前已很少见。

2) 数字计算机

数字计算机是目前电子计算机行业中的主流，其处理的数据是断续的电信号，即用“离散”的电位高低来表示数据。在数字计算机中，程序和数据都用“0”和“1”两个数字组成的二进制编码来表示，通过算术逻辑部件对这些数据进行算术运算和逻辑运算。数字计

算机的组成结构和性能优于模拟计算机。其运算精度高，存储量大，通用性强，适合于科学计算、信息处理、自动控制、办公自动化和人工智能等方面的应用。

3) 混合计算机

混合计算机兼有模拟计算机和数字计算机两种计算机的优点，既能处理模拟物理量，又能处理数字信息。混合计算机一般由模拟计算机、数字计算机和混合接口三部分组成，其中模拟计算机部分承担快速计算的工作，而数字计算机部分承担高精度运算和数据处理。混合计算机的优点是运算速度快、计算精度高、逻辑运算能力强、存储能力强以及仿真能力强，主要应用于航空航天、导弹系统等实时性的复杂系统中。这类计算机往往结构复杂，设计困难，价格昂贵。

2．按用途分类

计算机按用途可分为专用机和通用机两类。

1) 专用机

专用机是针对一个或一类特定的问题而设计的计算机。它的硬件和软件是根据解决某问题的需要而专门设计的。专用机具有有效、高速和可靠地解决某问题的特性，但适应性差，一般应用于过程控制，例如导弹、火箭、飞机和车载导航专用机等。

2) 通用机

通用机适应能力强、应用面广，是为了解决各种类型的问题而设计的计算机。它具有一定的通用性，可连接多种外设，安装多种系统软件和应用软件，功能齐全。一般的计算机多属此类。

3．按规模分类

计算机按规模可分为巨型机、大型机、中型机、小型机、微型机和嵌入式计算机。

1) 巨型机

巨型机又称“超级计算机”，它是所有计算机中运算速度最快、存储容量最大、功能最强、价格最贵的计算机，其浮点运算速度已达每秒千万亿次。普通微机需一个月才能完成的计算任务，巨型机可能只需一天就能完成。巨型机主要用于国家高科技领域和国防尖端技术中，如天气预报、航天航空飞行器设计和原子能研究等。

巨型机代表了一个国家的科学技术发展水平。美国、日本是生产巨型机的主要国家，俄罗斯及英、法、德次之。我国在 1983 年、1992 年、1997 年分别推出了银河 I、银河 II 和银河 III，跻身生产巨型机的行列。

2004 年 6 月 21 日，据美国能源部劳伦斯·伯克利国家实验室当日公布的最新全球超级计算机 500 强名单，曙光 4000A 以 11 万亿次每秒的峰值速度位列全球第十，这是中国高性能计算产品首次跻身世界超级计算机 10 强，并使中国成为继美国、日本之后第三个能够制造和应用十万亿次每秒商用高性能计算机的国家。

2009 年 10 月 29 日，中国国防科技大学成功研制出“天河一号”，其峰值性能为 1206 万亿次每秒。在第 34 届全球超级计算机 500 强评比中，天河一号排名第五。

2010 年 11 月 16 日，第 36 届全球高性能计算机 TOP500 排行榜在美国新奥尔良举行的 SC10 大会上发布。其中，系统升级后的天河一号以 2507 万亿次每秒的运行速度取代美国的美洲虎(Jaguar)，成为全球运行速度最快的超级计算机。

2) 大型机

大型机即大型主机，又称“大型电脑”或“主干机”，其运算速度没有巨型机快，通常由许多中央处理器协同工作，有超大的内存、海量的存储器，使用专用的操作系统和应用软件。大型主机一般应用在网络环境中，是信息系统的核心，承担主服务器的功能，比如提供 FTP 服务、邮件服务和 WWW 服务等。

3) 中型机

中型机的运算速度没有大型机快，功能类似于大型机，但价格比大型机便宜。

4) 小型机

小型机是指运行原理类似于微机和服务器，但体系结构、性能和用途又与它们截然不同的一种高性能计算机。与大、中型机相比，小型机有规模小、结构简单、设计周期短、价格便宜、便于维修和使用方便等特点。不同品牌的小型机架构大不相同，其中有各制造厂自己的专利技术，有的还采用小型机专用处理器。因此，小型机是封闭专用的计算机系统，主要应用在科学计算、信息处理、银行和制造业等领域。

5) 微型机

微型机简称“微机”、“微电脑”或“PC(Personal Computer)”，是指由大规模集成电路组成的、以微处理器为核心的、体积较小的电子计算机。其体积较小型机更小，价格更低，使用更方便。微型机问世虽晚，却是发展非常迅速和应用非常广泛的计算机。由微机配以相应的外设及足够的软件构成的系统叫做微型计算机系统，即我们通常说的电脑。

另外，有一类高档微机称为“工作站”。这类计算机通常具备强大的显示输出系统、存储系统，较强的图形处理、图像处理及数据运算能力，一般应用于计算机辅助设计及制造(CAD/CAM)、动画设计、GIS(地理信息系统)、平面图像处理和模拟仿真等商业和军事领域。需要说明的是，在网络系统中也有“工作站”的概念，泛指客户机。

6) 嵌入式计算机

嵌入式系统是指集软件和硬件为一体，以计算机技术为基础，以特定应用为中心，其软硬件可裁减，符合某应用系统对功能、可靠性、体积、成本、功耗等综合性严格要求的专用计算机系统。嵌入式系统具有软件代码小、响应速度快和高度自动化等特点，特别适合于对实时性有要求和多任务的体系。嵌入式系统主要由嵌入式处理器、相关支撑硬件、嵌入式操作系统和应用软件系统等组成，它是可独立工作的设备。

嵌入式计算机在应用数量上远远超过各种计算机。一台计算机的内、外部设备中就包含了多个嵌入式微处理器，如声卡、显卡、显示器、键盘、鼠标、硬盘、Modem、网卡、打印机、扫描仪和 USB 集线器等均是由嵌入式处理器控制的。

嵌入式系统几乎包括了生活中的所有电器设备，如 PDA、MP3、MP4、手机、移动计算设备、数字电视、电视机顶盒、汽车、多媒体、电子广告牌、微波炉、电饭煲、数码相机、冰箱、家庭自动化系统、电梯、空调、安全系统、POS 机、蜂窝式电话、ATM 机、智能仪表和医疗仪器等。

4. 按工作模式分类

按工作模式可将计算机分为客户机和服务器。

1) 客户机

客户机又称“工作站”，指连入网络的用户计算机，一般多指 PC。客户机可以使用服务器提供的各种资源和服务，且仅为使用该客户机的用户提供服务，是用户和网络的接口。

2) 服务器

服务器是指对其他计算机提供各种服务的高性能的计算机，是整个网络的核心。它为客户机提供文件服务、打印服务、通信服务、数据库服务、应用服务和电子邮件服务等。服务器也可由微机来充当，只是速度要比高性能的服务器慢。

目前，高性能微型机的运算速度已达到几十年前巨型机的速度，使得它与工作站、小型机、中型机乃至大型机之间的界限已越来越模糊。大型机、中型机和小型机逐渐融合到服务器中，有演变为不同档次服务器的趋势。

5．按字长分类

字长即计算机一次所能传输和处理的二进制位数。按字长可将计算机分为 8 位机、16 位机、32 位机和 64 位机等。

1.1.3 计算机的特点

计算机的主要特点有运算速度快，计算精度高，“记忆”能力强，具有逻辑判断能力，按程序自动执行，可靠性越来越高和应用领域越来越广等。

1．运算速度快

计算机的一个突出特点是具有相当快的运算速度，其速度已由早期的几千次每秒发展到现在的千万亿次每秒，是人工计算所无法比拟的。计算机的出现极大地提高了工作效率，许多计算量大的工作，人工需计算几年才能完成，而用计算机“瞬间”即可完成。

2．计算精度高

尖端科学研究和工程设计往往需要高精度的计算。计算机具有一般计算工具无法比拟的高精度，计算精度可达到十几位甚至几十位有效数字，也可以根据需要达到任意的精度，比如可以精确到小数点以后上亿位甚至更高。

3．“记忆”能力强

计算机的存储系统可以存储大量数据，这使计算机具有了“记忆”能力，并且这种“记忆”能力仍在不断增强。目前，计算机存储容量越来越大，存储时间也越来越长，这也是传统计算工具无法比拟的。

4．具有逻辑判断能力

计算机除了能够完成基本的加、减、乘、除等算术运算外，还能进行与、或、非和异或等逻辑运算。因此，计算机具备逻辑判断能力，能够处理逻辑推理等问题，这是传统的计算工具所不能达到的。

5．按程序自动执行

计算机的工作方式是先将程序和数据存放在存储器中，工作时自动依次从存储器中取出指令、分析指令并执行指令，一步一步地进行下去，无需人工干预，这一特点是其他计算工具所不具备的。

6．可靠性越来越高

计算机系统的可靠性可从硬件可靠性和软件可靠性两个方面来看。由于采用大规模、超大规模集成电路，且容错技术越来越高，计算机的平均无故障时间越来越长，计算机系统硬件的可靠性越来越高。软件可靠性可从操作系统的发展来看，现在使用的操作系统要比过去更可靠。因此，计算机系统的可靠性也越来越高。

7．应用领域越来越广

随着计算机功能的不断增强和价格的不断降低，计算机的应用领域也越来越广。

1.1.4 计算机的应用

目前，计算机的主要应用领域有科学计算、信息处理、过程控制、网络与通信、办公自动化、计算机辅助领域、多媒体、虚拟现实和人工智能。

1．科学计算

科学计算即数值计算，是指依据算法和计算机功能上的等价性用计算机处理科学与工程中所遇到的数学计算。世界上第一台计算机就是为此而设计的。在现代科学研究和工程技术中，经常会遇到一些有算法但运算复杂的数学计算问题，这些问题用一般的计算工具来解决需要相当长的时间，但用计算机来处理却很方便。比如天气预报，如果是人工计算，等算出来可能已是“马后炮”，而利用计算机则可以较准确地预测未来几天、几周，甚至几个月的天气情况。

2．信息处理

科学计算主要是计算数值数据。数值数据被赋予一定的意义，就变成了非数值数据，即信息。信息处理也称“数据处理”，是指利用计算机对大量数据进行采集、存储、整理、统计、分析、检索、加工和传输等操作。这些数据可以是数字、文字、图形、声音或视频。信息处理往往算法相对简单而处理的数据量较大，其目的是管理大量的、杂乱无章的甚至难以理解的数据，并根据一些算法利用这些数据得出人们需要的信息，如银行账务管理、股票交易管理、企业进销存管理、人事档案管理、图书资料检索、情报检索、飞机订票、列车查询和企业资源计划等。信息处理已成为计算机应用的一个主要领域。

3．过程控制

过程控制又称“实时控制”，是指利用计算机及时地采集和检测数据，并按某种标准状态或最佳值进行的自动控制。过程控制已广泛应用于航天、军事、社会科学、农业、冶金、石油、化工、水电、纺织、机械、医药、现代管理和工业生产中，将人类从复杂和危险的环境中解放出来，代替人进行繁杂、重复的劳动，从而改善劳动条件，减轻劳动强度，提高生产率和生产质量，节省劳动力，节约原材料、能源并降低了成本。

4．网络与通信

计算机网络是计算机技术和通信技术相结合的产物，它将全球大多数国家联系在一起。信息通信是计算机网络最基本的功能之一，我们可以利用信息高速公路传递信息。资源共享是网络的核心，它包括数据共享、软件共享和硬件共享。分布式处理是网络提供的基本功能之一，它包括分布式输入、分布式计算和分布式输出。计算机网络在网络通信、信息

检索、电子商务、过程控制、辅助决策、远程医疗、远程教育、数字图书馆、电视会议、视频点播及娱乐等方面都具有广阔的应用前景。

5. 办公自动化

办公自动化(OA，Office Automation)是指以计算机为中心，利用计算机网络和一系列现代化办公设备，使办公人员方便快捷地共享信息和高效地协同工作，从而提高办公效率，实现现代化科学管理的新型办公方式。办公自动化系统分为事务型办公自动化系统、信息管理办公自动化系统和决策支持办公自动化系统。

6. 计算机辅助领域

计算机辅助设计(CAD)指用计算机辅助人进行各类产品设计，从而减轻设计人员的劳动强度，缩短设计周期，提高质量。随着计算机性能的提高、价格的降低以及计算机辅助设计软件和图形设备的发展，计算机辅助设计技术已广泛应用于科学研究、软件开发、土木建筑、服装、汽车、船舶、机械、电子、电气、地质和计算机艺术等领域。

计算机辅助制造(CAM)指用计算机辅助人进行生产管理、过程控制和产品加工等操作，从而改善工作人员的工作条件，提高生产自动化水平，提高加工速度，缩短生产周期，提高劳动生产率，提高产品质量和降低生产成本。计算机辅助制造已广泛应用于飞机、汽车、机械、家用电器和电子产品等制造业。

计算机集成制造系统(CIMS)是计算机辅助设计系统、计算机辅助制造系统和管理信息系统相结合的产物，具有集成化、计算机化、网络化、信息化和智能化等优点。它可以提高劳动生产率，优化产业结构，提高员工素质，提高企业竞争力，节约资源和促进技术进步，从而为企业和社会带来更多的效益。

计算机辅助技术应用的领域还有很多，如计算机辅助教学(CAI)、计算机辅助计算(CAC)、计算机辅助测试(CAT)、计算机辅助分析(CAA)、计算机辅助工程(CAE)、计算机辅助工艺过程设计(CAPP)、计算机辅助研究(CAR)、计算机辅助订货(CAO)和计算机辅助翻译(CAT)等。

7. 多媒体

多媒体(Multimedia)是指两种以上媒体的综合，包括文本、图形、图像、动画、音频和视频等多种媒体形式。多媒体技术是利用计算机综合处理各种信息媒体，进行人机交互的一种信息技术。多媒体技术的发展使计算机更实用化，并使其从科研院所、办公室和实验室的专用工具变成了信息社会的普通工具，广泛应用于工业生产管理、军事指挥训练、股票债券、金融交易、信息咨询、建筑设计、学校教育、商业广告、旅游、医疗、艺术、家庭生活和影视娱乐等领域。

8. 虚拟现实

虚拟现实(Virtual Reality)又称“灵境”，是指利用计算机模拟现实世界产生一个具有三维图像和声音的逼真的虚拟世界。用户通过使用交互设备，可获得视觉、听觉、触觉和嗅觉等感觉。近年来，虚拟现实已逐渐应用于城市规划、道路桥梁、建筑设计、室内设计、工业仿真、军事模拟、航空航天、文物古迹、地理信息系统、医学生物、商业、教育、游戏和影视娱乐等领域。

9. 人工智能

人工智能(AI，Artificial Intelligence)是计算机科学的一个重要的且处于研究最前沿的分支，它研究智能的实质，并企图生产出一种能像人一样进行感知、判断、理解、学习、问题求解等思考活动的智能机器。

人工智能是自然科学与社会科学交叉的一门边缘学科，涉及计算机科学、数学、信息论、控制论、心理学、仿生学、不定性论、哲学和认知科学等诸多学科。该领域的研究包括机器人、语音识别、图像识别、自然语言处理和专家系统等，实际应用有智能控制、机器人、语言和图像理解、遗传编程、机器视觉、指纹识别、人脸识别、视网膜识别、虹膜识别、掌纹识别、专家系统、医疗诊断、智能搜索、定理证明、博弈和自动程序设计等。

1.2　数据在计算机中的表示

为了更好地学习和使用计算机，并为学习计算机网络等课程打好基础，有必要学习计算机的数据表示方式、数制转换和信息编码。

在计算机中，程序、数值数据和非数值数据都是以二进制编码的形式存储的，即用“0”和“1”组成的序列表示。计算机之所以能识别数字、文字、图形、声音和动画，是因为它们采用了不同的编码规则。

1.2.1　数制

数制又称“计数制”，是人们用符号和规则来计数的科学方法。在日常生活中，人们在算术计算上通常采用十进制计数法，如使用个、十、百、千和万等为计数单位；在计时上通常采用七进制、十二进制和六十进制等，如每星期 7 天、每年 12 个月和每分钟 60 秒等；在角度计量上通常采用六十进制、三百六十进制和弧度制等，如 1 度等于 60 分和 1 圆周为 360 度等。当然，还有许多各种各样的计数制。

不论哪种计数制，其使用的符号和规则都有一定的规律和特点，都有各自的数码、基数和位权。数码是指采用的符号，基数是指数码的个数，位权表示某位具有的“权重”。如十进制的数码有 0、1、2、3、4、5、6、7、8、9 等，基数是十，个位的位权是一，十位的位权是十，百位的位权是百，采用逢十进一和借一当十的运算规则。

与学习和使用计算机有关的计数制有二进制、八进制、十进制和十六进制，这几种进制的数码、基数、位权、规则和英文表示如表 1.1 所示。

表 1.1　学习和使用计算机有关的几种计数制

	二进制	八进制	十进制	十六进制
数码	0，1	0，1，2，3，4，5，6，7	0，1，2，3，4，5，6，7，8，9	0，1，2，3，4，5，6，7，8，9，A，B，C，D，E，F
基数	R = 2	R = 8	R = 10	R = 16
位权	2^i	8^i	10^i	16^i
规则	逢二进一	逢八进一	逢十进一	逢十六进一
英文表示	B	O	D	H

1.2.2 数制之间的转换

1. R进制数转换成十进制数

在十进制中，345.67可以表示为

$$3\times10^2+4\times10^1+5\times10^0+6\times10^{-1}+7\times10^{-2}=345.67$$

其中 10^2 就是百位的权，10^1 就是十位的权，10^0 就是个位的权。可以看出，某位的位权恰好是基数的某次幂。因此，可以将任何一种计数制表示的数写成与其权有关的多项式之和，则一个R进制数 N 可以表示为

$$N=\sum a_k\times \mathrm{R}^k=a_i\times \mathrm{R}^i+\cdots+a_1\times \mathrm{R}^1+a_0\times \mathrm{R}^0+a_{-1}\times \mathrm{R}^{-1}+\cdots+a_{-j}\times R^{-j}$$

其中，a_i 是数码，R是R进制的基数，R^i 是 a_i 所在位的位权，这种方法称为“按权展开”。

例如： $(123.4)_{\mathrm{O}}=1\times8^2+2\times8^1+3\times8^0+4\times8^{-1}=(83.5)_{\mathrm{D}}$

$(1010.11)_{\mathrm{B}}=1\times2^3+0\times2^2+1\times2^1+0\times2^0+1\times2^{-1}+1\times2^{-2}=(10.75)_{\mathrm{D}}$

其中，下标O表示八进制，也可用下标8来代替；下标D表示十进制，也可用下标10来代替；下标B表示二进制，也可用下标2来代替。

2. 十进制数转换成R进制数

将十进制数转换成R进制数，其整数部分采用除以R取余数的方法，其小数部分采用乘以R取整数的方法，然后把整数部分和小数部分相加即可。

例如，将 $(124.375)_{\mathrm{D}}$ 转换成二进制数。

(1) 整数部分：

		余数		
2 | 124				
2 | 62	……	0	a_0	低位
2 | 31	……	0	a_1	↓
2 | 15	……	1	a_2	
2 | 7	……	1	a_3	
2 | 3	……	1	a_4	
2 | 1	……	1	a_5	
0	……	1	a_6	高位

因此，$(124)_{\mathrm{D}}=(1111100)_{\mathrm{B}}$。

(2) 小数部分：

		整数		
0.375 × 2 = 0.750	……	0	a_{-1}	高位
0.75 × 2 = 1.50	……	1	a_{-2}	↑
0.5 × 2 = 1.0	……	1	a_{-3}	低位

因此，$(0.375)_D=(0.011)_B$，而$(124.375)_D=(1111100.011)_B$。

如果用乘以 R 取整的方法出现取不尽的情况时，则可以根据需要保留小数，通常采取低舍高入的方法，对于二进制来说就是 0 舍 1 入。

十进制与二进制、八进制和十六进制的对应关系如表 1.2 所示。

表 1.2　十进制与二进制、八进制和十六进制的对应关系

十进制数	二进制数	八进制数	十六进制数
0	0000	0	0
1	0001	1	1
2	0010	2	2
3	0011	3	3
4	0100	4	4
5	0101	5	5
6	0110	6	6
7	0111	7	7
8	1000	10	8
9	1001	11	9
10	1010	12	A
11	1011	13	B
12	1100	14	C
13	1101	15	D
14	1110	16	E
15	1111	17	F

3. 二进制数转换成八进制数和十六进制数

由于 $2^3=8$，$2^4=16$，因此二进制数转换成八进制数和十六进制数比较简单。

将二进制数转换成八进制数，只要将二进制数以小数为界，分别向左、右两边按 3 位分组，不足 3 位用零补足，然后计算出每组的数值即可。

例如，将$(1111100.011)_B$转换成八进制数的方法如下：

```
001  111  100  .  011   二进制数
 ↓    ↓    ↓   .   ↓       ↓
 1    7    4   .   3    八进制数
```

将二进制数转换成十六进制数，只要将二进制数以小数点为界，分别向左、右两边按 4 位分组，不足 4 位用零补足，然后计算出每组的数值即可。

例如，将$(1111100.011)_B$转换成十六进制数的方法如下：

```
0111  1100  .  0110   二进制数
  ↓     ↓   .    ↓       ↓
  7     C   .    6    十六进制数
```

4．八进制数和十六进制数转换成二进制数

将八进制数转换成二进制数，只要将八进制数的每一位分别用 3 位二进制数表示，然后再去掉打头的零即可。

例如，将$(345.67)_O$转换成二进制数的方法如下：

```
 3     4     5   .   6     7    八进制数
 ↓     ↓     ↓   .   ↓     ↓      ↓
011   100   101  .  110   111
 11   100   101  .  110   111   二进制数
```

将十六进制数转换成二进制数，只要将十六进制数的每一位分别用 4 位二进制数表示，然后再去掉打头的零即可。

例如，将$(345.67)_H$转换成二进制数的方法如下：

```
  3      4      5    .    6      7     十六进制数
  ↓      ↓      ↓    .    ↓      ↓        ↓
0011   0100   0101   .  0110   0111
  11   0100   0101   .  0110   0111      二进制数
```

5．八进制数和十六进制数的相互转换

将八进制数转换成十六进制数，可先将八进制数转换成二进制数或者十进制数，然后再转换成十六进制数。

将十六进制数转换成八进制数，可先将十六进制数转换成二进制数或者十进制数，然后再转换成八进制数。

1.2.3 数值数据在计算机中的表示

1．机器数和真值

在计算机中，通常用“0”表示正，用“1”表示负，用这种方法表示的数称为机器数。所谓真值就是数真正的值，称数的值为真值是为了同机器数相区别。

2．定点数和浮点数

在计算机中一般用 8 位、16 位和 32 位等二进制码表示数据。计算机中表示数的方法一般有定点表示法和浮点表示法。定点表示法是指在计算机中小数点不占用二进制位，规定在固定的地方，这种小数点固定的数称为定点数。定点数又分为定点整数和定点小数。

1) 定点整数

规定定点整数最高位为符号位，小数点固定在最右边。

例如，用一个字节表示真值为−5 的定点机器数为

二进制数:	−	0	0	0	0	1	0	1	.
定点机器数:	1	0	0	0	0	1	0	1	.
	符号位								

2) 定点小数

规定定点小数最高位为符号位，小数点固定在符号位后。

例如，用一个字节表示真值为−0.75 的定点机器数为

二进制数:　－ 0. 1 1

定点机器数:

1.	1	1	0	0	0	0	0

符号位

3) 浮点数

浮点数就是小数点不固定的数。规定 32 位浮点数的标准格式为

31	30　　23	22　　0
S	E	M
数符	阶码	尾数

一个规格化的 32 位浮点数 Y 可以表示为:

$$Y = (-1)^S \times 2^{E-127} \times (1.M)$$

浮点表示法一般比定点表示法表示的数的范围和精度大。

1.2.4 计算机的信息编码

1. 西文字符编码

计算机中常用的字符编码有 EBCDIC 码和 ASCII 码。IBM 系列大型机采用 EBCDIC 码，微型机采用的 ASCII (American Standard Code for Information Interchange)码是美国标准信息交换码，被国际化组织指定为国际标准，表示英文字符、标点符号、数字和一些控制字符。ASCII 码的每个字符由 7 位二进制编码组成，通常用一个字节表示，它包括 128 个元素，如表 1.3 所示。

表 1.3　7 位 ASCII 码表

低 4 位 $a_3a_2a_1a_0$	高 3 位 $a_6a_5a_4$							
	000	001	010	011	100	101	110	111
0000	NUL	DLE	SP	0	@	P	`	p
0001	SOH	DC1	!	1	A	Q	a	q
0010	STX	DC2	“	2	B	R	b	r
0011	ETX	DC3	#	3	C	S	c	s
0100	EOT	DC4	$	4	D	T	d	t
0101	ENQ	NAK	%	5	E	U	e	u
0110	ACK	SYN	&	6	F	V	f	v
0111	BEL	ETB	‘	7	G	W	g	w
1000	BS	CAN	(	8	H	X	h	x
1001	HT	EM	)	9	I	Y	i	y
1010	LF	SUB	*	:	J	Z	j	z
1011	VT	ESC	+	;	K	[	k	{
1100	FF	FS	,	<	L	\	l	|
1101	CR	GS	-	=	M	]	m	}
1110	SO	RS	.	>	N	^	n	~
1111	SI	US	/	?	O	_	o	DEL

有了 ASCII 码，我们就可以直接通过键盘把英文字符输入到计算机中。键盘的大部分按键与常用的 ASCII 码相对应，当使用键盘输入字符时，计算机将产生的与字符相对应的 ASCII 码存入内存中，以便处理和输出。

ASCII 码有 7 位码和 8 位码两种版本。国际标准的 7 位 ASCII 码是用 7 位二进制数表示一个字符的编码，其编码范围为 0000000B～1111111B，共有 $2^7=128$ 个不同的编码值，相应可以表示 128 个不同的编码。

新版本的 ASCII-8 采用 8 位二进制数表示一个字符的编码，可表示 256 个字符。最高位为 0 的 ASCII 码称为标准 ASCII 码；最高位为 1 的 128 个 ASCII 码称为扩充 ASCII 码。

数字 0～9 的 ASCII 码为 48～97；大写字母 A～Z 的 ASCII 码为 65～90；小写字母 a～z 的 ASCII 码为 97～112。小写英文字母的 ASCII 码比对应的大写字母的 ASCII 码多 32。在 ASCII 码表中，基本是按数字、大写英文字母、小写英文字母的顺序排列的，排在后面的码值比排在前面的大。

2．中文字符编码

为了能把中文字符通过英文标准键盘输入到计算机中，就必须为汉字设计输入码；为了在计算机中处理和存储中文字符，就必须为中文字符设计交换码和机内码；为了显示、输出中文字符，就必须为中文字符设计输出字形码。

(1) 输入码。输入码即输入编码，又称“外码”，是指用户从键盘输入的编码。现在通常使用的输入编码有数字码、拼音码、字形码和混合编码等。

(2) 交换码和机内码。交换码即国标码。我国于 1980 年制定了用于中文字符处理的国家标准 GB2312—80 国标码。

机内码又称“内码”，是用于计算机中处理、存储和传输中文字符的代码。中文字符数量较多，常用两个字节表示。为了与 ASCII 码相区别，中文字符编码的两个字节的最高位都为“1”，而 ASCII 码的最高位为“0”。

(3) 输出字形码。输出字形码是表示汉字字形的字模编码，通常用点阵等方式表示，属于图形编码，存储在字模库中。

汉字输入输出的过程一般为：通过输入设备输入汉字输入码，再由输入程序利用交换码将汉字输入码转化为汉字机内码，由计算机对汉字机内码进行存储和处理，然后由计算机在字库中查找对应的字形码，找到后，将汉字字形码发送到显示输出设备，这样就会在输出显示设备上看到相应的汉字了。

1.3 计算机系统的基本组成与原理

一个完整的计算机系统是计算机硬件系统和计算机软件系统的有机结合，如图 1.3 所示。计算机硬件系统是指看得见、摸得着，构成计算机所有实体设备的集合。计算机软件系统是指为计算机的运行、管理和使用而编制的程序的集合。

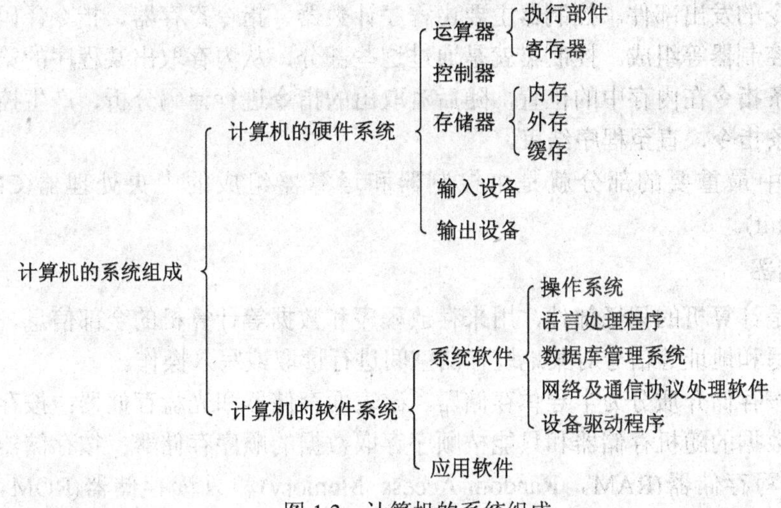

图 1.3 计算机的系统组成

1.3.1 计算机的硬件系统

美籍匈牙利数学家冯·诺依曼在 1945 年提出了关于计算机组成和工作方式的设想。迄今为止，尽管现代计算机制造技术已有极大发展，但是就其系统结构而言，大多数计算机仍然遵循他的设计思想，这样的计算机称为冯·诺依曼型计算机。

冯·诺依曼设计思想可以概括为以下三点：

(1) 采用存储程序控制方式。首先将事先编制好的程序存储在存储器中，然后启动计算机工作，运行程序后的计算机无需操作人员干预，能自动逐条取出指令、分析指令和执行指令，直到程序结束或关机，即由程序来控制计算机自动运行。

(2) 计算机内部采用二进制的形式表示指令和数据。根据电子元件双稳工作的特点，在电子计算机中采用二进制将大大简化计算机的逻辑线路。

(3) 计算机的硬件系统分为运算器、控制器、存储器、输入设备和输出设备五大部分。

冯·诺依曼设计思想标志着自动运算的实现，为计算机的设计提供了基本原则，树立了一座里程碑。

1. 运算器

运算器(Arithmetic Unit)是计算机中进行各种算术运算和逻辑运算的部件，由执行部件、寄存器和控制电路三部分组成。

(1) 执行部件。执行部件是运算器的核心，称为算术逻辑单元(ALU，Arithmetic and Logic Unit)。由于它能进行加、减、乘、除等算术运算和与、或、非、异或等逻辑运算，因此经常有人用 ALU 代表运算器。

(2) 寄存器。运算器中的寄存器是用来寄存被处理的数据、中间结果和最终结果的，主要有累加寄存器、数据缓冲寄存器和状态条件寄存器。

(3) 控制电路。控制电路控制 ALU 进行哪种运算。

2. 控制器

控制器(Controller)是指挥和协调运算器及整个计算机所有部件完成各种操作的部件，

是计算机指令的发出部件。控制器主要由程序计数器、指令寄存器、指令译码器、时序产生器和操作控制器等组成。控制器就是通过这些部分，从内存取出某程序的第一条指令，并指出下一条指令在内存中的位置，随后对取出的指令进行译码分析，产生控制信号，准备执行下一条指令，直至程序结束。

计算机中最重要的部分就是由控制器和运算器组成的中央处理器(CPU，Central Processing Unit)。

3．存储器

存储器是计算机的记忆部件，用来存放程序和数据等计算机的全部信息。根据控制器发出的读、写和地址等信号对某地址存储空间进行读取或写入操作。

存储器按存储介质分为半导体存储器、磁表面存储器和光盘存储器；按存储方式分为可任意存取数据的随机存储器和只能按顺序存取数据的顺序存储器；按存储器的读写功能分为随机读写存储器(RAM，Random-Access Memory)和只读存储器(ROM，Read-Only Memory)。RAM 指既能读出又能写入的存储器，ROM 一般情况下指只能读出不能写入的存储器。写入 ROM 中的程序称为固化的软件，即固件。

计算机的存储系统由高速缓存(Cache)、内存储器(内存，也称主存)和外存储器(外存，也称辅存)三级构成。

(1) 外存。外存用来存放暂时不运行的程序和数据，一般采用磁性存储介质或光存储介质，通过输入、输出接口连接到计算机上。外存的优点是成本低、容量大、存储时间长和断电时信息不消失；其缺点是存取速度慢，且 CPU 不能直接执行存放在外存中的程序，需将想要运行的程序调入内存后才能运行。

常见的外存有硬盘、软盘、光盘和 U 盘等。

(2) 内存。内存用来存放正在运行的程序和数据，一般采用半导体存储介质。内存的优点是速度比外存快，CPU 能直接执行存放在内存的程序；其缺点是成本高，且断电时所存储的信息会消失。

从学术角度来说，由 CPU 和内存构成的处理系统称为冯·诺依曼型计算机的主机。在日常生活中，我们常说的主机一般指主机箱。

(3) Cache 缓存。由于 CPU 的速度越来越快，内存的速度无法跟上 CPU 的速度，就会形成“瓶颈”，从而影响计算机的工作效率。如果在 CPU 与内存之间增加几级与 CPU 速度匹配的高速缓存，就可以提高计算机的工作效率。因此，在 CPU 中就集成了 Cache(用于存放当前运行程序中最活跃的部分)，其优点是速度快，缺点是成本高、容量小。

4．输入设备

输入设备是指向计算机输入程序和数据等信息的设备。它包括键盘、鼠标、操纵杆、摄像机、摄像头、扫描仪、传真机、光笔、语音输入器和手写输入板等。

5．输出设备

输出设备是指计算机向外输出中间过程和处理结果等信息的设备。它包括显示器、投影仪、打印机、绘图仪和语音输出设备等。

有些设备既是输入设备又是输出设备，如触摸屏、打印扫描一体机和通信设备等。

输入设备、输出设备和外存都属于外部设备，简称外设。计算机的硬件系统也可以说

是由主机和外设构成的。

1.3.2　计算机的软件系统

只有硬件系统的计算机称为“裸机”，想要它完成某些功能，就必须为它安装必要的软件。软件(Software)泛指程序和文档的集合。一般将软件划分为系统软件和应用软件。系统软件和应用软件构成了计算机的软件系统。

1. 系统软件

系统软件是指协调管理计算机软件和硬件资源，为用户提供友好的交互界面，并支持应用软件开发和运行的软件，一般是必须配备的软件。它主要包括操作系统、语言处理程序、数据库管理系统、网络及通信协议处理软件和设备驱动程序等。

1) 操作系统

操作系统(OS，Operating System)是负责分配管理计算机软件和硬件资源，控制程序运行，提供人机交互界面的一组程序的集合，是典型的系统软件。它的功能主要有进程管理、存储管理、作业管理、设备管理和文件管理等。常见的操作系统有 DOS、Windows、Mac OS、Linux 和 UNIX 等。

制造计算机硬件系统的厂家众多，生产的设备也品种繁多，为了有效地管理和控制这些设备，人们在硬件的基础上加载了一层操作系统，用它通过设备的驱动程序来与计算机硬件打交道，使人们有了一个友好的交互窗口。可以说，操作系统是计算机硬件的管理员，是用户的服务员。

2) 语言处理程序

计算机语言一般分为机器语言、汇编语言和高级语言等。

计算机只能识别和执行机器语言(一种由二进制码“0”和“1”组成的语言)。不同型号的计算机的机器语言也不一样。由机器语言编写的程序称为机器语言程序，它是由“0”和“1”组成的数字序列，很难理解和记忆，且检查和调试都比较困难。

由于机器语言不好记忆和输入，人们通过助记符的方式把机器语言抽象成汇编语言。汇编语言是符号化了的机器语言。用汇编语言编写的程序叫汇编语言源程序，计算机无法执行，必须将汇编源程序翻译成机器语言程序后才能执行，这个翻译的过程称为汇编，完成翻译的计算机软件称为汇编程序。

机器语言和汇编语言是低级语言，都是面向机器的。高级语言是面向用户的，比如 Ada、Fortran、Pascal、Cobol、Basic、C、C++、VB、VC、Java、C#、Lisp、Haskell、ML、Scheme、Prolog、Smalltalk 和各种脚本语言等。用高级语言书写的程序称为源程序，需要以解释方式或编译方式执行。解释方式是指由解释程序解释一句高级语言后立即执行该语句；编译方式是指将源程序通过编译程序翻译成机器语言形式的目标程序后再执行。

汇编程序、解释程序和编译程序等都属于语言处理程序。

3) 数据库管理系统

数据库管理系统(DBMS，Database Management System)是位于用户与操作系统之间操纵和管理数据库的大型软件，用户对数据库的建立、使用和维护都是在 DBMS 的管理下进行的，应用程序只有通过 DBMS 才能对数据库进行查询、读取和写入等操作。

常见的数据库管理程序有 Oracle、SQL Server、Mysql、DB2 和 Visual FoxPro 等。

4) 网络及通信协议处理软件

网络通信协议是指网络上通信设备之间进行通信的规则。将计算机连入网络时，必须安装正确的网络协议，这样才能保证各通信设备和计算机之间的正常通信。常用的网络协议有 TCP/IP、UDP、HTTP 和 FTP 协议等。

5) 设备驱动程序

设备驱动程序简称“驱动程序”，是一种可使计算机和设备正常通信的特殊程序，可以把它理解为给操作系统看的“说明书”。有了它，操作系统才能认识、使用和控制相应的设备。要想使用某个设备，就必须正确安装该设备的驱动程序。不同厂家、不同产品和不同型号的设备的驱动程序一般都不一样。

2．应用软件

应用软件是为用户解决各类问题而制作的软件，通常具有明确的应用目的。应用软件不是必须配备的软件，它拓宽了计算机的应用领域，使计算机更加实用化。比如 Microsoft Office 就是用于信息化办公的软件，它加快了计算机在信息化办公领域应用的步伐。

应用软件种类繁多，如压缩软件、信息化办公软件、图形图像浏览软件、图像处理软件、动画编辑软件、影像编辑软件、多媒体软件、信息管理系统、教育软件、游戏软件、仿真软件、控制软件、网络应用软件、安全加密软件、防杀病毒软件、网络监控系统、审计软件、通信计费软件、安全分析软件、财务软件、数据分析处理软件、备份软件和翻译软件等。

1.3.3 计算机的主要性能指标

衡量计算机性能的常用指标有运算速度、基本字长、内存指标、外存指标和所配置的外设的性能指标等。

1．运算速度

巨型机的运算速度一般用计算机每秒所能执行的指令条数或能进行多少次基本运算来体现。微型机一般用 CPU 的工作频率来描述运算速度。同系列的 CPU，工作频率越高，代表运算速度越快。

2．基本字长

字长指 CPU 一次所能处理的二进制位数。字长为 8 位的计算机称为 8 位机，字长为 16 位的计算机称为 16 位机，字长为 32 位的计算机称为 32 位机，字长为 64 位的计算机称为 64 位机。字长越长，计算机的处理能力就越强。

3．内存指标

内存是 CPU 可以直接访问的存储器，用来存放正在执行的程序和数据。内存大则可以运行比较大的程序，并能够运行较多程序；如果内存过小，有些大程序就不能运行，因此计算机的处理能力在一定程度上取决于内存的容量。当然，内存的速度也是一个重要的指标，速度越快越好。

4. 外存指标

影响计算机性能的外存主要是硬盘。硬盘的容量大，存储的程序和数据就越多，即可以安装更多的功能各异的系统软件、应用软件、影视娱乐资源和游戏等。硬盘的转数越高越好，速度越快越好。

5. 所配置的外设的性能指标

计算机所配置的外设的性能高低也会对整个计算机系统的性能有所影响。

一台计算机性能的高低，不是由某个单项指标来决定的，而是由计算机的综合情况决定的。购买机器一般是在满足功能需求的基础上追求更高的性价比(即性能和价格的比值)。

1.3.4　微型计算机总线结构

微型计算机结构以总线为核心，将微处理器、存储器、输入/输出设备智能地连接在一起。所谓总线，是指微型计算机各部件之间传送信息的通道。CPU 内部的总线称为内部总线，连接微型计算机系统各部件的总线称为外部总线，如图 1.4 所示。

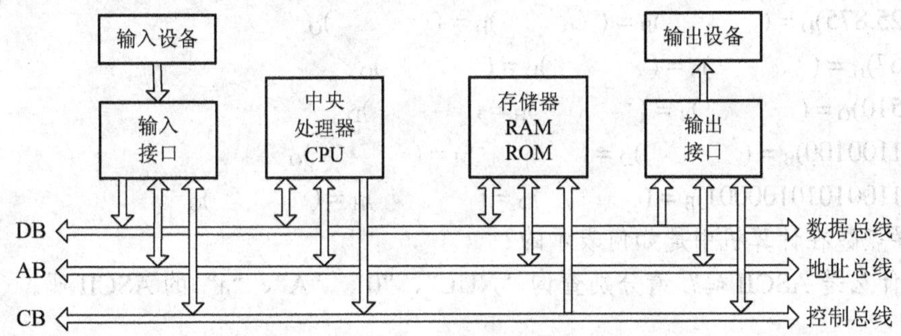

图 1.4　总线结构图

微型计算机的系统总线从功能上分为地址总线、数据总线和控制总线。

1. 地址总线

CPU 通过地址总线把地址信息送出给其他部件，因此地址总线是单向的。地址总线的位数决定了 CPU 的寻址能力，也决定了微型机的最大内存容量。例如，16 位地址总线的寻址能力是 $2^{16}=64k$，而 32 位地址总线的寻址能力是 4G。

2. 数据总线

数据总线用于传输数据。数据总线的传输方向是双向的，是 CPU 与存储器、CPU 与 I/O 接口之间的双向传输。数据总线的位数和微处理器的位数是一致的，是衡量微机运算能力的重要指标。

3. 控制总线

控制总线是由 CPU 对外围芯片和 I/O 接口的控制以及这些接口芯片对 CPU 的应答、请求等信号组成的总线。控制总线是最复杂、最灵活、功能最强的一类总线，其方向也因控制信号的不同而有差别。例如，读写信号和中断响应信号由 CPU 传给存储器和 I/O 接口，中断请求和准备就绪信号由其他部件传输给 CPU。

总线在硬件上的体现就是计算机的主板(Mother Board)，它也是微机的主要硬件之一。

思考题

1. 什么是计算机？计算机是如何分类的？
2. 计算机按其所使用的元器件经历了四代，每一代分别使用了什么元器件？
3. 计算机有哪些特点？
4. 计算机的主要应用领域有哪些？
5. 简述计算机系统的组成。
6. 内存和外存有什么区别？
7. 衡量计算机性能的常用指标有哪些？
8. 完成下列进制转换。

(1) $(235)_D = (\quad)_B = (\quad)_H = (\quad)_O$

(2) $(25.875)_D = (\quad)_B = (\quad)_H = (\quad)_O$

(3) $(67)_H = (\quad)_B = (\quad)_D = (\quad)_O$

(4) $(510)_O = (\quad)_B = (\quad)_H = (\quad)_D$

(5) $(1100100)_B = (\quad)_D = (\quad)_H = (\quad)_O$

(6) $(11001010100001)_B = (\quad)_D = (\quad)_H = (\quad)_O$

9. 浮点数在计算机中是如何表示的？
10. 什么是ASCII码？请分别查询“NUL”、“0”、“A”、“a”的ASCII码。

第 2 章　操作系统及其应用

2.1　操作系统概述

随着计算机与网络技术的发展和普及，计算机已经成为人们工作和学习不可缺少的工具。人与计算机之间如何互动，计算机如何根据人的意愿和指令工作，如何组织和处理各种信息及数据，怎样管理计算机系统资源？这些问题都由计算机操作系统(OS)来回答和解决。本节主要讲述操作系统的概念、Windows 的发展历史，简单介绍常见的操作系统，最后介绍 Windows XP Professional 的特点。

2.1.1　操作系统的概念

未配置任何软件的计算机称为裸机，即由中央处理器(CPU)、存储器、输入/输出(I/O)设备等硬件组成的计算机。裸机是无法充分发挥硬件性能的，不适合一般的用户使用，只有配备了软件以后，计算机才可以更好地完成对信息的存储、检索和处理等一系列工作。如第 1 章所述，我们把计算机系统划分为硬件和软件两部分。硬件是计算机系统的物质基础，它包括多种多样的物理设备；软件可以分为应用软件和系统软件。系统软件是指能够使计算机工作的一些基础软件，只有在系统软件的支持下，应用软件才能正常运行，操作系统就是系统软件的典型代表。操作系统在计算机系统中的地位如图 2.1 所示，它处在硬件与其他软件之间，紧贴系统硬件之上，居于其他所有软件之下，是其他软件的共同环境。

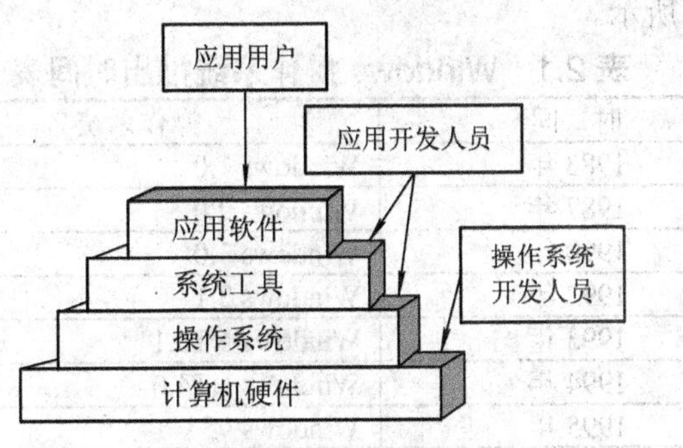

图 2.1　操作系统在计算机系统中的地位

因此，我们可以给出如下的定义：操作系统是管理计算机系统的全部硬件资源、软件资源及数据资源，控制程序运行，改善人机界面，为其他应用软件提供支持的系统软件的集合。它使计算机系统所有资源最大限度地发挥作用，为用户提供方便、有效、友善的服务界面。

通过定义，我们可以总结出操作系统在以下两个方面的重要作用。

(1) 操作系统管理系统中的各种资源。在计算机系统中，所有硬件(如 CPU、存储器和输入输出设备等)称为硬件资源，而程序和数据等信息称为软件资源。从微观上看，使用计算机系统就是使用各种硬件资源和软件资源，特别是在多用户和多程序的系统中，同时有多个程序在运行，这些程序在执行的过程中可能会要求使用系统中的各种资源。操作系统是资源的管理者和仲裁者，负责在各个程序之间调试和分配资源，保证系统中的各种资源得以有效利用。

(2) 操作系统为用户提供良好的界面。一般来说，使用操作系统的用户有两类：一类是最终用户，另一类是系统用户。最终用户只关心自己的应用需求是否满足，而不在意其他情况，至于操作系统的效率是否高，所有的计算机设备是否正常，只要不影响使用，他们一律不关心，而后面这些问题则是系统用户所关心的。操作系统必须为最终用户和系统用户这两类用户的各种工作提供良好的界面，以方便用户工作。

用户通过输入命令使操作系统使用计算机系统，计算机通过键盘等输入设备接收用户命令。如果命令是通过键盘传递给操作系统的，那么这一操作系统采用的是字符用户界面(Character User Interface)，即通常所说的命令行用户界面(CUI，Command-line User Interface)；如果操作系统最主要的输入设备是鼠标等点击设备(point-and-click device)，那么它采用的是图形用户界面(GUI，Graphical User Interface)。有些操作系统既提供字符用户界面又提供图形用户界面，可以使用任意一种；有些操作系统采用 CUI 作为主要界面，但是允许用户提供 GUI 软件。DOS、Linux 和 Unix 等操作系统采用字符用户界面，而 Mac OS、OS/2 和 Windows 等系统采用的是图形用户界面。

2.1.2 Windows 的发展历史

为满足用户对操作更方便、更直接和更灵活的需求，微软公司推出了一种采用图形用户界面的操作系统，称为 Windows 操作系统。Windows 操作系统是一系列基于图形界面、多任务的操作系统，用户通过窗口直接使用、控制和管理计算机。主要的 Windows 操作系统推出的时间如表 2.1 所示。

表 2.1　Windows 操作系统推出时间表

时　间	操作系统名
1983 年	Windows 1.0
1987 年	Windows 2.0
1990 年	Windows 3.0
1992 年	Windows 3.1
1993 年	Windows NT3.1
1994 年	Windows NT4.0
1995 年	Windows 95
1998 年	Windows 98
2000 年	Windows 2000
2000 年	Windows Me
2001 年	Windows XP
2003 年	Windows Server 2003
2006 年	Windows Vista
2009 年	Windows 7

2.1.3　常用操作系统简介

1. DOS 系统

DOS(Disk Operating System)系统是 Microsoft 公司研制的配置在 PC 机上的单用户命令行界面操作系统。它曾经广泛地应用在 PC 上，对于计算机的应用普及可以说是功不可没。DOS 的特点是简单易学，硬件要求低，但存储能力有限。因为种种原因，DOS 现在已被 Windows 所替代。

2. Windows 系统

Windows 系统是基于图形用户界面的操作系统。因其生动、形象的用户界面，十分简便的操作方法，吸引着成千上万的用户，成为目前装机普及率最高的一种操作系统。

早期的 Windows 主要有两个系列：一是用于低档 PC 上的操作系统，如 Windows 95、Windows 98；二是用于高档服务器上的网络操作系统，如 Windows NT3.1、Windows NT4.0。2000 年，Microsoft 公司推出了面向个人消费者的 Windows Me 和面向商业应用的 Windows 2000。 Windows Me 仍然采用 Windows 9X 内核，而 Windows 2000 采用了 Windows NT 内核并集成了 Windows 9X 的许多优点(如用户界面)。在 Windows Me 和 Windows 2000 的基础上，Microsoft 公司推出了最新的操作系统——Windows XP，它共有两个版本：Windows XP Home 和 Windows XP Professional，都同样采用 Windows NT 技术核心。

下面简单介绍一下微软公司最近几年推出的 Windows Vista 系统和 Windows 7 系统。

1) Windows Vista 系统

Windows Vista 系统的中文全称为视窗操作系统远景版。微软最初在 2005 年 7 月 22 日正式公布了这一名字，2006 年 11 月 8 日，Windows Vista 开发完成并正式进入批量生产，此后的两个月仅向某些制造商和企业客户提供。在 2007 年 1 月 30 日，Windows Vista 正式对普通用户出售，同时也可以从微软的网站下载。Windows Vista 的公布距离上一版本 Windows XP 已有超过五年的时间，这是 Windows 版本在历史上间隔时间最久的一次发布。

Windows Vista 系统包含了上百种新功能，其中较特别的是：新版的图形用户界面、“Windows Aero”的全新界面风格、加强后的搜寻功能(Windows indexing service)、新的多媒体创作工具(例如 Windows DVD Maker)，以及重新设计的网络、音频、输出(打印)和显示子系统。Vista 使用点对点技术(peer-to-peer)提升了计算机系统在家庭网络中的通信能力，使在不同计算机或装置之间共享文件与多媒体内容变得更简单。微软也在 Vista 的安全性方面进行了改良。Windows XP 最受批评的一点是系统经常出现安全漏洞，并且容易受到恶意软件、计算机病毒或缓存溢出等问题的影响。为了改善这些情况，微软总裁比尔·盖茨于 2002 上半年宣布在全公司实行“可信计算的政策”(Trustworthy Computing Initiative)，这个活动的目的是让全公司各方面的软件开发部门一起合作，共同解决安全性问题。微软宣称由于希望优先增进 Windows XP 和 Windows Server 2003 的安全性，因而延误了 Vista 的开发。

2) Windows 7 系统

Windows 7 系统是由微软公司开发的具有革命性变化的操作系统，该系统旨在让人们的日常电脑操作更加简单和快捷，为人们提供高效易行的工作环境。本文将在 2.2 节中具体介绍 Windows 7 系统。

3．UNIX 系统

UNIX 系统是一种发展比较早的操作系统，一直占有操作系统市场较大的份额，但是近几年被 Windows NT 和 Windows 2000/XP 抢占了许多份额。UNIX 的优点是具有较好的可移植性，可运行于许多不同类型的计算机上，具有较好的可靠性和安全性，支持多任务、多处理、多用户、网络管理和网络应用；缺点是缺乏统一的标准，应用程序不够丰富，并且不易学习，这些都限制了 UNIX 的普及应用。

4．Linux 系统

Linux 系统是一种源代码开放的操作系统。用户可以通过 Internet 免费获取 Linux 及其生成工具的源代码，然后进行修改，建立一个自己的 Linux 开发平台，开发 Linux 软件。

Linux 实际上是从 UNIX 发展起来的，与 UNIX 兼容，能够运行大多数的 UNIX 工具软件、应用程序和网络协议。Linux 继承了 UNIX 以网络为核心的设计思想，是一个性能稳定的多用户网络操作系统。同时，它还支持多任务、多进程和多 CPU。

Linux 版本众多，厂商们利用 Linux 的核心程序，再加上外挂程序，就变成了现在的各种 Linux 版本。现在主要流行的版本有 Red Hat Linux、Turbo Linux、S.u.S.E Linux 等。我国自己开发的有红旗 Linux、蓝点 Linux 等。

2.1.4 Windows XP Professional 的特点

不同的操作系统有其自身的特点，当然 Windows XP 也不例外，它更好地综合了网络和个人 PC 的功能，具有极高的安全性和稳定性，同时显著提高了系统的运行速度，给用户提供了很大的方便。Windows XP 在构造、性能和界面上都给人一种全新的感觉。

1．友好的界面

Windows XP 的界面一改往日的面貌。草绿色的“开始”菜单、亮蓝色的任务栏等都焕然一新地展现在我们的眼前。

Windows XP 的桌面采用了 Windows XP 的主题，是一组蓝天白云的背景，给人一种身临其境的感觉。

Windows XP 为“开始”菜单、窗口搭配了和谐的色彩，添加了浑圆的边角和恰到好处的光泽，使得原来呆板的界面顿时活跃起来，并且 Windows XP 还在一些窗口中添加了卡通效果，使操作更具有趣味性。

2．方便账户的使用和管理

如果在同一台计算机上存在多个用户账号，在启动 Windows XP 之后，就进入了 Windows XP 的登录界面。在登录界面可选择某个预先设计好的用户图片，输入密码即可登录，并享有相应的用户权限。当然，如果用户对传统的登录方式情有独钟，也可以将登录方式设置为传统登录方式。

对于多个用户共用一台计算机的情况，Windows XP 提供了快速“用户切换”的功能。使用该功能可以在不需要重新启动计算机的情况下直接进行用户切换，当然也不需要关闭相应的程序。例如，一个用户在使用计算机排版的过程中需要离开一会儿，另一个用户就可以切换到自己的账户下进行他所需要的工作。与此同时，排版的应用程序仍留在第一个

账户下继续运行，当第一位用户回来后，切换到自己的账户下仍然可继续刚才的工作。

3．轻松获取帮助与支持

对于功能如此强大的 Windows XP，用户不可能对它操作的方方面面都了解，Windows XP 为用户提供了准确而有用的帮助系统。打开“开始”菜单中的“帮助和支持”命令，可看到一系列常用的帮助主题和支持任务供用户选择，整个帮助内容的分类非常合理，用户很容易就可以找到自己所需要的帮助信息。

远程协助功能是 Windows XP 的另一个特点。当用户遇到自己解决不了的问题时，就可打开“远程协助”，通过发邮件或联系 MSN Messenger 的一个在线朋友，寻求帮助。当联系上对方后，对方就可利用基于终端服务技术的“远程桌面连接”命令，登录到故障机器进行远程修复操作，在对方的界面中会出现故障机器的桌面，对方可以像操纵自己的电脑一样方便地操纵远程机，当然要使用具有较高权限的账户才行。

4．强大的多媒体功能

Windows Media Player 8.0 是 Windows XP 提供的一个非常强大的多媒体播放软件，它可以播放 CD、MP3、VCD 等多种媒体文件(Real 格式的文件除外)，装载第三方 DVD 解码程序后还可以播放 DVD。使用它可以直接把 CD 音轨转换成 WMA 格式文件并保存到硬盘，还可以直接把 CD 转换成 MP3 文件。如果用户有自己的可写光盘和可写光盘驱动器，就可以直接烧制 CD，备份自己的个人信息，将喜欢的音乐、图片等文件录制到光盘中。这种烧制工作不需要专门的软件，用户只需要使用类似于操作硬盘上文件的拷贝和粘贴命令就可以实现 CD 的烧制。

Windows Movie Maker 是个全新的工具，它可以录制来自音频、视频输入设备的音频流和视频流，并可对收集到的视频和音频进行简单的编辑，成果除了可以保存起来外，还可以立即方便地发布到 Internet 上。通过它，用户可以将计算机中的图像、声音、视频剪辑等多媒体文件组合起来，制作自己的小电影。

Windows XP 提供了 WIA(Windows Image Acquisition)系统，让用户可以方便地在图像处理软件中直接获取数码相机或扫描仪中的图片资源。使用“扫描仪和相机向导”可以使用户方便地将图片下载到硬盘上的指定目录中，并对图片进行编辑，最后输出或发布到互联网上。在查看图片时，用户可以采用缩略图的查看方式直接查看文件夹中的图片文件，还可以调用系统中自带的浏览程序对图像文件进行预览。Windows XP 还提供了“图片收藏”功能，用户使用它可以管理自己的图片文件以及将自己的图片实现共享，还可将该文件夹中的图片设置成屏幕保护程序来实现自动播放。

5．安全性能提高

Windows XP 沿用了 Windows 2000 的一些高级安全设置，并在此基础上进行了扩展。用户可借助加密文件系统对 NTFS 格式分区中的一些重要文件进行加密，其他用户登录同一台机器是打不开这些加密文件的。另外，用户还可以在“文件夹选项”对话框中对脱机文件进行加密。用户在因特网上冲浪时可能会遭到黑客恶意的攻击，黑客会对计算机资源进行非法访问和删改，如果装了防火墙，受危害程度就会大大降低。Windows XP 内置了“Internet 连接防火墙”功能，它可以限制或阻止来自 Internet 的未经要求的连接，从而保护用户的计算机和网络。

2.2 Windows 7 简介

Windows 7 系统是继 Windows Vista 后又一重要的操作系统，2009 年 10 月在全球发售。图 2.2 为 Windows 7 标志，图 2.3 为 Windows 7 桌面和“开始”菜单。Windows 7 系统运行更加快速，微软在开发 Windows 7 的过程中，始终将性能放在首要的位置。Windows 7 不仅在系统启动时间上进行了大幅度的改进，并且对休眠模式、唤醒系统等细节也进行了改善。

图 2.2　Windows 7 标志

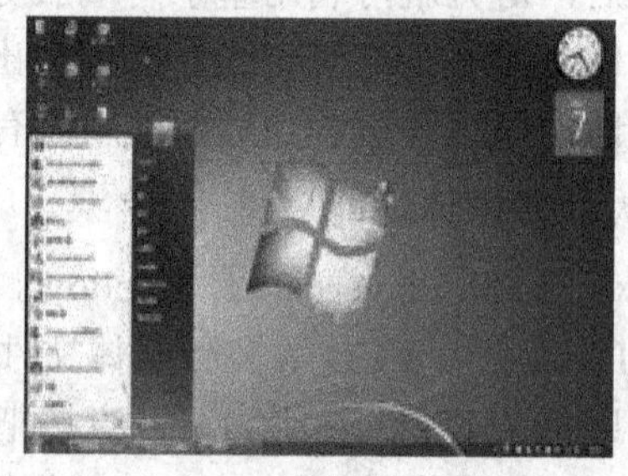

图 2.3　Windows 7 桌面和“开始”菜单

1. 系统特色

1) 革命性的工具栏设计

进入 Windows 7，会第一时间注意到屏幕的最下方经过全新设计的工具栏。这条工具栏从 Windows 95 时代沿用至今，终于在 Windows 7 中有了革命性的颠覆，工具栏上所有的应用程序都不再有文字说明，只剩下一个图标，而且同一个程序的不同窗口将自动组合。鼠标移到图标上时会出现已打开窗口的缩略图，再次点击便会打开该窗口。在任何一个程序图标上单击右键，都会出现一个显示相关选项的选单，微软称为 Jump List。在这个选单中除了有更多的操作选项之外，还增加了一些强化功能，可让用户更轻松地实现精确导航并找到搜索目标。

2) 更加个性化的桌面

在 Windows 7 中，用户能对自己的桌面进行更多的操作和个性化设置。首先，在 Windows 7 中有的侧边栏被取消，而原来依附在侧边栏中的各种小插件现在可以任用户自由放置在桌面的任何角落，不仅释放了更多的桌面空间，视觉效果也更加直观和个性化。此外，Windows 7 中内置主题包带来的不仅是局部的变化，更是整体风格的统一，壁纸、面板色调、甚至系统声音都可以根据喜好选择定义。用户可以同时选中多张壁纸，让它们在桌面上像幻灯片一样播放，快慢自定。最精彩的是中意的壁纸、心仪的颜色、悦耳的声音、有趣的屏保统统选定后，用户可以将其保存为自己的个性主题包。

3) 智能化的窗口缩放

半自动化的窗口缩放是 Windows 7 的另外一项有趣功能。用户把窗口拖到屏幕最上方，窗口就会自动最大化；把已经最大化的窗口往下拖一点，它就会自动还原；把窗口拖到左、右边缘，它就会自动变成 50%宽度，方便用户排列窗口。这对需要经常处理文档的用户来

说是一项十分实用的功能，省去不断在文档窗口之间切换的麻烦，可以轻松直观地在不同的文档之间进行对比、复制等操作。

4) 无缝的多媒体体验

Windows 7 支持从家庭以外的 Windows 7 个人电脑上由远程互联网访问家里 Windows 7 电脑中的数字媒体中心，随心所欲地欣赏保存在家庭电脑中的任何数字娱乐内容。有了这个功能，即使深夜一个人加班也不会感觉孤独。而 Windows 7 中强大的综合娱乐平台和媒体库——Windows Media Center 不但可以让用户轻松管理电脑硬盘上的音乐、图片和视频，而且是一款可定制化的个人电视。只要将电脑与网络连接或是插上一块电视卡，就可以随时随处享受 Windows Media Center 上丰富多彩的互联网视频内容或者高清的地面数字电视节目。同时，也可以将 Windows Media Center 电脑与电视连接，给电视屏幕带来全新的使用体验。

2. 版本简介

1) Windows 7 简易版

Windows 7 简易版如图 2.4 所示，它简单易用，保留了为大家所熟悉的 Windows 特点和兼容性，并吸收了可靠性和响应速度方面的最新技术进步。

2) Windows 7 家庭普通版

Windows 7 家庭普通版如图 2.5 所示。使用 Windows 7 家庭普通版，用户可以更快捷、更方便地访问使用最频繁的程序和文档。

图 2.4　Windows 7 简易版

图 2.5　Windows 7 家庭普通版

3) Windows 7 家庭高级版

Windows 7 家庭高级版如图 2.6 所示。使用 Windows 7 家庭高级版，用户可以轻松地欣赏和共享喜爱的电视节目、照片、视频和音乐。

4) Windows 7 专业版

Windows 7 专业版如图 2.7 所示。Windows 7 专业版具备用户所需要的各种商务功能，并拥有家庭高级版卓越的媒体和娱乐功能。

图 2.6　Windows 7 家庭高级版

图 2.7　Windows 7 专业版

5) Windows 7 旗舰版

Windows 7 旗舰版如图 2.8 所示。Windows 7 旗舰版具备 Windows 7 家庭高级版的所有娱乐功能和专业版的所有商务功能，同时增加了安全功能以及在多语言环境下工作的灵活性。

图 2.8　Windows 7 旗舰版

3. 配置要求

安装 Windows 7 的推荐配置如表 2.2 所示。

表 2.2　安装 Windows 7 的推荐配置表

设备名称	基本要求	备　注
CPU	2.0 GHz 及以上	Windows 7 包括 32 位及64 位两种版本，如果希望安装 64 位版本，则需要支持 64 位运算的 CPU 的支持
内存	1 G DDR 及以上	最好还是 2 G DDR2以上，最好用 4 GB(32 位操作系统只能识别大约 3.25 GB 的内存，但是通过破解补丁可以使 32 位系统识别并利用 4 G 内存)
硬盘	40 GB 以上可用空间	因为软件等可能还要占用几 GB 空间
显卡	支持 DirectX 9WDDM1.1 或更高版本(显存大于 128MB)	支持 DirectX 9 就可以开启 Windows Aero 特效
其他设备	DVD R/RW 驱动器或者 U 盘等其他储存介质	安装用
	互联网连接/电话	需要在线激活，如果不激活，最多只能使用 30 天

2.3　Windows XP 界面操作

2.3.1　Windows XP 的安装

所有的软件在使用之前，必须先进行安装，操作系统也不例外。下面分别介绍一下 Windows XP 安装版和 Windows XP GOST 版的安装方法，用户可以根据自己现有的安装版本选择安装方法。

1. Windows XP 安装版的安装步骤

(1) 开机按 Del 键或 F2 键进入 BIOS 设置(不同主板按键不一样，可以参考主板说明)，选择并进入第二项："BIOS SETUP"(BIOS 设置)。在里面找到包含 BOOT 文字的项或组，并找到依次排列的"FIRST"、"SECOND"和"THIRD"三项，分别代表"第一项启动"、"第二项启动"和"第三项启动"。这里按顺序依次设置为"光驱"、"软驱"和

"硬盘"即可(如在这一页没有见到这三项，通常 BOOT 右边的选项菜单为"SETUP"，这时按回车键(Enter)进入即可看到了)。然后选择"FIRST"并按回车键，在随后显示的子菜单中选择 CD-ROM，再按回车键，将计算机的启动模式设置成从光盘启动，也就是从 CD-ROM 启动。

(2) 启动机器，插入 XP 的安装光盘，等待光盘引导出现，当出现"PRESS ANY KEY TO BOOT FROM CD..."时，按任意键进行引导。这时候，XP 的安装程序会自动运行，一直等待到出现界面，按回车键(Enter)，然后点击同意协议，按 F8 键。

(3) 接着是划分出 XP 在硬盘上占用的空间，推荐 5 GB 以上。按"C"建立一个分区，输入要给它划分的大小，回车确定，然后回到上一步菜单，按回车键，即把 XP 安装在你所选择的分区上。

(4) 开始格式化硬盘分区，推荐使用 NTFS 分区。这个时候可以等待，直到出现"复制完成，等待重新启动"的蓝色界面，便可以按一下回车键，略过 15 秒的等待时间。重新启动之后，就会进入第二轮的安装，这时，不需要做什么，只需要等待即可。安装相应的系统软件时，会自动进入到手动信息采集，选择区域和文字支持面。

(5) 输入序列号，自定义计算机名和系统管理员密码。如果只是自己使用计算机，可以不设置密码，这样便于 Windows 自动登录。接下来的步骤按提示操作即可。

2. Windows XP GOST 版的安装步骤

(1) 设置从光盘启动，方法同 Windows XP 安装版的安装步骤(1)是一致的。

(2) 启动机器，插入 GOST XP 的安装光盘，之后便是光盘的安装界面，根据不同厂商提供的版本，界面也会不同，这时我们只要选择安装 GOST XP 选项，然后系统会自动分析计算机信息，不需要任何操作，直到显示器屏幕变黑，重新启动系统，系统便自动安装完成。

(3) 重启之后，将光盘取出，让计算机从硬盘启动，进入 XP 的设置窗口。依次按"下一步"、"跳过"、选择"不注册"，完成后进入 XP 系统桌面，在桌面上单击鼠标右键，选择"属性"，选择"显示"选项卡，点击"自定义桌面"项，勾选"我的电脑"，选择"确定"退出。

(4) 返回桌面，右键单击"我的电脑"，选择"属性"，选择"硬件"选项卡，选择"设备管理器"，里面是计算机所有硬件的管理窗口，此窗口中所有前面出现黄色问号+叹号的选项代表未安装驱动程序的硬件，双击打开其属性，选择"重新安装驱动程序"，放入相应的驱动光盘，选择"自动安装"，系统会自动识别对应的驱动程序并安装完成。AUDIO 为声卡，VGA 为显卡，SM 为主板，需要首先安装主板驱动，如没有 SM 项则代表不用安装。安装好所有驱动之后重新启动计算机，至此，驱动程序安装完成(多数 GOST XP 安装盘整合了驱动和一些常用软件，方便广大用户使用，用户可自行勾选使用)。

2.3.2 系统的启动与退出

安装完 Windows XP Professional 中文版之后，下面介绍系统的启动和退出。

1. Windows XP 新的登录界面

在单一的 Windows XP Professional 中文版操作系统下，开机后，计算机将自行进入该操作系统。第一次登录时，必须以 Administrator 的身份登录。输入在安装时设置好的密码，按回车键后就可以进入 Windows XP Professional 系统了，如图 2.9 和图 2.10 所示。

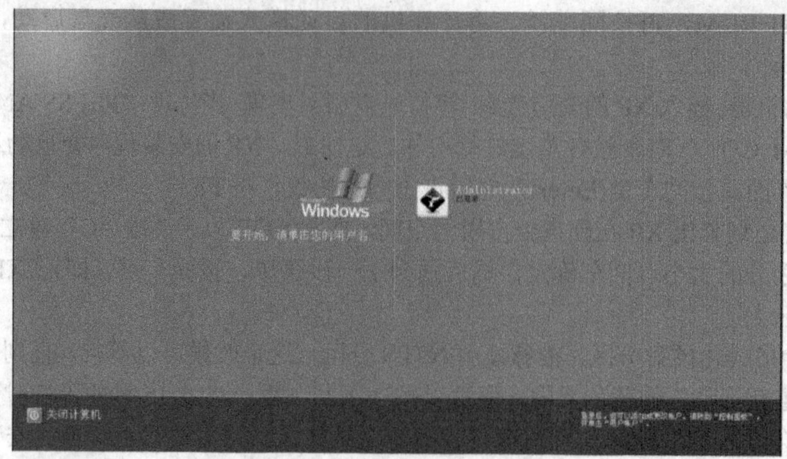

图 2.9　Windows XP 的登录界面

图 2.10　Windows XP 桌面

2．退出 Windows XP Professional

工作完以后想要关机时，按如下步骤进行：

(1) 关闭所有打开的应用程序的窗口。如果不关闭，在关机时系统将要询问是否要关闭所有应用程序。一般来说，需将其关闭。

(2) 单击"开始"菜单，出现如图 2.11 所示的菜单，这是"开始"菜单使用的简单模式，与传统的 Windows 98、Windows NT、Windows 2000 都有所不同。

单击"关闭计算机"图标，则会出现如图 2.12 所示窗口。在此，可以选择"关闭"、"重新启动"或"待机"。与 Windows 2000 Professional 相比，这里少了"注销"。点击"关闭"将使系统停止工作。点击"重新启动"可使用户在系统出现问题或作了新的设置以后，重新进入系统以消除问题或使设置生效。Windows XP Professional 能使配置较新的计算机自动切断电源，对一些较老的计算机则要出现提示后方可关机。

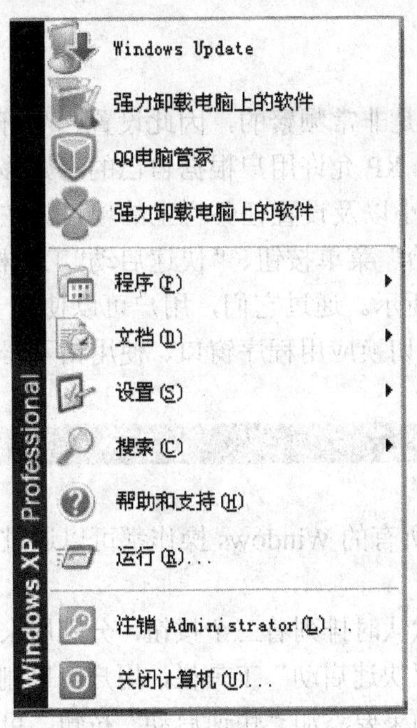

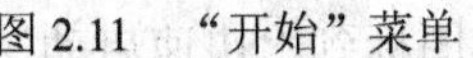

图 2.11　“开始”菜单

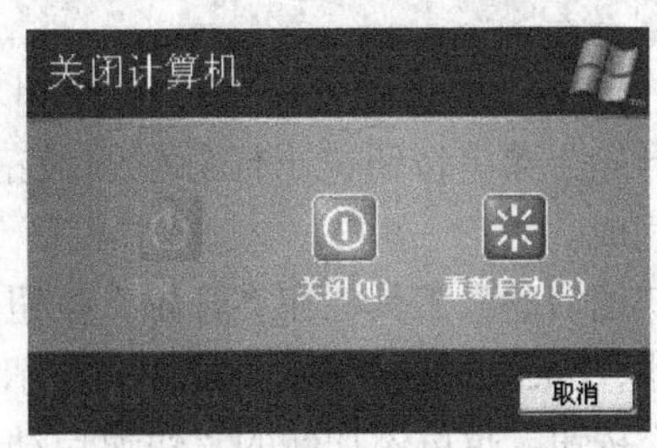

图 2.12　“关闭计算机”窗口

注意：非正常关机可能造成数据丢失。所以，一些敏感部门使用 UPS 电源以避免诸如停电而引起的非正常关机。

2.3.3　“开始”菜单和任务栏

使用过 Windows 操作系统的用户都知道，“开始”菜单是用户使用和管理计算机的起点和大门，也是最重要的操作菜单，通过它用户几乎可以完成任何系统的使用、管理和维护工作。因此，掌握“开始”菜单的使用，对于用户来说是非常重要的。任务栏也是计算机桌面中一个重要的工具，通过它用户可以完成各种使用和管理任务。任务栏固定存在于桌面上，如果不手动隐藏它，用户运行任何应用程序或打开任何窗口，它都以当前状态出现在窗口的底部，以便用户随时进行操作。

1．使用“开始”菜单

Windows XP 的“开始”菜单与旧版本 Windows 的“开始”菜单有较大的差别。从全局来说，新样式的“开始”菜单可以分为以下五部分：

(1) 顶端部分显示的是计算机的当前登录用户名。

(2) 中部左侧是计算机中常用的应用程序快捷启动项，用户可以通过该部分快速地启动经常运行的应用程序。

(3) 中间右侧为系统控制工具，如“我的电脑”、“搜索”和“运行”等，用户通过该部分可完成大多数对计算机的管理、文件的运行或查找、网络连接等操作。

(4) 左下方是“所有程序”子菜单，它和旧版本的“程序”子菜单一样，显示所有在计算机中安装的应用程序。

(5) 最下方是计算机控制部分，其中有“注销”和“关闭计算机”两个按钮，通过该部分可以完成切换用户、关闭或重新启动计算机等操作。

2. 使用任务栏

在计算机系统的管理和使用中，任务栏的使用是非常频繁的，因此设置一个符合用户自己习惯和要求的个性化任务栏非常必要。Windows XP 允许用户根据自己的喜好移动任务栏的位置，选择是否显示任务栏，修改任务栏的大小以及设置任务栏上的项目。在默认情况下，任务栏位于窗口的底部，包括四部分："开始"菜单按钮、"快速启动"工具栏、"最小化窗口"按钮栏和任务栏通知区域，如图 2.13 所示。通过它们，用户可以使用"开始"菜单、"快速启动"工具栏指定应用程序、最小化、切换应用程序窗口、使用指示器小程序等。下面将分别介绍这几个方面的内容。

开始 WebOffice[基于WE... windows界面操作... 10:08

图 2.13　任务栏

"开始"菜单按钮位于任务栏的最左侧，几乎所有的 Windows 操作都可以通过操作该按钮来完成。

"快速启动"工具栏在"开始"按钮的右侧，默认时排列着三个按钮，分别用来启动媒体播放器、Internet Explorer 浏览器和显示桌面。在"快速启动"工具栏，用户可以删除"快速启动"按钮，也可添加新的"快速启动"按钮。如果要添加"快速启动"按钮，可在桌面上或者文件夹窗口中找到要快速打开的项目，然后拖动其图标到"快速启动"工具栏，当要放置的位置出现黑色指示线时释放鼠标即可。要删除不再使用的"快速启动"按钮时，右击该按钮，从弹出的快捷菜单中选择"删除"命令，出现信息提示框后单击"是"按钮即可。

每次启动 Windows 应用程序或打开窗口时，最小化窗口按钮栏就会出现，代表该应用程序或窗口的按钮，其中代表当前窗口的按钮呈现被选状态。如果用户要激活其他窗口，单击代表相应窗口的按钮即可。所以，用户利用任务栏可以很方便地进行应用程序的切换。

时间指示器在任务栏中的作用是显示出系统当前的时间。双击时间指示器，将打开"日期和时间属性"对话框。在"日期和时间"选项卡下，用户可以改变计算机显示的时间与日期。在"时区"选项卡中，用户可以选择自己所在的时区。而使用"Internet 时间"选项卡，可以使自己的计算机和 Internet 上的时间服务器保持同步。

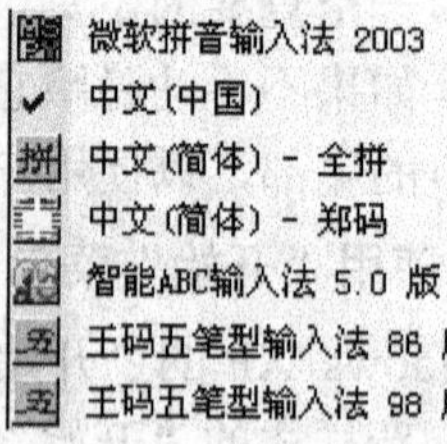

微软拼音输入法 2003
中文(中国)
中文(简体) - 全拼
中文(简体) - 郑码
智能ABC输入法 5.0 版
王码五笔型输入法 86 版
王码五笔型输入法 98 版

图 2.14　选择输入法

输入法指示器用来帮助用户快速选择自己需要的输入法。单击输入法指示器按钮之后，将打开如图 2.14 所示的输入法菜单，它列出了系统中所有已经安装的输入法，当前正在使用的输入法名称前会有一个黑色"√"图标。单击输入法名称之后，用户即可使用该输入法进行文字输入，而其他的输入法则处于关闭状态。右击输入法指示器，从弹出的快捷菜单中选择"属性"命令，可打开"键盘属性"对话框的"语言"选项卡进行输入法的删除、添加和设置等操作。

如果用户的系统中安装了声音设备，则在任务栏会出现音量控制指示器。单击该指示器按钮之后，将在屏幕上弹出如图 2.15 所示的"音量"控制框。通过鼠标拖动音量滑块可

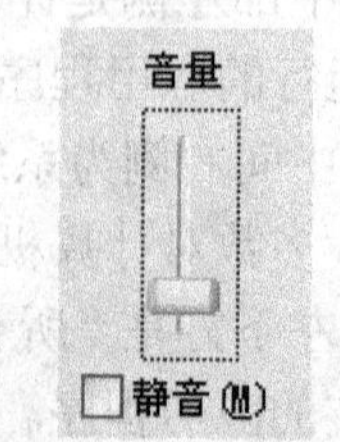

图 2.15　音量控制框

以调节扬声器的音量。

如果启用“静音”复选框，将关闭扬声器的声音。如果用户双击音量控制指示器按钮，将打开如图 2.16 所示的“音量控制”对话框，它是图 2.15 所示的音量控制框的扩展。在此窗口中，通过拖动鼠标，用户不仅可以控制扬声器的音量，还可以控制声音输出波形、软件合成器、线路输入和 CD 唱机等。

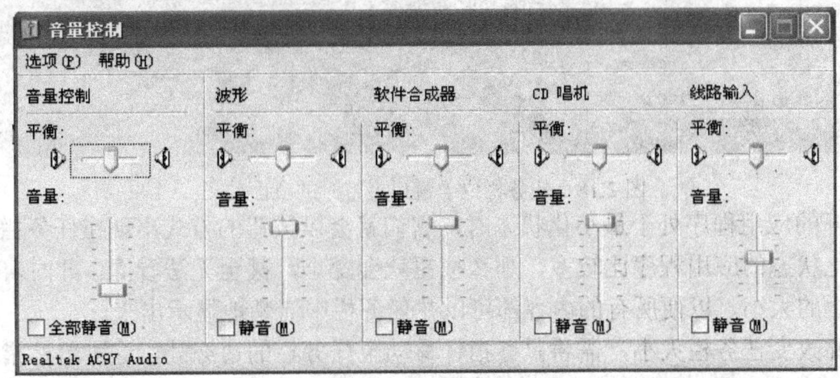

图 2.16　“音量控制”对话框

3. 管理任务栏

任务栏在计算机的管理过程中处于非常重要的位置，系统允许用户对它进行各种管理，以方便对窗口和任务栏的使用。例如，隐藏任务栏可以使桌面显示更多的信息；移动任务栏可以使任务栏出现在适合用户操作的地方。

用户在使用计算机的过程中，经常会遇到一些情况：全屏显示的窗口的状态栏被任务栏所覆盖，不能查看状态栏信息。这时，用户就需要隐藏任务栏，使窗口真正全屏显示。另外，对于一个干净漂亮的桌面来说，任务栏可能极大地影响到用户的视觉效果，也需要隐藏起来。要隐藏任务栏，只需在任务栏中单击鼠标右键，从弹出的快捷菜单中选择“属性”命令，打开“任务栏和“开始”菜单属性”对话框，并在“任务栏”选项卡中选中“自动隐藏任务栏”复选框即可，如图 2.17 所示。

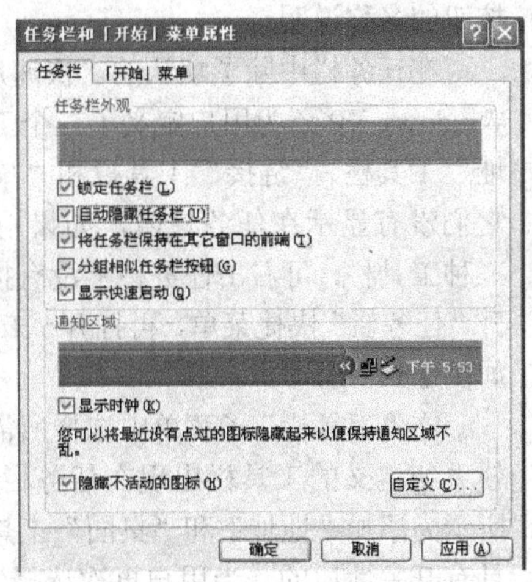

图 2.17　设置自动隐藏任务栏

在默认情况下，任务栏位于桌面的底部。根据个人的爱好和需要，用户可以把它移动到桌面的顶部、左侧或右侧。如果要移动任务栏，必须先确保当前的任务栏没有被锁定，在图 2.17 中，取消选中“锁定任务栏”复选框，再将鼠标指针指向任务栏上没有按钮的位置，然后用鼠标拖动任务栏。当把任务栏拖动至桌面的任何一个边界处时，屏幕上将出现一条阴影线，指明任务栏的当前位置。用户确认拖动位置符合自己的要求后，释放鼠标，即可改变任务栏的当前位置。在桌面的使用过程中，用户可以随时移动任务栏。如图 2.18 所示即为将任务栏移动到窗口上方时的桌面效果。

图 2.18　任务栏位于窗口上方时的桌面效果

当打开的应用程序处于最小化状态时，它们就会以按钮的方式出现在任务栏内。如果处于最小化状态的应用程序比较多，那么按钮就会变小，甚至无法看清。此时，用户可以调整任务栏的大小，以便所有的内容都可以在任务栏中清楚地显示出来。

用户要改变任务栏大小，需将鼠标指针移动至任务栏的边缘处，这时鼠标指针将变为双箭头形状，然后拖动鼠标至合适的位置，并释放鼠标。当任务栏的大小发生变化时，位于任务栏上按钮的大小也随之发生变化。当任务栏位于屏幕的左右两侧时，缩小后的任务栏有可能无法看到按钮的名称，但只要将鼠标指针指向该按钮，即可在鼠标指针处出现该按钮的名称说明。

在任务栏中除了默认的“快速启动”工具栏，Windows XP 还为用户定义了三个工具栏，即“地址”工具栏、“链接”工具栏和“桌面”工具栏，它们没有显示在任务栏内，如果用户希望显示这三种工具栏，可右击任务栏上没有按钮的位置，打开“任务栏”快捷菜单，再打开“工具栏”子菜单，如图 2.19 所示。

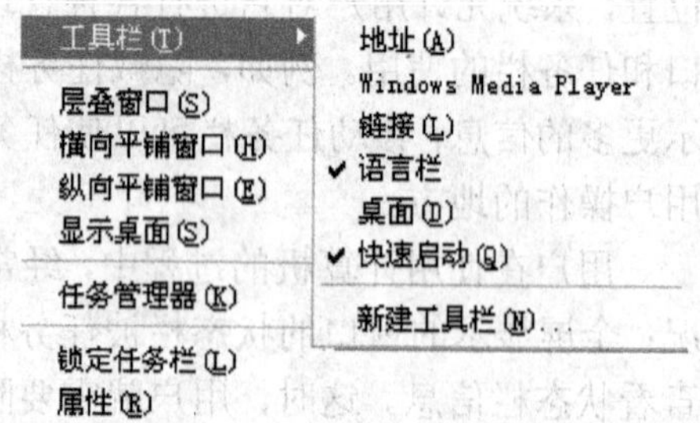

图 2.19　“工具栏”子菜单

在“工具栏”子菜单中选择所需的命令，即可使系统定义的工具栏出现在任务栏内，如图 2.20 所示为添加“地址”和“桌面”工具栏后的任务栏。另外，“工具栏”子菜单中的命令都是具有开关性质的，当用户再次选择该命令时，即可取消与该命令对应的工具栏在任务栏内的显示。

图 2.20　添加“地址”和“桌面”工具栏后的任务栏

在 Windows XP 系统中，用户不仅可以选定系统定义的工具栏，还可以在任务栏内创建个人的工具栏。如果用户在任务栏内创建了“应用程序”工具栏，那么用鼠标单击“应用程序”工具栏中的图标后，即可启动该应用程序。如果在任务栏内创建了“文件夹”工具栏，那么用鼠标单击“文件夹”工具栏中的图标后，将打开该文件夹所包含的文件。

要在任务栏内创建工具栏，则右击任务栏上没有按钮的位置，在“任务栏”快捷菜单中打开“工具栏”子菜单，然后单击“新建工具栏”命令，打开“新建工具栏”对话框，如图 2.21 所示。在列表框中选择要新建工具栏的文件夹，也可以在“文件夹”文本框中输入 Internet 地址。选择好之后，单击“确定”按钮即可在任务栏上创建个人的工具栏。创建新的工具栏之后，再打开“任务栏”快捷菜单，执行其中的“工具栏”命令时，可以发现新建工具栏名称已经出现在它的子菜单里，并且在工具栏的名称前标有符号“√”。

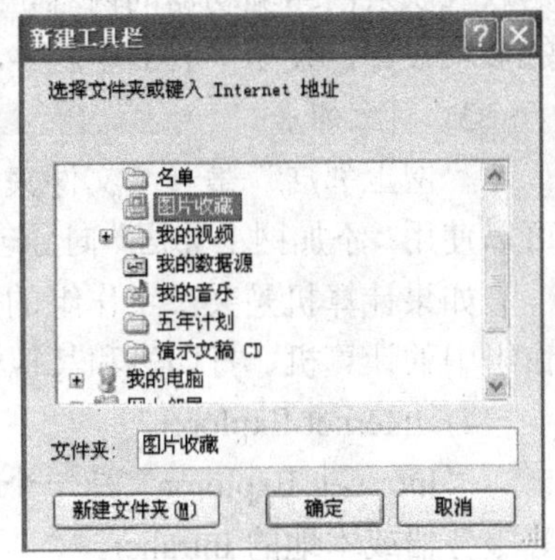

图 2.21　“新建工具栏”对话框

用户可以在需要时创建自己的工具栏，也可在不需要时取消自己创建的工具栏在任务栏上的显示。

2.3.4　桌面

所谓桌面，是指 Windows XP 所占据的屏幕空间，即整个屏幕背景。桌面的底部是一个任务栏，其最左端是“开始”按钮，最右端是任务栏通知区域。刚开始时桌面上只有一个“回收站”图标，以后用户可以根据自己的喜好设置桌面，把经常使用的程序、文档和文件夹放在桌面上或在桌面上为它们创建快捷方式。

Windows XP 操作系统采用了独特的桌面系统：亮蓝色的任务栏、草绿色的“开始”菜单，给人一种焕然一新的感觉，而在操作上则更为方便。Windows XP 在界面上较 Windows 2000 有了更大的变化，它采用了 Windows XP 的主题，使桌面更加富有立体感。正确完成中文 Windows XP 系统的安装之后，在默认的情况下，每次开机会自动登录到 Windows XP 的桌面。

用户第一次登录 XP 操作系统时，出现的界面如图 2.10 所示。如果用户以前操作过原来版本的 Windows 操作系统，将发现以前存在于桌面上的一些图标，例如“我的电脑”、“我的文档”、“网上邻居”等一些系统图标现在都找不到了，整个桌面上只有“回收站”一个快捷方式图标了。那么这些图标究竟去哪儿了呢，若用户不喜欢这个新颖的桌面可以自己对它重新进行设置。

1. 桌面上的图标说明

图标是指排列在桌面上的小图像，它包含图形、说明文字两部分，如果把鼠标放在图标上停留片刻，桌面上会出现对图标所表示内容的说明或者是文件存放的路径，双击图标就可以打开相应的内容。

1) 我的文档

“我的文档”是一个文件夹，是文档、图片和其他文件的默认存储位置。每个登录到该计算机的用户均拥有各自唯一的“我的文档”文件夹，这样，一个用户无法访问使用同一台计算机的其他用户存储在“我的文档”文件夹中的文档。

2) 我的电脑

“我的电脑”是一个文件夹，使用该文件夹可以快速查看软盘、硬盘、CD-ROM 驱动器以及映射网络驱动器的内容，还可以从“我的电脑”中打开“控制面板”，配置计算机中的多项设置。使用“我的电脑”可以查看计算机中的所有内容，包括文件和文件夹。

3) 网上邻居

“网上邻居”是一个文件夹，用来浏览网络上的共享计算机、打印机和其他资源，也可以使用“添加网上邻居”向导创建到网络服务器、Web 服务器和 FTP 服务器的快捷方式。

如果计算机是某个工作组的成员，则可以通过“查看工作组计算机”任务查看同一工作组中的计算机、打印机和其他资源。

4) Internet Explorer

“Internet Explorer”是一个 Internet 浏览器，用于访问 Internet 上的 Web、FTP、BBS 等服务器或本地的 Intranet。

5) 回收站

“回收站”是一个文件夹，用来存储被删除的文件、文件夹或 Web 页，直到清空为止。用户可以把“回收站”中的文件恢复到它们在系统中原来的位置。

2．创建桌面图标

桌面上的图标实质上就是打开各种程序和文件的快捷方式，用户可以在桌面上创建自已经常使用的程序或文件的图标，这样，使用时直接在桌面上双击即可快速启动该项目。

创建桌面图标可执行下列操作：

(1) 右击桌面的空白处，在弹出前快捷菜单中选择“新建”命令。

(2) 通过“新建”命令下的子菜单，用户可以创建各种形式的图标，例如文件夹、快捷方式、文本文档等，如图 2.22 所示。

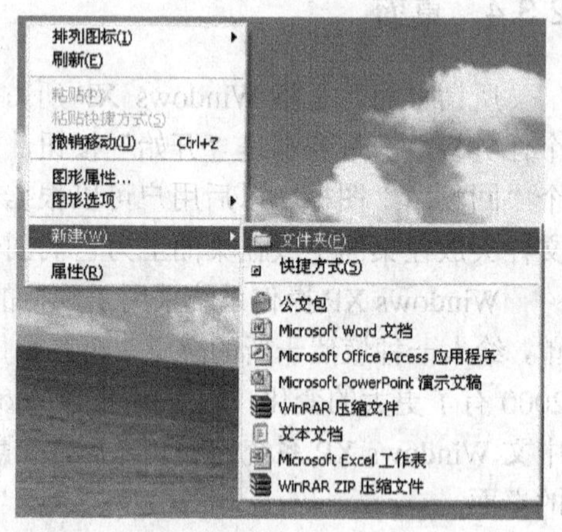

图 2.22 “新建”命令

3．图标的排列

当用户在桌面上创建多个图标时，如果不进行排列会显得非常凌乱，不利于选择所需要的项目，而且影响视觉效果。使用排列图标命令，可以使用户的桌面看上去整洁而富有条理。用户需要对桌面上的图标进行位置调整时，可在桌面的空白处右击，在弹出的快捷菜单中选择“排列图标”命令，在子菜单项中包含了多种排列方式。

(1) “名称”：按图标名称开头的字母或拼音顺序排列。

(2) “大小”：按图标所代表文件的大小顺序来排列。

(3) “类型”：按图标所代表的文件的类型来排列。

(4) “修改时间”：按图标所代表文件的最后一次修改时间来排列。

当用户选择“排列图标”子菜单的其中几项后，在其旁边出现“√”标志，说明该选项被选中，再次选择这个命令后，“√”标志消失，即表明取消了此选项。

如果用户选择了“自动排列”命令，在对图标进行移动时会出现一个选定标志，这时只能在固定的位置对各图标进行位置的互换，而不能拖动图标到桌面上的任意位置。

当选择“对齐到网格”命令后，调整图标的位置时，它们总是成行、成列地排列，也

不能移动到桌面上的任意位置。

4．图标的重命名与删除

若要给图标重新命名，可执行下列操作：

(1) 在该图标上右击。

(2) 在弹出的快捷菜单中选择“重命名”命令。

(3) 当图标的文字说明呈反色显示时，可以输入新名称，然后在桌面上的任意位置单击，即可完成对图标的重命名。

当桌面的图标失去使用价值时，就需要删掉，这时，在所需要删除的图标上右击，再在弹出的快捷菜单中选择“删除”命令即可；也可以在桌面上选中该图标，然后按 Delete 键直接删除。当选择删除命令后，系统会弹出一个对话框询问用户是否确实要删除所选内容并移入回收站，单击“是”，删除生效；单击“否”或者单击对话框的“关闭”按钮，此次操作取消。

2.3.5　窗口

当用户打开一个文件或者程序时，都会出现一个窗口，它是用户进行操作的重要组成部分，熟练地对窗口进行操作可提高用户的工作效率。

1．窗口的组成

在中文版 Windows XP 中有许多种窗口，其中大部分都包括了相同的组件。图 2.23 所示是一个标准的窗口，它由标题栏、菜单栏、工具栏等几部分组成。

图 2.23　示例窗口

- 标题栏位于窗口的最上部，它标明了当前窗口的名称，左侧有控制菜单按钮，右侧有“最小化”、“最大化”或“还原”以及“关闭”按钮。
- 菜单栏在标题栏的下面，它提供了用户在操作过程中要用到的各种命令(工具)的访问途径。
- 工具栏中包括了一些常用的功能按钮，用户在使用时可以直接从工具栏中选择各种工具。
- 工作区域在窗口中所占比例最大，显示了应用程序界面或文件中的全部内容。当工作区域的内容太多而不能全部显示时，窗口将自动出现滚动条，用户可以通过拖动水平或者垂直的滚动条来查看所有内容。

2．窗口的操作

窗口的操作在 Windows 系统中是很重要的，不仅可以通过鼠标使用窗口上的各种命令来操作，而且可以通过键盘来使用快捷键进行操作。窗口的基本操作包括打开、缩放、移动等。

1) 打开窗口

当需要打开一个窗口时，可以通过下面两种方式来实现：

• 选中要打开的窗口图标，然后双击打开。

• 在选中的图标上右击，在其快捷菜单中选择“打开”命令。

2) 移动窗口

用户在打开一个窗口后，可以通过鼠标来拖动窗口，也可以通过鼠标和键盘的配合来实现窗口的移动。移动窗口时，用户只需要在标题栏上按下鼠标左键并拖动到合适的位置后再松开即可。

3) 缩放窗口

窗口不但可以被移动到桌面上的任何位置，而且还可以随意改变大小，将其调整到合适的尺寸。当用户需要改变窗口的宽度时，可把鼠标放在窗口的垂直边框上，当鼠标指针变成双向的箭头时，可以任意拖动；如果需要改变窗口的高度，可以把鼠标放在水平边框上，当指针变成双向箭头时进行拖动；当需要对窗口进行等比例缩放时，可以把鼠标放在边框的任意角上进行拖动，也可以用鼠标和键盘的配合来调整窗口，在标题栏上右击，在打开的快捷菜单中选择“大小”命令，屏幕上出现十字带四个箭头的标志时，通过方向键来调整窗口的高度和宽度，调整至合适位置时，单击或者按 Enter 键结束。

4) 最大化、最小化窗口

在对窗口进行操作的过程中，可以根据自己的需要，对窗口进行最小化、最大化等操作。

• “最小化”按钮。暂时不需要对窗口操作时，可把它最小化以节省桌面空间，用户直接在标题栏上单击此按钮，窗口会以按钮的形式缩小到任务栏。

• “最大化”按钮。窗口最大化时铺满整个桌面，这时不能再移动或者是缩放窗口。用户在标题栏上单击此按钮即可使窗口最大化。

• “还原”按钮。当把窗口最大化后想恢复原来打开时的初始状态，单击此按钮即可实现对窗口的还原。用户在标题栏上双击可以进行最大化与还原两种状态的切换。

5) 切换窗口

当用户打开多个窗口时，需要在各个窗口之间进行切换，下面是两种切换的方式：

• 当窗口处于最小化状态时，用户在任务栏上选择所要操作窗口的按钮，然后单击即可完成切换。当窗口处于最大化状态时，可以在所选窗口的任意位置单击，当标题栏的颜色变深时，表明完成了对窗口的切换。

• 用 Alt+Tab 组合键来完成切换。用户可以同时按下 Alt 和 Tab 两个键，屏幕上会出现“切换任务栏”，其中列出了当前正在运行的窗口，用户这时可以按住 Alt 键，再按 Tab 键从“切换任务栏”中选择所要打开的窗口，选中后再松开这两个键，选择的窗口即成为当前窗口。

6) 关闭窗口

用户完成对窗口的操作后，在关闭窗口时有以下几种方式：

- 直接在标题栏上单击“关闭”按钮。
- 双击控制菜单按钮。
- 单击控制菜单按钮，在弹出的控制菜单中选择“关闭”命令。
- 使用 Alt+F4 组合键。
- 如果用户打开的窗口是应用程序，可以在“文件”菜单中选择“退出”命令。
- 如果所要关闭的窗口处于最小化状态，可以在任务栏上选择该窗口的按钮，然后在右击弹出的快捷菜单中选择“关闭”命令。

用户在关闭窗口之前要保存所创建文档或者所作的修改，如果忘记保存，当执行了“关闭”命令后，会弹出一个对话框，询问是否要保存所作的修改：选择“是”后保存关闭，选择“否”后不保存关闭，选择“取消”则不能关闭窗口，可以继续使用该窗口。

3. 窗口的排列

若用户在对窗口进行操作时打开了多个窗口，而且需要全部处于显示状态，则涉及到这些窗口的排列问题，在中文版 Windows XP 中为用户提供了三种可供选择的排列方案。

在任务栏上的非按钮区右击，弹出一个快捷菜单，如图 2.24 所示。

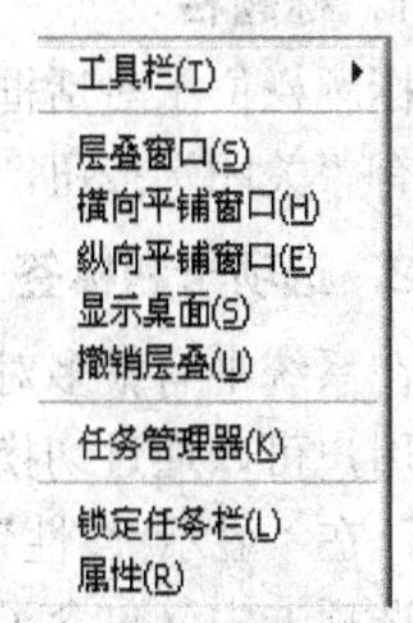

图 2.24　任务栏上的快捷菜单

(1) 层叠窗口：把窗口按先后顺序依次排列在桌面上，当用户在任务栏快捷菜单中选择“层叠窗口”命令后，桌面上将出现排列的结果，其中每个窗口的标题栏和左侧边缘是可见的，用户可以任意切换各窗口之间的顺序，如图 2.25 所示。

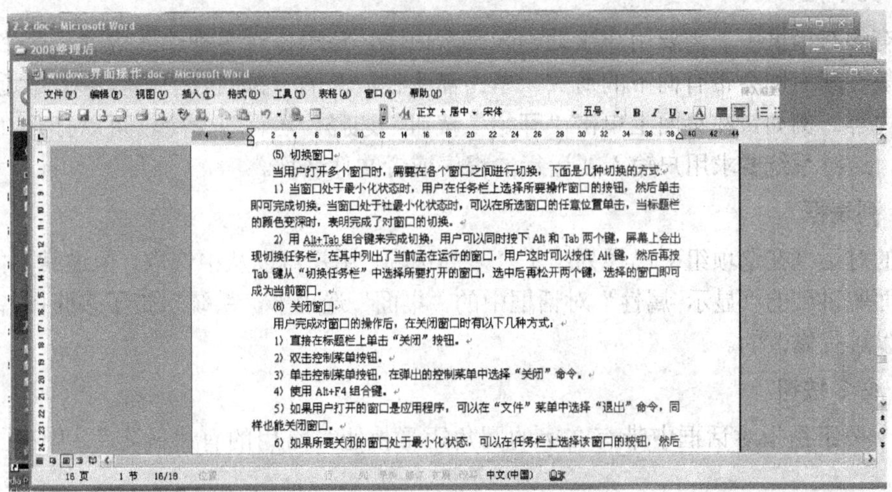

图 2.25　层叠窗口

(2) 横向平铺窗口：各窗口并排显示，在保证每个窗口大小相当的情况下，使得窗口尽可能往水平方向伸展，用户在任务栏快捷菜单中执行“横向平铺窗口”命令后，在桌面上即可出现排列后的结果。

(3) 纵向平铺窗口：在排列的过程中，保证每个窗口都显示的情况下，尽可能往垂直方向伸展，用户选择相应的“纵向平铺窗口”命令即可完成对窗口的排列。

选择了某种排列方式后，在任务栏快捷菜单中会出现相应的撤销该选项的命令，例如，用户执行了“层叠窗口”命令后，任务栏的快捷菜单中会增加一项“撤销层叠”命令，当用户执行此命令后，窗口恢复原状。

2.3.6 对话框

对话框在中文版 Windows XP 中占有重要的地位，是用户与计算机系统之间进行信息交流的窗口。在对话框中，用户通过对选项的选择对系统对象的属性进行修改或设置。

对话框的组成和窗口有相似之处。例如，都有标题栏，但对话框要比窗口更简洁、更直观、更侧重于与用户的交流，它一般包含标题栏、选项卡与标签、文本框、列表框、命令按钮、单选按钮和复选框等几部分。

1. 标题栏

标题栏位于对话框的最上方，系统默认的是深蓝色，上面左侧标明了该对话框的名称，右侧有“关闭”按钮，有的对话框还有帮助按钮。

2. 选项卡和标签

在系统中有很多对话框都是由多个选项卡构成的，选项卡上写明了标签，以便进行区分。用户可以通过切换各个选项卡来查看不同的内容，在选项卡中通常有不同的选项组。例如，在“显示 属性”对话框中包含了“主题”、“桌面”等五个选项卡，在“屏幕保护程序”选项卡中又包含了“屏幕保护程序”、“监视器的电源”两个选项组。

3. 文本框

在有的对话框中，需要用户手动输入某项内容，还可以对各种输入内容进行修改和删除。一般在其右侧会带有向下的箭头，单击箭头在展开的下拉列表中可以查看最近曾经输入过的内容。例如，在桌面上单击“开始”按钮，选择“运行”命令，可以打开“运行”对话框，这时系统要求用户输入要运行的程序或者文件名称。

4. 列表框

有的对话框在选项组下已经列出了众多的选项，用户可以从中选取，但通常不能更改。比如前面所讲到的“显示 属性”对话框中的“桌面”选项卡，系统自带了多张图片，用户是不可以进行修改的。

5. 命令按钮

命令按钮是指对话框中带有文字的圆角矩形按钮，常用的有“确定”、“应用”、“取消”等。

6. 单选按钮

单选按钮通常是一个小圆形，其后面有相关的文字说明，当选中后，在圆形中间会出现一个小圆点。在对话框中通常是一个选项组中包含多个单选按钮，当选中其中一个后，别的选项是不可以选的。

7. 复选框

复选框通常是一个小正方形，在其后面也有相关的文字说明，当用户选择后，在正方形中会出现一个“√”标志。可以任意选择多个复选框。

另外，在有的对话框中还有调节数字的按钮，它由向上和向下两个箭头组成，用户在使用时分别单击箭头即可增加或减少数字。

2.4 操作系统的中英文输入

2.4.1 键盘的基本操作

1. 计算机键盘

现在使用的普通键盘如图 2.26 所示。

图 2.26 计算机普通键盘

2. 操作键盘的正确姿势

操作计算机键盘的正确姿势如下：

(1) 身体保持端正，两脚平放。桌椅的高度以双手可平放桌上为准，桌和椅之间的距离以手指能放在基本键位上为准。

(2) 两臂自然下垂，两肘贴于腋边。肘关节呈垂直弯曲，手腕平直，身体与桌子的距离为 20 cm～30 cm。击键的速度主要取决于手腕，所以手腕要下垂不可拱起。

(3) 按文稿录入文字时，打字文稿放在键盘的左边，或用专用夹夹在显示器旁边。打字时眼观文稿，身体不要倾斜，开始时一定不要养成看键盘输入的习惯，视线应专注于文稿和屏幕。应默念文稿，不要出声。文稿处要有充足的光线，这样眼睛不易疲劳。

3. 正确的击键方法

正确的击键方法是使每个手指分工合作。左手从小指到食指应该依次放在 A、S、D、F 键的位置上，右手从食指到小指依次放在 J、K、L、；键的位置上，两个大拇指放在空格键的位置上，这些键称为基准键，如图 2.27 所示。

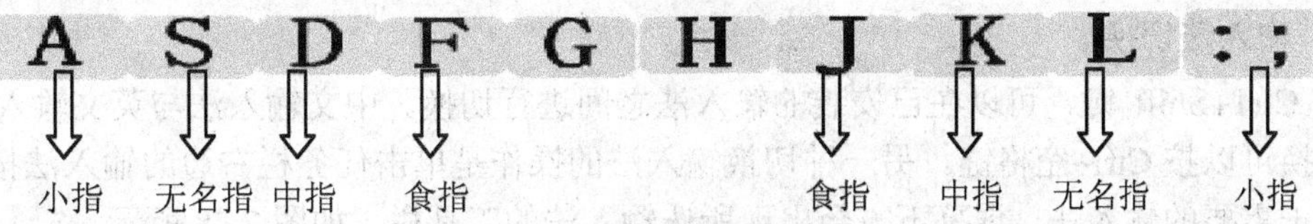

图 2.27 基准键键位

击键过程中，要注意以下几个方面：

(1) 将手指轻放在主键盘的八个基准键上，两只手的大拇指悬空放在空格键上，手指的方向约与空格键相垂直，小臂略向两边分开。此时，不可用力将手指按在基本键位上，手腕和手掌不可触及键盘的任何部位。

(2) 按照手指分工去控制全部键位。

(3) 不击键时，手指稍微弯曲拱起，指尖后的第一关节微成弧形，轻放在键位中央。

(4) 击键时，将手提起，使手指离开键位 1 cm～2 cm，然后用指力击键。注意，手指离 F 键的位置不宜过高或过低，过高会影响击键速度和准确度，过低则会影响手指动作的灵活性。不击键时，手指应立即放回到基准键上去。

(5) 击键要短促、轻快、有弹性，注意是击键而不是按键。不要用指尖击键，也不要手指伸直击键。

(6) 击键的力度要适当，各手指用力要均匀。击键过重，容易使手指疲劳；击键过轻，则会影响击键的速度和准确度。

(7) 无论哪一个手指击键，该手的其他手指也要一起提起上下活动，这样才能保证击键的灵活性。注意，应该用手指的动作来带动手腕和小臂一起协调动作，用力点主要体现在手指的击键动作上。

(8) 用两手的大拇指侧面击空格键，右手小指击 Enter 键。

2.4.2 汉字输入法简介

1．概述

利用键盘的英文键，把一个汉字拆分成几个键位的序列就是汉字编码。汉字编码方案可以分成以下三类：

- 音码，利用汉字的读音特性编码。全拼、双拼、智能 ABC 输入法就属于此类。
- 形码，用汉字的字形特征编码。五笔字型、表形码就属于此类。
- 音形结合码，既利用汉字的语音特性，又利用字形特征编码的方案。自然码就属于此类。

2．常用的汉字输入法

常用的汉字输入法主要有五笔字型输入法、智能 ABC 输入法、全拼输入法、微软拼音输入法、郑码输入法等。

全拼输入法(音码)相对容易学一些，只要会说普通话就可以进行汉字输入，其缺点是单字重码率高、汉字的输入速度较慢，南方人用起来较困难。

五笔字型输入法(形码)的优势在于适用面广、速度较快，受南、北方方言的限制少，只要见到汉字就可以输入，相对于其他输入法来说难学、难记。

智能 ABC 输入法可以只输入拼音的开头来智能地进行汉字输入，故受到许多人的青睐。

3．输入法切换

按 Ctr1+Shift 键，可以在已安装的输入法之间进行切换。中文输入法与英文输入法之间的切换可以按 Ctrl+空格键。另一种切换输入法的操作是单击任务栏右边的输入法按钮，然后单击需要的输入法，屏幕下方会出现所选输入法的工具栏，如图 2.28 所示。

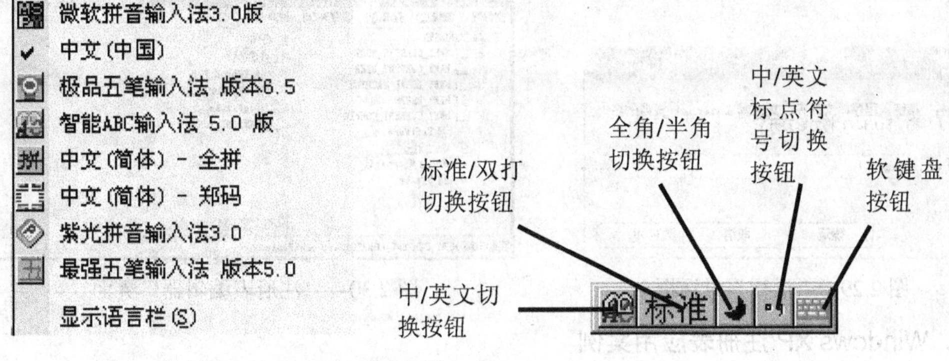

图 2.28　输入法切换

2.5　Windows XP 注册表

注册表是 Windows 操作系统的核心。它实质上是一个庞大的数据库，存放着计算机硬件和全部配置信息、系统和应用软件的初始化信息、应用软件和文档文件的关联关系、硬件设备说明以及各种网络状态的信息和数据。可以说，计算机上所有针对硬件、软件、网络的操作都是源于注册表的。

1．注册表的概念

Windows 的注册表(Registry)实质上是系统内部的信息数据库，它包括：

(1) 软、硬件的有关配置和状态的信息。注册表中保存着应用程序和资源管理器外壳的初始条件、首选项和卸载数据。

(2) 联网计算机的整个系统的设置和各种许可，文件扩展名与应用程序的关联，硬件部件的描述、状态和属性。

(3) 性能记录和其他底层的系统状态信息，以及其他数据。

2．Windows XP 注册表的结构

在 Windows 中，注册表是由 System.dat、User.dat 两个文件组成的，保存在 Windows 所在的文件夹中，它们由二进制数据组成。System.dat 文件包含系统硬件和软件的设置，User.dat 保存着与用户有关的信息，例如资源管理器的设置、颜色方案以及网络口令等。

Windows 提供一个编辑注册表文件的编辑器，单击“开始”按钮，选择“运行”命令，输入“regedit”，如图 2.29 所示，回车即可进入“注册表编辑器”，如图 2.30 所示。“注册表编辑器”的界面类似于 2.6.2 介绍的资源管理器，编辑器左栏是树形目录结构，共有五个根目录，称为子树，各子树以字符串“HKEY_”为前缀(分别为 HKEY_CLASSES_ROOT，HKEY_CURRENT_USER，HKEY_USERS，HKEY_LOCAL_MACHINE，HKEY_CURRENT_CONFIG)，子树下依次为项、子项和活动子项。活动子项对应右栏中的值项，值项包括三部分：名称、数据类型、值。

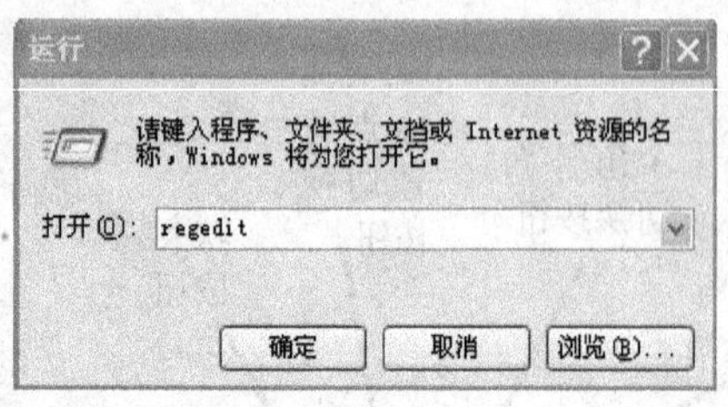

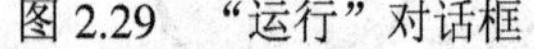
图 2.29 “运行”对话框

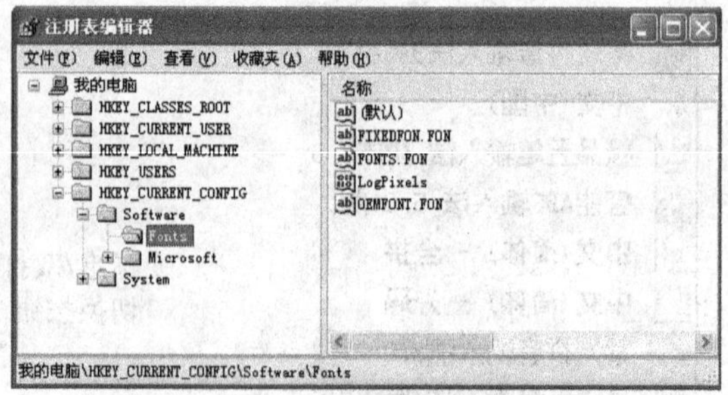

图 2.30 “注册表编辑器”界面

3. Windows XP 注册表应用案例

(1) 案例一：修改注册表禁用 USB 口。

打开注册表编辑器，依次展开 HKEY_LOCAL_MACHINE\SYSTEM\CurrentControlSet\Services\usbehci，双击右面的 Start 键，将编辑窗口中的数值数据改为 4，将基数选择为十六进制，改好后重新启动一下电脑即可。

(2) 案例二：加快 XP 系统关闭程序的速度。

打开注册表编辑器，依次展开 HKEY_CURRENT_USER\Control Panel，单击 Desktop，将右边窗口的 WaitToKillAppTimeout 改为 1000(原设定值为 20000)，即关闭程序时仅等待 1 秒。

2.6 Windows 文件和磁盘管理

2.6.1 文件与文件夹的操作

文件是用户赋予了名字并存储在磁盘上的信息的集合，它可以是用户创建的文档，也可以是可执行的应用程序或一张图片、一段声音等。文件夹是系统组织和管理文件的一种形式，是为方便用户查找、维护和存储而设置的，用户可以将文件分门别类地存放在不同的文件夹中。文件夹中可存放所有类型的文件和下一级文件夹、磁盘驱动器及打印队列等内容。

计算机中包含着许许多多的文件和文件夹，如果这些文件和文件夹排列无次序，会给用户操作带来极大的不便，因此需要对其进行有效的管理。文件或文件夹的新建、命名、复制、移动和删除是用户不可避免要遇到的操作，下面就分别讲解这些操作。

1. 创建文件夹

创建文件夹的目的就是把相同类型的文件放在同一文件夹中，让具有的相同信息组合在一起，以便于随用随取，这样既节省了时间又为用户今后的应用提供了方便。

创建文件夹的方法如下：

(1) 在计算机中找到要创建的文件夹所在的位置(即路径)。

(2) 在窗口的空白处单击鼠标右键，在弹出的快捷菜单中单击“新建”命令，出现如图 2.31 所示的菜单。

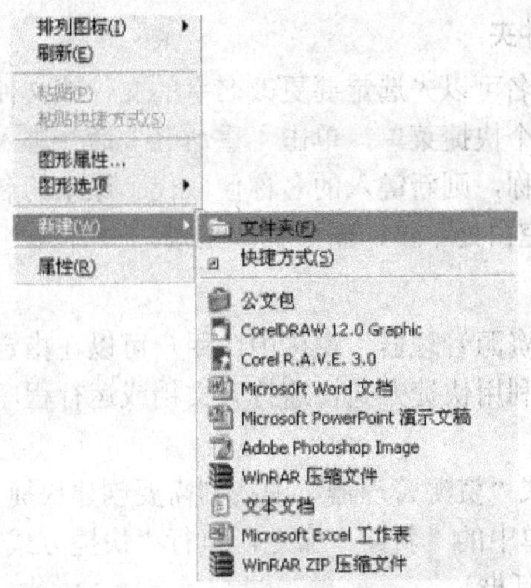

图 2.31　“新建”子菜单

(3) 在菜单中选择“文件夹”命令。此时在窗口中出现了一个默认名为“新建文件夹”的新文件夹，这时候名称的背景颜色为蓝色。

(4) 若用户不想使用默认的“新建文件夹”这个名称，直接可以对其重命名。在窗口中的其他位置单击鼠标，即完成文件夹的创建。如果当前文件夹窗口中已经有了一个“新建文件夹”且未改名，则再次新建的文件夹将被命名为“新建文件夹(1)”，以此类推。

2. 文件和文件夹的命名

Windows XP 文件和文件夹的命名约定如下：

(1) 支持长文件名，即可以使用很长的文件名。

(2) 可以使用汉字。

(3) 不能出现以下字符：\、/、:、*、?、"、<、>、!。

(4) 不区分英文字母大小写。例如，FILE1.DAT 和 file1.dat 表示同一个文件。

查找和显示文件或文件夹时可以使用通配符 ? 和 *。? 代表任意一个字符，*代表任意一个字符串。可以使用多分隔符的名字，例如，my repot .sales.total plan.1996。

文件名中最后一个“.”后的字符串称为扩展名，用以标识文件类型和创建此文件的程序。文件扩展名可以没有，也可以是多个字符，通常是三个字符。

3. 选定文件与文件夹

如果想选定一个文件或文件夹，将鼠标指针放在该文件或文件夹上，单击鼠标即可；如果要选定相邻的多个文件或文件夹，可在空白处按住鼠标左键不放，拖动鼠标，这时会出现一个虚线框，被虚线框圈定的文件或文件夹全部被选中。

如果要选中不相邻的文件，使用上述方法则行不通。此时可以使用鼠标和键盘结合的方法来选定多个不相邻的文件。用鼠标单击选定一个文件后，按住 Ctrl 键不放，再依次单击另外要选中的文件，这样即可选中不相邻的文件。

如果要选择窗口中所有的文件，可执行“编辑”菜单中的“全选”命令或者使用快捷键 Ctrl+A，就可以把窗口中的文件或文件夹全部选中。

4. 重命名文件与文件夹

为文件和文件夹重命名可以先选定要更改名字的文件或文件夹，然后在所选中的文件或文件夹上右击，弹出一个快捷菜单，单击“重命名”命令进入编辑状态，其标志是名称闪烁，此时直接键入新名称，则新键入的名称便取代了原来的名称。键入或编辑完新名称后，按 Enter 键或在任意空白处单击，新名称即生效。

5. 创建快捷方式

在“我的电脑”与“资源管理器”窗口中，用户可以在指定的位置下为文件或文件夹创建快捷方式，便于以后利用快捷方式快速打开文档或运行程序。创建文件、文件夹快捷方式的操作步骤如下：

(1) 在“我的电脑”或“资源管理器”中找到需要创建快捷方式的位置。

(2) 选择“文件”菜单中的“新建”命令，执行“快捷方式”命令，打开如图 2.32 所示的“创建快捷方式”对话框。

(3) 在“请键入项目的位置”文本框中输入要创建快捷方式的文件名称与位置，也可以单击“浏览”按钮，在打开的“浏览”对话框中选择所需的文件或文件夹。

(4) 指定文件或文件夹之后，单击“下一步”按钮，打开“选择程序标题”对话框，如图 2.33 所示。

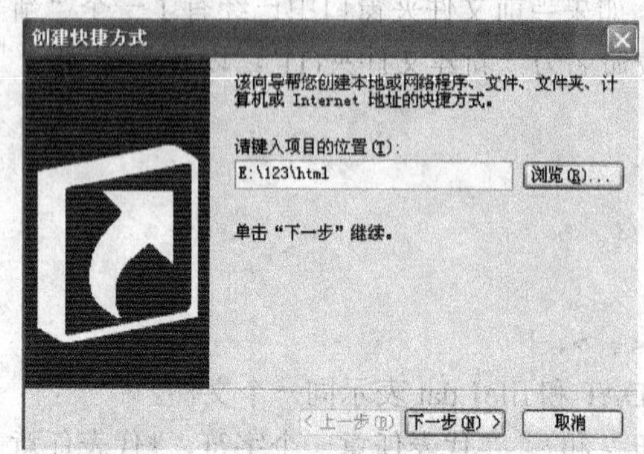

图 2.32 “创建快捷方式”对话框

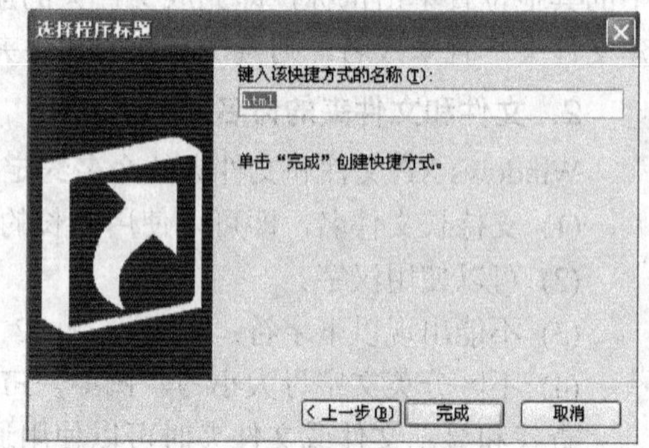

图 2.33 “选择程序标题”对话框

(5) 在“键入该快捷方式的名称”文本框中输入要创建快捷方式的名称。

(6) 单击“完成”按钮。

另外，用户在“我的电脑”或“资源管理器”中直接找到该文件或文件夹，并在选定文件或文件夹上单击鼠标右键，从弹出的快捷菜单中选择“发送到”菜单中的“桌面快捷方式”命令，也可完成在桌面上创建该文件或文件夹快捷方式的操作。

6. 移动和复制文件与文件夹

每个文件和文件夹都有它们的存放位置，复制文件指的是在不删除当前位置文件的前提下，做一个原文件的备份，放在另外一个位置；而移动文件则是将当前的文件放到另外一个目录下，当前目录下则不再有这些文件。

7. 文件的查看方式

Windows XP 为用户设置了很多种显示文件或文件夹的方法。在窗口中的任意空白处单击鼠标右键，在快捷菜单中选择“查看”命令，在“查看”子菜单中列出了几种文件和文

件夹的显示方案，如图 2.34 所示。另外，如果单击窗口中“查看”按钮的下拉箭头，也会出现一个如图 2.34 所示的下拉菜单。

菜单中显示了五种查看方式，它们分别是“缩略图”、“平铺”、“图标”、“列表”和“详细信息”。选择“缩略图”这一查看方式时，用户不仅可以看到当前位置中的图像文件，还可以看到文件夹内部图像文件的缩略图，如图 2.35 所示。在缩略图中对图像文件直接显示缩略图，则下一级文件夹中包含的图像文件也以缩略图的形式显示出来。

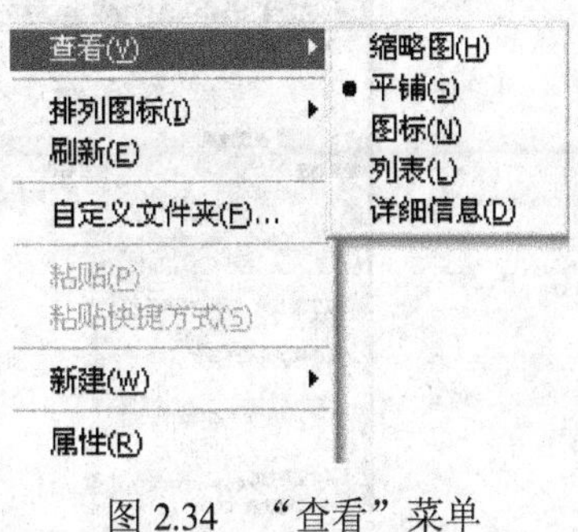

图 2.34　“查看”菜单

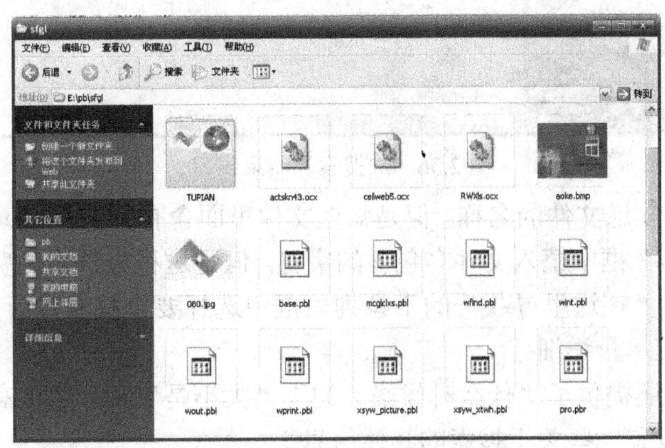

图 2.35　“缩略图”查看方式

选择“详细信息”查看方式时，将详细列出每一个文件和文件夹的具体信息，包括大小、修改日期和文件类型。

“平铺”和“列表”是按行和列的顺序放置文件和文件夹，“图标”则是以图标的形式显示文件和文件夹。

8. 查找文件

用户的磁盘中有许许多多的文件和文件夹，有时用户需要查找某个文件或文件夹，由于不知道它的具体位置，查找起来非常困难，这时利用计算机操作系统中的查找功能，就可以方便快速地让计算机自动查找到该文件或文件夹。

查找文件的具体方法如下：

(1) 在“开始”菜单中选择“搜索”命令，将会打开“搜索结果”窗口，在窗口的左侧给出了搜索提示。

(2) 单击“所有文件和文件夹”，进入下一个提示窗口，如图 2.36 所示。

(3) 在“全部或部分文件名”文本框中输入要查找的文件或者文件夹的名称，如果用户不知道文件的全名，可以输入文件名的一部分，计算机会根据用户提供的字符查找相同的字符串，比如输入字符串“xp”，则系统将查找文件名或者文件夹名中含有“xp”的所有对象。如果用户要查找某一种类型的所有文件，比如用户要查找所有的后缀名称为“xls”的电子表格文件，则可以输入“*.xls”，这里的符号“*”用来代替任意长的字符串。

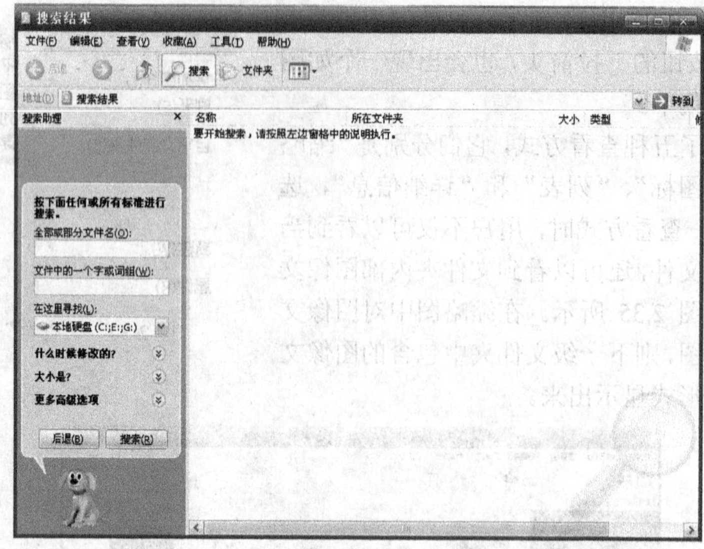

图 2.36 “搜索”结果窗口

(4) 如果用户不知道文件的名称，但是知道文件里面含有的字符或词组，则可以在“文件中的一个字或词组”框中填入文件名包含的字符，但是这种方法将耗费大量的搜索时间。

(5) 用户可以在“在这里寻找”的下拉列表框中选择要查找文件所在的大致区域。当然用户给出的区域应尽量详细。

(6) 提示中系统还提供了“什么时候修改的”、“大小是”和“更多高级选项”，在这些选项中用户还可以设置一些关于搜索的具体信息。

(7) 单击“搜索”按钮，系统即开始搜索。当搜索完成后，将在右侧的窗口中列出查找出的符合搜索条件的文件和文件夹，用户再找出自己真正需要的文件即可。

9. 文件夹选项的设置

在对文件和文件夹进行操作的过程中，有一些设置是系统默认的。比如，双击文件夹可以打开该文件夹。但在具体的使用过程中，用户可以对默认的设置进行更改，具体方法如下：

(1) 在打开的文件夹窗口中选择“工具”菜单中的“文件夹选项”命令，打开“文件夹选项”对话框，选择“常规”选项卡，如图 2.37 所示。

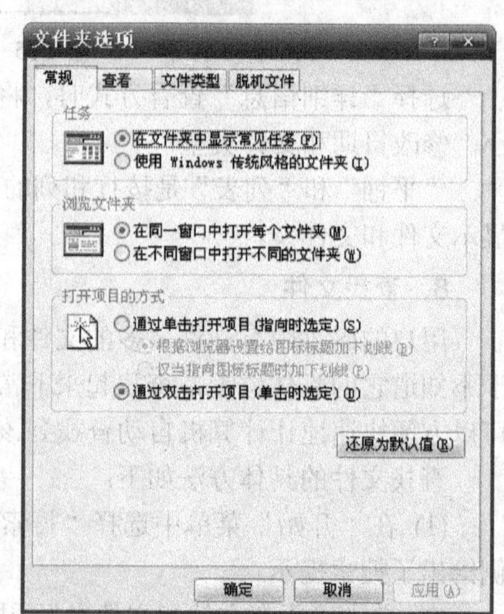

图 2.37 “文件夹选项”对话框

(2) “任务”区域中的“在文件夹中显示常见任务”是系统默认的设置，在此设置下浏览文件夹的同时，会在窗口的左侧显示当前工作目录下可以对文件和文件夹所进行的操作；如果选择“使用 Windows 传统风格的文件夹”选项，则不会显示出左侧的任务条来，这样窗口看上去更为简洁，只是操作起来稍有不便。

(3) “浏览文件夹”中的“在同一窗口中打开每个文件夹”是系统默认的设置，表示

用户在打开文件夹时只在当前窗口中显示该文件夹中的内容；如果选择“在不同窗口中打开不同的文件夹”选项，则查看文件夹时，将另外开启一个窗口并打开该文件夹中的内容，这种方式便于在不同窗口间移动或复制文件时使用。

(4) 在“打开项目的方式”区域中选择“通过单击打开项目”单选按钮，则单击鼠标可打开文件夹。

(5) 设置完毕，单击“确定”按钮。

10．删除文件或文件夹

当有的文件或文件夹不再需要时，用户可将其删掉，以利于对文件或文件夹进行管理。删除后的文件或文件夹将被放到“回收站”中，用户可以选择将其彻底删除或还原到原来的位置。

删除文件或文件夹的操作如下：

(1) 选定要删除的文件或文件夹。若要选定多个相邻的文件或文件夹，可按住 Shift 键进行选择；若要选定多个不相邻的文件或文件夹，可按住 Ctrl 键进行选择。

(2) 选择“文件”菜单中的“删除”命令；或右击在弹出的快捷菜单中选择“删除”命令。

(3) 弹出“确认文件/文件夹删除”对话框。

(4) 若确认要删除该文件或文件夹，可单击“是”按钮；若不删除该文件或文件夹，可单击“否”按钮。

注意：从网络位置、可移动媒体(如 3.5 英寸软盘)删除的项目或超过“回收站”存储容量的项目将不被放到“回收站”中，而被彻底删除，不能还原。

11．删除或还原“回收站”中的文件或文件夹

“回收站”为用户提供了一个安全地删除文件或文件夹的解决方案，用户从硬盘中删除文件或文件夹时，Windows XP 会将其自动放入“回收站”中，直到用户将其清空或还原到原位置。

删除或还原“回收站”中文件或文件夹的操作步骤如下：

(1) 双击桌面上的“回收站”图标。

(2) 打开“回收站”对话框。

(3) 若要删除“回收站”中所有的文件和文件夹，可单击“回收站任务”窗格中的“清空回收站”命令；若要还原所有的文件和文件夹，可单击“回收站任务”窗格中的“恢复所有项目”命令；若要还原某个文件或文件夹，可选中该文件或文件夹，单击“回收站任务”窗格中的“恢复此项目”命令；若要还原多个文件或文件夹，可按住 Ctrl 键，选定多个文件或文件夹。

注意：删除“回收站”中的文件或文件夹，意味着将该文件或文件夹彻底删除，无法再还原；若还原已删除文件夹中的文件，则该文件夹将在原来的位置重建，然后在此文件夹中还原文件；当回收站充满后，Windows XP 将自动清除“回收站”中的空间以存放最近删除的文件和文件夹。也可以选中要删除的文件或文件夹，将其拖到“回收站”中进行删除。若想直接删除文件或文件夹，而不将其放入“回收站”中，可在拖到“回收站”时按住 Shift 键，或选中该文件或文件夹，按 Shift+Delete 组合键。

12. 更改文件或文件夹的属性

文件或文件夹包含三种属性：只读、隐藏和存档。若将文件或文件夹设置为“只读”属性，则该文件或文件夹不允许更改和删除，若将文件或文件夹设置为“隐藏”属性，则该文件或文件夹在常规显示中将不被看到；若将文件或文件夹设置为“存档”属性，则表示该文件或文件夹已存档，有些程序用此选项来确定哪些文件需做备份。

更改文件或文件夹属性的操作步骤如下：

(1) 选中要更改属性的文件或文件夹。

(2) 选择“文件”菜单中的“属性”命令，或右击在弹出的快捷菜单中选择“属性”命令，打开“属性”对话框。

(3) 选择“常规”选项卡，如图 2.38 所示。

(4) 在该选项卡的“属性”选项组中选定需要的属性复选框。

(5) 单击“应用”按钮，将弹出“确认属性更改”对话框。

(6) 在该对话框中可选择“仅将更改应用于该文件夹”或“将更改应用于该文件夹、子文件夹和文件”选项，单击“确定”按钮即可关闭该对话框。

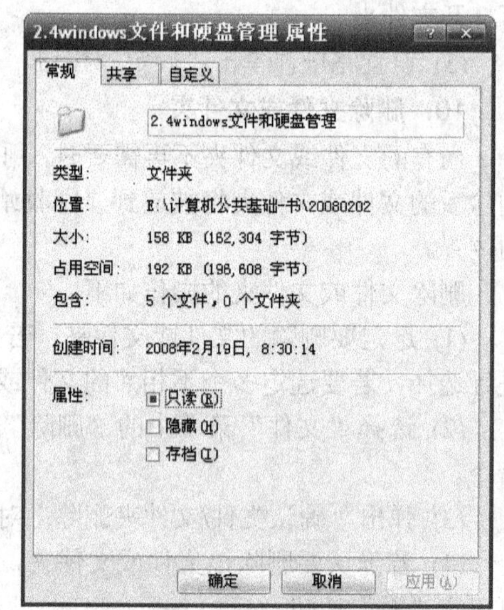

图 2.38 “常规”选项卡

(7) 在“常规”选项卡中，单击“确定”按钮即可应用该属性。

2.6.2 “我的电脑”与“Windows 资源管理器”

“我的电脑”是 Windows XP 中用户管理文件和文件夹的主要工具之一。进入“我的电脑”后，用户可以一层一层地打开文件夹，寻找自己所要的文件或文件夹，进行打开、复制、删除、创建快捷方式等操作。

实际上，“我的电脑”与“我的文档”、“网上邻居”、“回收站”非常类似，因为它们都是系统文件夹，都调用同一个应用程序 Explorer.exe。只要在上述任何一个窗口中打开“地址栏”，就会发现其中的项目都是一样的，“桌面”、“我的文档”、“我的电脑”中的对象、“网上邻居”、“回收站”，如果选择了其中的某一项，则当前窗口就会变成该项目的窗口。例如，在“我的电脑”窗口的“地址栏”中选择“我的文档”，则“我的电脑”变成了“我的文档”。

“Windows 资源管理器”也是 Windows 管理文件和文件夹的重要工具之一，如图 2.39 所示。从表面上来说，“Windows 资源管理器”窗口与“我的电脑”没有太大的区别，只是“Windows 资源管理器”在窗口的左侧有“文件夹”这一浏览栏，而“我的电脑”中没有。不过，它们是可以互相转换的，单击任务栏上的“文件夹”图标，就可在“Windows 资源管理器”与“我的电脑”之间进行转换。但是，从本质上来说，“Windows 资源管理器”是

一个应用程序，而“我的电脑”是一个系统文件夹。

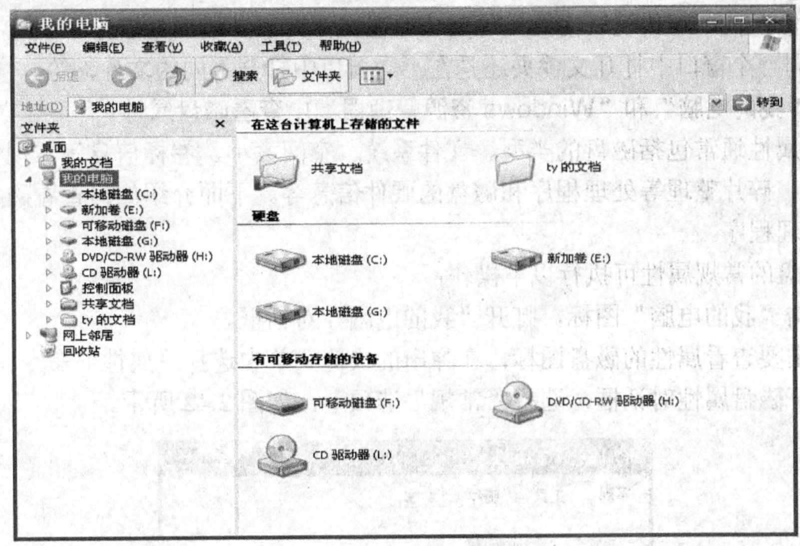

图 2.39　Windows 资源管理器

1. 打开“我的电脑”和“Windows 资源管理器”

“我的电脑”被组织在菜单中和桌面上，因此单击菜单中的“我的电脑”或双击“桌面”上的“我的电脑”都能启动“我的电脑”。

“Windows 资源管理器”位于“开始”菜单中的“附件”下，启动时稍显不便，但是在“开始”菜单的快捷菜单中有“资源管理器”命令。

2. 修改其他查看选项

“工具”菜单中的“文件夹选项”用来设置其他查看方式，如图 2.40 所示。查看文件的扩展名如图 2.41 所示。

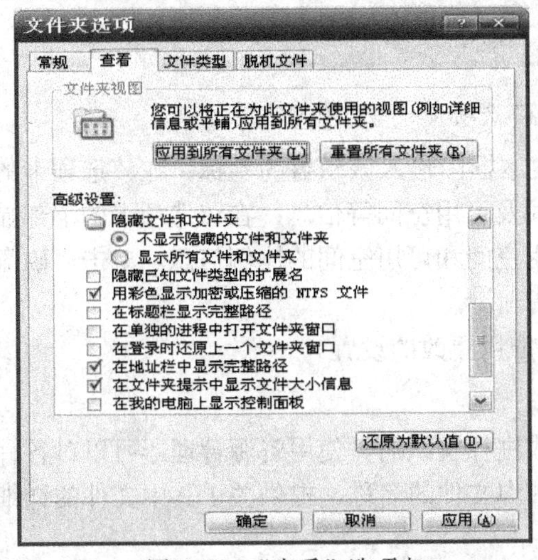

图 2.40　“查看”选项卡

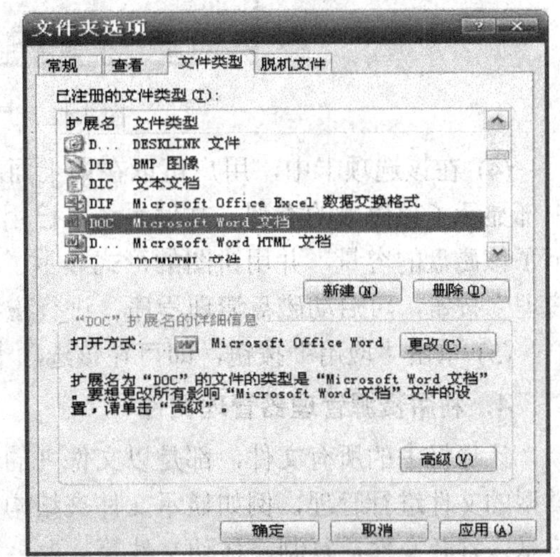

图 2.41　“文件类型”选项卡

在查看选项卡中，还可以设置以下高级选项：

(1) 是否显示所有的文件和文件夹。

(2) 是否隐藏已知文件类型的扩展名。

(3) 使用 Windows 传统风格的文件夹还是在文件夹中显示常见任务。

(4) 在同一个窗口中打开文件夹还是在不同窗口中打开不同的文件夹等。

3．在“我的电脑”和“Windows 资源管理器”中查看磁盘属性

磁盘的属性通常包括磁盘的类型、文件系统、空间大小、卷标信息等常规信息，以及磁盘的查错、碎片整理等处理程序和磁盘的硬件信息等。下面介绍如何查看磁盘的属性及使用磁盘处理程序。

查看磁盘的常规属性可执行以下操作：

(1) 双击“我的电脑”图标，打开“我的电脑”对话框。

(2) 右击要查看属性的磁盘图标，在弹出的快捷菜单中选择“属性”命令。

(3) 打开磁盘属性对话框，选择“常规”选项卡，如图 2.42 所示。

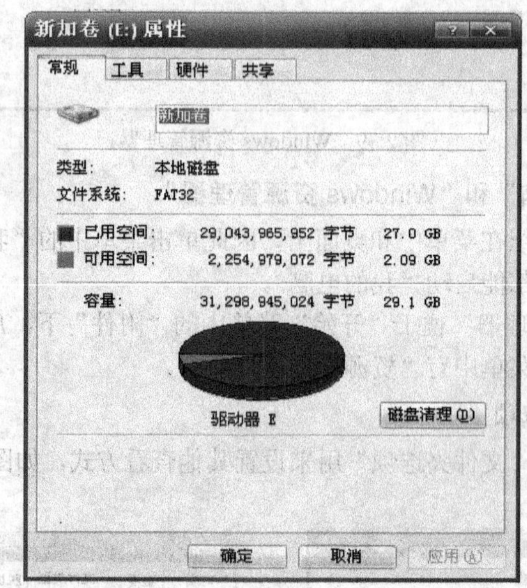

图 2.42 “常规”选项卡

(4) 在该选项卡中，用户可以在最上面的文本框中输入该磁盘的卷标；在该选项卡的中部显示了该磁盘的类型、文件系统、已用空间及可用空间等信息；在该选项卡的下部显示了该磁盘的容量，并用饼图的形式显示了已用空间和可用空间的比例信息。单击“磁盘清理”按钮，可启动磁盘清理程序，进行磁盘清理。

(5) 单击“应用”按钮，即可在该选项卡中应用更改的设置。

4．利用资源管理器管理文件

计算机中的所有文件，都是以文件夹的形式进行组织的。使用资源管理器可以对各种类型的文件进行管理，例如显示文件夹结构和其中文件的名称，提供关于其中文件的详细信息，打开文件，复制、移动文件等。

在“开始”菜单中选择“所有程序”|“附件”|“资源管理器”命令，打开如图 2.43 所示的“资源管理器”窗口。

图 2.43　“资源管理器”窗口

在图 2.43 中可以看到资源管理器窗口被分为左右两个窗格。

左窗格称为文件夹窗格，其中的文件夹表示为树状。公文包状图标表示的是文件夹，箱状图标表示的是驱动器，如软盘驱动器、硬盘驱动器、光盘驱动器。文件夹窗格中的文件夹列表方式表明了文件夹的层次。最外层也是第一层为“桌面”，“我的文档”、“我的电脑”等是第二层，驱动器、打印机、控制面板等是第三层，更深层次的则为实际的文件。文件夹或者驱动器左端有“+”号的表示该文件夹中含有子文件夹。单击对应的“+”则显示其中的子文件夹，同时“+”变为“−”。任何一层子文件夹都可包含它自己的子文件夹。

在一般情况下，称当前打开的文件夹为活动文件夹或当前文件夹；称当前正在使用中的驱动器为活动驱动器或当前驱动器。在文件夹窗口中，活动文件夹呈反白显示，用一个打开状文件夹形式的图标表示。

右窗格称为内容窗格，其中显示的是活动文件夹中的内容。当鼠标指向左右两部分的分隔条时，鼠标变成左右箭头形状，此时，拖动分隔条可以改变两部分的大小。

用户可以通过单击选择左侧窗口中的文件夹来实现文件夹的跳转，而在右侧窗口查看文件夹下文件的详细信息，这样用户在进行复制、删除以及剪切等操作时速度也就大大提高了。

例如，在资源管理器中移动或复制文件非常方便，因为所有的文件夹都显示在文件夹窗口中，可用鼠标直接将文件从原文件夹中拖到一个新文件夹中，这样文件将被移至新的位置。如果在拖动中按住 Ctrl 键，则文件被复制到新文件夹中。

2.6.3　磁盘管理

在计算机中，磁盘是存储数据信息的载体，是用户重要的数据中心。只有维护与管理好磁盘才可以提高系统性能、保护数据的安全。磁盘管理是使用计算机时的一项常规任务，Windows XP 提供了强大的磁盘管理功能，使得用户能够更加快捷、方便、有效地管理计算机中的硬盘，提高计算机的运行速度。

1. 格式化磁盘

当用户开始使用一个新的软盘或硬盘时，首先要对磁盘进行格式化，这样才能有效地发挥磁盘的作用。格式化磁盘是磁盘管理的一个重要内容，对磁盘进行格式化可以划分磁道和扇区，同时检查出整个磁盘上是否有缺陷的磁道，并对有缺陷的磁道加注标记，以免把信息存储在这些坏磁道上。

在实际操作中格式化磁盘主要是对硬盘进行格式化。硬盘的格式化分为高级格式化与低级格式化两种情况。低级格式化也就是物理格式化，可以通过使用专门的低级格式化应用程序完成，低级格式化会影响磁盘的寿命。高级格式化则比较简单，它不影响磁盘的寿命。在 Windows XP 中对硬盘进行高级格式化的具体方法如下：

(1) 打开“我的电脑”窗口，在需要格式化的硬盘或驱动器上单击鼠标右键，在弹出的快捷菜单中选择“格式化”命令，打开“格式化本地磁盘”对话框，如图 2.44 所示。

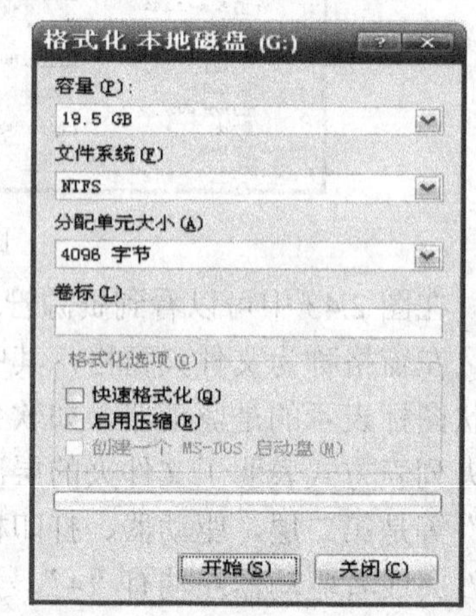

图 2.44 “格式化本地磁盘”对话框

(2) 在“文件系统”下拉列表中用户可以选择文件系统的类型，一般有 NTFS 和 FAT32 两种选项。

(3) 在“格式化选项”区域可以根据情况选择是否进行快速格式化。如果在选择文件系统类型时选择了 NTFS 文件类型，则可以选定“启用压缩”复选框，以便对硬盘进行压缩处理，这样可以使用户得到更多的格式化硬盘。

(4) 单击“开始”按钮，系统会打开信息提示框警告用户磁盘上的数据将被删除，单击“确定”按钮即可开始格式化。

注意： 软盘以它的使用简单、携带方便而赢得广大用户的欢迎，但是，软盘易损坏且容易感染病毒，所以每次使用软盘之前一定要先对其进行格式化，以保证数据的安全，软盘格式化的方法和硬盘类似。

2. 磁盘碎片整理

用户在操作的过程中有时会感到计算机磁盘的读取速度逐渐变慢，这是由于用户在创建或删除文件和文件夹、安装新软件时，磁盘中形成了磁盘碎片。如果没有足够大的可用空间，计算机将尽可能地将文件保存在最大的可用空间上，然后将剩余数据保存在下一个可用空间上。当磁盘中的大部分空间都被用作存储文件和文件夹后，大部分的新文件则被存储在磁盘的碎片中。删除文件后，在存储新文件时剩余的空间将随机填充。磁盘中的碎片较多时，计算机对磁盘的读写速度就会明显降低。因此，为了提高工作效率就必须对磁盘进行整理。

进行磁盘碎片整理的步骤如下：

(1) 在桌面右击“我的电脑”，点击“管理”命令，打开如图 2.45 所示的“计算机管理”窗口。

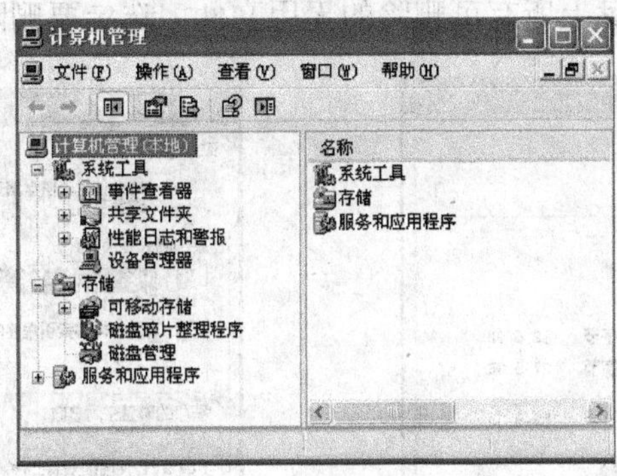

图 2.45　“计算机管理”窗口

(2) 点击左窗口的“磁盘碎片整理程序”，打开如图 2.46 所示的程序界面。

(3) 在图 2.46 所示窗口的右窗口中选择要进行磁盘整理的驱动器，例如单击 C 盘，然后点击下面的“碎片整理”按钮即可对 C 盘进行磁盘碎片整理了。

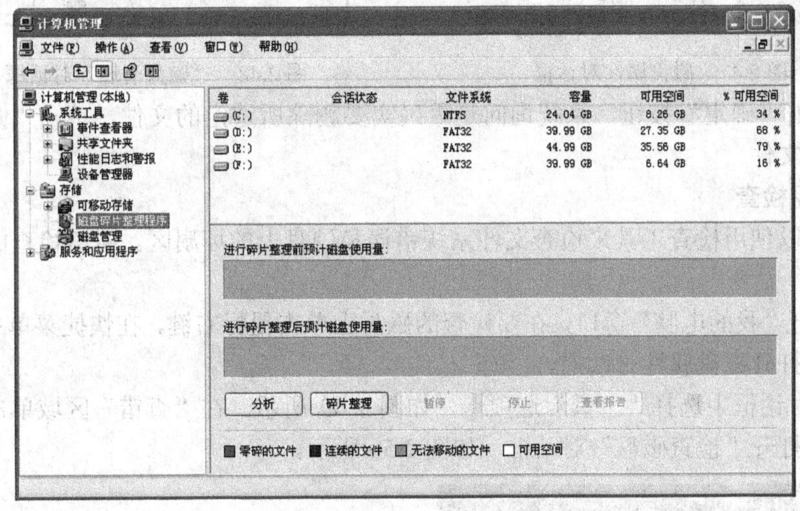

图 2.46　磁盘碎片整理程序

3．磁盘清理

当 Windows 这样复杂的操作系统运行时，有时可能会生成一些临时文件，用户在浏览网页时也会产生许多网页的缓存文件，这些文件将保留在为临时文件指派的文件夹中。

这些残留文件不但占用磁盘空间，而且会影响系统的整体性能。使用磁盘清理程序可以释放硬盘驱动器空间。磁盘清理程序搜索用户的磁盘驱动器，然后列出临时文件、网页的缓存文件和可以安全删除的不需要的程序文件。用户可以使用磁盘清理程序删除这些文件的部分或全部。

进行磁盘清理的具体方法如下：

(1) 打开“我的电脑”或“资源管理器”，找到需要进行磁盘清理的驱动器，例如 D 盘，然后单击右键，选择“属性”，打开如图 2.47 所示的磁盘属性对话框。

(2) 点击“磁盘清理”按钮，计算机开始扫描文件，并计算可以在磁盘上释放多少空间。

(3) 计算结束后系统将打开“磁盘清理”对话框，如图 2.48 所示，在“要删除的文件”

列表框中，系统列出该磁盘上所有可删除的无用文件，选定要删除的文件。

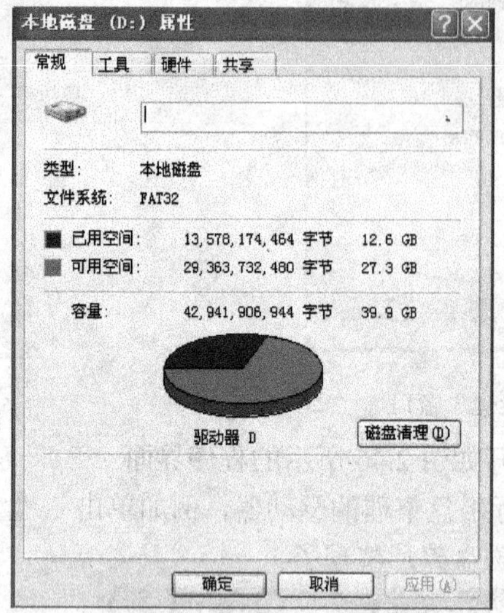

图 2.47　磁盘属性对话框

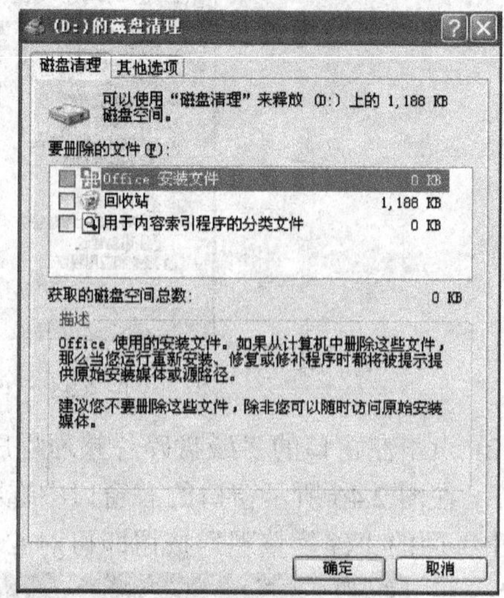

图 2.48　“磁盘清理”对话框

(4) 单击“确定”按钮，系统询问是否确实要删除所选定的文件，单击“是”按钮将删除选定的文件。

4．磁盘检查

用户可以使用检查工具来检查文件系统错误和硬盘上的坏扇区。磁盘检查的具体方法如下：

(1) 打开“我的电脑”窗口，在要检查的磁盘上单击鼠标右键，在快捷菜单中选择“属性”命令，打开磁盘属性对话框。

(2) 在对话框中选择“工具”选项卡，如图 2.49 所示。在“查错”区域单击“开始检查”按钮，打开“检查磁盘”对话框，如图 2.50 所示。

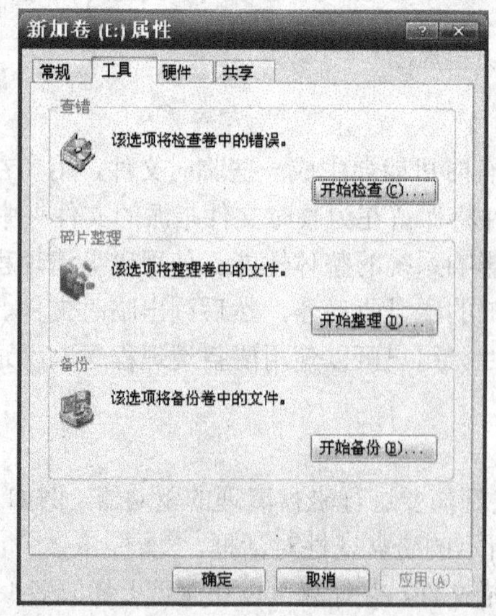

图 2.49　“工具”选项卡

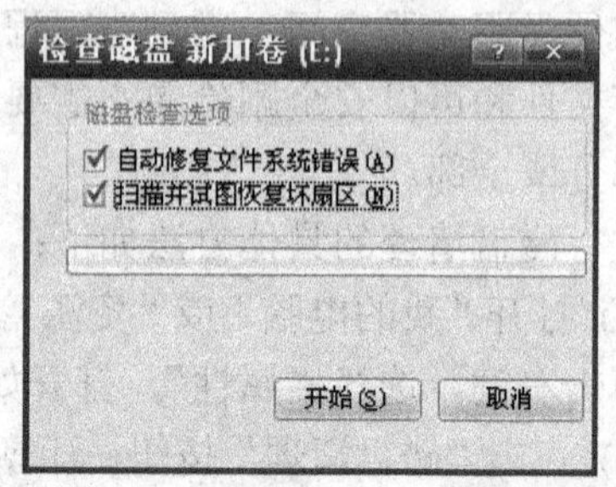

图 2.50　“检查磁盘”对话框

(3) 在对话框中选中“自动修复文件系统错误”和“扫描并试图修复坏扇区”复选框，则在进行磁盘检查过程中系统将自动修复文件系统的错误并试着恢复坏扇区。

(4) 单击“开始”按钮，系统开始对磁盘进行检查。

5. 磁盘管理器

磁盘管理器用于准备和管理系统中的磁盘。在这里用户可以看到所有的盘符信息，包括各种插入的可移动盘符。例如，当用户插入可移动盘时，在“状态栏”的右下角没有出现硬件提示或者在“我的电脑”下没有看到此盘符时，就可以进入磁盘管理器中，找到该盘符并打开。此外，用户还可以在这里更改盘符的驱动器名和路径。打开磁盘管理器的方法如下：

(1) 在桌面右击“我的电脑”，点击“管理”命令，打开如图 2.45 所示的“计算机管理”窗口。

(2) 点击左窗口的“磁盘管理”选项，打开如图 2.51 所示的磁盘管理程序。

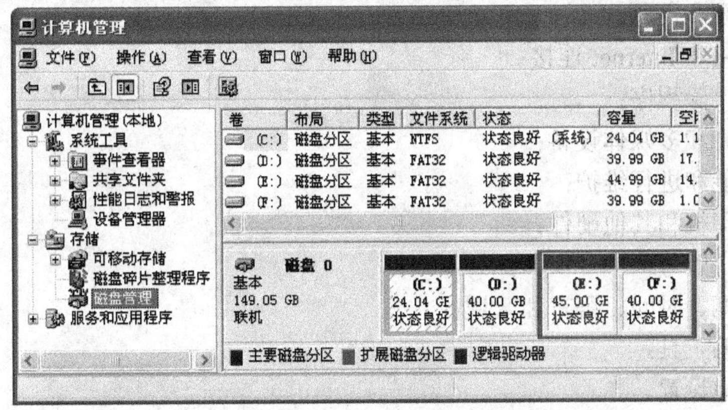

图 2.51　磁盘管理程序界面

2.7 Windows XP 控制面板

使用过 Windows 95/98 和 Windows 2000 的用户一定知道控制面板的重要性。它集中了绝大部分设置计算机软硬件的功能，是用户管理计算机的一个非常有用的工具。Windows XP 的控制面板与 Windows 2000 相比有了很大的改进，其界面更简洁，功能更强大。

控制面板是用来对系统的各种属性进行设置和调整的一个工具集。用户可以根据自己的喜好设置显示器、键盘、鼠标器、桌面等对象，还可以添加或删除程序、添加硬件以便更有效地使用。

启动控制面板的方法很多，最简单的是选择“开始”菜单中的“控制面板”命令。控制面板启动后，出现如图 2.52 或图 2.53 所示的窗口。

控制面板有两种形式：经典视图和分类视图。经典视图是传统的窗口形式，分类视图是 Windows 提供的最新的窗口形式，它把相关的控制面板项目和常用的项目组合在一起，以组的形式呈现在用户面前。

图 2.52　控制面板分类视图

图 2.53　控制面板经典视图

从图 2.52 和图 2.53 中可以看出，控制面板能够完成下列工作：

- 设置外观和主题；
- 配置网络和 Internet 连接；
- 添加和删除程序；
- 配置声音和多媒体设备；
- 设置性能和进行维护；
- 设置打印机和其他硬件；
- 设置用户账号；
- 设置日期、时间、语言和区域；
- 设置辅助工具；
- 进行其他设置。

1. 显示

显示器的性能由显示器和显示适配器决定，其主要性能指标有：

- 分辨率：指屏幕上有多少行扫描线，每行有多少个像素点。例如，分辨率为 1024×768 表示屏幕上共有 1024 × 768 个像素。分辨率越高，屏幕上的项目越小，相对增大了桌面上的空间。
- 颜色数：指一个像素可显示成多少种颜色。颜色越多，图像越逼真。
- 刷新频率：CRT 显示器是通过电子束射向屏幕，从而使屏幕内的磷光体发光的。电子束扫过之后，发光亮度在几十毫秒后就会消失。为了使图像在屏幕上保持稳定，就必须在图像消失之前让电子束不断地重复扫描整个屏幕，这个过程就是刷新。刷新频率就是屏幕在 1 秒内刷新的次数。例如，刷新频率为 60 Hz 表示可以进行 60 次/秒的刷新。较高的刷新频率会减少屏幕的闪烁，但选择对显示器来说，过高的设置可能会使显示器无法使用并损坏硬件。

可以使用“控制面板”中的“显示”工具来选择主题，修改桌面、屏幕保护程序、外观和显示的属性。

1) 主题

主题决定了桌面的总体外观，也就是说，一旦选择了一个新的主题，桌面、屏幕保护

程序、外观、显示选项卡中的设置也随之改变。一般来说，用户如果要根据自己的喜好设置显示属性，首先应选择主题，然后在其余的选项卡中进行修改。“主题”选项卡窗口如图 2.54 所示。

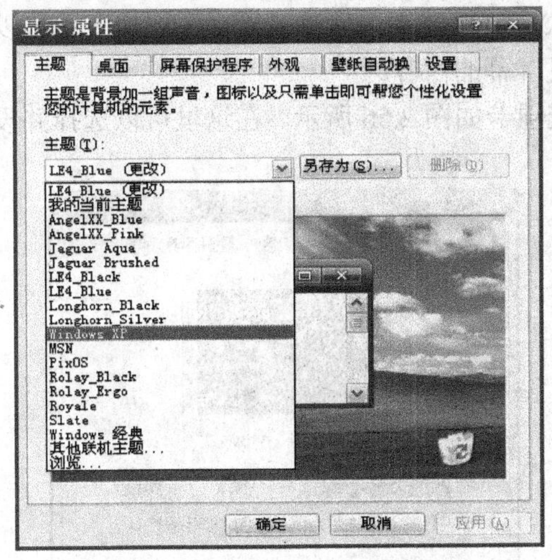

图 2.54　“主题”选项卡

Windows XP 提供的主题有：Windows XP 和 Windows 经典。修改后的主题可以保存，扩展名为 theme。

2) 桌面

在“桌面”选项卡下，用户可以选择自己喜欢的桌面背景，设置桌面的颜色，自定义桌面，如图 2.55 所示。

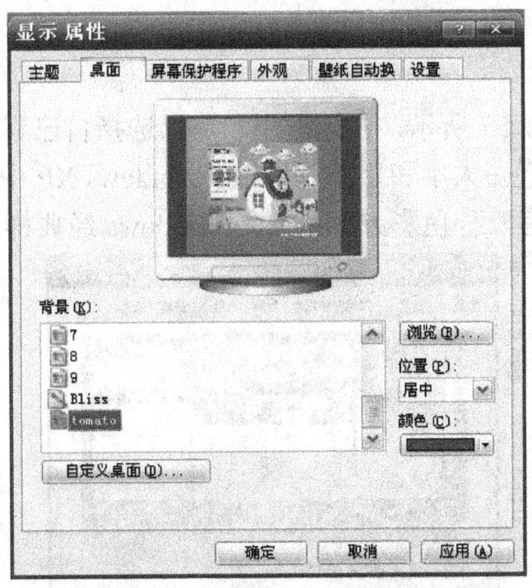

图 2.55　“桌面”选项卡

除了 Windows XP 提供的背景之外，用户还可以使用自己的 BMP、GIF、JPEG、DIB、PNG 格式的图片作为背景。作为背景的图片或 HTML 文档在桌面上有三种排列方式：居中、平铺和拉伸。可以选择一种颜色作为桌面的颜色。

如果整个桌面被覆盖了，则无法看到所选定的颜色。

3) 屏幕保护程序

屏幕保护程序是指在一段指定的时间内没有使用计算机时，屏幕上会出现的移动的位图或图片。使用屏幕保护程序可以减少屏幕的损耗并保障系统安全。例如，在用户离开计算机时，可以防止无关人员窥视屏幕。另外，屏幕保护程序还可以设置密码保护，从而保证只有用户本人才能恢复屏幕的内容。

“屏幕保护程序”选项卡如图 2.56 所示。在这里可以选择并设置屏幕保护程序和等待时间。

图 2.56　“屏幕保护程序”选项卡

当计算机的闲置时间达到指定值时，屏幕保护程序将自动启动。要清除屏幕保护的画面，只需移动鼠标或按任意键即可。在默认情况下，Windows 只装入有限的几种屏幕保护程序。

4) 外观

“外观”选项卡如图 2.57 所示，在这里用户可以选择自己喜欢的外观方案，并且修改外观方案中各个项目的颜色、大小和字体等属性。Windows XP 中的外观方案共有两类：一是 Windows XP 样式，共有三种色彩方案；二是 Windows 经典样式，共有 28 种色彩方案。

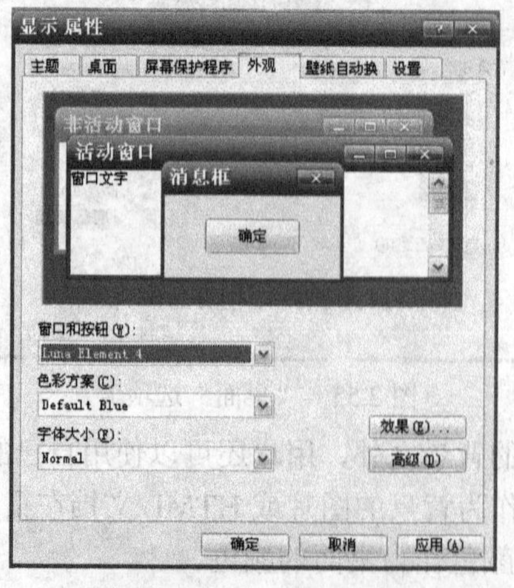

图 2.57　“外观”选项卡

5) 显示器设置

“设置”选项卡用于设置显示器的基本性能，其中颜色质量和屏幕分辨率的设置依据显示适配器类型的不同而有所不同。

颜色有四种选择：16 色、256 色、增强色(16 位)和真彩色(24 位)。

分辨率通常有三种选择：640×480、800×600、1024×768。如果具有高品质的适配器和显示器，还会有 1152×864、1280×960、1280×1024、1600×1024 和 1600×1200 等选择。

使用“高级”按钮，可以对显示器进行进一步的设置。

2．安装和删除应用程序

在使用计算机的过程中，常常需要安装、更新或删除已有的应用程序。在 Windows XP 的控制面板中，有一个添加和删除应用程序的工具，如图 2.58 所示。其优点是保持 Windows XP 对更新、删除和安装过程的控制，不会因为错误操作而造成对系统的破坏。

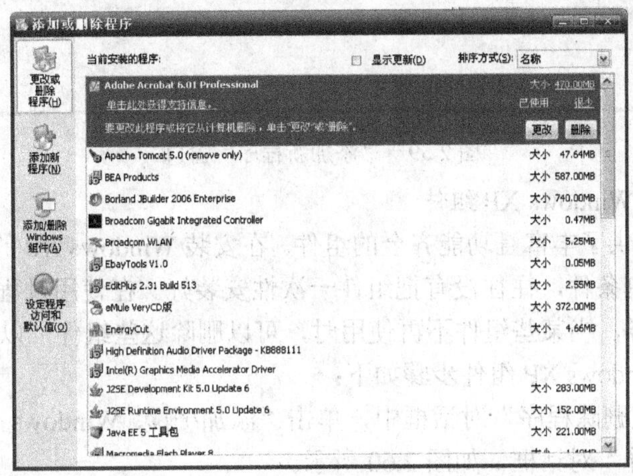

图 2.58　“添加或删除程序”窗口

1) 更改或删除应用程序

在“添加或删除程序”窗口中列出了要更新或删除的应用程序，这些应用程序都已经注册了，只要选定某程序，然后单击“更改或删除程序”按钮就可以了。

如果没有显示出要删除或更改的程序，则应检查该程序所在的文件夹，查看是否有名称为 Remove.exe 或 Uninstall.exe 的卸载程序。

删除应用程序最好不要直接从文件夹中删除，因为一方面不可能删除干净，有些 DLL 文件安装在 Windows 主目录中，另一方面很可能会删除某些其他程序也需要的 DLL 文件，从而破坏其他依赖这些 DLL 的程序。

2) 安装应用程序

安装应用程序有下列途径。

(1) 许多应用程序是以光盘形式提供的。当在 CD-ROM 或 DVD-ROM 中插入光盘时，系统会立即自动运行安装程序，直接运行安装盘(或光盘)中的安装程序(通常是 Setup.exe 或 Install.exe)。

(2) 如果应用程序是从 Internet 上下载的，通常整套软件被捆绑成一个.exe 文件，用户只要直接运行该文件即可。

通过“添加或删除程序”中的“添加新程序”也可以安装应用程序，如图 2.59 所示。

图 2.59 “添加新程序”窗口

3) 安装和删除 Windows XP 组件

Windows XP 提供了丰富且功能齐全的组件。在安装 Windows XP 的过程中，考虑到用户的需求和其他限制条件，往往没有把组件一次性安装好。在使用过程中，可根据需要再安装某些组件。同样，当某些组件不再使用时，可以删除这些组件，以释放磁盘空间。

安装和删除 Windows XP 组件步骤如下：

(1) 在“添加或删除程序”对话框中，单击“添加/删除 Windows 组件”按钮，进入“Windows 组件向导”对话框，如图 2.60 所示。

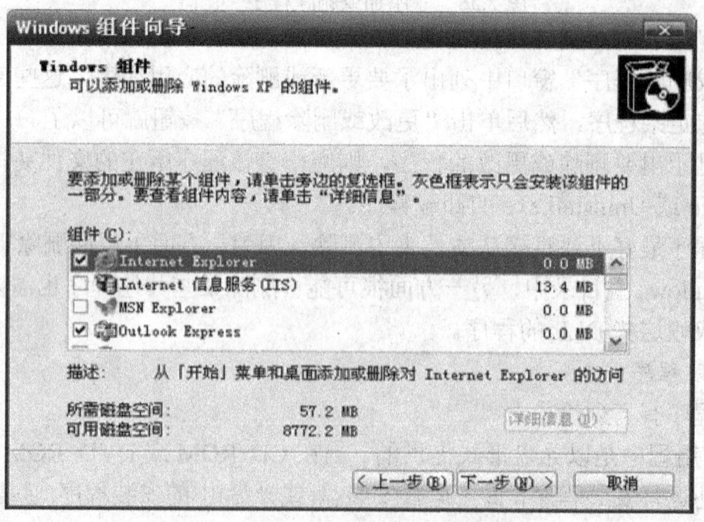

图 2.60 “Windows 组件向导”对话框

(2) 在组件列表框中，选定要安装组件的复选框，或者要删除组件的复选框。

注意：如果复选框中有“√”并且呈灰色，表示该组件只有部分程序被安装。每个组件

包含一个或多个程序，如果要添加或删除一个组件的部分程序，则先选定该组件，然后单击“详细信息”，选择或清除要添加或删除的应用程序的复选框，最后按“确定”按钮返回“Windows 组件向导”对话框。

(3) 选择“下一步”按钮，根据向导完成对 Windows 组件的添加或删除。

如果最初 Windows XP 是用 CD-ROM 安装的，计算机将提示用户插入 Windows XP 安装盘。

3. 打印机

Windows XP 的打印特性相较以前有了较大的提高。无论计算机是直接连接到打印机，还是通过网络远程连接到打印机都使得打印文档更加容易。

1) 安装打印机

目前，绝大多数打印机都是支持即插即用的，其安装步骤如下：

- 按照打印机制造商的说明书，将打印机连接到计算机正确的端口上。
- 将打印机电缆插入插座，并打开打印机。大多数情况下，Windows 将检测到即插即用打印机，并且会在不需要做任何选择的情况下安装它，为打印机做好打印准备。
- 如果出现“发现新硬件向导”，请选中“自动安装软件(建议)”，然后执行指示的操作。

2) 打印文档

打印机安装后，用户就可以随时打印文档了。打印文档有下列两种方法：

- 如果文档已经在某个应用程序中打开，则选择“打印”命令打印文档。
- 如果文档未打开，则将文档拖拽到“打印机和传真”文件夹中的某个打印机，如图 2.61 所示。

打印文档时，在任务栏上将出现一个打印机图标，位于时钟的旁边。该图标消失后，表示文档已打印完毕。

为了更快速地访问打印机，应在桌面上创建打印机的快捷方式。

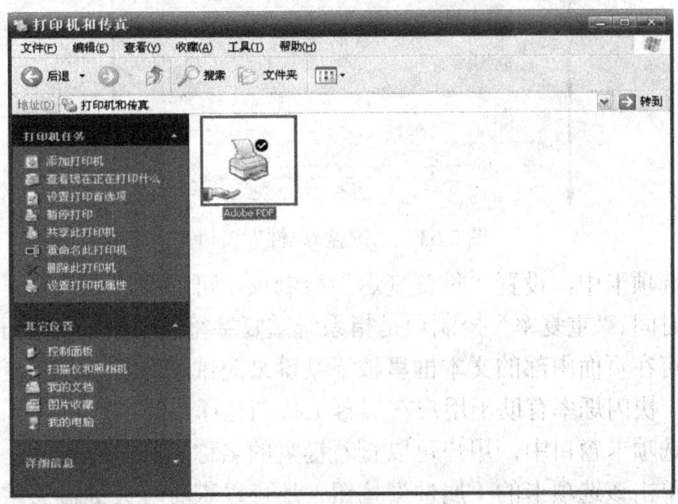

图 2.61　“打印机和传真”窗口

3) 查看打印机状态

在文档的打印过程中，可以用鼠标右键单击任务栏上紧挨着时钟的打印机图标查看打印机状态。双击打印机图标则出现打印队列窗口，其中包含该打印机的所有打印作业，在打印队列窗口中可以查看打印作业状态和文档所有者等信息，还可以取消或暂停要打印的文档。打印完文档后，该图标自动消失。

4) 更改打印机设置

更改打印机设置的方法是：首先在“打印机”窗口中选定要更改设置的打印机，然后选择“属性”命令，弹出如图 2.62 所示的“打印机属性”对话框，选择选项卡进行设置。

更改打印机属性会影响所有打印的文档。如果只想为单个文档更改这些设置，应使用“文件”菜单中的“页面设置”或“打印机设置”命令。

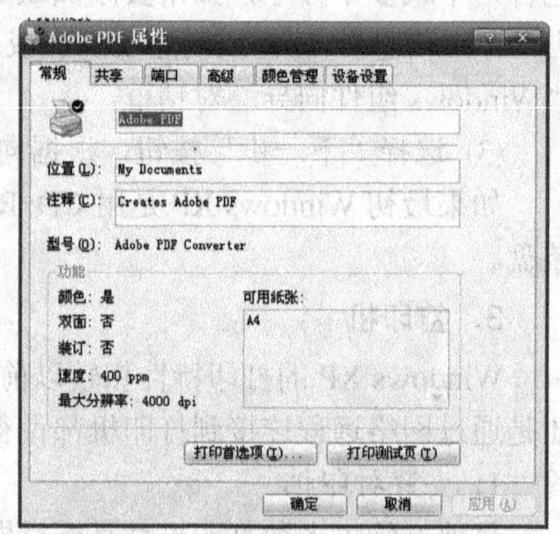

图 2.62 “打印机属性”对话框

4．设置键盘

单击“打印机和其他硬件”图标，选择“键盘”选项，弹出“键盘 属性”窗口，如图 2.63 所示。

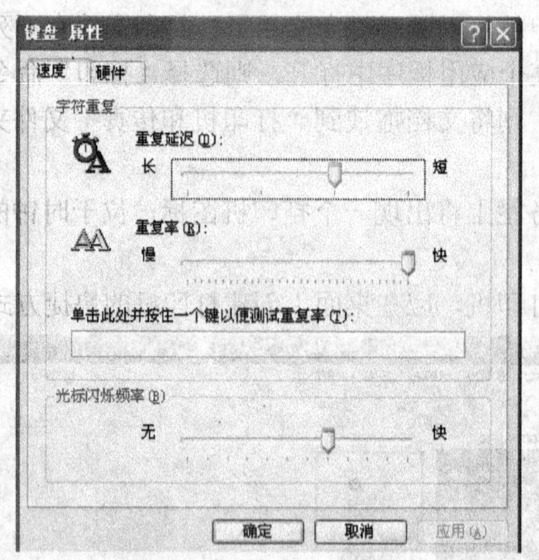

图 2.63 “键盘 属性”窗口

在“速度”选项卡中，设置“重复延迟”控制项，可以指定当系统开始重复字符时将某键按住不放的时间。“重复率”控制项是指系统重复字符的速度。设置好“重复延迟”和“重复率”后，可在页面中部的文本框里按下某键来测试重复延迟和重复率。用户还可设置光标的闪烁率，快闪烁率有助于用户在屏幕上找到光标。

在“硬件”选项卡窗口中，用户可以查看键盘的名称、类型和属性，如设备的工作是否正常等信息。单击该选项卡的“属性”按钮，还可以查看有关键盘的常规信息、驱动程序和资源设备信息，这些信息有助于用户查看键盘是否工作正常。

5．设置鼠标

当设置鼠标时，用户可以在“控制面板”窗口中单击“打印机和其他硬件”图标，选

择“鼠标”选项，出现如图 2.64 所示的“鼠标 属性”窗口。它有五个选项卡：“鼠标键”、“指针”、“指针选项”、“轮”和“硬件”，下面分别对它们作介绍。

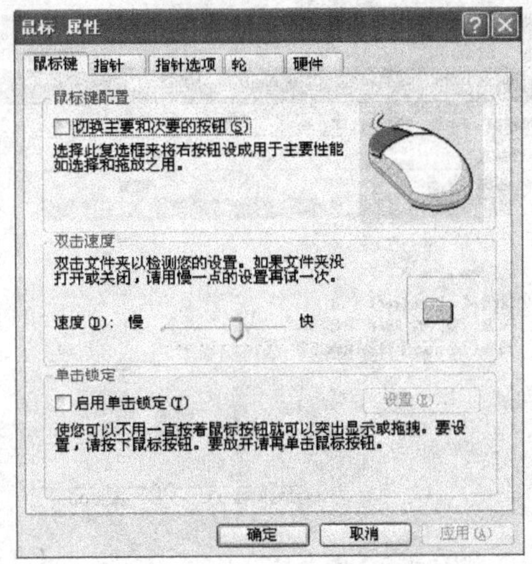

图 2.64　“鼠标 属性”窗口

1) 鼠标键

在如图 2.64 所示的窗口中，用户可以更改鼠标设置，例如设置左/右手习惯、双击速度、单击锁定功能。在“测试区域”可以测定新的双击速度是否合适。“单击锁定”是新功能，可以让用户在拖动选定对象时不必一直按住鼠标按钮。

2) 指针

单击“指针”选项卡，如图 2.65 所示，在“方案”下拉框中用户可以选择喜欢的鼠标指针在屏幕上显示的形状。

3) 指针选项

“指针选项”选项卡如图 2.66 所示。用户可以在这个窗口中设定鼠标指针移动速度、取默认按钮和可见性。

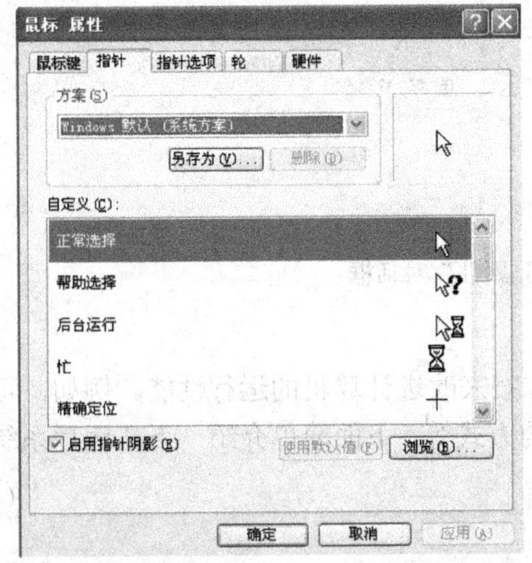

图 2.65　“指针”选项卡

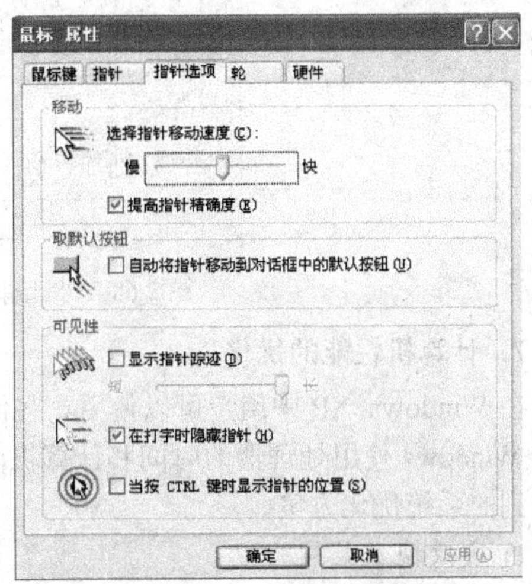

图 2.66　“指针选项”选项卡

4) 硬件

在“硬件”选项卡中列出了鼠标设备的名称及设备属性，如图 2.67 所示。单击“属性”按钮，用户还可以查看鼠标硬件设备的常规信息和驱动程序信息。

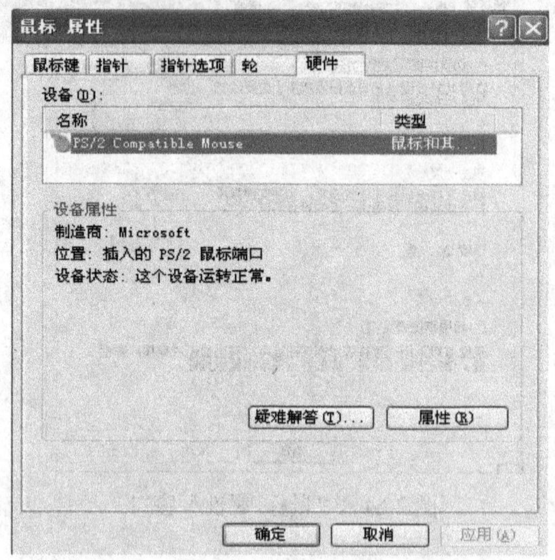

图 2.67 “硬件”选项卡

6. 区域设置

在“控制面板”窗口中，单击“日期和时间”图标，弹出如图 2.68 所示的“日期和时间 属性”对话框，可用于设置日期和时间。

图 2.68 “日期和时间 属性”对话框

7. 计算机性能的优化

在 Windows XP 中用户可以使用一些优化方案来改进计算机的运行性能。例如，可以更改 Windows 使用处理器的时间和计算机内存的方式等，下面简单介绍一下在运行系统时常用到的系统优化方案。

1) 更改视觉效果

Windows XP 提供了几个用于设置计算机视觉效果的选项。例如，可以选择在菜单下显示阴影，使其具有三维效果。在 Windows XP 中用户可以启用系统提供的所有设置，这样

可以达到最佳显示效果；用户也可以不启用系统提供的任何设置，这样可以实现计算机的最佳性能。

设置计算机视觉效果的具体方法如下：

- 在“我的电脑”图标上单击鼠标右键，在弹出的快捷菜单中选择“属性”命令，打开“系统属性”对话框。
- 在“系统属性”对话框中选择“高级”选项卡，如图 2.69 所示。

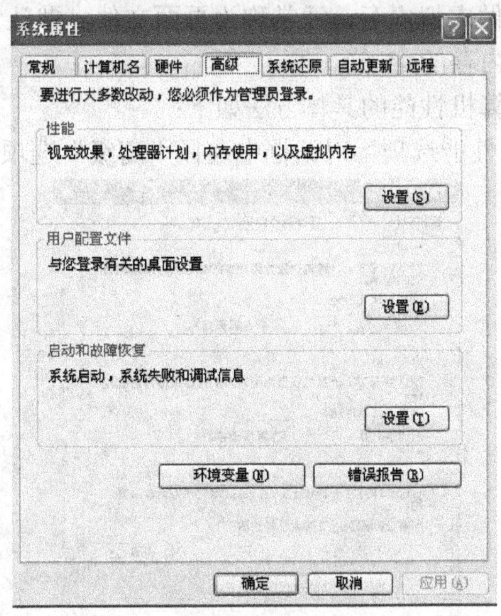

图 2.69　“高级”选项卡

- 在“性能”选项区域中单击“设置”按钮，打开“性能选项”对话框，选择“视觉效果”选项卡，如图 2.70 所示。

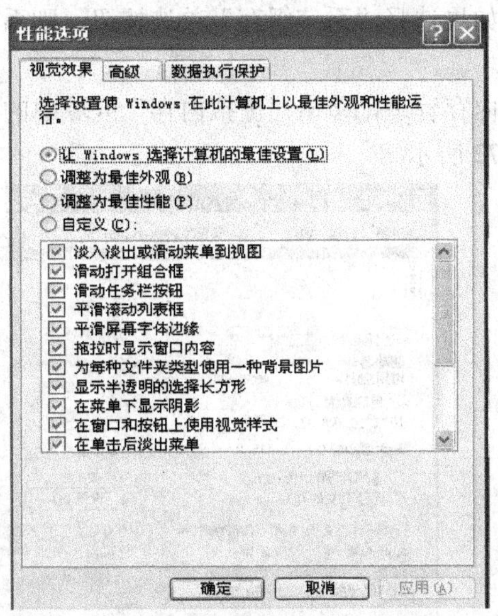

图 2.70　设置视觉效果

- 在对话框中如果选择“调整为最佳外观”单选按钮，此时将选中全部的视觉效果，

实现最佳的外观；如果选择“调整为最佳性能”单选按钮，则只选择系统认为有必要的部分效果；选择“让 Windows 选择计算机的最佳设置”单选按钮，则将选择系统默认的视觉效果；如果选择“自定义”单选按钮，用户则可以在下面的列表中设置视觉效果。

设置完毕，单击“确定”按钮。

2) 使用虚拟内存提高计算机性能

如果计算机在较低的内存下运行，并且需要立即提供更多的内存，则系统会使用硬盘空间模拟系统内存，这叫做虚拟内存，通常称为页面文件。默认情况下，在安装期间创建的虚拟内存大小是计算机内存的 15 倍。

使用虚拟内存提高计算机性能的具体方法如下：

- 在图 2.70 所示的“性能选项”对话框中选择“高级”选项卡，如图 2.71 所示。

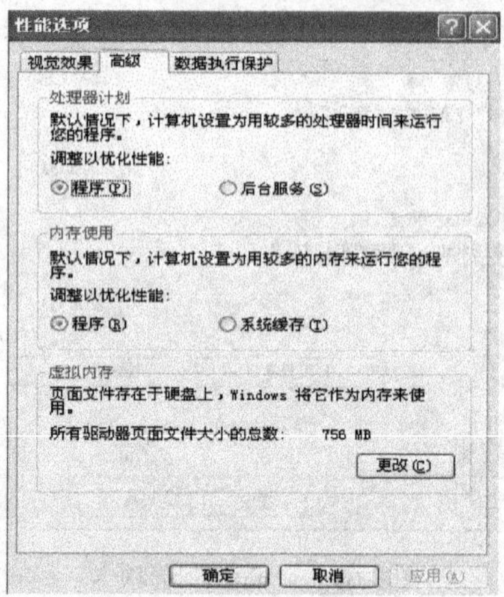

图 2.71　优化内存

- 在“内存使用”区域中，如果选择“程序”单选按钮，则系统对前台程序分配比系统缓存更多的内存资源；如果选择“系统缓存”单选按钮，则系统对前台程序和系统缓存分配相同数量的内存资源。

如果用户要进行虚拟内存管理，单击“虚拟内存”区域中的“更改”按钮，打开“虚拟内存”对话框，如图 2.72 所示。

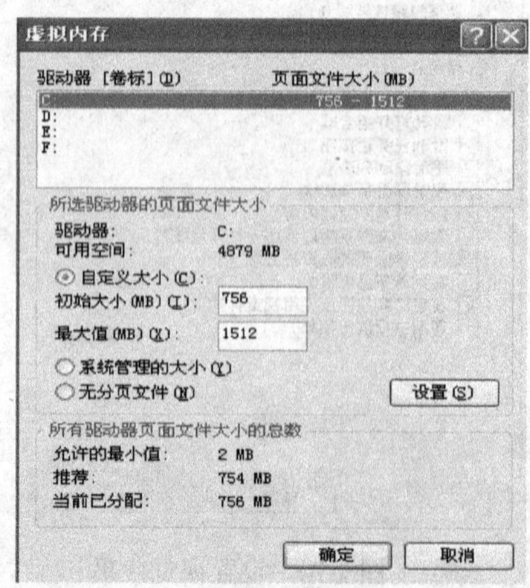

图 2.72　“虚拟内存”对话框

● 在“驱动器”列表中选择要更改页面文件的驱动器。

● 在“所选驱动器的页面文件大小”区域选择“自定义大小”单选按钮，然后在“初始大小”和“最大值”文本框中输入新的页面文件的大小。如果要让Windows选择最佳页面文件大小，可以选择“系统管理的大小”单选按钮，最后单击“设置”按钮将保存所作的修改。

● 单击“确定”按钮，回到“系统属性”对话框，再单击“确定”按钮保存设置。

提示：为了优化虚拟内存的使用，用户可在多个驱动器之间划分虚拟内存空间，并从速度较慢或者访问量大的驱动器上删除虚拟内存。

3) 设置电源使用方案

为了降低计算机设备或整个系统的耗电量，用户可以通过选择合适的电源方案来实现此功能，电源方案就是计算机管理电源使用情况的设置集合。用户可以创建自己的电源使用方案，或者使用Windows提供的方案。

设置电源方案的具体方法如下：

● 单击“开始”按钮，打开“开始”菜单，在菜单中选择“控制面板”命令，打开“控制面板”窗口。

● 在“控制面板”窗口中单击“性能和维护”选项，在“性能和维护”窗口中单击“电源选项”图标，打开“电源选项 属性”对话框。

● 在对话框中选择“电源使用方案”选项卡，如图2.73所示。

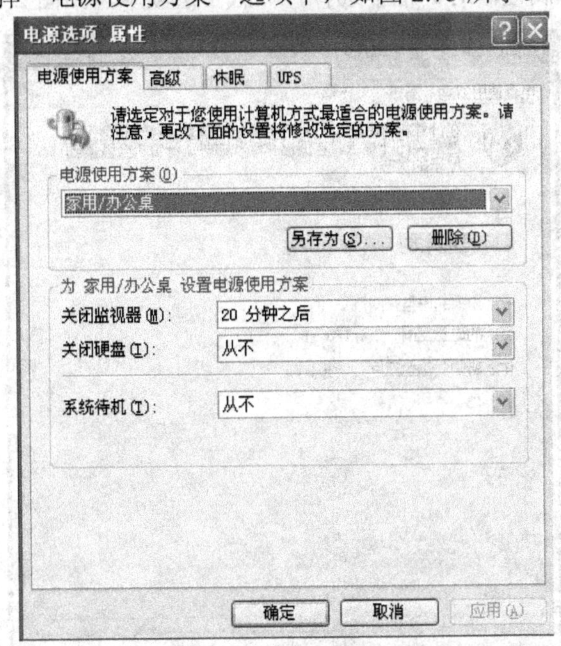

图2.73　设置电源使用方案

● 在“电源使用方案”下拉列表中选择系统提供的电源使用方案。例如，如果你使用的是台式机，可选择“家用/办公桌”选项，此时，在电源使用方案区域将会列出该方案的具体设置。

● 如果用户对于系统提供的方案不满意，可以在“电源使用方案”区域对电源具体的使用方案进行重新设置。

• 设置完毕，单击“确定”按钮。

用户还可以创建自己的方案，首先在“电源使用方案”列表中选择一种方案，然后在设置“电源使用方案”区域中对电源具体的使用方案进行重新设置，设置完毕后，单击“另存为”按钮，在出现的“保存方案”对话框中输入新方案的名称，单击“确定”按钮，则该方案将会被保存到“电源使用方案”列表中。这样在选择电源方案时用户就可以选择自定义的方案了。

注意：如果用户在“系统待机”列表框中设置了时间，则计算机在等待一段时间后将进入待机状态。在待机状态下，整个计算机将切换到耗电量低的状态，此状态下的设备，如监视器和硬盘将会关闭且计算机会使用更少的电量。想重新使用计算机时，它将快速退出待机状态，且桌面精确恢复到待机前的状态。

4) 设置系统休眠

在休眠状态下，计算机将退出系统并关闭以节约用电，但首先会将内存中的所有内容全部存储在硬盘上，当重新启动计算机时，桌面将精确恢复到用户离开时的状态。如果在工作过程中需要较长时间离开计算机，则可以使用休眠状态来节约用电。

设置系统休眠的具体方法如下：

• 在“控制面板”中单击“性能和维护”选项，在“性能和维护”窗口中单击“电源选项”图标，打开“电源选项 属性”对话框。

• 在“电源选项 属性”对话框中选择“休眠”选项卡，如图 2.74 所示。

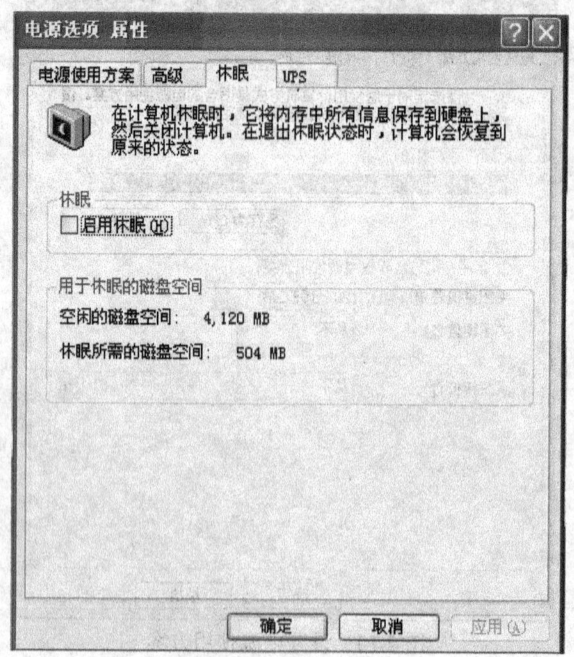

图 2.74　启动系统休眠

• 在“休眠”区域选中“启用休眠”复选框。

• 单击“确定”按钮。

• 在“电源选项 属性”对话框中选择“电源使用方案”选项卡时，用户会发现该对话框中多出了“系统休眠”选项，如图 2.75 所示。在“系统休眠”列表中选择一个时间，则

计算机在空闲相应时间后将进入休眠状态。

- 设置完毕，单击“确定”按钮。

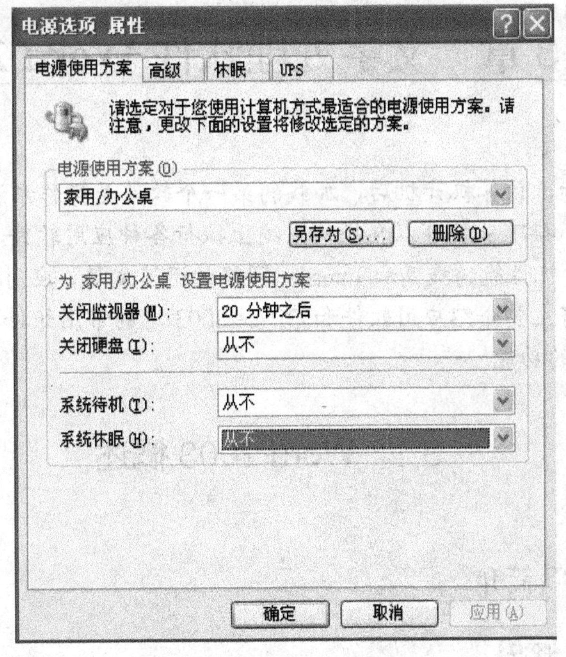

图 2.75　设置休眠时间

思考题

1. 目前流行的操作系统有几种，你接触并操作过其中的几种？
2. 能不能用光碟存储信息，如果能，应该如何操作？
3. 不用操作系统时一定要关闭操作系统吗？
4. 对于 MS-DOS 你了解多少？
5. 如何重新做一个 Windows XP 系统？
6. 目前流行的播放器有几种？
7. 怎样设置不同的桌面背景图片？
8. 如何使用资源管理器？
9. 怎样区分不同文件？
10. 如何设置屏幕保护？

第3章　文字处理软件 Word 2003

从前面章节可知，计算机开机后，加载的第一个软件是操作系统，它负责管理与协调计算机各部分资源，接下来就可以在操作系统上执行各种应用软件，使计算机展现不同的功能。随着微型计算机性能的提高和Internet网络的迅速发展，应用软件更加丰富多彩。本章及接下来的两章将主要介绍应用软件和Office 2003中的常用组件Word 2003、Excel 2003和PowerPoint 2003的功能。

3.1　Word 2003概述

3.1.1　Office 2003简介

1. Office 2003概况

Office办公软件从诞生到现在经历了很多版本，从早期的Office 97、Office 2000、Office XP到现在最流行使用的Office 2003、Office 2007，它的每一次升级都在功能性和易用性上有很大提高。

Office 2003是美国Microsoft公司继Office XP之后推出的版本，它是基于Windows开发的新一代办公信息化、自动化的套装软件包。Office 2003中的每一个应用程序都具有开放的、充满活力的风格和相似的操作界面，能够共享一般的命令、对话框和操作步骤，这样用户可以非常方便地掌握各个应用程序的使用方法。

2. Office 2003的主要组件

Office 2003的每个组件都是一个能够独立完成某一方面工作的软件，主要包括：

(1) 文字处理软件Word 2003。主要用于将文字输入到计算机中，进行存储、编辑、排版等，并以各种所需的形式显示、打印。

(2) 电子表格软件Excel 2003。主要用于对表格输入文字、数字或公式，并利用大量内置函数库对其进行方便、快速地计算。电子表格提供数值分析与数据筛选功能，还可以绘制各式各样的统计图表，供决策使用。

(3) 演示文稿制作软件PowerPoint 2003。主要用于制作幻灯片和演示文稿。它可以通过计算机播放文字、图形、图像、声音等多媒体信息，广泛应用于产品介绍、会议演讲、学术报告和课堂教学。

(4) 个人信息管理和通信程序Outlook 2003。它主要用于接收和发送电子邮件的客户端程序，还可以使用通讯簿存储联系人信息，进行个人信息管理，以便检索出Outlook的联系人，使得用户在网上查找其他相关用户和商业伙伴的信息变得非常容易。

(5) 网页制作软件 FrontPage 2003。主要用于简单的网页制作，使用户不必使用 HTML 语言编写网页的文本、装配图形元素、超链接到其他网站。

(6) 数据库管理程序 Access 2003。数据库是信息的集合，这种集合与特定的主题或目标相联系，例如追踪客户订单。如果数据库没有存储在计算机上，或只有一部分存储在计算机上，则可能需要从各种来源中追踪信息，使用 Access 2003 可以在一个数据库文件中管理所有的用户信息。

3. Office 2003 的安装

Office 2003 简体中文企业版一般运行在 Windows2000、Windows XP 或更高版本中，本书中所安装的 Office 2003 以 Windows XP 为操作平台。

安装方法是：将 Office 2003 安装光盘插入光盘驱动器中，系统通常会自动启动安装向导，或是在 Office 2003 安装目录中双击文件名为 Setup.exe 的文件也可以进入安装向导。接下来只需按照安装向导的提示就可以将 Office 2003 逐步安装到计算机中了。安装时一般选择“典型安装”，这种方式可以安装 Office 2003 中的常用功能，适用于日常办公的需要。

3.1.2　Word 2003 的应用

作为 Office 2003 组件之一的 Word 2003 是一种文字处理软件，常用于制作和编辑办公文档，在文字处理方面的功能十分强大。与其他中文办公软件相比，Word 2003 的图文处理功能和网络功能更加强大、特色更加鲜明，顺应了现代办公软件的潮流和 Internet 的发展。它在办公中的应用如下：

(1) 进行文字输入、编辑、排版和打印等，还可以制作出图文并茂的各种办公文档，并在文档中插入 Flash 动画等多媒体文件。

(2) 可以制作各种商业文档和表格，并能同时处理多种语言的文档。

(3) 自带备忘录、信函和传真等各种模板和向导，使用户可以方便地创建和编辑各种专业文档。

利用 Word 2003 可以制作的文档包括会议通知、名片、个人简历、求职信、日历、请柬、宣传单、招标书、公司简介、邮件和各种传真等。图 3.1 就是用 Word 2003 编辑完成的会议通知和名片。

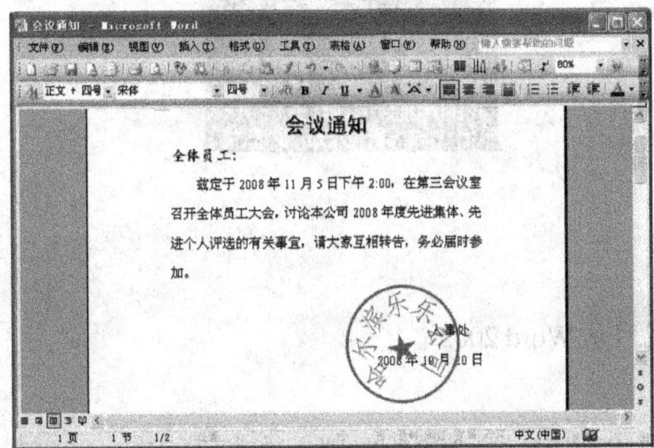

图 3.1　用 Word 2003 编辑完成的会议通知和名片

3.1.3 Word 2003 的启动和退出

与其他基于 Windows 的应用程序一样，Word 2003 的启动和退出可以通过多种方法来实现。

1．Word 2003 的启动

1) 从“开始”菜单启动

启动 Windows XP 后，选择“开始”菜单的“程序”组，然后单击“Microsoft Office”中的“Microsoft Office Word 2003”，即可启动 Word 2003，如图 3.2 所示。

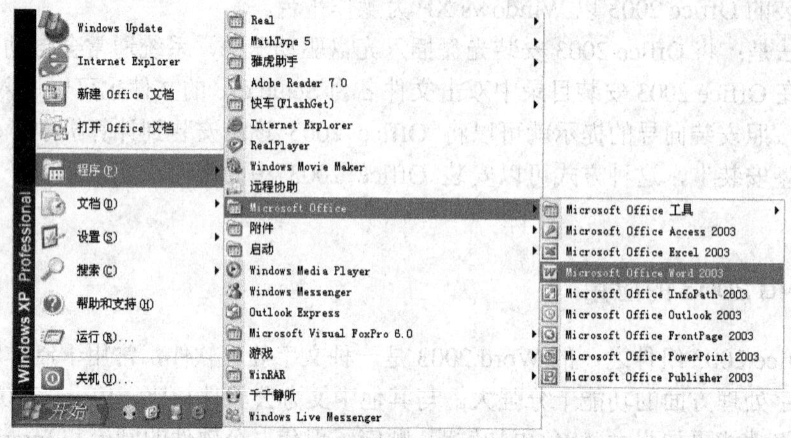

图 3.2　从“开始”菜单启动 Word 2003

2) 桌面快捷方式

当 Word 2003 安装完成后，可手动在桌面上创建 Word 2003 的快捷图标。

如果快捷图标不存在，需要创建时，可以在“开始”菜单的启动 Word 2003 处右击，从弹出的快捷菜单中选择“发送到”中的“桌面快捷方式”命令即可完成。

双击桌面上已经存在的 Word 2003 的快捷方式也可以启动 Word 2003，如图 3.3 所示。

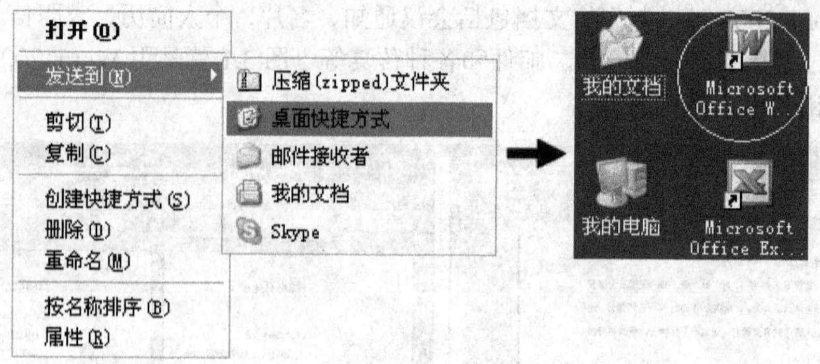

图 3.3　从桌面快捷方式启动 Word 2003

3) 打开已有的文档

从“我的电脑”或“资源管理器”中，双击已有的 Word 2003 文档，在打开 Word 2003 文档的同时也能够将 Word 2003 启动，例如，打开“D:\Word 练习\段落格式化练习.doc”

文件的方法是：从“我的电脑”中找到该文件所在位置，双击文件图标，在文件打开的同时会打开 Word 2003，如图 3.4 所示。

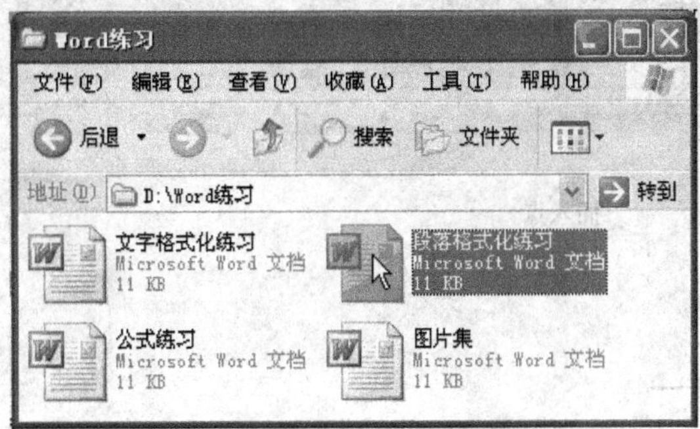

图 3.4　从“我的电脑”中打开 Word 文档

2. Word 2003 的退出

Word 2003 的退出有以下几种方法：

(1) 单击 Word 2003 窗口右上角的“关闭”按钮。

(2) 单击“文件”菜单，在随后打开的下拉菜单中单击“退出”命令。

(3) 使用组合键 Alt+F4。

(4) 单击“控制菜单”图标后，在弹出的控制菜单中选择“关闭”命令，如图 3.5 所示。

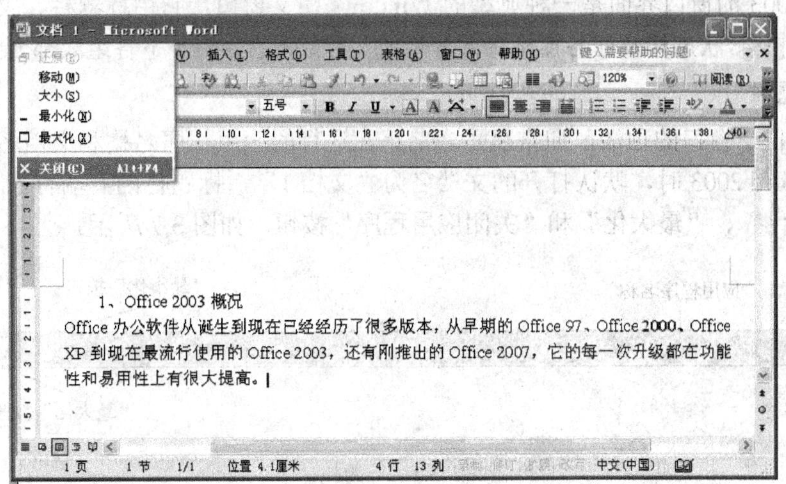

图 3.5　控制菜单

(5) 双击程序窗口左上角标题栏中的“控制菜单”图标。

3.2　Word 2003 文档基本操作

3.2.1　窗口界面

启动 Word 2003 后，进入其主窗口界面，如图 3.6 所示。

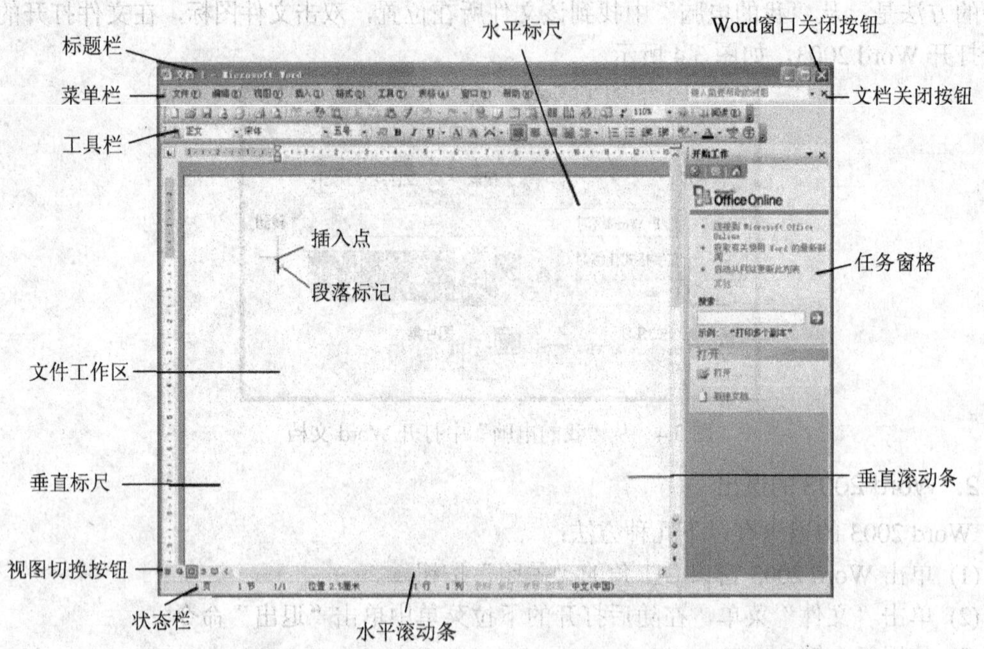

图 3.6　Word 2003 主窗口界面

Word 2003 的窗口界面是一种典型的 Windows 图文窗口，它由标题栏、菜单栏、工具栏、文件工作区、状态栏及任务窗格等部分组成。下面简单介绍一下各组成部分的主要功能。

1．标题栏

标题栏位于窗口的顶端，通常显示当前正在运行的应用程序名称和文档名称等信息。首次进入 Word 2003 时，默认打开的文档名为“文档 1”，标题栏的右端有三个按钮，分别是“最小化”、“最大化”和“关闭应用程序”按钮，如图 3.7 所示。

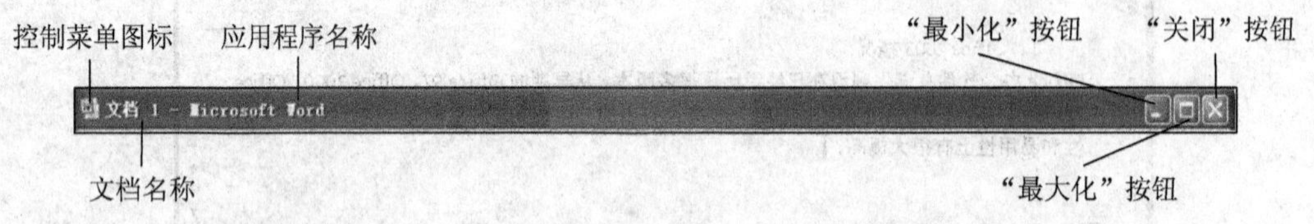

图 3.7　标题栏

2．菜单栏

标题栏的下面是菜单栏，Word 2003 中共包括九个菜单，分别为文件、编辑、视图、插入、格式、工具、表格、窗口和帮助。菜单中包含 Word 2003 中进行文件管理、文字编辑等操作的所有命令。

要选择菜单中的某个命令选项，可以使用鼠标，也可以用键盘进行操作。例如，用鼠标单击“文件”菜单标题，或按 Alt+F 键激活“文件”菜单。

菜单还具有智能化的特点，它能记录用户的操作习惯，默认情况下会在菜单栏中自动隐藏一些不经常被使用的命令。如果需要完全显示某菜单，可以单击菜单下方的智能标记 ¥ 即可。

3．工具栏

菜单栏的下方是工具栏。Word 2003 中有许多工具栏，工具栏上的每一个按钮都对应一个命令，通过对工具栏按钮的操作可以快速执行菜单命令，从而提高工作效率。

一般情况下，窗口中只显示“常用”和“格式”工具栏，如果需要显示或隐藏其他工具栏时，可以使用下面几种方法：

(1) 在“视图”菜单中的“工具栏”打开下一级子菜单，在列出的选项中选择需要的工具栏。

(2) 单击“视图”菜单中的“工具栏”命令，选择“自定义”命令，打开“自定义”对话框来显示工具栏。

(3) 右键单击菜单栏的空白处，也可打开工具栏选项列表。

用户可以通过各工具栏项前面的“√”记号判断工具栏的显示或隐藏，有“√”记号表示该工具栏已被显示，没有“√”记号表示该工具栏已被隐藏。

用户还可以将工具栏移动到其他位置，常用的方法是：单击某一工具栏左侧的位置，按住鼠标拖动工具栏到目标位置后松开。

4．文件工作区

文件工作区是用来创建和编辑文字、表格、图形或其他文档信息的工作区域。Word 的大部分工作都是在工作区中进行的。

文件工作区中有一个闪烁的竖线光标(I 字形)，表示当前插入点。每个段落结束后都会有一个段落标志“↵”，通常可以使用回车键来完成加入段落标志的操作。

在“视图”菜单中执行“显示段落标记”命令，可显示或隐藏段落标记。

5．状态栏

状态栏位于整个 Word 窗口的最底端，用于显示当前文档的相关信息，包含当前文档的页数/总页数、光标所在行数和列数以及当前文档的插入/改写状态。

6．任务窗格

Word 2003 将一些任务以一个窗口的形式提供给用户，单击任务窗格中的选项执行命令，比从菜单中选择命令的操作简单得多。Word 2003 启动后，默认状态下任务窗格显示在文档工作区的右侧，任务窗格选项为“开始工作”，如图 3.6 所示。

单击任务窗格右侧的下拉箭头，从打开的菜单中可以选择其他任务窗格。

单击任务窗格中的“关闭”按钮，可关闭任务窗格；单击“视图”菜单中的“任务窗格”命令，可显示任务窗格。

7．标尺

标尺主要用于文档中的精确定位。在 Word 2003 中，标尺可以分为“水平标尺”和“垂直标尺”，分别显示在文件工作区的上方和左侧。使用水平标尺还可以改变段落的缩进、调整页边距、改变栏宽、设置制表位等。

8．滚动条

滚动条也分为“水平滚动条”和“垂直滚动条”两种，分别显示在文件工作区的下方和右侧。用户可移动滚动条的滑块或单击滚动条两端的滚动箭头按钮，移动文档到不同的位置。

3.2.2　创建文档

认识 Word 2003 的窗口界面后，就可以进行基本的文档操作了。新建文档是进行其他各种操作的基础。Word 2003 中有不同的创建文档的方法，可以根据实际需要进行选择。下面介绍几种常用的创建文档的方法。

1. 新建空白文档

启动 Word 2003 时，系统会自动新建一个名为“文档 1”的空白文档，可以直接在工作区中输入文字等内容。如果还需要新的空白文档，可以继续新建，Word 会自动以“文档 2”、“文档 3”等命名文件。

除此之外，还可以使用以下几种方法来创建空白文档：

(1) 使用菜单命令新建空白文档。选择“文件”菜单中的“新建”命令，打开“新建文档”任务窗格，单击其中的“空白文档”选项，即可创建新的空白文档，如图 3.8 所示。

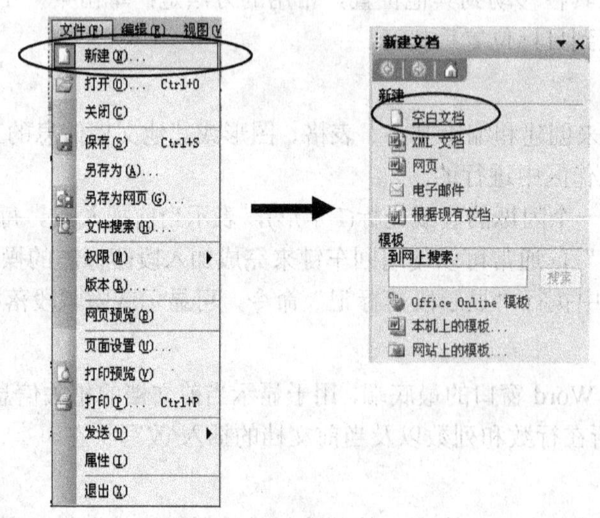

图 3.8　用菜单命令新建空白文档

(2) 用工具栏新建空白文档。单击“常用”工具栏上“新建空白文档”按钮，创建一个空白文档，这种方法不打开“新建文档”任务窗格，直接建立一个空白文档，如图 3.9 所示。

图 3.9　用工具栏新建空白文档

(3) 用 Ctrl+N 组合键也可以新建一个空白文档，这种方法在新建空白文档时也不会打开“新建文档”任务窗格。

2. 使用模板和向导创建新文档

使用模板和向导可以简单方便地创建新文档。当要编排的多篇文档中具有相同的格式设置时，例如相同的页面设置、相同的样式、部分相同的文字等，就可以使用模板。模板是一种特殊的文档，其具有预先设置好的最终文档的外观框架。它可以包括：同一类型文档中相同的文本和图形；段落排版的样式，其中包括字体、字号、缩进格式等；标准文本、插入图形以及公司标记等。将各种文档的相同格式定义为模板，就可对文档进行快速格式

化编排，并保持各文档格式的严格一致。Word 2003 中，常用的文档格式被预定义为模板，称为常用模板，也可以根据需要自己创建模板。

向导可以使用户根据 Word 2003 的提示操作生成相应主题和结构的文档。

使用模板和向导创建新文档操作的步骤是：

(1) 选择“文件”菜单的“新建”命令，打开“新建文档”任务窗格，参见图 3.8。

(2) 在“模板”选项组中单击“本机上的模板...”选项。

(3) 弹出的“模板”对话框包括常用、报告、备忘录、出版物、其他文档等九个选项卡，用户选择所需模板，单击“确定”按钮即可完成创建操作，如图 3.10 所示。

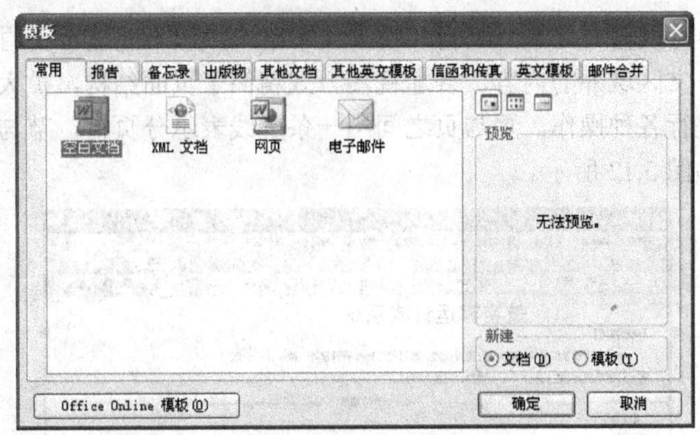

图 3.10　“模板”对话框

3. 根据现有文档创建新文档

根据现有文档创建新文档，可将选择的文档以副本的方式在一个新的文档中打开，这时用户就可以在新的文档中编辑文档的副本，而不会影响到原有的文档。

具体的操作步骤是：

(1) 选择“文件”菜单的“新建”命令，打开“新建文档”任务窗格。

(2) 在“新建文档”任务窗格中选择“新建文档”区域中的“根据现有文档...”命令。

(3) 在打开的对话框中选择一个已有文档，单击“创建”按钮，即可创建一个基于刚刚选择的文档的新文档，如图 3.11 所示。

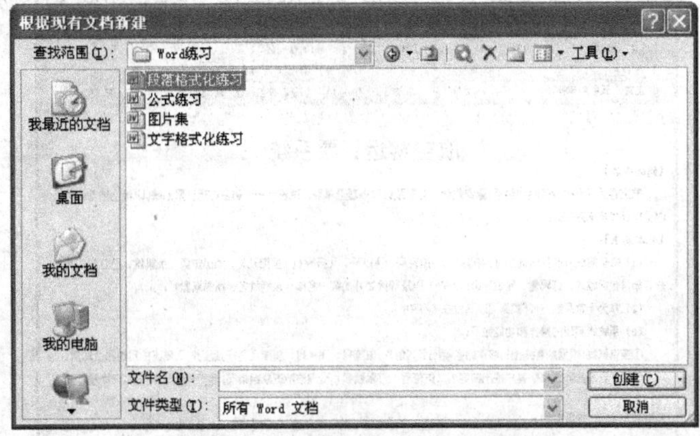

图 3.11　根据现有文档创建的文档

3.2.3 视图方式

Word 2003 中提供了六种浏览文档的方式，即普通视图、Web 版式视图、页面视图、大纲视图、阅读版式及文档结构方式。它们所对应的视图方式控制按钮位于 Word 2003 工作界面的左下方，单击中任意一个按钮就可切换到相应的视图。还可以通过“视图”菜单中的视图切换命令来完成视图的切换操作。各种视图方式应用于不同的编辑场合，通常使用“页面视图”。

1. 普通视图

在普通视图中可以输入文本，编辑和设置文本格式，但不能显示页眉、页脚、页边距和页号等版面上正文区域外的内容。普通视图方式精简了页面结构，扩大了文档编辑区，方便用户对文档进行各种操作。页与页之间用一条虚线表示分页符，节与节之间用两条虚线表示分节符，如图 3.12 所示。

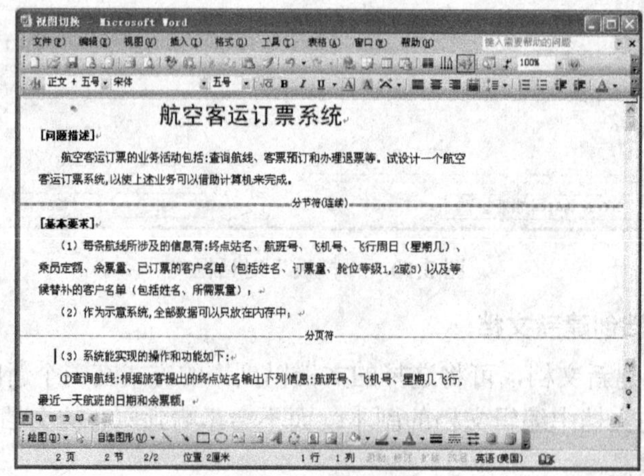

图 3.12 普通视图

2. Web 版式视图

Web 版式视图是专门为浏览、编辑 Web 网页而设计的，可以看到背景和为适应窗口而换行显示的文本，且图形位置与在 Web 浏览器中的位置一致，如图 3.13 所示。

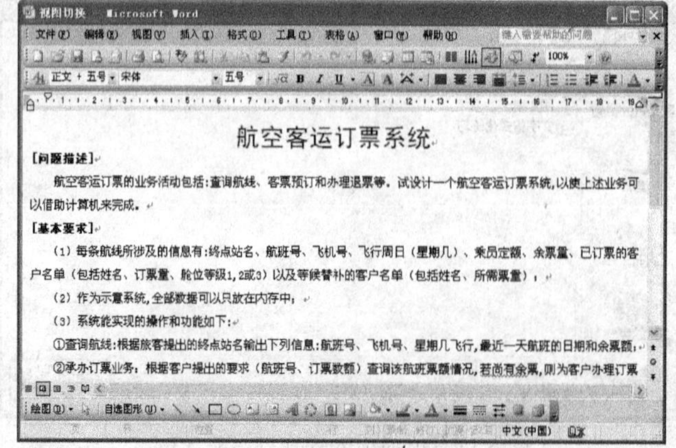

图 3.13 Web 版式视图

3．页面视图

页面视图是 Word 2003 启动时默认的视图方式，可以看到正文及正文区域以外版面上的所有内容。页面视图是“所见即所得”的视图方式，如图 3.14 所示。可以利用“视图”菜单中的“显示比例”命令，或用“常用”工具栏中的“显示比例”下拉按钮 110% 调整显示比例。

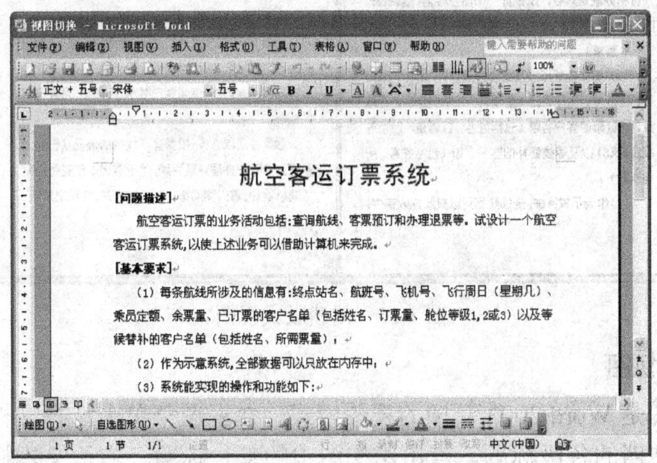

图 3.14　页面视图

4．大纲视图

大纲视图主要用于显示文档的标题层次关系。文档的内容按层叠关系可以折叠或展开，还可以通过鼠标拖动标题来移动、复制和重新组织文本，改变文档结构。在大纲视图中不显示页边距、页眉和页脚、背景等。在切换到大纲视图时会同时打开“大纲”工具栏，如图 3.15 所示，“大纲”工具栏可以在进行长文档编辑时进行“设置标题级别”等设置。

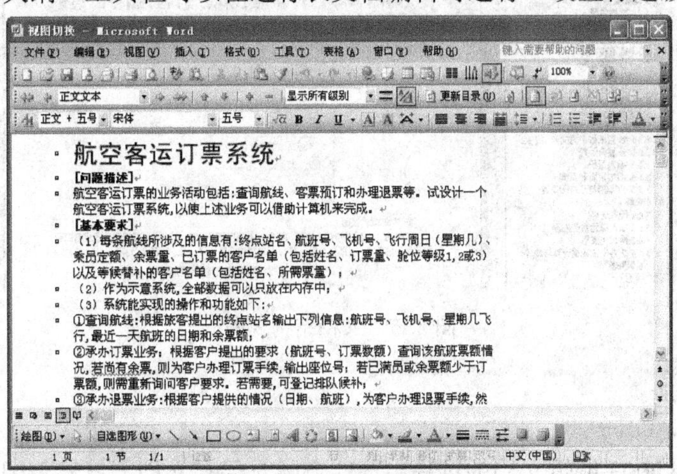

图 3.15　大纲视图

5．阅读版式视图

阅读版式视图是 Word 2003 新增加的视图方式，是专门为在计算机屏幕上阅读文档而设计的，它可以把整篇文档分成若干屏进行显示。在阅读版式视图中，显示出“阅读版式”工具栏，用户可以根据需要修改或关闭阅读版式视图，如图 3.16 所示。

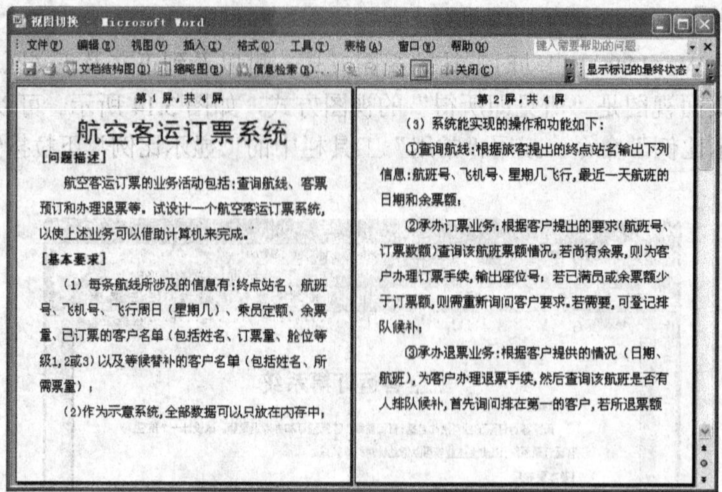

图 3.16　阅读版式视图

6．文档结构视图

文档结构视图是 Word 2003 新增的视图模式。在视图菜单中选择文档结构，即在编辑的文本左侧显示文档的各级标题。点击结构图中的某一标题，右边文本栏即自动移动到该标题处，如图 3.17 所示。

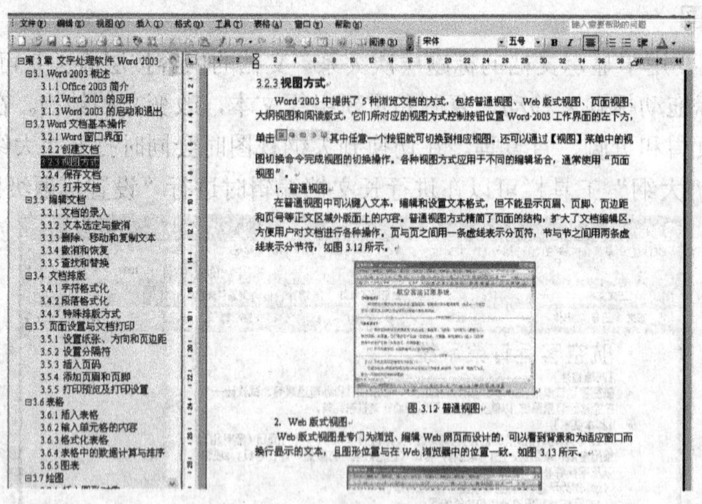

图 3.17　文档结构视图

3.2.4　保存文档

在使用 Word 2003 编辑文档的过程中要注意随时保存文档，以避免因意外而导致文档内容丢失的情况，只有及时地保存文档才能使工作结果得以保存在磁盘上。

1．保存新文档

(1) 如果文档需要保存，可以选择下列任意一种方法来打开"另存为"对话框，如图 3.18 所示。

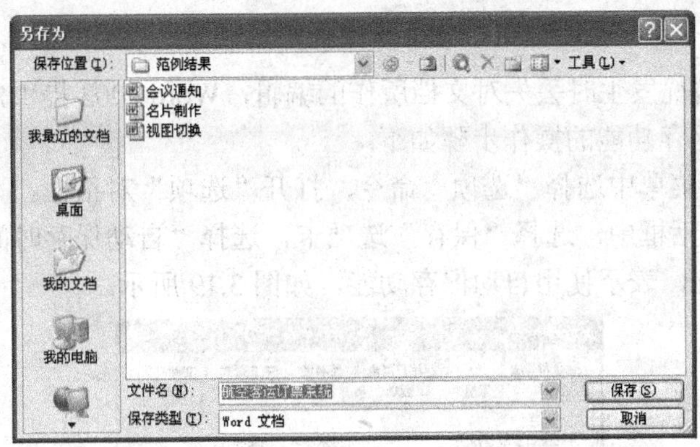

图 3.18 “另存为”对话框

① 选择“文件”菜单中的“保存”命令；

② 单击“常用”工具栏中的“保存”按钮；

③ 使用 Ctrl+S 组合键。

(2) 在“保存位置”下拉列表中选择驱动器和文件夹，确定文档所要保存的位置。如果想新建一个文件夹来保存文件，可以单击工具栏上的“新建文件夹”按钮，创建一个新文件夹并为这个新文件夹命名。

(3) 在“文件名”输入框中输入文件的名称，如果需要改变保存文件的类型，可在对话框下面“保存类型”的位置上选择不同的文件保存类型，创建一个 Word 文档可以不用更改保存类型，默认为“Word 文档”类型，设置完成后，单击“保存”按钮即可。

Word 2003 的文件可以使用长文件名，文件的扩展名为“doc”。文件名可以使用一些描述性的文字，用于提示该文件的内容。例如，可以将文件命名为“航空客运订票系统.doc”、“会议通知.doc”。

文件名中可以有空格、大写字母、小写字母、数字和下划线等字符，但不可以包含以下字符：/ (斜线)、\ (反斜线)、> (大于号)、< (小于号)、* (星号)、" (引号)、? (问号)、| (竖线)、: (冒号)和; (分号)。如果出现不允许包含的字符，Word 就会报错，不允许将文件保存。

2．保存已有的文档

如果修改了已有的文档且需要保存时，可以分为下面两种情况进行处理：

(1) 文档保存后，覆盖文档原来的内容。

这种情况是指不需要改变已有文档的文件名、文件位置及文件类型，而可以使用下列方法直接保存：

① 选择“文件”菜单中的“保存”命令；

② 单击“常用”工具栏中的“保存”按钮；

③ 使用 Ctrl+S 组合键。

(2) 文档保存后，生成文档副本。

这种情况就是把原文档作为另一个文档来保存，而原文档内容保持不变。这需要选择“文件”菜单中的“另存为”命令，在打开的“另存为”对话框中设置文档的文件名、文件位置及文件类型，必须保证要设置的文件名、文件位置及文件类型和原文档至少有一点是不相同的，设置后单击“保存”按钮即可。

3. 自动保存

为了防止意外情况发生时丢失对文档所作的编辑，Word 2003 提供定时自动保存文档的功能。设置自动保存功能的操作步骤如下：

(1) 在“工具”菜单中选择“选项”命令，打开“选项”对话框。

(2) 在打开的对话框中，选择“保存”选项卡，选择“自动保存时间间隔”复选框，系统默认为选中状态，表示使用自动保存功能，如图 3.19 所示。

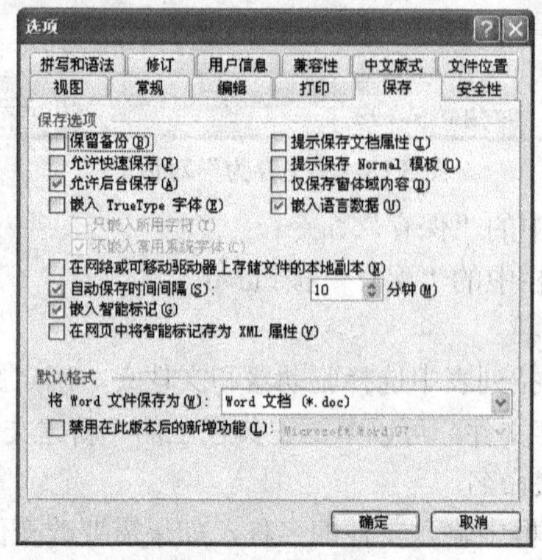

图 3.19 “保存”选项卡

(3) 在复选框后面的微调控制项中可设置自动保存的时间间隔，默认的时间间隔为 10 分钟，时间的可选范围是 0～120 分钟。

(4) 单击“确定”按钮。

Word 2003 把自动保存的内容存放在一个临时文件中，如果在用户在对文档进行保存前出现了意外情况，比如突然断电未能保存，再次进入 Word 后，最后一次自动保存的内容将被恢复在窗口中，这时，用户应该立即进行存盘操作。

3.2.5 打开文档

1. 通过“打开”命令打开文档

(1) 选择下列的任一种方法，打开“打开”对话框，如图 3.20 所示。

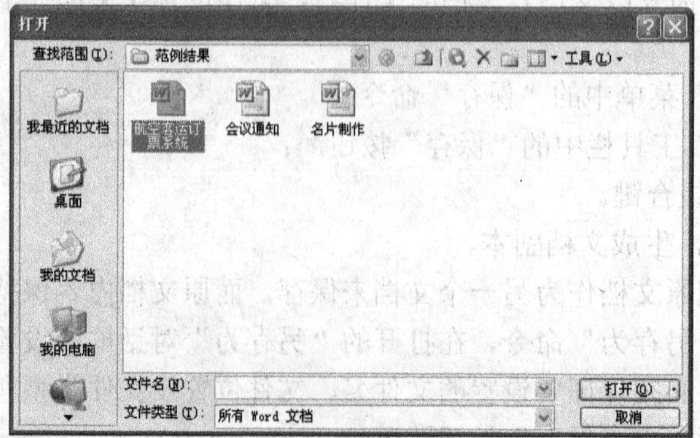

图 3.20 “打开”对话框

① 在“文件”菜单中选择“打开”命令。

② 单击“常用”工具栏上的“打开”按钮。

③ 在“开始工作”任务窗格中打开选项中的“其他...”。

④ 按 Ctrl+O 组合键。

(2) 在“打开”对话框中的“查找范围”下拉列表框中选择要打开文档所在的位置。

(3) 在列表框中选择要打开的文档，或直接在“文件名”文本框中输入需要打开文档的正确路径及文件名，单击“打开”按钮，即可打开所需文件。

2．在“资源管理器”或“我的电脑”中打开文档

在“资源管理器”或“我的电脑”中选择文档存放的位置，找到要打开的文档后，双击该文档的图标，即可直接打开。

3．快速打开最近使用过的文档

单击菜单栏上的“文件”菜单项，在弹出的下拉菜单的最下方显示最近打开过的四个文档的文件名，单击其中某一个文件即可快速打开该文档，如图 3.21 所示。

或在“开始工作”任务窗格中的“打开”选项中也会列出最近打开过的四个文档的文件名，单击其中某一个文件也可以快速打开该文档，如图 3.22 所示。

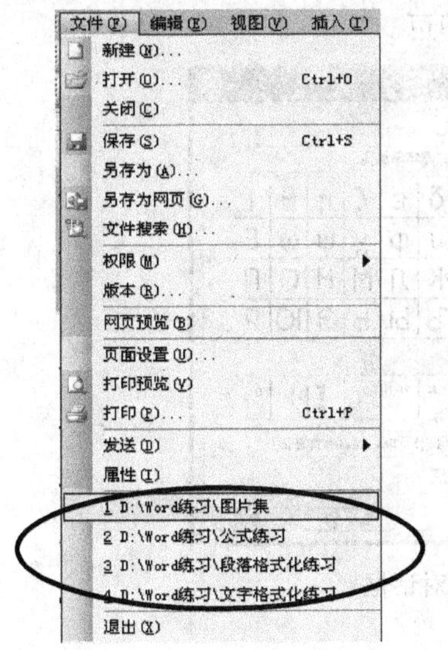

图 3.21　“文件”菜单列出最近打开过的文档

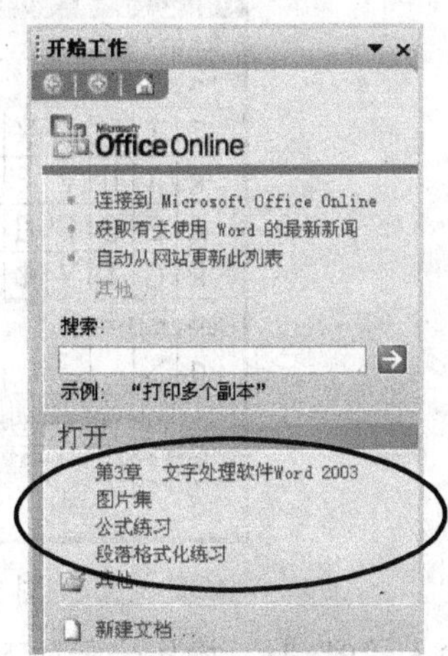

图 3.22　“开始工作”任务窗格列出最近打开过的文档

3.3 编 辑 文 档

3.3.1　文档的录入

在文档中输入文本时，首先应选择输入法，单击任务栏中的语言栏图标，打开输入法列表菜单，选择一种适合自己的输入法，然后就可以输入文本、标点符号和特殊符号了。

1. 输入文本

在输入文本的过程中，文字是从左到右排列的，当一行内容到达最右端边界时 Word 2003 会自动换行，光标跳转到下一行的开始位置。如果完成整段文字的输入后需要换行重新另起段落输入时，可以按 Enter 键，这时会产生一个段落标记。

如果出现输入错误，可以使用 Backspace 键和 Delete 键来删除字符。但是两个按键的区别在于：单击 Backspace 键删除插入点左边的字符，单击 Delete 键删除插入点右边的字符。

输入的状态一般有插入和改写两种。在插入状态下，可以在文字之间插入内容；而改写状态下，输入的内容将覆盖光标后边的内容。插入和改写状态的切换可以使用键盘上的 Insert 键，或者双击状态栏上的“改写”指示器 改写 。

2. 输入标点符号

单击输入法状态条中的中英文标点切换按钮，显示按钮 ，, 时表示处于“中文标点输入”状态，显示按钮 ,, 时表示处于“英文标点输入”状态；也可以按 Ctrl+句号组合键进行转换。

3. 输入符号

(1) 输入符号时可以在“插入”菜单中选择“符号”命令，打开“符号”对话框，如图 3.23 所示。在其中选择所需符号，单击“插入”即可。

图 3.23 “符号”对话框

例如输入“β”时，操作步骤如下：

① 在文档中选择插入点。

② 在“插入”菜单中选择“符号”命令，打开“符号”对话框。

③ 在“符号”对话框中找到“β”并单击，然后单击“插入”按钮即可。

若要在文档中插入常用符号，如数字序号、数学符号和标点符号等，可以在“插入”菜单中选择“特殊符号”命令，弹出“特殊符号”对话框，在对话框相应的选项卡中选择需要插入的符号，单击“确定”按钮即可输入特殊符号。

(2) 对于键盘上没有的标点符号，可在符号栏中输入。显示符号栏的方法是：单击“视图”菜单中的“工具栏”命令，在打开的子菜单中单击“符号栏”命令，如图 3.24 所示。

图 3.24 符号栏

(3) 要输入其他符号，可以右键单击汉字输入法状态栏的软键盘，选择相应的符号菜单来选择各种需要的符号，如图 3.25 所示。

图 3.25　软键盘

3.3.2　文本选定与撤消

1．文本的选定

要对文本进行编辑必须先选定对象，对象被选定后会以反白加亮显示。所选的范围既可以是整篇文档，也可以是一个字符。所选的对象不仅可以是文字，还可以是表格、图片和图形等。

选定对象后既可使用鼠标选取文本，也可使用键盘选取，还可以鼠标键盘相结合进行选取。

1) 使用鼠标选取文本

使用鼠标可以轻松地改变插入点的位置，因此用鼠标选取文本十分实用。

(1) 拖动选取。将鼠标指针定位在起始位置，再按住鼠标左键不放，向目标位置拖动鼠标以选取文本。

(2) 单击选取。将光标移到要选定行的左侧空白处，当鼠标指针变为指向右边的箭头时，单击鼠标左键即可选取该行文本，如图 3.26 所示。

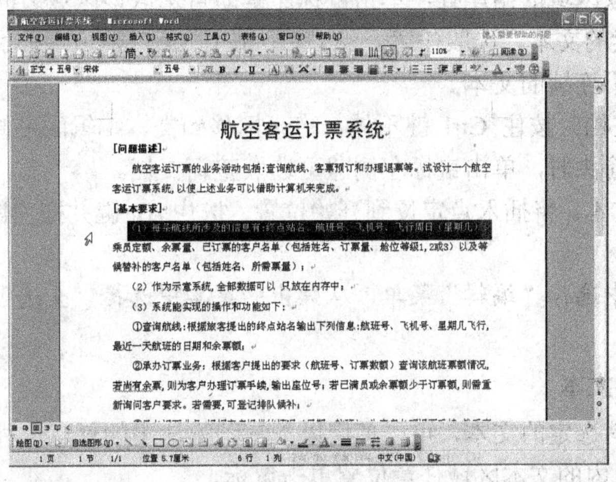

图 3.26　选定一行

(3) 双击选取。将光标移到文本编辑区左侧，当鼠标指针变为指向右边的箭头时，双击鼠标左键即可选取该段文本；将光标定位到单词中间或左侧，双击鼠标左键即可选取该单词。

(4) 三击选取。将光标定位到要选取的段落中，三击鼠标左键即可选中文档中所有内容。

2) 使用键盘选取文本

使用键盘上相应的快捷键，同样可以选取文本。利用快捷键选取文本内容的功能如表3.1 所示。

表 3.1 选取文本的快捷键及功能

快 捷 键	功 能
Shift+→	选取光标右侧的一个字符
Shift+←	选取光标左侧的一个字符
Shift+↑	选取光标位置至上一行相同位置之间的文本
Shift+↓	选取光标位置至下一行相同位置之间的文本
Shift+Home	选取光标位置至首行
Shift+End	选取光标位置至尾行
Shift+PageDown	选取光标位置至下一屏之间的文本
Shift+PageUp	选取光标位置至上一屏之间的文本
Ctrl+Shift+ Home	选取光标位置至文档开始之间的文本
Ctrl+Shift+End	选取光标位置至文档结尾之间的文本
Ctrl+A	选取整篇文档

3) 鼠标键盘结合选取文本

使用鼠标和键盘相结合的方式不仅可以选取连续的文本，还可以选择不连续的文本。

(1) 选取连续的较长文本。将插入点定位到要选取区域的开始位置，按住 Shift 键不放，再移动光标至要选取区域的结尾处，单击鼠标左键即可选取该区域之间的所有文本内容。

(2) 选取不连续的文本。选取任意一段文本，按住 Ctrl 键，再拖动鼠标选取其他文本，即可同时选取多段不连续的文本。

(3) 选取整篇文档。按住 Ctrl 键不放，将光标移到文本编辑区左侧空白处，当鼠标指针变为指向右边的箭头时，单击鼠标左侧即可选取整篇文档。

(4) 选取矩形文本。将插入点定位到开始位置，按住 Alt 键并拖动鼠标，即可选取矩形文本。

提示：在文档中选择“编辑”菜单，从弹出的菜单中选择“全选”命令，即可选取整篇文档。

2. 撤消选定的文本

如果用户想撤销选定的文本，可以使用以下三种方法中的任意一种。

(1) 在文档窗口内的文本区域任意位置单击鼠标。

(2) 按任意一个方向键↑、↓、→、←均可。

(3) 如果已经按了 F8 键扩大了选定范围，要先按 Esc 键取消扩展模式，然后按任意一个方向键↑、↓、→、←即可取消已选定文本。

3.3.3 删除、移动和复制文本

1．删除文本

删除插入点左边的字符可以使用 Backspace 键；删除插入点右边的字符可以使用 Delete 键，也可以把光标定位在一个英文单词前，按住 Ctrl+Delete 组合键删除该英文单词；要删除大段文本，可以先进行文本选定，再按 Backspace 键或 Delete 键，也可以利用菜单的方法，先选定要删除的文本，单击“编辑”菜单中的“清除”子菜单，执行“内容”命令；或选用“剪切”命令来完成删除操作。

2．移动文本

文本的移动是指将选定的文档内容从一个位置移到另一个位置。移动文本的操作与复制文本的操作类似，唯一的区别在于：移动文本后，原位置的文本消失；而复制文本后，原位置的文本仍然存在。

移动文本有三种方法。

1) 使用鼠标拖拽方法

首先选定要移动的文本，然后将鼠标指针移至选定文本处，按下鼠标左键拖拽至目标位置，松开鼠标左键即可完成文本的移动。

2) 使用剪贴板移动文本

(1) 选定要移动的文本内容；

(2) 选择以下任意一种方法完成移动操作：

① 单击“编辑”菜单中的“剪切”命令，将鼠标指针移动到目标位置后，单击“编辑”菜单中的“粘贴”命令。

② 单击“常用”工具栏中的“剪切”按钮，将鼠标指针移动到目标位置后，单击“粘贴”按钮。

③ 使用快捷菜单中的“剪切”与“粘贴”命令。

④ 使用组合键 Ctrl+X 完成剪切操作，再使用 Ctrl+V 完成粘贴操作。

3) 使用 F2 功能键移动文本

首先选定要移动的文本，然后按 F2 功能键，此时状态栏上会出现提示：“移至何处？”，如图 3.27 所示，将光标移至目标位置后按 Enter 键即可完成文本移动。

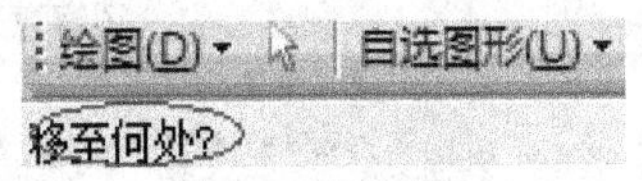

图 3.27 使用功能键移动

例如，要使用上述不同的方法在文档中进行移动文本操作，具体操作步骤如下：

(1) 打开文档“顾客意见反馈”，将插入点定位在文本“……质量是否满意：□满意 □一般”之后，然后拖动鼠标选取“□不满意”，如图 3.28(a)所示。

(2) 选择“编辑”菜单中的“剪切”命令，或单击“常用”工具栏中的“剪切”按钮。

(3) 把插入点定位在文本“您对本商品的质量是否满意：”后，选择“编辑”菜单中的“粘贴”命令，或单击“常用”工具栏中的“粘贴”按钮，就可以将所选取的文本移动到该处，如图 3.28(b)所示。

顾客意见反馈

亲爱的顾客朋友们：

感谢您来到本商店购买商品，希望我们的服务会让您满意。如果您愿意填写以下信息，我们将会及时接受建议和意见，改进商场的服务。感谢您对本商场的大力支持！

购买物品名称：

购买者姓名：　　性别：　　职业：

您对本商品的质量是否满意：□满意　□一般　□不满意

您对本商场的服务是否满意：□满意　□一般　□不满意

对本店的建议：

对本店的意见：

您的其他要求：

(a) 选取文本

顾客意见反馈

亲爱的顾客朋友们：

感谢您来到本商店购买商品，希望我们的服务会让您满意。如果您愿意填写以下信息，我们将会及时接受建议和意见，改进商场的服务。感谢您对本商场的大力支持！

购买物品名称：

购买者姓名：　　性别：　　职业：

您对本商品的质量是否满意：□不满意　□满意　□一般

您对本商场的服务是否满意：□满意　□一般　□不满意

对本店的建议：

对本店的意见：

您的其他要求：

(b) 结果

图 3.28　选取文本和移动文本的结果

3. 复制文本

复制是将选中的对象产生一个副本，原始对象不改变。如果文档中有反复出现的信息，则可以利用复制功能节省重复输入的时间，提高工作效率。复制文本有三种方法。

(1) 用鼠标拖动复制：首先选中要复制的文本，然后按住 Ctrl 键，用鼠标拖动已选定的文本至目标位置后松开鼠标左键，即可完成文本复制。

(2) 使用菜单复制：首先选中要复制的文本，然后单击“编辑”菜单中的“复制”命令，这样被选中的内容就复制到剪贴板中了，将光标插入点移至目标位置，再单击“编辑”菜单中的“粘贴”命令，这样被选中的内容就复制到目标位置了。

(3) 使用工具按钮或组合键复制：选中要复制的文本，使用“常用”工具栏中的“复制”按钮复制选中的文本(或者使用组合键 Ctrl+C)。将光标插入点移至目标位置，再使用“常用”工具栏中的“粘贴”按钮将文本粘贴到目标位置(或者使用组合键 Ctrl+V)。

例如，要使用上述不同的方法在文档中进行复制操作，具体操作步骤如下：

(1) 打开文档“顾客意见反馈”，将插入点定位在文本“您对本商品的质量是否满意：”之后，拖动鼠标选取文本“□满意　□一般　□不满意”，如图 3.29(a)所示。

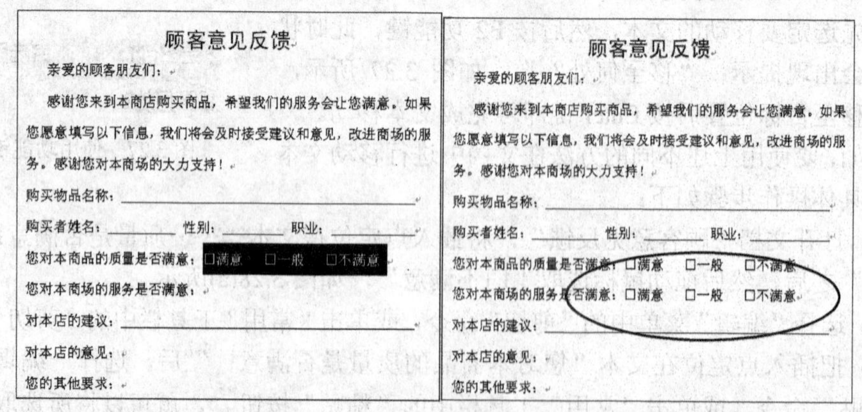

顾客意见反馈

亲爱的顾客朋友们：

感谢您来到本商店购买商品，希望我们的服务会让您满意。如果您愿意填写以下信息，我们将会及时接受建议和意见，改进商场的服务。感谢您对本商场的大力支持！

购买物品名称：

购买者姓名：　　性别：　　职业：

您对本商品的质量是否满意：□满意　□一般　□不满意

您对本商场的服务是否满意：

对本店的建议：

对本店的意见：

您的其他要求：

(a) 选取文本

顾客意见反馈

亲爱的顾客朋友们：

感谢您来到本商店购买商品，希望我们的服务会让您满意。如果您愿意填写以下信息，我们将会及时接受建议和意见，改进商场的服务。感谢您对本商场的大力支持！

购买物品名称：

购买者姓名：　　性别：　　职业：

您对本商品的质量是否满意：□满意　□一般　□不满意

您对本商场的服务是否满意：□满意　□一般　□不满意

对本店的建议：

对本店的意见：

您的其他要求：

(b) 结果

图 3.29　选取文本和复制文本的结果

(2) 选择“编辑”菜单中的“复制”命令，或单击“常用”工具栏中的“复制”按钮。

(3) 把插入点定位在文本“您对本商场的服务是否满意：”后，选择“编辑”菜单中的“粘贴”命令，或单击“常用”工具栏中的“粘贴”按钮，就可以将所选取的文本复制到该处，如图 3.29(b)所示。

3.3.4　撤消和恢复

在编辑文档的过程中，如果误删某一部分，或者排版时出现失误，可以单击“常用”工具栏中的“撤消”按钮，或者使用“编辑”菜单中的“撤消”命令，使文本恢复到原来的状态。如果还要取消再前一次的操作，可继续单击“撤消”按钮。Word 2003 具有多级撤消功能。单击“撤消”按钮右边向下的三角形，可以在撤消表中选择所要撤消的步数，在这个列表中所有操作都是以操作时间从后到前的顺序列出的，如图 3.30(a)所示。

常用工具栏上有一个“恢复”按钮，其功能与“撤消”按钮正好相反，它可以恢复被撤消的一步或任意步的操作。单击此按钮右边的下三角按钮可打开恢复操作的下拉列表，如图 3.30(b)所示。

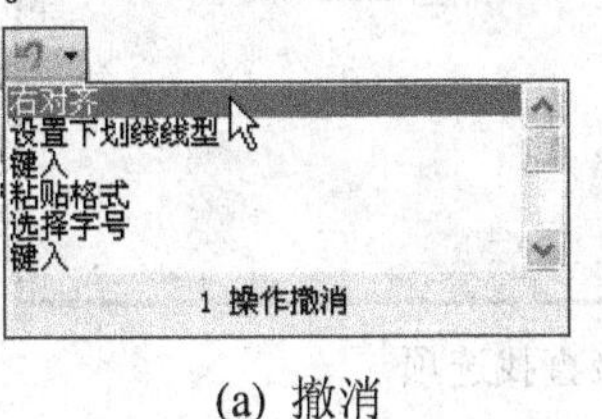

(a) 撤消

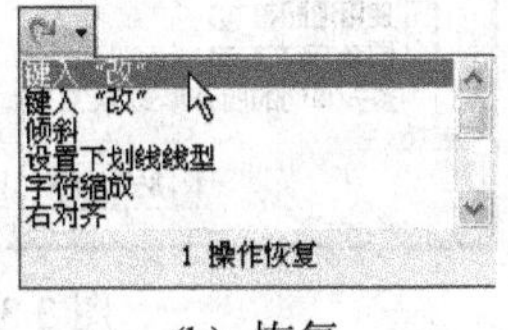

(b) 恢复

图 3.30　撤消和恢复

3.3.5　查找和替换

在文档中查找某一个特定内容，或在查找到特定内容后将其替换为其他内容，当文档中文本内容比较多时，这将是一项非常困难的工作。Word 2003 具有强大的查找和替换功能，用户既可以查找和替换文本、段落标记之类的特定项，也可以查找和替换单词的各种形式，而且可以使用通配符来简化查找。

1．查找

在 Word 2003 中，不仅可以查找文档中的普通文本，还可以对特殊格式的文本、符号等进行查找。查找的操作步骤是：

(1) 单击“编辑”菜单中的“查找”命令，打开如图 3.31 所示的“查找和替换”对话框。

图 3.31　“查找”选项卡

(2) 在“查找”选项卡中的“查找内容”框内键入要查找的文字。

(3) 选择其他所需选项。

(4) 单击“查找下一处”或“查找全部”，按 Esc 键可取消正在执行的搜索。

若要一次选中指定单词或词组的所有实例，请选中“突出显示所有在该范围找到的项目”复选框，然后通过在打开列表中单击来选择要在其中进行搜索的文档部分。

在“查找”选项卡中单击“高级”按钮，可展开对话框用来设置文档的高级查找选项，如图 3.32 所示。

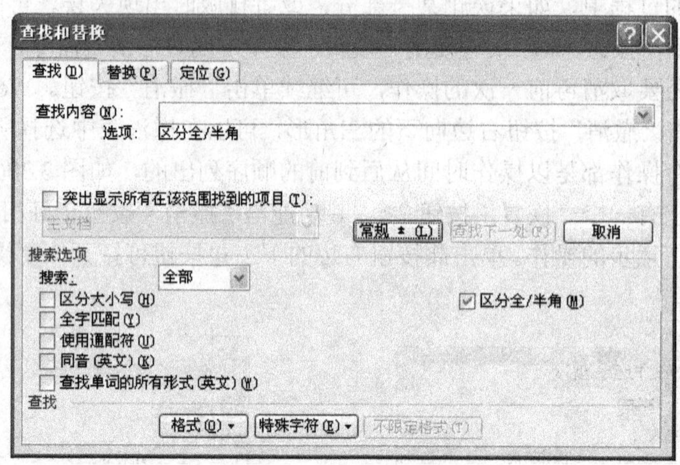

图 3.32　设置高级查找选项

在展开的“查找”选项卡中，用户可以进行各个选项的设置，完成不同条件的搜索。

2. 替换

在查找到文档中的特定内容后，还可以对其进行统一替换。替换以查找为前提，可以实现用一段文本替换文档中指定文本的功能。

操作方法如下：

(1) 单击“编辑”菜单中的“替换”命令，打开如图 3.33 所示的“查找和替换”对话框。

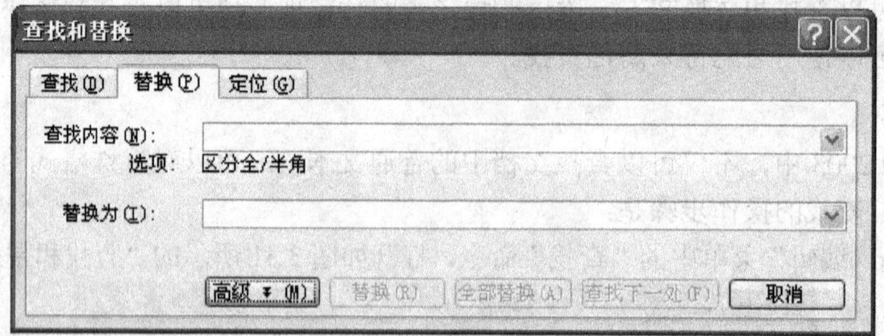

图 3.33　“替换”选项卡

(2) 在“替换”选项卡中的“查找内容”框内输入要搜索的文字。

(3) 在“替换为”框内输入替换文字。

(4) 选择其他所需选项。

(5) 单击“查找下一处”、“替换”或者“全部替换”按钮，按 Esc 键可取消正在执行的搜索。

在“替换”选项卡中单击“高级”按钮，可展开用来设置文档的高级查找选项对话框，如图 3.34 所示。

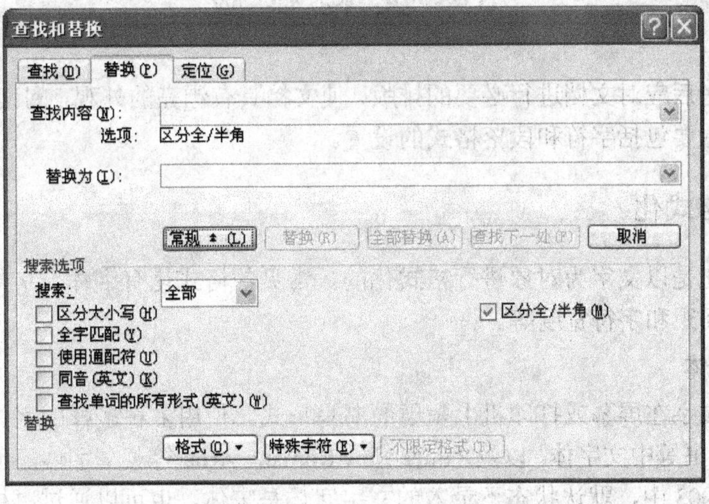

图 3.34　设置高级替换选项

在展开的“替换”选项卡中，用户也可以进行各个选项的设置，设置不同的条件完成替换任务。

例如，将文件“航空客运订票系统 .doc”中的“航空”两个汉字替换成“航海”，具体操作步骤如下：

(1) 打开文件“航空客运订票系统 .doc”，选择“编辑”菜单中“替换”命令，打开“查找与替换”对话框。

(2) 在“查找内容”后面的输入框中输入要查找的内容“航空”。

(3) “替换为”后面的输入框中输入要替换为的内容“航海”。

(4) 单击“替换”按钮，即可看到替换的结果，如图 3.35 所示。如果需要将文中的所有“航空”都替换成“航海”，可以单击“全部替换”按钮。

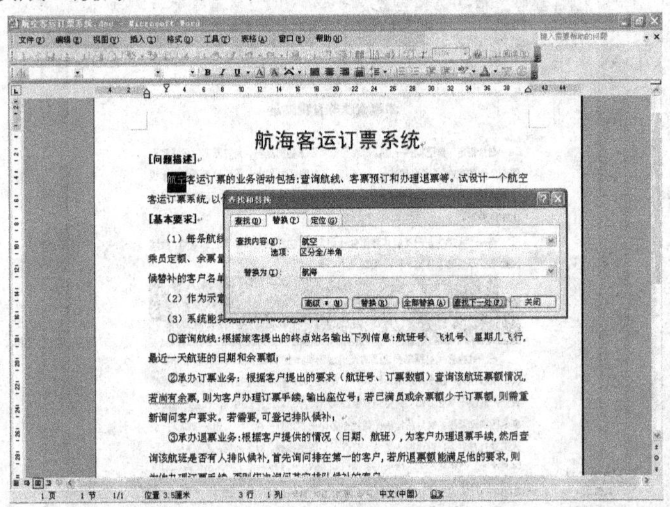

图 3.35　替换结果

3.4 文档排版

录入文档之后应对文档进行必要的排版，使文档具有漂亮的外观，阅读起来更加轻松。对文档的排版主要包括字符和段落格式的设置。

3.4.1 字符格式化

字符格式化是以文字为对象进行格式化的。常见的格式化有字体、字号、字形、文字的修饰、字符间距和字符宽度等。

1. 设置字体

字体是指文字在屏幕或打印机上呈现的书写形式。使用多种多样的字体，例如宋体、楷体、黑体和隶书等中文字体，以及Times New Roman、Arial等英文字体，可以使文档增色。

在Word 2003中，默认状态下录入的文字字体是宋体，也可以通过“格式”工具栏中“字体”下拉列表框或者“字体”对话框将其设置成其他字体。

利用“格式”工具栏中的“字体”下拉列表框进行字体设置的步骤如下：

(1) 选定需要改变字体的文本。

(2) 单击“格式”工具栏“字体”下拉列表框右侧的下三角按钮▾，打开该下拉列表，如图3.36所示。

(3) 在弹出的下拉列表框中选择所需要的字体，即可改变所选文字的字体，如图3.37所示，文档中选中的文本的字体被改为“华文行楷”。

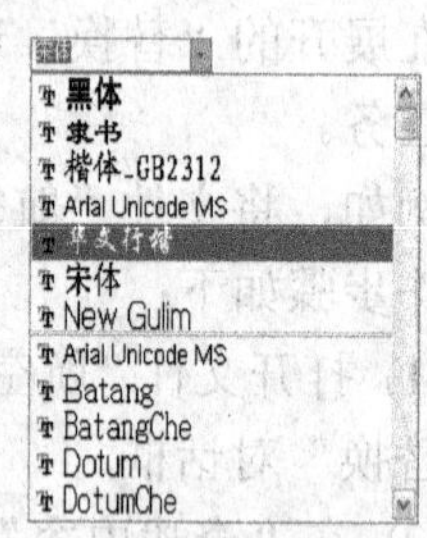

图3.36 “格式”工具栏的“字体”下拉列表框

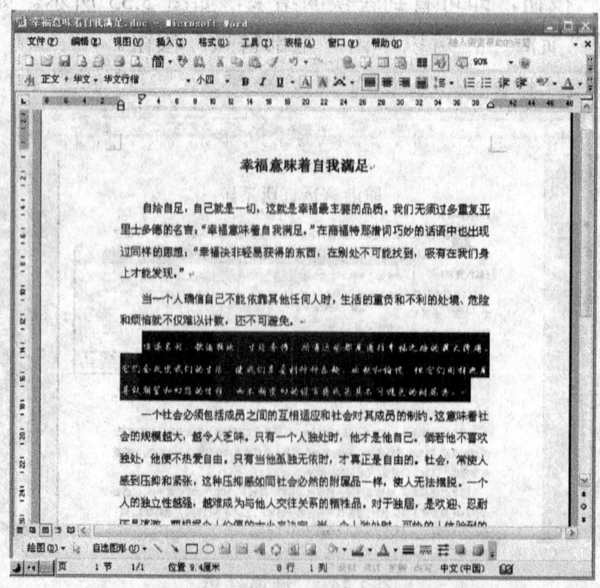

图3.37 设置字体效果

在图 3.36 中，每个字体前面都有一个“T”字样，这表示该字体为 True Type 字体，即字体在屏幕上的显示与打印出来的效果是一样的。

“字体”下拉列表中显示的是将要输入的文本或者选中文本的字体。要查看文本的字体，只需选中文本，在“字体”下拉列表中就会显示这些文本所使用的字体，若“字体”下拉列表中无显示，说明所选文本的字体不唯一。

利用“字体”对话框对文本字体进行设置时，同样需要先选定要改变字体的文本，然后选择“格式”菜单中的“字体”命令，打开“字体”对话框，如图 3.38 所示。在“字体”对话框的“中文字体”下拉列表中选择所需的中文字体，在“西文字体”下拉列表中可以选择所需的西文字体。在对话框的下部有一个“预览”区域，当选中某种字体时，“预览”区域中将显示出该字体设置后的效果。单击“确定”按钮，选中的文字将以刚刚选择的字体显示出来。

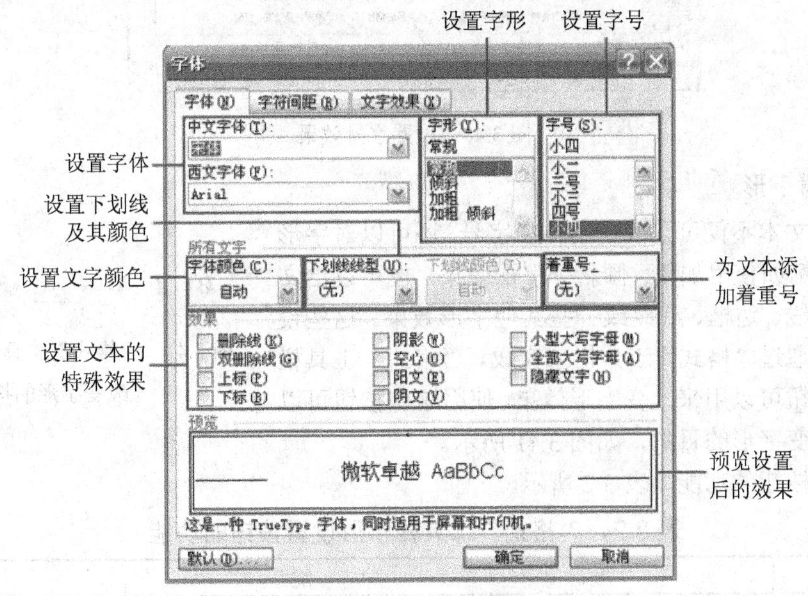

图 3.38 “字体”对话框

2．设置字号

字号就是字符的大小。Word 2003 中，默认输入的文字是“五号”，可以通过使用不同的字号使文档看起来条理清晰、重点突出。

要修改已有文字的字号，应先选中该文本，然后单击“格式”工具栏中的“字号”下拉列表框右侧的下三角按钮▾，打开该下拉列表，如图 3.39 所示，选择所需的字号。

如果想用某字号输入新的文字，可在输入前先进行字号设置。如图 3.40 所示，对所选文字进行了字号设置。

图 3.39 “格式”工具栏的“字号”下拉列表框

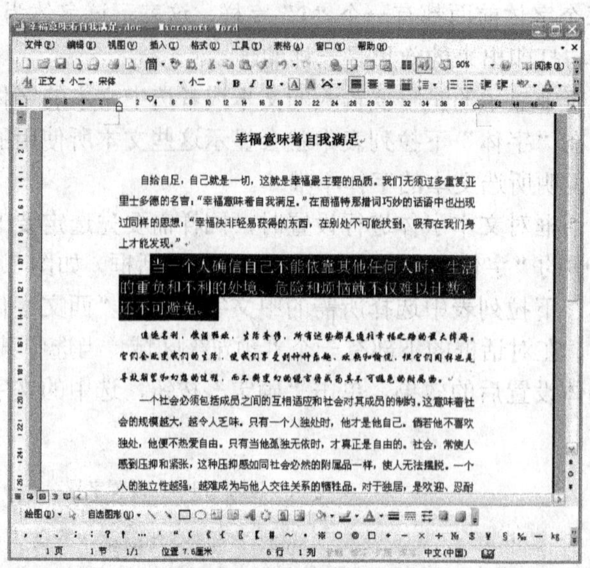

图 3.40　设置字号效果

3．设置字形

要修饰文本不仅可以改变字体和字号，还可以对字形进行修改。例如使用加粗、倾斜等字形效果，也可以给文字添加下划线、边框、底纹或一些其他字形效果。这些设置同样可以通过“格式”工具栏来完成。“格式”工具栏上有六个按钮可以用来改变字形效果，使用这些按钮可以迅速达到改变字形的目的，如图 3.41 所示。

图 3.41　“格式”工具栏中用来改变字形的按钮

这六个按钮的功能如表 3.2 所示。

表 3.2　“格式”工具栏字形设置按钮的功能

按　钮	功　能
B	单击该按钮可以将选择的文本设置为加粗字形
I	单击该按钮可将选择的文本设置为倾斜字形
 U ▾	单击该按钮可将选择的文本设置为下划线字形，如果单击右侧的下三角按钮，可在弹出的下拉列表中设置下划线的线型及颜色
 A	单击该按钮可为选择的文本设置边框
A	单击该按钮可为选择的文本设置底纹
 A ▾	单击该按钮可将选择的文本字符宽度进行缩放，单击右侧的下拉按钮，可在弹出的下拉列表中自定义字符宽度的缩放百分比

注意：以上这些按钮选中时都会呈现出高亮状态，同时它们都是双向按钮，即选中时会对选择的文本进行相应的设置，再次单击这些按钮则会取消相应的设置。

同样也可以在“字体”对话框中进行相应的设置，如图 3.38 所示，在“字体”对话框“效果”区域中还提供了一些其他字形效果，例如阴文、阳文、删除线、上标和下标等。

4. 设置字符间距和字符位置

字符间距是指两个字符之间的间隔距离，在 Word 2003 中允许对字符间距进行调整。选择“格式”菜单中的“字体”命令，打开“字体”对话框，选择“字符间距”选项卡，如图 3.42 所示，可在“间距”下拉列表的标准、加宽和紧缩三种选项中选择，在“磅值”微调框中输入合适的字符间距值。

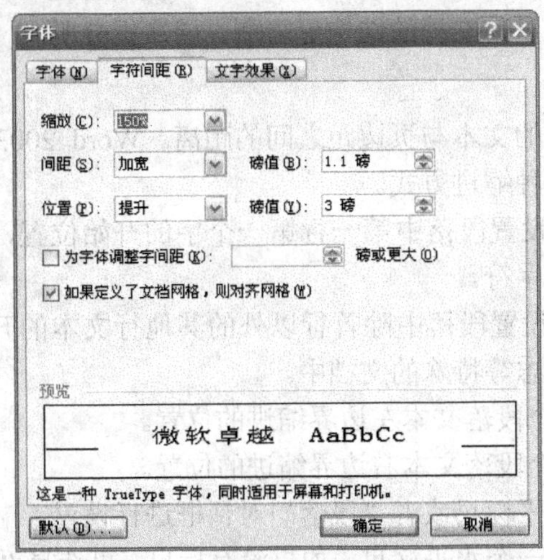

图 3.42　“字符间距”选项卡

字符位置是指字符在垂直方向上的位置，可在图 3.42 所示的“字符间距”选项卡中“位置”下拉列表的标准、提升和降低三种选项中选择，在“磅值”微调框中输入合适的字符位置值。

5. 文字的动态效果

选择“格式”菜单中的“字体”命令，打开“字体”对话框，选择“文字效果”选项卡，如图 3.43 所示。该选项卡上部有一个“动态效果”列表，其中列出了多种文字动态效果和名称。选择所需的动态效果，在“预览”区域中，可看到所选的动态效果的状态，单击“确定”按钮，选中的文本就将以所选的动态效果显示。

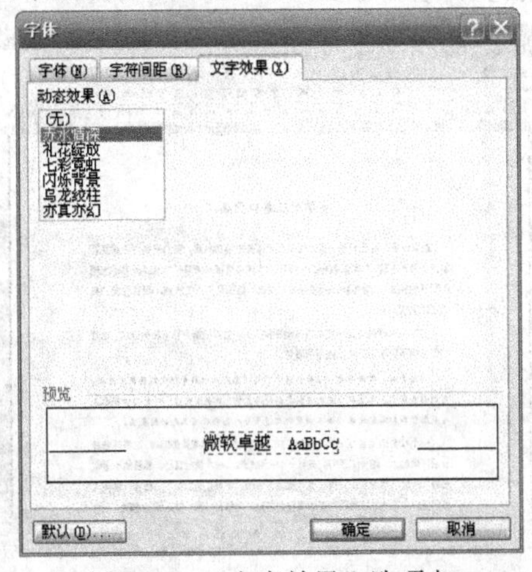

图 3.43　“文字效果”选项卡

需要注意的是，文字的动态效果只能在屏幕上显示，打印出来的文档不具有动态效果。

3.4.2 段落格式化

在编辑文档时，不仅要格式化文字，还要设置段落格式。设置段落格式和格式化文字是紧密相连的，两者同等重要。段落的格式主要包括段落缩进、对齐方式、段间距和行间距等，通过段落设置，可以使文档的结构更清晰、层次更分明。

1. 段落缩进

段落缩进是指文档中的文本与页边距之间的距离。Word 2003 中包含首行缩进、悬挂缩进、左缩进和右缩进四种缩进方式。

(1) “首行缩进”：设置段落中第一行第一个字的开始位置，进行中文输入时一般采用此方式，缩进量为 2 个字符。

(2) “悬挂缩进”：设置段落中除首行以外的其他行文本的开始位置，悬挂缩进一般适用于词汇表、报纸和杂志等特殊的文档中。

(3) 左缩进：设置整个段落文本左边界缩进的位置。

(4) 右缩进：设置整个段落文本右边界缩进的位置。

段落缩进可以通过水平标尺或者“段落”对话框进行设置。

在文档窗口的顶端有一个水平标尺，如果没有标尺，可选择“视图”菜单中的“标尺”命令来显示它。使用水平标尺可快速地设置段落的缩进方式和缩进量，现以设置首行缩进为例具体说明，如图 3.44 所示。

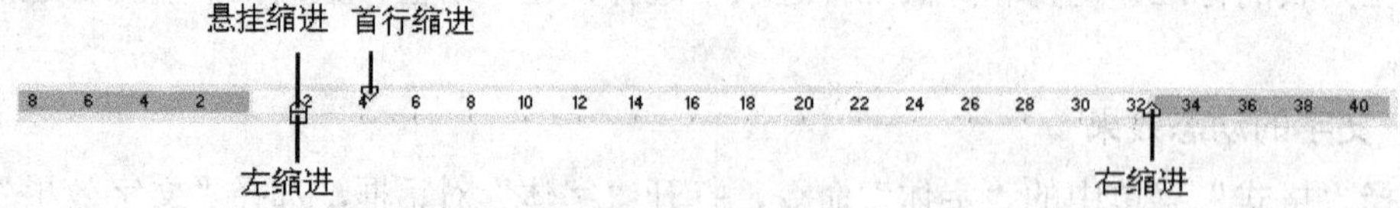

图 3.44　水平标尺

将鼠标光标放置在段落的第一行的起始位置，用鼠标将标尺上的首行缩进滑块向右拖动 2 个字符的距离，如图 3.45 所示。

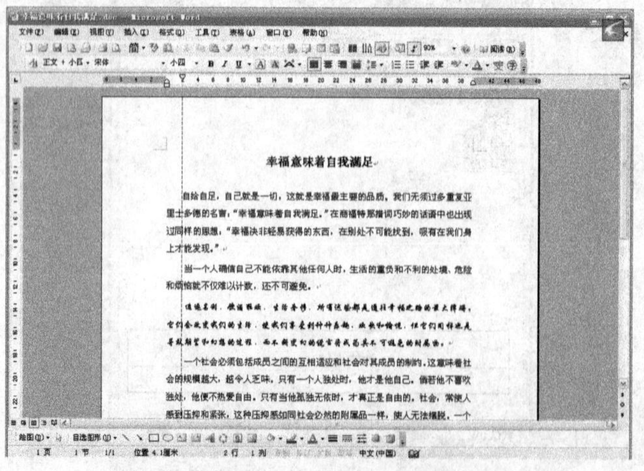

图 3.45　通过水平标尺进行缩进首行设置

其他缩进方式的设置方法与首行缩进的设置方法相同，只需拖动相应的滑块即可，这里不再赘述。

通过标尺设置段落缩进的方法比较直观，但不能精确地控制缩进量。若要精确设置段落的缩进量，就需要通过“段落”对话框来实现。选中要设置缩进的段落，然后选择“格式”菜单中的“段落”命令，打开“段落”对话框，如图 3.46 所示。

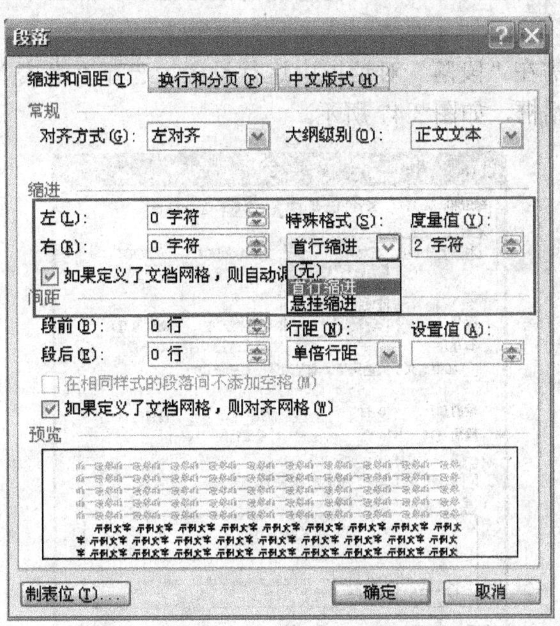

图 3.46 “段落”对话框

选择“缩进和间距”选项卡，可以看到在“缩进”区域中有“左”和“右”两个微调框，在其中输入所需的缩进量，可以分别设置段落的左、右缩进；在“特殊格式”下拉列表框中可以设置首行缩进和悬挂缩进，在“度量值”微调框中设置相应的缩进量。设置完成后，单击“确定”按钮，选中的段落将以设置的缩进方式进行缩进。

也可以使用“格式”工具栏中的“增加缩进量”按钮或“减少缩进量”按钮来增加或减少所选段落的左缩进量。

2. 对齐方式

在文档中对齐文本可以使文本更清晰、更容易阅读。对齐方式一般有五种：两端对齐、居中对齐、右对齐、分散对齐和左对齐。

(1) “两端对齐”：通过词与词间自动增加空格的宽度，使段落中每行的左右两端对齐，对英文文本有效，防止出现一个单词跨两行的情况。对于中文效果同左对齐。

(2) “居中对齐”：可以使段落的每一行的左右两端距页面的左右边距的距离相等。这种对齐方式的应用范围很广，经常用于设置各种文档标题的段落格式。

(3) “右对齐”：使段落和右页边距对齐，这种对齐方式主要应用于信函和表格等文档。例如，文档中的日期和签名等多是右对齐的。

(4) “分散对齐”：可以使段落中的每一行都以同样的长度显示，对中、英文均有效。使用这种方式会导致字符之间的距离过大，因此该对齐方式多用于一些特殊文档的排版。

(5)“左对齐”：指段落中所有行都从页的左边距处起始。当段落中各行字数不相等时，不自动调整字符间距，这种对齐方式有可能会导致段落右边参差不齐。

可以利用“格式”工具栏的对齐方式按钮快速地设置相应的对齐方式。从左至右依次为“两端对齐”按钮、“居中对齐”按钮、“右对齐”按钮和“分散对齐”按钮，设置方法非常简单，只需将需要设置对齐方式的段落选中，然后单击相应的按钮，即可完成设置。

设置左对齐时，需在“段落”对话框中进行设置，选择“格式”菜单中的“段落”命令，打开“段落”对话框，如图 3.47 所示。

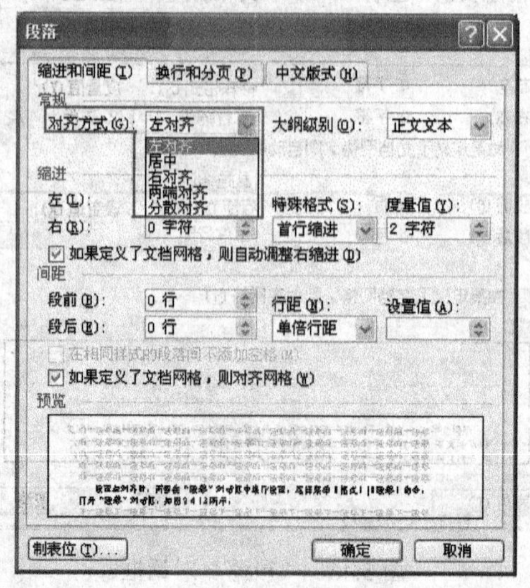

图 3.47 “段落”对话框

选择“缩进和间距”选项卡，在“常规”区域的“对齐方式”下拉列表中选择“左对齐”命令，单击“确定”按钮完成设置。图 3.48 所示的是不同的对齐方式在同一个文档中的实际应用效果。

图 3.48 对齐效果

3. 行距和段落间距

行距用于控制每行之间的间距，段落间距用于段落之间加大间距。在“段落”对话框的“缩进和间距”选项卡中可以对文本的行距和段落间距进行设置。打开“段落”对话框，如图 3.49 所示。

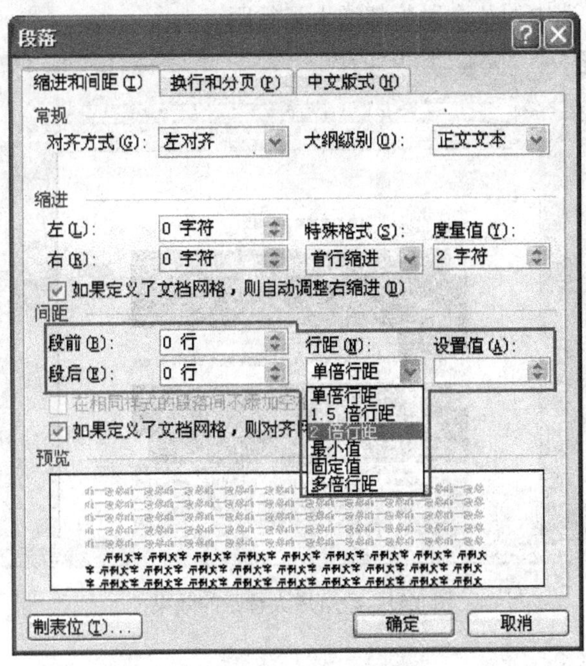

图 3.49　“段落”对话框

在“间距”区域中有“段前”和“段后”两个微调框用于设置段前的间距和段后的间距。“行距”下拉列表和“设置值”微调框用于设置段落中的行距。

在“行距”下拉列表中有“最小值”、“固定值”、“单倍行距”、“1.5 倍行距”、“2 倍行距”和“多倍行距”等多个选项。用得最多的是“最小值”选项，其默认值为 15.6 磅，当文本高度超出该值时，将自动调整高度以容纳较大字体。“固定值”选项可指定一个行距值，当文本高度超出该值时，该行的文本不能完全显示出来。

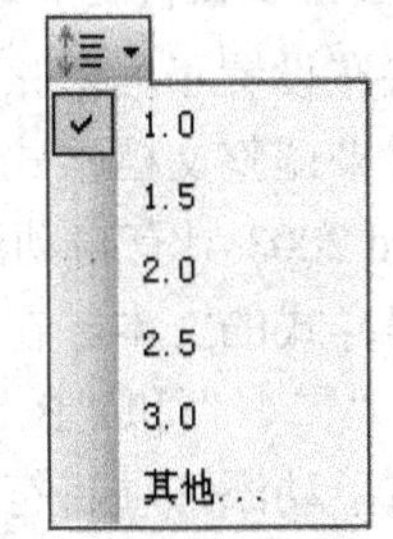

图 3.50　“行距设置”下拉列表

还可以使用“格式”工具栏上的“行距”按钮设置段落中行与行之间的距离，默认设置为 1 倍行距。单击“行距”按钮旁边的下三角按钮，打开“行距设置”下拉列表，如图 3.50 所示。

在“行距设置”下拉列表中可以选择所需的行距。如果选择“其他”命令，可打开“段落”对话框的“缩进和间距”选项卡。

如果为某段落设置了新的行距，那么该段落之后输入的段落将继承该段落的行距设置，无需重新设置。

下面所列的是一些与段落和行距设置相关的组合键：

- "Ctrl"+"1"：行距为单倍行距。
- "Ctrl"+"2"：行距为双倍行距。
- "Ctrl"+"5"：行距为1.5倍行距。
- "Ctrl"+"0"：段前增加和删除一行间距。

如图3.51所示，选中的几个段落都增大了行距。

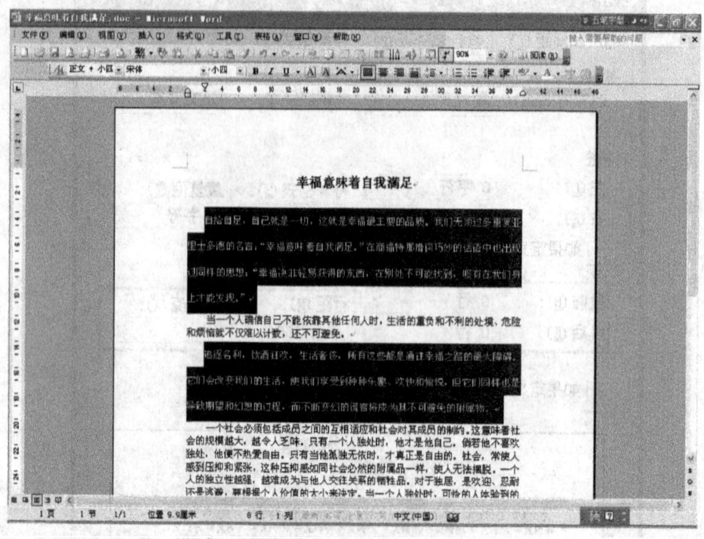

图3.51　段落增大行距的效果

3.4.3　特殊排版方式

设置完字符和段落格式后，需要对文档进行排版。Word提供的排版方式包括分栏和首字下沉等。

1．设置项目符号和编号

如果在设置了段落格式后，文档还没有层次分明，条理清晰，就可以通过设置项目符号和编号来调整文档格式。

Word 2003具有自动添加序号和编号的功能，如果在文档中输入如"1."、"一、"和"A."等样式的文本，在具有这些文本的段落后按确认键，下一段文本开始处将自动添加"2."、"二、"和"B."等文本。

也可手动添加项目符号和编号，在"格式"工具栏中有两个按钮，单击"项目符号"按钮 可在所选择的段落前面添加项目符号，单击"编号"按钮 可将所选择的段落以"1.、2.、3.…"的形式编号。

同样可使用"格式"菜单中的"项目符号和编号"命令添加，并可通过"项目符号和编号"对话框对项目符号和编号的格式进行设置。首先，选择要添加项目符号或编号的段落，选择"格式"菜单中的"项目符号和编号"命令或单击鼠标右键，在弹出的快捷菜单中选择"项目符号和编号"命令，打开"项目符号和编号"对话框，如图3.52所示。它包括四个选项卡，可以在其中分别设置相应的符号形式，并可根据需要自定义项目符号和编号的格式。现以添加"项目符号"为例具体说明。

打开“项目符号和编号”对话框，选择“项目符号”选项卡，在其中列出了几种常用的项目符号的格式，可根据需要进行选择，如果都没有适合的，用户可自定义新的项目符号格式。先选择其中任一种项目符号，如图 3.53 所示，这时对话框右下角的“自定义”按钮将会被激活。

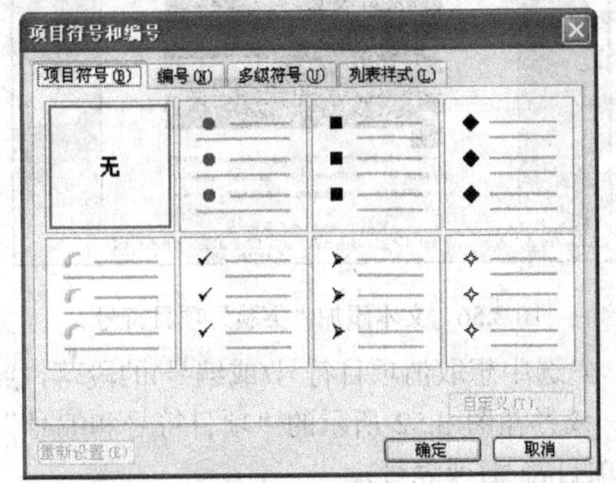

图 3.52　“项目符号和编号”对话框

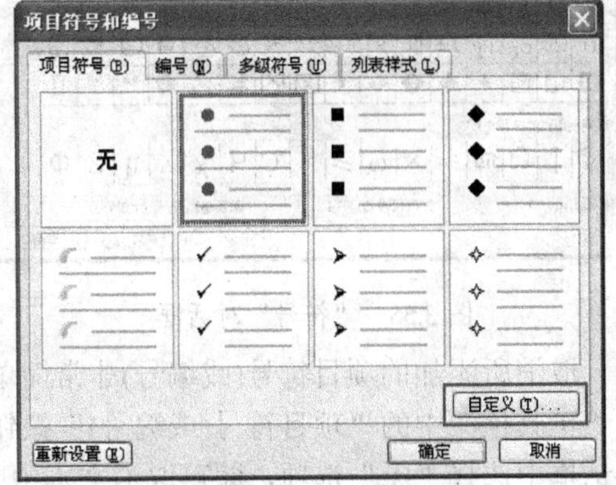

图 3.53　选择一种项目符号

选择“自定义”按钮，会打开“自定义项目符号列表”对话框，如图 3.54 所示。

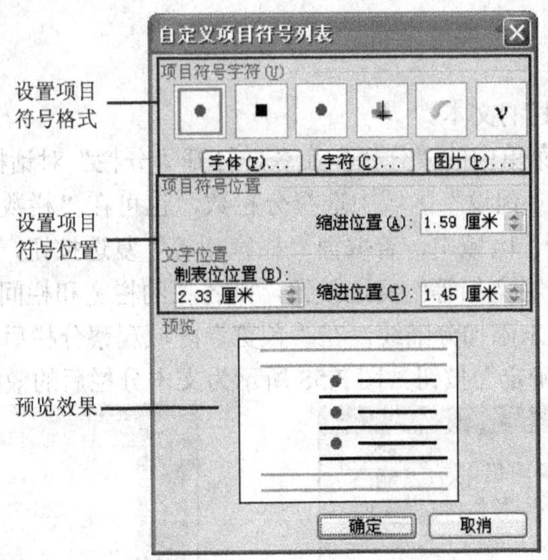

图 3.54　“自定义项目符号列表”对话框

在该对话框的“项目符号字符”区域，选择“字符”按钮，可弹出“符号”对话框，在其中选择需要的项目符号的字符，如图 3.55 所示，选择了“笑脸”作为项目符号。选择好字符后，可选择“字体”按钮，打开“字体”对话框，对该字符进行进一步格式化，如设置所选字符的颜色、大小等。也可以选择一张图片作为项目符号，只需在图 3.54 所示的对话框中选择“图片”按钮。在“项目符号位置”和“文字位置”区域可分别设置它们的缩进位置，在预览区域中观察设置后的效果，若满意可选择“确定”按钮，即可添加自定义的项目符号，若不满意可按上述步骤重新设定。如图 3.56 所示，所选段落添加了笑脸的项目符号。

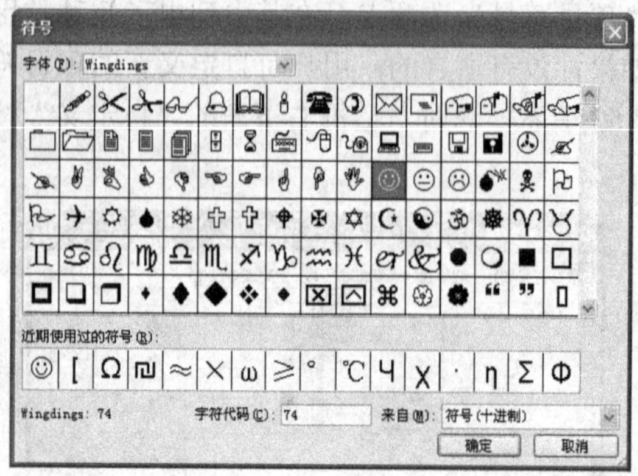

图 3.55 “符号”对话框

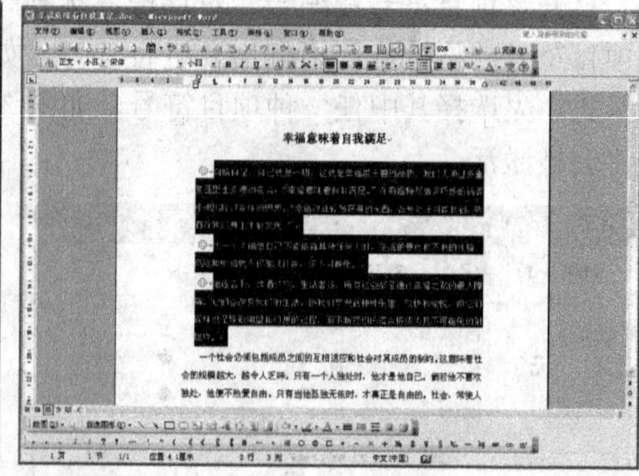

图 3.56 文本添加“笑脸”项目符号

取消所添加的项目符号(或编号)非常简单，先选中想取消项目符号(或编号)的段落，点击“工具栏”中的“项目符号(或编号)”按钮，或者在图 3.52 所示的“项目符号和编号”对话框中选择“无”选项，即可取消文本中的项目符号(或编号)。

2. 分栏排版

Word 2003 提供的分栏排版功能可以制作出如报刊、杂志等文档版面，使文档简洁美观，阅读性高。

设置分栏的步骤如下：

(1) 选择要进行分栏的文本。

(2) 选择“格式”菜单中的“分栏”命令，打开“分栏”对话框，如图 3.57 所示。

(3) 在该对话框的“预设”区域中选择分栏数，也可在“栏数”微调框中直接输入分栏数。在“宽度和间距”区域中，若取消“栏宽相等”复选按钮，可为每栏设置各自的栏宽和栏间距，若选中“栏宽相等”复选按钮，则各栏的栏宽和栏间距都相等。可选中右侧的“分隔线”复选按钮来添加分隔线。在“预览”区域观察分栏后的效果。

(4) 完成后单击“确定”按钮。图 3.58 所示为文本分栏后的效果。

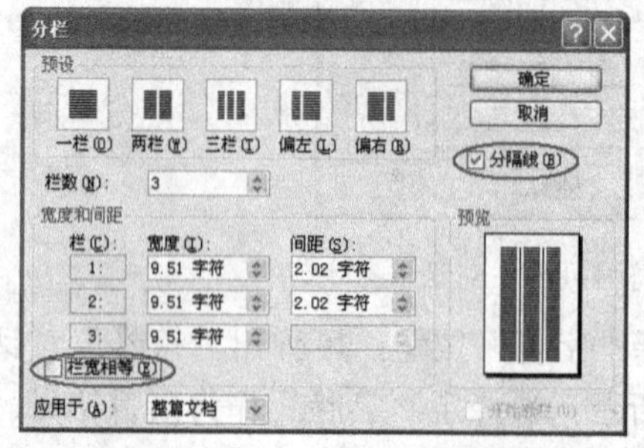

图 3.57 “分栏”对话框

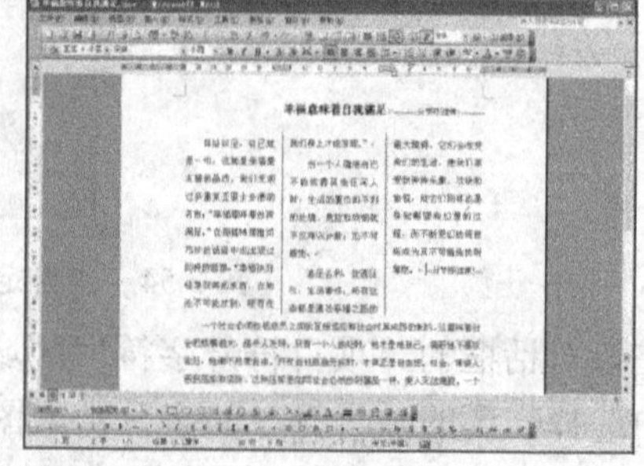

图 3.58 文本分栏效果

若取消分栏，只需选择相应的已分栏文本，在图 3.57 所示的“分栏”对话框中选择一栏即可取消原有的分栏。

3. 首字下沉

首字下沉可产生花式首字符的排版效果，获得美观漂亮的版面。首字下沉包括下沉和悬挂两种方式，要设置或编辑首字下沉，可执行以下步骤：

(1) 将光标停留在要设置首字下沉的段落中。

(2) 选择“格式”菜单中的“首字下沉”命令，打开“首字下沉”对话框，如图 3.59 所示。

(3) 在“位置”区域中选择一种首字下沉方式。

(4) 在“选项”区域“字体”列表中选择一种首字下沉的字体；在“下沉行数”微调框中设置需要下沉的行数；在“距正文”微调框中设置首字和左侧正文的距离。

(5) 单击“确定”按钮即可完成，图 3.60 所示为首字下沉效果。

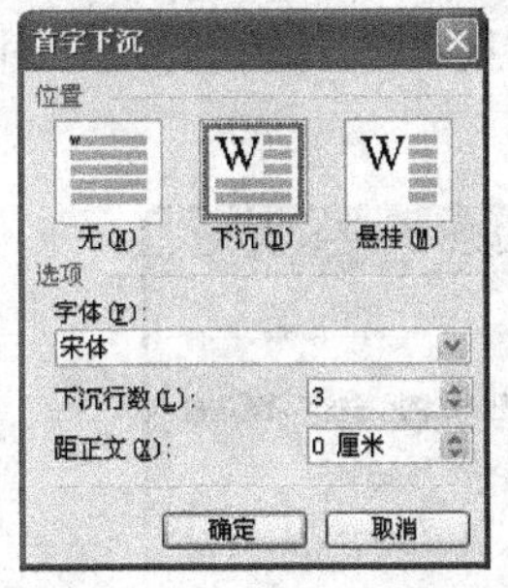

图 3.59　“首字下沉”对话框

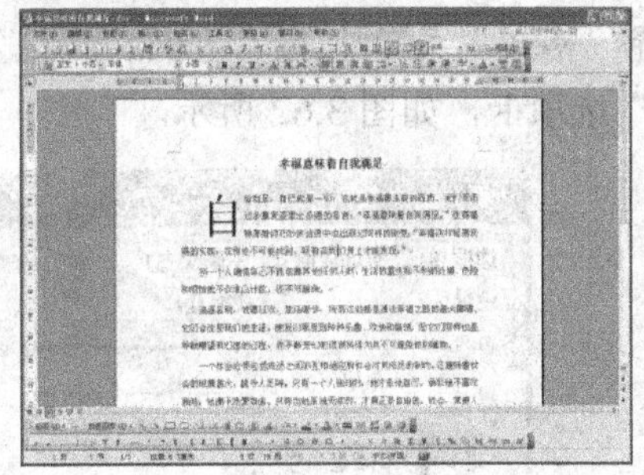

图 3.60　首字下沉效果

若要取消首字下沉，只需将光标定位在含有首字下沉的段落中，在图 3.59 所示的“首字下沉”对话框中选择“无”选项。

4. 添加边框和底纹

给文本添加边框与底纹可以修饰和突出文档中的内容，也可为段落和页面加上边框和底纹。

1) 为文本添加边框

为文本添加边框，最简单的方法是选择文本后，单击“格式”工具栏中的“字符边框”按钮 A；若再次单击该按钮即可取消文字边框；若需为文字加入其他边框，可在“边框和底纹”对话框中进行设置，操作步骤如下：

(1) 选择需添加边框的文本，然后选择“格式”菜单中的“边框和底纹”命令，打开“边框和底纹”对话框，如图 3.61 所示。

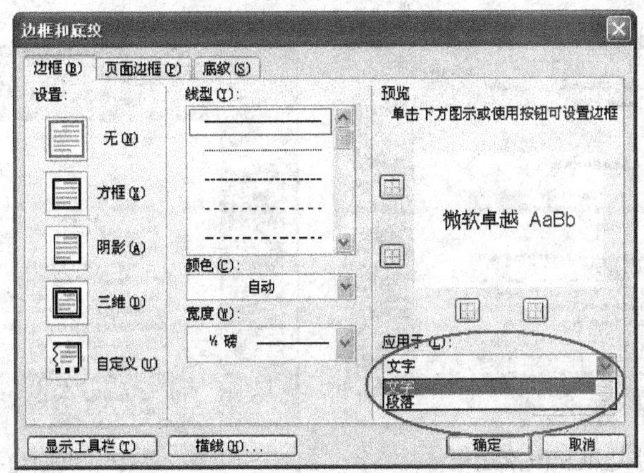

图 3.61　“边框和底纹”对话框

(2) 首先在“设置”栏中选择边框的样式，然后在“线型”列表框中选择边框的线型，再在“颜色”下拉列表框中设置边框的颜色，在“宽度”下拉列表框中指定线宽，最后在“应用于”下拉列表框中选择“文字”或“段落”，设置完成后，单击“确定”按钮即可完成边框的添加。文档设置效果如图 3.63(a)所示。

2) 为页面添加边框

除了可设置段落边框外，还可为整个文档设置页面边框。为页面设置边框或艺术边框的操作步骤如下：

(1) 选择“格式”菜单中的“边框和底纹”命令，打开“边框和底纹”对话框，选择“页面边框”选项卡，如图 3.62 所示。

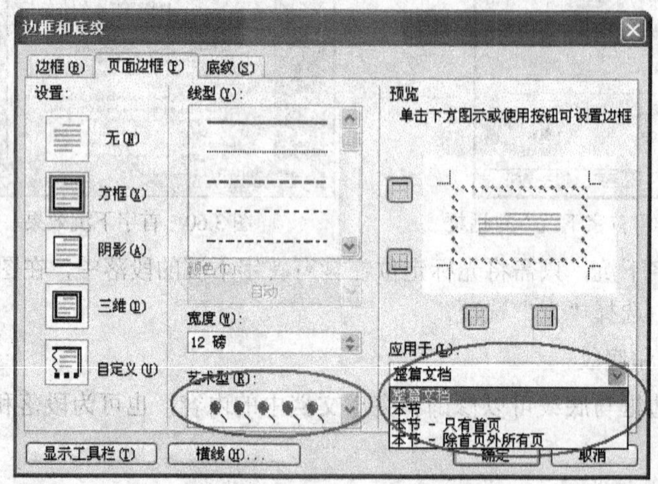

图 3.62 “页面边框”选项卡

可以看到“页面边框”选项卡与“边框”选项卡基本相同，只是其中多了一个“艺术型”下拉列表框，在该下拉列表框中可以设置边框的艺术型，同时应用对象为“整篇文档”或“某一节”，在“页面边框”选项卡中设置页面边框的各种格式，在“应用于”下拉列表中选择应用的对象，单击“确定”按钮，即可完成设置。文档设置页面边框的效果如图 3.63(b)所示。

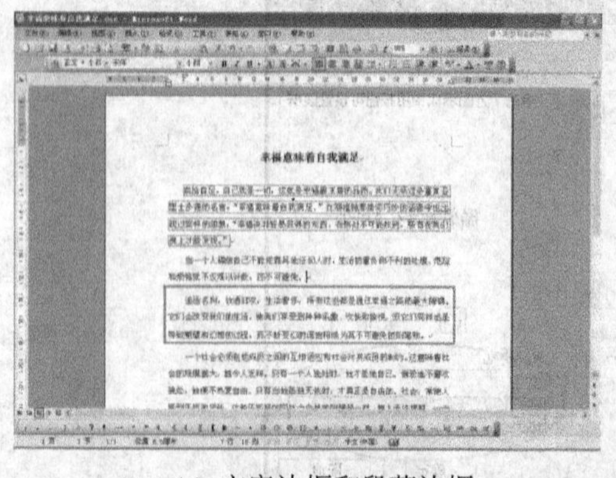

(a) 文字边框和段落边框

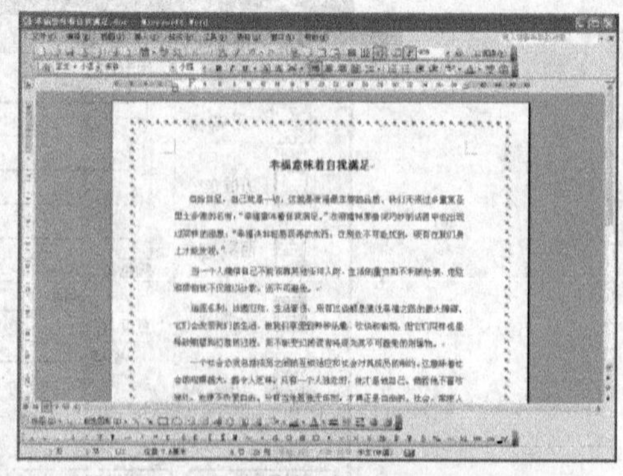

(b) 页面边框

图 3.63 文档设置页面边框效果图

3) 为文本添加底纹

添加底纹不同于添加边框，它只能对文字、段落添加而不能对页面添加。为文本添加底纹可以在格式工具栏中，单击“字符底纹” A 按钮实现，如果要为文本添加其他底纹，可在“边框和底纹”对话框中设置实现，操作步骤如下：

(1) 选定要添加底纹的文本(若为段落添加底纹，需将光标定位于欲添加底纹的段落中)，再打开“边框和底纹”对话框，并选择“底纹”选项卡，如图 3.64 所示。

(2) 在“底纹”选项卡的“填充”列表框中选择填充颜色，在“图案”选项区域中选择底纹的样式和颜色，选择“应用于”的对象。最后，单击“确定”按钮。图 3.65 所示为文档添加文字底纹和段落底纹后的效果。

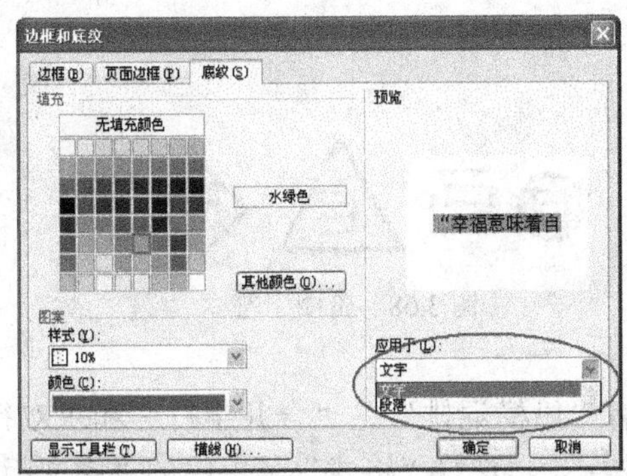

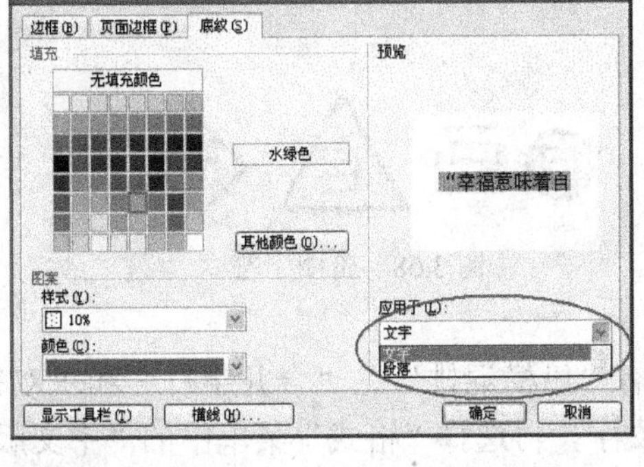

图 3.64　“底纹”选项卡

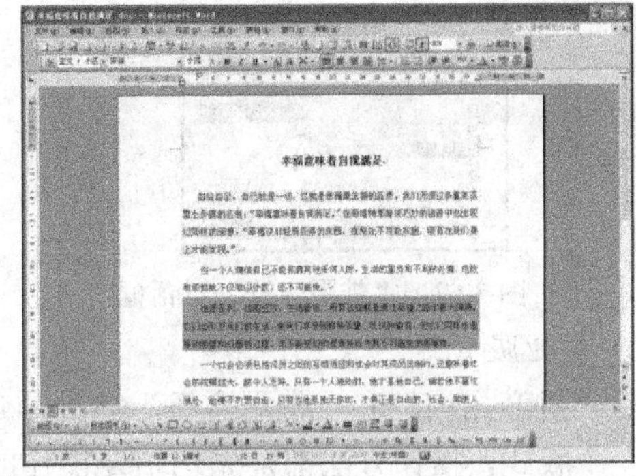

图 3.65　文档添加文字底纹和段落底纹效果

若要取消底纹效果，首先选定要取消底纹的相应文本，打开如图 3.65 所示的“底纹”选项卡，选择“无填充颜色”即可。

5. 中文版式

在 Word 2003 中的“格式”菜单下有“中文版式”子菜单，它里面包含了五个子功能，分别是：拼音指南、带圈字符、纵横混排、合并字符、双行合一。下面结合实例介绍一下它们的使用。

1) 拼音指南

使用拼音指南可为选择的文本标注拼音。选择需要设置拼音指南的文本，点击“格式”菜单中的“中文版式”命令，在打开的子菜单中选择“拼音指南”命令，打开如图 3.66 所示的“拼音指南”对话框。

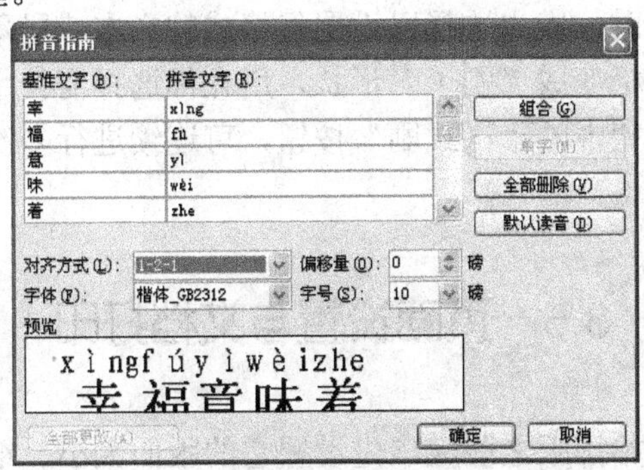

图 3.66　“拼音指南”对话框

在该对话框中进行相应的设置，完成后单击“确定”按钮。

2) 带圈字符

作为中文字符形式的带圈字符是为了突出和强调某些文字而设置的。选择需要设置带圈字符的文本，点击“格式”菜单中的“中文版式”命令，在打开的子菜单中选择“带圈字符”命令，打开“带圈字符”对话框，如图 3.67 所示。

在该对话框中选择需要的圈号和相应的样式，单击“确定”按钮完成设置，如图 3.68 所示，文本设置为带圈字符的效果。

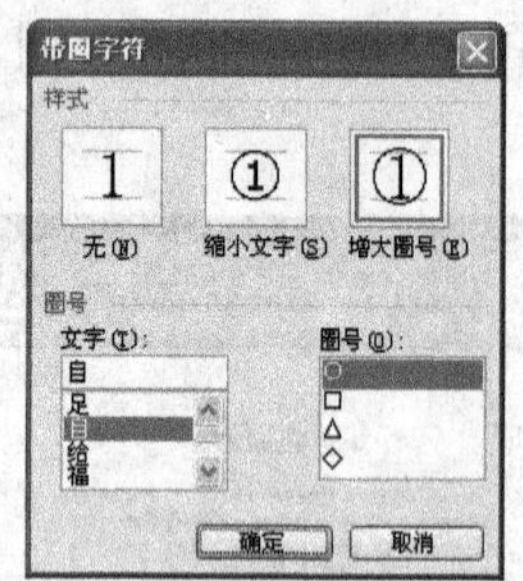

图 3.67　“带圈字符”对话框

图 3.68　带圈字符

3) 其他版式

除“拼音指南”和“带圈字符”之外，还有“纵横混排”、“合并字符”和“双行合一”三个版式，操作方法都是先选中要操作的文字，再选择“格式”菜单中的“中文版式”下的相应版式，效果如图 3.69 所示。

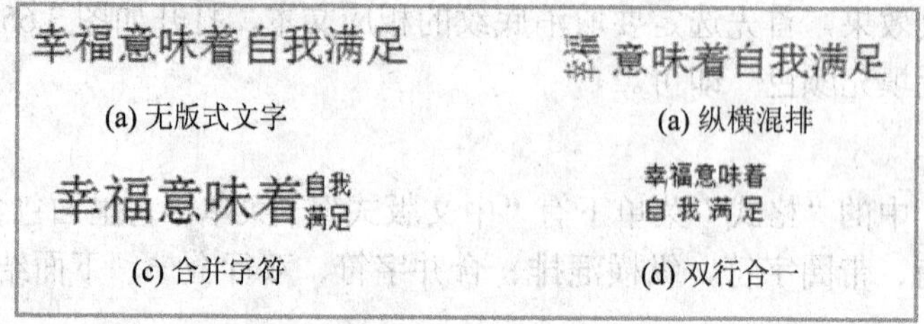

图 3.69　其他版式效果

6．复制格式

在一篇文档中常常会反复用到同一种格式的文本或段落，则可使用“常用”工具栏中的“格式刷”按钮来快速复制格式。

使用格式刷复制格式时，应先选择已设置好格式的文本或段落，单击“常用”工具栏中的“格式刷”按钮，光标变成“刷子”形状，用光标选择需使用该格式的文本或段落即可。若双击“常用”工具栏中的“格式刷”按钮，可连续进行多次格式复制，完成后单击此按钮退出格式复制操作。

3.5　页面设置与文档打印

对于一篇文档，在开始排版之前应该先设置它的版面大小、纸张尺寸、页眉、页脚、页码和格式等内容。只有准确、规范地设置这些内容，一方面能使文档更漂亮、更整洁；

另一方面，也是为打印作准备。如果用户设置的纸张尺寸与打印机中的不符，就不能顺利打印；如果版面大小设置不合适，则文档就不能按需要输出。

3.5.1　设置纸张、方向和页边距

选择“文件”菜单中的“页面设置”命令，打开“页面设置”对话框，该对话框提供了页边距、纸张、版式和文档网格四个选项卡。如图 3.70 所示为选中“纸张”选项卡时的画面。

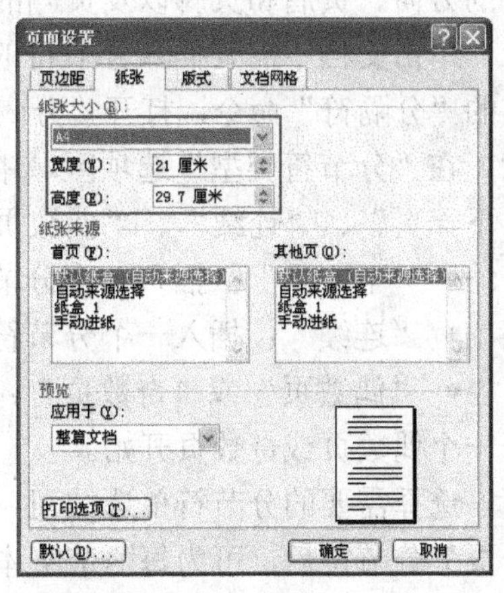

图 3.70　“页面设置”对话框的“纸张”选项卡

1．设置纸张

在如图 3.70 所示的“纸张”选项卡的“纸张大小”下拉列表框中可以设置纸张的类型，即纸张的大小，系统默认设置为 A4 纸，在下拉列表框中还有 A3、A5、B4、B5、16 开、32 开等。如果要自行设置纸张的大小，还可以在“宽度”和“高度”微调文本框中输入数值来设置。

2．设置方向和页边距

在如图 3.71 所示的“方向”区域中可以确定纸张的打印方向，系统默认为“纵向”，也可以根据排版需要设置为“横向”。

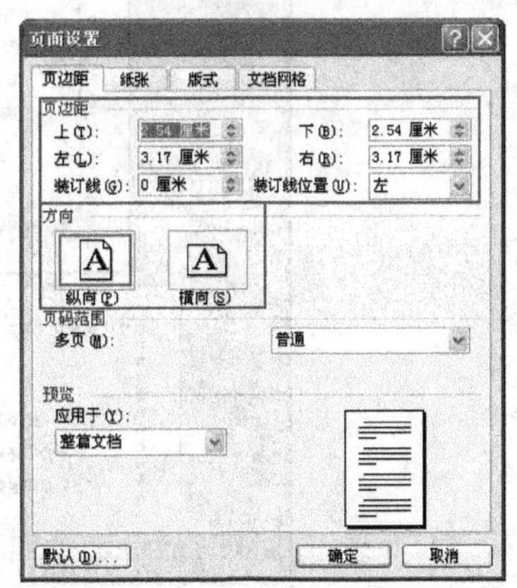

图 3.71　“页面设置”对话框的“页边距”选项卡

页边距是页面四周的空白区域。设置页边距包括调整上、下、左、右和页面边缘的距离，页边距太窄会影响文档的装订，而太宽又影响美观且浪费纸张。一般情况下，如果使用 A4 纸，可以使用 Word 提供的默认值；也可以根据需要自行设置相应的页边距，只需在图 3.71 所示的“页边距”区域中的“上”、“下”、“左”、“右”四个微调框中输入相应的数值即可。

如果打印后的文档需要装订成册，还可以设置装订线的位置。它可在要装订的文档边缘添加额外的空间，以保证不会因装订而遮住文字。

3.5.2　设置分隔符

Word 2003 提供了人工插入分隔符的功能，主要包括分页符和分节符的设置。

1．分页符

Word 2003 具有十分强大的分页功能，可自动分页也可人工分页。一般情况下，使用自动分页即可。但 Word 的自动分页功能并不能完全满足用户对文档编排的需要，人工分页就是手动插入一个分页符，强制分页。

先将光标停留在需要分页的位置，选择“插入”菜单中的“分隔符”命令，打开“分隔符”对话框，如图 3.72 所示。

在“分隔符”对话框中选择“分隔符类型”选项组中的“分页符”单选按钮，单击“确定”按钮即可。

2．分节符

在 Word 中，节是文档的一部分，可以在其中单独设置某些页面格式，例如页边距、页的方向、页眉和页脚以及页码的顺序等。

单击文档中需要插入分节符的位置，选择“插入”菜单中的“分隔符”命令，打开“分隔符”对话框，如图 3.72 所示。在“分节符类型”选项区域中，共有四种分节符类型：“下一页”、“连续”、“偶数页”和“奇数页”。

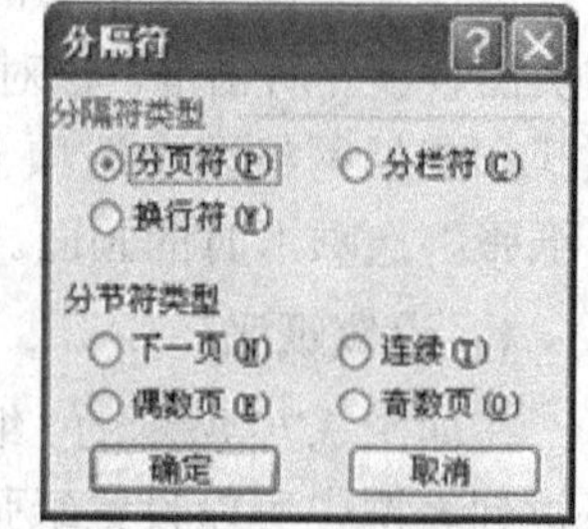

图 3.72　“分隔符”对话框

- “下一页”：插入一个分节符，新节从下一页开始。
- “连续”：插入一个分节符，新节从同一页开始。
- “偶数页”或“奇数页”：插入一个分节符，新节从下一个偶数页或奇数页开始。

选择需要的分节符单选按钮，单击“确定”按钮即可。如图 3.73 所示，文本插入“下一页”分节符后，可为每两节文本设置不同的页面边框和纸张的大小。

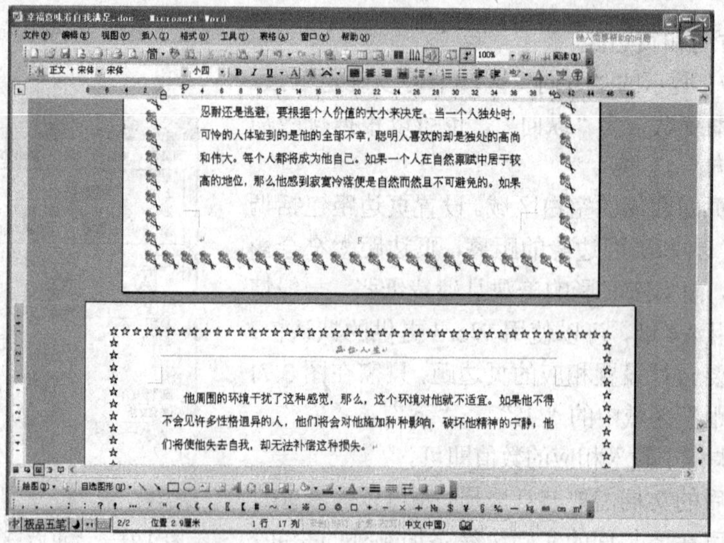

图 3.73　文本插入分节符后的格式设置

3.5.3　插入页码

对于一份文档，有必要为每一页添加页码，Word 2003 提供了一个专门的命令来实现添加页码的功能。

选择“插入”菜单中的“页码”命令，打开“页码”对话框，如图 3.74 所示。利用该对话框中的“位置”和“对齐方式”下拉列表框可以分别设置页码的位置和对齐方式。设置好页码的位置和对齐方式后，单击“确定”按钮就可以给文档添加页码，并且页码是以阿拉伯数字排列的，起始页码为 1，添加后的页码将出现在页眉或页脚区域中。若在“页

码”对话框中选中“首页显示页码”复选框，则可在文档的第一页显示页码；若不选中此复选框，则表示首页不显示页码。

在文档中添加的页码，可以是阿拉伯数字，也可以是罗马数字或其他数字格式，而且页码的起始页码也可重新定义，只需在“页码”对话框中单击“格式”按钮，打开“页码格式”对话框进行设置，如图 3.75 所示。

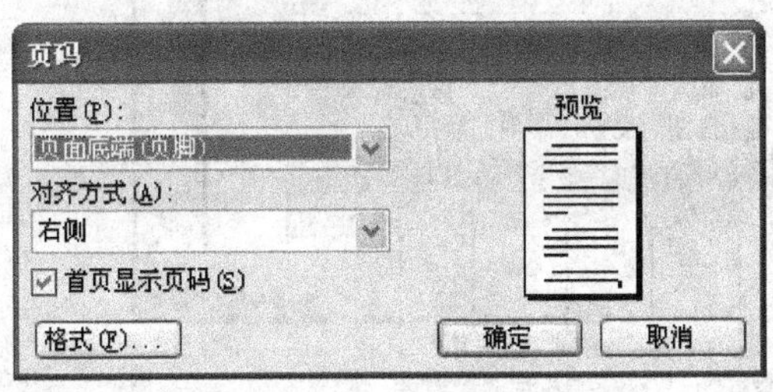

图 3.74　“页码”对话框

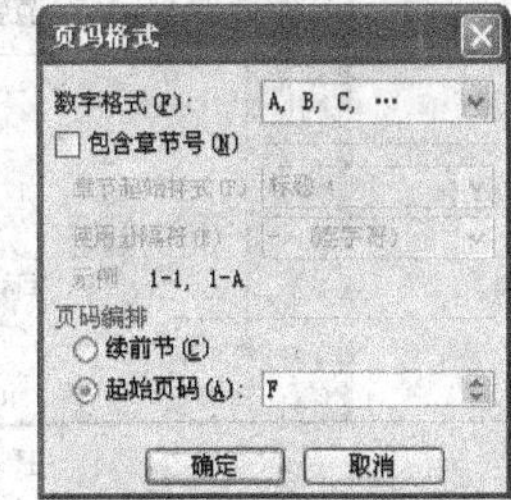

图 3.75　“页码格式”对话框

在“页码格式”对话框的“数字格式”下拉列表中，可以选择页码的数字格式。如图 3.75 所示，在下拉列表中选择了“A，B，C，…”；在“页码编排”选项组中可以设置页码的起始位置；在“起始页码”微调文本框中输入“F”就表示该文档的起始页码从第 F 页开始。设置好页码的数字格式和起始位置后，单击“确定”按钮回到“页码”对话框，再单击“确定”按钮即可。图 3.76 所示为文本添加英文字母编号的页码。

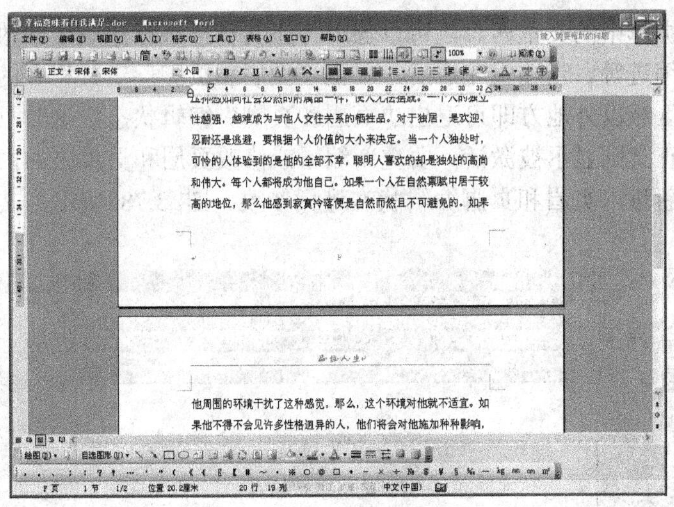

图 3.76　文本添加页码

3.5.4　添加页眉和页脚

在文档中插入页眉和页脚可以使阅读者更容易了解文档的编辑信息，例如文档的页码、创建日期、文件名和路径等，增加文档的可读性，同时也具有美化文档的作用。页眉出现在页面的顶部，页脚出现在页面底部。

选择“视图”菜单中的“页眉和页脚”命令，就会进入页眉和页脚的编辑状态，此时在文档窗口中，正文变成灰色，即不可编辑状态。在文档的上方和下方出现页眉和页脚的编辑区，光标定位在页眉区，同时 Word 会自动打开“页眉和页脚”工具栏，如图 3.77 所示。

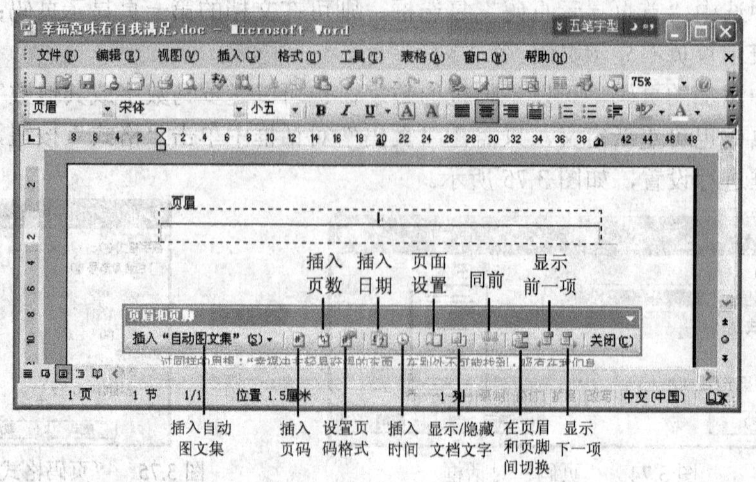

图 3.77 “页眉和页脚”工具栏

“页眉和页脚”工具栏提供了许多用来创建和编辑页眉和页脚的工具按钮。例如，可以使用工具栏上的“插入页码”按钮为页眉或页脚添加页码，“插入日期”按钮和“插入时间”按钮添加当天的日期与时间，也可以根据需要向页眉和页脚区添加文本或图片。

对于页眉和页脚中的文本内容，可以像对待正文一样进行排版，如改变字符的格式、段落对齐方式、缩进等。当编辑完成后，单击“页眉和页脚”工具栏中的“关闭”按钮或单击页眉和页脚区域以外地方即可退出“页眉和页脚”编辑状态，这时页眉和页脚区的显示变为灰色，而正文则显示被激活。要重新编辑或修改页眉和页脚中的内容，可在页眉或页脚区双击，重新进入页眉和页脚编辑状态进行修改。图 3.78 所示为文本添加页眉后的效果。

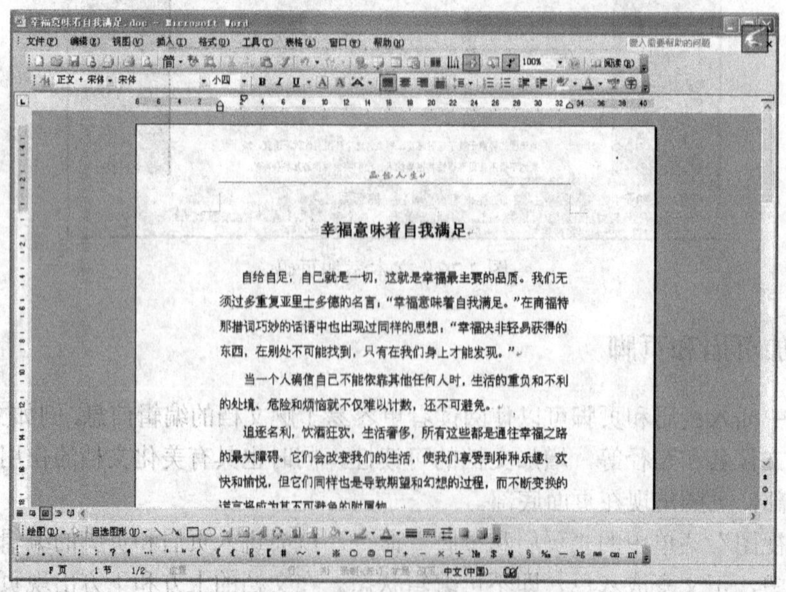

图 3.78 文本添加页眉

3.5.5　打印预览及打印设置

1. 打印预览

文档的编辑和排版完成以后，如果要打印成正式的文档，在打印之前，应先预览一下文档的打印效果，当确认正确无误后再打印输出，以减少不必要的浪费。

选择“文件”菜单中的“打印预览”命令或单击“常用”工具栏中的“打印预览”按钮 或使用Ctrl+F2组合键都可以打开如图3.79所示的打印预览文档界面，同时将显示“打印预览”工具栏。

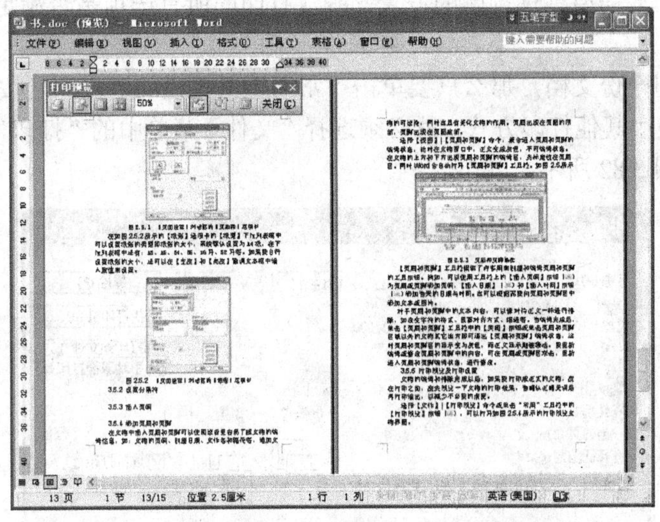

图 3.79　打印预览界面

在打印预览状态下，将鼠标移到页面上时会变成一个带加号的放大镜，此时单击页面会放大显示；放大页面后，光标在页面中又会变成一个带减号的放大镜，此时单击页面会缩小显示。

单击“打印预览”工具栏上的“显示比例”下拉列表框右侧的下三角按钮，会出现如图 3.80 所示的下拉列表。表中列出了一系列显示比例，从 10%～500%，以及“页宽”、“文字宽度”、“整页”和“双页”四个选项。可以在下拉列表中选择合适的显示比例。也可以直接在“显示比例”下拉列表框中输入从 10%～500%的任何百分比，然后按 Enter 键自定义显示比例。

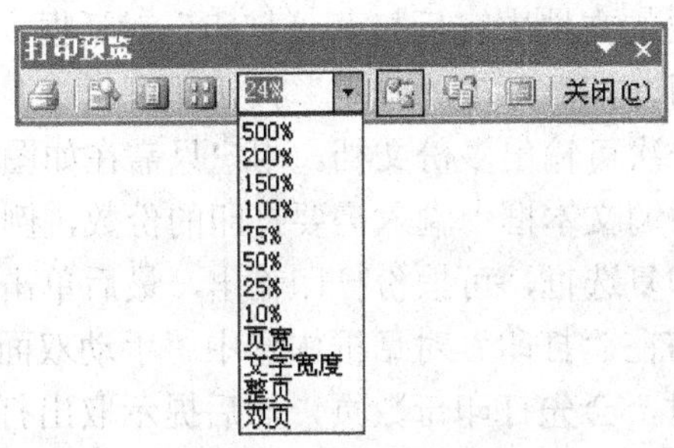

图 3.80　“打印预览”工具栏

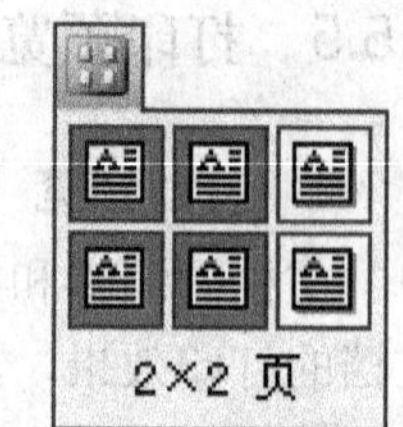

图 3.81　选择多页

另外，可以选择多页显示的方式来预览文档。单击“打印预览”工具栏中的“多页”按钮，会出现一个下拉列表框，如图 3.81 所示。在列表中按住鼠标左键，拖动到想要的页数，然后松开鼠标，预览窗口就会以所选的页数显示预览效果。

如果想要显示单页，可单击“单页”按钮，即可回到单页显示方式。单击“打印预览”工具栏中的“关闭”按钮，即可退出预览状态，切换回原来的视图。

2．打印设置

预览完成后，还需要进行打印的设置，确认打印的所有选项是否满足需要，然后才能进行打印。

如果只是打印一份文档，那么只要单击“常用”工具栏的“打印”按钮就可以快速地完成。如果想使用其他打印方式，就必须选择“文件”菜单中的“打印”命令，打开“打印”对话框，如图 3.82 所示。

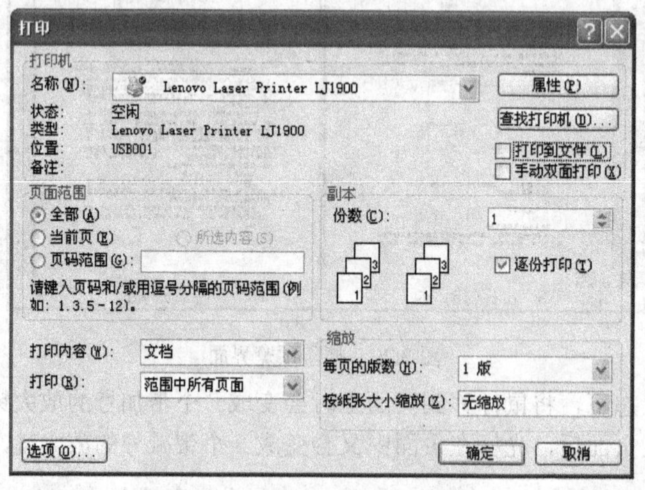

图 3.82　“打印”对话框

在“打印”对话框的页面范围区域中可以设置打印的内容。选中“全部”单选钮，将会打印文档的全部内容；选中“当前页”单选钮，将会打印文档的当前页(即鼠标指针所在页)；选中“页码范围”单选钮，在其右侧的文本框中可输入想要打印的页码范围，例如输入“1,3,5-8”，将会打印文档的第 1 页、第 3 页和第 5 页至 8 页。如果只想打印选中的部分文档内容，应先选中需要的文档内容后打开“打印”对话框，在“页面范围”选项组中选中“所选内容”单选按钮，然后单击“确定”按钮即可。

利用“打印”对话框一次可输出多份文档。用户只需在如图 3.82 所示的“打印”对话框副本区域中的“份数”微调文本框中输入需要打印的份数，例如输入“3”就表示打印 3 份该文档，若选中逐份打印复选框，可按份打印输出，最后单击“确定”按钮即可。

若需要双面打印，只需在“打印”对话框中选中“手动双面打印”复选框，然后单击“确定”按钮即可。打印时，会先打印奇数页，然后提示取出打印好的纸张，翻过面来排好顺序放入纸盒再打印偶数页。这样，一份双面打印的文档就完成了。

在一张纸上打印多个页面可以节省纸张，同时又能对文档内容有一个总体的把握。可以在一张纸上打印 2、4、6、8 或 16 个页面，只要单击“每页的版数”下拉列表，从中选择需要的页面就可以了。

3.6 表　格

设置文档的格式可以使文档层次清晰、容易阅读，如果要使文档内容更加丰富，就需要在文档中插入表格、图片、艺术字、自选图形、文本框和图示等各种直观的对象。其中，表格的使用可使文档中的数据表达更明了，更加具有说服力。

3.6.1 插入表格

Word 2003 提供了三种创建表格的方法，下面分别对这三种方法进行介绍。

1．利用菜单插入表格

表格的建立可以单击“表格”菜单中的“插入”命令，在打开的子菜单中选择“表格”命令，即可弹出“插入表格”对话框。在“列数”和“行数”微调框中设置表格的列数和行数，单击“确定”按钮即插入了一个表格。例如，创建一个 5 列 2 行的表格，则需要在“列数”和“行数”微调框中分别设置列数为 5 和行数为 2，如图 3.83 所示。

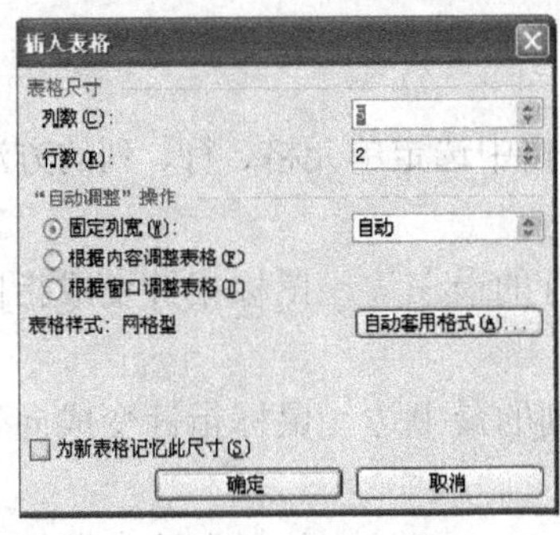

图 3.83　插入表格

2．利用工具栏按钮插入表格

在“常用”工具栏中单击“插入表格”按钮，弹出如图 3.84 所示的格子，将鼠标指针在格子中拖过，在格子的下方会显示表格的行数×列数，单击鼠标左键，即在文档中插入了相应的表格。

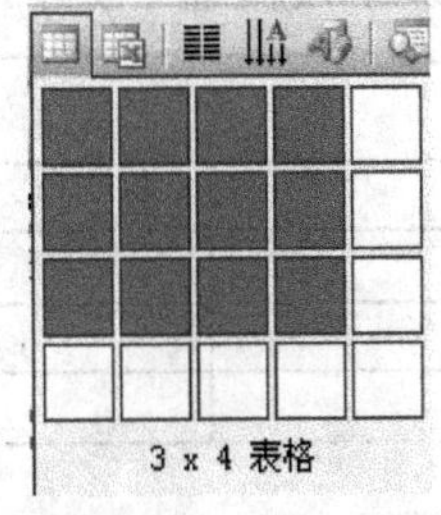

图 3.84　单击“插入表格”按钮创建表格

3．绘制表格

选择“表格”菜单中的“绘制表格”命令，弹出如图 3.85 所示的“表格和边框”工具栏，鼠标指针变成笔的形状。按住鼠标左键拖动可拖出一个矩形框，这就是表格的外表框，可以在表格的边框内绘制水平线、垂直线或斜线，完成表格的手动绘制。

图 3.85 “表格和边框”工具栏

单击“常用”工具栏的“表格和边框”按钮，可显示或隐藏“表格和边框”工具栏。还可以通过“表格”菜单中的“转换”命令将文本转换成表格。

3.6.2 输入单元格的内容

在表格建好后，可以向单元格内输入文本、数字、符号、图形等内容。

如果需要输入其他单元格内容时，按 Tab 键使插入点往下一单元格移动，按 Shift+Tab 键使插入点往前一单元格移动，也可以将鼠标直接指向所需的单元格后单击。

前面介绍的在文档中输入文本的方法在表格中也适用，这里不再赘述。

3.6.3 格式化表格

1．选定

Word 2003 提供了一些在表格中选定单元格、行、列的方法，下面介绍几种常用的方法。

1) 利用鼠标进行选定

选定一行：将光标移到一行的最左边，鼠标指针变成指向右上角的箭头时，单击鼠标左键。

选定一列：将光标移到一列的最上边，鼠标指针变成向下的黑色小箭头时，单击鼠标左键。

选定单元格：将光标移到某一个单元格的最左边，鼠标指针变成指向右上角的黑色小箭头时，单击鼠标左键。

选择不连续的单元格：按住 Ctrl 键并单击多个需要选择的单元格。

选定整个表格：鼠标指针指向表格，单击表格左上角的标记，如图 3.86 所示。

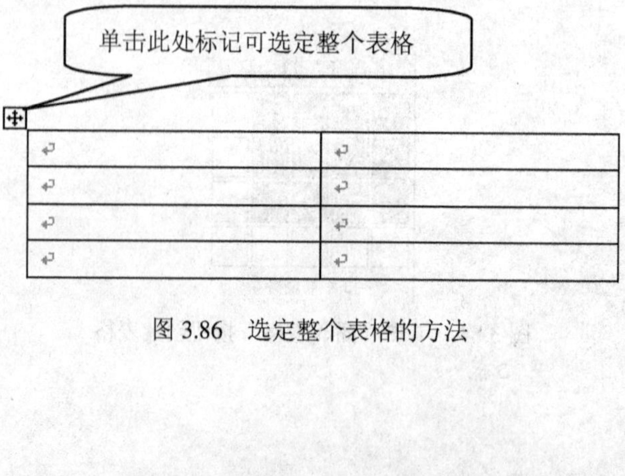

单击此处标记可选定整个表格

↵	↵
↵	↵
↵	↵
↵	↵

图 3.86 选定整个表格的方法

2) 利用“表格”菜单进行选定

选择“表格”菜单中的“选择”命令也可以选择行、列、单元格或整个表格。

2. 插入行、列和单元格

在编辑表格的过程当中，常常需要在表格中插入行、列或表格。在表格中插入这些对象时，首先要指定插入位置，然后执行“表格”菜单中的“插入”命令，在弹出的子菜单中根据实际需要，选择相应的命令。

例如，学生基本信息表中，在“班级”的左侧和右侧插入列和在“李晓晨”和“王华”之间插入行。操作步骤是：

(1) 在“班级”列内单击，然后单击“表格”菜单中的“插入”命令。

(2) 在打开的子菜单中执行“列(在左侧)”命令，也可在当前列的左侧插入一空列，执行效果如图 3.87(a) 所示。

(3) 如果执行“列(在右侧)”命令，效果如图 3.87(b) 所示。

在表格中插入行的操作步骤与插入列的类似，读者可以自己练习使用。

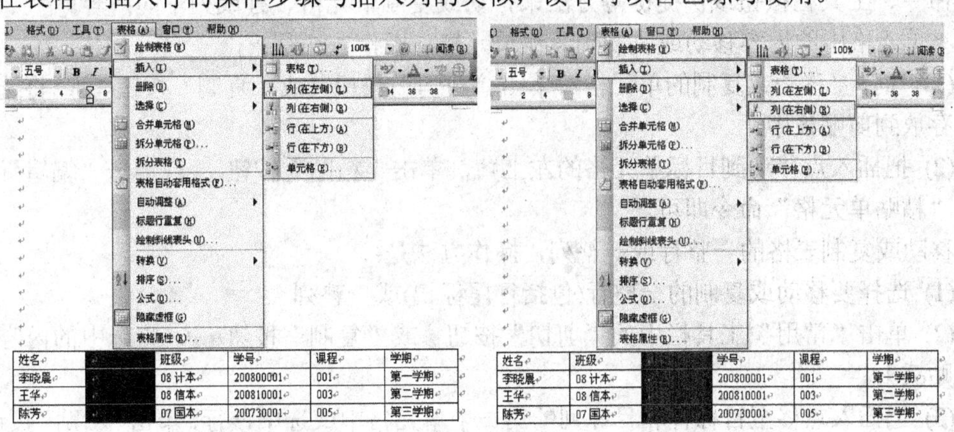

(a) 在左侧插入　　(b) 在右侧插入

图 3.87　在插入点处插入新列

在表格内插入的其他表格，称为嵌套表格。具体的操作方法是：

(1) 将插入点移至要插入表格的单元格中，然后单击“表格”菜单中的“插入”命令。

(2) 在打开的子菜单中选择“表格”命令。

(3) 单击“常用”工具栏上的“插入 Microsoft Excel 工作表”按钮，可以将 Excel 电子表格插入到 Word 表格的单元格内，也可以把现有的表格复制到另一个表格的单元格内。

在表格中插入单元格时，原来的单元格将会向右或向下移动。操作方法是：

(1) 选择要插入单元格的位置，然后单击“表格”菜单中的“插入”命令。

(2) 在打开的子菜单中选择“单元格”命令，将会弹出如图 3.88 所示的“插入单元格”对话框，其中包含“活动单元格右移”、“活动单元格下移”、“整行插入”和“整列插入”四个选项。

(3) 根据需要选择相应的选项，单击“确定”按钮即可完成。

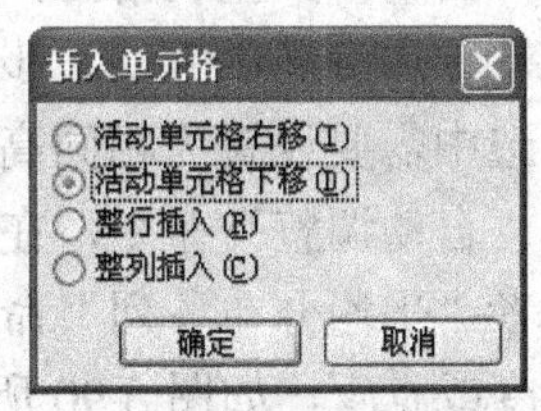

图 3.88　插入单元格

3. 删除行、列、单元格

删除表格中的文字可以使用在文档中删除文本的方法。

删除行、列、单元格本身，首先要在表格中选择要删除的行、列或单元格，被选择部分以高亮显示，单击鼠标右键执行“删除行”、“删除列”或“删除单元格”命令，可完成删除操作。其中，删除单元格时会弹出图 3.89 所示的“删除单元格”对话框，其中包含“右侧单元格左移”、“下方单元格上移”、“删除整行”和“删除整列”四个选项。根据实际操作需要选择相应的选项，单击“确定”按钮即可。或者采用菜单方式，执行“表格”菜单中的“删除”命令，在弹出的子菜单中选择相应的命令即可。

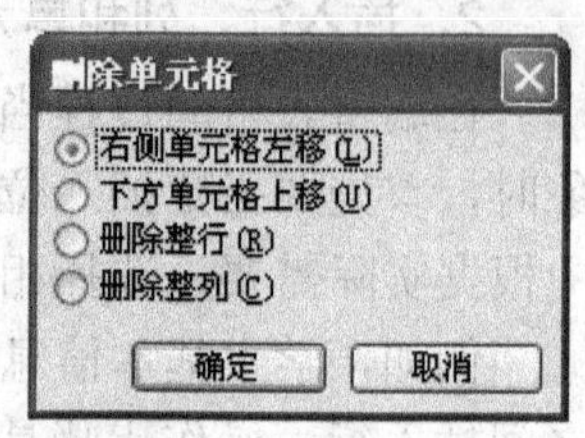

图 3.89　删除单元格

4. 移动行或复制行、列

在单元格中移动或复制文本与普通文本的移动或复制基本相同，同样可以用鼠标拖动、菜单命令、工具栏按钮或快捷键等方法来移动或复制单元格、行或列中的内容。

将单元格中的内容移动或复制到其他单元格，操作方法是：

(1) 选择要移动或复制的单元格，单击“剪切”按钮或“复制”按钮，将选中的内容存放到剪贴板中。

(2) 把插入点移动到目标单元格的左上角，单击“粘贴”按钮或单击“编辑”菜单中的“粘贴单元格”命令即可。

移动或复制表格的一整行或一整列，操作方法是：

(1) 选择要移动或复制的一整行(包括行尾标记)或一整列。

(2) 单击“常用”工具栏中的“剪切”按钮或“复制”按钮，将选中的内容存放到剪贴板中。

(3) 把插入点移至目标行和目标列的第一个单元格中或选中该行，单击“粘贴”按钮或选择“编辑”菜单中的“粘贴行”命令，要移动或复制的内容即被插入到目标行的上方或目标列的左侧，且不替换原有内容。

5. 表格的调整和缩放

如果需要对表格的大小进行精确的调整，将鼠标指针移到表格的行线或列线上，当指针变成双向箭头时，按住 Alt 键不放再进行拖动，可以精确调整表格的大小；如果需要对表格进行缩放操作，可以将鼠标指针移动到表格右下角的小方框处，当鼠标指针变为↘形状时，拖动鼠标可以对表格进行缩放。

6. 平均分布各行、列

当编辑大型表格时，需要对多行或多列设置相同的高度和宽度，使用普通的方法，步骤繁琐且效果也不明显，应首先拖动鼠标选中需要设置为相同高度的多行或多列，单击“表格”菜单中的“自动调整”命令，在打开的子菜单中选择“平均分布各行”或者“平均分布各列”命令，即可以将多行或多列设置为相同的高度或宽度，如图 3.90 所示。

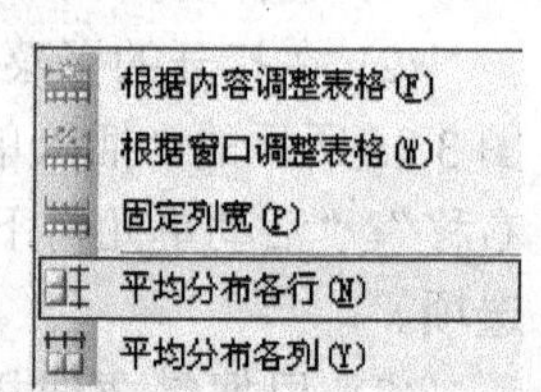

图 3.90　平均分布各行

7. 调整表格的列宽、行高

在用 Word 编辑表格时，经常会遇到要求更改表格列宽和行高的问题，可以使用鼠标和菜单两种方法。

1) 用鼠标来更改行高和列宽

如果需要对表格的大小进行精确调整，可以用手动的方式。操作方法是：

(1) 确认当前文档处于“页面视图”状态下，否则执行“视图”菜单中的“页面”命令，将文档切换到“页面视图”状态。

(2) 手动调整行高，将指针移到该行的下线上，当指针变成上下箭头的形状时，按住鼠标上下拉动就可以调整该行行高了，如果移到列上，这时指针就会变成左右箭头的形状，此时左右拉动就可以调整列宽了。

在拖动鼠标的同时按下 Alt 键，则在移动网格线时会在标尺上看到精确列宽，这样同时使用这两个键将可以精确定义列宽和行高。

2) 使用菜单命令更改列宽和行高

当需要将列宽和行高设置为某一特定值时，则应通过菜单命令来更改。其中，设置列宽的操作方法是：

(1) 选择要更改列宽的一列或多列，然后执行“表格”菜单中的“表格属性”命令。

(2) 在弹出的“表格属性”对话框中选择“列”选项卡，如图 3.91 所示，启用“指定宽度”复选框。

(3) 在“指定宽度”文本框中输入数值，并在“列宽单位”下拉列表框中选择合适的计量单位。如果要设置其他列的宽度，可以单击“前一列”或“后一列”按钮。

(4) 单击“确定”按钮即可完成列宽的设置。

在“表格属性”中设置行高与设置列宽有所不同，切换到“行”选项卡，如图 3.92 所示。在对话框中启用“指定高度”复选框，并在“指定高度”文本框中输入数值，然后根据需要可在“行高值是”下拉列表框中选择“最小值”或“固定值”选项。其中选择“最小值”可以自动增加行高，而选择“固定值”将按指定数值固定行高。

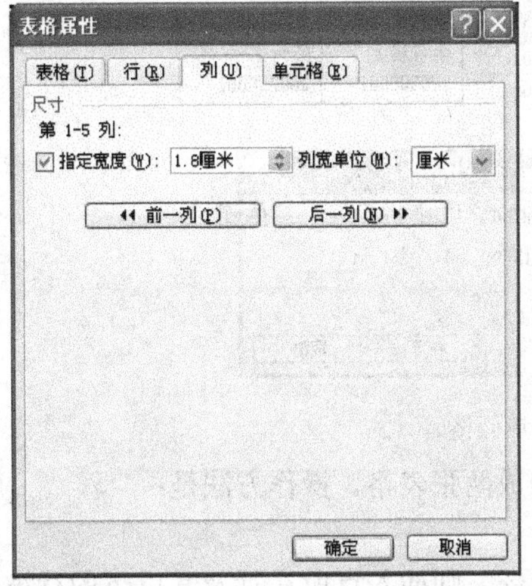

图 3.91　“列”选项卡

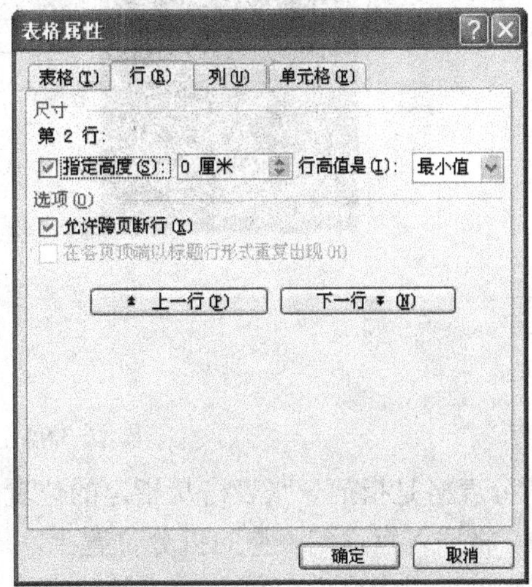

图 3.92　“行”选项卡

8. 合并和拆分单元格

在处理文档时，经常会遇到将表格拆分成多个或将多个表格合并的情况，利用 Word 中的拆分表格功能可以方便地完成这些操作，同时也使创建的表格更具灵活性。

1) 合并单元格

有时需要将表格的某一行或某一列中的单元格合并为一个单元格。使用“合并单元格”命令可以快速清除多余的线条，使多个单元格合并成一个单元格。操作方法是：先选择要合并的两个或多个单元格，然后执行“表格”菜单中的“合并单元格”命令或单击“表格和边框”工具栏中的“合并单元格”按钮，如图 3.93 所示。

图 3.93　合并单元格

2) 表格的拆分

表格的拆分有两种，即拆分单元格和拆分表格。其中，拆分单元格就是将选中的单元格拆分成等宽的多个小单元格，也可以同时对多个单元格进行拆分。操作方法是：

(1) 选择要拆分的单元格，执行“表格”菜单中的“拆分单元格”命令或单击“表格和边框”工具栏上的“拆分单元格”按钮，弹出“拆分单元格”对话框。

(2) 在该对话框的“列数”和“行数”文本框中分别选择要拆分的列数和行数。

(3) 单击“确定”按钮并调整拆分后的单元格。如图 3.94 所示为拆分单元格后的效果图。

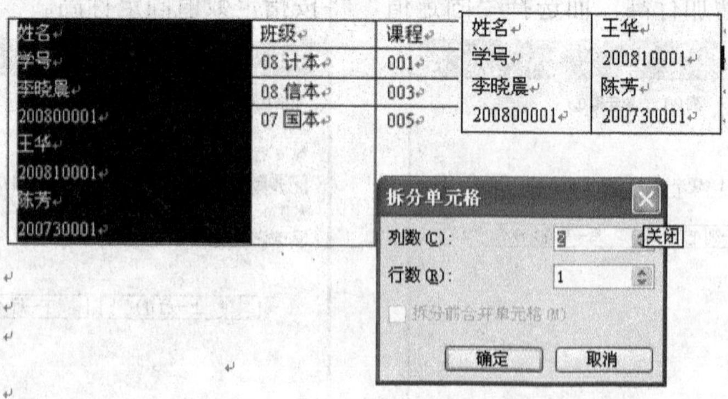

图 3.94　拆分单元格

拆分表格是指把一张表格从指定的位置拆分成两张表格。操作方法是：

(1) 将插入点移到表格的拆分位置上。

(2) 单击“表格”菜单中的“拆分表格”命令，则插入点所在行及其以下的行被拆分为另一张表格，如图 3.95 所示。

姓名	学号	班级	课程	成绩
李晓晨	200800001	08 计本	001	89
王华	200810001	08 信本	003	76
陈芳	200730001	07 国本	005	92

姓名	学号	班级	课程	成绩
李晓晨	200800001	08 计本	001	89

王华	200810001	08 信本	003	76
陈芳	200730001	07 国本	005	92

图 3.95　拆分表格

9. 美化表格

表格在创建完成以后还需要对其进行格式化设置，例如表格格式、位置、环绕方式、边框底纹以及单元格和文本的对齐方式等，以达到美化格式、优化文档的效果。

1) 表格自动套用格式

Word 2003 提供了许多表格样式，这些样式可套用在已创建的表格上。首先，将插入点移到要修饰的表格中，执行“表格”菜单中的“表格自动套用格式”命令，弹出如图 3.96 所示的“表格自动套用格式”对话框。在“表格自动套用格式”对话框中选择一种适合的样式，则在“预览”栏中可看到选择的样式。

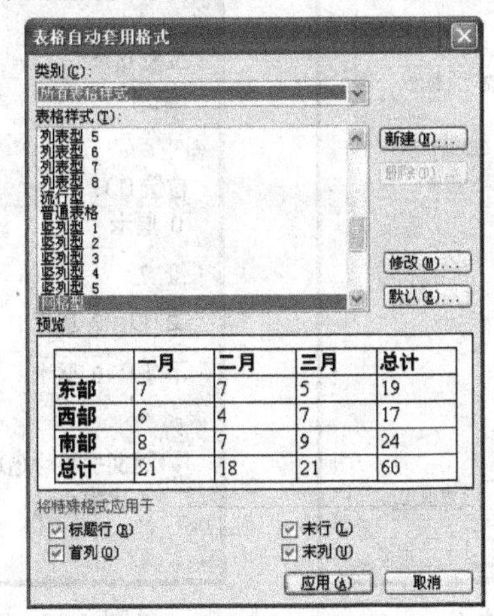

图 3.96　“表格自动套用格式”对话框

根据需要，用户还可在“将特殊格式应用于”栏中进行选择，以得到自己满意的样式。单击“应用”按钮，完成格式的套用。如图 3.97 所示为表格套用后的效果。

姓名	班级	学号	课程	学期
李晓晨	08 计本	200800001	001	第一学期
王华	08 信本	200810001	003	第二学期
陈芳	07 国本	200730001	005	第三学期

图 3.97　套用后的效果

另外，用户还可以根据需要在“表格自动套用格式”对话框中新建或修改样式。其中，单击“新建”按钮可创建自己的表格样式，而单击“修改”按钮可对表格样式进行修改。

2) *表格的对齐方式和文字环绕*

用户可以对表格的对齐方式和文字环绕进行设置，以使文档中的表格与正文相对称，从而美化整个文档。

默认情况下，表格的对齐方式是左对齐，如需对其进行修改，操作方法如下：

(1) 单击要修改的表格，执行“表格”菜单中的“表格属性”命令，在弹出的“表格属性”对话框中选择“表格”选项卡，如图 3.98 所示。

(2) 在“对齐方式”栏内，根据需要可以选择“左对齐”、“居中”或“右对齐”等。如果选择“左对齐”方式，默认情况下“左缩进”是不可用的。

(3) 单击“文字环绕”栏内的“无”选项即可使用“左缩进”选项。

(4) 在“左缩进”文本框中输入数值即可。单击“确定”按钮完成表格对齐方式的设置。

文字环绕在拥有多个表格的长文档中应用比较普遍，在如图 3.98 所示的“文字环绕”选项区内，用户根据需要可以选择“无”或“环绕”。其中“无”选项表示文本不进行环绕，而“环绕”选项表示把文本环绕在表格周围。

选择“环绕”选项后，单击“定位”按钮，在弹出的“表格定位”对话框中还可以具体设置表格位置和文字环绕方式，如图 3.99 所示。

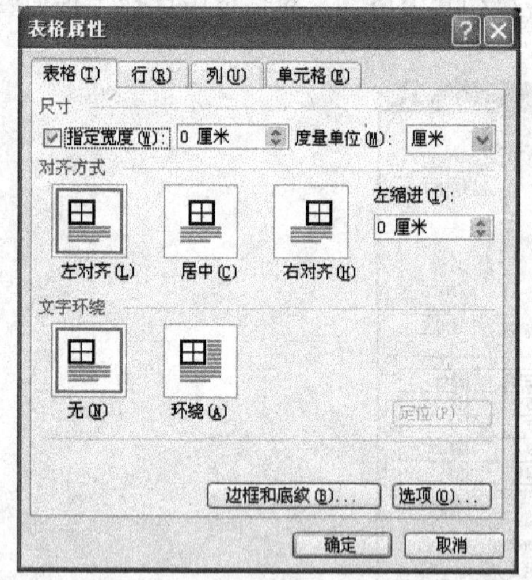

图 3.98 “表格”选项卡

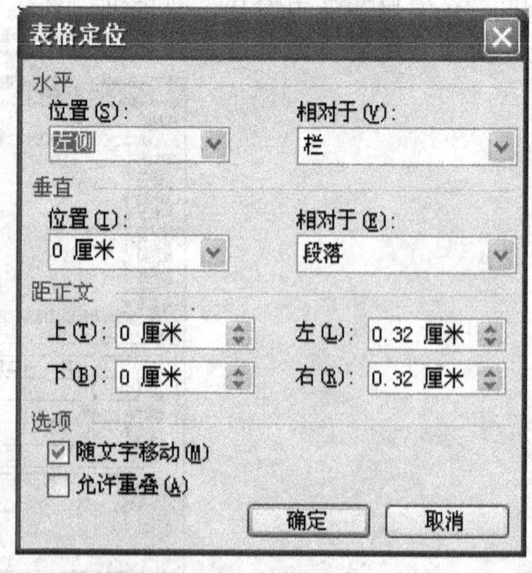

图 3.99 “表格定位”对话框

在“水平”栏内的“位置”选项可以设置表格的水平位置，“相对于”选项可以选择与水平定位相关的元素；在“垂直”栏内的“位置”选项可以设置表格的垂直位置，“相对于”选项可以选择与垂直定位相关的元素；在“距正文”栏内可以设置表格和环绕文字的上、下、左、右间距；在“选项”栏内可以设置文本格式，即表格在水平方向和垂直方向上的定位位置以及基准。

3) *表格边框和底纹*

在对 Word 文档进行排版时，为了更好地显示表格效果，往往要利用表格的边框和底纹功能，以达到美化文档页面的作用。

设置表格边框，操作方法如下：

(1) 选择要设置边框的全部或部分单元格。执行“格式”菜单中的“边框和底纹”命令，在弹出的“边框和底纹”对话框中选择“边框”选项卡，如图 3.100 所示。

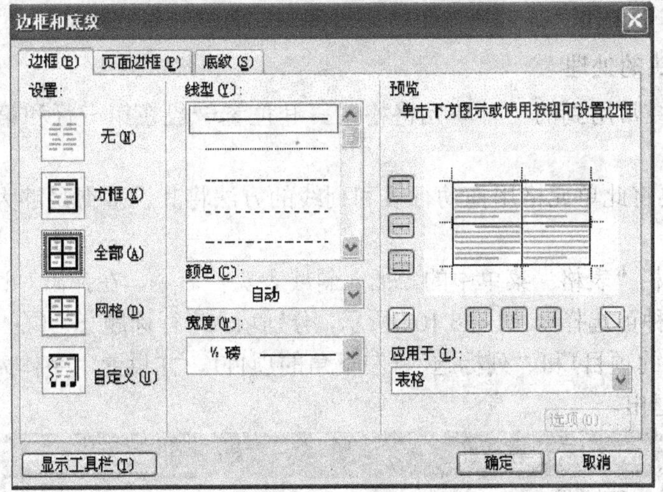

图 3.100　设置表格边框

(2) 在“设置”栏内有五个选项，即“无”、“方框”、“全部”、“网格”和“自定义”。它们用来设置表格四周的边框，用户可以根据需要选择。在“线型”栏内的下拉列表框中可以选择边框的线型。

(3) 单击“颜色”下拉列表框还可设置表格边框的线条颜色，而单击“宽度”下拉列表框则可以设置表格线的宽度。用户还可以单击“应用于”下拉列表框，以选择边框类型或底纹格式的应用范围。

设置表格底纹的操作方法是：

(1) 选择要设置底纹颜色的全部或部分单元格。

(2) 将“边框和底纹”对话框切换到“底纹”选项卡，如图 3.101 所示。

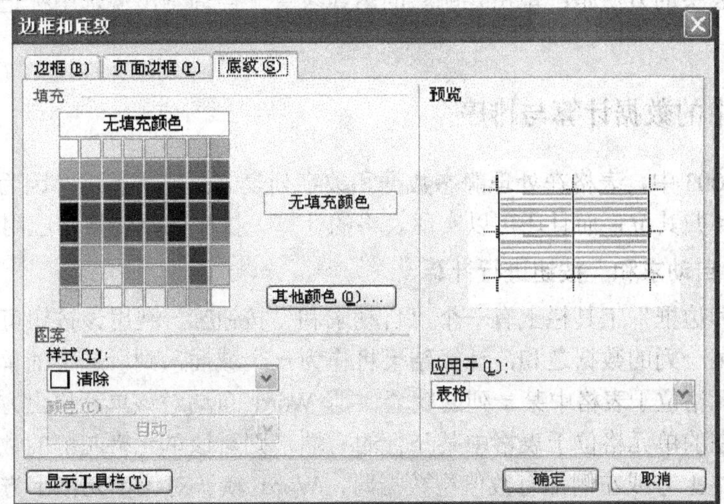

图 3.101　设置表格底纹

在“填充”下的颜色表中选择底纹填充的颜色，还可以在“图案”栏的“样式”下拉列表框中选择合适的填充样式，在“应用于”下拉列表框中可以设置应用边框类型或底纹格式的范围。

(3) 设置完毕，单击“确定”按钮即可得到各式各样的填充效果。

10．斜线表头的处理

斜线表头是经常用到的一种单元格格式，其位置一般在第一行和第一列。操作方法如下：

(1) 设置前要将此单元格用拖动行线和列线的方法将其设置得足够大，并将插入点定位在此单元格中。

(2) 单击菜单栏“表格”菜单中的“插入斜线表头”命令，在弹出对话框中，选择“表头样式”(共有五种可选择)，如图 3.102 所示，分别填入“行标题一”(右上角的项目)、“行标题二”(中间格的项目)和“列标题”(左下角的项目)，并设置“字体大小”等，最后单击“确定”按钮退出。

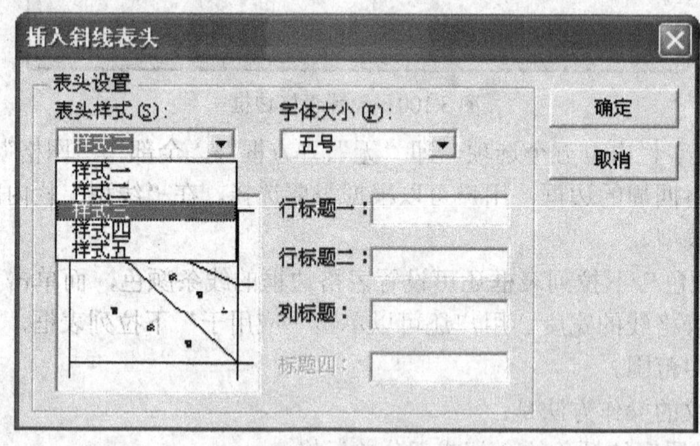

图 3.102　插入斜线表头

删除斜线表头的方法是：单击要删除的斜线表头，当周围出现选中标记时，按 Delete 键即可。

3.6.4　表格中的数据计算与排序

在 Word 2003 中，表格在处理静态数据和数字列表方面非常有用，因为它不仅能确保表格中的数据各归其位，而且还可以实现表格的计算、排序以及转换等应用。

1．利用“自动求和”按钮进行计算

在“表格和边框”工具栏上有一个“自动求和”按钮Σ，利用该按钮可以快速求出表格中某一行或某一列的数据之和，计算结果将作为一个域插入到所选定的单元格中。如果插入符所在单元格位于表格中某一列的底端，则 Word 自动对该单元格上方的数据求和；如果插入符所在的单元格位于表格中某一行的右端，则对该单元格左侧的数据求和；当插入符所在单元格上方或左侧都有数值型数据时，Word 默认对该单元格上方的数据进行求和。因此，在使用“自动求和”按钮Σ对行进行求和时，最好是将表格中的数据从下向上求和，这样可以保证计算所得的结果是有效的。

对如图 3.103 所示的表格中的“总分”列进行求和运算。首先单击“视图”菜单中的“工具栏”命令，在打开的子菜单中执行“表格和边框”命令，弹出“表格和边框”对话框。然后将插入点移至姓名为“高会鹏”所在的行的“总分”单元格中，并单击“表格和边框”工具栏中的“自动求和”按钮 Σ，即可得到姓名为“高会鹏”的总分。

课程 / 姓名	数学	语文	英语					
李明	85	95	78					
王中华	92	95	75					
沈中英	82	69	89	80	79	89	92	580
刘鹏				79		84	79	583
陈晓				89	68	82	90	567
李卫				85	74	62	94	564
张超				79	80	96	60	562
高会				79	84	96	60	552
各科平均分	82.25	87.5	77.5	86.63	79.38	85.88	81.88	

表格和边框

½ 磅

自动求和

在使用【自动求和】按扭对行求和时，Word 默认对该单元格上方的数据进行求和，因此在进行求和时最好是将表格中的数据从下向上求和。

图 3.103　自动求和

2. 使用“公式”对话框计算

使用“公式”对话框可以对表格中的数据进行多种运算，如统计最大数、最小数、求和、计算平均值等。将光标定位在需放置计算结果的单元格，选择“表格”菜单中的“公式”命令，弹出“公式”对话框。LEFT 表示计算当前单元格左侧的数据，ABOVE 表示计算当前单元格上方的数据。

例如，计算成绩表中“数学”科目成绩的平均分，具体操作步骤如下：

(1) 将插入点移到“各科平均分”所在行的“数学”所在的单元格中，执行“表格”菜单中的“公式”命令。

(2) 在弹出的“公式”对话框中，默认情况下，公式文本框中输入的是“=SUM (ABOVE)”，如果要计算平均值，把光标移到“=”后，在“粘贴函数”下拉列表中选择“AVERAGE( )”函数，并在“( )”中输入“ABOVE”参数。

(3) 把前面多余的字符删去，如图 3.104 所示，单击“确定”即可。

课程 / 姓名	数学	语文	英语					
李明	85	95	78					
王中华	92	95	75					
沈中英	82	69	89					
刘鹏飞	68	95	88					
陈晓峰	76	85	77					
李卫红	87	84	78					
张超刚	85	94	68	79	80	96	60	562
高会鹏	83	83	67	79	84	96	60	552
各科平均分	82.25	87.5	77.5	86.63	79.38	85.88	81.88	

公式

公式(F)：

=average(ABOVE)

数字格式(N)：

粘贴函数(U)：

确定　取消

图 3.104　求平均值

利用“公式”对话框进行数据计算时，如果不想使用默认的数学公式，可以在“数字格式”下拉列表中选择合适的计算结果格式。在“公式”对话框中，除了可以实现求和、求平均数外，还可以在“粘贴函数”下拉列表框中选择 INT、MOD 等函数以实现数值的求

整、取余等运算。同 Excel 软件一样，表中每一行号依次用字母 A、B、C、… 表示，每一列号依次用数字 1、2、3、… 表示，每一单元格号为列、行号交叉。例如，“B3”表示第 2 列第 3 行的单元格，如图 3.105 所示。

	A	B	C
1	A1	B1	C1
2	A2	B2	C2
3	A3	B3	C3

图 3.105　单元格的引用

另外，在很多情况下，计算的数据并不是在同一行或同一列，这就需要进行单元格的引用。公式中引用单元格时用逗号分隔，选定区域的首尾单元格之间用冒号分隔。

例如，要计算第 2 行、第 2 列单元格和第 3 行、第 3 列单元格之和，具体操作步骤如下：

(1) 在“粘贴函数”下拉列表框中选择“SUM”函数。

(2) 在“SUM”后的括号中填入“b2,c3”，此时公式文本框中的内容应为“=SUM(b2,c3)”。

再如，要计算第 2 行、第 2 列至第 6 行、第 5 列之间选定的区域，此时公式文本框中的内容应为“=SUM(b2:e2)”，如图 3.106 所示。

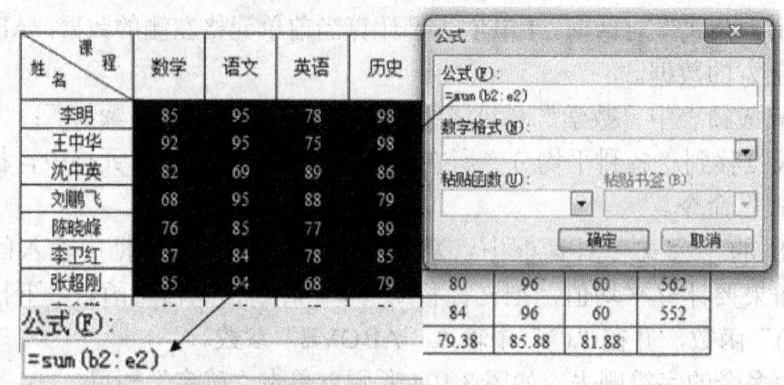

图 3.106　区域计算

3. 在表格中更新计算结果

在完成表格中的各种计算后，需要经常更新单元格中的某些数据，否则会导致计算结果错误。为了更新计算结果，只需将插入点移到计算结果上，然后按下 F9 键即可。也可以选中整个表格，然后按 F9 键，这样更新的是整个表格中所有的计算结果。

4. 数据的排序

在实际工作中，为了查阅文档的方便，常常需要将表格中的数据按一定的规则排列。在 Word 2003 中，提供了递增(A 到 Z、0 到 9，或最早到最晚的日期)或递减(Z 到 A、9 到 0，或最晚到最早的日期)的排列顺序。

1) 使用排序按钮进行排序

利用“表格与边框”工具栏中的排序按钮可以实现表格的升序或降序。操作方法如下：

(1) 单击“视图”菜单中的“工具栏”命令，在子菜单中执行“表格和边框”命令，

弹出“表格和边框”对话框。

(2) 选择需要排序的列或单元格。

(3) 单击“表格和边框”工具栏中的“升序排序”按钮或“降序排序”按钮即可。

例如，在成绩单元格中选择“李明”所在的“总分”单元格，然后单击“表格和边框”中的“降序排序”按钮即可实现成绩单元格的降序排序，排序结果如图3.107所示。

课程 姓名	数学	语文	英语	历史	政治	生物	地理	总分
李明	85	95	78	98	86	90	87	619
王中华	92	95	75	98	74	88	93	615
沈中英	82	69	89	86	79	89	92	586
刘鹏飞	68	95	88	79	90	84	79	583
陈晓峰	76	85	77	89	68	82	90	567
李卫红	87	84	78	85	74	62	94	564
张绍刚	85	94	68	79	80	96	60	562
高会鹏	83	83	67	79	84	96	60	552
各科平均分	82.25	87.5	77.5	86.63	79.38	82.13	82.13	

图3.107 总分降序排序结果

2) 使用“排序”命令进行排序

在Word中还可以使用“排序”命令对表格进行排序。操作方法如下：

(1) 选定要排序的列或单元格，执行“表格”菜单中的“排序”命令，弹出“排序”对话框，如图3.108所示。

(2) 在“主要关键字”下拉列表框中选择用于指定排序依据的值的类型，如笔划、数字、日期、拼音等，并根据需要选择“升序”或“降序”单选按钮。

如果还需要其他排序依据，可在“次要关键字”以及“第三关键字”选项区进行设置，方法与“主要关键字”选项区的设置相同。在“列表”选项区中有两个选项：“有标题行”和“无标题行”。如果选中“有标题行”单选按钮，则排序时标题行将不在排序的范围内，否则，对标题行也进行排序。

在“排序”对话框中，单击“选项”按钮，弹出“排序选项”对话框，如图3.109所示。在该对话框下，如果单元格排序时区分字母大小写，则启用“区分大小写”复选框。在“排序语言”下拉列表框中，还可以选择适合的语言。设置完毕，单击“确定”按钮返回到“排序”对话框。最后单击“确定”按钮，关闭“排序”对话框。

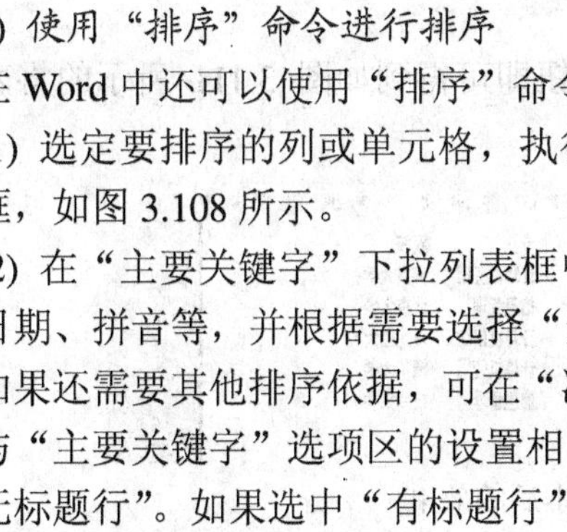

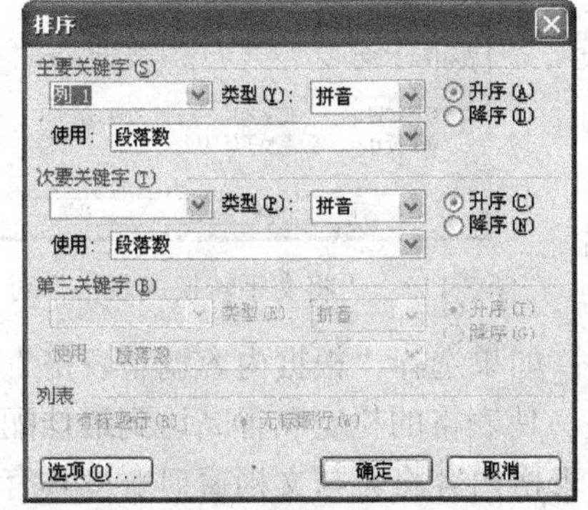

图3.108 “排序”对话框

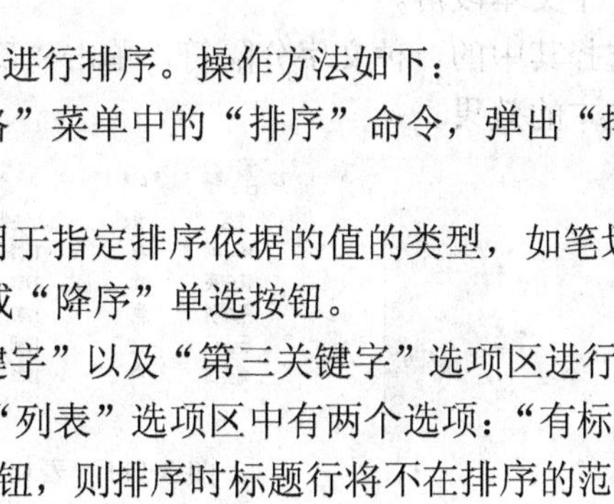

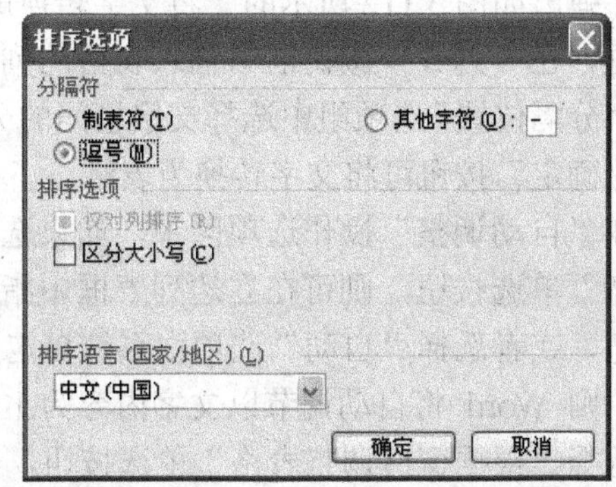

图3.109 “排序选项”对话框

5. 表格与文本之间的转换

1) 表格转换为文本

在 Word 2003 中，可以把制作好的表格转换成文本。操作方法如下：

(1) 将光标定位在表格中，选择“表格”菜单中的“转换”命令。

(2) 在打开的子菜单中选择“表格转换成文本”命令，弹出如图 3.110 所示的“表格转换成文本”对话框，其中有四种文字分隔符：

① “段落标记”：把每个单元格的内容转换成一个文本段落。

② “制表符”：把每个单元格的内容转换后用制表符分隔，每行单元格的内容成为一个文本段落。

③ “逗号”(半角逗号)：将把每个单元格的内容转换后用逗号分隔，每行单元格的内容成为一个文本段落。

④ “其他字符”：可在对应的文本框中输入用作分隔符的半角字符，每个单元格的内容转换后，用输入的文字分隔符隔开，每行单元格的内容成为一个文本段落。

图 3.110 “表格转换成文本”对话框

选择其中的一种文字分隔符，单击“确定”按钮即可得到如图 3.111 所示的将表格转换为文本的效果。

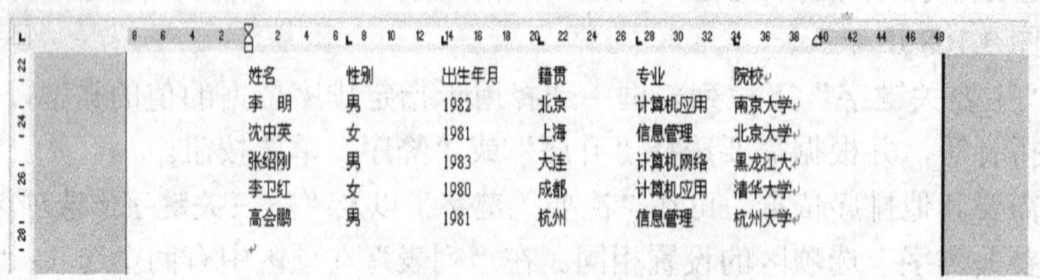

姓名	性别	出生年月	籍贯	专业	院校
李 明	男	1982	北京	计算机应用	南京大学
沈中英	女	1981	上海	信息管理	北京大学
张绍刚	男	1983	大连	计算机网络	黑龙江大
李卫红	女	1980	成都	计算机应用	清华大学
高会鹏	男	1981	杭州	信息管理	杭州大学

图 3.111 表格转换成文本后的效果

2) 文字转换为表格

(1) 输入一段用逗号、空格或段落标记等分隔的文字，选择这段文字，选择“表格”菜单中的“转换”命令。

(2) 在打开的子菜单中选择“文字转换成表格”命令，弹出如图 3.112 所示的“将文字转换成表格”对话框，在“列数”微调框中输入表格的列数，在“文字分隔位置”选项组中选择文字之间的分隔符，单击“确定”按钮可将文字转换为表格。

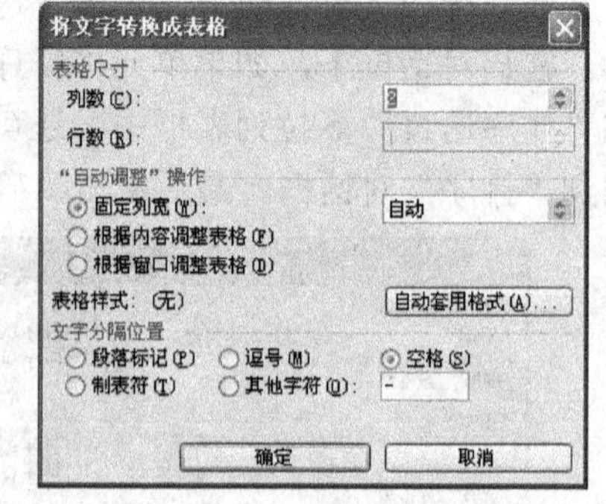

图 3.112 “将文字转换成表格”对话框

在“自动调整”操作选项区中，如果选择“固定列宽”单选按钮，则可在右边列表框中指定表格的列宽，或者选择“自动”选项由系统自定义列宽；如果选择“根据内容调整表格”单选按钮，则 Word 将自动调节以文字内容为主的表格，使表格的栏宽和行高达到最佳配置；如果选择“根据窗口调整表格”单选按钮，则表示表格内容将会与文档窗口宽度具有相同的跨度。

3.6.5　图表

图表是以图形的方式来显示数字，以使数据的表示更加直观、分析更为方便。由于显示数字的图形是以数据表格为基础生成的，因此叫做图表。

Word 2003 提供的图表功能，用简单的图形代替抽象的数字，使数字图形化、可视化。使用长度、高度或者面积等图形显示数字，使数据更加清晰、更容易进行比较。图表可以应用于产品报表、问卷调查分析、收入支出、测评数据等许多方面。

1．图表的生成

使用 Word 2003 本身自带的 Microsoft Graph 程序来创建图表，具体操作步骤如下。

例如，用表 3.3 中的数据生成一个图表，操作步骤如下：

表 3.3　图书季度销售表

	第一季度	第二季度	第三季度	第四季度
经济类	3010	3500	4200	3300
儿童类	3032	5050	4032	5002
科普类	4050	4000	3500	3800

(1) 选定表格中要生成图表的部分或全部数据，这里选择整个表格。

(2) 单击“插入”菜单中的“对象”命令打开“对象”对话框，选择“新建”选项卡，在“对象类型”列表框内，单击“Microsoft Graph 图表”，如图 3.113 所示。

(3) 单击“确定”按钮，屏幕上就会出现一个图表对象和一个浮动窗口，菜单栏中也出现了“数据”和“图表”两个新项目，这表明已经进入图表制作程序的界面，如图 3.114 所示。制作出的图表如图 3.115 所示。

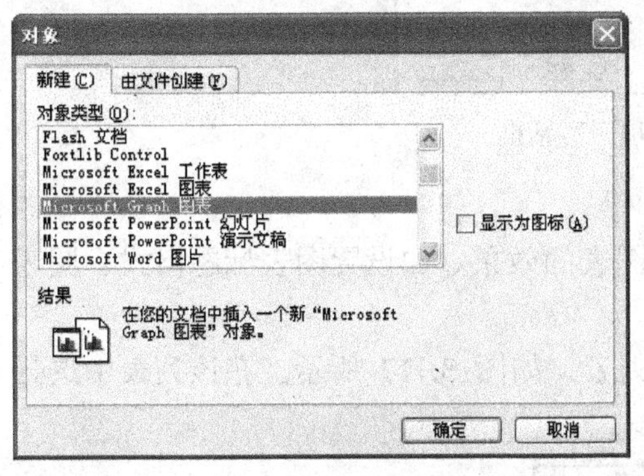

图 3.113　“对象”对话框的“新建”选项卡

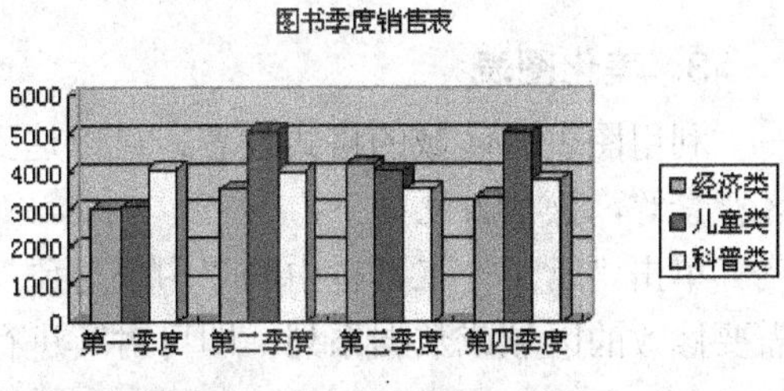

图 3.114　表制作程序界面

也可以单击“插入”菜单中的“图片”菜单项，然后从子菜单中选择“图表”命令，创建完成后也会出现如图 3.115 所示的界面。

(4) 如果希望图表随表格中数据的变化而变化，只需双击该图表，在弹出的“数据表”窗口中修改数据表中对应的数据，图表自动随之变化。

双击图表进入图表编辑状态，可以用 Microsoft Graph 菜单和工具栏对图表进行修改，如图 3.115 所示。

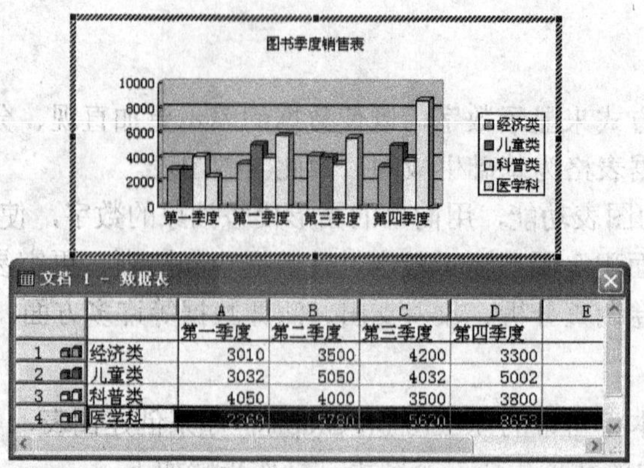

		A	B	C	D	E
		第一季度	第二季度	第三季度	第四季度	
1	经济类	3010	3500	4200	3300	
2	儿童类	3032	5050	4032	5002	
3	科普类	4050	4000	3500	3800	
4	医学科	2369	5780	5620	8653	

图 3.115　图形插入数据

2．设置图表选项

组成图表的选项，例如图表标题、坐标轴、网格线、图例、数据标签等，均可重新添加或重新设置，设置方法如下：

双击图表，在新出现的“图表”菜单中，选择“图表选项”命令，可弹出“图表选项”对话框，如图 3.116 所示。选择不同的选项卡，可设置不同的图表组成部分。

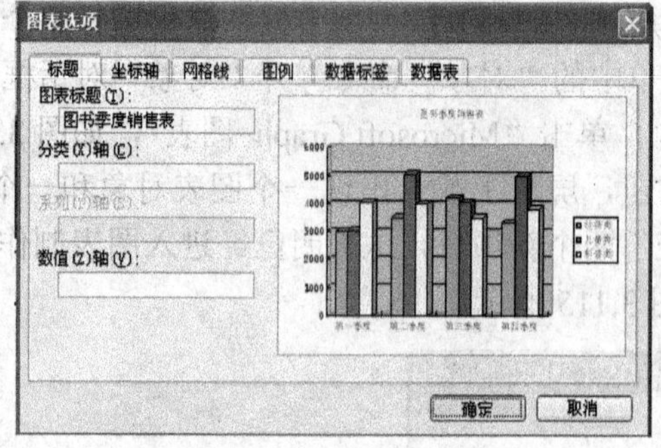

图 3.116　“图表选项”对话框

3．美化图表

利用图表各区域的格式设置，可以达到美化图表的效果。如设置图表标题格式、图表区背景等，操作方法如下：

单击“常用”工具栏中的“图表对象”下拉列表，如图 3.117 所示。在该列表中选择需要修改的区域或数据系列，即可对其进行修改。

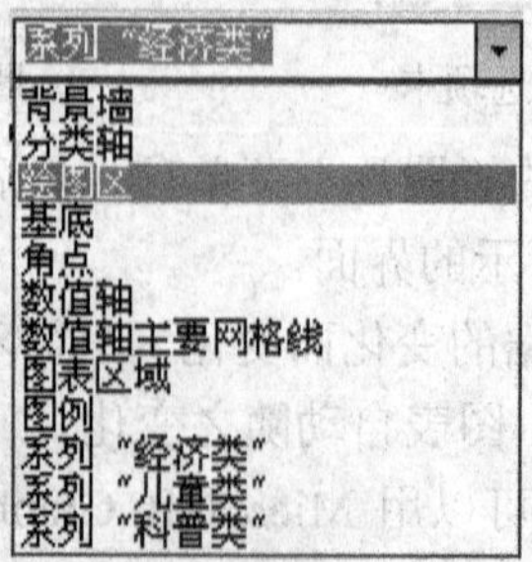

图 3.117　“图表对象”下拉列表

3.7 图文混排

Word 2003 提供了多种对象，包括图片、图像、艺术文字和文本框等。Word 还提供了绘图工具，可直接在文档中绘制流程图、方框图等，用户可方便地对这些对象进行插入、删除、修改等操作。这种强大的图文混排功能使得其生成的文档更加美观、漂亮、生动活泼。

3.7.1 插入图片

在 Word 2003 中，可以插入多种格式的图形、图片，包括剪辑库中的剪贴画和图片、其他程序或文件夹中的图片、扫描仪的图片等。

1. 插入剪贴图

Word 提供了大量的现成图形，称为剪贴画，可以在文档中插入这些图形。插入剪贴画的操作步骤如下：

(1) 移动插入点到需要插入剪贴画或图片的位置。

(2) 选择“插入”菜单中的“图片”选项中的“剪贴画”命令，弹出“剪贴画”对话框，如图 3.118 所示，选定“搜索范围”和“结果类型”后，单击“搜索”按钮。

(3) 在“搜索范围”中列出了 Word 内置剪贴画的类别，单击选中某一类别(如“动物”类)，将在列表框中显示该类所有图片剪辑，如图 3.119 所示。

(4) 单击“插入”按钮或将剪辑拖动到文档窗口中。

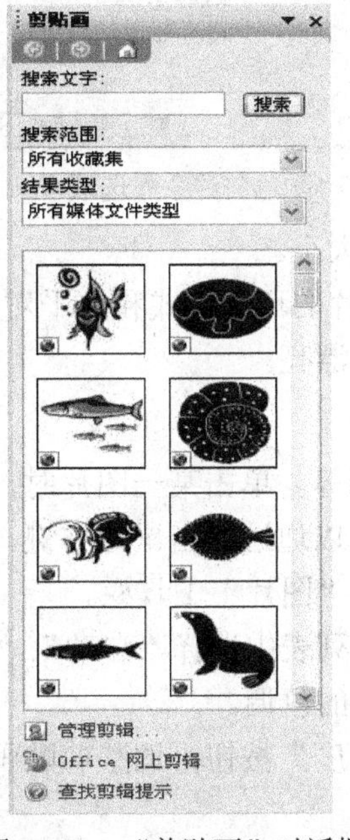

图 3.118　“剪贴画”对话框

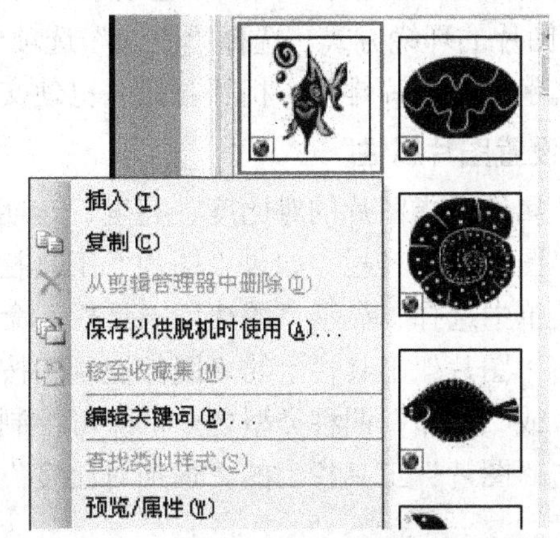

图 3.119　选择图片

2. 插入图片文件

Word 2003 支持各种常用图形格式，除通过插入剪贴画方式插入图片文件外，还可以

直接将图形文件插入到文档中。插入图片文件的方法与插入剪贴画类似，选择“插入”菜单中的“图片”选项中的“来自文件”命令，在“插入图片”对话框中选择图片所在文件夹、图片类型、图片文件等。

3. 设置图片格式

图片格式包括颜色和线条、图片大小、版式等。设置图片的格式可利用“图片”工具栏，也可通过鼠标指向图片时右击，弹出如图 3.120 所示的快捷菜单，选择该菜单的“设置图片格式”选项，弹出如图 3.121 所示的“设置图片格式”对话框。

(1) 图片控制。选择“图片”选项卡，如图 3.121 所示，可裁剪图片、控制图像色彩。

(2) 颜色和线条。选择“颜色和线条”选项卡，如图 3.122 所示，可设置图片的填充色、艺术字的边框线条和颜色与类型。

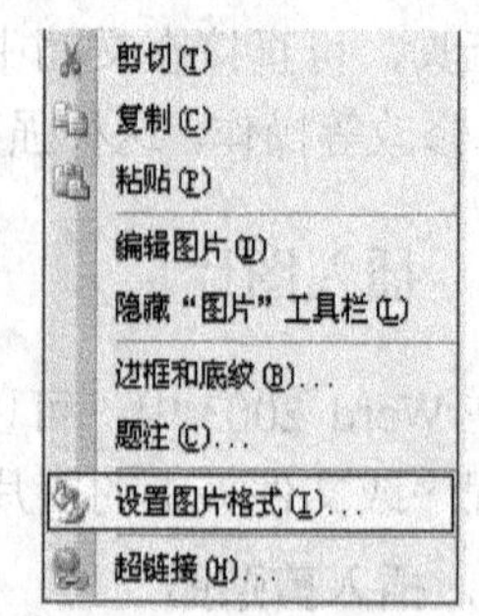

图 3.120 快捷菜单

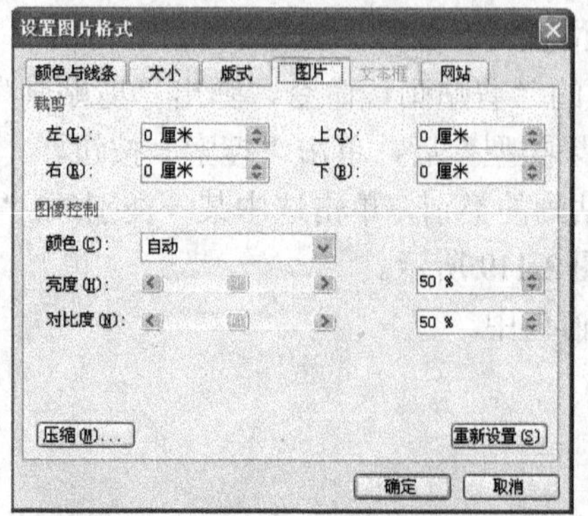

图 3.121 “设置图片格式”对话框

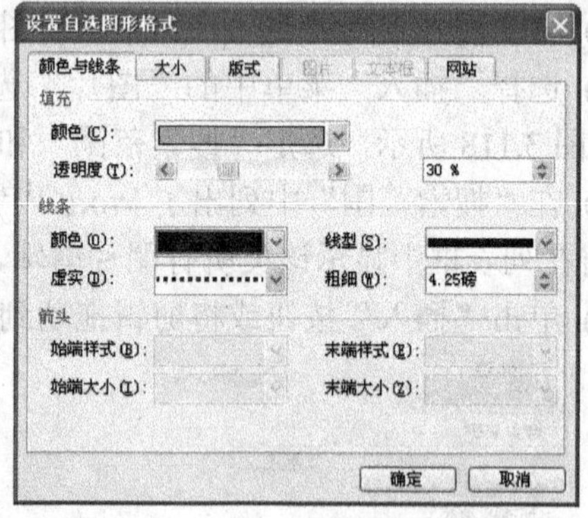

图 3.122 “颜色与线条”选项卡

(3) 图片大小。选择“大小”选项卡，可精确调整图片大小。

(4) 图片的环绕方式。选择“版式”选项卡，可设置图片的环绕方式和水平对齐方式，使正文文字环绕图片排列，相互衬托，也使文档更加生动、漂亮。

4. 设置图片属性

图片属性是指图片的对比度、亮度、透明度及图像控制等。单击某一图片时，屏幕上会出现“图片”工具栏。如果“图片”工具栏被隐藏了，可以通过单击鼠标右键，在弹出的快捷菜单中选择“显示‘图片’工具栏”命令，便可弹出“图片”工具栏。

单击“图片”工具栏上的“图像控制”按钮，从出现的列表中选择“自动”、“灰度”、“黑白”或“水印”四种类型之一，即可控制剪贴画或图片的色调。

单击“图片”工具栏上的“增加对比度”或“降低对比度”按钮，调整剪贴画或图片的对比度。

5. 裁剪与缩放图片

1) 裁剪图形

若需要的图形仅为插入图形的一部分，可对插入的图形进行裁剪，其操作方法如下：

(1) 选取要裁剪的图形。

(2) 单击图片工具栏中的“裁剪”工具按钮，然后将鼠标光标移动到图片四周的任一小矩形标记上，鼠标变成裁剪光标，拖动鼠标即可对图片进行裁剪处理。

2) 缩放图片

缩放图片有由鼠标直接操作和用“设置图片格式”对话框两种方法，鼠标可以快速缩放图片。其操作方法如下：

(1) 在图片的任意位置单击，图片四周出现八个小句柄(小矩形)，它们是图片的缩放点。

(2) 将鼠标指向缩放点，当指针变为箭头形状时即可对图片进行缩放，其过程与窗口缩放相似。

3.7.2　插入艺术字

为了美化文档，Word 2003 提供了功能强大的“艺术字”。艺术字本身就是一种文字生成的图片，艺术字可以像图片、图形一样进行各种编辑。插入艺术字的步骤如下：

(1) 将光标插入点移至目标文档位置。

(2) 选择“插入”菜单中“图片”菜单项的“艺术字”命令，屏幕将弹出“艺术字”对话框，如图 3.123 所示。

(3) 在“艺术字库”对话框中选择一种艺术字样式，然后单击“确定”按钮，屏幕将显示“编辑‘艺术字’文字”对话框，如图 3.124 所示。

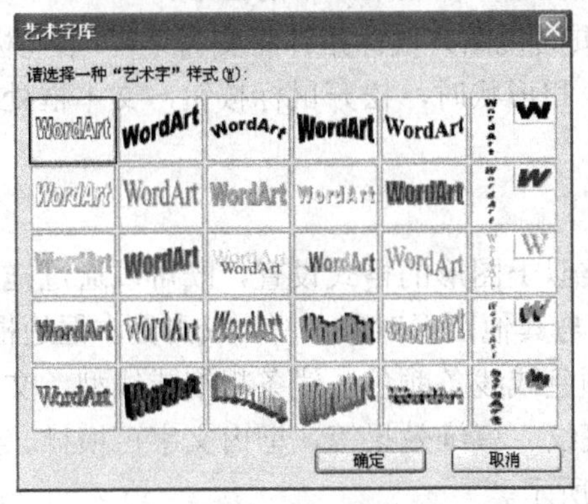

图 3.123　“艺术字库”对话框

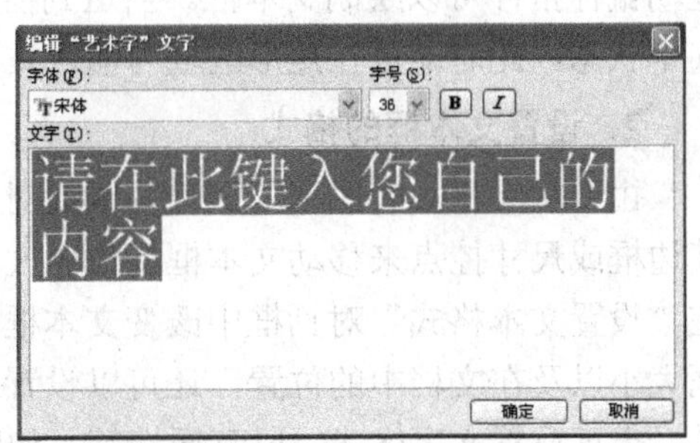

图 3.124　“编辑‘艺术字’文字”对话框

(4) 在该对话框中输入文字，然后为输入的文字设置字体、字号、字形等，单击“确定”按钮即可将输入的文字按指定的艺术字样式插入到文档中。

当然，也可以选定文本后设置为艺术字，效果一样且步骤相同。

当选中艺术字时，Word 2003 会自动显示“艺术字”工具栏，如图 3.125 所示。在此工具栏中可以设置相关属性来改变艺术字的样式。

图 3.125　“艺术字”工具栏

- 单击“艺术字”工具栏中的“插入艺术字”按钮或者单击“艺术字库”按钮，可以打开“艺术字库”对话框，设置艺术字的样式。
- 单击“设置艺术字格式”按钮，可以设置艺术字的颜色与线条、大小、版式等。
- 单击“艺术字形状”按钮，可以改变艺术字的形状。

- 单击“文字环绕方式”按钮，可以设置艺术字与文字的环绕方式。
- 单击“艺术字字母高度相同”按钮，所有字母的高度就一样了。
- 单击“艺术字竖排文字”按钮，艺术字变成竖排的样式。
- 单击“艺术字字符间距”按钮，可设置艺术字的字符间距。如从打开菜单中选择“很松”命令，则艺术字中间的间距就变大了。

此外，艺术字还可以设置填充颜色、对齐、环绕等格式，与图形及剪贴画操作相同。

3.7.3 插入文本框

文本框是一种包含文字的图形对象，文本框是图形，这就意味着可以在文本框中填充颜色纹理图案或图片；可以修改其边框的粗细和线型；也可以使文档中的正文文字以不同的方式环绕在文本框四周。用户还可以将一个文本框与文档中任意其他位置的文本框链接起来，以创建报纸上的那种能从一项跳转到另一页的分栏。

1. 创建文本框

文本框中的排列方向有“横排”和“竖排”之分，两种排列的创建方法相同。创建文本框的方法有以下三种：

- 选择“插入”菜单中“图片”菜单项的“文本框”命令。
- 单击“绘图”工具栏上的“文本框”按钮。
- 单击“绘图”工具栏上的自选图形菜单，然后选择级联菜单中的图形。

在文档中插入文本框时，Word 将自动切换至页面视图，鼠标指针将变为“+”字光标，拖动鼠标指针可以绘制文本框。当达到需要的尺寸和形状时，松开鼠标按钮，文本框处于选中状态，此时即可在矩形区域内输入文字。

2. 设置文本框的格式

由于文本框具有图形的属性，因此对其操作类似于图形的格式设置，既可以通过拖动其边框或尺寸控点来移动文本框或改变大小，也可与其他图形对象一样，双击文本框边框，在“设置文本格式”对话框中改变文本框的填充颜色或线条颜色、线条粗细或线型、文本框大小以及在文档中的位置，还可以设置边框、底纹、三维效果等，框内文字可横排、竖排，也可设置文字格式、段落属性等，如图 3.126 所示。

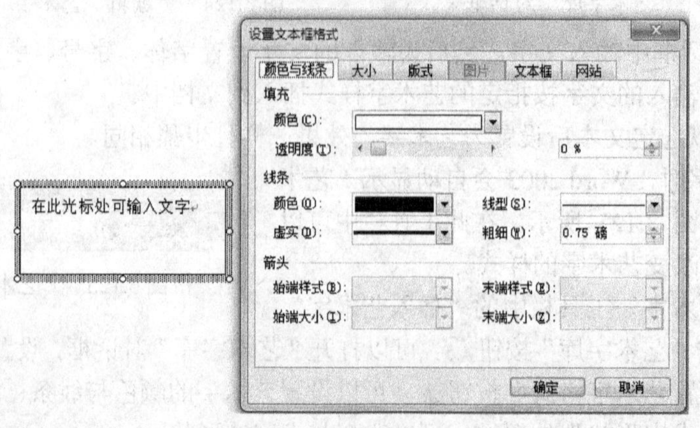

图 3.126 文本框及“设置文本框格式”对话框

3.7.4　插入公式

数学符号和公式在文字编辑中经常用到，Word 的公式编辑器(Microsoft Equation)提供了丰富的公式样板和符号，可方便地建立复杂的公式，并将其插入到文档中。

1. 插入公式

(1) 将插入点光标定位。

(2) 选择“插入”菜单中的“对象”命令，弹出“对象”对话框，如图 3.127 所示。

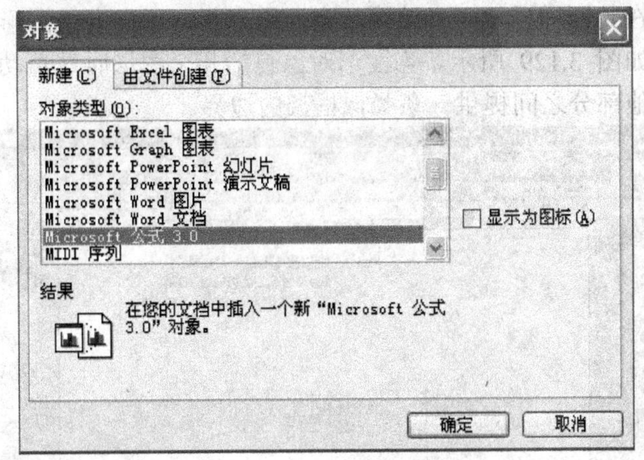

图 3.127　“对象”对话框

(3) 在对话框中选择“Microsoft 公式 3.0”选项，单击“确定”按钮，进入公式编辑状态，显示“公式”工具栏和菜单，如图 3.128 所示。

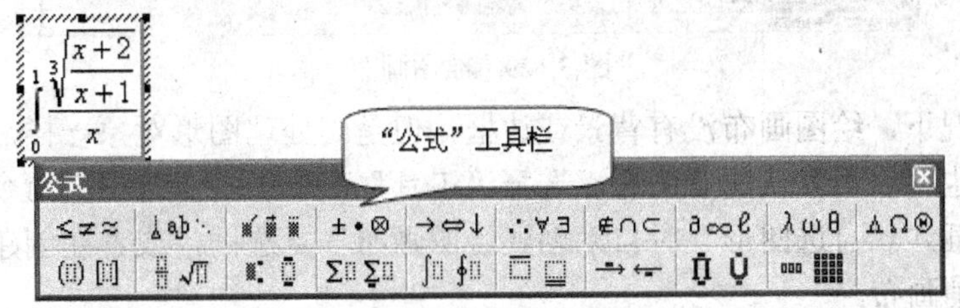

图 3.128　插入公式

“公式”工具栏的顶行提供了公式中常用的一系列数学符号，如关系符号、修饰符号、运算符号、箭头；底行提供了一系列工具模板供用户选择，如分式和根式模板、积分模板、上标与下标模板、求和模板等。

(4) 用户可根据需要选择工具栏的模板和符号进行所需组合。公式建立后，在 Word 文档中任意位置单击，即可回到文本编辑状态，建立的数学公式图形将插入光标所在位置。

2. 修改公式

插入的公式是一个整体图形对象，单击该对象既可选定、移动、缩放，也可像文本一样复制、删除。双击该对象进入公式编辑环境，可重新进行编辑修改。

注意：除了 Word 软件自带的公式编辑器以外，公式编辑器也是一个独立的应用软件，可单独安装和使用。

3.7.5 绘制图形

在实际工作中编辑文档时，用户往往需要绘制各种图形以满足各种文档的需要。图形包括线条、矩形、圆形、连接符、标注等 100 多种自选图形。使用这些自选图形不仅可以绘制常用的基本图形，还可以根据需要对这些图形进行组合、重叠和旋转以得到更复杂的图形。

1. 绘图画布

创建绘图时，在其四周显示一个绘图画布，用来帮助用户安排图形的位置和重新定义绘图对象的大小，如图 3.129 所示。当图形对象包括几个图形时这个功能很有帮助。绘图画布还在图形的其他部分之间提供一条类似框架的边界。

图 3.129 绘图画布

在默认情况下，绘图画布没有背景或边框，但是同处理图形对象一样，可以对绘图画布应用格式，也可以不默认建立画布。选择“工具”菜单中的“选项”命令，在“常规”选项卡清除“插入‘自选图形’时自动创建绘图画布”复选框，或者在创建图形前出现画布时按 Esc 取消画布。

2. 绘制自选图形

在文档中插入自选图形或绘制基本图形操作，都是通过“绘图”工具栏来实现的。可以通过“视图”菜单中的“工具栏”命令打开“绘图”工具栏或单击“常用”工具栏中的“绘图”按钮，即可打开如图 3.130 所示的“绘图”工具栏。用户可以把工具栏移到屏幕的任意位置，也可以将它固定在文档窗口的某一位置。

图 3.130 “绘图”工具栏

Word 2003 提供了一套现成的基本图形，包括线条、基本形状、箭头总汇、流程图、星与旗帜、标注六大类，每类都包含若干个图形符号，可以在文档中方便地使用这些图形，并可对这些图形进行组合、编辑等。绘制自选图形的操作方法如下：

(1) 单击“绘图”工具栏的“自选图形”按钮，显示“自选图形”选项，如图 3.131 所示。

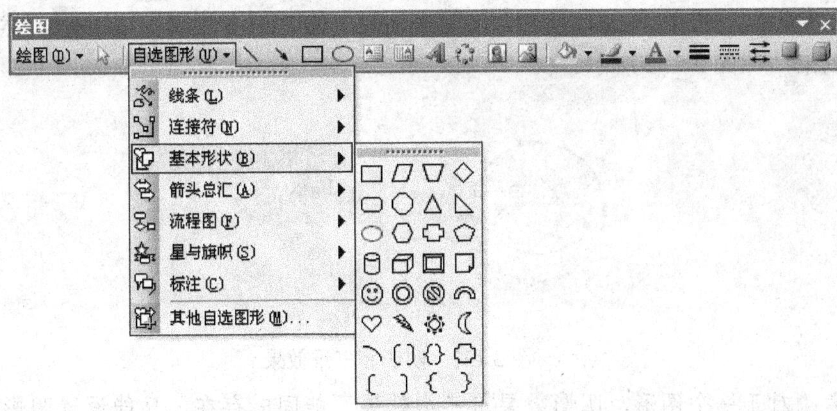

图 3.131　自选图形

(2) 选择所需类型中的图形。

(3) 将鼠标指针移到要插入图形的位置，此时鼠标指针变成“+”字形，拖动鼠标到所需的大小。如果保持图形的高度和宽度成比例，在拖动时按住 Shift 键。

3. 设置自选图形格式

自选图形和插入的图片相似，也具有浮动特性并可按比例缩放，同时还有一些图片没有的重要特性，例如可以修改形状、颜色、阴影效果、三维效果和添加文字等。

1) 叠放次序

每次在文档中创建或插入图形时，图形都被置于文字上方单独的透明层上，这样文档就可能成为有多个层的堆栈。通过改变堆栈中层的叠放次序可以指定某个图形位于其他图形的上面或下面。使用层可以改变图形和文字的相对位置。如果要重新安排图形层的叠放次序，可按下列步骤进行操作：

(1) 选定要改变其层次的图形。

(2) 单击“绘图”工具栏上的“绘图”按钮。

(3) 选择“叠放次序”子菜单中的选项。

2) 翻转和旋转

自选图形与插入图形相比，最大的区别就是能随心所欲地翻转和旋转，Word 允许用户以任意角度旋转、垂直或水平翻转图形。使用“绘图”工具栏上的“绘图”菜单中的有关选项可以以特定的方式翻转或旋转图形。操作方法如下：

(1) 选定要翻转或旋转的图形。

(2) 选择“绘图”工具栏上的“绘图”选项，然后选择“旋转或翻转”子菜单。

(3) 选择菜单中的“翻转”或“旋转”选项。

3) 阴影和三维效果

自选图形除了可以设置颜色外，还可设置阴影和三维效果，把颜色、阴影和三维效果搭配起来，使文档更加赏心悦目。

设置阴影和三维效果的操作方法如下：

(1) 单击要设置阴影和三维效果的图形。

(2) 若要设置阴影，单击“绘图”工具栏上的“阴影”按钮，然后选择需要的阴影效果；若要设置三维效果，单击“绘图”工具栏上的“三维效果”按钮，然后选择需要的三维效果，如图 3.132 所示。

图 3.132　阴影和三维效果

注意：对于一个图形，阴影效果与三维效果不能同时存在，只能设置阴影效果或三维效果。

4) 组合或取消组合

对于自选图形，可把几个比较小的图形组合在一起，也可把组合好的图形拆分成原来的几个小图形。组合图形的操作方法如下：

(1) 选定相关图形。先单击第一个图形，然后按住 Shift 键，再单击其他图形。

(2) 单击“绘图”工具栏上的“绘图”按钮，在菜单上选择“组合”选项。如果要取消组合，只要单击组合后的图形，然后单击“绘图”工具栏上的“绘图”按钮，在菜单上选择“取消组合”选项即可。

4. 在“自选图形”上添加文字

为了清晰表达自选图形所代表的意思，需要在自选图形上添加文字，添加文字的方法如下：

(1) 选定要添加文字的自选图形。

(2) 单击鼠标右键，在快捷菜单中选择“添加文字”命令，则在自选图形上出现光标插入点。

(3) 用户在插入点处输入文字即可，如图 3.133 所示。

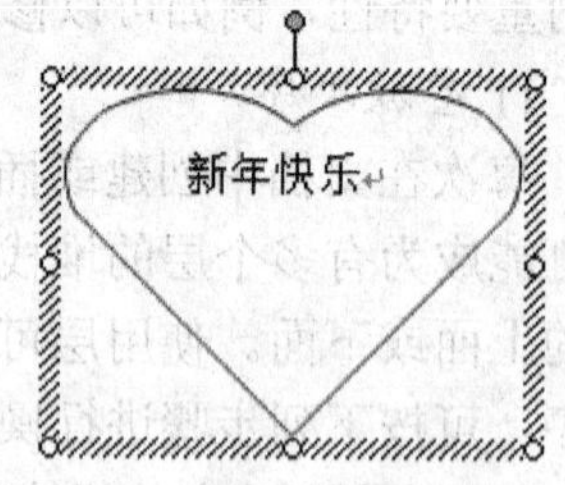

图 3.133　给自选图形添加文字后的效果

3.8 长文档编辑

有时候需要编辑和管理一些多章节的长篇文档(比如毕业论文)，在这样的文档中，除了要设置文档的字符格式、段落格式等，还需要处理一些特殊的效果，如插入目录和分章节地插入页眉等。

3.8.1 设置纸张和文档网格

在书写长文档之前，先不要急于动笔，而要找好合适大小的“纸”，这个“纸”就是 Word 中的页面设置(见 3.5 节内容)。针对于不同的文档排版要求，还可以在页面设置中调整字与字、行与行之间的间距，即使不增大字号，也能使内容看起来更清晰。

在“页面设置”对话框中选择“文档网格”选项卡，如图 3.134 所示。

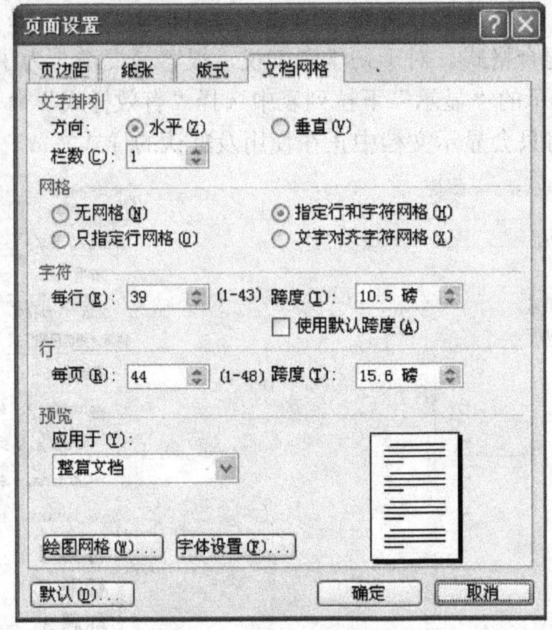

图 3.134　“文档网络”选项卡

在“文档网格”选项卡中选择“指定行和字符网格”单选按钮，在“字符”设置中，默认为“每行 39”个字符，可以适当减小，例如改为“每行 37”个字符。同样，在“行”设置中，默认为“每页 44”行，可以适当减小，例如改为“每页 42”行。这样，文档的排版就可根据需要进行设置。

3.8.2　设置样式

日常运用 Word 工作时，除了文档的录入之外，大部分时间都花在文档的修饰上，样式则正是专门为提高文档的修饰效率而提出的。使用样式可以帮助用户确保格式编排的一致性，从而减少许多重复的操作，并且不需要重新设置文本格式，就可快速更新一个文档的设计，在短时间内排出高质量的文档。

样式就是将修饰某一类段落的一组参数(包括字体类型、字体大小、字体颜色、对齐方式等)命名为一个特定的段落格式名称，通常把这个名称叫做样式，也可以更概括地说，样式就是指被冠以同一名称的一组命令或格式的集合。

1．应用样式

样式在设置时很简单，而通常情况下，只需使用 Word 提供的预设样式就可以了，方法如下：

(1) 将光标置于需要应用样式的段落或选中要应用样式的文本。

(2) 选择“格式”菜单的“样式和格式”菜单项，或在“格式”工具栏中单击“格式窗格”按钮，此时文档窗口右侧将打开“样式和格式”任务窗格，如图 3.135 所示。

(3) 在“样式和格式”任务窗格的“请选择要应用的格式”列表框中列出了可选择的样式，有段落样式、字符样式、表格样式以及列表样式，单击需要的样式即可应用样式。

要注意任务窗格底端“显示”中的内容，在图 3.135 中，“显示”为“有效格式”，则其中的内容既有格式，又有样式。例如，“加粗”为格式，“标题 1”为样式，“标题 1+ 居中”为样式和格式的混合格式。对于初学者来说，很容易混淆。为了清晰地理解样式的概念，可在如图 3.136 所示的“显示”下拉列表中选择“有效样式”命令，则显示如图 3.136 所示的内容。这时，将只会显示文档中正在使用及默认的样式。

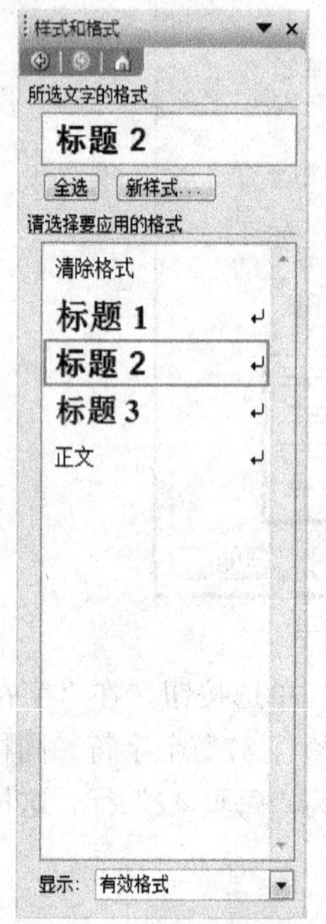

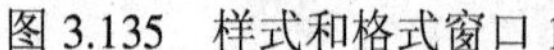

图 3.135　样式和格式窗口 1

图 3.136　样式和格式窗口 2

“正文”样式是文档中的默认样式，新建文档中的文字通常都采用“正文”样式。很多其他的样式都是在“正文”样式的基础上经过格式改变而设置出来的，因此“正文”样式是 Word 中最基础的样式，不要轻易修改它，一旦它被改变，将会影响所有基于“正文”样式的其他样式的格式。

“标题 1”～“标题 9”为标题样式，它们通常用于各级标题段落，与其他样式最为不同的是标题样式具有级别，分别对应级别 1～9。这样，就能够通过级别得到文档结构图、大纲和目录。在如图 3.136 所示的样式列表中，只显示了“标题 1”～“标题 3”的三个标题样式，如果标题的级别比较多，可在如图 3.136 所示的“显示”下拉列表中选择“所有样式”，即可选择“标题 4”～“标题 9”样式。

现在，规划一下文章中可能用到的样式。

- 对于文章中的每一部分或章节的大标题，采用“标题 1”样式，章节中的小标题，按层次分别采用“标题 2”～“标题 4”样式。
- 文章中的说明文字，采用“正文首行缩进 2 字符”样式。
- 文章中的图和图号说明，采用“注释标题”样式。

2．创建样式

Word 2003 提供了许多常用样式，但在编辑一篇复杂的文档时，这些内置的样式显然

捉襟见肘，用户可以自己定义新的样式来满足特殊排版格式的需要。方法如下：

(1) 执行“格式”菜单里的“样式和格式”命令，打开“样式和格式”任务窗格，在任务窗格中单击“新样式”按钮，打开“新建样式”对话框，如图 3.137 所示。

(2) 在“属性”区域的“名称”文本框中，输入新建样式的名称；在“样式类型”、“样式基于”、“后续段落样式”的下拉列表框中选择设置内容。

(3) 单击“格式”按钮后弹出一个菜单，在菜单中会有字体、段落、制表位等格式设置，单击相应命令，会设置相应格式，如图 3.138 所示。

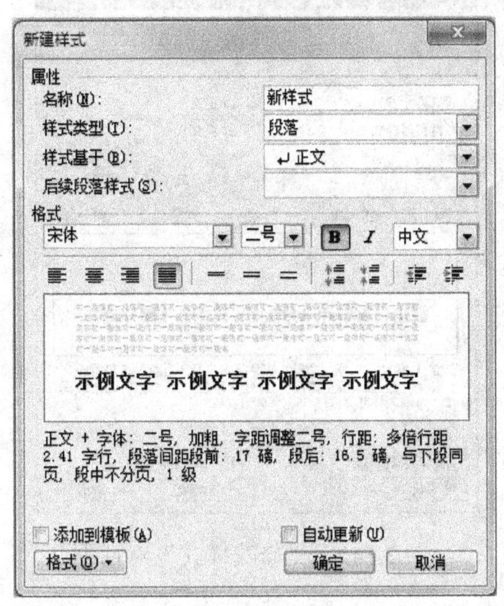

图 3.137　“新建样式”对话框

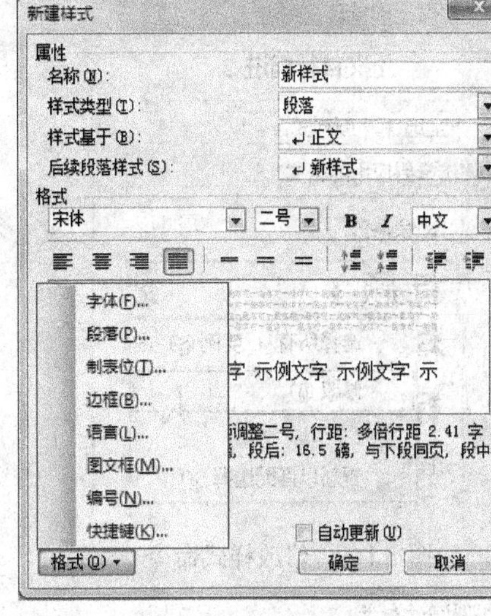

图 3.138　“格式”按钮

(4) 选中“添加到模板”复选框，将该样式添加到模板中，这样在基于该模板创建的文档中就会出现该样式。

(5) 单击“确定”按钮，新创建的样式便出现在“样式和格式”任务窗格中了，如图 3.139 所示。

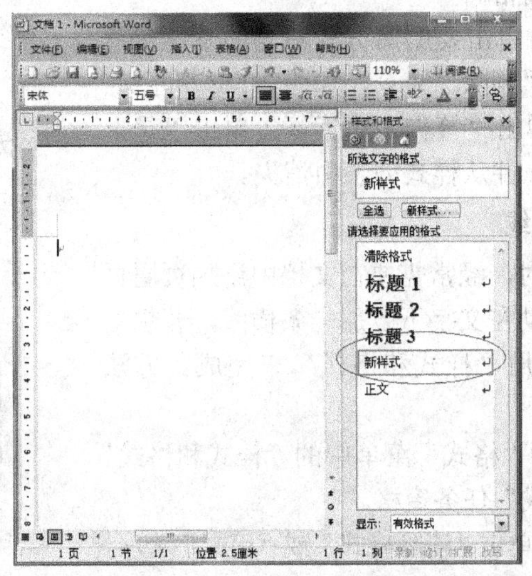

图 3.139　新创建的样式

3. 修改样式

如果用户对已有样式不满意，可以对它进行修改，内置样式和自定义样式都可以进行修改。修改样式后，Word会自动使文档中使用这一样式的文本格式都进行相应改变。修改样式的方法如下：

(1) 将鼠标指针移动到任务窗格中的“新样式”样式右侧，如图3.140所示，单击下拉箭头，再单击“修改”命令，显示“修改样式”对话框，如图3.141所示。

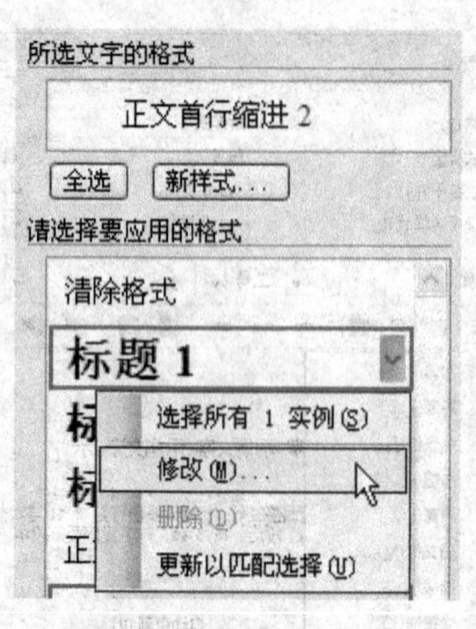

图 3.140 修改样式命令

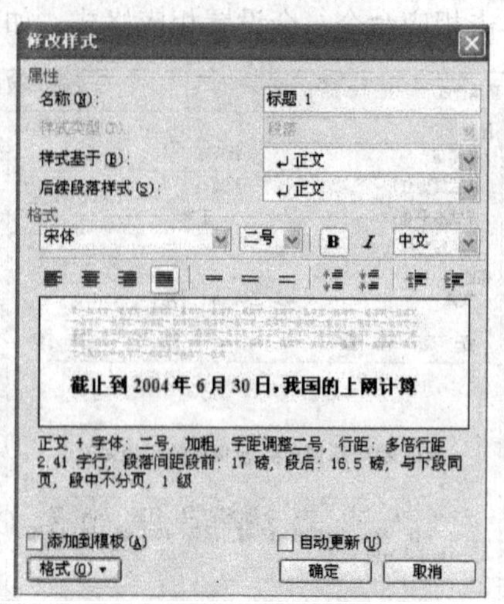

图 3.141 “修改样式”对话框

4. 删除样式

对于没用的样式，用户没必要留它，删除无用的样式使样式列表不再臃肿是最佳的选择。在删除样式时系统内置的样式是不能被删除的，只有用户自己创建的样式才可以被删除。删除样式的方法如下：

(1) 执行“格式”菜单中的“样式和格式”命令，打开“样式和格式”任务窗格。

(2) 在任务窗格中，单击要删除样式右侧的下三角箭头，在下拉菜单中单击“删除”命令，如图3.142所示。

(3) 此时，系统将弹出“警告”对话框，单击“是”按钮，则此样式被删除，并从样式列表中消失。

5. 删除页眉中的横线

在编辑Word文档时，经常需要在文档中添加页眉页脚，但此时Word会自动在文字下方加一条横线，若想去掉这根横线，就可以利用“样式和格式”来完成。方法如下：

(1) 双击页眉，执行“格式”菜单中的“样式和格式”命令，打开“样式和格式”任务窗格。

(2) 在任务窗格中，单击“清除格式”或“正文”选项。

(3) 页眉中的横线就会消失。

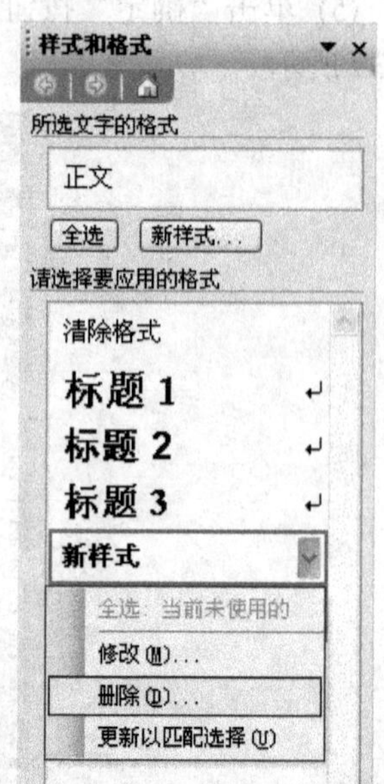

图 3.142 “样式和格式”对话框

3.8.3　设置大纲

在前面章节中提到“大纲视图”主要用于显示文档的标题层次关系。除此之外，还可以用“大纲”工具栏在进行长文档编辑时设置标题级别，另外还可以通过拖拽分级显示符号来重新组织文档。

单击“视图”菜单里的“大纲”命令，或者单击水平滚动条左侧的“大纲视图”按钮，即可切换到“大纲”视图，同时显示出“大纲”工具栏，如图 3.143 所示。

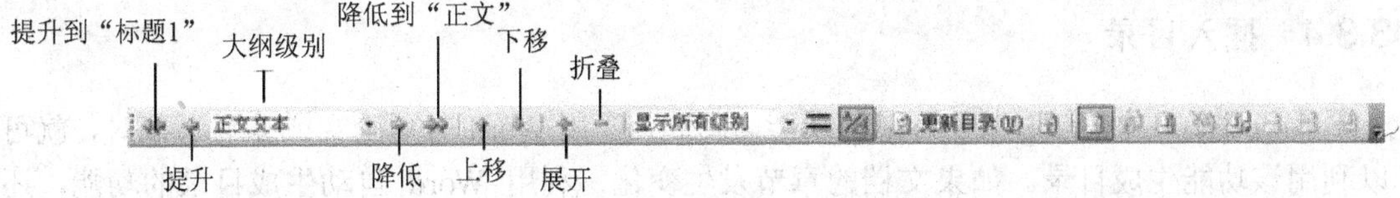

图 3.143　“大纲”工具栏

可见，在“大纲”视图中每段文本的前面都有一个小图标，其中，图标✪表示有附属文本，图标▭表示没有附属文本，图标◘表示正文，它是大纲级别中的最低级，不可以再展开。

在“大纲”视图中，可以充分利用“大纲”工具栏中的按钮对“大纲”视图进行操作。

1. 大纲级别

将插入点定位在文档中的任意段落，“大纲级别”按钮2 级将会自动显示出插入点在文档中的级别。

利用该按钮可以方便地进行大纲级别的更改，例如将鼠标定位在某个 2 级标题处，然后在“大纲级别”按钮下拉列表中选择 3 级，则这个 2 级标题就会被更改为 3 级标题。

2. 显示大纲级别

“显示级别”按钮可以用来指定文档显示到哪个级别，例如在“显示级别”按钮下拉列表中选择“显示级别 2”，则“大纲”视图将只显示出前两个级别，其他级别将被隐藏。

3. 展开与收缩

利用“显示级别”按钮可以控制文本显示范围，这种方法使得所有同级别的内容都显示出来。如果要想将某一标题下的内容显示或隐藏，可以分别利用“展开”或“折叠”按钮进行。

将插入点定位在要展开或折叠的标题中，单击“展开”按钮，则标题下的内容被完全展开；单击“折叠”按钮，则标题下的内容被完全折叠。

4. 升级与降级标题

利用“提升”或“降低”按钮，可以方便地把选定的标题级别提升或降低，将鼠标移到某个 2 级标题处，当鼠标变为✥状态时，单击鼠标选定该标题及其附属文本。单击“提升”按钮，则该标题被提升一级而变为 1 级标题，其下的标题也相应提升一级；单击“降低”按钮，则该标题被降低一级，其下的标题也相应降低一级。

5. **移动文本**

在长文档中，当需要调整某一标题下所有文本在文章中的位置时，如果利用普通的移动、复制等操作则很不方便，而且容易出现操作失误，在“大纲”视图中，这一操作将变得非常简单。

将插入点定位在要移动的段落或选中要移动的多个段落，单击“上移”按钮，则将该段落移动到前一段落的上方；单击“下移”按钮，则将该段落移到后一段落的下方。如果需要将段落移到好几个段落之间或之后，只需多次单击“上移”或“下移”按钮即可。

3.8.4 插入目录

Word 2003 具有自动生成目录的功能。因此，当用 Word 书写论文或编写书稿时，就可以利用该功能生成目录。如果文档的章节发生变化，利用 Word 自动生成目录的功能，还可以随时更新目录。

要利用 Word 自动生成目录的功能，首先要为文档的不同级别标题设置样式，或者设置大纲级别。

一般目录都不与正文使用同一个页码顺序，需要单独排序。因此，在插入目录之前，首先确定插入目录的位置，单击“插入”菜单中的“分隔符”命令，打开“分隔符”对话框，选择“分节符”类型中的“下一页”单选项，单击“确定”按钮，再将光标插入点定位到分节符之前的一页，这时就可以插入目录了。当一篇文档设置完成后，创建目录的步骤如下：

(1) 选择“插入”菜单的“引用”项中的“索引和目录”命令，打开“索引和目录”对话框，选择“目录”选项卡，如图 3.144 所示。

(2) 设置目录中出现的内容。Word 默认使用“标题 1”到“标题 3”的内置样式建立目录，如果标题使用的是其他自定义样式，则需要更改各级目录提取的样式。比如选择“标题 2”到“标题 4”作为目录内容，便需要设置“显示级别”编辑框中的数字为 4。

(3) 单击“选项”按钮，打开“目录选项”对话框，如图 3.145 所示。用鼠标拖动“目录级别”右侧的滚动条，清除“标题 1”，添加“标题 4”，然后单击“确定”按钮，返回“索引和目录”对话框。

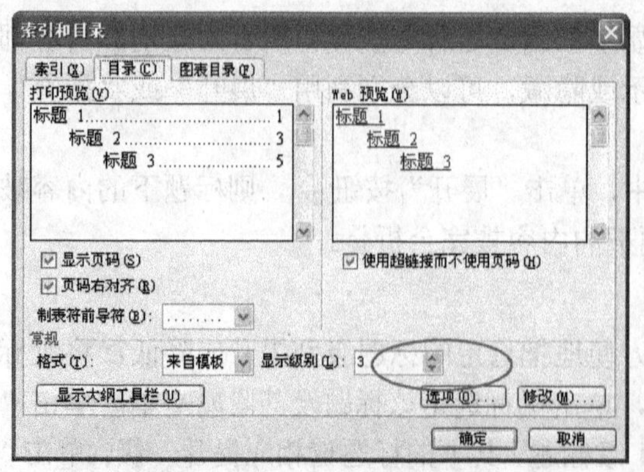

图 3.144 “索引和目录”对话框

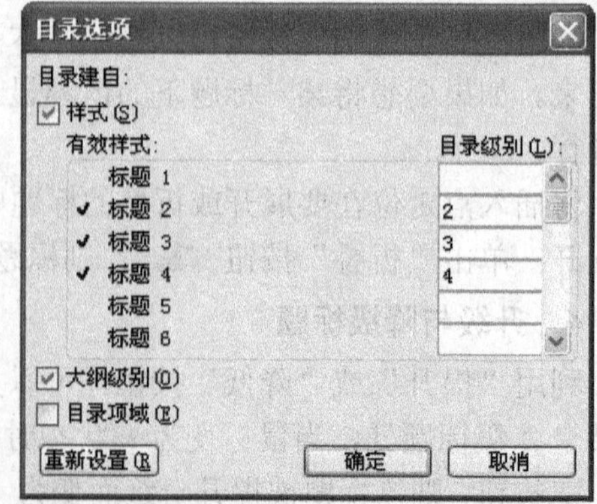

图 3.145 “目录选项”对话框

(4) 如果需要改变目录格式，可以单击“索引和目录”对话框中的“修改”按钮，打开“样式”对话框，如图 3.146 所示。在“样式”对话框中选择要修改的目录级别，然后单击“修改”按钮，打开“修改样式”对话框，如图 3.147 所示。在“修改样式”对话框中，设置好各级目录的样式后，逐个单击“确定”按钮，返回到上一个对话框，最后单击“索引和目录”对话框中的“确定”按钮，目录就在文档中生成了，如图 3.148 所示。

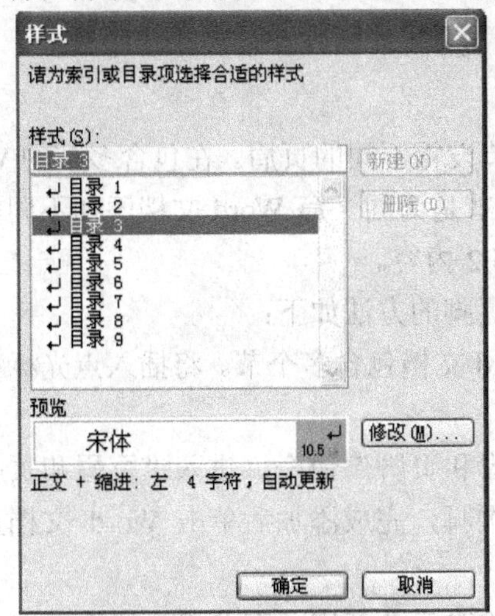

图 3.146　“样式”对话框

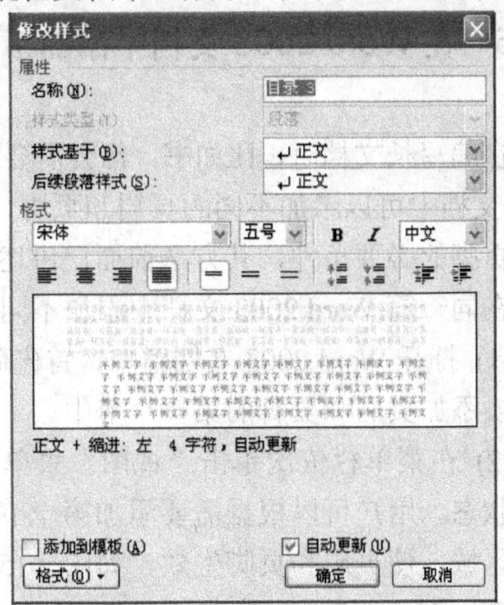

图 3.147　“修改样式”对话框

需要说明的是，插入目录后，可以在按下键盘上 Ctrl 键的同时用鼠标单击目录名称，这样就可以超链接到相应的正文内容；如果要取消这种超链接关系，可以选定目录后，按键盘上的 Ctrl+Shift+F9 组合键。

当文档中的内容被修改，已生成的目录与当前的文档内容不一致时，可以更新目录。更新目录的方法是：

(1) 将光标放到目录中，单击鼠标右键在打开的快捷菜单中选择“更新域”命令，打开“更新域”对话框，如图 3.149 所示。

(2) 可以选择“只更新页码”或“更新整个目录”选项。

(3) 单击“确定”命令按钮，即可按要求更新目录。

目 录

独创性声明 I
摘　要 II
ABSTRACT III
第 1 章　计算机基础知识 1
1.1 计算机的概念及分类 1
1.2 计算机的发展过程 2
1.2.1 电子计算机的诞生 2
1.2.2 计算机的未来 2
1.3 计算机的系统组成 4
1.4 数据表示方式与数制转换 5
第 2 章　操作系及其使用 7
2.1 操作系统概述 7
2.1.1 操作系统的地位 7
2.1.2 操作系统的定义 7
2.1.3 操作系统的功能 8
2.2 操作系统中、英文输入 8
2.2.1 键盘的基本操作 8
2.2.2 汉字输入法简介 8

图 3.148　插入目录

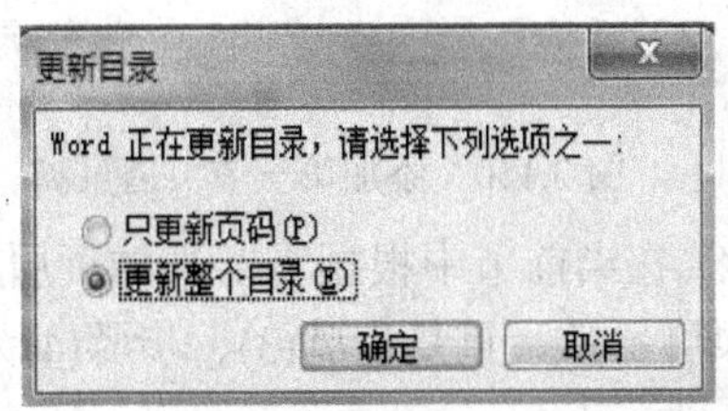

图 3.149　“更新目录”对话框

Word 2003 除了可以自动创建文档正文的目录外，还可以为文档创建单独的表格、图表以及公式等目录。只要对要创建的目录的对象使用题注进行编号，并在创建目录时将创建目录的样式改为题注的样式即可。图表目录则可以直接通过“索引和目录”对话框的“图表目录”选项卡设置和建立。图表目录不划分级别，所以目录项均处于同一级别。

3.8.5 在 Word 2003 文档中添加不同的页眉页脚

在编写长文档时，比如书，都会需要不同的章节设置不同的页眉。在包含多节的 Word 2003 文档中可以添加不同的页眉和页脚，而划分多节是为同一篇 Word 文档添加不同的页眉和页脚的必要条件，其方法前面已讲述，详见 3.5.2 内容。

在同一篇 Word 2003 文档中添加不同的页眉和页脚的方法如下：

(1) 打开 Word 2003 文档窗口，首先确保该 Word 文档包含多个节。将插入点光标移动到需要添加页眉和页脚的第一个节中。

(2) 在菜单栏依次单击“视图”菜单中的“页眉和页脚”命令，进入“页眉和页脚”编辑状态。用户可以根据需要添加第一节的页眉和页脚，完成添加后单击 Word 文档正文编辑区域，使页眉和页脚生效，如图 3.150 所示。

(3) 将插入点光标移动到需要添加页眉和页脚的第二个节中，在菜单栏依次单击“视图”菜单中的“页眉和页脚”命令，再次进入页眉和页脚编辑状态。用户可以在页眉和页脚编辑区域看到“与上一节相同”的提示。在“页眉和页脚”工具栏中单击“链接到前一个”按钮，则当前节中的页眉页脚与上一节的页眉页脚将彼此独立，且“与上一节相同”的提示将消失，如图 3.151 所示。

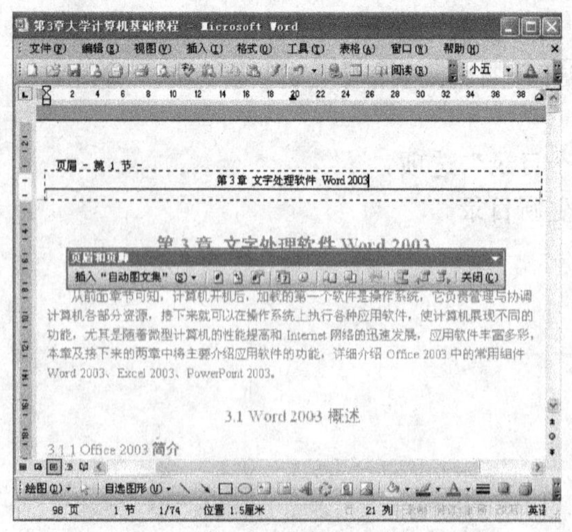

图 3.150 添加第一节页眉页脚

图 3.151 单击“链接到前一个”按钮

(4) 在当前节中根据需要添加页眉和页脚，添加完毕单击 Word 文档正文编辑区域使页眉和页脚生效。重复步骤(3)、步骤(4)为其他节添加不同的页眉页脚，如图 3.152 所示。

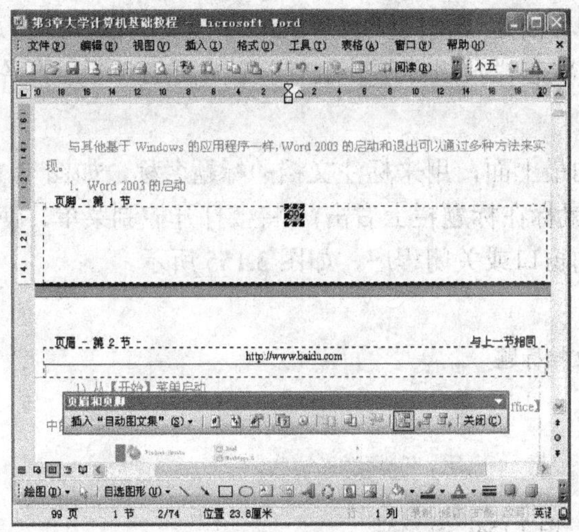

图 3.152　当前节添加页眉和页脚

3.9　Word 2007 简介

Office 2007 是美国 Microsoft 公司继 Office 2003 之后推出的版本，它是基于 Windows 开发的新一代办公信息化、自动化的套装软件包。Office 2007 中的每一个应用程序都具有开放、充满活力的风格和相似的操作界面，能够共享一般的命令、对话框和操作步骤，这样用户可以非常方便地、熟练地掌握各个应用程序的使用方法。

Word 2007 拥有新的外观，其新的用户界面采用简单明了的单一机制，功能区是菜单和工具栏的主要替代控件。为了便于浏览，功能区包含若干个围绕特定方案或对象而组织的选项卡。而且，每个选项卡的控件又细化为几个组。功能区能够比菜单和工具栏承载更加丰富的内容，包括按钮、库和对话框内容。启动 Word 2007 后，就进入其主窗口界面，如图 3.153 所示。

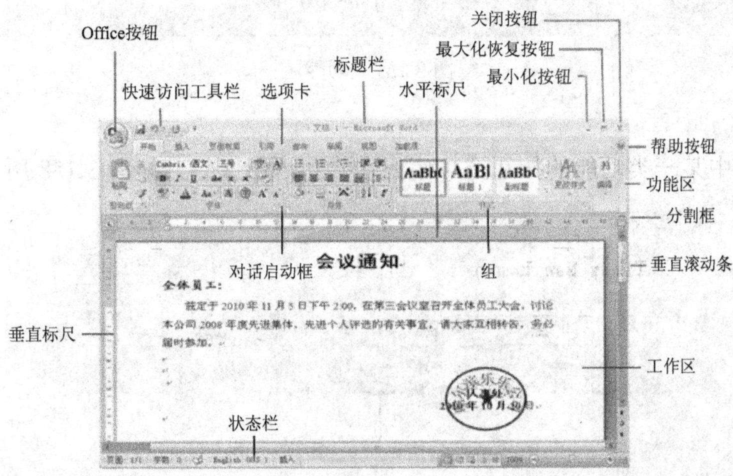

图 3.153　Word 2007 主窗口界面

Word 2007 的窗口界面是一种典型的 Windows 图文的窗口，它是由标题栏、菜单栏、工具栏、文件工作区、状态栏及组等部分组成。下面简单介绍一下各组成部分的主要功能。

1．标题栏

标题栏位于窗口的最上面，用来标注文档的标题名称，如图 3.154 所示。按下键盘上的 Alt+空格键(或使用鼠标在标题栏上右击)，将会打开控制菜单。使用这个菜单可以移动、最小化、最大化程序的窗口或关闭程序，如图 3.155 所示。

图 3.154　标题栏　　　　图 3.155　控制菜单

2．选项卡

位于标题栏的下方有八个选项卡，相当于早期版本中的菜单。选项卡中的任何按钮选项都是设计者根据用户活动慎重选择的，将一类活动(功能)组织在一起，选项卡中包含若干个组，如图 3.156 所示。

图 3.156　选项卡

3．功能区

功能区位于选项卡的下面，可以帮助用户快速找到并完成某一任务所需的按钮选项。按钮选项被组织在组中，组集中在选项卡中。为减少混乱，某些选项卡只在需要时才显示，功能区如图 3.157 所示。

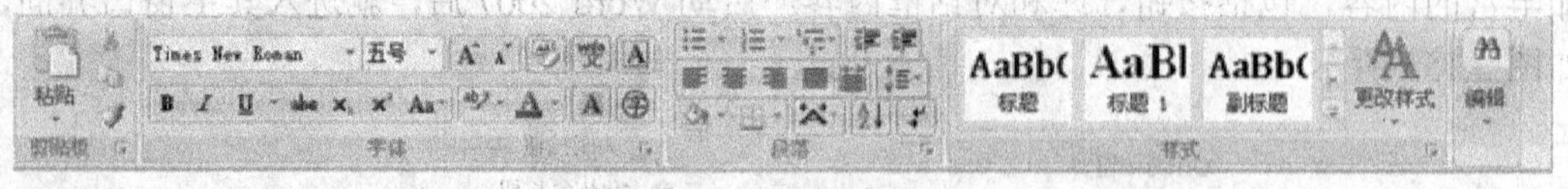

图 3.157　功能区

4．组

将选项卡中某一类功能的按钮选项组织在一起，形成组，如图 3.158 所示。

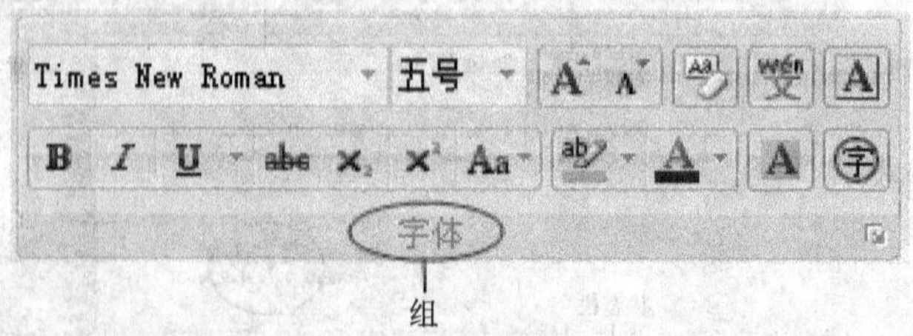

图 3.158　组

5. 对话框启动器

单击某个对话框启动器，打开相应的对话框。只有部分组包含对话框启动器，对话框启动器如图 3.159 所示。

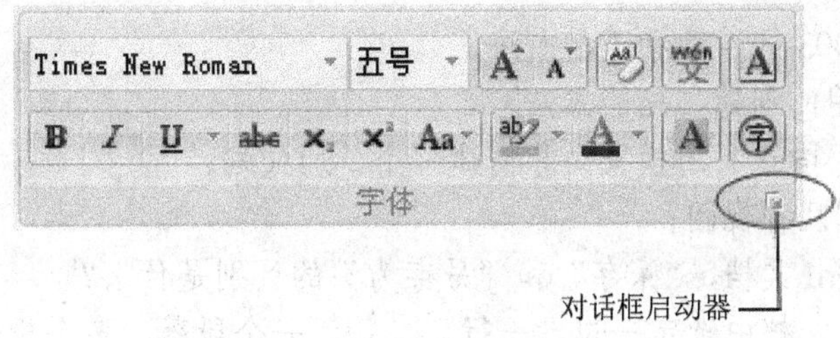

图 3.159　对话框启动器

6. Office 按钮

Office 按钮提供了对文档所能执行的操作命令。

7. 快速访问工具栏

快速访问工具栏提供了常用命令。

8. 最小化按钮

单击最小化按钮将最小化程序窗口。

9. 最大化/恢复按钮

单击最大化/恢复按钮将使程序窗口占满整个屏幕。如果窗口已经最大化了，单击此按钮将“恢复”程序窗口，使其不再填满整个屏幕。

10. 关闭按钮

单击关闭按钮将关闭程序窗口。

11. 工作区

在工作区创建文档。文档包含文字、图形、图表和表格等。

12. 状态栏

状态栏显示有关当前活动的信息，提供有关选中的按钮选项或操作进程的信息。

13. 标尺

标尺是在水平和垂直方向上带有刻度的尺子，常用于对齐文档中的文本、图形、表格和其他元素。

14. 分割框

分割框用于拆分多个文档窗口，以查看同一文档的不同部分。

15. 滚动条

滚动条分为水平滚动条和垂直滚动条两种，分别显示在文件工作区的下方和右侧。用户可移动滚动条的滑块或单击滚动条两端的滚动箭头按钮，移动到文档的不同位置。

思考题

1. 简述 Word 2003 的启动和退出方法。
2. 简述几种常用的创建文档的方法。
3. 什么是模板？尝试利用模板向导创建一个日历文档。
4. Word 2003 有几种视图？
5. 如何保存 Word 文档，“保存”和“另存为”的区别是什么？
6. 如何在 Word 文档中选定一句、一行、多行、一个段落、多个段落和整个文本？
7. 简述 Word 2003 复制、移动和删除文本的方法。
8. 段落格式化主要包括哪些内容？
9. 如何在 Word 中设置页眉和页脚？
10. 创建表格的方法有哪几种？简述每种方法创建表格的过程。
11. 简述在 Word 中插入图片、艺术字、文本框的方法。

第 4 章　电子表格软件 Excel 2003

Excel 是微软公司出品的 Office 系列办公软件中的一个组件。它是一款功能强大的、优秀的电子表格处理软件，可以方便地制作各种复杂电子表格，能进行数据存储、共享、运算和打印输出，还具有强大的数据综合管理与分析功能，可以快速生成各种财务报表，并具有简单快捷地进行各种数据处理、统计分析和预测决策分析等功能。本章以 Excel 2003 为例，介绍该软件的基本操作方法。

4.1　Excel 概述

Excel 的主要功能是方便地制作出各种电子表格。在 Excel 中可使用公式对数据进行复杂运算，将数据用各种统计图表的形式表现得直观明了，直至可以进行一些数据分析和统计工作。由于 Excel 具有十分友好的人机界面和强大的计算功能，它已成为国内外广大用户管理公司和个人财务、统计数据、绘制各种专业化表格的得力助手。

Excel 2003 不仅秉承了 Excel 2000 的众多优秀功能，还增加了一些独具特色的新功能，使用户可以更高效地进行数据处理工作。

1．采用电子表格管理数据

Excel 2003 采用表格来管理数据，每张工作表由 65 536 行和 256 列组成，也就是说每张工作表可包含 65 536×256 个格子(在 Excel 2003 中称为单元格)，每个单元格可容纳 32 767 个字符长度的数据。在单元格中可以存放的数据类型也非常丰富，主要有数值、文字、图形、图表等。每个 Excel 文件中最多可有 255 个工作表，因而利用 Excel 可以管理大量的数据。在工作表建立数据清单后，还可以创建相应的数据透视表或一般图表，可以更直观、更有效地显示并管理数据。

2．强大的数据处理功能

采用电子表格来管理数据是 Excel 2003 的功能之一，但其主要功能是它具有强大的数据处理功能。首先，Excel 2003 提供了丰富的函数，共有 329 个内部函数，包含财务、日期与时间、统计、查找与引用、数据库、文本、逻辑等各类函数，通过这些内部函数可以进行各种复杂的运算；此外，Excel 2003 还提供了许多如统计分析、方差分析、回归分析、线性规划等数据的分析与辅助决策工具。用户利用这些工具时，不需要掌握编程方法和相关的数学算法，只需选择选项或按钮即可得到分析结果。

Excel 2003 中还增加了一些关于公式和函数的新功能，例如屏幕提示函数参数，在函数向导中推荐函数列表等。

3．方便操作的图形界面

Excel 2003 的图形界面是标准的 Windows 窗口形式。菜单中不但包含了所有的常用选项，而且所有菜单的下拉子菜单都是折叠的，突出了常用选项，使得界面简洁明了。大多数操作只需要鼠标单击工具栏上的按钮即可实现，极大地方便了用户的使用。

在 Excel 2003 中，鼠标在窗口中的不同区域具有不同的形状，以提示用户当前可以进行的操作。

4.1.1 Excel 2003 窗口简介

关于 Excel 2003 的启动和退出的各种方法同 Word 软件，这里不作详细介绍。

从“开始”菜单中选择“程序”，在弹出的级联菜单中选择“Microsoft Office Excel 2003”启动 Excel 2003 后，出现如图 4.1 所示的主窗口界面。主窗口由标题栏、菜单栏、工具栏、编辑栏、工作簿窗口、任务窗格、状态栏等组成。

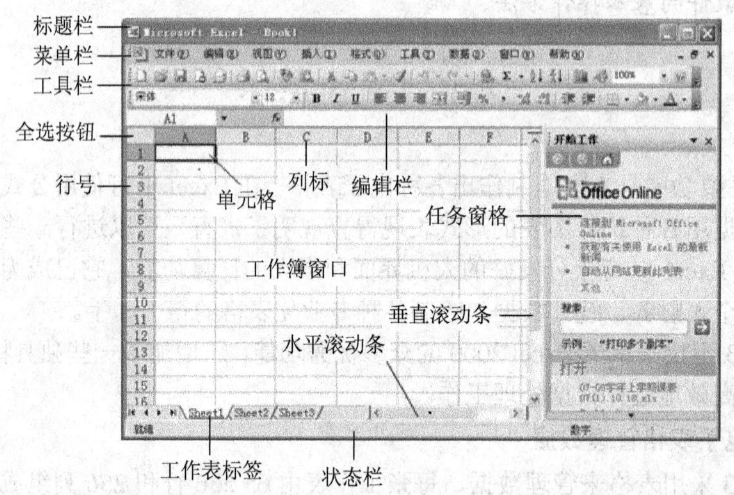

图 4.1 Excel 2003 主窗口界面

Excel 2003 的窗口由如下几部分组成。

1．标题栏

标题栏位于窗口的最顶端，用来显示当前打开窗口的名称，如当前在 Excel 2003 窗口中打开了一个名为“Book1”的文件，那么在标题栏中将显示“Microsoft Excel-Book1”，如图 4.1 标题栏所示。

2．菜单栏

菜单栏包括九个菜单项，单击任意一个菜单项都可以打开一个菜单，它涵盖了 Excel 2003 的几乎所有菜单命令。

3．工具栏

默认情况下 Excel 2003 窗口中将出现“常用”工具栏和“格式”工具栏两种。“常用”工具栏是 Excel 2003 在编辑过程中最常用到的工具栏，用户可以通过“视图”菜单中的“工具栏”命令，在弹出的菜单中选择“自定义”命令，对工具栏进行个性化设计。“常用”工具栏如图 4.2 所示。

图 4.2　“常用”工具栏

“格式”工具栏包括字体格式设置、对齐格式设置、数字格式设置及其他各种格式设置的相应按钮、下拉列表和菜单，如图 4.3 所示。

图 4.3　“格式”工具栏

4．编辑栏

编辑栏用来显示和编辑活动单元格或区域中的数据和公式，编辑栏左端的名称框用来显示单元格标识和命名，并快速定位单元格和区域。

5．工作表格区

工作表格区又称为工作簿区域，所有的数据和文字信息都将显示在该区域中。

6．任务窗格

任务窗格是 Excel 2003 新增的功能之一，是为了便于用户完成正在进行的任务而设计的。在进行不同的任务时，会自动显示出不同的任务窗格。当打开 Excel 2003 的主窗口后，“任务窗格”将显示在窗口的右边，它使用户新建和打开工作簿文件的操作更为简便。

7．状态栏

状态栏位于窗口底部，为当前正在进行的操作提供提示或说明。

4.1.2　工作簿和工作表的基本操作

在学习 Excel 2003 基本操作之前，先要了解工作簿、工作表和单元格的一些基本概念，以及它们之间的关系。

1．工作簿、工作表和单元格的基本概念

1) 工作簿

在 Excel 中生成的文件叫做工作簿，最多可包含 255 个工作表，是处理和存储数据的文件，其扩展名是 xls。

工作簿窗口主要由以下几个部分组成：

(1) 标题栏。位于工作簿窗口的顶部，在标题栏左侧显示当前工作簿的名称，右侧依次为“最小化”按钮、“最大化\还原”按钮及“关闭”按钮。

(2) 全选按钮。全选按钮是位于工作表左上角的矩形框，该位置为工作表行和列的交汇点。单击此按钮可选定工作表中的所有单元格。

(3) 行号和列标。在 Excel 工作表中，列用字母标识，从 A、B、…、Z、AA、AB、…、BA、BB…一直到 IV，称为列标，它显示在工作表网格的上边；每行用数字标识，从 1～65 536，称为行号，它显示在工作表网格的左边。

(4) 工作表标签。工作表标签位于工作簿文档窗口的左下底部，初始为 Sheet1，Sheet2，Sheet3，代表着工作表的名称，用鼠标单击标签名可切换到相应的工作表中。如果工作表有多个，以至于标签栏显示不下所有的标签时，可单击标签栏左侧的滚动箭头使标签滚动，从而找到所需的工作标签。其中第 1 个和第 4 个滚动箭头可快速滚动到第 1 个和最后 1 个

工作表标签。

(5) 标签拆分框。标签拆分框是位于标签栏和水平滚动条之间的小竖条，鼠标单击小竖条并向左右拖拽可增加水平滚动条或标签栏的长度。鼠标双击小竖条可恢复其默认设置。

(6) 分割条。拖动分割条可以将工作簿窗口拆分为多个窗格，以便同时查看同一个工作表的不同部分。在垂直滚动条上方和水平滚动条右边各有一个分割条。

2) 工作表

工作表是由行和列构成的一个表格，是 Excel 用来存储和处理数据的最主要的文档，由 4.1.1 节提到的单元格、列标、行号、工作表标签等组成。每张工作表包括 256 列和 65 536 行，单击不同的工作表标签可在工作表间进行切换。

3) 单元格与活动单元格

单元格是 Excel 工作簿的最小组成单位。工作表编辑区中每一个长方形的小格就是一个单元格，每一个单元格都用其所在的单元格地址来标识，如 A1 单元格表示位于第 A 列第 1 行交叉处的单元格。

在工作表中被黑色方框包围的单元格称为当前单元格或活动单元格，用户只能对活动单元格进行操作。

4) 单元格区域

多个相邻的单元格组成了单元格区域。单元格区域用该区域左上角单元格的名称+冒号“:”+该区域右下角单元格的名称来标识，如 A3:E7，表示左上角单元格为 A3，右下角单元格为 E7 的矩形区域。

2．工作簿和工作表基本操作

在使用 Excel 处理数据之前，首先应该创建工作簿，这是进行其他各种操作的基础。在 Excel 2003 中可以根据实际需要选择不同的创建工作簿的方法。下面介绍几种常用的创建工作簿文件的方法。

1) 新建空白工作簿

(1) 启动 Excel 2003 时，系统会自动打开一个名称为“Book1.xls”的空白工作簿。在默认情况下，Excel 为每个新建的工作簿创建三张工作表。

(2) 使用菜单栏创建新工作簿。选择“文件”菜单中的“新建”命令，如图 4.4 所示，这时在工作簿窗口右侧将弹出“新建工作簿”任务窗格，如图 4.5 所示。

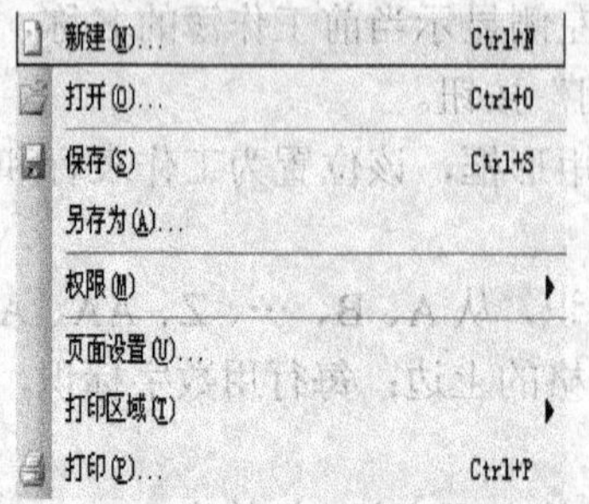

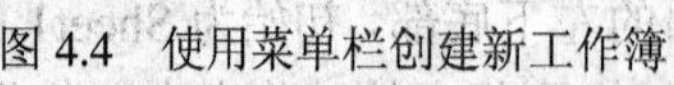

图 4.4 使用菜单栏创建新工作簿

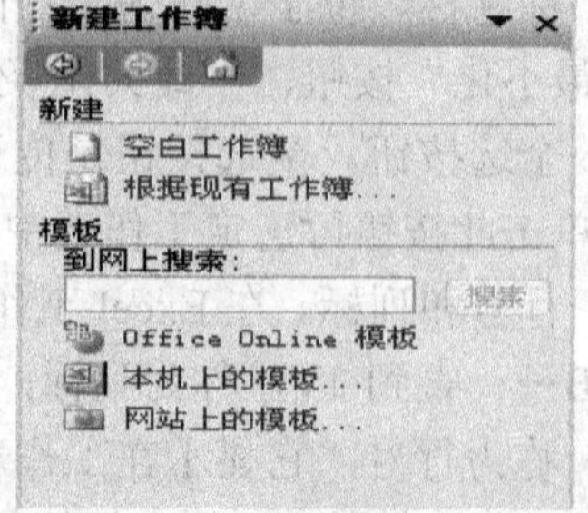

图 4.5 “新建工作簿”任务窗格

在“新建工作簿”任务窗格的“新建”选项区中，单击“空白工作簿”，这时系统将自动创建一个新的工作簿，默认工作簿名称为“Book1.xls”。

(3) 使用工具栏创建新的工作簿。单击“常用”工具栏上的“新建”按钮，结果与使用菜单栏相同。

(4) 以模板创建工作簿。Excel 提供了使用模板创建工作簿的方法，首先将各工作簿中相似的内容保存在一个工作簿中，根据这个工作簿创建一个模板，当创建其他相似的工作簿时，就可以使用模板来自动获得已经保存在模板中的数据及格式等，从而大大提高工作效率。

① 创建模板。创建模板的操作步骤如下：

- 选择上述方式之一创建一个新的工作簿。
- 将通用性的内容输入到工作簿中并进行一些格式设置。
- 选择“文件”菜单中的“另存为”命令，打开“另存为”对话框。
- 在“保存类型”下拉列表框中选择“模板(*.xlt)”选项，这时该对话框上方“保存位置”下拉列表框中的目录会自动显示为“Templates”，这是专门保存模板的文件夹，如图 4.6 所示。

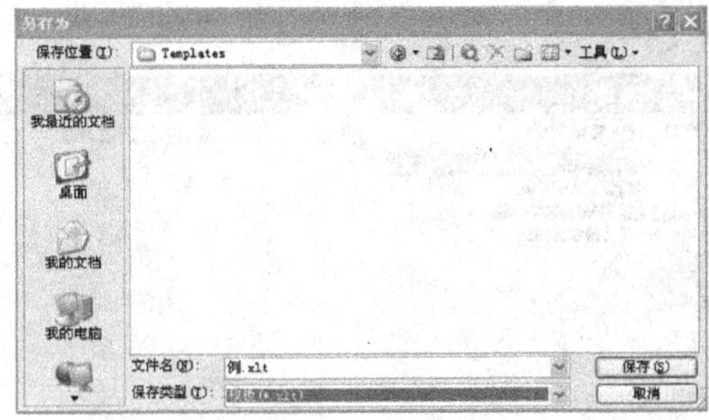

图 4.6　将工作簿保存为模板

- 在“文件名”下拉列表框中输入模板的名称。
- 单击“保存”按钮即可生成模板。

② 使用本机模板。Excel 2003 自带了多种类型的电子表格模板。基于模板创建工作簿可快速完成专业电子表格的创建，这些模板具有通用性，用户可以根据需要使用合适的模板。使用本机模板的操作步骤如下：

- 选择“文件”菜单中的“新建”命令，打开“新建工作簿”任务窗格。
- 单击“模板”选项区中的“本机上的模板……”超链接，打开“模板”对话框，如图 4.7 所示。

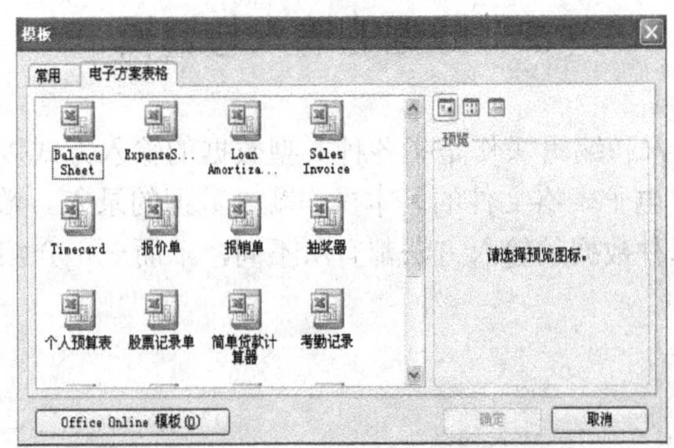

图 4.7　“模板”对话框

在“模板”对话框中有两个选项卡，“常用”选项卡中的模板是用户自己创建的，“电子方案表格”选项卡中的模板是Excel为用户准备的，可用于不同的用途。

“电子方案表格”选项卡的左边列出了所有可用的模板，当选择其中一个模板时，“预览”选项区会出现该模板的预览图形，“预览”选项区上方的三个按钮可以控制模板文件图标的显示方式。

• 选择一个模板后，单击“确定”按钮，Excel会根据该模板生成一个新的工作簿。

③ 根据现有工作簿新建文件。可将选择的工作簿文件以副本的方式在一个新的工作簿中打开，这时用户就可以在新的工作簿中编辑副本，而不会影响到原有的工作簿。

在现有工作簿新建文件的操作步骤如下：

• 选择“文件”菜单中的“新建”命令，打开“新建工作簿”任务窗格。

• 单击“新建”选项区中的“根据现有工作簿……”超链接，打开“根据现有工作簿新建”对话框，如图4.8所示。

• 在打开的对话框中选择一个已有工作簿文件，单击“创建”按钮，即可创建一个基于刚刚选择的工作簿的新文件。

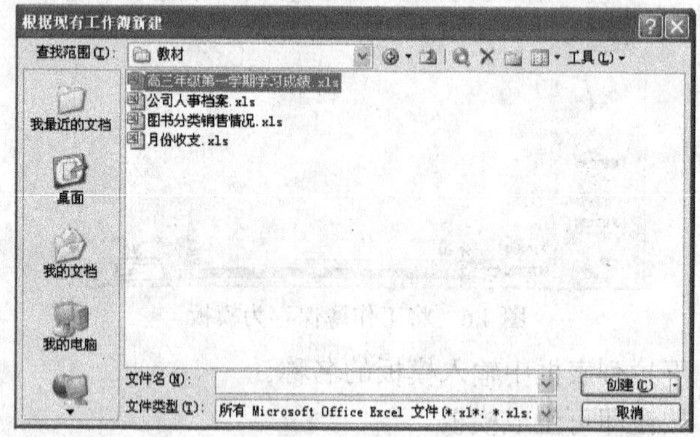

图4.8 “根据现有工作簿新建”对话框

2) 保存和打开工作簿

当对工作簿进行了编辑操作后，为防止数据丢失，需将其保存。如果要使用或编辑已保存的工作簿文件时需打开文件，而保存和打开工作簿的方法及步骤与Word文档相同，在此就不赘述了。

4.2 数据的输入与编辑

Excel中数据的输入和编辑操作是指各种类型数据的输入方式以及数据有效性设置和撤消恢复等操作。建立电子表格文件的基本操作就是数据的录入。数据包括文本、数值、日期和时间等，并且每种数据的输入方法都有所不同，下面一一介绍。

4.2.1 数据的输入

1. 输入文本

Excel 2003的每个单元格最多可输入32 767个字符。输入结束后按回车键、Tab键、

箭头键或用鼠标单击编辑栏的✓按钮均可确认输入；按 Esc 键或单击编辑栏的✕按钮可取消输入。

文本是指汉字、英文，或由汉字、英文、数字组成的字符串，例如，“电子表格”、“数字 1”、“A1”等都属于文本。文本数据在单元格中靠左对齐。有些数字如电话号码、邮政编码常常被当作字符处理，此时，只需在输入的数字前加上一个单引号，Excel 将把它当作字符沿单元格左对齐。

当输入的文字长度超出单元格宽度时，如右边单元格无内容，则扩展到右边列，否则将截断显示。如果要在单元格中输入多行数据，只需在需要换行的地方按 Alt+Enter 组合键即可。

2．输入数值

数值除了数字(0～9)组成的字符串外，还包括正号(+)、负号(–)、指数符号(E 或 e)、货币符号(￥或$)、分数号(/)、百分号(%)、小数点(.)以及千分位符号(，)等特殊字符(如$50,000)。另外 Excel 还支持分数的输入，如 12 3/4，在整数和分数之间应有一个空格，当分数小于 1 时，要写成 0 3/4，若不写 0 将被 Excel 识别为日期 3 月 4 日。字符“￥”和“$”放在数字前会被解释为货币单位，如$1.8。数值型数据在单元格中一律靠右对齐。

Excel 的数值输入与数值显示未必相同，如输入数据太长，Excel 将自动以科学计数法表示；用户输入 123451234512，Excel 表示为 1.23451E+11，E 代表科学计数法，其前面为基数，后面为 10 的幂数。又如单元格数字格式设置为两位小数，此时输入三位小数，则末位将进行四舍五入。值得一提的是，Excel 计算时将以输入数值而不是显示数值为准。但有一种情况例外，因为 Excel 的数字精度为 15 位，当数字长度超过 15 位时，Excel 2003 会将多余的数字转换为 0，如输入 1234512345123456 时，在计算中将以 1234512345123450 参加计算。

3．日期和时间型数据的输入

Excel 内置了一些日期时间的格式，当输入数据与这些相匹配时，Excel 将识别它们。常见的日期时间格式为“mm/dd/yy”、“dd-mm-yy”、“hh:mm(AM/PM)”，当表示时间时，在 AM/PM 与分钟之间应有空格，比如 7:20 PM，若缺少空格将被当作字符数据处理。

输入日期时，如果省略年份，则以当前的年份作为默认值。若想输入当天日期，可以通过按组合键 Ctrl+；快速完成；若想输入当前时间，可以按组合键 Ctrl+Shift+；快速完成。日期和时间型数据在单元格中一律靠右对齐。

4．数据自动输入

如果输入有规律的数据，可以考虑使用 Excel 的数据自动输入功能，它可以方便快捷地输入等差、等比以及预定义的数据填充序列。

1) 自动填充

自动填充是根据初始值决定以后的填充项，用鼠标点住初始值所在单元的右下角的填充柄，当鼠标指针变为实心十字形后拖拽至填充的最后一个单元格，即可完成自动填充。填充可实现以下几种功能：

(1) 单个单元格内容为纯字符、纯数字或公式时，填充相当于数据复制。

(2) 单个单元格内容为文字数字混合体时，填充时文字不变，最右边的数字递增。如初始值为“输入 1”，填充为“输入 2”，“输入 3...”。

(3) 若单个单元格内容为 Excel 预设的自动填充序列中的一员，则按预设序列填充。如初始值为一月，自动填充二月、三月…。

说明：用户可以使用“工具”菜单中的“选项”命令，在打开的对话框中使用“自定义序列”选项卡来添加新序列，新序列之间用逗号隔开，并存储起来供以后填充时使用。

如果连续单元格存在等差关系，如 1，3，5，…或 A1，A3，A5，…，则先选中该区域，再运用自动填充，则可自动输入其余的等差值。拖拽可以由上往下或由左往右，也可以反方向进行。

2) 特别的自动填充

如果只想实施数据的简单复制，则可以按住 Ctrl 键，不论事先选中的是单个单元格还是一个区域，也不论相邻单元格是否存在特殊关系，自动填充都将实施数据的复制。

如果自动填充时需要考虑是否带格式或区域中是等差还是等比序列，则在序列填充时按住鼠标右键，拖拽到填充的最后一个单元格释放，将出现快捷菜单，如图 4.9 所示。

- “复制单元格”：实施数据的复制，相当于按下 Ctrl 键。
- “以序列方式填充”：相当于前面的自动填充。
- “仅填充格式”：只填充格式而不填充数据。
- “不带格式填充”：只填充内容而忽略格式。
- “序列”：选择它将出现如图 4.10 所示“序列”对话框，然后按需选择即可。

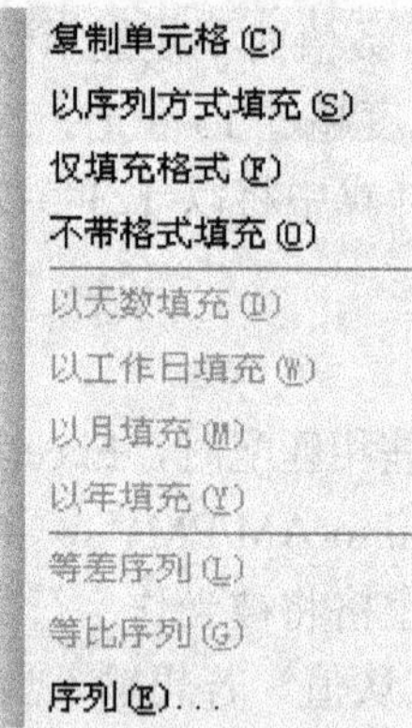

图 4.9　自动填充快捷菜单

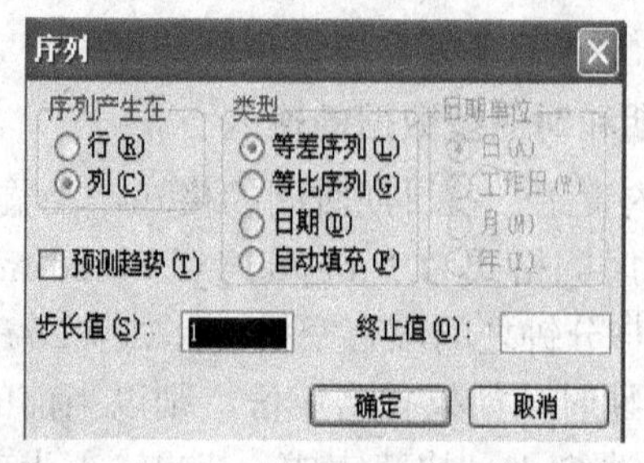

图 4.10　“序列”对话框

3) 产生一个序列

用菜单命令产生一个序列的操作步骤如下：

(1) 在单元格中输入初值并回车。

(2) 用鼠标单击选中第 1 个单元格或要填充的区域，选择“编辑”菜单中的“填充”命令，在打开的子菜单中选择“序列”命令，出现如图 4.10 所示“序列”对话框。

(3) “序列产生在”指示按行或列方向填充。

(4) “类型”选择序列类型，若选择“日期”，则还需选择“日期单位”。

(5) “步长值”可输入等差、等比序列增减、相乘的数值，“终止值”可输入一个序列终值不能超过的数值。

4.2.2　数据的基本编辑

在单元格中输入数据后，可以利用 Excel 的编辑功能对数据进行各种编辑操作，如修改、清除、复制与移动、查找和替换等。

1. 修改单元格数据

打开一个工作簿后，选定要编辑的工作表为当前工作表(用鼠标单击工作表标签上的工作表名即可)，再选定当前工作表中的某个单元格为活动单元格，即可对其内容进行编辑。

1) 编辑单元格中的所有数据

当要编辑单元格中的所有内容，即要重新在单元格中输入新的数据时，首先，用鼠标选中要被编辑的单元格，然后直接输入新的数据，那么新数据就会覆盖旧数据，这样就完成了数据的重新修改。输入完毕后，按 Enter 键确定输入，同时活动单元格自动下移，也可以单击编辑栏中的“输入”按钮✓，确认输入，但活动单元格不变。如果要取消本次输入的内容，按 Esc 键或单击编辑栏中的“取消”按钮✕即可。

2) 编辑单元格中的部分数据

当要编辑单元格中的部分数据时，可用鼠标双击该单元格，光标就将置于单元格内容中，同时在状态栏的最左端出现“编辑”字样，这时就可以对该单元格中的数据进行插入、删除、修改的操作了。如果要删除光标左边的字符，就按 Backspace 键；如果要删除光标右边的字符，就按 Delete 键；确认修改和取消全部的修改操作方法与上面相同。

说明：如果用鼠标双击单元格后，光标没有置于单元格内容当中，说明“单元格内部直接编辑”功能未被打开，这时可以选择“工具”菜单中的“选项”菜单项，在打开的“选项”对话框中，选择“编辑”选项卡，然后选中“单元格内部直接编辑”复选框，如图 4.11 所示，以后用户就可以直接在单元格中进行编辑了。

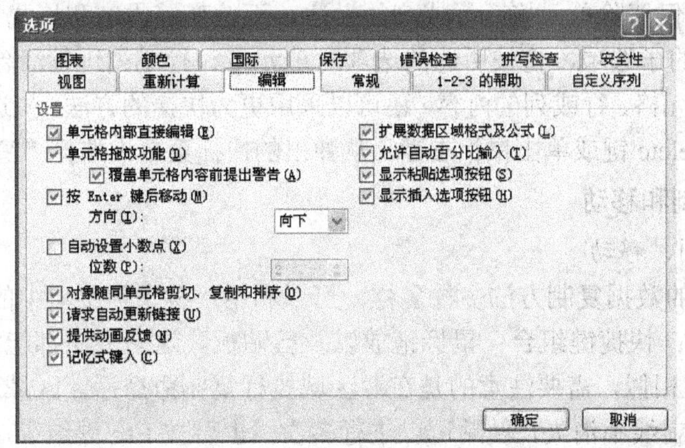

图 4.11　在“选项”对话框中设置“单元格内部直接编辑”复选框

3) 在编辑栏中编辑单元格数据

首先单击鼠标，选中要编辑的单元格，其中的数据将同时显示在编辑栏的数据编辑区中，再单击数据编辑区，将光标置于其中，即可编辑数据。

2. 数据的清除

在编辑工作表时，有时可能需要删除单元格、行或列中的内容(如数据、格式或批注等)，剩下的空白单元格、行或列的位置仍然保留在工作表中，这时应执行单元格、行或列的清除操作。

在工作表中清除单元格、行或列的操作步骤如下：

(1) 选定要清除内容的单元格、行或列，选定行或列时可直接单击所选行的行号或所选列的列标。

(2) 选择“编辑”菜单中的“清除”菜单项，在其弹出的子菜单中有四个子选项可供选择，如图 4.12 所示。

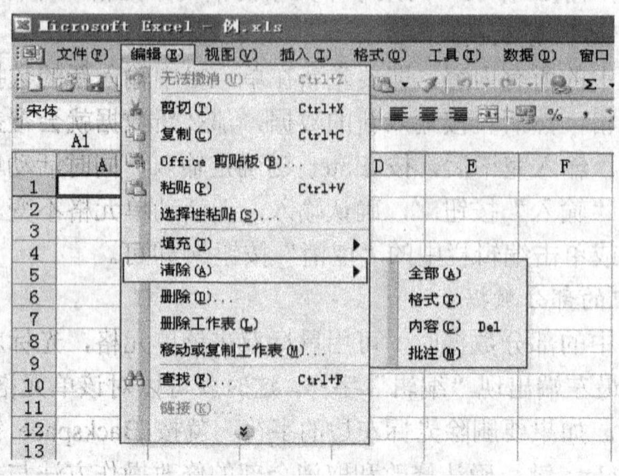

图 4.12 “清除”选项子菜单

- “全部”：清除单元格、行或列的内容、批注和格式设置，将其置为常规格式。
- “格式”：仅清除单元格、行或列的格式设置，将其置为常规格式。
- “内容”：仅清除单元格、行或列的内容，不改变其格式和批注。
- “批注”：仅清除单元格、行或列的批注，不改变其内容和格式设置。

(3) 单击所需的子选项，将按所选的选项对单元格、行或列进行清除。

如果只清除单元格、行或列的内容，还可以采用更为快捷的方法。先选择相应的单元格、行或列，然后按 Delete 键或单击鼠标右键，从弹出的快捷菜单中选择“清除内容”选项。

3. 数据的复制和移动

1) 数据的复制、移动

Excel 2003 中的数据复制方法多种多样，可以利用“编辑”菜单中的命令；“常用”工具栏上的快捷按钮；快捷键组合；鼠标拖放以及剪贴板。这些方法都能实现复制操作，而且与 Word 中操作相似，需要注意的是在源区域执行复制命令后，区域周围会出现闪烁的虚线。只要闪烁的虚线不消失，粘贴可以进行多次，也可按 Esc 键结束，粘贴将无法进行。如果只需粘贴一次，有一种简单的粘贴方法，即在目标区域直接按回车键。如果想把复制的内容插入到某些单元格之间，可在粘贴时选择“插入”菜单中的“复制单元格”命令。

选择“编辑”菜单中的“Office 剪贴板”菜单项可以打开“剪贴板”任务窗格，如图 4.13 所示，粘贴多达 24 个复制对象，鼠标指针指向“剪贴板”任务窗格中需要粘贴的内容选项上，该选项的周围会显示一个蓝色的边框并在右边显示一个下拉按钮，单击该下拉按钮，在弹出的下拉菜单中选择“粘贴”选项。

鼠标拖放复制数据的操作方法与 Word 有所不同：选择源区域和按下 Ctrl 键后鼠标指针应指向选中区域的粗边框，按住鼠标左键不放，拖动鼠标，此时屏幕上会出现一个虚线框，在其旁边还会出现提示信息，提示即将插入数据的位置，拖到指定位置后，松开鼠标，那么选中区域中的数据就复制到目标单元格或单元格区域中了。

在目标单元格中粘贴数据时，单元格的右边显示“粘贴选项”标记，单击该标记会显示一个如图 4.14 所示的快捷菜单。利用该快捷菜单可以对粘贴过来的数据进行粘贴选项设置。

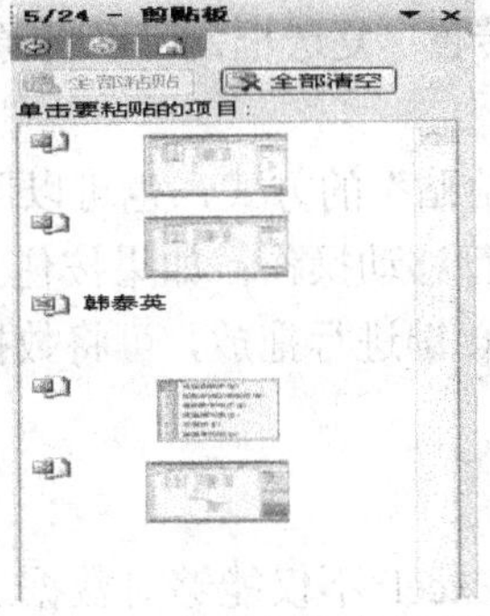

图 4.13　“剪贴板”任务窗格

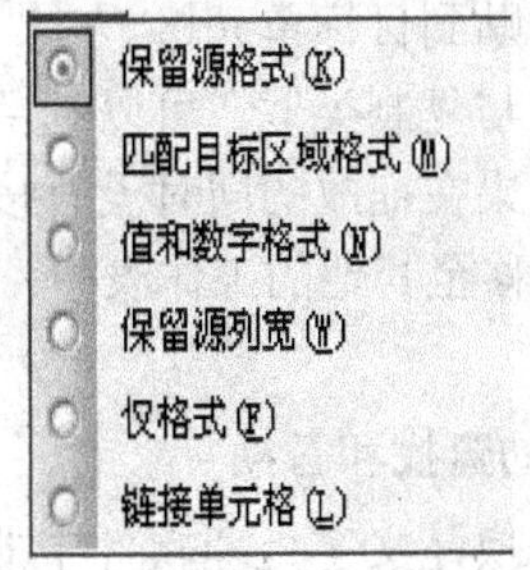

图 4.14　“粘贴选项”快捷菜单

- “保留源格式”：表示目标单元格保留源格式。
- “匹配目标区域格式”：表示目标单元格中的数据与源区域相匹配。
- “值和数字格式”：表示只复制源数据的值和数字格式。
- “保留源列宽”：表示目标单元格的列宽与源列宽相同。
- “仅格式”：表示只复制格式。
- “链接单元格”：表示目标单元格中的数据将与源单元格中的数据始终保持一致，目标单元格中的数据不能直接修改，只能随着源单元格中数据的修改而发生改变。

2) 选择性粘贴

在编辑工作表中的单元格数据时，有时仅需要复制原单元格中的数据而保持目标单元格的格式，这时除了在上面提到的“粘贴选项”快捷菜单中选择相应的“值和数字格式”选项外，Excel 还提供了“选择性粘贴”功能。

例如，在任一 Excel 工作表中，选中 A1 单元格，输入“选择性粘贴”字符数据，设置字体为“加粗”格式，颜色为红色，选择“复制”命令，选中目标单元格，如 B1，然后选择“编辑”菜单中的“选择性粘贴”，或者在目标单元格中单击鼠标右键，在弹出的快捷菜单中选择“选择性粘贴”选项，弹出“选择性粘贴”对话框，如图 4.15 所示。

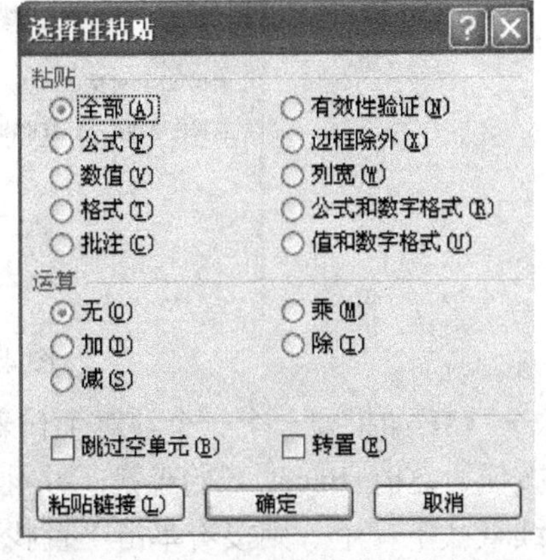

图 4.15　“选择性粘贴”对话框

在这个对话框中的“粘贴”选项区中选择“数值”单选按钮，表示仅粘贴数值而不粘贴其他内容。单击“确定”按钮，即可完成选择性粘贴。

在“选择性粘贴”对话框中，可以实现以下功能。

• 指定粘贴内容：选中“粘贴”选项区中相应的单选按钮，可以指定要粘贴到目标单元格中的内容。

• 指定对粘贴的数值要进行的数学运算：选中“运算”选项区中相应的单选按钮，可以指定对源单元格和目标单元格中的数值进行何种数学运算，运算的结果将被粘贴到目标单元格中。

• 跳过空单元格：源单元格包含有多个单元格时，如果其中含有空单元格，选中“跳过空单元格”复选框，可以避免空单元格覆盖相应的目标单元格。

• 转置：源单元格包含有多个单元格时，选中“转置”复选框，可以将源单元格的行、列转置后再粘贴到目标单元格。

数据移动与复制类似，可以利用先“剪切”再“粘贴”的方式，也可以用鼠标拖放。

说明：如果在拖放的同时没有按住 Ctrl 键，则进行移动操作；如果按住 Alt 键进行拖放，可将数据移至其他的工作表中；如果按住的是 Shift 键进行拖放，可将数据插入到某些区域之间。

4．数据的查找和替换

查找和替换是文字处理软件中非常有用的功能。Excel 不仅能够对数据进行查找和替换，也能对数据的格式进行查找和替换，使得查找和替换的功能更为强大，同时使得数据的编辑工作更为迅速和有效。

“查找”功能是指在一个给定的搜索范围内查找特定的文字或数字等，然后利用“替换”功能自动将查找到的内容替换为正确的数据。“查找”功能可以单独使用，而“替换”功能必须与“查找”功能相结合才能使用。

1) 查找

当要在工作表中查找所需的单元格数据时，可以使用查找功能来完成，它可以帮助用户快速定位于工作表中某一处满足条件的单元格，其具体操作步骤如下：

(1) 选定搜索范围。在进行查找操作前，首先需要选定一个搜索范围，可以是某个单元格、单元格区域或多个工作表。

(2) 选择“编辑”菜单中的“查找”命令，或按快捷键 Ctrl+F，在弹出的“查找和替换”对话框的“查找内容”编辑框中输入待查找的文字或数字等，如图 4.16 所示。

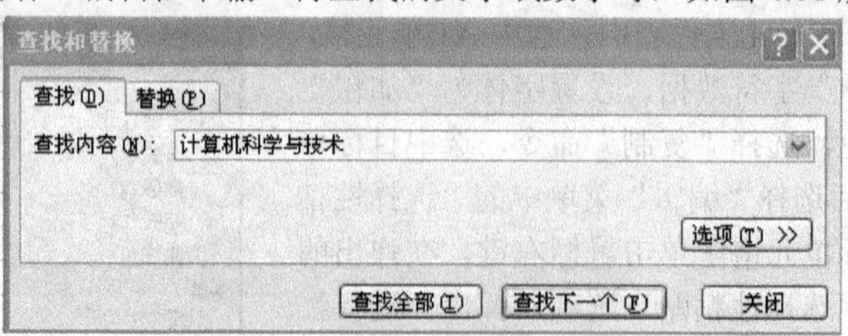

图 4.16　“查找和替换”对话框

(3) 如果要一个一个地对工作表中满足条件的单元格进行查找，则单击“查找下一个”按钮，这时 Excel 开始查找，并且将找到的单元格作为当前的单元格。找到后，若希望继续查找下一个，则接着单击“查找下一个”按钮；找到后若希望返回工作表窗口做相应的处理，而不关闭“查找和替换”对话框，则单击工作表窗口，处理完毕后再单击“查找和

替换”对话框，即可返回。

(4) 如果要一次性找到工作表中所有满足条件的单元格数据，则单击“查找全部”按钮，Excel 将把全部满足条件的单元格数据及其位置和名称，显示在“查找和替换”对话框的下方，供用户进行选择。

(5) 在“查找和替换”对话框的“查找”选项卡中，通过单击“选项”按钮，在对话框下方出现“选项”设置内容，可以设置其他查找选项，如图 4.17 所示。

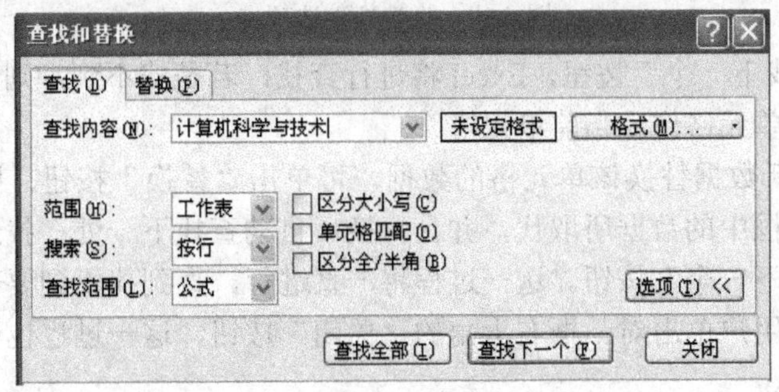

图 4.17 “查找”选项卡中的“选项”设置

- 在“范围”文本框中，可以选择是在工作表中查找还是在工作簿中查找。
- 在“搜索”文本框中，可以选择是按行还是按列查找。
- 在“查找范围”文本框中，可以选择是查找单元格数据的公式、值还是批注。
- 通过选择“区分大小写”、“单元格匹配”、“区分全/半角”复选框，对要查找的单元格数据进行设置。

(6) 除了查找单元格数据的内容外，还可以对数据格式进行设置查找，单击“格式”按钮右边的下拉按钮，在其下拉列表中，选择“格式”选项，可出现“查找格式”对话框，如图 4.18 所示。在这个对话框中可以对要查找的单元格格式进行设置。如果在下拉列表中选择“从单元格选择格式”选项，表示可以从已存在的单元格数据格式中选择要查找的数据格式，选中某单元格即可。

(7) 查找完毕后，单击“查找和替换”对话框右上角的“关闭”按钮，即可关闭对话框。

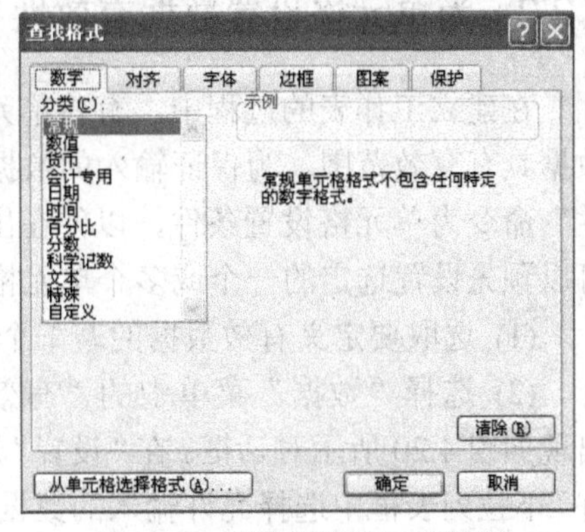

图 4.18 “查找格式”对话框

2) 替换

替换功能和查找功能相似，但它需要在查找到数据后再做工作，也就是说，在找到指定的单元格数据后，替换功能才可以用新的数据替代找到的单元格数据。

替换单元格数据的操作步骤如下：

(1) 选择“编辑”菜单中的“替换”菜单命令，或按 Ctrl+H 快捷键，弹出“查找和替换”对话框，系统自动切换到“替换”选项卡。在“查找内容”文本框中输入要查找的文本内容，这里输入“计算机科学与技术”，在“替换为”文本框中输入要替换的新数据，这里输入“计算机科学”，如图 4.19 所示。

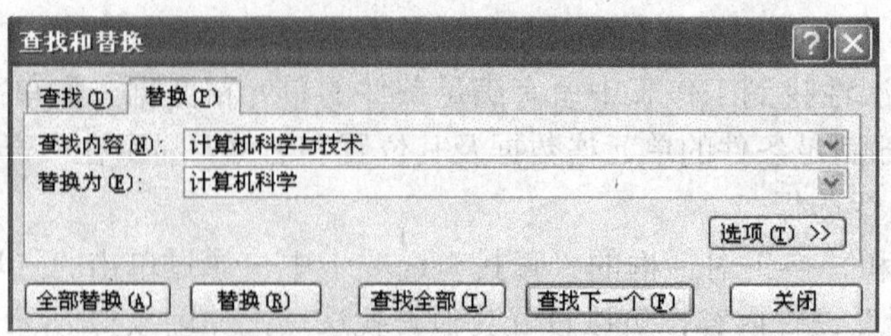

图 4.19 “替换”选项卡

(2) 单击“查找下一个”按钮，Excel 将进行查找，若是找不到，则显示相关的提示信息；否则将找到的单元格作为当前单元格。

(3) 若希望用新数据替换该单元格的数据，可单击“替换”按钮，则当前单元格的数据会被“替换为”框中的数据所取代，并且替换后自动查找下一处；找到后若不希望被替换，则单击“查找下一个”按钮。这一过程将一直进行，直到找不到要查找的单元格数据为止。当然，只要用户单击对话框右上角的“关闭”按钮，这一过程也可以随时被中断，返回到工作表窗口。

(4) 如果找到第一个要查找的数据后，希望系统能自动找出其余各处，并进行自动替换，这时可以单击“全部替换”按钮。

(5) 与查找功能类似，替换也可以设置其他的查找选项，即单击“替换”选项卡中的“选项”按钮，在对话框的下方也会出现“选项”的设置内容，设置内容与查找功能相似。

(6) 替换完毕后，单击“关闭”按钮即可。

4.2.3 为单元格设置数据有效性

在建立工作表的过程中，有些单元格中输入的数据没有限制，而有些单元格中输入的数据具有有效范围。为保证输入的数据都在其有效范围内，可以使用 Excel 提供的“有效性”命令为单元格设置条件，以便在出错时得到提醒，从而快速、准确地输入数据。用户可以预先设置选定的一个或多个单元格允许输入的数据类型、范围，其操作步骤如下：

(1) 选取要定义有效数据的若干个单元格。

(2) 选择“数据”菜单中的“有效性”命令，出现如图 4.20 所示对话框。在“设置”选项卡的“允许”下拉列表框中选择允许输入的数据类型，如“整数”、“时间”等；在“数据”下拉列表框中选择所需要的操作符，如“介于”、“不等于”等，然后在数值栏中根据需要填入上下限。

(3) 选择“输入信息”选项卡，选中“选定单元格时显示输入信息”复选框，在“输入信息”文本框中输入要显示的内容。

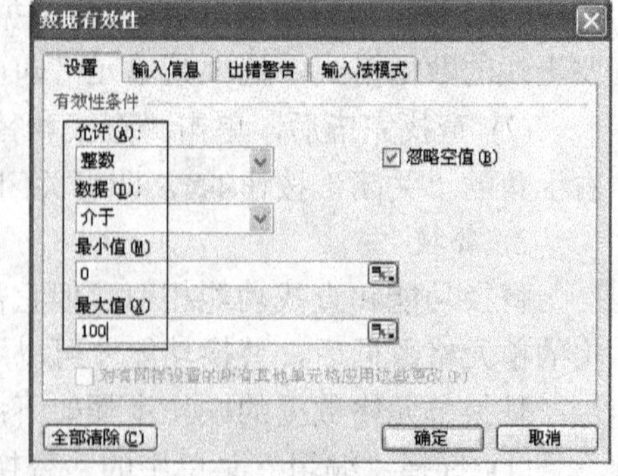

图 4.20 “数据有效性”对话框

(4) 选择“出错警告”选项卡，选中“输入无效数据时显示出错警告”复选框，在“样式”下拉列表框中选择“停止”选项，在“错误信息”文本框中输入要显示的内容，单击“确定”按钮，完成设置。

在有效数据设置以后，当数据输入无效时，将提示并禁止用户输入，直至正确为止。对已输入的数据可进行审核，选择“工具”菜单中的“公共审核”命令，在下拉菜单中选择“显示‘公共审核’工具栏”命令，在该工具栏中单击“圈释无效数据”按钮可审核工作表中的错误输入并标记出来，如图 4.21 所示在设置年龄介于 18～60 之后圈释的无效数据。

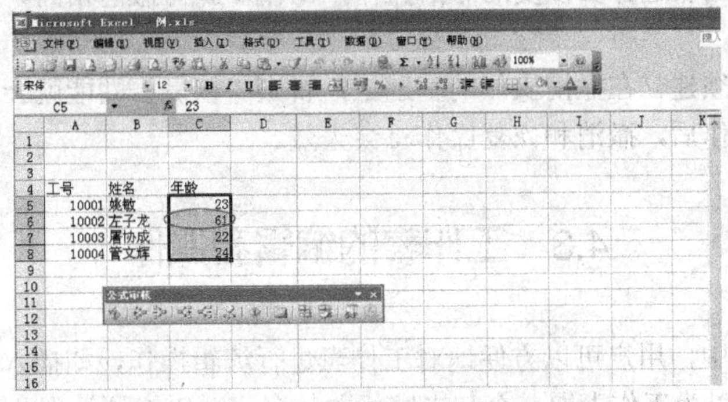

图 4.21 利用审核功能圈释无效数据

如果需要清除单元格的有效性设置，只需在“数据有效性”对话框中单击“全部清除”按钮即可。

4.2.4 撤消和恢复

撤消与恢复是一对功能相反的编辑操作，可以帮助用户迅速纠正错误操作，从而提高工作效率。

在编辑数据时难免会有些误操作，这时，用户可以利用 Excel 的“撤消”功能来撤消这些操作；如果用户又想还原撤消操作，这时可以使用 Excel 的“恢复”功能来恢复这些数据和操作。

1. 撤消操作

在编辑数据时，Excel 会记录最近的一系列操作。如果要撤消最近的一次操作，只需单击“常用”工具栏上的“撤消”按钮或按快捷键 Ctrl+Z 即可。

有时执行的错误操作太多，用户可能记不清到底需要取消哪一步操作，这时有一种简便的方法，其操作步骤如下：

(1) 选中工作表中的任意一个单元格。

(2) 用鼠标单击“撤消”按钮右侧的按钮，将打开一个下拉列表，在这个下拉列表中倒序排列着最近进行的一系列操作，如图 4.22 所示。

(3) 从中找到想撤消的操作，用鼠标单击该项，即可撤消这步操作。

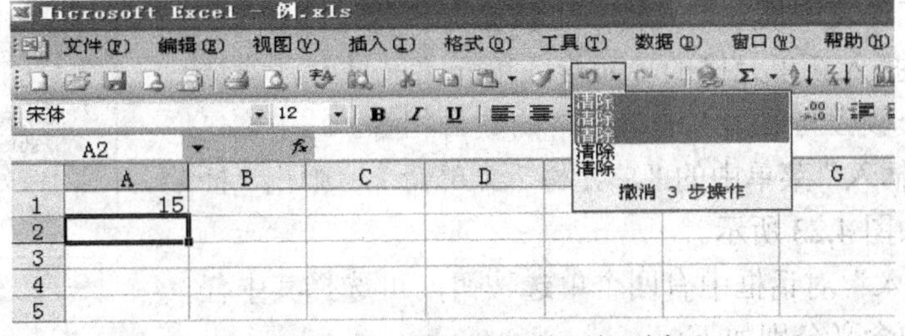

图 4.22 “撤销”按钮的下拉列表

2. 恢复操作

若要恢复最近一次的“撤消”操作，只需用鼠标单击“常用”工具栏中的“恢复”按钮即可。

若要利用下拉列表选择要恢复的撤消操作，操作步骤与撤消相同。

注意：

- 恢复操作必须建立在撤消操作的基础上，否则“恢复”功能就会失效。
- 执行保存操作后，撤消和恢复操作将会失效。

4.3 工作表的编辑和操作

在 Excel 2003 中，用户可以方便地对工作表进行编辑操作，如插入或删除单元格，选择行或列等，还可以为工作表取一个与内容相关的名字，以方便管理和记忆工作表。

4.3.1 单元格基本操作

1. 选择单元格

要对工作表进行编辑操作，首先要选择单元格，常用选择方法如下。

1) 选择单个单元格

(1) 利用鼠标：将鼠标指针移至要选择的单元格上方后单击，选中的单元格以黑色边框显示，此时行号上的数字和列标上的字母将突出显示。

(2) 利用“名称框”：在工作表左上角的名称框中输入单元格地址，按下 Enter 键，即可选中与地址相对应的单元格。

2) 选择不相邻单元格

首先单击要选择的任意一个单元格，然后在按住 Ctrl 键的同时单击其他要选择的单元格。

3) 选择相邻单元格区域

要选择相邻单元格区域，常用方法有如下两种：

- 按下鼠标左键拖过想要选择的单元格，然后释放鼠标即可。
- 单击要选择区域的第一个单元格，然后按住 Shift 键单击最后一个单元格，此时即可选择他们之间的多个单元格。

2. 插入单元格

如果要在工作表中插入单元格，可按如下步骤进行操作。

(1) 选定要插入新单元格的单元格或单元格区域。注意选定的单元格的个数应与要插入的单元格的数目相等。

(2) 选择“插入”菜单中的“单元格”菜单命令，弹出“插入”对话框，如图 4.23 所示。

(3) 在“插入”对话框中有四个单选按钮，可选择其中任意一个，它们的含义分别如下。

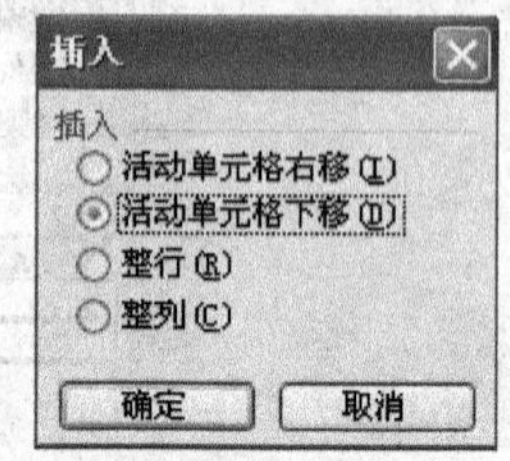

图 4.23 “插入”对话框

● “活动单元格右移”：新插入的单元格位于原来所选的位置，原来所选定的单元格向右移动。

● “活动单元格下移”：新插入的单元格位于原来所选的位置，原来所选定的单元格向下移动。

● “整行”：在选定单元格的上方插入整个行，注意新插入的行数与选定的单元格区域的行数相同。

● “整列”：在选定单元格的左边插入整个列，注意新插入的列数与选定的单元格区域的列数相同。

(4) 选择以上选项之一，单击“确定”按钮。

3. 删除单元格

如果要删除当前工作表中的某个单元格，操作方法如下：

(1) 选定要删除的单元格。

(2) 选择“编辑”菜单中的“删除”菜单项，弹出“删除”对话框，如图 4.24 所示。

(3) 在“删除”对话框中有四个单选按钮，可选其中任意一个，单击“确定”按钮。

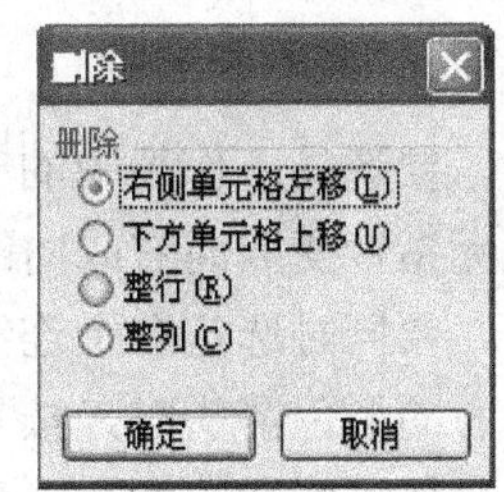

图 4.24　“删除”对话框

4. 给单元格加批注

批注是附加在单元格中与其他单元格内容分开的注释，是十分有用的提醒方式。例如注释复杂的公式如何工作或为其他用户提供反馈信息。单元格批注如图 4.25 所示。

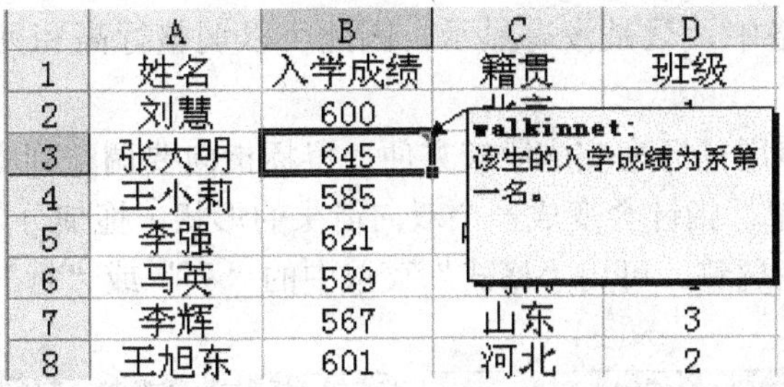

	A	B	C	D
1	姓名	入学成绩	籍贯	班级
2	刘慧	600	北京	1
3	张大明	645		
4	王小莉	585		
5	李强	621		
6	马英	589		1
7	李辉	567	山东	3
8	王旭东	601	河北	2

walkinnet:
该生的入学成绩为系第一名。

图 4.25　单元格批注

Excel 2003 提供了几种查看批注的方法。含有批注的单元格的右上角有三角形的批注标识符。如果鼠标指针停在含有标识符的单元格上，将会显示该单元格的批注。也可以连续地显示批注(单条批注或工作表上的所有批注)。利用“审阅”工具栏可以按顺序逐条查看每项批注。还可以将批注打印到工作表的相应位置或在打印输出结果的底部将批注打印成列表。

为单元格增加批注的操作步骤如下：

(1) 选择要加批注的单元格。

(2) 执行“视图”菜单中“批注”命令，打开“审阅”工具栏，如图 4.26 所示。

图 4.26　“审阅”工具栏

(3) 在“审阅”工具栏中，选择“新建批注”按钮或单击“插入”菜单中“批注”命令。

(4) 在出现的批注输入框中输入批注文字，如图 4.25 所示。

(5) 如果不想在批注中留有姓名，则选择并删除输入框上方第一行显示的姓名。

(6) 完成文本输入后，可单击批注框外部的工作区域，关闭批注输入框。

(7) 在排序时，批注与数据一起进行排序。

如果想进行上下批注查看、显示/隐藏和删除等操作，都可通过“审阅”工具栏。

4.3.2 行与列基本操作

1. 选择行与列

要选择工作表中的一整行或一整列，可将鼠标指针移到该行的左侧或该列的顶端，当鼠标指针变成向右或向下的黑色箭头形状时单击，即可选中该行或该列。

要同时选定多个连续行，可将鼠标指针移到要选择的第一行的行号左侧，当鼠标变成向右的黑色箭头时，按下鼠标左键并拖动到所要选择的最后一行时松开鼠标左键即可；若要选择不连续的多行，可在选定一行后，按住 Ctrl 键的同时再选择其他行即可。

用同样的方法也可选择多个连续列或多个不连续列。

2. 调整行高与列宽、隐藏显示行与列

当用户建立工作表时，所有单元格具有相同的宽度和高度。在默认情况下，当单元格中输入的字符串超过列宽时，超长的文字被截去，数字则用“########”表示。当然，完整的数据还在单元格中，只是没有显示。因此可以调整行高和列宽，以便于数据完整显示。

列宽、行高的调整用鼠标来完成比较方便。鼠标指向要调整列宽(或行高)的列标(或行号)的分隔线上，这时鼠标指针会变成一个双向箭头的形状，拖拽分隔线至适当的位置。

列宽、行高的精确调整，可用“格式”菜单中的“列”或“行”子菜单，进行所需的设置，如图 4.27 所示。

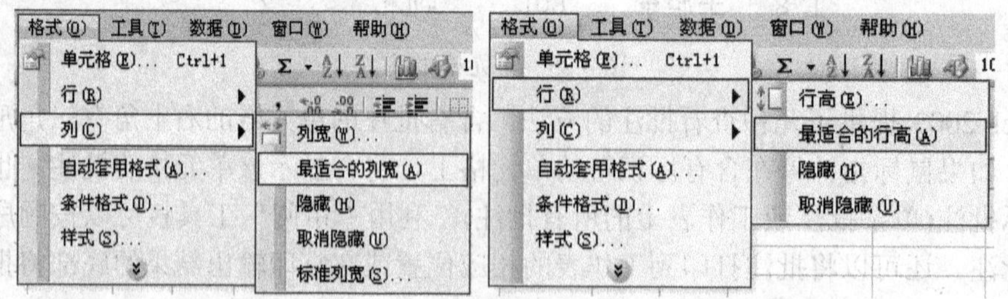

图 4.27 “格式”菜单中的“列”或“行”子菜单

- “列宽”或“行高”：显示其对话框，输入所需的宽度或高度。
- “最合适的列宽”命令取选定列中最宽的数据为标准宽度自动调整，“最合适的行高”命令取选定行中最高的数据为标准高度自动调整。
- “隐藏”命令将选定的列或行隐藏。例如，要对 C、D 两列的内容进行隐藏，只要选定该两列后，再选择“列”菜单中的“隐藏”命令即可。
- “取消隐藏”命令将隐藏的列或行重新显示。

3. 插入行或列

在编辑工作表的过程中，有时需要在现有表格中插入、删除行或列，以填充或减少数据。

1) 插入空白行

如果要在工作表中插入一行或多行，可按如下步骤进行操作：

(1) 选中需要插入新行的位置，可以是要插入的行中的某一单元格，也可以单击行号来选中整行。

(2) 选择“插入”菜单中的“行”菜单命令，在当前选中的位置处将插入一个空行，原有的行将自动下移。

(3) 如果要在工作表中插入多个空白行，则要在插入的位置上选中多行，选中的行数应与要插入的行数相同。

2) 插入空白列

如果要在工作表中插入一列或多列，可按如下步骤进行操作：

(1) 选中需要插入新列的位置，可以是要插入的列中的某一单元格，也可以单击列标来选中整列。

(2) 选择“插入”菜单中的“列”菜单命令，在当前选中的位置将插入一个空白列，原来的列自动右移。

(3) 如果要在工作表中插入多个空白列，则要在插入的位置上选中多列，选中的列数应与要插入的列数相同。

4. 删除行或列

如果要删除当前工作表中的某行或某列，操作方法如下：

(1) 选中工作表中要删除行的行号或列的列标。

(2) 选择“编辑”菜单中的“删除”菜单命令，被选择的行或列将从工作表中删除，其下方各行将自动上移或右侧各列自动左移。

除了使用上述方法来删除单元格、行或列外，还可以使用以下两种方法完成相应的删除操作：

(1) 用鼠标操作的具体操作方法如下：

① 用鼠标选中要删除的单元格、行号或列标。

② 将鼠标指针指向填充柄，按住鼠标左键的同时按下 Shift 键，向内拖动鼠标，所选择的区域将变成浅灰色的阴影。

③ 松开鼠标左键，所选定的区域将被删除。

(2) 选中要删除的单元格，然后单击鼠标右键，选择删除命令，将会弹出如图 4.21 所示的“删除”对话框，其余的操作与前面相同。用此方法删除行或列将不会弹出任何对话框，而是直接删除。

4.3.3　工作表的删除、插入和重命名

工作簿内的工作表在使用过程中不够时，需插入；多余或重复时，需删除；为了安全或减少输入工作量，可复制；排列顺序不合理时，可移动；要使名字反映工作表内容时，

可重命名，这些操作都称为工作表的编辑。

空白工作簿创建以后，默认情况下由三个工作表 Sheet1、Sheet2、Sheet3 组成。改变工作簿中工作表的个数可通过选择“工具”菜单中的“选项”命令，在“常规”选项卡的“新工作簿内的工作表数”中进行设置，如图 4.28 所示。Excel 2003 最多可创建 255 个工作表。用户可根据需要对工作表进行选取、删除、插入和重命名。

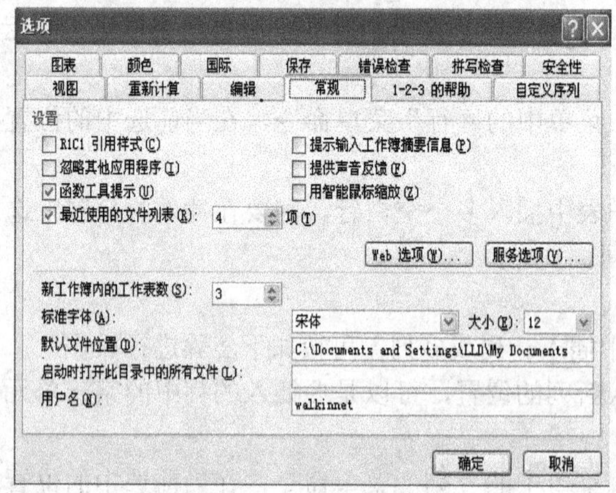

图 4.28 “常规”选项卡

1. 选取工作表

工作簿通常由多个工作表组成。当对单个或多个工作表进行操作时，必须选取工作表，工作表的选取可通过鼠标单击工作表标签栏进行。

用鼠标单击要操作的工作表标签后，该工作表的内容将出现在工作簿窗口，标签栏中相应标签变为白色，名称下出现下划线。当工作表标签过多以至在标签栏显示不下时，可通过标签栏滚动按钮前后翻阅标签名。

选取多个连续工作表时，可先单击第一个工作表，然后按 Shift 键单击最后一个工作表。选取多个非连续工作表则通过按 Ctrl 键单击选取。多个选中的工作表组成一个工作表组，在标题栏中出现“[工作组]”字样，如图 4.29 所示为 Sheet1 和 Sheet3 组成的工作组。

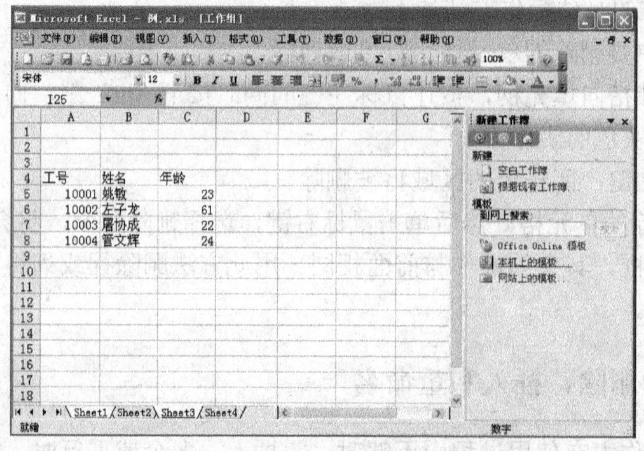

图 4.29 工作组示意图

选定工作组的好处是：在其中一个工作表的任意单元格中输入数据或设置格式时，工作组其他工作表的相同单元格中将出现相同数据或相同格式。显然，如果想在工作簿多个工作表中输入相同数据或设置相同格式，设置工作组将可节省不少时间。

工作组的取消可通过鼠标单击工作组外任意一个工作表标签来进行。

2. 删除工作表

如果想删除整个工作表，只要选中要删除工作表的标签，再选择“编辑”菜单中的“删除工作表”命令即可。整个工作表被删除后，相应标签也将从标签栏中消失。剩下标签名中的序号并不重排。删除工作组的操作与之类似。

注意：工作表被删除后不能用“常用”工具栏的 恢复，所以要慎重。

3. 插入工作表

如果用户想在某个工作表前插入一空白工作表，只需单击该工作表(如 Sheet1)，选择“插入”菜单中的“工作表”命令，就可在 Sheetl 之前插入一个空白的新工作表，且成为活动工作表。如果要插入多张工作表，需要先选择与待添加工作表数目相同的工作表标签后再执行菜单栏中“插入”菜单的“工作表”命令。

4. 重命名工作表

工作表的初始名字为 Sheet1，Sheet2，…，如果在一个工作簿中建立了多个工作表，显然希望工作表的名字最好能反映出工作表的内容，以便于识别。重命名方法为：先用鼠标双击要命名的工作表标签，工作表名将突出显示，再输入新的工作表名，按回车键确定。

4.3.4　工作表的复制或移动

实际运用中，为了更好地共享和组织数据，常常需要复制或移动工作表。复制移动既可以在工作簿之间，又可以在工作簿之内，其操作方式分菜单操作和鼠标操作两种。

1. 使用菜单命令复制或移动工作表

如果在工作簿之间复制或移动工作表，以“Book1.xls”的 Sheetl 复制移动到“Book2.xls”的 Sheet3 之前为例，操作步骤如下：

(1) 打开源工作表所在工作簿“Book1.xls”和所要复制到的工作簿“Book2.xls”。

(2) 鼠标单击所要复制或移动的工作表标签“Sheet1”。

(3) 选择“编辑”菜单中的“移动或复制工作表”命令，出现如图 4.30 所示的“移动或复制工作表”对话框。

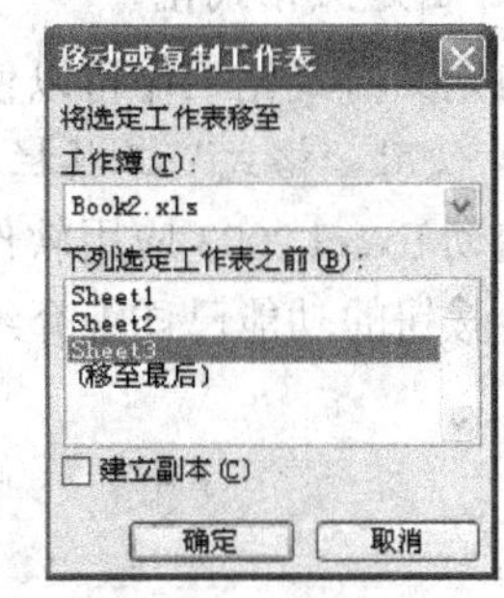

图 4.30　“移动或复制工作表”对话框

(4) 在“工作簿”列表中选择所希望复制或移动到的工作簿“Book2.xls”。

(5) 在“下列选定工作表之前”列表框中选择希望把工作表插在目标工作簿哪个工作表之前，如放在最后可选择“移到最后”选项，本例选 Sheet3。

(6) 如果想复制工作表则选中“建立副本”复选框，否则执行的是移动操作。

工作簿内工作表的复制或移动也可以用上述方法完成，只要在“工作簿”列表框中选择源工作簿即可。

2．使用鼠标复制或移动工作表

工作簿内工作表的复制或移动用鼠标操作更方便。如果想执行复制操作，按住 Ctrl 键，鼠标单击源工作表如 Sheet1，光标变成一个带加号的小表格，鼠标拖拽要复制或移动的工作表标签到目标工作表如 Sheet3 上即可，Sheet1 将复制到 Sheet3 之前。如果想执行移动操作，则不用按 Ctrl 键，直接拖拽即可，此时光标变成一个没有加号的小表格。

工作簿之间工作表的复制或移动需要在屏幕上同时显示源工作簿和目标工作簿，不再细述。

说明：对工作表的操作还可通过快捷菜单来进行。方法是鼠标单击要操作的工作表标签，按下鼠标右键，出现如图 4.31 所示快捷菜单，选择相应命令比用菜单命令快捷许多。

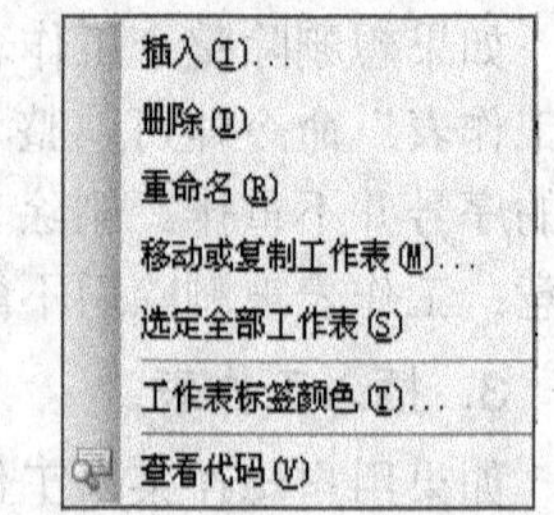

图 4.31 工作表操作快捷菜单

4.4 格式化工作表

工作表建立和编辑后，就可以对工作表中各单元格的数据格式化，使工作表的外观更漂亮；排列更整齐；重点更突出。

4.4.1 格式化单元格

单元格数据格式主要有以下几个内容：数字格式、对齐格式、字体、边框线、图案和保护的设置等。数据的格式化一般通过用户自定义格式化实现，也可通过 Excel 提供的自动格式化功能实现。

1．自定义格式化

自定义格式化工作可以使用两种方法实现：

1) 使用“格式”工具栏

启动 Excel 2003 应用软件后，“格式”工具栏默认显示在主窗口界面上，如图 4.32 所示。各按钮的功能已详细介绍，用户只要按需求选择即可。

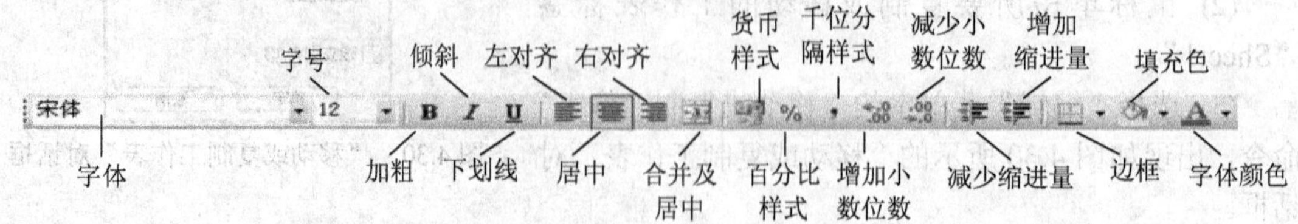

图 4.32 “格式”工具栏

2) 使用“单元格格式”对话框

通过单击“格式”菜单中的“单元格”命令，打开“单元格格式”对话框，如图 4.33 所示。它共有六个标签，下面将分别作详细介绍。相比之下“单元格”命令弹出的对话框

中格式化功能更完善，但工具栏按钮使用起来更快捷、更方便。

在数据的格式化过程中首先选定要格式化的区域，再使用格式化命令。格式化单元并不改变其中的数据和公式，只改变它们的显示形式。

(1) 设置数字格式。“单元格格式”对话框中的“数字”选项卡，如图 4.33 所示，用于对单元格中的数字进行格式化。

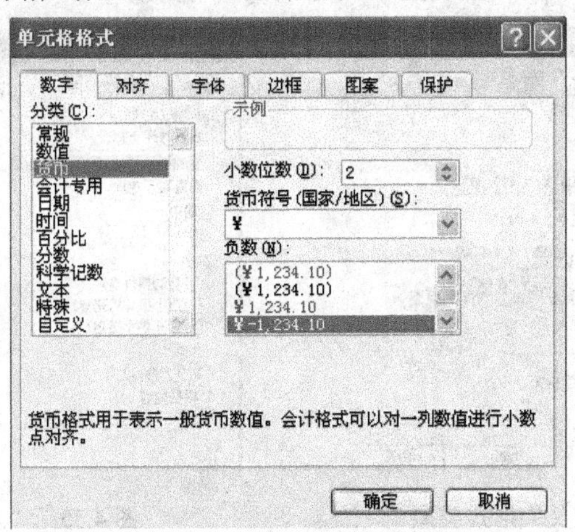

图 4.33 “数字”选项卡

对话框左边的“分类”列表框列出数字格式的类型，右边显示该类型的格式，用户可以直接选择系统已定义好的格式，也可以修改格式，如小数位数等，数字格式示例见表 4.1。

表 4.1 数字格式示例

“分类”列表框	显示格式举例	说 明
常规	1234.567	不包含特定的数字格式
数值	1,234.5670	数字显示，包括小数位、千分位和负数等格式
货币	￥1,234.57	包含数值的格式外，还增加￥等货币符号
会计专用	￥1,234.57	与货币类似，增加小数点对齐
日期	2008 年 3 月 10 日	把数字按日期的格式显示
时间	下午 2 点 23 分	把数字以时间的形式显示
百分比	123456.70%	将数字乘以 100 再加%号，指定小数
分数	123455/97	以分数的形式显示
科学计数	1.2346E+03	以科学计数法表示数值
文本	1234.567	数字以文本来显示
特殊	壹仟贰佰叁拾肆	以中文大小写来显示数字
自定义	￥1,234.57	用户自定义所需的数字格式

说明：“自定义”格式类型如图 4.34 所示，为用户设置自己所需格式提供了便利，实际上它直接以格式符形式提供给用户使用和编辑。在默认情况下，Excel 使用的是“G/通用格式”，即数据向右对齐、文字向左对齐、公式以值方式显示，当数据长度超出单元格长度时用科学记数法显示。数值格式包括用整数、定点小数和逗号等显示格式。“0”表示以

整数式显示；“0.00”表示以两位小数方式显示；“#,## 0.00”表示小数部分保留两位，整数部分每千位用逗号隔开；“[红色]”表示当数据值为负时，用红色显示。

(2) 设置对齐格式。默认情况下，Excel根据输入的数据自动调节数据的对齐格式，比如，文字内容向左对齐、数值内容向右对齐等。利用“单元格格式”对话框的“对齐”选项卡，如图4.35所示，可以自己设置单元格的对齐格式。

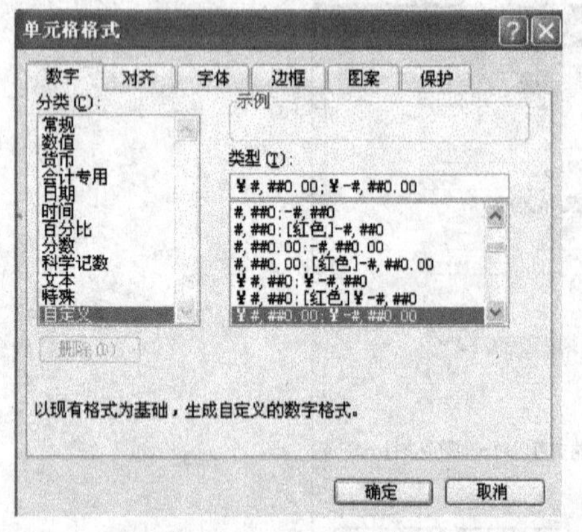

图4.34 “自定义”格式类型

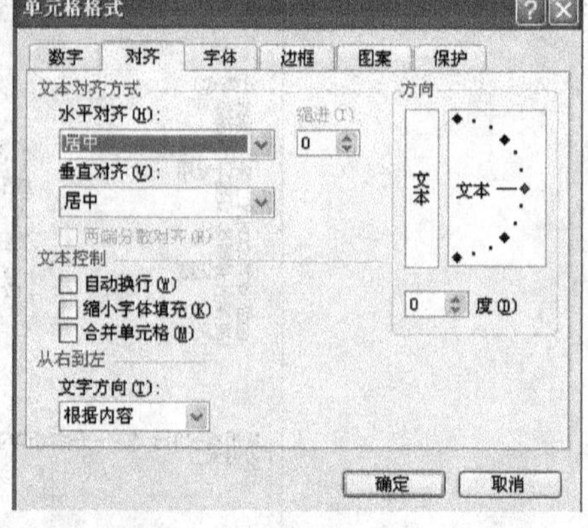

图4.35 “对齐”选项卡

- “水平对齐”列表框：包括常规、左缩进、居中、靠左、填充、两端对齐、跨列居中、分散对齐。
- “垂直对齐”列表框：包括靠上、居中、靠下、两端对齐、分散对齐。

以下复选框选中，用来解决有时单元格中文字较长而被“截断”的情况：

- “自动换行”对输入的文本根据单元格列宽自动换行。
- “缩小字体填充”减小单元格中的字符大小，使数据的宽度与列宽相同。
- “合并单元格”将多个单元格合并为一个单元格和“水平对齐”列表框的“居中”结合，一般用于标题的对齐显示。“格式”工具栏的“合并及居中”按钮直接提供了该功能。
- “方向”框用来改变单元格中文本旋转的角度，角度范围为-90～90。

(3) 设置字体。在Excel中的字体设置中，字体类型、字体形状、字体尺寸是最主要的三个方面。“单元格格式”对话框的“字体”选项卡的各项意义与Word 2003的“字体”对话框相似，在此不作详细介绍。

(4) 设置边框线。默认情况下，Excel的表格线都是一样的淡虚线。这样的边线不适合于突出重点数据，可以给它加上其他类型的边框线。“单元格格式”对话框的“边框”选项卡如图4.36所示。

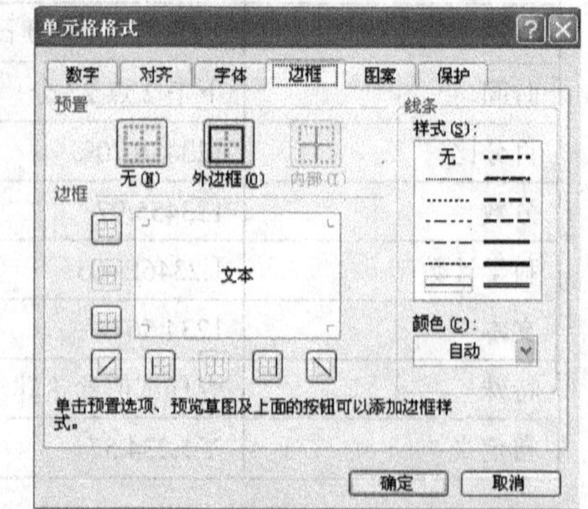

图4.36 “边框”选项卡

边框线可以放置在所选区域各单元格的上、下、左、右、外框(即四周)、斜线上；边框线的样式有点虚线、实线、粗实线、双线等，均可在“样式”框中进行选择；在“颜色”列表框中可以选择边框线的颜色。

边框线也可以通过“格式”工具栏的“边框”列表按钮来设置，这个列表中含有12种

不同边框线的设置。

(5) 设置图案。图案就是指区域的颜色和阴影，设置合适的图案可以使工作表显得更为生动活泼、错落有致。“单元格格式”对话框中的“图案”选项卡如图 4.37 所示。其中“颜色”框用于选择单元格的背景颜色；“图案”框中则有两部分选项：上面三行列出了 18 种图案，下面七行则列出了用于绘制图案的颜色。

“格式”工具栏按钮中的“颜色”按钮可以用来改变单元格的背景颜色。

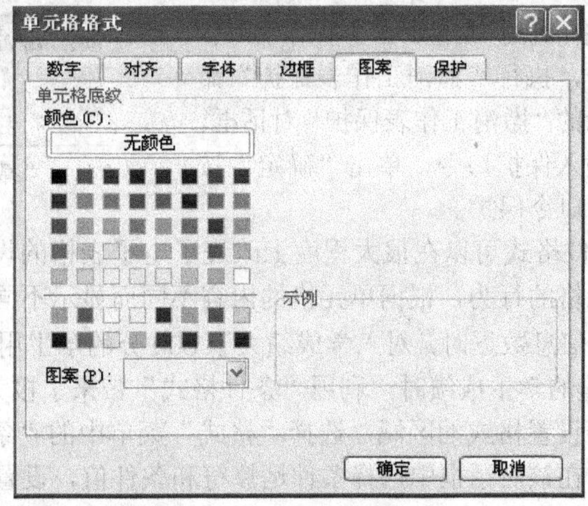

图 4.37　“图案”选项卡

(6) 设置单元格保护。若要使单元格的内容不被他人修改就要对其加以保护，要修改内容，就必须授权，即要有口令。设置单元格保护的操作步骤如下：

① 单击“工具”菜单中的“保护”命令，执行“保护工作表”命令，出现如图 4.38 所示的“保护工作表”对话框。

② 在“取消工作表保护时使用的密码”输入框中输入口令，单击“确定”按钮，出现如图 4.39 所示的“确认密码”对话框。

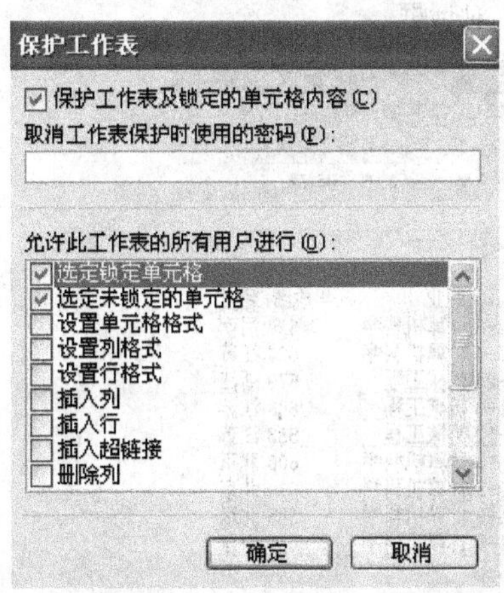

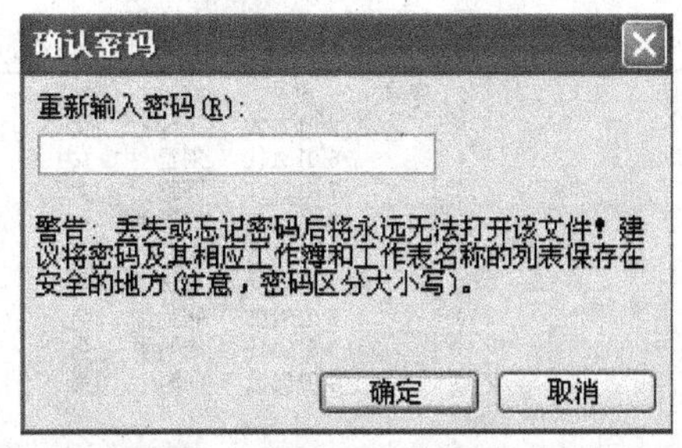

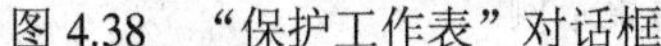

图 4.38　“保护工作表”对话框　　　　图 4.39　“确认密码”对话框

③ 在此对话框的“重新输入密码”输入框中再次输入口令，单击“确定”按钮即可。

④ 若此时从“格式”菜单中选择“单元格”命令，则“单元格”命令的功能失效，表示用户已无权更改单元格。

⑤ 若修改单元格，则出现如图 4.40 所示的警告信息。

图 4.40 警告信息

⑥ 若要撤消单元格的保护功能，可以单击“工具”菜单中的“保护”命令，执行“撤消工作表保护”命令，出现如图 4.41 所示的“撤消工作表保护”对话框。在“密码”输入框中输入保护口令，单击“确定”按钮后就解除了工作表的口令保护。

图 4.41 “撤销工作表保护”对话框

(7) 条件格式。条件格式可以在很大程度上改进了电子表格的设计和可读性，允许指定多个条件来确定单元格的行为，根据单元格的内容不同而显示不同的格式。

例如，在打印学生信息数据时，对入学成绩大于 600 分的学生用醒目的方式表示(如加图案等)，当要处理大量的学生成绩时，利用“条件格式”带来了极大的方便。

操作方法：选定要设置格式的区域；选择“格式”菜单中的“条件格式”命令，弹出“条件格式”对话框，在该对话框中选择条件运算符和条件值，设置格式(本例为大于 600 分，加红色图案)如图 4.42 所示，结果如图 4.43 所示，在该图中，涉及到字体、字型、合并及居中、边框线、图案、最合适的列宽等格式的设置。

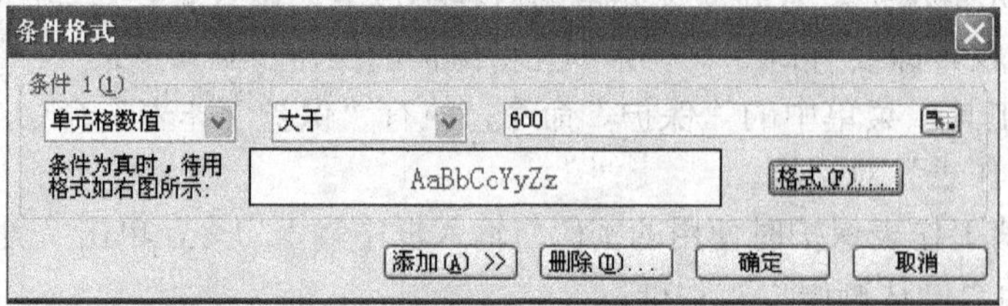

图 4.42 “条件格式”对话框

Microsoft Excel - 学生信息数据清单.xls

	A	B	C	D	E	F	G	H
1				学生基本信息表				
2	序号	学号	姓名	性别	出生日期	专业	入学成绩	籍贯
3	2	012122	王玲	女	1983-2-6	计算机科学	620	河南
4	6	013118	刘莹	女	1983-7-4	计算机科学	594	江苏
5	7	011110	齐越	女	1984-11-24	机械工程	579	浙江
6	8	011135	韩泰英	女	1985-1-9	机械工程	608	江苏
7	9	011127	金燕	女	1985-1-10	机械工程	583	江苏
8	1	012130	李辉	男	1981-3-15	计算机科学	600	北京
9	5	013105	张远航	男	1981-12-8	计算机科学	630	北京
10	3	012115	朱明明	男	1982-4-9	计算机科学	585	北京
11	4	013101	何凯	男	1984-11-5	计算机科学	612	山东
12								

图 4.43 条件格式设置结果示例

“条件格式”对话框提供了最多三个条件表达式，也就是说，可以对不同表达式设置不同的格式，如处理学生成绩时，对不及格、及格、优的不同分数段的成绩以不同的格式显示。对已设置的条件格式可以利用“删除”按钮进行格式删除，利用“添加”按钮进行

条件格式的添加。

2．自动格式化

可以利用“格式”菜单或“格式”工具栏按钮对工作表中的单元格逐一进行格式化，但每次都这样做过于繁琐，Excel 提供自动套用格式的功能，预定义好了十多种制表格式供用户选用。这样既节省了大量的时间，又有较好的效果。

自动格式化的操作步骤如下：

(1) 选定要格式化的区域。

(2) 选择“格式”菜单中的“自动套用格式”命令，显示对话框，如图 4.44 所示。

(3) 在对话框左边的“格式”框中选择某种已有的格式，在中间的“示例”框中显示出了所选格式的预览。

(4) 若单击“选项”按钮，可扩展“应用格式种类”框(见图 4.44 的底部)，取消某个复选按钮，可保持工作表中原有该项格式。

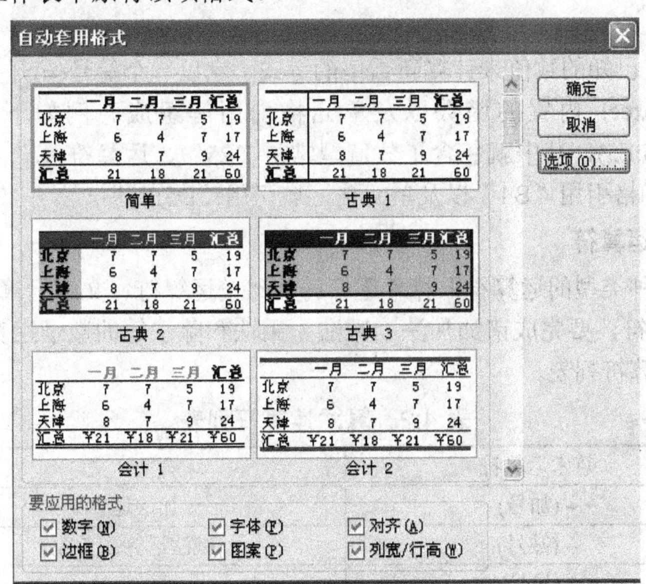

图 4.44　“自动套用格式”对话框

4.4.2　格式的复制和删除

对已格式化的数据区域，如果其他区域也要使用该格式，可以不必重复设置格式，通过格式复制可快速完成，也可以把不满意的格式删除。

1．格式复制

格式复制一般使用“常用”工具栏的“格式刷”按钮。格式复制的操作步骤如下：

(1) 选定所需格式的单元格或区域。

(2) 单击按钮，这时鼠标指针变成刷子。

(3) 用鼠标指向目标区域并拖拽即可。

格式复制也可以使用“编辑”菜单中的“复制”命令确定复制的格式，然后选定目标区域，使用“编辑”菜单中的“选择性粘贴”命令来实现对目标区域的格式复制。

2. 格式删除

当对已设置的格式不满意时，可以单击“编辑”菜单中的“清除”命令进行格式的清除。格式清除后单元格中的数据以通用格式来表示。

4.5 公式和函数的使用

公式和函数是 Excel 的重要组成部分，有着非常强大的计算功能，为用户分析和处理工作表中的数据提供了很大的方便。在工作表中，可以使用公式和函数对表格中的原始数据进行处理，除了进行简单的算术运算(加、减、乘、除)之外，还可以完成较为复杂的财务统计和科学计算等工作。

4.5.1 使用公式

公式就是通过已知的数值来计算新数值的等式，它以一个等号(=)开头，由常量、各种运算符、一些 Excel 内置的函数以及单元格引用等组成。例如下面的一个公式：=(B4+25)/SUM(D5:F5)，其中就包含了数值型常量“25”、运算符“/”、Excel 内置函数“SUM( )”和单元格引用“B4”以及单元格区域引用“D5:F5”。

1. 公式中的运算符

Excel 包含四种类型的运算符：算术运算符、比较运算符、文本运算符和引用运算符。

(1) 算术运算符。要完成诸如加法、减法、乘法和除法等的数学运算，可以使用如表 4.2 所示的算术运算符列表。

表 4.2 算术运算符列表

算术运算符	含　义
+ (加号)	加法运算
– (减号)	减法运算或负数
* (星号)	乘法运算
/ (斜杠)	除法运算
% (百分号)	百分比
^ (插入符号)	幂的运算

(2) 比较运算符。要完成两个值的比较，可以使用如表 4.3 所示的比较运算符列表。用这些运算符对两个值进行比较时，运算的结果是一个逻辑值，即 TRUE 或 FALSE。

表 4.3 比较运算符列表

比较运算符	含　义
= (等号)	等于
> (大于号)	大于
< (小于号)	小于
>= (大于等于号)	大于等于
<= (小于等于号)	小于等于
< > (不等于号)	不等于

(3) 文本运算符。该运算符主要是文本连接运算符(&)，它可以将多个字符串连接起来产生一串文本，例如“北京”&“欢迎您”就会产生新的字符串“北京欢迎您”。

(4) 引用运算符。使用如表 4.4 所示的引用运算符可以将单元格区域合并计算。

表 4.4　引用运算符列表

算术运算符	含　义
：(冒号)	区域运算符，例如(A1:C3)
，(逗号)	联合运算符，例如 SUM(A1:B2,C3)

2. 运算符优先级

在 Excel 中含有多种运算符，每一种运算符都有一个固定的运算优先级。如果在一个公式中含有多个运算符，则 Excel 将由高级到低级进行计算，即按各个运算符的运算次序从左到右进行运算。

各种运算符的优先级如表 4.5 所示，其中优先级的数字越小，该运算符的运算优先级别就越高。

表 4.5　运算符的比较级

运算符	说　明	优先级
：和 ，	引用运算符	1
—	负号	2
%	百分比	3
^	乘幂	4
* 和 /	乘和除	5
+ 和 —	加和减	6
&	文本连接符	7
=、<、>、>=、<=、<>	比较运算符	8

如果公式中包含相同优先级的运算符，则 Excel 将从左到右进行计算。

如果要改变公式中一些运算符的优先级别，可以将公式中先要计算的部分用括号括起来，Excel 将先计算括号内的部分，再计算括号外的部分。

4.5.2　公式的输入及编辑

了解了 Excel 公式的基本组成以及各种运算符之后，就要开始在工作表的单元格中输入公式及对公式进行编辑等操作了。

1. 公式的输入

输入公式有两种方法，下面分别加以介绍。

1) 在单元格内输入公式

在单元格内输入公式的方法很简单，其操作步骤如下：

(1) 在工作表中选中一个单元格，如 C2。

(2) 在单元格内输入等号(=)。

(3) 在等号后面输入公式的内容，例如：=(50+25)/5−10。

(4) 单击 Enter 键或单击编辑栏中的“输入”按钮✓，在单元格中即显示公式计算后的值“5”。

2) 在编辑栏中输入公式

在编辑栏中输入公式的操作步骤如下：

(1) 在工作表中选中一个单元格，如 C2。

(2) 在编辑栏中输入等号(=)。

(3) 在等号后面输入公式的内容，例如：=(50+25)/5−10。

(4) 单击 Enter 键或单击编辑栏中的“输入”按钮✓，即可在单元格中显示公式计算后的值。

说明：如果输入公式有错，需要重新输入，可以在按 Enter 键之前单击“编辑栏”上的“取消”按钮×或按 Esc 键；如果已经按下了 Enter 键，就先选中该单元格，再按 Delete 键，然后输入新的公式即可。

2. 公式的编辑

输入了公式以后，如果需要对已有的公式进行编辑修改，可以使用下列两种方法进行：

(1) 双击要修改的公式所在的单元格，在单元格中出现公式的内容，移动鼠标光标，即可对公式进行修改。

(2) 单击要修改的公式所在的单元格，再单击编辑栏上相应的公式，移动鼠标光标，即可对公式进行修改。

3. 公式的移动和复制

同单元格内容一样，单元格中的公式也可以移动或复制到其他单元格中，从而提高工作效率。移动公式时，公式内的单元格引用不会更改，而复制公式时，单元格的引用会根据所用引用类型而变化。

1) 移动公式

要移动公式，最简单的方法就是：选中包含公式的单元格，将鼠标指针移到单元格的边框线上，当鼠标指针变成十字箭头形状时，按住鼠标左键不放，将其拖到目标单元格后释放鼠标即可。

也可通过剪切、粘贴的方法来移动公式。

2) 复制公式

复制公式可以使用填充柄，也可以使用复制、粘贴命令。其中利用复制、粘贴的方法与复制单元格内容的操作一样，可参考前面学过的知识，但是此方法会将单元格中的所有信息都粘贴进来(如单元格格式)，利用“选择性粘贴”命令可以只将其中的公式复制过来。

(1) 使用填充柄。在 Excel 中，当想将某个单元格中的公式复制到同列(行)中相邻的单元格时，可以通过拖动“填充柄”来快速完成。操作方法如下：按住鼠标左键向下(也可以是上、向左或向右，据实际情况而定)拖动要复制的公式的单元格右下角的填充柄，到目标位置后释放鼠标即可。

(2) 使用“选择性粘贴”功能。首先选中包含要进行复制的公式的单元格或单元格区域进行复制，然后单击目标单元格或区域，再单击“编辑”菜单中的“选择性粘贴”命令，打开“选择性粘贴”对话框，如图 4.45 所示。此时在该对话框中选择“公式”单选按钮。

最后单击“确定”按钮，公式即被粘贴到选定的单元格或区域中。

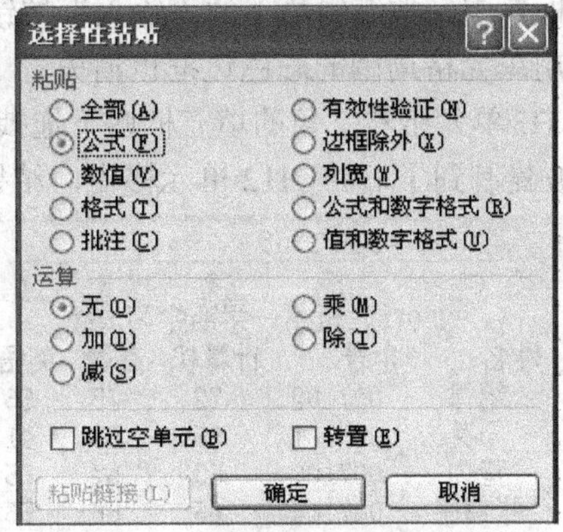

图 4.45　“选择性粘贴”对话框

4．单元格引用

Excel 中利用单元格引用表示工作表中的单元格或单元格区域，并指明公式中所使用的数据的位置，通过引用可以在公式中使用工作表中不同部分的数据；同一工作簿中不同工作表的单元格；不同工作簿中的单元格或在多个公式中使用同一单元格的数值。引用分为相对引用、绝对引用、混合引用样式。

1) 相对引用

相对引用是指包含公式的单元格与被引用的单元格之间的位置是相关的，单元格或单元格区域的引用是相对于包含公式的单元格的相对位置而言的，即如果将公式从某个单元格复制或填充到其他单元格，公式中引用的单元格的地址也会发生改变，相对引用将自动调整计算结果。

相对引用是用单元格所在的列标和行号作为其引用或者用单元格区域的左上角单元格的引用 + 冒号(:) + 右下角单元格引用表示。例如，B3 引用了第 B 列与第 3 行交叉处的单元格，B3:F7 引用了以单元格 B3 为左上角、以 F7 为右下角的矩形单元格区域。

新建一个成绩工作表，如图 4.46 所示。可利用相对引用样式引用单元格，计算出“本学期总分”的数据，具体的操作步骤如下：

H3　=E3+F3+G3

	A	B	C	D	E	F	G	H
1	2007级1班第一学期学习成绩							
2	学期	班级	姓名	学号	计算机	高数	英语	本学期总分
3	1	1	纪律	007102	72	75	56	203
4	1	1	马英	007101	66	55	41	
5	1	1	普为	007109	53	57	65	
6	1	1	张伟平	007104	65	66	56	
7	1	1	丁莉莉	007105	64	70	59	
8	1	1	葛爱民	007108	77	55	65	
9	1	1	马银熊	007107	57	58	98	
10	1	1	张大明	007106	53	66	25	
11	1	1	李政	007110	64	98	58	
12	1	1	张伟	007103	80	81	89	

图 4.46　相对引用的例子

(1) 选定工作表中的单元格 H3，在其中输入公式“=E3+F3+G3”，此时被引用的单元格 E3、F3、G3 被彩色的边框包围，按编辑栏上的“输入”按钮✔后，该单元格内将显示公式的计算结果，同时被引用单元格周围的彩色边框也消失。

(2) 按住鼠标左键，拖动H3单元格右下角的填充柄向下拖拽至单元格H12处松开鼠标，这样单元格 H3 内的公式就被复制到了 H4～H12 单元格内，结果如图 4.47 所示。

H3 | fx =E3+F3+G3

	A	B	C	D	E	F	G	H
1	2007级1班第一学期学习成绩							
2	学期	班级	姓名	学号	计算机	高数	英语	本学期总分
3	1	1	纪律	007102	72	75	56	203
4	1	1	马英	007101	66	55	41	162
5	1	1	普为	007109	53	57	65	175
6	1	1	张伟平	007104	65	66	56	187
7	1	1	丁莉莉	007105	64	70	59	193
8	1	1	葛爱民	007108	77	55	65	197
9	1	1	马银熊	007107	57	58	98	213
10	1	1	张大明	007106	53	66	25	144
11	1	1	李政	007110	64	98	58	220
12	1	1	张伟	007103	80	81	89	250

图 4.47　相对引用复制公式

从以上实例中，我们可以看到单元格 H4～H12 中的数据都是其左边 3 个单元格中的数值相加计算的结果值。将单元格 H3 中的公式复制到 H4～H12 单元格后，这些单元格内的公式中的单元格引用也随着单元格位置的改变发生了变化。选中单元格 H4，可以看到其中的公式变为“=E4+F4+G4”，即单元格位置向下移动了一行，公式中的相对引用也相应地改变了。公式的复制操作是复制了原始单元格取值位置的相对关系。

如果在输入公式时，已经输入参与运算的单元格的值，例如在 H3 单元格中输入“=72+75+56”，则只有在自己更改公式时其结果才会更改。而如果在公式中输入参与运算的单元格的相对引用，这样当单元格的位置发生变化时，计算结果自动更新，这样不仅可以简化公式的输入操作，而且可以保证数据的正确性。

单元格的相对引用在建立这种有规律的公式时特别有用。不管有多少名学生，仅需拖动填充柄，便可以完成全部学生的成绩总分的计算。

2) 绝对引用

如果在复制公式时不希望 Excel 自动调整引用，可以使用绝对引用。所谓绝对引用是指公式中引用的单元格的地址与公式所在单元格的位置无关，即被引用的单元格地址不随公式所在单元格位置的变化而变化。无论将公式粘贴到哪一个单元格，公式所引用的还是原来单元格的数据。

绝对引用的单元格在其行号和列标前分别加上美元符号“$”，例如，$B$3 表示单元格 B3 的绝对引用，$B$3:$F$7 表示单元格区域 B3:F7 的绝对引用。

将上例中 H3 单元格内的公式改为“=$E$3+$F$3+$G$3”，可以看到 H3 单元格的计算结果与使用相对引用时一样。然后将公式复制到 H4～H12 单元格中，各个单元格内的计算结果仍为“E3”、“F3”和“G3”三个单元格数据相加之和，如图 4.48 所示。也就是说，公式被复制到其他单元格后，公式中引用的单元格的地址并没有发生改变。

H3　字体　fx =$E$3+$F$3+$G$3

	A	B	C	D	E	F	G	H
1	2007级1班第一学期学习成绩							
2	学期	班级	姓名	学号	计算机	高数	英语	本学期总分
3	1	21	纪律	007114	72	75	56	203
4	1	21	马英	007101	66	55	41	203
5	1	21	普为	007109	53	57	65	203
6	1	21	张伟平	007125	65	66	56	203
7	1	22	丁莉莉	007212	64	70	59	203
8	1	22	葛爱民	007221	77	55	65	203
9	1	22	马银熊	007207	57	58	98	203
10	1	22	张大明	007206	53	66	25	203
11	1	23	李政	007318	64	98	58	203
12	1	23	张伟	007203	80	81	89	203
13								

图 4.48　使用绝对引用的公式复制后的结果

当然这种使用绝对引用的公式，在进行复制后，公式运算的结果肯定不符合要求。

3) 混合引用

所谓混合引用是指行采用相对引用而列采用绝对引用或行采用绝对引用而列采用相对引用的单元格引用。例如，$B3、B$3 都是混合引用。

混合引用的作用在于，当复制公式时，保持某行或某列的地址固定不变。即如果公式所在单元格的位置改变，则相对引用改变，而绝对引用不变。如果在多行或多列复制公式，则相对引用自动调整，而绝对引用不作调整。绝对引用列采用$A1、$B1 等形式，绝对引用行采用 A$1、B$1 等形式。

说明：为了简化绝对引用、相对引用和混合引用的输入问题，可以根据需要在它们之间进行切换。Excel 专门设立了快捷键 F4 对单元格的引用进行转换，即先选中包含公式的单元格，然后在编辑栏中用鼠标选定要更改的单元格引用，每按一次 F4 键，选定的单元格引用就在绝对引用、相对引用和两种混合引用之间循环变化一次。

4.5.3　使用函数

所谓函数，就是 Excel 中预定义的具有一定功能的内置公式。对于一些繁琐的公式，如前面用到的求学生总分的连续求和公式，采用人工编写公式，这种方法不仅容易出错，而且工作效率较低。此外，我们日常生活中还经常用到求平均值、最大值、最小值、统计数量等操作，Excel 将这些功能都转换成了函数，从而使输入量减少，也降低了输入错误的概率。

函数按照特定的顺序进行运算，这个特定顺序就是语法。每个函数都是以函数名称开始(例如我们在前面提到的 SUM 求和函数)，函数名之后是圆括号，在括号中间的是函数参数，它由用户提供给函数，以便进行运算并生成结果。大多数参数的数据类型是确定的，可以是数字、文本字符、逻辑值、单元格引用或表达式等。

函数与公式的区别在于公式是以等号开始的，当函数名称前加上一个等号时，函数就可以当成公式使用。

1. 函数的类型

Excel 提供了丰富的内置函数，大约有几百种，按照其功能可以分为以下几类：

- 数据库函数：分析和处理数据清单中的数据。
- 日期与时间函数：在公式中分析和处理日期和时间值。
- 工程函数：对数值进行各种工程上的运算和分析。
- 财务函数：对数值进行一般的财务运算。
- 信息函数：用于确定保存在单元格中的数据类型。
- 逻辑函数：用于进行真假值判断或者进行复合检验。
- 查找与引用函数：在数据清单或工作表中查找特定数值，还可以查找某一单元格的引用。
- 数学与三角函数：处理各种简单的数学运算。
- 统计函数：对数据进行统计分析。
- 文本函数：对字符串进行各种运算与操作。

2．函数的输入

在工作表中建立函数的方法有三种：直接输入法，利用“插入函数”方法输入函数，使用函数下拉列表输入函数。

1) 直接输入法

如果能记住函数的名称、参数，可直接在单元格中输入函数。输入方法如下：

(1) 选中要输入函数的单元格。

(2) 依次输入等号(=)、函数名、括号及具体参数。

(3) 单击编辑栏中的“输入”按钮✓或按 Enter 键，单元格中即可显示公式运算的结果。

2) 利用“插入函数”方法输入函数

由于 Excel 提供了大量的函数，并且有许多函数不经常使用，因此，用户很难记住函数及其用法。如果利用“插入函数”方法，可以按照系统指示，逐步选择需要的函数及其相应的参数，其具体操作方法如下：

(1) 选中要输入函数的单元格。

(2) 选择“插入”菜单中的“函数”命令或者单击编辑栏左侧的“插入函数”按钮 fx，弹出如图 4.49 所示的“插入函数”对话框。

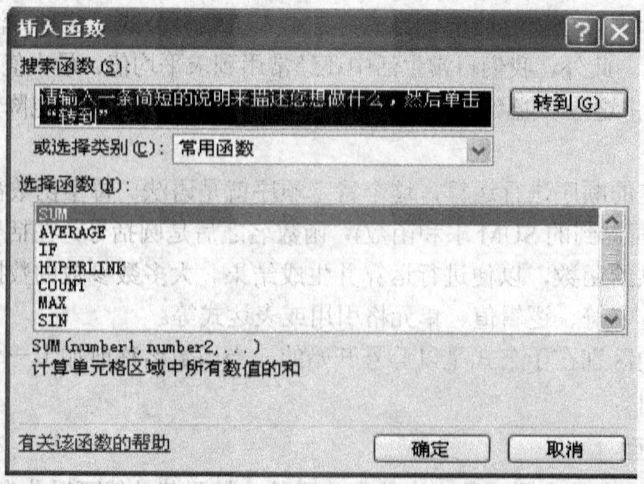

图 4.49 “插入函数”对话框

(3) 在“插入函数”对话框中的“选择类别”下拉列表中选择一种函数类型。在“选择函数”列表框中选择一种函数名，此时列表框的下方会出现关于该函数功能的简单提示；也可以在“搜索函数”框中输入要搜索的内容进行函数的查找。

(4) 单击“确定”按钮，将会出现如图4.50所示的“函数参数”对话框。

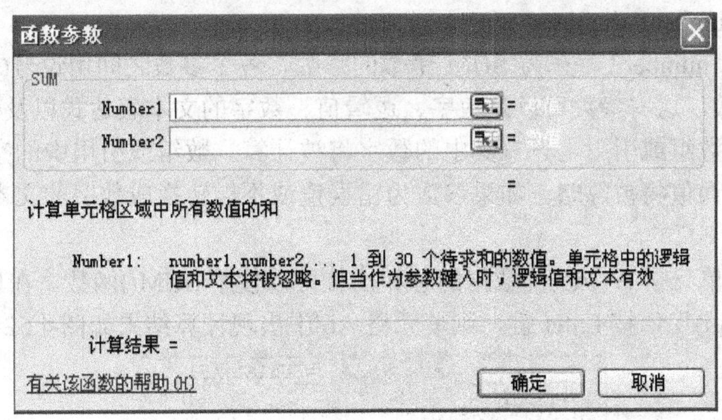

图4.50 “函数参数”对话框

(5) 在“函数参数”对话框中可以给函数添加参数，既可以在各文本框中输入数值、单元格或单元格区域的引用，也可以用鼠标在工作表中选定单元格区域。参数输入完成后，公式的计算结果将出现在该对话框的最下方“计算结果=”的后面。

(6) 单击“确定”按钮，计算结果将显示在选中的单元格中。

3) 使用函数下拉列表输入函数

当用户在单元格中输入“=”后，位于编辑栏左侧原来用于显示单元格地址的编辑框中将显示函数名称。单击其右侧的▼按钮，将打开函数列表，从中可以选择某个函数，如图4.51所示，同样也将打开如图4.50所示的“函数参数”对话框。

Microsoft Excel - 例.xls

文件(F) 编辑(E) 视图(V) 插入(I) 格式(O) 工具(T) 数据(D) 窗口(W) 帮

SUM ▼ × ✓ fx =

SUM
AVERAGE
IF
HYPERLINK
COUNT
MAX
SIN
SUMIF
PMT
STDEV
其他函数...

	A	B	C	D	E	F	G	H
1			2007级1班第一学期学习成绩					
2			姓名	学号	计算机	高数	英语	本学期总分
3			纪律	007102	72	75	56	=
4			马英	007101	66	55	41	
5			普为	007109	53	57	65	
6			张伟平	007104	65	66	56	
7			丁莉莉	007105	64	70	59	
8			葛爱民	007108	77	55	65	
9	1	1	马银熊	007107	57	58	98	
10	1	1	张大明	007106	53	66	25	
11	1	1	李政	007110	64	98	58	
12	1	1	张伟	007103	80	81	89	

图4.51 在函数下拉列表中选择函数

3. 常用函数

Excel提供了许多的函数，如果要用户一一熟悉这些函数，可能有些困难。Excel在“插入函数”等对话框中提供了“有关该函数的帮助”，从中可以获得选定函数的帮助信息。

此外，Excel 还将经常使用的一些函数作为常用函数提供给用户，如求和函数 SUM( )、求平均函数 AVERAGE( )、求最大值函数 MAX( )、求最小值函数 MIN( )等。

1) 求和函数 SUM( )

SUM 函数的功能是将函数的各个参数进行求和。语法格式为

SUM(number1, number2, …)

其中，number1，number2，… 为 SUM 函数的参数，各个参数之间用逗号(,)隔开。函数中最多有 30 个参数，这些参数可以是数字、逻辑值、数字的文本表达式以及单元格引用。

如果参数为数组或引用，只有其中的数字将被计算。数组或引用中的空白单元格、逻辑值、文本或错误值将被忽略。如果参数为错误值或不能转换成数字的文本，也将会导致错误。

例如，计算单元格 A1:A5 中数据的总和，就可以使用 SUM()函数。在单元格 A6 中输入“=SUM(A1:A5)”，按 Enter 键，则单元格 A6 中出现计算结果如图 4.52 所示。

A6 ▼ fx =SUM(A1:A5)

	A	B	C	D
1	15			
2	16			
3	29			
4	37			
5	18			
6	115			

图 4.52 SUM 函数的应用

2) 平均值函数 AVERAGE( )

平均值函数的作用是返回参数的平均值(算术平均值)。语法格式为

AVERAGE(number1，number2，…)

其中，number1，number2，… 等为需要计算平均值的 1 到 30 个参数。参数可以是数字，或者是包含数字的名称、数组或引用。如果数组或引用参数包含文本、逻辑值或空白单元格，则这些值将被忽略，但包含零值的单元格将被计算在内。

例如，计算单元格 A1:A5 中数据的平均值，这时就可以使用 AVERAGE( )函数。在单元格 A6 中输入“=AVERAGE (A1:A5)”，按 Enter 键，则单元格 A6 中出现的计算结果如图 4.53 所示。

A6 ▼ fx =AVERAGE(A1:A5)

	A	B	C	D
1	15			
2	16			
3	29			
4	37			
5	18			
6	23			

图 4.53 AVERAGE 函数的应用

3) 最大值函数 MAX( )

如果要在多个数据中找到最大值，可以使用最大值函数 MAX( )来解决，该函数将返回一组值中的最大值。语法格式为

MAX(number1, number2, …)

其中，number1，number2，… 等是要从中找出最大值的 1 到 30 个数字参数。可以将参数

指定为数字、空白单元格、逻辑值或数字的文本表达式。若参数为错误值或不能转换成数字的文本，将产生错误；若参数为数组或引用，则只有数组或引用中的数字将被计算，数组或引用中的空白单元格、逻辑值或文本将被忽略。若参数不包含数字，函数 MAX 返回 0(零)。例如，找出区域中数字的最大值，如图 4.54 所示。

A6	=MAX(A1:A5)			
	A	B	C	D
1	15			
2	16			
3	29			
4	37			
5				
6	37			

图 4.54　MAX 函数的应用

4) 最小值函数 MIN( )

如果要在多个数据中找到最小值，可以使用最小值函数 MIN( )来解决，该函数将返回一组值中的最小值。语法格式为

MIN(number1, number2, …)

其中，number1，number2，… 等是要从中找出最小值的 1 到 30 个数字参数。可以将参数指定为数字、空白单元格、逻辑值或数字的文本表达式。若参数为错误值或不能转换成数字的文本，将产生错误；若参数为数组或引用，则只有数组或引用中的数字将被计算，数组或引用中的空白单元格、逻辑值或文本将被忽略；若参数不包含数字，则函数 MIN 返回 0(零)。例如，找出区域中数字的最小值，如图 4.55 所示。

A6	=MIN(A1:A5)			
	A	B	C	D
1	15			
2	16			
3	29			
4	37			
5				
6	15			

图 4.55　MIN 函数的应用

5) 参数个数函数 COUNT( )

COUNT( )函数返回包含数字以及参数列表中的数字的单元格的个数。利用函数 COUNT 可以计算单元格区域或数字数组中数字字段的输入项个数。语法格式为

COUNT(value1, value2, …)

其中，value1，value2，… 等为包含或引用各种类型数据的 1 到 30 个参数，但只有数字类型的数据才被计算。函数 COUNT 在计数时，将把数字、日期或以文本代表的数字计算在内；但是错误值或其他无法转换成数字的文字将被忽略。如果参数是一个数组或引用，那么只统计数组或引用中的数字；数组或引用中的空白单元格、逻辑值、文字或错误值将都被忽略。

例如，计算某个已选定区域中包含多少个数字。该区域“A1:A5”中包含数字、文字和日期，在单元格“A6”中输入“=COUNT(A1:A5)”，按 Enter 键，由于只计算数字和日期而忽略了文本，单元格“A6”中的结果为“4”，如图 4.56 所示。

A6 ▼ fx =COUNT(A1:A5)

	A	B	C	D
1	15			
2	16			
3	29			
4	2001-4-1			
5	文字			
6	4			

图 4.56　COUNT 函数的应用

6) 参数个数函数 COUNTA

返回参数列表中非空值的单元格个数。利用函数 COUNTA 可以计算单元格区域或数组中包含数据的单元格个数。语法格式为

COUNTA(value1, value2, …)

其中，value1，value2，… 等为所要计算的值，参数个数为 1 到 30 个。在这种情况下，参数值可以是任何类型，它们可以包括空字符(" ")，但不包括空白单元格。如果参数是数组或单元格引用，则数组或引用中的空白单元格将被忽略。若不需要统计逻辑值、文字或错误值，请使用函数 COUNTA。例如，计算某区域中非空值的单元格个数，如图 4.57 所示。

A6 ▼ fx =COUNTA(A1:A5)

	A	B	C	D
1	15			
2	16			
3	29			
4				
5	TRUE			
6	4			

图 4.57　COUNTA 函数的应用

7) 逻辑函数 IF( )

逻辑函数 IF( )执行真假值的判断，根据逻辑计算的真假值，返回不同的结果，可以使用函数 IF( )对数值和公式进行条件检测。语法格式为

IF(logical_test，value_if_true，value_if_false)

- logical_test：表示计算结果为 TRUE 或 FALSE 的任意值或表达式。例如，A10=100 就是一个逻辑表达式，如果单元格 A10 中的值等于 100，表达式即为 TRUE，否则为 FALSE。
- value_if_true：logical_test 为 TRUE 时返回的值。
- value_if_false：logical_test 为 FALSE 时返回的值。

例如，利用 IF( )函数查看结果是否正确，如图 4.58 所示。

A3 ▼ fx =IF(A1>A2,"T","F")

	A	B	C	D	E
1	15				
2	16				
3	F				

图 4.58　IF 函数的应用

4.5.4　使用单变量求解

单变量求解是寻求公式的特定解。它好比解一个一元一次方程，已知结果，根据公式求出变元。下面介绍单变量求解在实际工作中的应用。

例：某公司一季度的最高开支限制为 40 000 元，其中职工工资、房租、广告等费用已不能调整，而只能控制水电费及电话费，应该将水电话费限制为多少？

通过单变量求解可以很方便地计算出结果，具体操作步骤如下：

(1) 在工作表中输入如图 4.59 中所示的数据。

(2) 执行菜单栏“工具”菜单中的“单变量求解”命令。

(3) 在打开的“单变量求解”对话框中，单击“选择”按钮选择“目标单元格”为“$B$6”，“目标值”输入“40000”，“可变单元格”选择为“$B$5”，如图 4.60 所示。

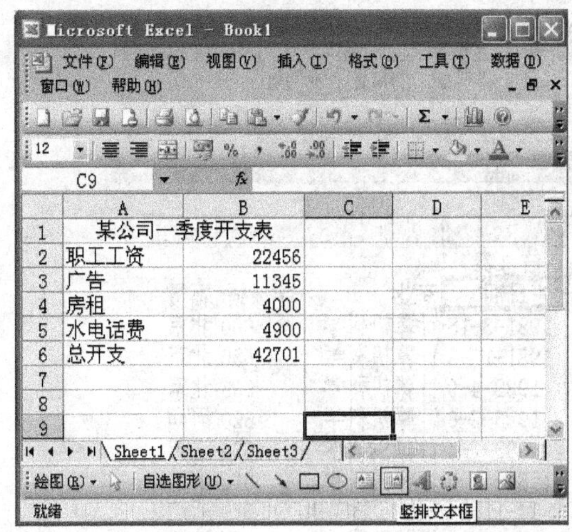

图 4.59　用于创建单变量求解的数据

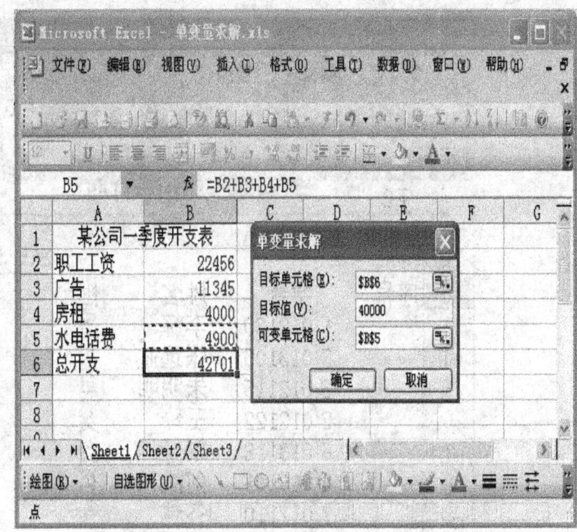

图 4.60　“单变量求解”对话框

(4) 单击“确定”按钮，便可以看到最后的结果。

4.6　数据处理和分析

Excel 不仅可以在工作表中进行快速有效的公式和函数运算，而且还具有数据库的基本功能，即对数据进行管理维护以及检索功能，这些基本功能是通过数据清单来实现的，通过数据清单可以完成数据排序、数据筛选、数据的分类汇总等。

所谓数据清单，就是包含相关数据的一系列工作表数据行，这些工作表数据行符合一定的准则。在执行数据库操作(即数据的查询、增加、修改、删除、统计汇总等操作)时，Excel 会自动将数据清单当作数据库表并使用数据清单元素(行和列)来组织数据。

4.6.1　数据的排序

在日常工作中，用户经常需要关心数值型数据大小的排列顺序，例如对学生成绩按高低顺序进行排列，这种将数据记录按一些字段数值的大小进行排列的操作就是排序。

Excel 提供了多种排序方法，下面分别加以介绍。

1．简单排序

简单排序是指只根据单个字段值进行排序，这种排序方法比较简单，利用“常用”工具栏上的“升序”按钮或“降序”按钮，就可以实现对某一字段值按递增方式或递减方式进行排序。

例如，打开“学生信息数据清单.xls”，按学生的“出生日期”从小到大进行排序。

(1) 选中数据清单中要进行排序的字段列中的某一单元格，本例中为 E 列中的某一单元格，如 E3。

(2) 单击“常用”工具栏上的“升序”按钮，即可实现按“出生日期”的递增排序，排序结果如图 4.61 所示。

Microsoft Excel - 学生信息数据清单.xls

文件(F) 编辑(E) 视图(V) 插入(I) 格式(O) 工具(T) 数据(D) 窗口(W) 帮助(H)

宋体 12 100%

E2 出生日期

	A	B	C	D	E	F	G	H
1	学生基本信息表							
2	序号	学号	姓名	性别	出生日期	专业	入学成绩	籍贯
3	1	012130	李辉	男	1981-3-15	计算机科学	600	北京
4	5	013105	张远航	男	1981-12-8	计算机科学	630	北京
5	3	012115	朱明明	男	1982-4-9	计算机科学	585	北京
6	2	012122	王玲	女	1983-2-6	计算机科学	620	河南
7	6	013118	刘莹	女	1983-7-4	计算机科学	594	江苏
8	4	013101	何凯	男	1984-11-5	计算机科学	612	山东
9	7	011110	齐越	女	1984-11-24	机械工程	579	浙江
10	8	011135	韩泰英	女	1985-1-9	机械工程	608	江苏
11	9	011127	金燕	女	1985-1-10	机械工程	583	江苏
12								

图 4.61　排序后的数据清单

2．复杂排序

在按单列进行排序后，可能会遇到一列中有相同数据的情况。针对这种情况，可能还需要进一步排序，即在这一列中有相同数据时，再按另一列的数据大小顺序进行排列，这就是按多列数据进行排序。在 Excel 中，最多只允许同时对三列数据进行排序。

显然，当要对数据清单按多列数据进行排序时，利用“升序”或“降序”按钮无法实现，这时可以使用“数据”菜单中的“排序”命令，操作方法如下：

(1) 选定要排序的数据区域。如果对整个数据清单进行排序，可以选择该数据清单中的任意一个单元格。

(2) 选择“数据”菜单中的“排序”命令，弹出“排序”对话框，如图 4.62 所示。

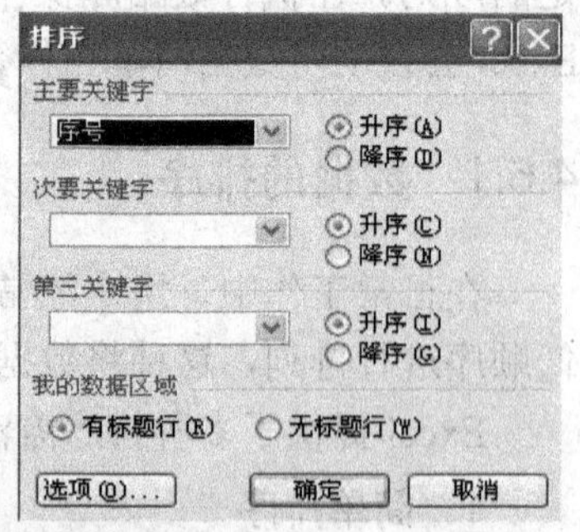

图 4.62　“排序”对话框

说明：① 在对话框中，有三个关键字下拉列表框，分别是“主要关键字”、“次要关键字”和“第三关键字”。其中“主要关键字”的下拉列表框中必须要设置字段名，因为整个数据清单将按主要关键字数值的大小进行排序。单击下拉列表框右侧的下三角按钮，从下拉列表框中选择要排序的字段名。若“次要关键字”和“第三关键字”下

拉列表框为空，则表示数据清单按主要关键字的数据排序，即主要关键字数据相同的行将相邻排列；若只有“第三关键字”下拉列表框为空，则表示数据清单按两列数据排序，即“主要关键字”相同的记录再按“次要关键字”的大小排列；若指定了“第三关键字”，则依此类推。

② “有标题行”和“无标题行”两个单选按钮分别表示排序后的数据清单保留字段名行，或表示排序后的数据清单删除原有的字段名行。

③ 如果对排序行有其他的设置，可以单击“选项”按钮，弹出如图 4.63 所示的“排序选项”对话框，用户可以根据需要进行设置。其中如果选中“区分大小写”复选框，则在排序时要区分英文字母的大小写，大写字母将排在小写字母的前面；如果选中“按列排序”单选按钮，将按字段排序，一般都是使用按列排序；如果选中“按行排序”单选按钮，则在“排序”对话框中只能选择行标题作为关键字，从而按照每一行中的数据进行排序；如果选中“字母排序”单选按钮，则汉字将按照字母顺序排序；如果选中“笔划排序”单选按钮，则汉字将按照笔划多少进行排序。

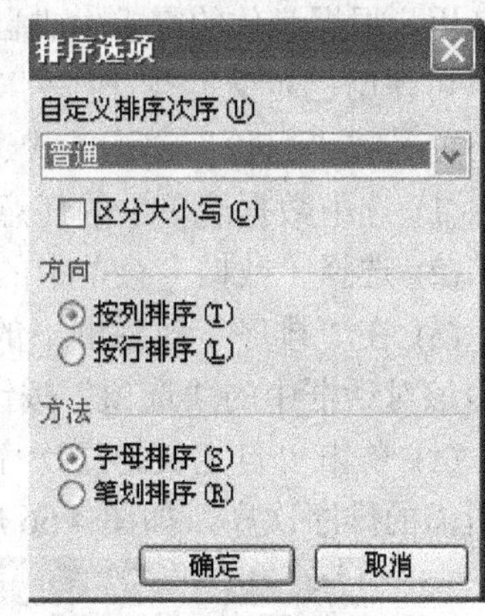

图 4.63 “排序选项”对话框

(3) 按需要设置完成后，单击“排序”对话框中的“确定”按钮，数据清单将按设置进行排序。

例如，打开“学生信息数据清单.xls”，先按学生的“性别”由大到小进行排序(即女生排列在表的前面，男生排列在表的后面)，再按“出生日期”从小到大进行排序(即同一性别的学生按出生日期的升序进行排列)，具体操作方法如下：

(1) 选中数据清单中的某一单元格。

(2) 选择“数据”菜单中的“排序”命令，弹出“排序”对话框。

(3) 在“排序”对话框的“主要关键字”下拉列表框中选择“性别”字段名，在其右侧选择“降序”单选按钮；在“次要关键字”下拉列表框中选择“出生日期”字段名，在其右侧选择“升序”单选按钮；选中“有标题行”单选按钮。

(4) 单击“确定”按钮，返回到工作表中，排序结果如图 4.64 所示。

Microsoft Excel - 学生信息数据清单.xls

文件(F) 编辑(E) 视图(V) 插入(I) 格式(O) 工具(T) 数据(D) 窗口(W) 帮助(H)

	A	B	C	D	E	F	G	H
1	学生基本信息表							
2	序号	学号	姓名	性别	出生日期	专业	入学成绩	籍贯
3	2	012122	王玲	女	1983-2-6	计算机科学	620	河南
4	6	013118	刘莹	女	1983-7-4	计算机科学	594	江苏
5	7	011110	齐越	女	1984-11-24	机械工程	579	浙江
6	8	011135	韩泰英	女	1985-1-9	机械工程	608	江苏
7	9	011127	金燕	女	1985-1-10	机械工程	583	江苏
8	1	012130	李辉	男	1981-3-15	计算机科学	600	北京
9	5	013105	张远航	男	1981-12-8	计算机科学	630	北京
10	3	012115	朱明明	男	1982-4-9	计算机科学	585	北京
11	4	013101	何凯	男	1984-11-5	计算机科学	612	山东
12								

图 4.64 复杂排序

说明：在 Excel 中，默认的排序次序是：在升序中数值型数据按照从小到大的顺序，字符型数据按照字母从左至右的顺序。

3．按自定义序列排序

在 Excel 中，用户不仅可以按照以上的排序方式对数据清单进行排序，还可以按自定义的方式进行排序。例如使用 Excel 中已定义好的日期、星期和月份等作为自定义排序顺序或者用户根据具体的需求生成自定义排序序列，使数据清单中的数据按照指定的顺序排序。

可使用已定义的排序序列对数据清单排序。例如，新建一个如图 4.65 所示的数据清单，然后使其按“月份”递增方式进行排序，操作方法如下：

(1) 选中数据清单中的任意一个单元格。

(2) 选择“数据”菜单中的“排序”命令，打开“排序”对话框。

(3) 在“排序”对话框中的“主要关键字”下拉列表框中选择“月份”字段名，然后单击该对话框中的“选项”按钮，打开“排序选项”对话框。

(4) 单击“自定义排序次序”下拉列表框右边的下三角按钮，从打开的下拉列表中选择所需的排序次序，如图 4.66 所示。

Microsoft Excel - 月份收支.xls

	A	B	C
1	月份	收入（元）	支出（元）
2	八月	820	400
3	二月	200	130
4	九月	580	20
5	六月	2000	690
6	七月	1000	620
7	三月	1800	380
8	十二月	900	39
9	十一月	590	900
10	十月	500	400
11	四月	700	400
12	五月	3100	890
13	一月	900	165

图 4.65　数据清单

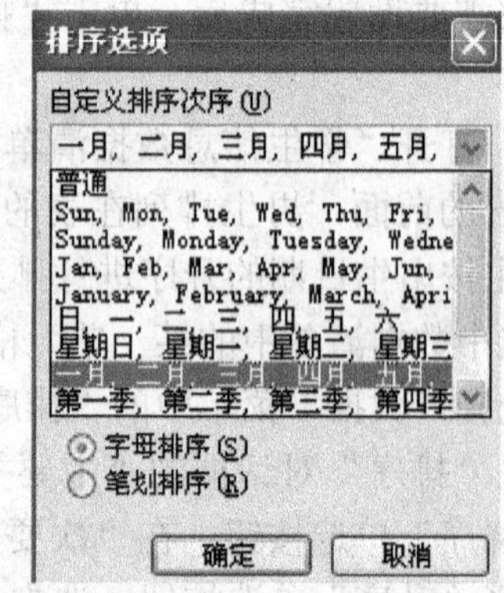

图 4.66　选择“自定义排序次序”

(5) 单击“确定”按钮，返回到“排序”对话框。

(6) 单击“排序”对话框中的“确定”按钮，返回到工作表中，数据清单将按选定的自定义排序次序进行排序。

在此如果使用非 Excel 中内置的一些序列，用户可添加自定义序列，方法可参见本书 4.2 节中有关的内容。用户也可以选择新建序列作为排序依据，数据清单将按此序列的次序进行排序。

4.6.2　筛选数据

在一个存有众多数据的数据清单中，如果用户要查看其中的一些特定数据，就需要对数据清单进行筛选，即从众多的数据中选出符合某种条件的数据，将其显示在工作表中，而将那些不符合条件的数据隐藏起来，便于用户查看。

实际上，利用筛选功能可以快速查找数据清单中的数据，相当于数据库中的查询功能。Excel 主要提供了两种方法，即自动筛选和高级筛选。

1．自动筛选

利用自动筛选功能，可以根据用户定义好的筛选条件快速地筛选出所需的记录。

例如，打开“学生信息数据清单.xls”，显示所有女生的信息，将男生的信息隐藏起来。操作步骤如下：

(1) 单击数据清单中的任意一个单元格。

(2) 选择“数据”菜单中的“筛选”选项，执行“自动筛选”命令，此时数据清单中的每个列标题(字段名)的右侧会出现一个下拉列表箭头。

(3) 根据筛选条件(“性别”为“女”)，单击“性别”字段旁边的下拉列表箭头，打开用于设置筛选条件的下拉列表框，从中选择“女”。

(4) 此时“性别”字段名旁边的下拉列表箭头变为蓝色，表示该字段已被筛选，数据清单中显示全部女生的信息，如图 4.67 所示。

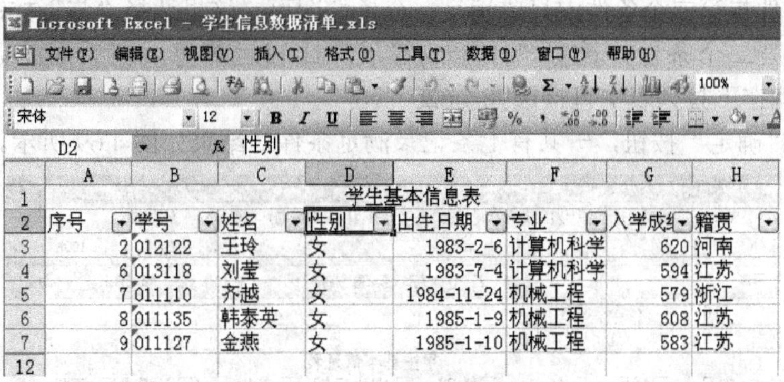

Microsoft Excel - 学生信息数据清单.xls

D2　性别

	A	B	C	D	E	F	G	H
1	学生基本信息表							
2	序号	学号	姓名	性别	出生日期	专业	入学成绩	籍贯
3	2	012122	王玲	女	1983-2-6	计算机科学	620	河南
4	6	013118	刘莹	女	1983-7-4	计算机科学	594	江苏
5	7	011110	齐越	女	1984-11-24	机械工程	579	浙江
6	8	011135	韩泰英	女	1985-1-9	机械工程	608	江苏
7	9	011127	金燕	女	1985-1-10	机械工程	583	江苏
12								

图 4.67　自动筛选结果

(5) 如果要查看所有的数据，可以撤消已进行的筛选，选择“性别”旁边的下拉列表框中的“全部”选项，即可将全部数据显示在工作表中。

说明：用于设置筛选条件的下拉列表框中，不仅包含了该字段的所有数据项(“男”和“女”)，而且包含以下选项。

- “全部”：用于显示数据清单中的所有记录，即可以撤消已设置的筛选条件。
- “前 10 个”：用于设置要显示的最大或最小的记录个数。该选项只对数值型和日期型字段有效。
- “自定义”：在弹出的“自定义自动筛选方式”对话框中，可以设置更为复杂的筛选条件。

例如，打开“学生信息数据清单 .xls”，显示入学成绩在 580～620 之间的学生的信息。操作步骤如下：

(1) 单击数据清单中的任意一个单元格。

(2) 选择“数据”菜单中的“筛选”选项，执行“自动筛选”命令。

(3) 根据筛选条件，单击“入学成绩”字段旁边的下拉列表箭头，在下拉列表框中选择“自定义”选项，打开“自定义自动筛选方式”对话框，如图 4.68 所示。

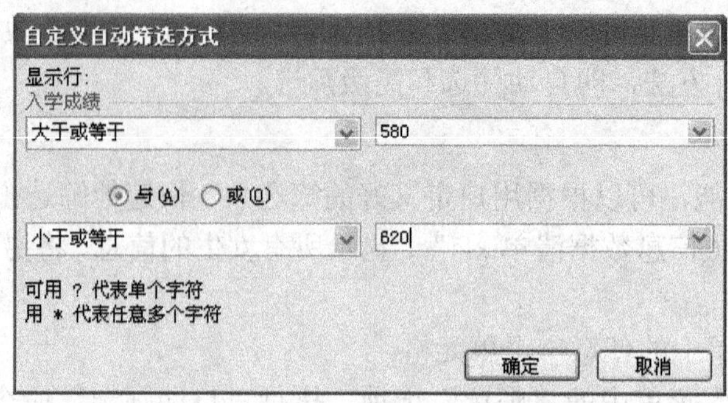

图 4.68 “自定义自动筛选”对话框

(4) 在“入学成绩”下拉列表框选择比较运算符“大于或等于”，在后面的数值框中输入“580”。

(5) 如果要设置第二个条件，则要选中“与”或“或”单选按钮。如果选中“与”单选按钮，则表示第一个条件与第二个条件必须同时满足；如果选中“或”单选按钮，则表示在第一个条件与第二个条件中只要满足一个条件即可，这里选择“与”按钮。

(6) 设置第二个条件：选择“小于或等于”比较运算符，在后面的数值框中输入“620”，或者在下拉列表中直接选择“620”。

(7) 单击“确定”按钮，一共有七条记录满足条件，结果如图 4.69 所示。

Microsoft Excel - 学生信息数据清单.xls

文件(F) 编辑(E) 视图(V) 插入(I) 格式(O) 工具(T) 数据(D) 窗口(W) 帮助(H)

I16

	A	B	C	D	E	F	G	H
1	学生基本信息表							
2	序号	学号	姓名	性别	出生日期	专业	入学成绩	籍贯
3	2	012122	王玲	女	1983-2-6	计算机科学	620	河南
4	6	013118	刘莹	女	1983-7-4	计算机科学	594	江苏
6	8	011135	韩泰英	女	1985-1-9	机械工程	608	江苏
7	9	011127	金燕	女	1985-1-10	机械工程	583	江苏
8	1	012130	李辉	男	1981-3-15	计算机科学	600	北京
10	3	012115	朱明明	男	1982-4-9	计算机科学	585	北京
11	4	013101	何凯	男	1984-11-5	计算机科学	612	山东
12								

图 4.69 自动筛选结果

说明：在自定义自动筛选方式中，还可以使用通配符“?”和“*”实现模糊查找。其中“?”可以匹配任意一个字符，“*”可以匹配任意多个字符。

2. 高级筛选

在实际应用中，经常要设置更为复杂的筛选条件，利用自定义自动筛选方式最多只能对一个字段设置两个条件。如果要对一个字段设置多个筛选条件，甚至更复杂的筛选条件，可以使用 Excel 提供的高级筛选功能。

1) 高级筛选条件的设置

高级筛选的条件不是在对话框中设置的，而是在工作表的某个区域中给定的，因此，使用高级筛选之前需要建立一个条件区域。一般条件区域放在数据清单的最前面或者最后面。条件区域通常要包括两行或三行，在第一行的单元格中输入指定字段名称，在第二行

的单元格中输入对应字段的筛选条件。

下面以“学生基本信息表”数据清单为例，说明高级筛选的条件设置。

例如，打开“学生信息数据清单.xls”，筛选出入学成绩在 600 分以上并且籍贯为“北京”的学生信息。

选定单元格区域 C13:D14 为条件区域，设置筛选条件的方法如下：

(1) 在单元格 C13 和 D13 中输入字段名：在 C13 中输入“入学成绩”，在 D13 中输入“籍贯”。

(2) 在单元格 C14 和 D14 中输入对应字段的筛选条件：在 C14 中输入“>600”，在 D14 中输入“北京”，如图 4.70 所示。

Microsoft Excel - 学生信息数据清单.xls

Criteria　入学成绩

	A	B	C	D	E	F	G	H
1				学生基本信息表				
2	序号	学号	姓名	性别	出生日期	专业	入学成绩	籍贯
3	2	012122	王玲	女	1983-2-6	计算机科学	620	河南
4	6	013118	刘莹	女	1983-7-4	计算机科学	594	江苏
5	7	011110	齐越	女	1984-11-24	机械工程	579	浙江
6	8	011135	韩泰英	女	1985-1-9	机械工程	608	江苏
7	9	011127	金燕	女	1985-1-10	机械工程	583	江苏
8	1	012130	李辉	男	1981-3-15	计算机科学	600	北京
9	5	013105	张远航	男	1981-12-8	计算机科学	630	北京
10	3	012115	朱明明	男	1982-4-9	计算机科学	585	北京
11	4	013101	何凯	男	1984-11-5	计算机科学	612	山东
12								
13			入学成绩	籍贯				
14			>600	北京				
15								

图 4.70　设置筛选条件

2) 执行高级筛选

设置了高级筛选条件后，下面可以开始执行筛选操作了。由于使用高级筛选可以保留原来的数据清单不变，而将筛选的结果复制到一个指定的区域中。因此，还要选择筛选结果放置的位置。

在上一步的基础上，对数据清单进行筛选，以 C13:D14 单元格区域中设置的筛选条件对学生信息进行高级筛选，并将筛选的结果复制到以单元格 A16 为左上角的区域中。其具体操作步骤如下：

(1) 选中数据清单中的任意一个单元格。

(2) 选择“数据”菜单中的“筛选”命令，执行“高级筛选”命令，打开如图 4.71 所示的“高级筛选”对话框。

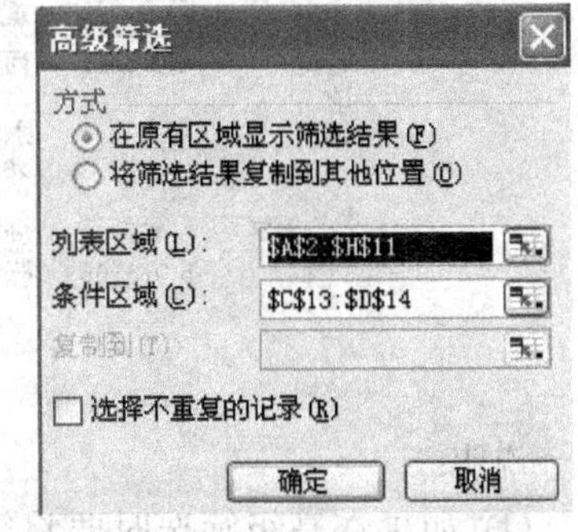

图 4.71　“高级筛选”对话框

(3) 在“方式”选项区中，根据要求选择相应的选项。

- “在原有区域显示筛选结果”：选中该单选按钮，则筛选结果显示在原数据清单的位置。
- “将筛选结果复制到其他位置”：选中该单选按钮，则筛选结果将显示在其他区域，与原数据清单共同存放在同一个工作表上，同时需要在“复制到”文本框中输入指定的区域，由于无法确定“复制到”区域所占的大小，因此只需输入“复制到”区域左上角的单元格地址即可，这里单击右侧的按钮，选择 A16 单元格，“复制到”文本框中显示“Sheet1!$A$16”。

(4) 在“列表区域”文本框中输入要筛选的数据区域。可以直接在该文本框中输入单元格区域的引用 A2:H11；也可以用鼠标在工作表中选定数据区域。选定的方法是单击“列表区域”文本框右边的打开“高级筛选 - 复制到：”对话框，将鼠标指针移到数据清单左上角的单元格 A2 上，拖动鼠标选中单元格区域 A2:H11，这时在“高级筛选 - 复制到：”对话框中会显示出所选择的区域，如图 4.72 所示，然后单击关闭“高级筛选 - 复制到：”对话框，返回到“高级筛选”对话框。

图 4.72 设置“高级筛选”对话框

(5) 在“条件区域”文本框中输入含筛选条件的区域。可以直接在该文本框中输入区域引用 C13:D14；也可以用鼠标在工作表中选定条件区域(选定的方法与上面的操作相同)。

(6) 如果要忽略重复的记录，则选中“选择不重复的记录”复选框。

(7) 单击“确定”按钮，高级筛选结果如图 4.73 所示。

Microsoft Excel - 学生信息数据清单.xls

文件(F) 编辑(E) 视图(V) 插入(I) 格式(O) 工具(T) 数据(D) 窗口(W) 帮助(H)

D7 序号

	A	B	C	D	E	F	G	H
1	学生基本信息表							
2	序号	学号	姓名	性别	出生日期	专业	入学成绩	籍贯
3	2	012122	王玲	女	1983-2-6	计算机科学	620	河南
4	6	013118	刘莹	女	1983-7-4	计算机科学	594	江苏
5	7	011110	齐越	女	1984-11-24	机械工程	579	浙江
6	8	011135	韩泰英	女	1985-1-9	机械工程	608	江苏
7	9	011127	金燕	女	1985-1-10	机械工程	583	江苏
8	1	012130	李辉	男	1981-3-15	计算机科学	600	北京
9	5	013105	张远航	男	1981-12-8	计算机科学	630	北京
10	3	012115	朱明明	男	1982-4-9	计算机科学	585	北京
11	4	013101	何凯	男	1984-11-5	计算机科学	612	山东
12								
13			入学成绩	籍贯				
14			>600	北京				
15								
16	序号	学号	姓名	性别	出生日期	专业	入学成绩	籍贯
17	5	013105	张远航	男	1981-12-8	计算机科学	630	北京
18								

图 4.73 高级筛选的结果

说明：

(1) 如果在高级筛选时要将筛选的结果复制到其他的区域中，注意该区域中不能有重要的数据，否则筛选的结果将覆盖这些已有的数据，而且无法用撤消功能来还原被覆盖的数据。

(2) 从图 4.73 中可以看到高级筛选的结果实际上是产生了一个新的数据清单，只是该数据清单中的数据只有一行满足条件的记录。

(3) 上面的实例中，在条件区域定义筛选条件时，是在两个条件字段名下方的同一行中输入条件，系统会认为只有两个条件都成立时(即两个条件之间的关系为“与”关系)才

算满足筛选条件，筛选结果必须同时满足这两个条件；如果要表示“或”关系的两个条件，则要求在两个条件字段下方的不同行输入条件，筛选结果只需满足其中任意一个条件。

4.6.3　分类汇总

分类汇总是指对数据清单中的数据进行分类，然后在分类的基础上对数据进行汇总。

对数据清单中的数据进行分类汇总是 Excel 的卓越功能之一，它是对数据进行分析和统计时非常有用的工具。使用分类汇总时，用户不需要创建公式，系统将自动创建公式，对数据清单中的某一字段进行求和、求平均值、求最大值等函数运算，计算分类汇总值，并将计算结果分级显示出来。这种显示方式可以将一些暂时不需要的细节数据隐藏起来，便于快速查看各类数据的汇总和标题。分类汇总不会影响原数据清单中的数据。

1．创建分类汇总

在对数据清单中的某个字段进行分类汇总操作之前，首先，需要对该字段进行一次排序操作，以便将某个字段值相同的记录集中在一起，得到一个整齐的汇总结果；然后，选择“数据”菜单中的“分类汇总”命令。

下面以工作表“公司人事档案表.xls”为例，按部门对“工资”、“奖金”进行分类汇总，具体操作步骤如下：

(1) 首先，对字段“部门”进行排序操作(升序、降序均可)。

(2) 选择“数据”菜单中的“分类汇总”命令，打开“分类汇总”对话框，如图 4.74 所示。

(3) 在“分类字段”下拉列表框中选择要进行分类的字段，这里选择“部门”选项。

(4) 在“汇总方式”下拉列表框中选择需要的汇总方式(系统提供的汇总方式包括求和、求平均值、计数、求方差、求最大值、最小值等)，这里选择“求和”选项。

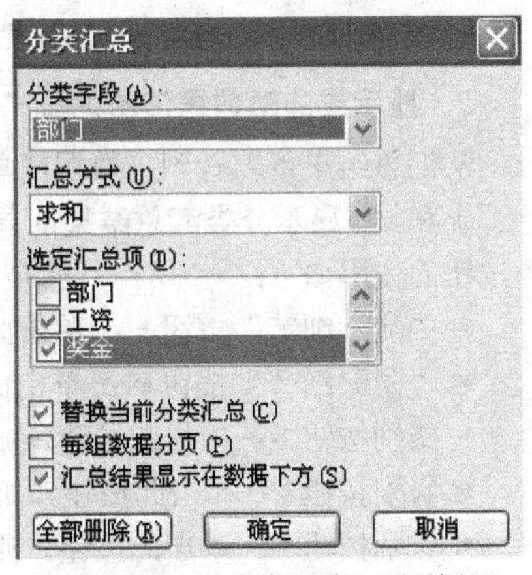

图 4.74　“分类汇总”对话框

(5) 在“选定汇总项”列表框中，选择需要进行汇总计算的字段，选中其前面的复选框，这里需要选中“工资”、“奖金”选项。

(6) 在“分类汇总”对话框的下面有三个选项，分别是：

- “替换当前分类汇总”：如果已经执行过分类汇总操作，选中该复选框，将以本次操作的分类汇总结果替换上一次的分类汇总结果。
- “每组数据分页”：如果选中该复选框，则分类汇总的结果按照不同类别的汇总结果分页，在打印时也将分页打印。
- “汇总结果显示在数据下方”：如果选中该复选框，则分类汇总的计算结果会显示在本类数据的下方，否则显示在本类数据的上方。

(7) 单击“确定”按钮即可得到分类汇总的结果，如图 4.75 所示。

	A	B	C	D	E	F	G	H
1					公司人事档案表			
2	编号	姓名	性别	年龄	学历	部门	工资	奖金
3	1	王学娜	女	40	专科	技术部	2000	200
4	4	李佳成	男	21	本科	技术部	2000	150
5	9	刘佳琦	女	58	本科	技术部	2000	200
6	10	李意	女	54	本科	技术部	2000	210
7	11	向浩田	男	46	专科	技术部	2000	150
8	12	刘兰湘	女	34	专科	技术部	2000	100
9						**技术部 汇总**	12000	1010
10	2	孙丽荣	女	29	专科	生产部	1500	200
11	3	张思宇	女	31	专科	生产部	1500	250
12	7	何楚	男	58	专科	生产部	1500	150
13	8	王函	女	23	本科	生产部	1500	100
14						**生产部 汇总**	6000	700
15	5	周新	男	24	本科	质量部	3000	300
16	6	柯灵	男	25	专科	质量部	3000	350
17						**质量部 汇总**	6000	650
18						**总计**	24000	2360
19								

图 4.75　分类汇总按级显示结果

2. 显示或隐藏数据清单的细节数据

从汇总结果可以看到，数据清单中的数据已经按照部门分别对“工资”和“奖金”进行了求和。在显示分类汇总结果的同时，分类汇总表的左侧将自动显示一些分级显示按钮，各按钮的作用如下：

- “显示细节”按钮+：单击此按钮，可以显示分级显示信息。
- “隐藏细节”按钮-：单击此按钮，可以隐藏分级显示信息。
- 级别按钮1：单击此按钮，则只显示总的汇总结果，即总计数据。
- 级别按钮2：单击此按钮，则显示部分数据及其汇总结果。
- 级别按钮3：单击此按钮，则显示全部数据及其汇总结果。
- 级别条|：指示属于某一级别的细节行或列的范围。

利用这些分级显示按钮可以控制细节数据的显示和隐藏。

3. 取消分类汇总

取消分类汇总的显示结果，并恢复到数据清单的初始状态的操作步骤如下：

(1) 选择分类汇总数据清单中的任意一个单元格。

(2) 选择“数据”菜单中的“分类汇总”命令，打开“分类汇总”对话框。

(3) 在“分类汇总”对话框中，单击“全部删除”按钮，即可清除分类汇总。

4.6.4 数据透视表

数据透视表是一种对大量数据快速汇总和建立交叉列表的交互式表格，用户可以旋转其行或列以查看对原数据的不同汇总，还可以通过显示不同的行标签来筛选数据或者显示所关注区域的明细数据，它是 Excel 强大数据处理能力的具体表现。

1．创建数据透视表

要创建数据透视表，首先要在工作表中创建数据源，这种数据可以使用现有的工作表数据或外部数据，然后在工作簿中指定位置，最后设置字段布局。

为确保数据可用于数据透视表，需要做到如下几个方面：

(1) 删除所有空行或空列。

(2) 删除所有自动小计。

(3) 确保第一行包含各列的描述性标题，即列标签。

(4) 确保各列只包含一种类型的数据(例如，一列中全是文本或一列中全是数值)。

例如，要为图 4.76 所示的工作表创建数据透视表，其具体操作步骤如下：

(1) 选择数据透视表数据清单中的任意一个单元格。

(2) 选择“数据”菜单中的“数据透视表和数据透视图”命令，打开“数据透视表和数据透视图向导”对话框，如图 4.77 所示。

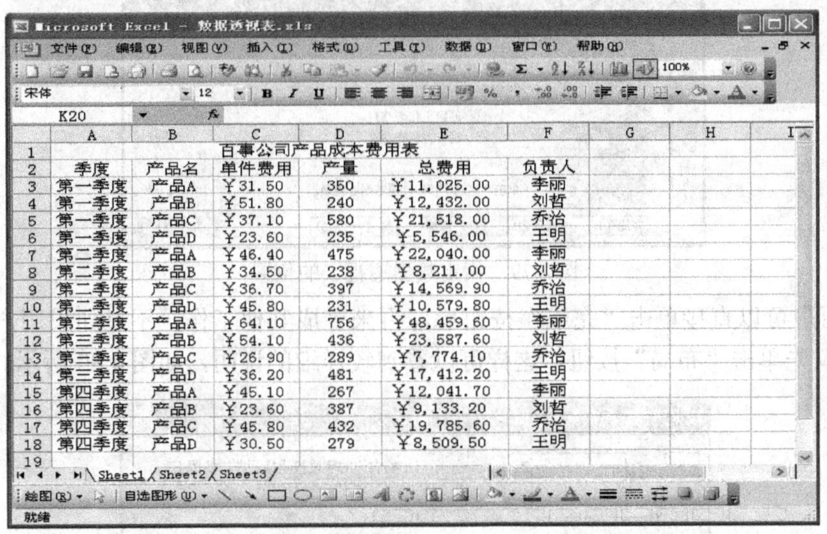

百事公司产品成本费用表

季度	产品名	单件费用	产量	总费用	负责人
第一季度	产品A	￥31.50	350	￥11,025.00	李丽
第一季度	产品B	￥51.80	240	￥12,432.00	刘哲
第一季度	产品C	￥37.10	580	￥21,518.00	乔治
第一季度	产品D	￥23.60	235	￥5,546.00	王明
第二季度	产品A	￥46.40	475	￥22,040.00	李丽
第二季度	产品B	￥34.50	238	￥8,211.00	刘哲
第二季度	产品C	￥36.70	397	￥14,569.90	乔治
第二季度	产品D	￥45.80	231	￥10,579.80	王明
第三季度	产品A	￥64.10	756	￥48,459.60	李丽
第三季度	产品B	￥54.10	436	￥23,587.60	刘哲
第三季度	产品C	￥26.90	289	￥7,774.10	乔治
第三季度	产品D	￥36.20	481	￥17,412.20	王明
第四季度	产品A	￥45.10	267	￥12,041.70	李丽
第四季度	产品B	￥23.60	387	￥9,133.20	刘哲
第四季度	产品C	￥45.80	432	￥19,785.60	乔治
第四季度	产品D	￥30.50	279	￥8,509.50	王明

图 4.76　待创建数据透视表的工作表

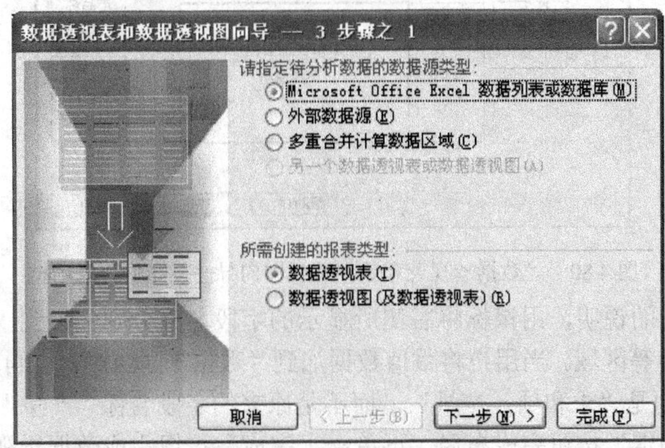

图 4.77　“数据透视表和数据透视图向导”对话框

(3) 用户可以用四种不同的方式指定要分析的数据源，在此，我们选择第一种“Microsoft Office Excel 数据列表或数据库”选项。

(4) 单击“下一步”按钮，出现如图 4.78 所示对话框。由于事先已选取数据库内部的单元格，因此 Excel 会自己检测出正确的数据源范围。当然，用户也可以根据需要另外指定数据源范围。

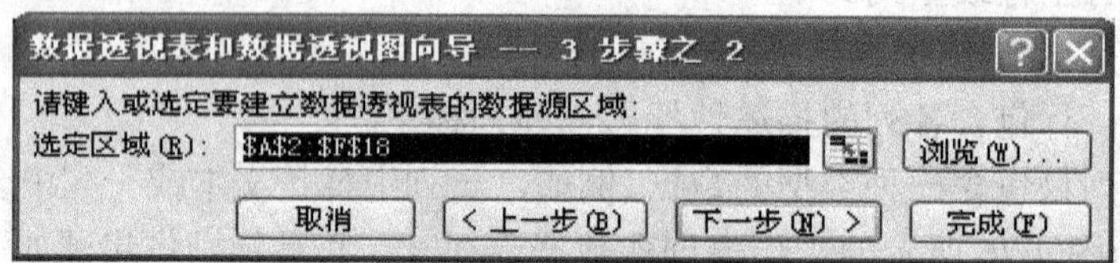

图 4.78　指定数据源范围

(5) 单击“下一步”按钮，出现如图 4.79 所示对话框。数据透视表与图表一样，可以产生在新的工作表或放在同一个工作表中，一般是放在新的工作表中。

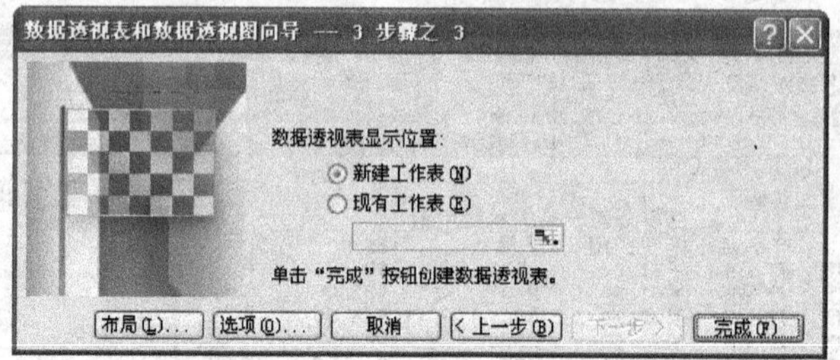

图 4.79　指定数据透视表的位置

(6) 用户可以直接单击“完成”按钮后，再来完成其他工作。不过如果用户是第一次使用，建议先单击“布局”按钮，这样可以看到较详细的说明，如图 4.80 所示。

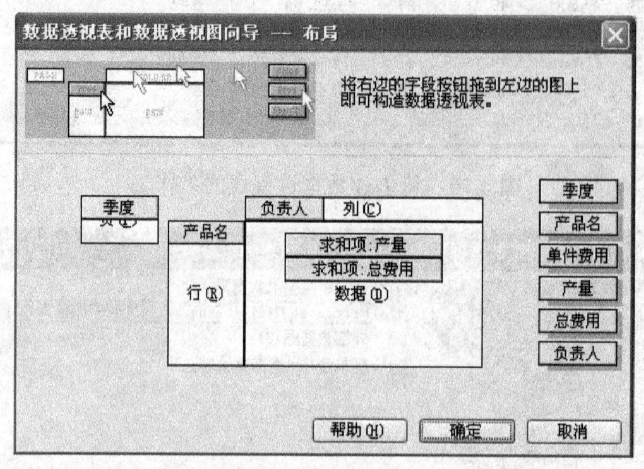

图 4.80　“数据透视表和数据透视图向导——布局”对话框

(7) 参考图上的说明，用鼠标将右侧所显示的字段名称分别拖拽到“页”、“行”、“列”及“数据”等区域。当用户将数值数据加到“数据”区域时，会自动套用求和函数，所以在图中看到的是“求和项：产量”，而不是原来的字段名称“产量”。

(8) 单击“确定”按钮完成布局，再单击“完成”按钮完成数据透视表的设置，结果如图 4.81 所示。

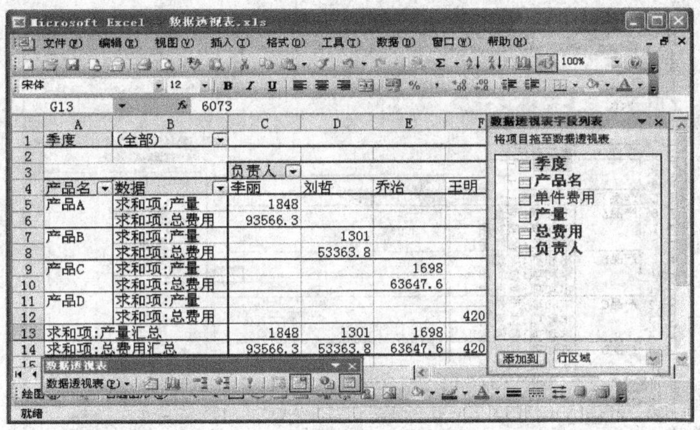

图 4.81　完成的数据透视表

2. 数据透视表的基本操作

参考图 4.81，当用户选取数据透视表时，会自动出现“数据透视表字段列表”，其中会列出所有可用的字段。

每一个放到数据透视表中的字段，都具有自动筛选的功能。如图 4.82 所示，当用户展开“负责人”下拉列表后，用户可决定要全部显示或只显示部分负责人。

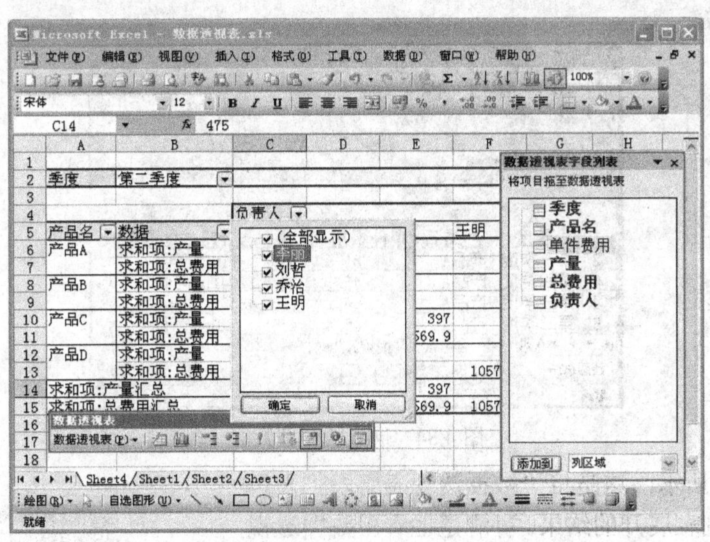

图 4.82　每一个字段名称都有筛选的功能

在前面的布局中，曾将字段名称拖拽到数据透视表中。如果要将数据透视表中的字段名称移走，可以先选取要移走的字段名称，然后按右键选择“隐藏”命令，即可移走选定的字段。例如，右键单击“求和项：产量”字段，在弹出的下拉菜单中选择“隐藏”选项，即可隐藏该字段。

如果用户在建立数据透视表时没有使用布局来拖拽字段，也可以在完成数据透视表时再建立。如图 4.83 所示，用户可以从“数据透视表字段列表”中将要显示的内容拖拽到“页”、“行”、“列”及“数据”等区域。在图 4.83 中原有的“数据”区域新增一个“单件费用”字段。

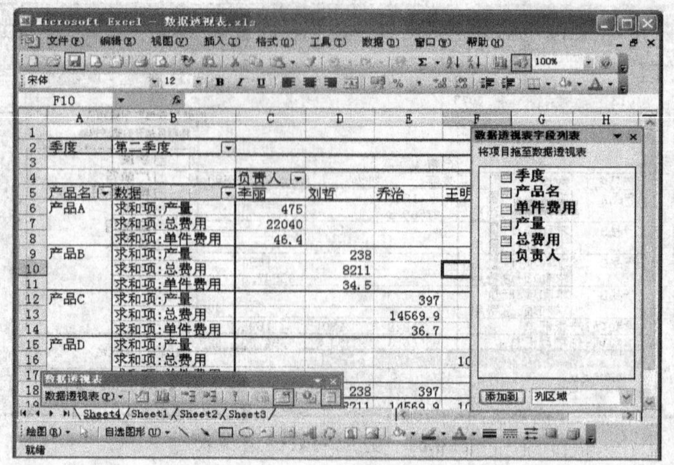

图 4.83　新增部分数据

如果用户仔细看图 4.83 右侧的列表，会发现有些字段名称是用粗体字显示，代表这些字段目前已被数据透视表使用。

在图 4.83 中所显示的都是统计数据，如果用户要查看某笔数据的详细内容，可以用鼠标在该数据上双击，即可在另一个工作表中列出详细数据。图 4.84 就是双击图 4.83 中单元格 C6 的结果。

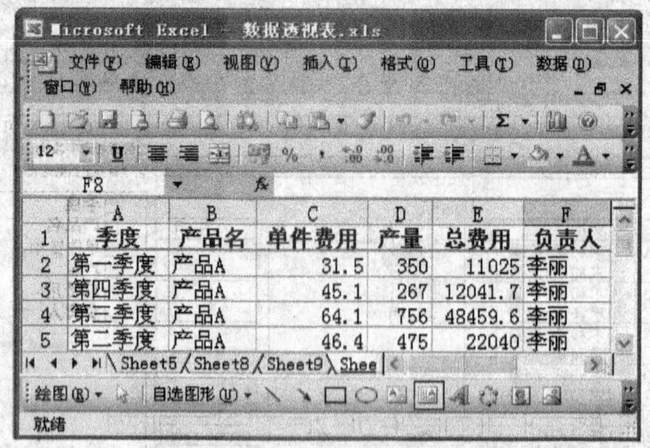

图 4.84　展开的详细数据

如图 4.85 所示，这是将“数据透视表字段列表”下方的下拉式列表展开的结果。可清楚地看出数据透视表共分成“列区域”、“行区域”、“数据区域”及“页面区域”四大区域。其中，“页面区域”是数据透视表最上层的筛选条件。

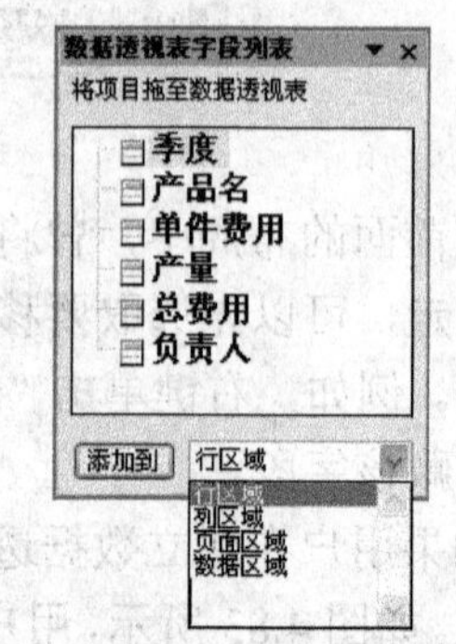

图 4.85　数据透视表的 4 大区域

3．更改数据透视表的数据源

数据透视表建好后还可以改变其中的数据，如添加或减少，但是不能直接在数据透视表中进行，必须返回到数据源工作表中修改数据，再切换到要更新的数据透视表，单击“数据透视表”工具栏上的“刷新数据”按钮即可。

4．删除数据透视表

在“数据透视表”工具栏中，选择“数据透视表”菜单中“选定”子菜单中的“整张表格”命令，执行菜单栏“编辑”菜单中“清除”菜单的“全部”命令，即可删除数据透视表。

4.6.5　数据的图表化

在实际工作中，用户经常需要用更直观形象的图形定性地分析数据之间的各种相关性及发展趋势，这时需要将表格表示数据的方式转换为图表的表示方式。用图表表达数据可以使表达结果更加清晰、直观、易懂，为使用数据提供便利。本节将详细介绍在 Excel 工作表中建立和编辑数据图表的具体操作。

在 Excel 中内置了 14 种图表类型，如柱形图、条形图、折线图、饼图等，每种图表类型中又包含若干种不同的子类型，还可以自己定义 20 种图表。用户在创建图表时，可以根据需要选择一种恰当的图表类型，既能够反映数据间的关系，又能够使图表更为美观。

1．创建图表

Excel 可以创建两种数据图表，一种是嵌入式图表，即图表作为源数据的对象插入到源数据所在的工作表中，用于源数据的补充；另一种是工作表图表，即在 Excel 工作簿中为数据图表另建一个独立的工作表。

数据图表是依据工作表的数据建立起来的，当改变工作表的数据时，图表也会随之改变。创建数据图表时，可以单击“图表”工具栏创建，也可以利用图表向导创建图表。

1) 使用“图表”工具栏创建图表

利用“图表”工具栏的“图表类型”按钮或直接按 F11 键均可以对选定的数据区域快速地建立图表。

(1) 单击“视图”菜单中的“工具栏”命令，执行“图表”命令，打开“图表”工具栏，如图 4.86 所示。

(2) 选择要包含在图表中的数据单元格区域，然后在“图表”工具栏的“图表类型”按钮的下拉列表中选择合适的类型。此时，一张彩色的图表就出现在工作表中，如图 4.87 所示。

图 4.86　“图表”工具栏

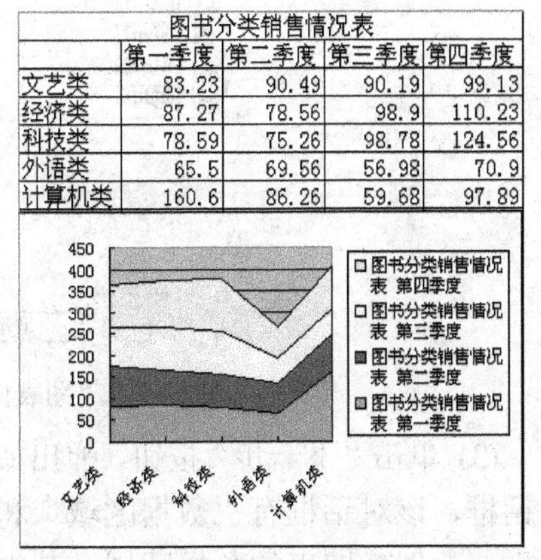

图书分类销售情况表

	第一季度	第二季度	第三季度	第四季度
文艺类	83.23	90.49	90.19	99.13
经济类	87.27	78.56	98.9	110.23
科技类	78.59	75.26	98.78	124.56
外语类	65.5	69.56	56.98	70.9
计算机类	160.6	86.26	59.68	97.89

图 4.87　数据图表

2) 使用图表向导创建图表

虽然使用“图表”工具栏创建图表非常简单，但是它提供的可选图表类型比较单一。所以，当“图表”工具栏中没有用户需要的图表类型时，就可以使用“图表向导”来创建图表。

使用“图表向导”既可以创建嵌入式图表，也可以创建图表工作表，下面以图 4.88 中的数据为例说明使用“图表向导”创建图表的具体操作。

Microsoft Excel - 例.xls

文件(F) 编辑(E) 视图(V) 插入(I) 格式(O) 工具(T) 数据(D) 窗口

宋体 12 B I U

E7 97.89

	A	B	C	D	E	F
1	图书分类销售情况表					
2		第一季度	第二季度	第三季度	第四季度	
3	文艺类	83.23	90.49	90.19	99.13	
4	经济类	87.27	78.56	98.9	110.23	
5	科技类	78.59	75.26	98.78	124.56	
6	外语类	65.5	69.56	56.98	70.9	
7	计算机类	160.6	86.26	59.68	97.89	
8						
9						

图 4.88　用于创建图表的工作表示例

对图 4.88 所示的工作表创建图表，其具体操作步骤如下：

(1) 选中用于创建图表的数据，这里选择单元格区域 A1:E7。

(2) 单击“常用”工具栏中的“图表向导”按钮，或执行菜单栏中“插入”菜单中的“图表”命令，弹出如图 4.89 所示的“图表向导－4 步骤之 1－图表类型”对话框，在这个对话框中列出了可以建立的所有图表类型和子图表类型，此时选择“柱形图”的“三维簇状柱形图”。

图 4.89　“图表向导－4 步骤之 1－图表类型”对话框

(3) 单击“下一步”按钮，弹出如图 4.90 所示的“图表向导－4 步骤之 2－图表源数据”对话框，该对话框有“数据区域”和“系列”两个选项卡。“数据区域”选项卡下的选项用于修改创建图表的数据区域。其中，“数据区域”文本框中显示的是预先选定的数据区

域，在此可以重新输入或用鼠标选定所需的区域；在“系列产生在”选项区中可选中“行”或“列”单选项，分别表示按行或按列产生数据系列，在此选择“行”。“系列”选项卡用于修改数据系列的名称、数值以及分类轴标志。

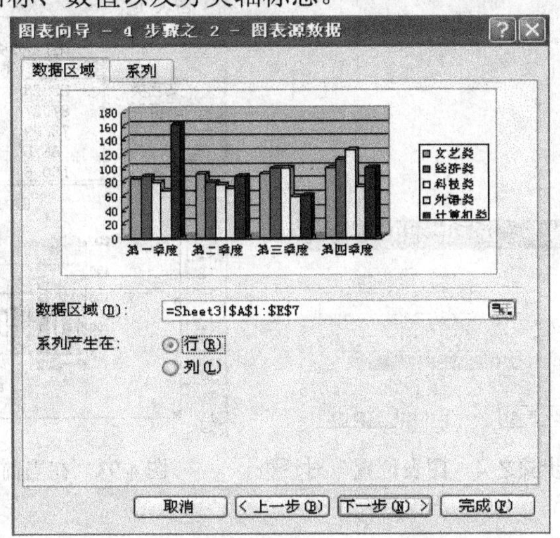

图 4.90　“图表向导 - 4 步骤之 2 - 图表源数据”对话框

(4) 单击“下一步”按钮，弹出如图 4.91 所示的“图表向导 - 4 步骤之 3 - 图表选项”对话框。该对话框中有六个选项卡，选择并打开各选项卡，即可对各种图表对象进行设置。

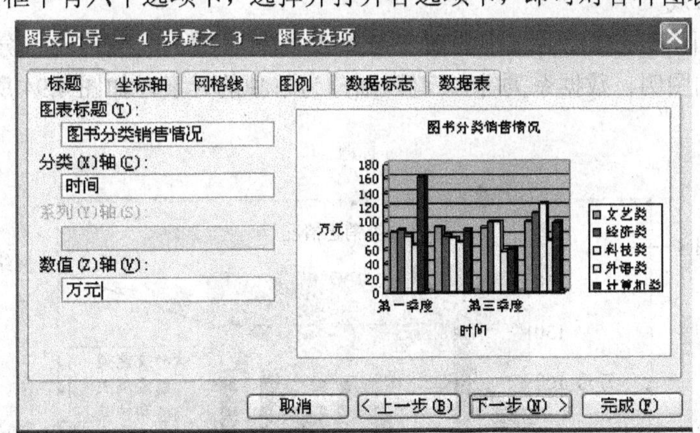

图 4.91　“图表向导 - 4 步骤之 3 - 图表选项”对话框

- “标题”：用于输入图表或坐标轴的标题。
- “坐标轴”：用于确定分类轴和数值轴。
- “网格线”：用于显示或隐藏网格线。
- “图例”：用于确定是否显示图例。
- “数据标志”：用于确定是否显示数据标志及显示数据标志的方式。
- “数据表”：用于确定是否在图表的下方网格中显示数据系列的值。

(5) 单击“下一步”按钮，弹出如图 4.92 所示的“图表向导 - 4 步骤之 4 - 图表位置”对话框，该对话框用于确定图表的位置，即选择是作为新工作表插入，还是作为对象嵌入。选择好位置之后单击“完成”按钮，生成如图 4.93 所示的图表。

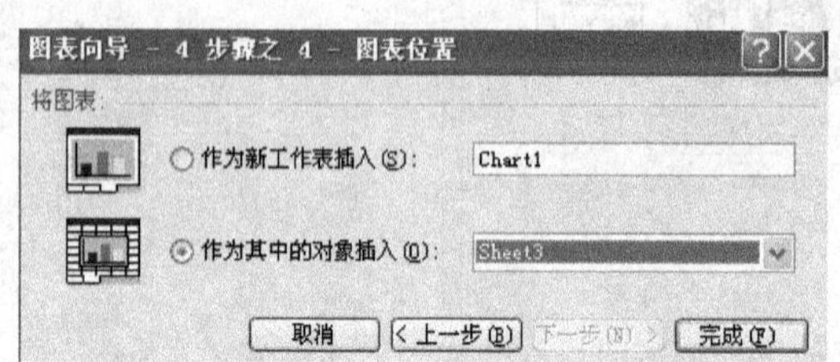

图 4.92 “图表向导 - 4 步骤之 4 - 图表位置”对话框

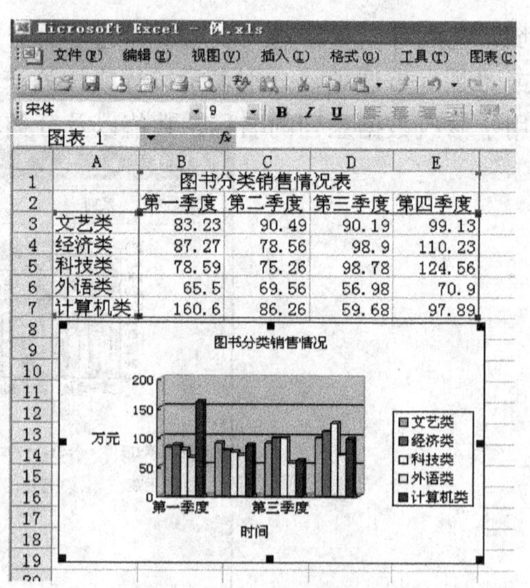

	A	B	C	D	E
1		图书分类销售情况表			
2		第一季度	第二季度	第三季度	第四季度
3	文艺类	83.23	90.49	90.19	99.13
4	经济类	87.27	78.56	98.9	110.23
5	科技类	78.59	75.26	98.78	124.56
6	外语类	65.5	69.56	56.98	70.9
7	计算机类	160.6	86.26	59.68	97.89

图 4.93 在当前工作表中插入一个图表

2. 格式化图表

图表建立好之后，显示的效果有可能不理想，此时就需要对图表进行适当的编辑。编辑图表之前必须先熟悉图表的组成以及选择图表对象的方法。

1) 图表的组成

一个图表由图表区域及区域中的图表对象(如标题、图例、数值轴、分类轴等)组成，有些图表对象(如图例、数据系列等)又可以细分为单独的元素，如图 4.94 所示。

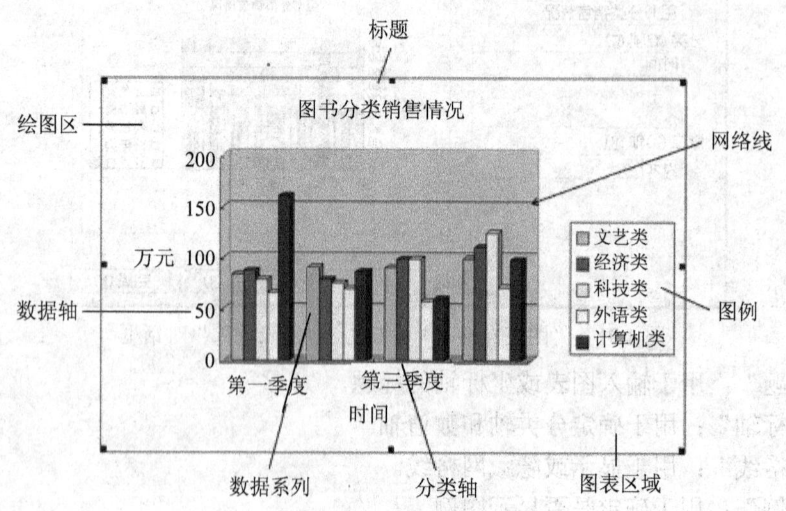

图 4.94 图表的组成

下面分别对图表的组成对象作介绍。

- 图表区域：整个图表以及图表中的数据称为图表区域。
- 绘图区：在二维图表中是以坐标轴为界并包含所有数据系列的区域；在三维图表中是以坐标轴为界并包含数据系列、分类名称、刻度线标签和坐标轴标题的区域。

● 数据系列：在图表中绘制的相关数据点。这些数据来自数据表的行与列。图表中的每个数据系列都具有唯一的颜色或图案，并在图例中表示。可以在图表中绘制一个或多个数据系列。饼图只有一个数据系列。

● 数据标志：图表中的条形、面积、扇点或其他符号代表来自数据表单元格中的单个数据点或值。图表中的相关数据标志构成了数据系列。

● 图例：用于标识图表中的数据系列所指定的图案或颜色的方框。

● 图表标题：说明性的文本，可以自动与坐标轴对齐或在图表顶部居中。

● 坐标轴：一般情况下，图表有两个用于对数据进行分类和度量的坐标轴，即分类(X)轴和数值(Y)轴。三维图表有第三个(Z)轴。饼图或圆环图没有坐标轴。

2) 选定图表对象

与单元格的操作一样，如果要编辑图表或图表对象，必须先选定各种图表对象。选定的方法有如下两种：

(1) 单击图表对象。用鼠标单击需要选择的图表项。如果要在数据系列中选择一个单独的数据标记，需要先选定数据系列，再选定其中的数据标记。如果“显示名称”复选框(在“工具”菜单中的“选项”命令的“图表”选项卡中)被选中了，当鼠标箭头停留在图表项上时，Excel 2003 将在一个提示项中显示图表项的名字。

(2) 利用“图表”工具栏。先选定图表，再单击“图表”工具栏中“图表对象”框右侧的下拉按钮，从下拉列表框中选择要选定的图表对象，如图 4.95 所示。

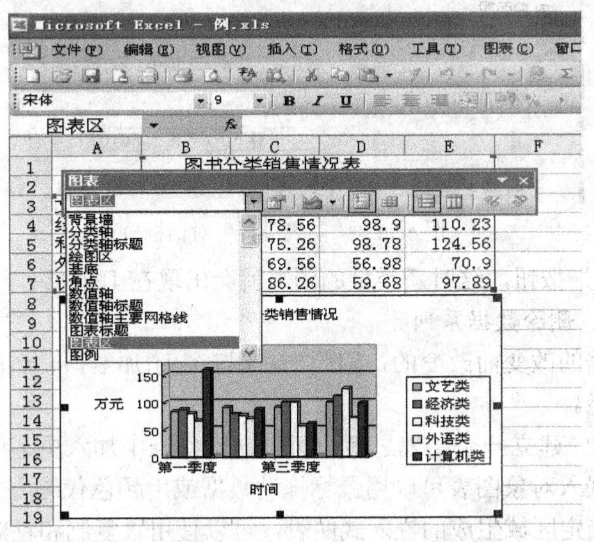

图 4.95　利用“图表”工具栏选择图表对象

3) 移动图表与更改图表大小

有时创建的嵌入式图表并不符合工作表的要求，如放置的位置不合适、图表过大或过小等，都可以通过移动图表和更改图表大小的方法来解决。

(1) 移动图表的位置。单击要移动位置的图表，按住鼠标左键并拖动鼠标，在图表周围会出现一个矩形虚线框，拖动鼠标到合适的位置，然后松开鼠标左键即可。

(2) 更改图表的大小。可按以下步骤进行图表的放大和缩小：

① 单击创建好的图表，在图表的周围会出现八个黑色的小方块。

② 将光标移到右下角的小方块上，这时鼠标指针变成双向箭头。

③ 按下鼠标左键并向外或向内拖动鼠标，这时在图表的周围将出现一个虚线框，鼠标指针也变成了“+”字形。这条虚线框表示图表放大或缩小后的位置。将虚线定位到合适的位置，松开鼠标左键即可放大或缩小图表。

4) 更改图表类型

当要修改已创建好的图表类型时，可以按下述操作步骤进行更改。

(1) 选择要更改类型的图表。

(2) 选择“图表”菜单中的“图表类型”命令或在图表上单击鼠标右键，在弹出的快捷菜单中选择“图表类型”命令，打开如图 4.96 所示的“图表类型”对话框，此时可以从中选择需要的图表类型。

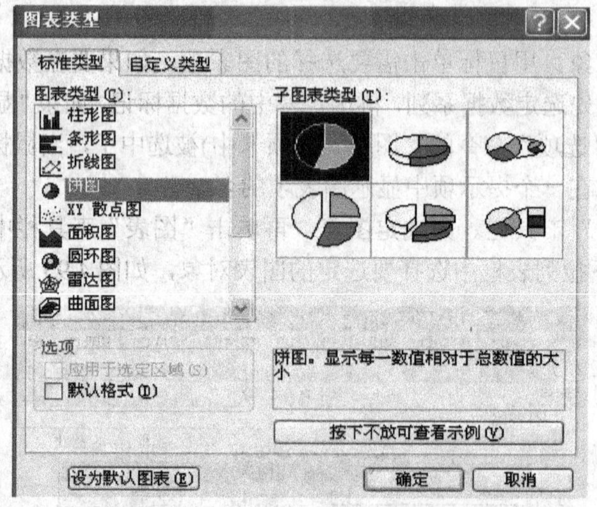

图 4.96 “图表类型”对话框

(3) 单击“确定”按钮，这时新类型的图表就会出现在工作表中。

5) 向图表添加、删除数据系列

图表是随着数据的改变而改变的，因此，在图表中添加数据、删除数据等操作就成为编辑图表的首要功能。

(1) 数据的添加。建立一个图表之后，可以向工作表中加入更多的数据系列或数据点并更新图表。对于嵌入对象图表可以用鼠标拖动数据或用颜色代码方式增加数据，对于图表工作表或非相邻选定区域生成的嵌入式图表，可以使用“复制和粘贴”命令添加数据。

在工作表中输入待添加的数据后，选定待添加数据单元格，拖动选中的单元格区域到图表上，释放鼠标或选定嵌入对象图表，再拖动蓝色选定柄将数据和标志包含到矩形选定框中，就会看到新添加的数据已经反映在图表上了。

(2) 数据的修改。选定需要修改的图表，在表格中选定要修改数据的单元格进行修改，可以看到图表也会随之改变。

(3) 数据的删除。选定图表中对应的要删除的数据系列，按 Delete 键就可以把数据系列删除。

6) 设置各种图表选项

(1) 更改分类轴标志。要在工作表上更改坐标轴标志，可单击包含所要更改标志的名称的单元格，在其中输入新名称，然后按 Enter 键完成。

要在图表上更改坐标轴标志，可单击该图表，再单击“图表”菜单上的“源数据”命令，在“系列”选项卡的“分类(X)轴标志”输入框中制定将要用作分类轴标志的工作表区域，如图 4.97 所示，也可以直接输入标志文字。

如果在“分类(X)轴标志”输入框中直接输入了文字，分类框上的文字将不再与工作表单元格链接。

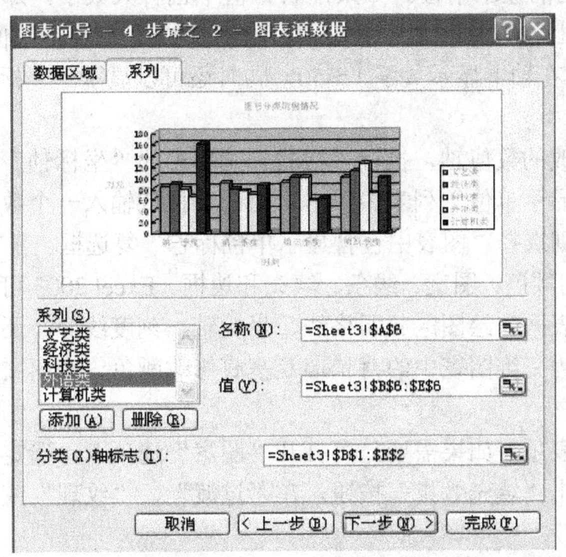

图 4.97　“系列”选项卡

(2) 更改数据系列名称或图例文字。要在工作表上更改图例文字或数据系列名称，可单击包含所要更改图表项名称的单元格，在其中输入新的名称，然后按 Enter 键完成。

要在图表上更改图例文字或数据系列名称，可单击该图表，再单击“图表”菜单上的“源数据”命令选定“系列”选项卡的“系列”列表框中所要修改的系列名称。在“名称”输入框中，制定将要用作图例的文字或数据系列名称的工作表单元格区域，也可以直接键入所需文字。

如果在“名称”输入框中直接输入了文字，则图例文字或数据系列名称将不再与工作表单元格链接。

(3) 更改数据标志。要在工作表上更改数据标志，可单击包含所要更改信息的单元格，在其中输入新文字或数值，然后按 Enter 键完成。

要在图表上更改数据标志，先单击所要修改的数据标志以选定整个系列的标志，再单击选定具体要修改的标志，为其键入新文字或数值，最后按 Enter 键完成。

如果直接在图表上修改了数据标志文字，它将不再与工作表单元格链接。

(4) 编辑图表和坐标轴标题。选定所要编辑的标题，键入相应的文字，按 Enter 键确认操作。

(5) 向图表中添加数据标志。单击相应的数据系列或要添加标志的数据标记所在的数

据系列，然后单击需要设置标志的数据标记，也可执行“格式”菜单中的“数据系列”或“数据点”命令。在“数据标志”选项卡中，选择所需选项。

(6) 为图表或坐标轴添加标题。单击需添加标题的图表，然后执行“图表”菜单中的“图表选项”命令，打开“标题”选项卡，在“图表标题”输入框中输入标题文字，再在“分类轴”输入框中输入分类轴标题的文字。

(7) 向图表中添加图例。单击需要添加图例的图表，执行“图表”菜单中的“图表选项”命令，再打开“图例”选项卡，选中“显示图例”复选框，单击“位置”下的所需选项。

(8) 更改数值轴上的显示单位。如果图表数值中包含大数字，那么可以更改该数轴上的显示单位以缩短轴上的文字长度，并增强可读性。例如，图表的数值范围是 1.000.000 至 50.000.000，那么可以在轴上显示数字 1～50，同时还可以显示一个标签用以表明单位长度为百万。

单击选定想要更改的数值轴，执行“格式”菜单中的“坐标轴”命令，然后单击“刻度”选项卡，再在“显示单位”列表中单击所需的单位或输入一个数值。若要显示用于描述所示单位的标签，则选择“图表中包含显示单位标志”复选框。

(9) 更改图表中的颜色、图案、线条、填充和边框。Excel 2003 可以更改二维和三维图表中的数据标记、图表区、绘图区、网格线、坐标轴、刻度线等，还可为二维图表增添趋势线和误差线，以及为三维图表中的背景墙及基底修改颜色、应用文本和图案、线型宽度或边框样式。

双击要修改的图表项，如果需要，可打开“图案”选项卡，选定需要的选项。如果要指定填充效果，则单击“填充效果”按钮，在“过渡”、“纹理”或“图案”选项卡中选择所需选项。

(10) 修改图表的位置。可以为已有的图表指定新的位置。将图表放置在工作表中或单独置于一张新的工作表中。

选择要修改位置的图表，并单击鼠标右键；在打开的菜单中选择“位置”命令，出现“图表位置”对话框，如图 4.98 所示。在对话框中选择两个位置中的一个，若选择“作为新工作表插入”单选钮，则该图表将生成到一个新工作表中；若选择“作为其中的对象插入”单选钮，则该图表将直接插入到当前选择的工作表中。

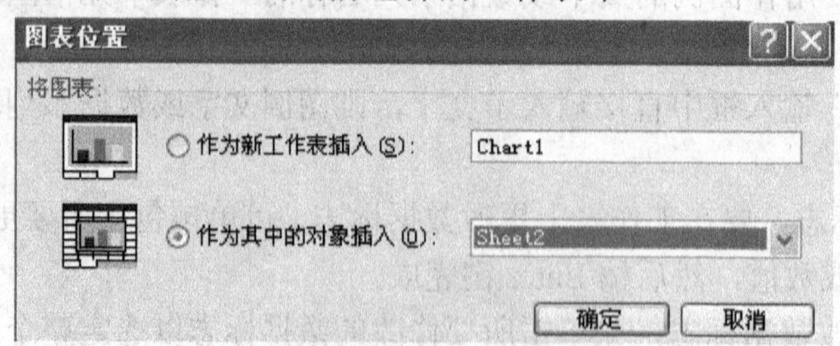

图 4.98 “图表位置”对话框

(11) 向图表中添加文本。在图表中，可以使用文本框添加文本信息，首先单击需要添加文本的图表；在“绘图”工具栏上，单击“文本框”按钮或；单击鼠标，在图表上确定文本框一个顶点的位置，然后拖动鼠标直到文本框达到所需的大小；在文本框中输入所需的文字，输入的文字可以在文本框中自动折行。要在文本框中新起一行，则按 Enter 键；输入完毕之后，按 Esc 键或在文本框外单击鼠标即可。

4.7 设置打印工作表

工作表设计好之后，为了提交或者留存查阅方便，常常需要把它打印出来。在打印之前需要对工作表进行打印设置，从而达到用户满意的效果。

4.7.1 页面设置

Excel 具有默认页面设置，因此用户可直接打印工作表。如有特殊需要，使用页面设置可以对工作表的打印方向、缩放比例、纸张大小、页边距、页眉、页脚等进行重新设置。选择“文件”菜单中的“页面设置”命令，打开“页面设置”对话框，如图 4.99 所示。对页面的任何设置都是在这个对话框中进行的。

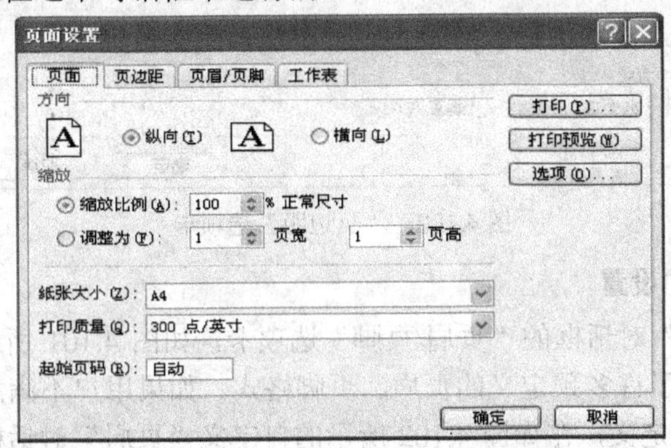

图 4.99 “页面设置”对话框

1. 页面的设置

单击“页面设置”对话框的“页面”选项卡，显示“页面”对话框，其中包含“方向”、“缩放”、“纸张大小”等选项。

(1) 方向。在 Excel 中提供了两种打印方向，即纵向打印和横向打印。纵向打印出的页是竖直的；横向打印出的页是水平的，特别适合打印宽度大于高度的工作表。

(2) 缩放比例。缩放比例用于放大或缩小打印工作表，其中“缩放比例”允许在 10%～400%之间。100%为正常大小，小于为缩小，大于则放大。“调整为”表示把工作表拆分为几部分打印，如调整为 3 页宽、2 页高表示水平方向截为 3 部分，垂直方向截为 2 部分，共分 6 页打印。

(3) 纸张大小。确定纸张大小的作用是保证整个工作表能被完全打印出来。在“纸张大小”下拉列表框中选择纸张类型，即可确定纸张大小。

(4) 打印质量。打印质量表示每英寸打印多少点，打印机不同则数字会不一样。点数越大则打印机的打印质量越好。

(5) 起始页码。可输入打印首页页码，默认“自动”从第一页或接上一页开始打印，用户也可手动输入希望开始的页码。

2．页边距的设置

单击“页面设置”对话框的“页边距”选项卡，显示“页边距”操作界面，如图 4.100 所示。该对话框用于设置实际打印内容的边界与纸张的上、下、左、右留出的空白尺寸和页眉和页脚距上下两边的距离，注意：该距离应小于上下空白尺寸，否则将与正文重合；打印数据在纸张上水平居中或垂直居中，默认为靠上、靠左对齐。

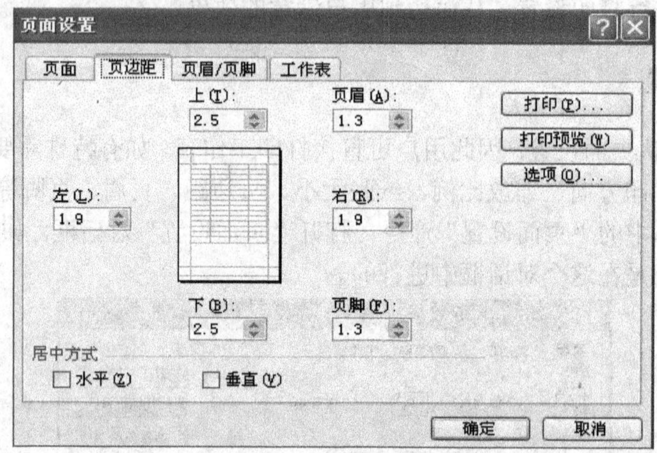

图 4.100　“页边距”选项卡

3．页眉和页脚的设置

单击“页面设置”对话框的“页眉/页脚”选项卡，如图 4.101 所示。Excel 在“页眉/页脚”列表框中提供了许多预定义的页眉、页脚格式。如果用户不满意，可单击“自定义页眉/页脚”按钮自行定义，在如图 4.102 所示的自定义“页眉”对话框中，可输入位置为左对齐、居中、右对齐三种页眉，10 个小按钮自左至右分别用于定义字体、插入页码、总页码、当前日期、当前时间、路径、工作簿名、工作表名、图片和图片格式。

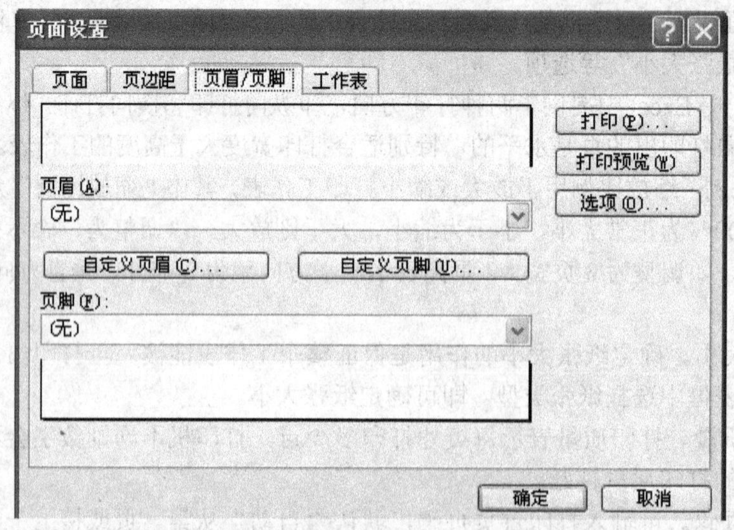

图 4.101　“页眉/页脚”选项卡

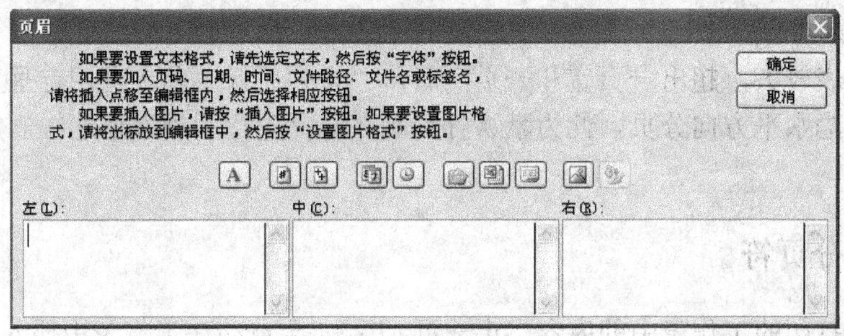

图 4.102　"页眉"对话框

4. 工作表的打印设置

单击"页面设置"的"工作表"选项卡，显示"工作表"对话框，如图 4.103 所示。在此选项卡中可以对工作表的打印区域、打印标题、打印效果和打印顺序等进行设置。

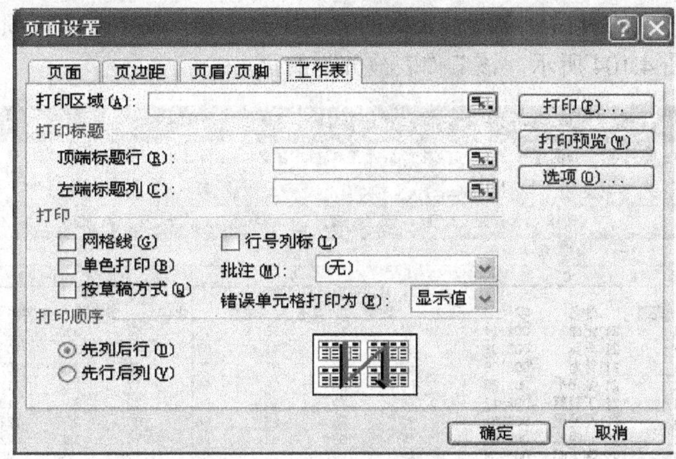

图 4.103　"工作表"选项卡

1) 设置打印区域

在默认状态下，Excel 会选择有文字的行和列区域作为打印区域。如果希望打印某一区域内的数据，可以在"打印区域"文本框中输入要打印的单元格区域的名称或单击右侧对话框的"折叠"按钮，选择打印区域。

2) 设置打印标题

当工作表较大，需分成多页打印时，出现除第一页外其余页要么看不见列标题，要么看不见行标题的情况，可使用"顶端标题行"和"左端标题列"命令，它们用于指出在各页上端和左端打印的行标题与列标题，便于对照数据。

3) 设置打印效果

利用"打印"选项区，可以设置打印工作表的一些特殊效果。

"网格线"复选框用于设定工作表带表格线输出，否则只输出工作表数据，不输出表格线；"行号列标"复选框允许用户打印输出行号和列标，默认为不输出；"单色打印"复选框用于当设置了彩色格式而打印机为黑白色时选择，另外选择彩色打印机选项可减少打印时间；"批注"复选框用于选择是否打印批注及打印位置；"按草稿方式"复选框可加快打印速度，但会降低打印质量。

4) 设置打印顺序

如果工作表较大，超出一页宽和一页高时，“先列后行”单选框规定垂直方向先分页打印完，再考虑水平方向分页，此为默认打印顺序。“先行后列”单选框规定水平方向先分页打印。

4.7.2 设置分页符

如果需要打印的工作表中的内容不止一页，Excel会自动在工作表中插入分页符，将工作表分成多页，而且分页符的位置取决于纸张大小、页边距设置以及设定的打印比例。

选择“视图”菜单中的“分页预览”命令，可以由工作表的普通视图切换到分页预览视图，从中可以看到分页符。但是切换到分页预览视图后，文字显示不清，用户只能通过该视图了解工作表的打印布局。如果想看清文字显示，可以单击“视图”菜单中的“显示比例”命令，在弹出的对话框中选择合适的放大比例。我们将“学生成绩表”按上述方法操作后，结果如图4.104所示，该工作表被分为两页。

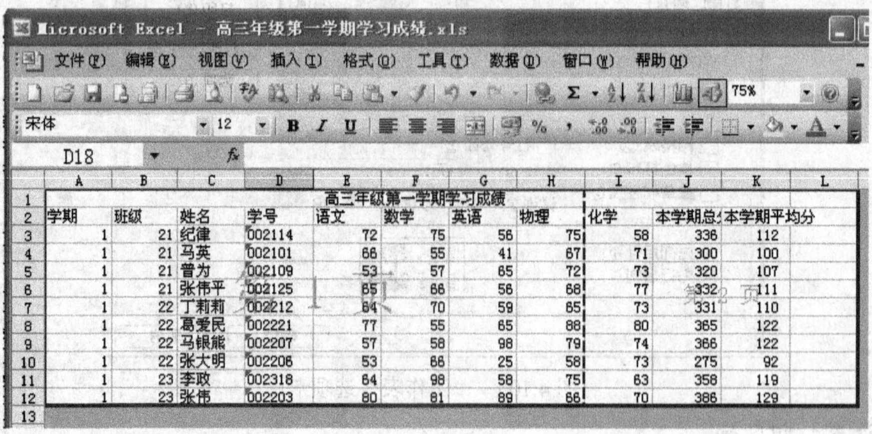

Microsoft Excel - 高三年级第一学期学习成绩.xls

文件(F) 编辑(E) 视图(V) 插入(I) 格式(O) 工具(T) 数据(D) 窗口(W) 帮助(H)

75%

宋体 12

D18

	A	B	C	D	E	F	G	H	I	J	K	L
1	高三年级第一学期学习成绩											
2	学期	班级	姓名	学号	语文	数学	英语	物理	化学	本学期总分	本学期平均分	
3	1	21	纪律	002114	72	75	56	75	58	336	112	
4	1	21	马英	002101	66	55	41	67	71	300	100	
5	1	21	曾为	002109	53	57	65	72	73	320	107	
6	1	21	张伟平	002125	65	66	56	68	77	332	111	
7	1	22	丁莉莉	002212	64	70	59	65	73	331	110	
8	1	22	葛爱民	002221	77	55	65	88	80	365	122	
9	1	22	马银熊	002207	57	58	98	79	74	366	122	
10	1	22	张大明	002206	53	66	25	58	73	275	92	
11	1	23	李政	002318	64	98	58	75	63	358	119	
12	1	23	张伟	002203	80	81	89	66	70	386	129	
13												

第1页 第2页

图4.104 分页预览视图

该视图以打印方式显示工作表，可使用户进行一些打印设置，也可以像在普通视图中一样对工作表进行编辑。

1. 设置打印区域

从图4.104中可以看到，蓝色虚线就是Excel自动产生的分页符，分页符包围的部分就是系统根据工作表中的内容自动产生的打印区域。如果要改变打印区域，可以使用鼠标向内或向外拖动分页符，重新选定新的打印区域。

2. 插入、删除或移动分页符

当工作表很大时，一张打印页不能打下所有工作表的内容，此时Excel可以自动在工作表中插入分页符，对其进行分页，但是用户有时并不想按这样的分页尺寸进行分页，这时可以采用手工方法插入分页符，通过插入水平分页符改变页面上数据行的数目；通过插入垂直分页符改变页面上数据列的数目，也可以在分页预览视图中，用鼠标拖动分页符的方法来调整其在工作表上的位置。

1) 插入水平分页符

选中工作表某一行的行号，选择“插入”菜单中的“分页符”，在选定行的上方出现分页符，如图 4.105 所示，在第 8 行的上方出现一个新分页符。

2) 插入垂直分页符

选中工作表某一列的列标，选择“插入”菜单中的“分页符”，在选定列的左边出现分页符，如图 4.105 所示，在 J 的左边出现一个新的分页符，“学生成绩表”被分成 6 页。

	A	B	C	D	E	F	G	H	I	J	K
1	高三年级第一学期学习成绩										
2	学期	班级	姓名	学号	语文	数学	英语	物理	化学	本学期总分	本学期平均分
3	1	21	纪律	002114	72	75	56	75	58	336	112
4	1	21	马英	002101	66	55	41	67	71	300	100
5	1	21	普为	002109	53	57	65	72	73	320	107
6	1	21	张伟平	002125	65	66	56	68	77	332	111
7	1	22	丁莉莉	002212	64	70	59	65	73	331	110
8	1	22	葛爱民	002221	77	55	65	88	80	365	122
9	1	22	马银箫	002207	57	58	98	79	74	366	122
10	1	22	张大明	002206	53	66	25	58	73	275	92
11	1	23	李政	002318	64	98	58	75	63	358	119
12	1	23	张伟	002203	80	81	89	66	70	386	129

图 4.105　插入垂直分页符

3) 移动分页符

在分页预览方式下，如果插入的分页符位置不合适，可以通过鼠标移动分页符来快速地改变分页，即将鼠标指针移到分页符上，当鼠标指针变为黑色的双向箭头形状时，按住鼠标左键拖动分页符，移至新的位置后再松开鼠标。

4) 删除分页符

如果对于插入的分页符不满意，想要删除它们时，可以首先选中分页符下边或右边的任意一个单元格，选择“插入”菜单中的“删除分页符”命令，就可以删除该分页符。

如果要删除所有插入的分页符，就首先选定整个工作表，选择菜单命令“插入”菜单中的“重设所有分页符”，就可以删除全部插入的分页符。

说明：用户插入的分页符为蓝色实线，Excel 自动插入的分页符为蓝色虚线。

4.7.3　打印预览及打印设置

对一个工作表进行了页面设置后，就可以正式打印工作表了。最好在正式打印之前，先在打印预览中对打印效果进行检查，以确定工作表的页面设置等是否满足需要。

1．打印预览

选择“文件”菜单中的“打印预览”命令或单击“常用”工具栏的“打印预览”按钮，屏幕将显示“打印预览”界面。界面下方的状态栏将显示打印总页数和当前页码。打印预览窗口中有许多按钮，通过这些按钮，可以以不同的方式查看版面效果或调整版面布局。各按钮的功能如表 4.6 所示。

表 4.6　打印预览窗口中按钮的功能

按钮图标	功　能
下一页(N)	显示后一页。如果后面没有可显示的页，按钮呈灰色
上一页(P)	显示前一页。如果前面没有可显示的页，按钮呈灰色
缩放(Z)	放大或缩小页面显示。将鼠标指针移到显示的页面上，单击鼠标左键可取得同样的效果
打印(T)...	单击该按钮，将打开“打印内容”对话框
设置(S)...	单击该按钮，将打开“页面设置”对话框
页边距(M)	单击该按钮，可以显示或隐藏用于改变页边距、页眉和页脚边距及列宽的控制柄，用鼠标拖动控制柄，可快速地改变页边距等相关的设置
分页预览(V)	单击该按钮，将切换到分页预览视图
关闭(C)	单击该按钮，将关闭打印预览窗口，并返回到工作表以前的显示状态
帮助(H)	单击该按钮，将打开 Excel 帮助窗口，显示有关的帮助信息

2. 打印

当设置好打印区域、页面设置、打印预览后，工作表便可以正式打印了。选择“文件”菜单中的“打印”命令或在“页面设置”对话框、“打印预览”视图中单击“打印”按钮，将显示“打印内容”对话框，如图 4.106 所示。

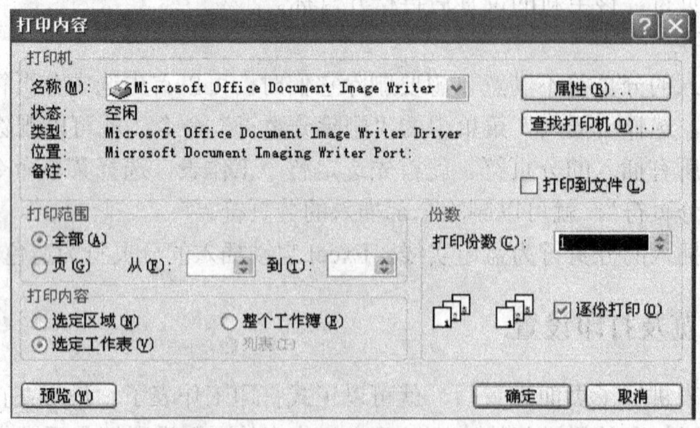

图 4.106　“打印内容”对话框

在这个对话框中，有“打印机”、“打印范围”、“打印内容”和“份数”四个选项区域，下面分别对它们的作用进行介绍。

(1) “打印机”区域。在此区域列出了用户使用的打印机的名称、状态、类型、位置及备注情况。通过右侧的按钮还可以查看打印机的属性及查找打印机。

(2) “打印范围”区域。在此区域如果选择“全部”单选按钮，则打印工作表的所有

页；如果选择“页”单选按钮，则打印工作表的部分页，但是需要在其后的“从”和“到”文本框中分别输入开始页的页号和结束页的页号。

(3) “打印内容”区域。在此区域可以设置打印的内容。

(4) “份数”区域。在此区域可以设置要打印的份数。如果要一次打印多份工作表，选中下面的“逐份打印”复选框。

全部内容按需要设置完后，单击“确定”按钮就开始进行打印工作了。

4.8　Excel 2007 简介

Microsoft Excel 2007 是 Microsoft 公司出品的 Office2007 系列办公软件中的一个组件。它是功能强大、技术先进、使用方便且灵活的电子表格软件，可以用来制作电子表格，完成复杂的数据运算，进行数据分析和预测，且具有强大的制作图表功能和打印设置功能。

和以前的版本相比，Excel 2007 工作界面的颜色更加柔和，更贴近于 Windows Vista 操作系统。它的工作界面主要由“文件”菜单、标题栏、快速访问工具栏、功能区、编辑栏、工作表格区、滚动条和状态栏等元素组成。如图 4.107 所示，各主要组成元素的功能如下。

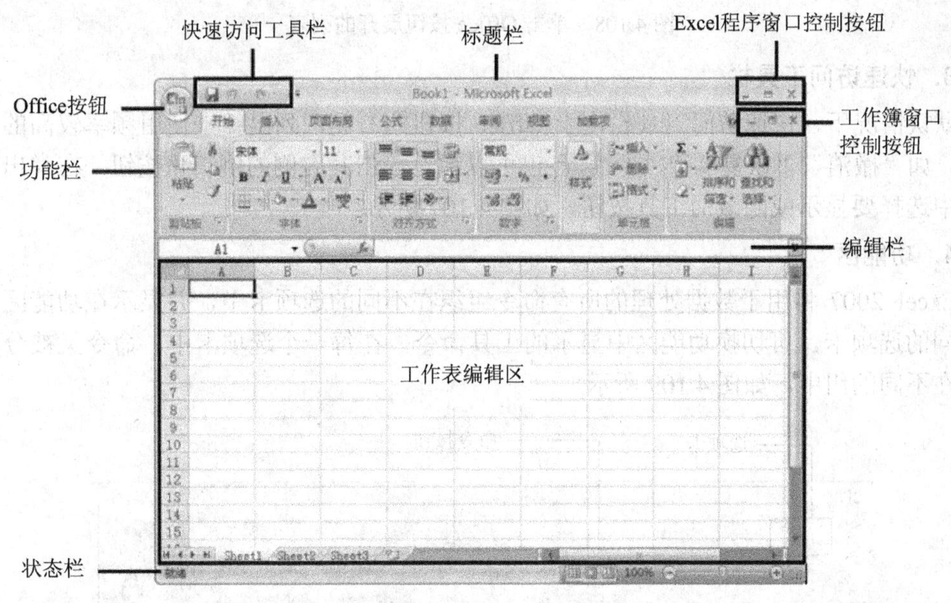

图 4.107　Excel 2007 主窗口界面

1．标题栏

标题栏在窗口的最顶端，用来显示当前编辑的文件名称及应用软件的名称，右侧是三个窗口控制按钮，用于对窗口执行最小化、最大化/还原和关闭的操作。如当前在 Excel 2007 窗口中打开了一个名为“Book1”的文件，那么在标题栏中将显示“Book1-Microsoft Excel”，如图 4.107 所示。

2．Office 按钮

Office 按钮位于窗口的左上角。单击该按钮，在展开的列表中选择相应的选项，可执行文件的新建、打开、保存、打印和关闭等操作，如图 4.108 所示。

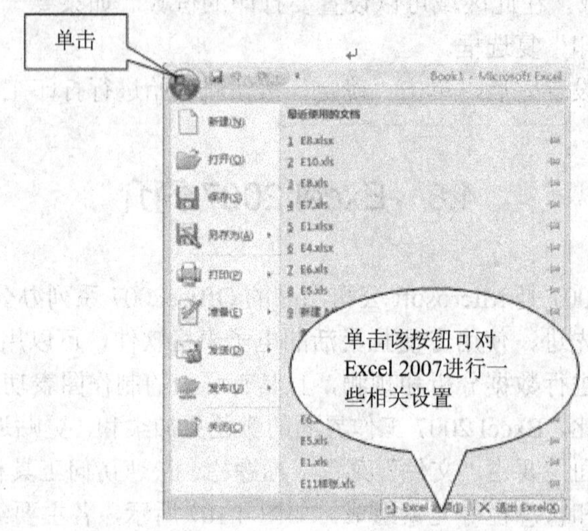

图 4.108　单击 Office 按钮展开的列表

3．快速访问工具栏

默认情况下，快速访问工具栏位于 Office 按钮的右侧，列出一些使用频率较高的工具按钮，如“撤消”、“恢复”和“保存”。也可以通过单击其右侧的倒三角按钮，在弹出的列表框中选择要显示或隐藏的工具按钮，如图 4.107 所示。

4．功能区

Excel 2007 将用于数据处理的所有命令组织在不同的选项卡中，并显示在功能区。选择不同的选项卡，可切换功能区中显示的工具命令。在每一个选项卡中，命令又被分类且放置在不同的组中，如图 4.109 所示。

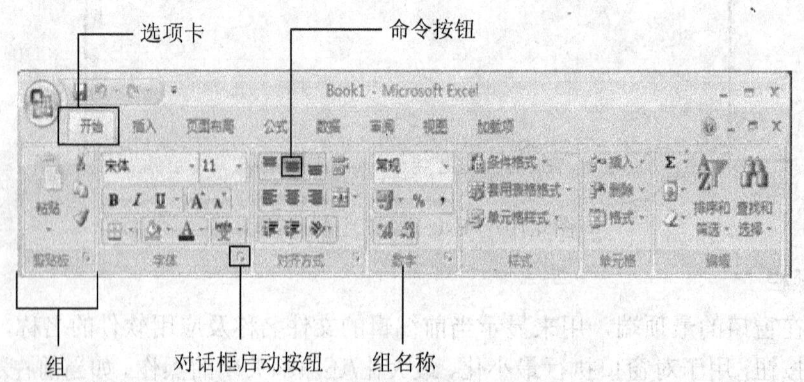

图 4.109　功能区

组的右下角通常都会有一个对话框启动器按钮，用于打开与该组命令相关的对话框，以便对要进行的操作作进一步的设置。

5. 编辑栏

编辑栏主要用于输入和修改活动单元格中的数据。当在工作表的某个单元格中输入数据时，编辑栏会同时显示输入的内容。

6. 工作簿窗口

通常所说的 Excel 文件指的就是工作簿文件，它由多个工作表组成。每一个工作表都是由若干行和列组成的表格。工作簿窗口主要由以下几个部分组成：全选按钮、行号和列标、工作表标签、标签拆分框、分割条。其功能和操作可参考 Excel 2003，在此不详细叙述。

7. 状态栏

状态栏位于窗口底部，为当前正在进行的操作提供提示或说明。与 2003 相比新增的功能如图 4.110 所示。

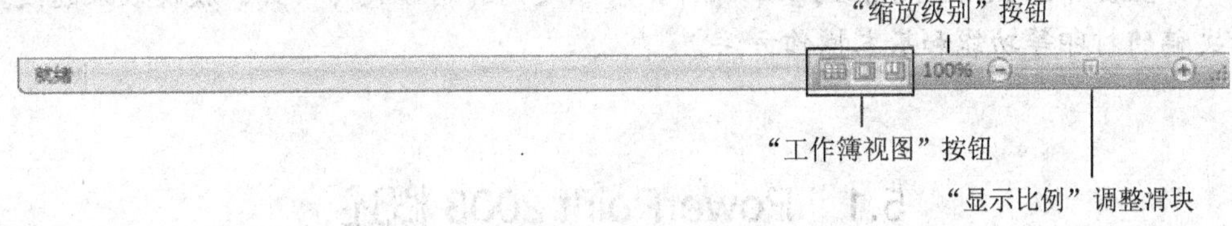

图 4.110　状态栏

思考题

1. Excel 2003 的窗口主要由几部分组成，各部分的功能是什么？
2. 如何使用模板创建工作簿和设置工作簿的自动保存？
3. 选择多行、多列的操作方法和步骤是什么？
4. 同时在多个单元格中输入相同的数据的操作步骤有哪些？
5. 输入以 0 开头的数据操作的步骤有哪些？
6. 删除单元格和清除单元格有何区别？
7. 如何命名单元格或单元格区域、调整行高和列宽？
8. 如何选中工作簿中的全部工作表、为工作表重命名、复制工作表？
9. 相对引用、绝对引用、混合引用的区别是什么？
10. 在创建图表时，图表和数据能不能分别在不同的工作表中？
11. 怎样改变图标的类型？
12. 如何在数据清单中进行数据筛选，数据的筛选和分类汇总有什么区别？

第5章 演示文稿制作软件 PowerPoint 2003

PowerPoint 是 Office 中的一个重要组件，是一款功能强大的演示文稿应用和制作软件。它可以使用户快速创建极具感染力的动态演示文稿，如电子教案、产品宣传展示会、论文答辩等。利用 PowerPoint 不但可以制作广告宣传、展品演示等电子幻灯片，还可以在互联网上召开远程会议或在 Web 上给观众展示演示文稿。

本章主要介绍 PowerPoint 的基本操作、演示文稿的制作及其格式、放映效果的设置、演示文稿的打印等功能和基本操作方法。

5.1 PowerPoint 2003 概述

演示文稿就是指人们使用 PowerPoint 制作的用于介绍自身、组织的情况或阐述计划和观点的一系列演示材料。在 PowerPoint 中，演示文稿和幻灯片这两个概念是有区别的，利用 PowerPoint 制作的文档就是演示文稿，它是一个文件；组成演示文稿的每一页被称为幻灯片，它们是演示文稿的重要组成部分，是演示文稿中既相互独立又相互联系的内容。

5.1.1 PowerPoint 2003 窗口的基本操作

在使用 PowerPoint 2003 之前，必须先启动该软件。启动的方法和前面介绍的 Word 2003、Excel 2003 基本相同，经常使用的方法共有三种：第一种，若桌面上有 PowerPoint 2003 快捷方式的图标，可以通过双击该快捷图标打开软件，若没有，可以按照前面操作系统中介绍的方法添加快捷图标；第二种是最普遍使用的一种方法，单击“开始”菜单，执行菜单中“程序”命令中的“Microsoft Office”子命令，单击其中的“Microsoft Office PowerPoint 2003”；第三种方法是用已有的 PowerPoint 文档启动，双击已存在的演示文稿文件启动 PowerPoint 软件。当然还有很多其他的打开方法，请读者自行选择一种最合适的方法。

下面介绍 PowerPoint 2003 的基本工作界面，如图 5.1 所示。

PowerPoint 2003 的窗口界面与 Word 2003、Excel 2003 非常相似，由标题栏、菜单栏、工具栏、状态栏和任务窗格组成，功能也基本相同，所不同的是 PowerPoint 2003 的主体部分由幻灯片窗口、大纲窗口、备注窗口和视图切换按钮组成，介绍如下。

图 5.1 PowerPoint 基本工作界面

1. 幻灯片窗口

幻灯片窗口即工作区，是制作演示文稿的主要窗口。它显示的是当前幻灯片，也可以在“幻灯片窗口”中编辑和查看当前幻灯片的内容。如插入图片、表格、图表、绘图对象、文本框、声音、电影、超链接等。

2. 大纲窗口

大纲窗口中有“大纲”和“幻灯片”两个选项卡。有关两个选项卡的用途将在视图部分进行介绍。

3. 备注窗口

备注窗口中可以写入与每个幻灯片内容相关的备注。备注是对幻灯片上未列出的内容进行补充说明，用于演讲者在演讲过程中，对自己进行一定的提示。

当幻灯片放映视图时，在屏幕上单击右键，从弹出菜单中选择屏幕命令中的演讲者备注选项，便可以看到在备注窗口所添加的备注内容。

4. 视图切换按钮

在 PowerPoint 2003 中，提供了三种视图按钮：普通视图、幻灯片浏览视图、幻灯片放映视图。可以通过单击三个视图按钮进行不同视图的切换。

5.1.2 视图方式

在 PowerPoint 2003 中，提供了三种方式来查看幻灯片，我们把这些查看方法叫做视图。这三种视图模式分别是普通视图、幻灯片浏览视图和幻灯片放映视图。其中，普通视图为 PowerPoint 2003 默认的视图。各种视图有各自的功能，单击 PowerPoint 2003 窗口中的视图切换按钮，可以在各种视图之间进行切换。在任何视图中均可对演示文稿进行特定的加工，在一种视图中对演示文稿所作的修改，会自动反映在演示文稿的其他视图中。

1. 普通视图

单击“视图”菜单中的“普通”命令或单击视图切换按钮中的“普通视图”按钮，都可以切换到普通视图，如图 5.2 所示。

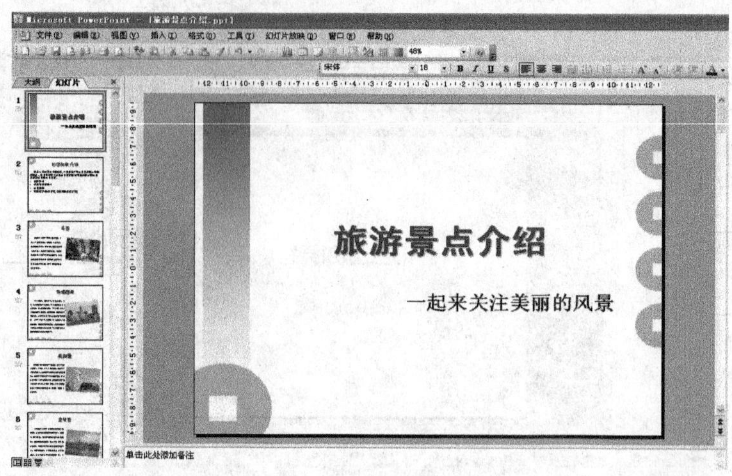

图 5.2　普通视图

用户不但可以在普通视图中编辑幻灯片的总体结构，还可以单独编辑单张幻灯片或大纲，并在备注窗口中添加演讲者备注。

普通视图包括三个窗口，左边是大纲窗口，右边的上半部分显示活动幻灯片，下半部分显示备注窗口。

大纲窗口中的两个选项卡分别是“幻灯片”和“大纲”。

1) “幻灯片”选项卡

打开“幻灯片”选项卡，如图 5.3 所示。PowerPoint 2003 将按照缩略图的形式显示演示文稿中的幻灯片。使用缩略图能更方便地通过演示文稿导航观看、设计和更改幻灯片的外观效果，也可以移动、复制、添加和删除幻灯片。

2) “大纲”选项卡

打开“大纲”选项卡，如图 5.4 所示。在“大纲”选项卡中将显示幻灯片中的文本，可以方便地输入演示文稿的主题和内容，PowerPoint 2003 会根据这些主题和内容自动生成相应的幻灯片，并将这些主题自动设置为幻灯片的标题。在“大纲”选项卡中，用户可以把注意力集中在演示文稿所涉及的主题上，而不会因为演示文稿的外观分散注意力。

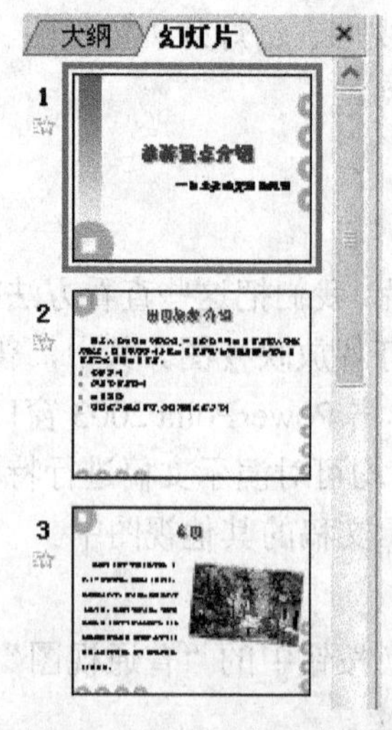

图 5.3　“幻灯片”选项卡

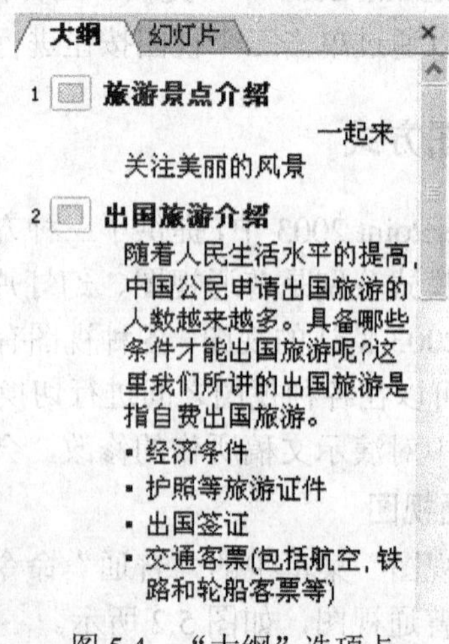

图 5.4　“大纲”选项卡

2. 幻灯片浏览视图

单击“视图”菜单中的“幻灯片浏览”命令，或单击视图切换按钮中的“幻灯片浏览”按钮，都可以切换到幻灯片浏览视图，如图 5.5 所示。

图 5.5　幻灯片浏览视图

幻灯片浏览视图是缩略图形式幻灯片的专有视图。在幻灯片浏览视图中，可以看到整个演示文稿的大致外观。与其他视图一样，在该视图中可以对演示文稿进行编辑，包括改变幻灯片的背景设计和配色方案、重新排列幻灯片、添加或删除幻灯片、复制幻灯片。但与在其他视图中不同的是，在幻灯片浏览视图的过程中不能编辑幻灯片中的内容。

3. 幻灯片放映视图

当需要预览演示文稿时，可以使用幻灯片放映视图。从中不但可以体验添加到演示文稿中的任何动作和声音效果，还能观察到转换效果。

单击“视图”菜单中的“幻灯片放映”命令或单击视图切换中的“幻灯片放映”按钮，都可以切换到幻灯片放映视图，如图 5.6 所示。

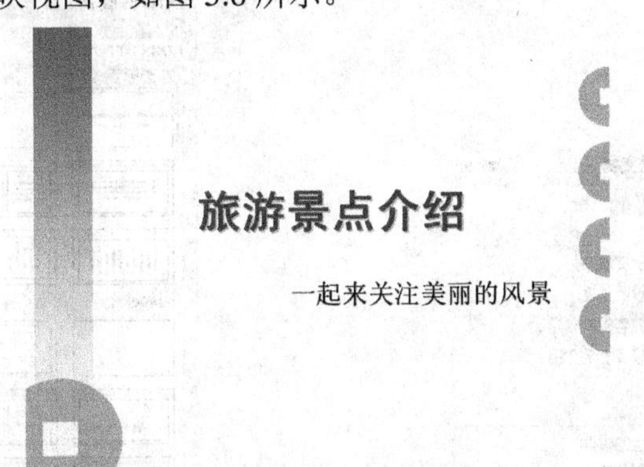

图 5.6　幻灯片放映视图

幻灯片放映视图占据整个计算机屏幕，按照预定的方式一幅一幅动态地显示演示文稿的幻灯片，此时的演示文稿就是在实际放映中看到的切换效果。视图将按此放映，直到放映结束，返回到原来的视图下。

在放映幻灯片的任意时刻，按 Esc 键都可以退出幻灯片放映，也可以单击鼠标右键，打开一个快捷菜单，如图 5.7 所示，选择相应的命令实现对幻灯片放映的控制。

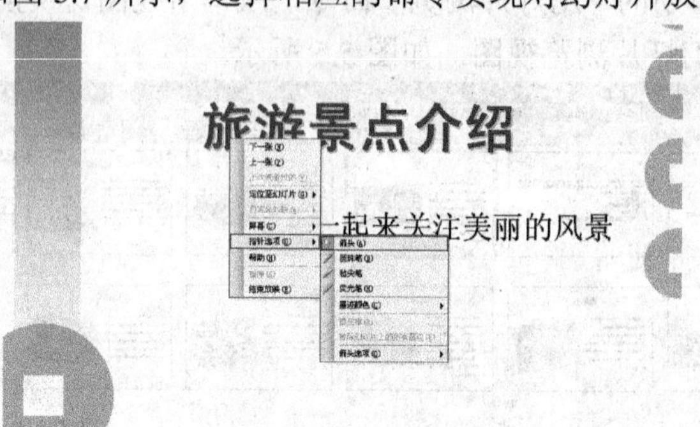

图 5.7　放映设置

5.1.3　创建演示文稿

PowerPoint 2003 提供了四种创建演示文稿的方法，即创建空演示文稿、根据设计模板创建演示文稿、根据内容提示向导创建演示文稿、根据现有演示文稿创建。下面分别介绍这四种方法。

1. 创建空演示文稿

空演示文稿就是每一张幻灯片都是空白的，幻灯片上所有的文字、背景、版式都需要用户自己定义。

创建空演示文稿的具体操作步骤如下：

(1) 启动 PowerPoint 2003 后，执行“文件”菜单中的“新建”命令或直接按 Ctrl+N 组合键，打开如图 5.8 所示的“新建演示文稿”任务窗格。

(2) 在“新建”区域中，选择“空演示文稿”命令，而后就会打开“应用幻灯片版式”任务窗格，如图 5.9 所示。

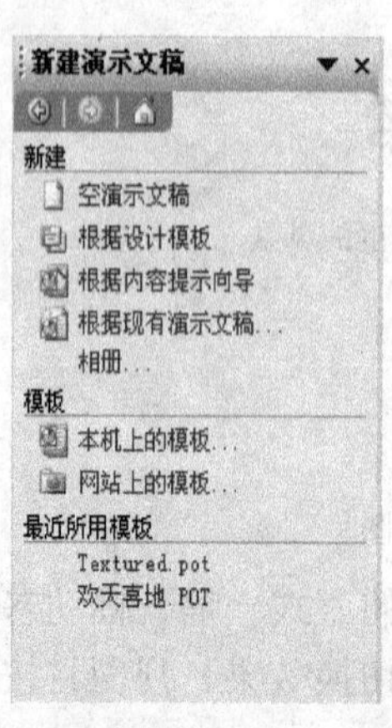

图 5.8　“新建演示文稿”任务窗格

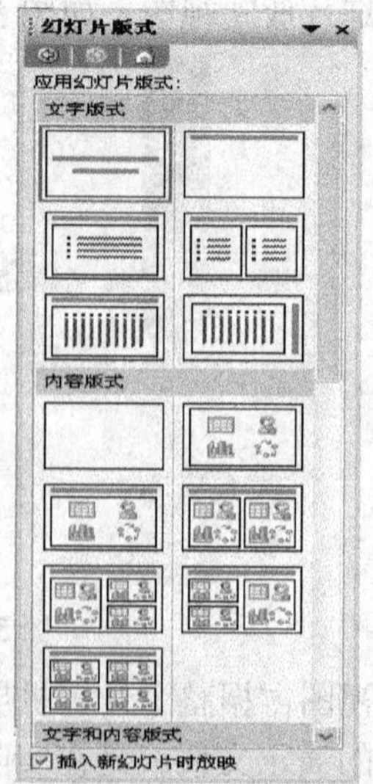

图 5.9　“应用幻灯片版式”任务窗格

PowerPoint 2003 共提供了 31 种幻灯片版式(版式是指幻灯片上的标题、副标题、图片、表格、图表、自选图形、影片等元素的排列方式)。这些幻灯片又可归纳为四种类型，分别为“文字版式”、“内容版式”、“文字和内容版式”和“其他版式”。每一种版式都有自己的名字，用户把鼠标指向每一种版式的中间位置，在鼠标尾部的帮助框中便会显示出该版式的名字。

(3) 版式的应用。选中一种版式后，单击该版式的中间或右侧箭头，在弹出菜单中选择应用于选定幻灯片，即可在当前幻灯片中应用相应版式的幻灯片，同时幻灯片上会有不同的占位符，这些占位符只起到预留位置的作用，只有在编辑状态下可见，幻灯片放映时是看不到占位符的。用户可以按照占位符中的提示来添加相应的内容。

(4) 若要插入新的幻灯片，有三种方法，一是选择“插入”菜单中的“新幻灯片”；二是使用 Ctrl+M 组合键；三是选中一张幻灯片，按键盘上的 Enter 键。这三种方法都是在活动幻灯片后插入一张新的空白幻灯片。

(5) 若要继续制作演示文稿，可以重复步骤(3)、(4)。

2．根据设计模板创建演示文稿

新建的空白演示文稿中没有任何设计模板，版式及配色方案都需要用户自行编辑，这无疑给制作者增加了工作量。对于初学者来说，想要创建漂亮且专业的演示文稿，可以使用系统提供的设计模板进行操作。在 PowerPoint 2003 中使用设计模板创建演示文稿的具体操作步骤如下：

(1) 启动 PowerPoint 2003 后，执行“文件”菜单中的“新建”命令或直接按 Ctrl+N 组合键，打开如图 5.8 所示的“新建演示文稿”任务窗格。

(2) 在“新建”区域中，选择“根据设计模板”命令，打开“幻灯片设计”任务窗格，如图 5.10 所示。

设计模板就是含有演示文稿样式的文件，包括项目符号、字体类型和大小、占位符大小和位置、背景设计和填充、配色方案等。PowerPoint 2003 共提供了 30 种设计模板，每一种设计模板都有自己的名字，用户把鼠标指向每一种设计模板的中间位置，在鼠标的尾部帮助框中便会显示出该设计模板的名字。

(3) 选择所需的设计模板并单击模板图标后，所有的幻灯片都将被应用到该模板上。若只把某一张幻灯片应用于该设计模板，则单击该模板右侧的箭头，在弹出菜单中选择“应用于选定幻灯片”按钮即可。

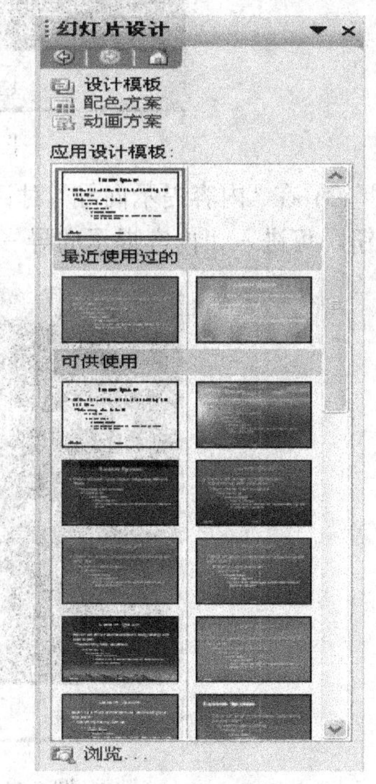

图 5.10　“幻灯片设计”任务窗格

3．根据内容提示向导创建演示文稿

对于初次使用 PowerPoint 2003 制作演示文稿的用户来说，如果不知道如何安排演示文稿的内容，那么最佳的选择就是根据内容提示向导来创建演示文稿。

PowerPoint 2003 提供了由专业设计人员针对各种不同用途而精心制作的演示文稿，对于演示文稿中的每一张幻灯片的内容安排、文本格式以及幻灯片的外观都进行了定义。按照“内容提示向导”对话框给出的提示，一步一步操作就可以自动地完成演示文稿的整体设计，提高制作演示文稿的效率。

根据“内容提示向导”方式创建演示文稿的具体操作步骤如下：

(1) 启动 PowerPoint 2003 后，执行“文件”菜单中的“新建”命令，或直接按 Ctrl+N 组合键，打开如图 5.8 所示的“新建演示文稿”任务窗格。

(2) 在“新建”区域中，选择“根据内容提示向导”命令，弹出如图 5.11 所示的对话框。

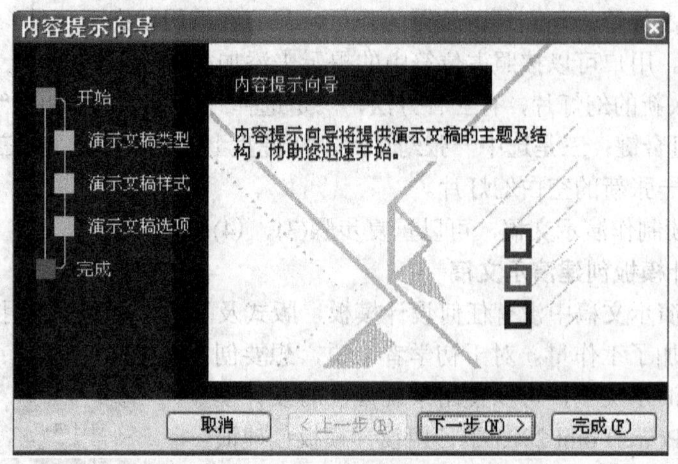

图 5.11 “内容提示向导”对话框

(3) 在“内容提示向导”对话框中，提供了内容提示向导的解释性文字。单击“下一步”按钮，可进入“内容提示向导 - [通用]”对话框，如图 5.12 所示。

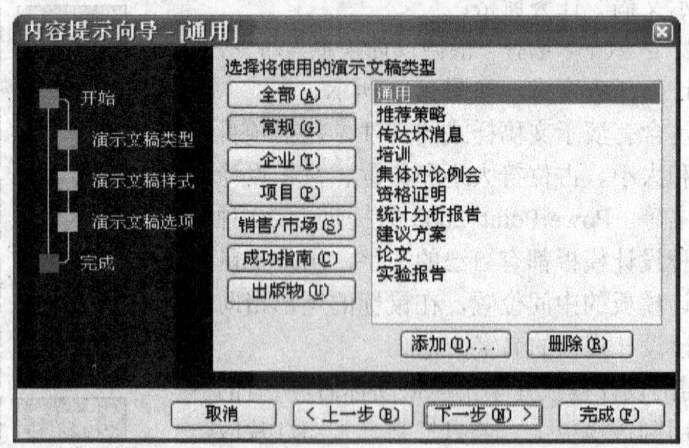

图 5.12 “内容提示向导 - [通用]”对话框 1

(4) 在“选择将使用的演示文稿类型”区域后，可以选择所需的演示文稿类型。如果单击“全部”按钮，就会在对话框的类型列表中列出 PowerPoint 2003 提供的所有演示文稿的类型。PowerPoint 2003 将提供的演示文稿划分为常规、企业、项目、销售/市场、成功指南、出版物等六种类型。可以根据需要选择合适的类型，并单击“下一步”按钮，将出现如图 5.13 所示的“内容提示向导 - [通用]”的对话框。

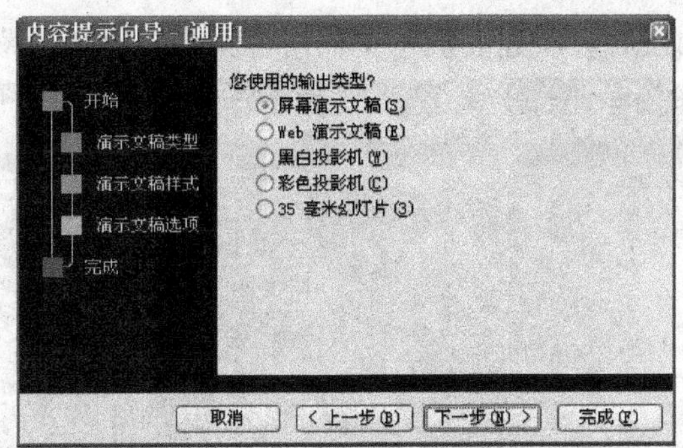

图 5.13　“内容提示向导 - [通用]”对话框 2

(5) 选择演示文稿的输出方式。PowerPoint 2003 提供了以下五种输出方式。

- 屏幕演示文稿。在计算机屏幕上直接播放演示文稿。
- Web 演示文稿。将演示文稿以 Web 网页的形式提供给网络中的用户浏览、观看。
- 黑白投影机演示文稿。将演示文稿打印成黑白幻灯片，通过黑白投影机播放。
- 彩色投影机演示文稿。将演示文稿打印成彩色幻灯片，通过彩色投影机播放。
- 35 毫米幻灯片演示文稿。将演示文稿最终制成 35 毫米幻灯片。

(6) 通常选择“屏幕演示文稿”单选按钮，单击“下一步”，将出现如图 5.14 所示的“内容提示向导 - [通用]”对话框。

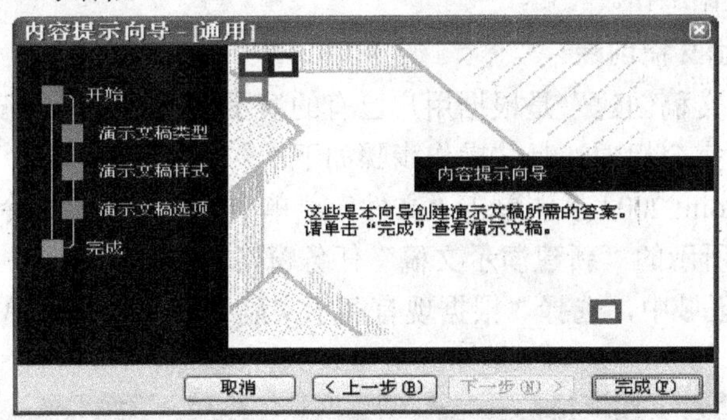

图 5.14　“内容提示向导 - [通用]”对话框 3

(7) 在“演示文稿标题”输入框中输入演示文稿的标题，例如“2010 年度工作计划”。然后在“页脚”输入框中输入所需的内容，例如“计算机基础教材”。若把“上次更新日期”和“幻灯片编号”复选框选中，则在页脚处不但可以显示出“计算机基础教材”，同时还有日期和页码。单击“下一步”按钮，就完成了演示文稿的创建工作，如图 5.15 所示。

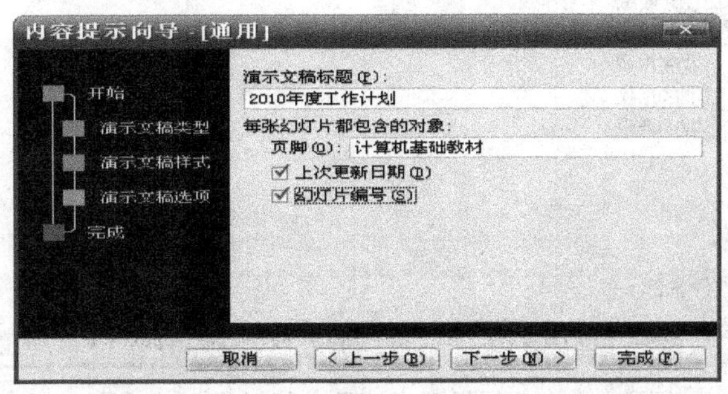

图 5.15　“内容提示向导 - [通用]”对话框 4

(8) 单击“完成”按钮后，新建的演示文稿内容就会出现在屏幕上，如图 5.16 所示。

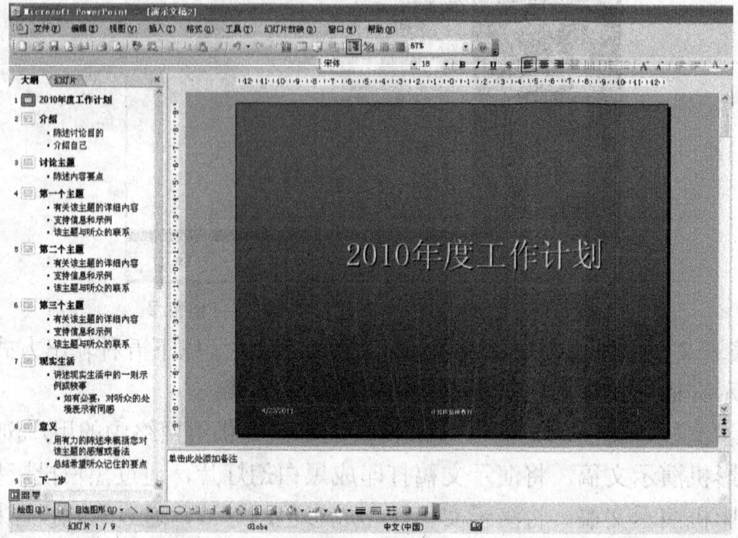

图 5.16　完成窗口

根据内容提示向导方式创建演示文稿是最方便的方法，只需按照提示稍加修改，即可完成新演示文稿的制作工作。

4．根据现有演示文稿创建

“根据现有演示文稿创建”是根据用户已有的演示文稿创建新的演示文稿，与已有的演示文稿格式、背景完全相同。具体操作步骤如下：

(1) 启动 PowerPoint 2003 后，单击“文件”菜单中的“新建”命令或直接按 Ctrl+N 组合键，打开如图 5.8 所示的“新建演示文稿”任务窗格。

(2) 在“新建”区域中，选择“根据现有演示文稿”命令，就会弹出如图 5.17 所示的对话框。

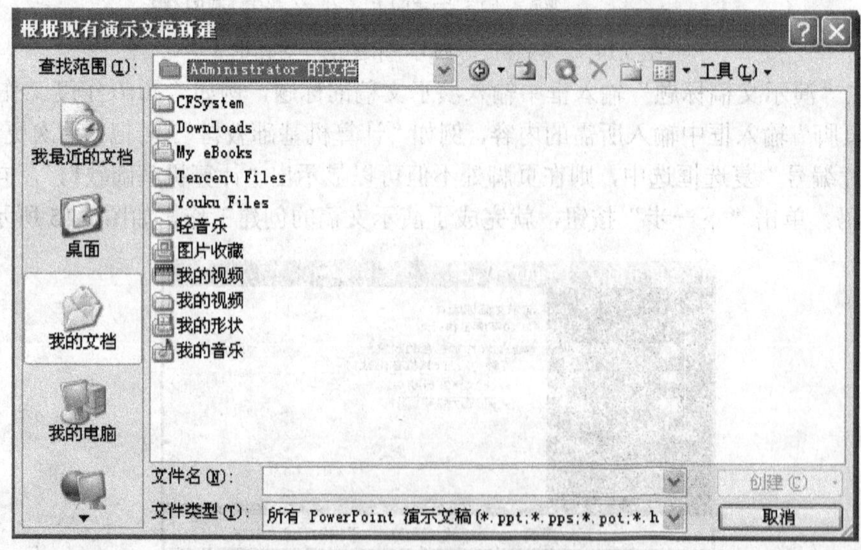

图 5.17　“根据现有演示文稿新建”对话框

(3) 找到已有演示文稿所在的位置，例如，要根据 d 盘中的“2009 年工作计划”演示文稿创建“2010 年工作计划”，首先找到该演示文稿，然后单击“创建”按钮，就会打开一个和“2009 年工作计划”完全一样的演示文稿，可以修改为“2010 年工作计划”。

5．相册

若要利用演示文稿来演示某个活动的所有照片，可以选择演示文稿中的“相册”来创建一个演示文稿。具体操作步骤如下：

(1) 启动 PowerPoint 2003 后，单击“文件”菜单中的“新建”命令，或直接按 Ctrl+N 组合键，打开如图 5.8 所示的“新建演示文稿”任务窗格。

(2) 在“新建”区域中，选择“相册”命令后，就会弹出如图 5.18 所示的“相册”对话框。

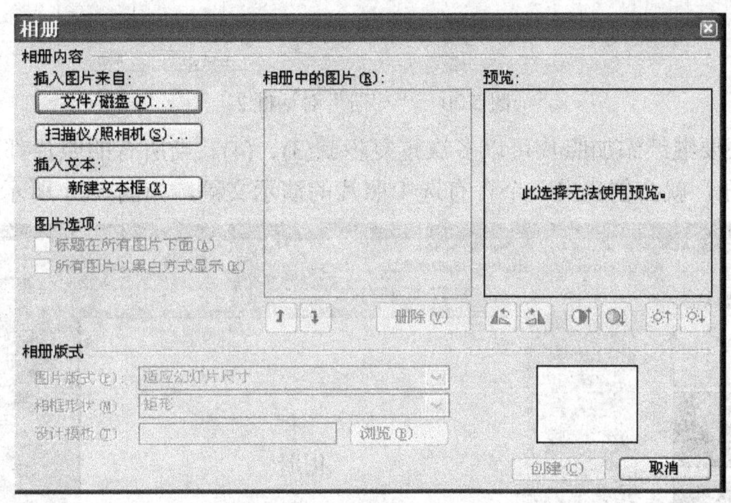

图 5.18　“相册”对话框 1

(3) 选择照片的来源。如果照片在计算机的磁盘中，单击“文件/磁盘”按钮；如果照片在照相机中，单击“扫描仪/照相机”按钮。选择来源后，会出现如图 5.19 所示的“插入新图片”对话框。

图 5.19　“插入新图片”对话框

(4) 选择要放入到演示文稿中的照片后，单击“插入”按钮，会出现如图 5.20 所示的“相册”对话框。

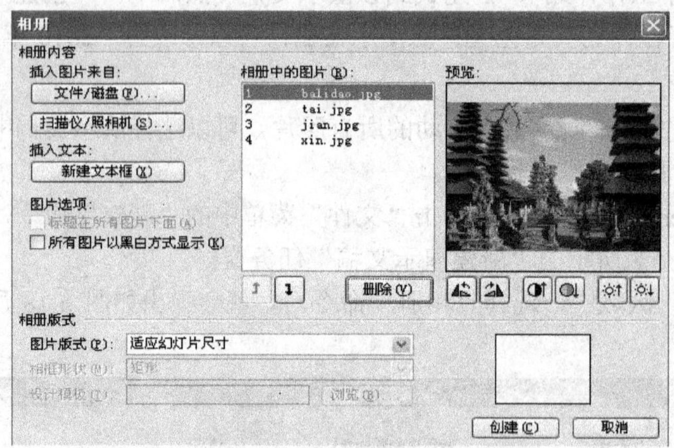

图 5.20 “相册”对话框 2

(5) 如果还要继续添加照片可以多次重复步骤(3)、(4)。当所有的照片都添加完后，单击“创建”按钮，就会创建出一个含有选中照片的演示文稿，如图 5.21 所示。

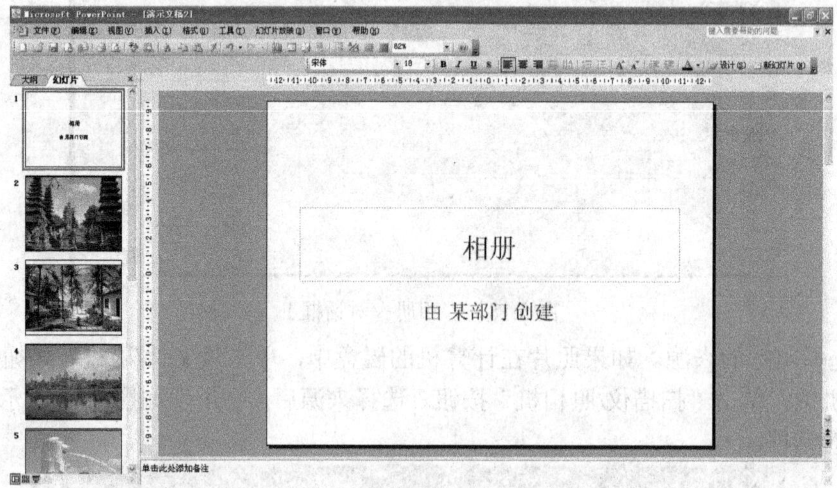

图 5.21 含有选中照片的演示文稿

以上是创建演示文稿的五种方法，初学者可以根据需要选择最方便快捷的方法制作演示文稿。

5.1.4 保存和打开演示文稿

在制作完演示文稿后，需要保存演示文稿，以备日后使用。

1. 保存演示文稿

1) 设置自动保存

为了防止由于断电、死机等意外情况而导致数据丢失，PowerPoint 2003 提供了自动保存的功能，使计算机按照设定的时间间隔自动保存文件。设置自动保存的具体操作步骤如下：

(1) 单击“工具”菜单中的“选项”命令，出现“选项”对话框，选择“保存”选项卡，如图 5.22 所示。

(2) 在“保存”选项卡的“保存选项”区域中，选中“保存自动恢复信息”复选框，并在“每隔……分钟”微调框中输入自动保存文件的时间间隔，默认为 10 分钟。

(3) 设置完毕后，单击“确定”按钮。

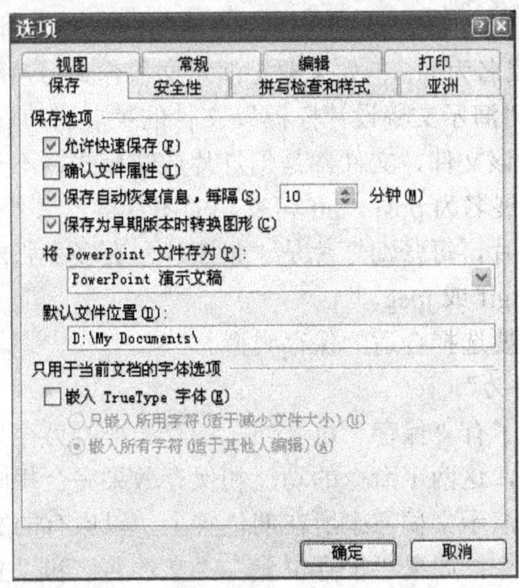

图 5.22　“选项”对话框

如果在计算机停止响应或意外断电时未保存文件，那么再次启动 PowerPoint 2003 时会自动打开保存的恢复文件。设置的时间间隔越短，文件保存的频率就越高，自动恢复的信息就越多。

2) 保存演示文稿

保存演示文稿的操作步骤如下：

(1) 选择“文件”菜单中的“保存”命令；直接单击“常用”工具栏中的“保存”按钮或直接按 Ctrl+S 组合键，都将出现如图 5.23 所示的“另存为”对话框。

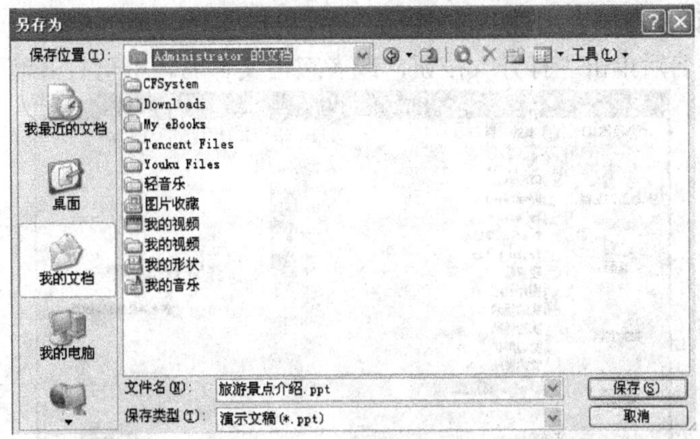

图 5.23　“另存为”对话框

(2) 在“保存位置”下拉列表中选择合适的保存目录。在默认情况下，文件将保存在“我的文档”下。

(3) 在“文件名”输入框中，输入演示文稿的名字。默认的文件名是“演示文稿 1”，单击“保存”按钮。系统会自动在文件名后添加 ppt 扩展名。

(4) 在“保存类型”中选择合适的保存类型，常用的保存类型有演示文稿、网页、演示文稿设计模板、PowerPoint 放映、gif 可交换的图片格式、jpeg 文件交换格式等。

通常情况下，若无特殊说明，“演示文稿”格式是默认选项，即扩展名为 ppt 的格式。

如果要将演示文稿发布到 Internet 上，就必须把 PowerPoint 演示文稿的保存类型选为“网页”，此时文件的扩展名为 htm；如果要把演示文稿作为日后编辑演示文稿的模板，则要把文件的保存类型选为“演示文稿设计模板”，文件的扩展名为 pot；当保存为“PowerPoint 放映”格式时，每次打开该文件，文件都是幻灯片放映模式，不允许用户更改幻灯片的格式和设计模板，文件的扩展名为 pps；“gif 可交换的图片格式”、“jpeg 文件交换格式”都是把演示文稿保存为多张图片，每张幻灯片是一张图片，有多少张幻灯片保存后就对应多少张图片，文件的扩展名为 gif 或 jpeg。

用户可以根据实际需要选择合适的保存类型。

3) 演示文稿的“另存为”

在“文件”菜单中除了有“保存”命令外，还有一个“另存为”命令，在第一次保存一个新创建的演示文稿时，这两个命令的功能和保存效果完全相同。当保存一个被修改过的演示文稿时，如果要在演示文稿原来所在的位置上、以原有的文件名、按照相同的类型保存，则应用“保存”命令；如果“保存位置”、“文件名”和“文件类型”三个要素有一个或者几个要更改时，就应该使用“另存为”命令。

2. 打开演示文稿

在上一个问题中，用户创建了一个演示文稿并把它保存起来。本节中用户将打开存盘文件，注意，用户保存的文件名称和保存的路径是需要牢牢记住的。

打开以前保存的演示文稿的具体操作步骤如下：

(1) 选择“文件”菜单中的“打开”命令，或单击“常用”工具栏上的“打开”按钮，都将出现“打开”对话框，如图 5.24 所示。

(2) 单击“查找范围”下拉列表框中的向下箭头，查找文件保存的位置，确定文件位置后，在图 5.24 对话框右侧会出现 PowerPoint 要打开的文件，如“旅游景点介绍.ppt”。

(3) 选择文件名后单击“打开”按钮，或者双击文件名，即可打开演示文稿。

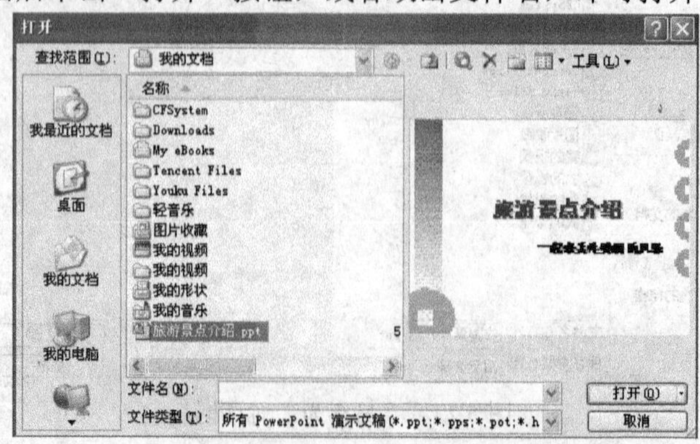

图 5.24 “打开”对话框

除使用上述方法打开外，还可以通过“我的电脑”找到文件所在的驱动器和文件夹，直接双击打开。

5.2　编辑演示文稿

通过对演示文稿中的内容进行编辑，添加图片、表格、图表和构建组织结构图，可以使幻灯片中的内容更加充实，结构更加合理，整体外观更加漂亮，整个演示文稿更具有说服力。

5.2.1　文字的输入与格式设置

1. 文字的输入

1) 直接输入文字

制作一份演示文稿，文字是必不可少的。当选择了演示文稿的版式后，幻灯片上就会有相应的占位符，按照占位符的提示，就可以输入文字。

2) 通过文本框输入文字

直接输入文字的方法，其实也是通过文本框输入，只是位置比较固定。通常情况下，因为添加文字的位置不同，所以幻灯片版式的结构不一定满足所有制作者的要求，故介绍一种可以随意添加文字的方法，即自己绘制文本框来输入文字。操作步骤如下：

(1) 在“绘图”工具栏上找到文本框按钮(其中包括两个文本框：“横排文本框”和“竖排文本框”)，读者可以根据需要选择其中的一个文本框按钮并单击，如图 5.25 所示。

图 5.25　“绘图”工具栏

(2) 在幻灯片上要放置文字的地方按下鼠标左键并向右下角拖拽，就会在幻灯片的相应位置添加一个文本框。如图 5.26 所示，在幻灯片的左侧添加了一个竖排文本框，接下来就可以在文本框中输入文字了。

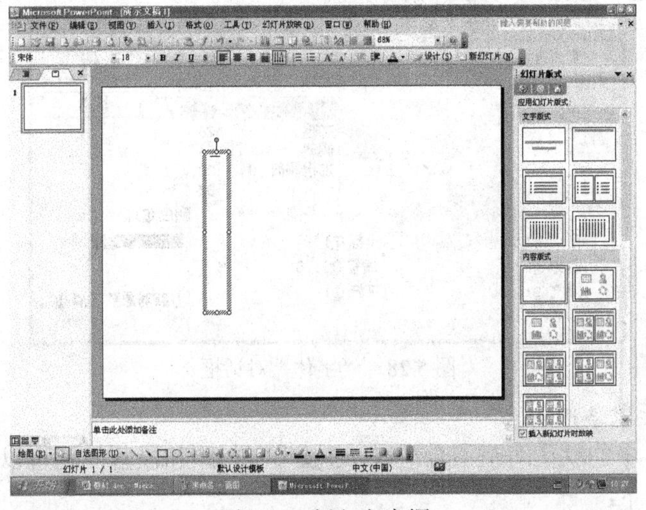

图 5.26　插入文本框

(3) 在文本框边框上双击，弹出“设置文本框格式”对话框，如图5.27所示。单击“颜色和线条”选项卡，在“填充”栏中的“颜色”下拉列表中选择文本框内部的填充颜色，在“线条”栏中的“颜色”下拉列表中选择文本框边框线条的颜色，在“线型”、“粗细”下拉列表中选择边框线条样式，设置完毕后单击“确定”按钮。

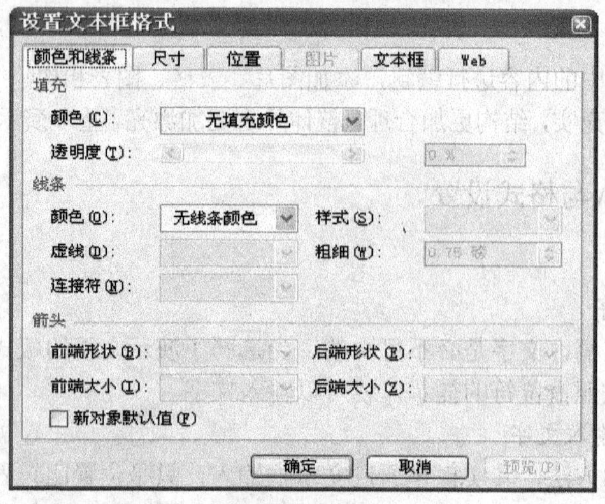

图5.27 “设置文本框格式”对话框

2．文本格式的设置

1) 设置文字格式

给文本设置合适的字体、字号及颜色等属性，可以使幻灯片的内容清晰明了、美观生动。设置的具体操作步骤如下：

(1) 选择要设置格式的文本。

(2) 单击“格式”菜单下的“字体”命令，打开“字体”对话框，如图5.28所示。

(3) 单击“中文字体”下拉列表，选择所需字体，在“字号”输入框中输入字号大小。

(4) 单击“颜色”下拉列表，设置文字颜色。

(5) 单击“确定”按钮完成文字格式设置。

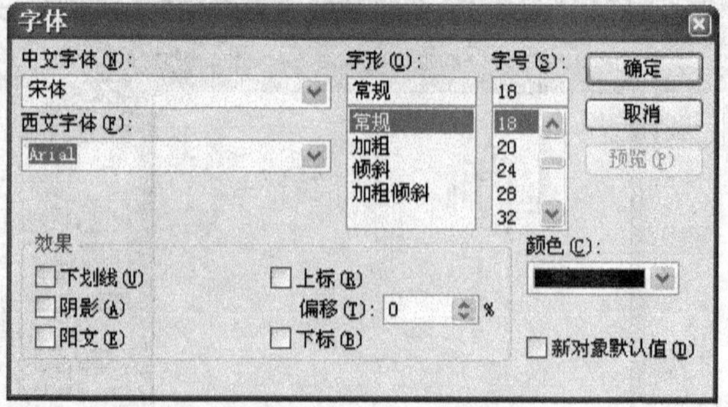

图5.28 “字体”对话框

2) 设置行距和段落间距

当PowerPoint中的默认间距不合适时，通过设置行距和段落间距可以使文本更加清楚。设置的具体步骤如下：

(1) 选定要设置格式的文本。

(2) 单击“格式”菜单下的“行距”命令，打开“行距”对话框，如图 5.29 所示。

图 5.29　“行距”对话框

(3) 通过对话框中的“行距”微调框来调整文字的行距；通过“段前”、“段后”微调框来设置段落的前后间距。

3) 设置对齐方式

在 PowerPoint 中，设置文本对齐方式的具体操作步骤如下：

(1) 选定要设置对齐的段落。

(2) 单击“格式”菜单下的“对齐方式”命令，弹出如图 5.30 所示的子菜单。

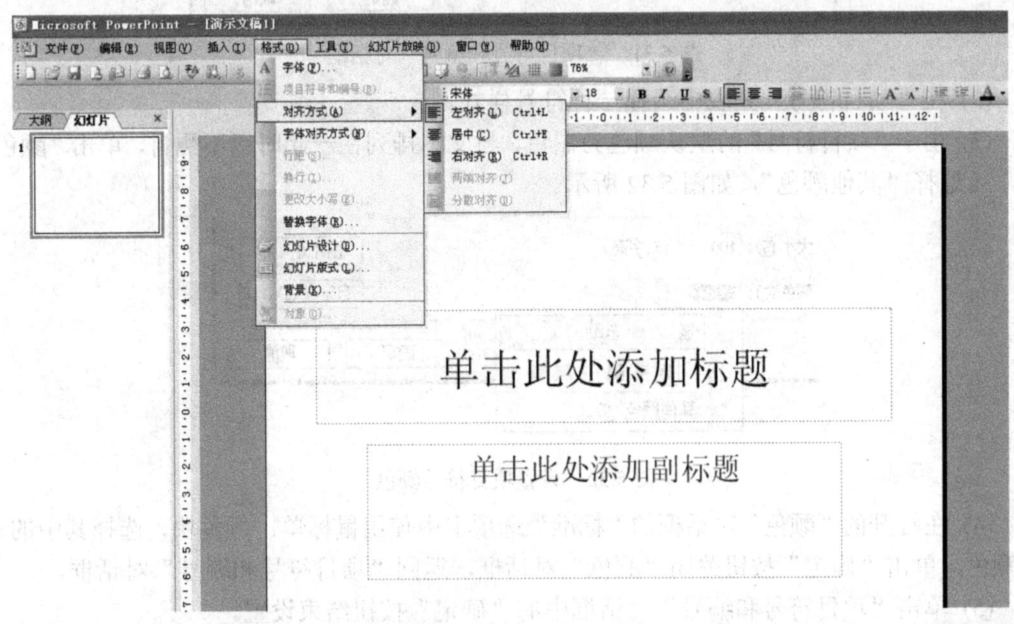

图 5.30　设置对齐方式

(3) 通过选择子菜单中的对齐方式来调整文字在文本框中的对齐方式。

4) 设置文本缩进

为使文稿更有层次，可以添加段落的缩进并使用标尺来设置缩进方式。如果界面中没有标尺则单击“视图”菜单中的“标尺”命令来显示。在标尺上可显示出“首行缩进”、“悬挂缩进”、“左缩进”按钮，选中需要设置缩进的段落，拖动各个按钮来设置相应的缩进方式。

5) 设置项目符号和编号

在 PowerPoint 中，可以为不同级别的段落设置不同的项目符号或编号，从而使文本层次分明、条理清晰、美观突出。设置的具体操作步骤如下：

(1) 选定文字，选择“格式”菜单下的“项目符号和编号”命令，打开“项目符号和编号”对话框，如图 5.31 所示。

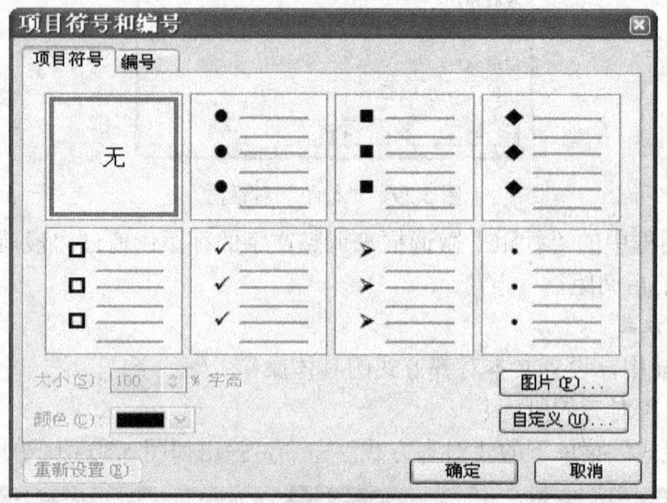

图 5.31 “项目符号和编号”对话框

(2) 在“项目符号”列表中选择一种符号样式。

(3) 由于“项目符号”的默认颜色为黑色，与文本排列在一起时很不醒目，单击“颜色”框，可选择“其他颜色”，如图 5.32 所示。

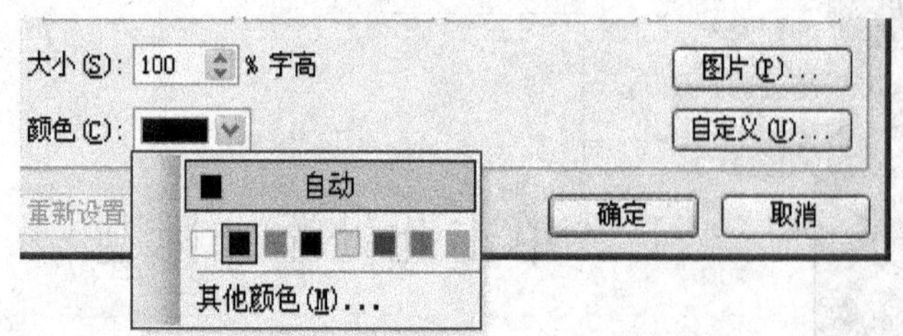

图 5.32 设置项目符号颜色

(4) 在打开的“颜色”对话框的“标准”选项卡中使用鼠标单击颜色块，选择其中的一种颜色，单击“确定”按钮关闭“颜色”对话框，返回“项目符号和编号”对话框。

(5) 单击“项目符号和编号”对话框中的“确定”按钮结束设置。

5.2.2 图片、艺术字、表格、图表的插入与编辑

在 PowerPoint 中，图片、艺术字、表格、图表的插入和编辑与 Word 中的方法大致相同。基本操作步骤都是在普通视图下，利用“插入”菜单下的相应命令来实现。

还可以通过幻灯片的版式来插入这些对象，例如“标题和内容”版式，应用这个版式后，会自动带出这些对象图标，如图 5.33 所示。要插入哪个对象，直接单击对应的图标即可。

单击此处添加标题

• 单击此处添加文本

图 5.33　“标题和内容”版式

1. 插入图片

幻灯片可以插入的图片类型很多，只要是 Office 2003 支持的格式，都能插入到 PowerPoint 中来。除常见的 jpg(jpeg)、bmp 等格式外，PowerPoint 还可以在幻灯片中插入 gif 格式的动画图片。在 PowerPoint 2003 中，图片可以以两种方式显示在幻灯片中，一种是背景，另一种是幻灯片中的对象。作为“背景”的图片显示在其他对象的最底层，并且覆盖整张幻灯片；作为其中的对象插入则与其他类型的对象(文字、图片、图表等)在同一层上。

1) 图片作背景的操作步骤

(1) 点击“格式”菜单中的“背景”命令，弹出“背景”对话框，单击“背景填充”下方的下拉列表，如图 5.34 所示。

(2) 在下拉列表中选中“填充效果”，打开“填充效果”对话框，再打开“图片”选项卡，如图 5.35 所示。

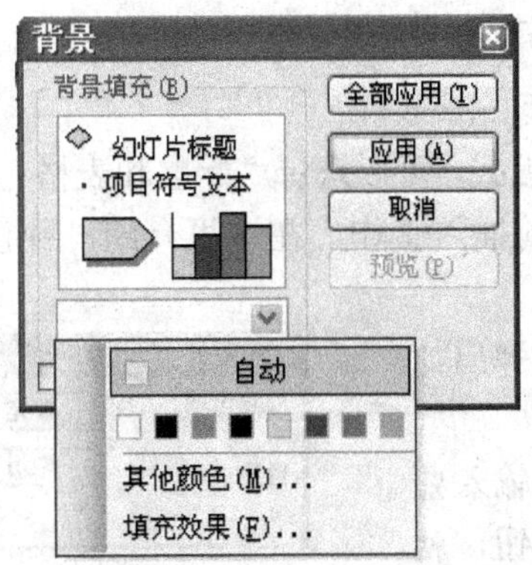

图 5.34　“背景”对话框

图 5.35　“填充效果”对话框

(3) 单击“选择图片”按钮，从磁盘中选择要作为背景的图片，并单击“确定”按钮：若要把这张图片作为所有幻灯片的背景，单击图 5.34 的“全部应用”按钮；若只作为选中幻灯片的背景，则单击“应用”按钮。

2) 作为对象插入

把图片作为幻灯片中的一个对象插入，其操作步骤如下：

(1) 单击“插入”菜单中的“图片”命令，弹出一个子菜单，如图 5.36 所示。

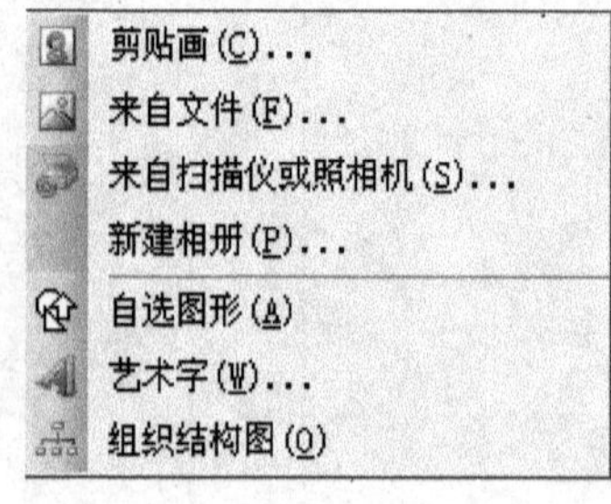

图 5.36　插入对象

(2) 如果要插入的是 Office 中自带的剪贴画，单击“剪贴画”；如果要插入的是计算机磁盘中的图片，则单击“来自文件”，然后可以在计算机中定位到图片所在的磁盘，选择要插入的图片，就完成了图片的插入；如果要插入的是自选图形，则单击“自选图形”。

(3) 插入图片后，调整图片的大小，使之适合当前的幻灯片，调整图片的方法在前面的 Word 课程中都已经介绍过了，这里不再赘述。

2．插入艺术字

单击“绘图”工具栏上的“插入艺术字”按钮，弹出“艺术字库”对话框。在该对话框中，双击一种艺术字样式，并弹出“编辑“艺术字”文字“对话框，如图 5.37 所示。在该对话框中输入文字，单击“确定”按钮即可将艺术字添加到幻灯片中。

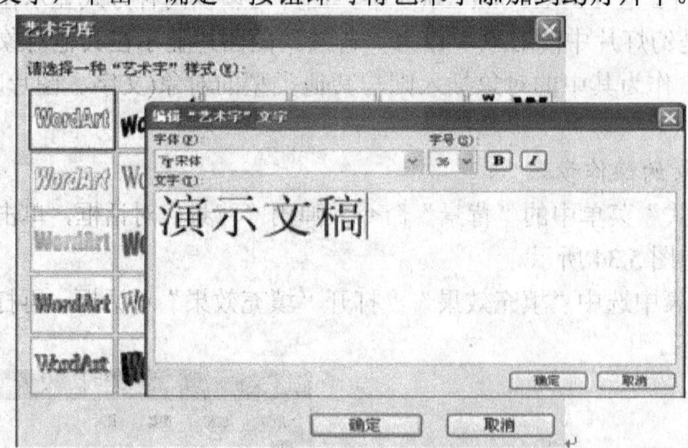

图 5.37　“编辑“艺术字”文字“对话框

3．插入表格

在 PowerPoint 2003 中，通过前面介绍幻灯片的版式，可以选择“标题和表格”的版式，然后按照占位符中提示的文字进行操作，完成表格的插入工作。在这里介绍一种直接插入表格的方式。操作步骤如下：

(1) 单击“插入”菜单，选择“表格”命令，会弹出如图 5.38 所示的“插入表格”对话框。

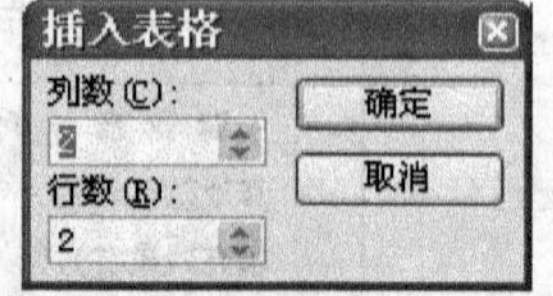

图 5.38　“插入表格”对话框

(2) 在图 5.38 的对话框中，通过微调按钮或自己输入要创建的表格的规格(行数和列数)后，单击“确定”按钮，就会在当前的幻灯片的中心插入一个表格，可以对表格的尺

寸、位置进行修改。修改的方法和 Word 相同。

(3) 还可以对表格的外观进行设置，包括表格的线条粗细、线条颜色、线型、表格中文字的对齐方式等。方法是：选中表格后，单击“格式”菜单中的“设置表格格式”命令，打开“设置表格格式”对话框，如图 5.39 所示。

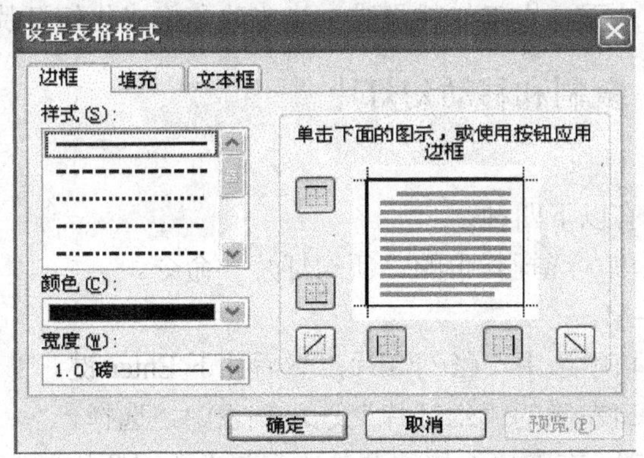

图 5.39　“设置表格格式”对话框

(4) 其中，在“边框”选项卡中可以设定边框的线型、颜色、粗细等限定条件；在“填充”选项卡中，可以设定表格的底纹；在“文本框”选项卡中可以设定表格中文字的对齐方式和文字在表格中的内边距(内边距：文字到表格边框的距离)。

4. 插入图表

为了更加清晰地描述表格中的信息，PowerPoint 2003 引入了图表。插入图表的操作步骤如下：

(1) 单击“插入”菜单，选择其中的“图表”命令，就会在幻灯片中出现图表，如图 5.40 所示。其中除了有图表外，还有一个数据表。

(2) 当修改数据表中的数据时，会显示出相应的图表。

(3) 在 Word 中已经详细地介绍了图表的修饰，这里不再赘述。

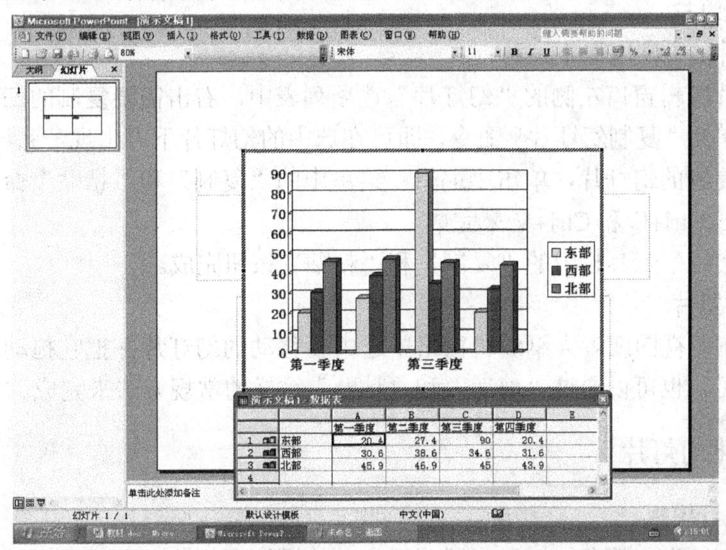

图 5.40　插入图表

5.3 修改和格式化演示文稿

编辑好演示文稿后，下一步工作就是进一步修改和格式化幻灯片。

5.3.1 插入、删除、复制和移动幻灯片

1. 插入幻灯片

增加幻灯片的方法有以下四种：

- 单击“插入”菜单，选择其中的“新幻灯片”命令。
- 使用快捷键 Ctrl+M。
- 在左侧的大纲窗口中选中一张幻灯片，然后按下 Enter 键。
- 在幻灯片编辑窗口左侧的“幻灯片”选项列表中，选择一张幻灯片，单击鼠标右键，在弹出的快捷菜单中选择“新幻灯片”命令，如图 5.41 所示。

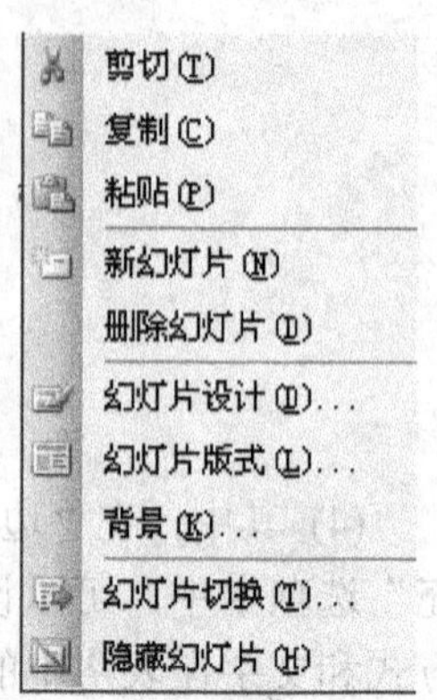

图 5.41 右键菜单

2. 删除幻灯片

删除多余幻灯片的方法有以下三种：

- 单击“编辑”菜单，选择其中的“删除幻灯片”命令。
- 选中要删除的幻灯片，按键盘上的 Delete 键。
- 在幻灯片编辑窗口左侧的“幻灯片”选项列表中，选中要删除的幻灯片，单击鼠标右键，在弹出的快捷菜单中选择“删除幻灯片”命令，如图 5.41 所示。

要删除多个连续的幻灯片，先单击第一张幻灯片，然后按住 Shift 键的同时单击要选择的最后一张幻灯片；要选择多个不连续的幻灯片，先按 Ctrl 键，再单击每个要选择的幻灯片，完成后删除即可。

3. 复制幻灯片

复制幻灯片的方法有以下三种：

- 在幻灯片编辑窗口左侧的“幻灯片”选项列表中，右击需要复制的幻灯片，在弹出的快捷菜单中单击“复制幻灯片”命令，即可在选中的幻灯片下方出现一张同样的幻灯片。
- 选中要复制的幻灯片，单击“编辑”菜单中的“复制”和“粘贴”命令来完成，或者可以用快捷键 Ctrl+C 和 Ctrl+V 来完成。
- 单击“常用”工具栏中的“复制”和“粘贴”按钮完成。

4. 移动幻灯片

在幻灯片浏览视图或者大纲编辑窗格中选中要移动的幻灯片并把它拖动到新位置，然后释放鼠标即可，也可以通过“剪切”和“粘贴”这样的常规方法来完成。

5.3.2 格式化幻灯片

1. 应用设计模板

设计模板可以为一整套幻灯片应用一组统一的设计和颜色方案，使幻灯片的背景、文字有颜色，内容排列得很整齐。在 PowerPoint 中应用设计模板的具体操作步骤如下：

(1) 单击“格式”菜单，选择“幻灯片设计”命令，打开“幻灯片设计”任务窗格，如图 5.42 所示。

图 5.42　“幻灯片设计”任务窗格

(2) 在“幻灯片设计”任务窗格中的“应用设计模板”列表中，选择适合的模板样式并应用于幻灯片，如图 5.42 所示。

指定模板后，可以对其进行编辑与修改。

2．设置幻灯片背景

在 PowerPoint 中，应用设计模板时可以自动给幻灯片添加预设的背景。用户也可以根据需要任意设置背景颜色、填充效果等。幻灯片背景可以是简单的颜色、纹理和填充效果，也可以是具有图案效果的图片文件。更改幻灯片背景时，可将更改应用于当前幻灯片或所有幻灯片。

1) 更改背景颜色

为幻灯片设置背景颜色的具体步骤如下：

(1) 选择“格式”菜单下的“背景”命令，显示“背景”对话框，如图 5.43 所示。

(2) 在“背景填充”下拉列表中选择需要的颜色，然后单击“应用”按钮，则所设背景只应用于当前所选幻灯片。若单击“全部应用”按钮，则所设的背景将应用于文稿中的所有幻灯片，如图 5.43 所示。

2) 改变填充效果

填充效果有四种：渐变、纹理、图案和图片。

选择背景填充效果的具体操作步骤如下：

(1) 单击“格式”菜单下的“背景”命令，显示“背景”对话框，如图 5.43 所示。

(2) 在“背景”下拉列表中选择“填充效果”命令，打开“填充效果”对话框，如图 5.44 所示。

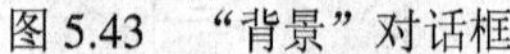

图 5.43 “背景”对话框

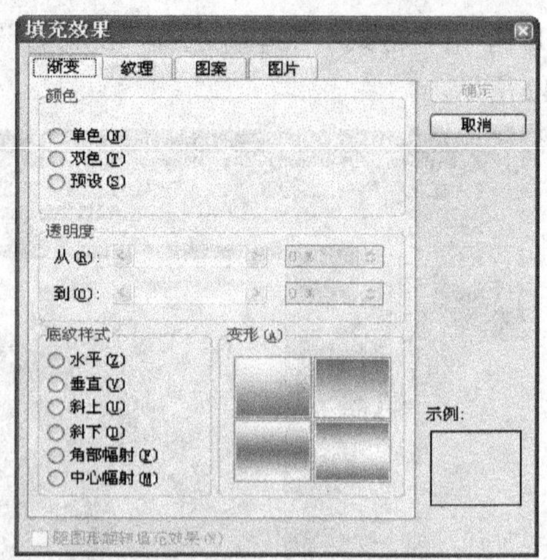

图 5.44 “填充效果”对话框

(3) 在“填充效果”对话框中选择不同的填充方式时，对话框会有所不同，如图 5.44 所示为“渐变”时的对话框，包括颜色、透明度、底纹式样、变形、示例五种内容。在“颜色”栏中，用户可以选择单色、双色、预设三种方式为幻灯片背景设置不同的颜色来填充。

在使用单色填充时，“颜色”栏中显示的颜色为当前使用的颜色，“底纹式样”栏中会显现当前正在使用颜色的底纹式样。用户使用鼠标拖动“颜色游标”(选择“单色”时会出现)从深到浅滑动，则“变形”栏中的变形样式也会随之发生变化，此时，用户只需用鼠标单击喜爱的样式框，便可从“变形”栏中的四种变形样式进行选择。

在使用双色填充时，“颜色”栏中会出现两种颜色。事实上“双色”就是让选用的两种颜色从一种颜色向另一种颜色过渡，用户可以选择任意两种颜色的组合。

“预设”为用户提供了多种渐变颜色设置，用户只需单击“预设列表”中的样式名称即可。同样，用户也可以在变形栏中看到所选用的“预设”样式，如“红日西斜”样式。

“底纹式样”允许用户设定选择的颜色在幻灯片上的过渡方向。

(4) 同样，还可以选择“填充效果”对话框中的其他选项卡，选择自己喜欢的填充效果，单击“确定”按钮返回图 5.43 所示界面后，再单击“应用”按钮或“全部应用”按钮。

5.4 设置幻灯片的切换方式和动画效果

所谓切换方式，就是幻灯片放映时进入和离开屏幕时的方式，既可以为一组幻灯片设置相同的切换方式，也能够为每一张幻灯片设置不同的切换方式，只是必须一张张地对它们分别进行设置。

切换是一些特殊效果，用于在幻灯片放映中引入幻灯片。可以选择各种不同的切换并改变其速度，也可以改变切换效果以引出演示文稿新的部分或强调某张幻灯片。

动画是可以添加到文本或其他对象(如图表或图片)的特殊效果。如果观众使用的语言习惯是从左到右进行阅读，那么可以将动画幻灯片设计成从左边飞入，而在强调重点时，改为从右边飞入。这种变换能吸引观众的注意力，并且重点突出。

5.4.1 设置切换方式

向幻灯片添加切换效果，具体操作步骤如下：

(1) 切换到幻灯片普通视图或者幻灯片浏览视图中，将要设置切换方式的幻灯片选中。

(2) 单击“幻灯片放映”菜单中的“幻灯片切换”命令，PowerPoint 将出现“幻灯片切换”的任务窗格，如图 5.45 所示。

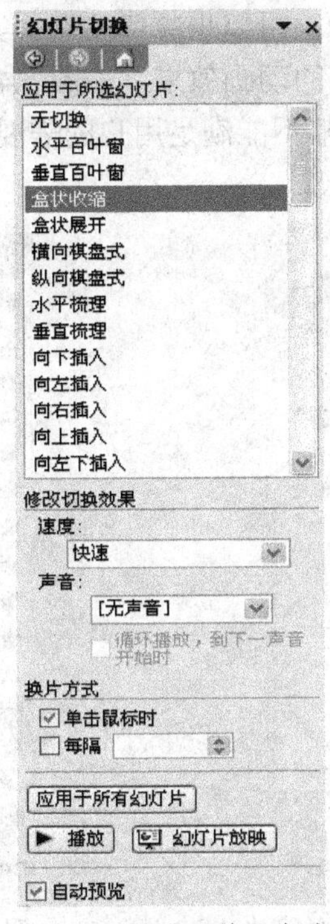

图 5.45 “幻灯片切换”任务窗格

(3) 在下拉列表中选择切换效果。

(4) 如果要设置幻灯片的切换速度，在“速度”下拉列表框中可以选择“慢速”、“中速”或“快速”。

(5) 如果要设置幻灯片的切换声音，在“声音”下拉列表框中选择自己喜欢的声音即可。

(6) 这时，所设置的切换效果只被应用在了当前的活动幻灯片上，如果要将所作的设置应用于所有幻灯片上，则需单击“应用于所有的幻灯片”按钮。

(7) 如果对每一张幻灯片都要设置不同的切换方式，只需在那些幻灯片上重复上述步骤即可。

5.4.2 设置动画效果

在 PowerPoint 中，也可以定制最合自己心意的动画效果。只要在“自定义动画”窗口进行设置，便可以设置心目中幻灯片上的动画效果。

为幻灯片的对象添加动画效果的具体步骤如下：

(1) 打开要设置的演示文稿。

(2) 单击“幻灯片放映”菜单中的“自定义动画”命令，在右侧弹出“自定义动画”任务窗格，如图5.46所示。

(3) 选中幻灯片要设置动画效果的对象(文本、图片、表格等)，此时右侧任务窗格中的“添加效果”按钮将被激活，用鼠标单击该按钮，会显示出如图5.46所示的子菜单。

(4) 其中“进入”是指对象通过某种效果进入幻灯片；“强调”是指对象出现后又通过动作进一步引起别人注意的效果；“退出”是指对象通过某种效果在某一时刻离开幻灯片；“动作路径”设置动作所走的路径，可以根据需要选择其中的一种。例如选择“进入”选项，从弹出的级联菜单中选择需要的动画效果，如图5.46所示。

(5) 若次级菜单中的动画效果都不能满足用户的需要，则单击“其他效果”还有很多可以选择的动作效果，如图5.47所示。

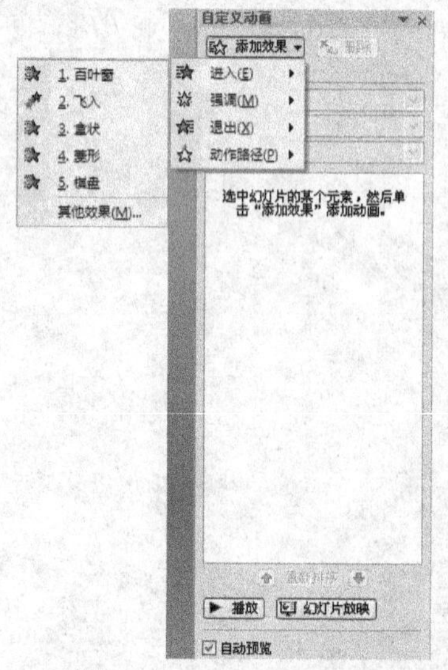

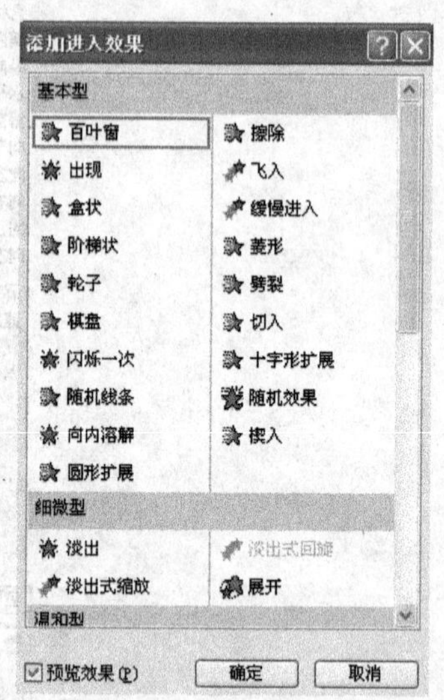

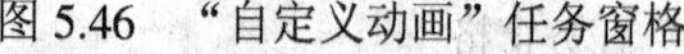

图5.46 “自定义动画”任务窗格　　　图5.47 “添加进入效果”窗口

(6) 添加效果后，该对象旁边将出现一个带有数字的矩形框标志，并在“自定义动画”任务窗格中会出现带有标号的对象，如图5.48所示。

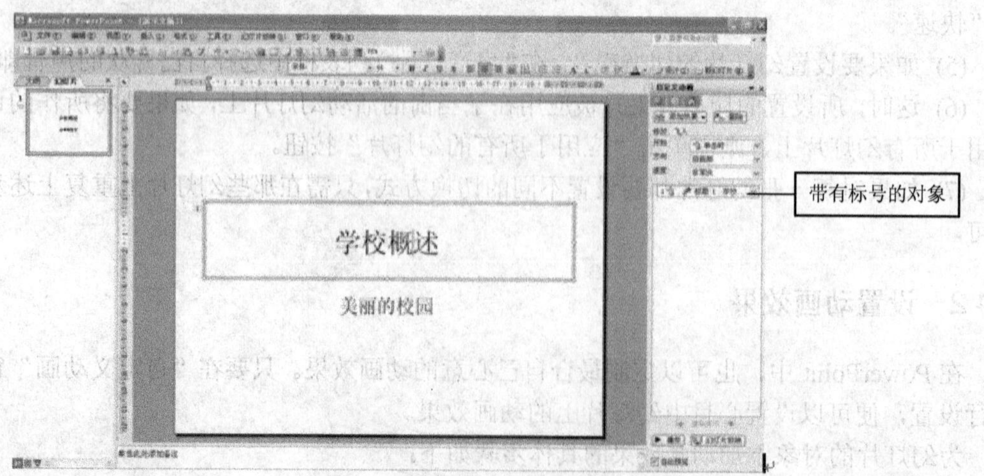

图5.48 添加动画效果后的窗口

(7) 点击带有标号的对象右侧的下拉箭头，会出现如图 5.49 所示的下拉列表，选择“效果选项”，弹出相应的“效果选项”对话框，例如选择“飞入”动画效果会出现如图 5.50 所示的“飞入”对话框。

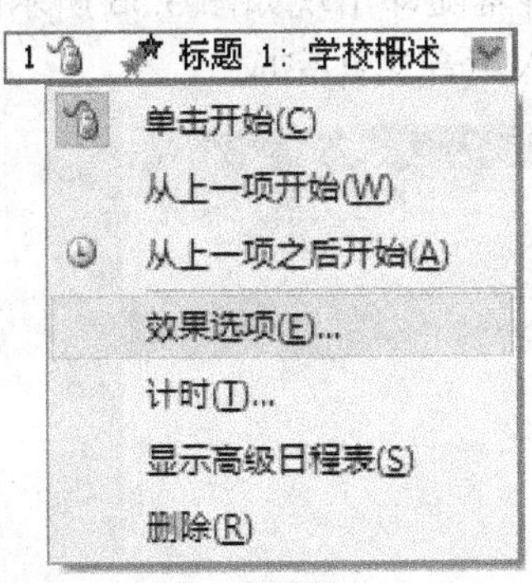

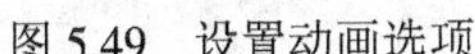
图 5.49　设置动画选项

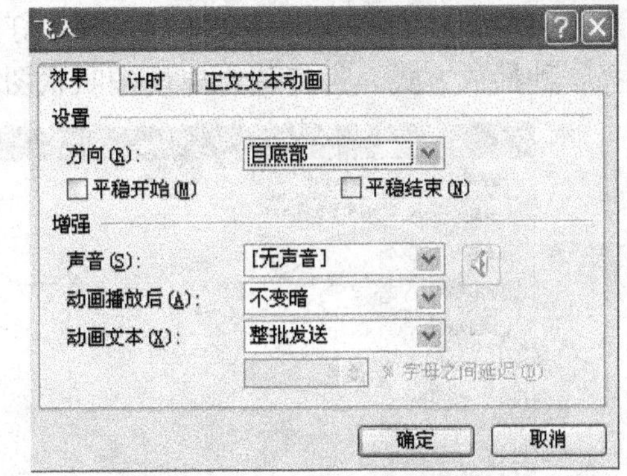

图 5.50　“飞入”对话框

在“效果”选项卡中，可以设置对象动作是否带有声音；动画播放后是否变暗；如果被设置动作的对象是文字，则要确定该文字是“整批发送”、“按字母”，还是“按字/词”动作。“整批发送”就是所有的文本作为一个整体同时做动作；“按字母”是针对所选的文本是西文字体时，每个字母分别按照顺序连续完成动作；“按字/词”是以计算机默认的词典中的每一个词为单位分别连续做动作。

在“计时”选项卡中可以设定对象开始动作、完成动作的时间。“开始”下拉列表中可以定义对象的动作是在鼠标“单击时”开始、“单击前”开始还是“单击后”开始；延迟可以设定动作的延缓时间；速度可以设定为“非常慢”、“慢速”、“中速”、“快速”或“非常快”；动作重复的次数既可以自定义，也可以设定动作一直重复到幻灯片的结尾。

(8) 单击“确定”按钮完成效果选项的设定。

(9) 如果还要设定其他对象的动作，可以重复上述步骤。

5.5　添加多媒体对象

作为一个多媒体制作应用软件，PowerPoint 演示文稿有强大的影音效果。可以在幻灯片中插入声音和视频等元素，从而丰富幻灯片的内容，增强感染力。

5.5.1　添加声音文件

插入到幻灯片中的声音文件的来源有两种方式：一种是由演示文稿的剪辑库提供的，该类声音文件由系统提供；另一种是由用户自己提供的，该类声音文件一般被放置在计算机的硬盘上。

1. 为幻灯片插入声音文件

在幻灯片中插入声音文件的具体操作步骤如下：

(1) 选择要插入声音文件的幻灯片为当前幻灯片。

(2) 单击“插入”菜单中的“影片和声音”命令，在弹出的子菜单中选择“文件中的声音”选项，找到所需的声音文件，双击要添加的文件，如图5.51所示，或选择“剪辑管理器中的声音”命令，打开“剪贴画”任务窗格，显示可供插入的声音文件，如图5.52所示，用户单击相应图标，就把该声音文件插入到幻灯片中。屏幕随即出现如图5.53所示的对话框，选择一种播放方式，幻灯片上出现喇叭状图标，插入声音文件完成。

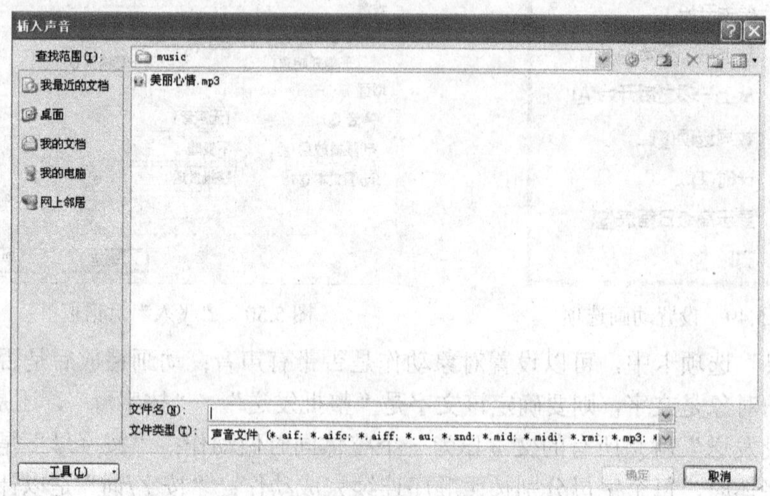

图5.51 选择文件中的声音

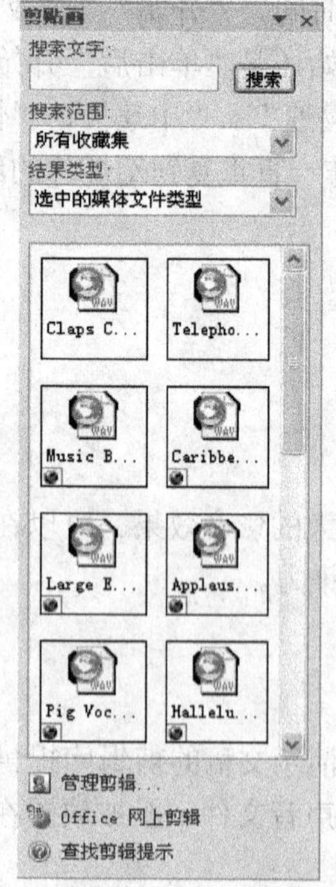

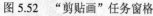

图5.52 “剪贴画”任务窗格

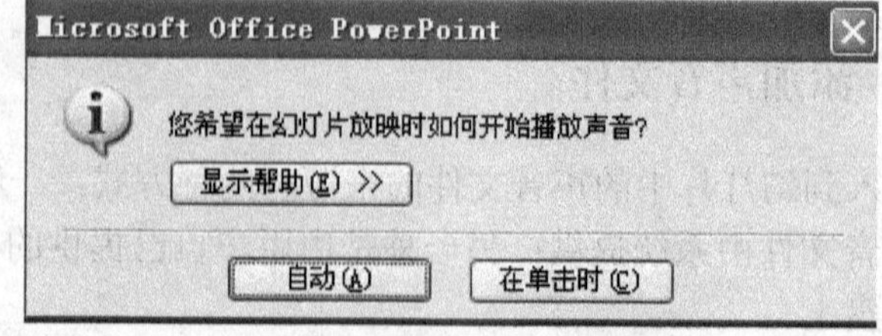

图5.53 设置如何播放声音

(3) 单击“自动(A)”按钮表示声音在幻灯片放映时自动播放；单击“在单击时(C)”按钮表示幻灯片放映时需要单击喇叭状图标才播放声音。

(4) 单击按钮后幻灯片上出现喇叭状图标，插入声音文件才算完成。

2. 设置声音的播放

设置幻灯片连续播放声音的步骤如下：

(1) 单击“幻灯片放映”菜单中的“自定义动画”命令，打开“自定义动画”任务窗格，如图 5.54 所示。

(2) 在打开的窗口中单击声音右侧的下拉列表，从中选择“效果选项”选项，如图 5.55 所示。

(3) 在“效果”选项卡中的“停止播放”选项组中选择第三个单选按钮，然后在其后的文本框中输入在此之前播放该文件的幻灯片总数，如图 5.56 所示。

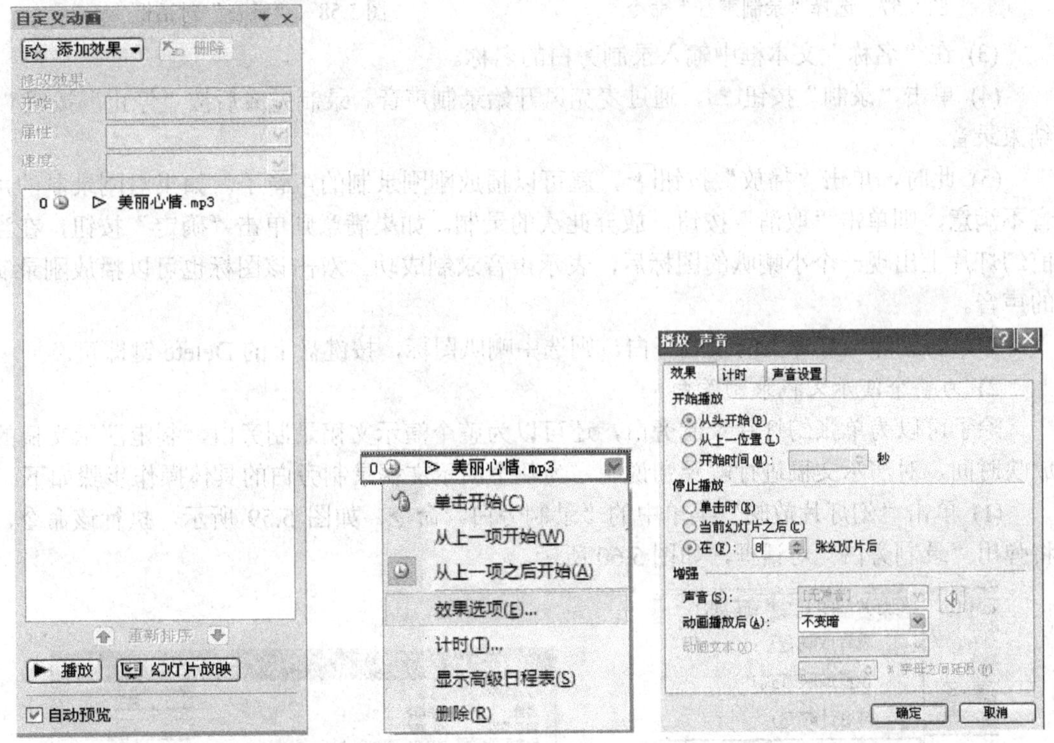

图 5.54 “自定义动画”任务窗格 图 5.55 “效果选项”选项 图 5.56 “播放 声音”对话框

3. 录制旁白

在演示文稿中，除了可以添加已有的声音之外，还可以添加自己录制的声音。这样在幻灯片放映时，可以播放自己针对幻灯片内容录制的旁白，对演示文稿进行解释说明。同时也制定了该演示文稿的播放顺序和播放时间。用户可以为单张幻灯片录制旁白，也可以为整个演示文稿录制旁白。

1) 为单张幻灯片录制旁白

为单张幻灯片录制旁白的具体操作步骤如下：

(1) 选择要录制声音的一张幻灯片为当前幻灯片。

(2) 单击“插入”菜单中的“影片和声音”命令，在弹出的子菜单中执行“录制声音”命令，如图 5.57 所示，执行该命令，弹出“录音”对话框，如图 5.58 所示。

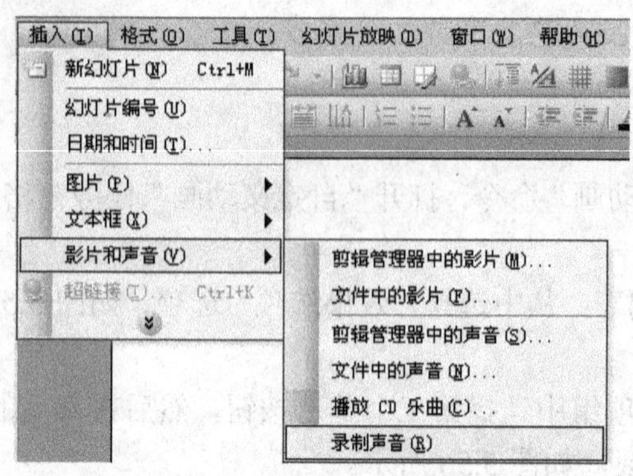

图 5.57　选择“录制声音”命令

图 5.58　“录音”对话框

(3) 在“名称”文本框中输入录制旁白的名称。

(4) 单击“录制”按钮，通过麦克风开始录制声音。录制完成后按“停止”按钮，结束录音。

(5) 此时，单击“播放”按钮，就可以播放刚刚录制的声音了。如果对刚录制的声音不满意，则单击“取消”按钮，放弃此次的录制。如果满意则单击“确定”按钮，在当前幻灯片上出现一个小喇叭的图标后，表示声音录制成功。双击该图标也可以播放刚录制的声音。

如果要删除幻灯片上的录制旁白，则选中喇叭图标，按键盘上的 Delete 键即可。

2) 为整个演示文稿录制旁白

除了可以为单张幻灯片录制旁白，还可以为整个演示文稿录制旁白，制定演示文稿的放映时间，对演示文稿进行解释和说明。为整个演示文稿录制旁白的具体操作步骤如下：

(1) 单击“幻灯片放映”菜单中的“录制旁白”命令，如图 5.59 所示，执行该命令，将弹出“录制旁白”对话框，如图 5.60 所示。

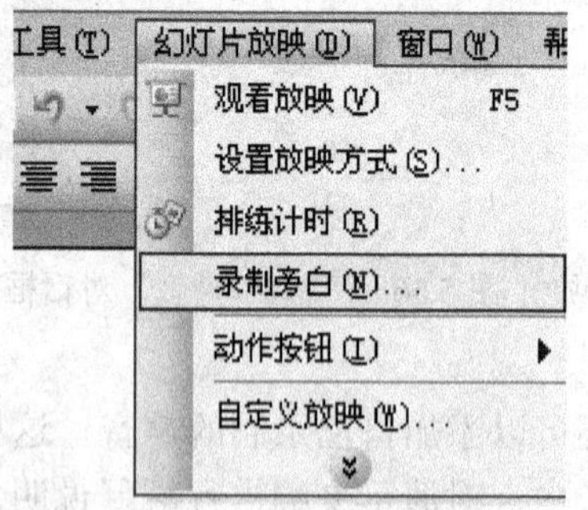

图 5.59　单击“录制旁白”命令

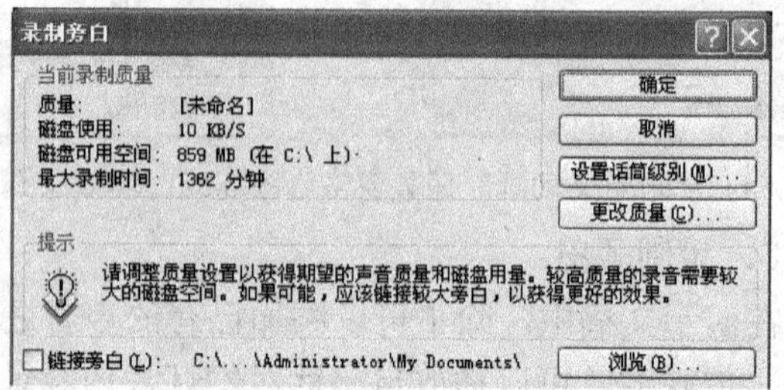

图 5.60　“录制旁白”对话框

(2) 第一次录制旁白时，要设置麦克风级别。单击“设置话筒级别”按钮，弹出“话筒检查”对话框，如图 5.61 所示，可以通过对话框测试麦克风的效果，检测完毕后，单击“确定”按钮，返回到“录制旁白”对话框，完成设置。

(3) 在“录制旁白”对话框中可以查看当前录音质量，单击“更改质量”按钮，弹出“声音选定”对话框，如图 5.62 所示，可以在“名称”下拉列表框中选择所需要的声音质量，也可以通过单击“格式”和“属性”下拉列表框进行选择。

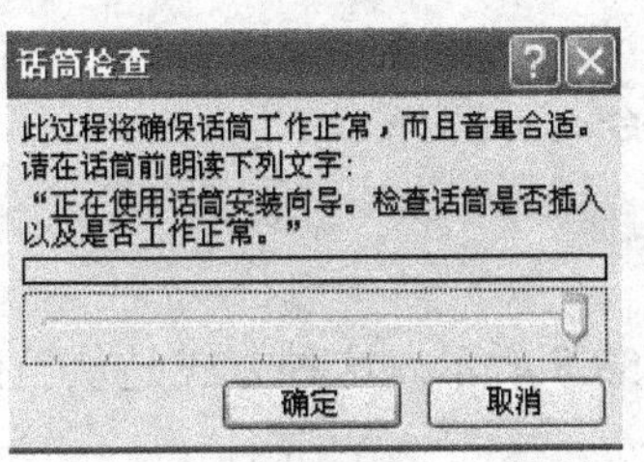

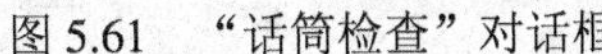

图 5.61　“话筒检查”对话框

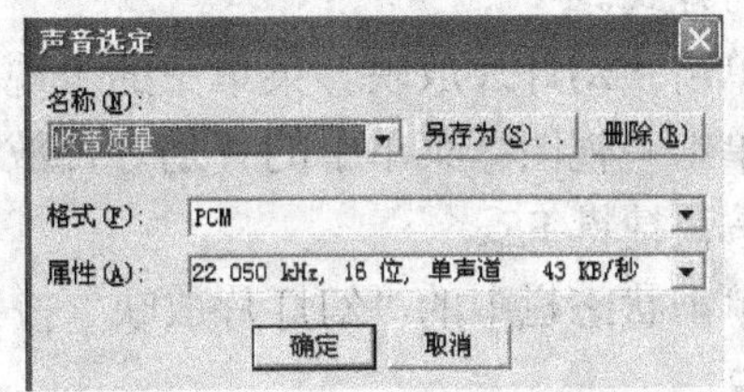

图 5.62　“声音选定”对话框

(4) 默认情况下旁白被嵌入到 PowerPoint 文件中，单击“录制旁白”对话框下面的复选框，可以将旁白链接到文件中。

(5) 设置好后，单击“确定”按钮，弹出一个提示信息对话框，如图 5.63 所示，单击“当前幻灯片”按钮，从当前幻灯片处开始录制旁白；单击“第一张幻灯片”按钮，可以从第一张幻灯片开始为整个演示文稿录制旁白。

(6) 单击任意按钮后，进入幻灯片的放映视图，可以通过麦克风为演示文稿录制旁白，并根据需要切换幻灯片。

(7) 录制完所有旁白后，按 Esc 键退出，此时出现是否保存排练时间对话框，如图 5.64 所示，单击“保存”按钮，保存为演示文稿添加的旁白以及为演示文稿设置的排练时间。

图 5.63　“录制旁白”对话框

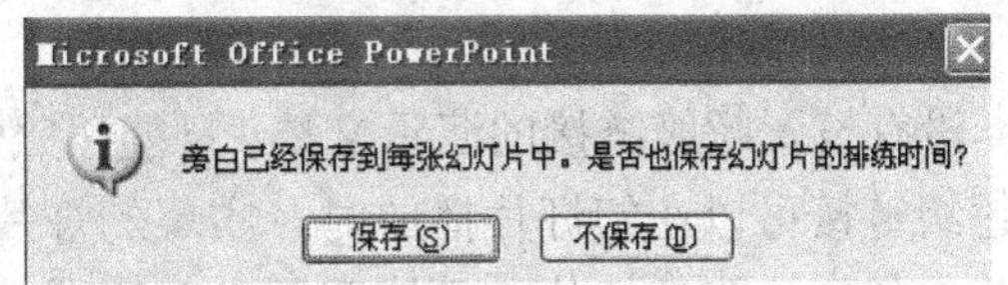

图 5.64　“保存排练时间”对话框

(8) 播放该演示文稿时，就可以按照设定的排练时间和录制的旁白进行播放。

如果需要编辑为演示文稿设置的旁白，可以重新单击“幻灯片放映”选项卡中“设置”组中的“录制旁白”按钮，重新录制旁白。如果需要删除录制的旁白，则直接删除所有幻灯片的喇叭图标。

5.5.2　添加视频文件

添加视频文件的步骤和添加声音的步骤基本相同。单击“插入”菜单中的“影片和声音”命令，出现“文件中的影片”和“剪辑管理器中的影片”两个相关选项，根据需要选择一项即可，其他步骤与插入声音相同，在此略过。

5.6　播放幻灯片的设置

5.6.1　简单放映幻灯片

1. 简单放映幻灯片

幻灯片在设计完成以后，就可以放映并观看效果了。首先给大家介绍几种简单的放映

幻灯片的方式。

- 单击“幻灯片放映”菜单中的“观看放映”命令。
- 单击“视图”菜单中的“幻灯片放映”命令。
- 按快捷键 F5。
- 单击状态栏中的“幻灯片放映”按钮，如图 5.65 所示。这种方式是从当前幻灯片开始放映。

图 5.65 “幻灯片放映”按钮

2. 控制幻灯片放映

幻灯片放映之后，可以右键单击弹出快捷菜单，如图 5.66 所示。选择“结束放映”命令或按 Esc 键结束幻灯片的放映，返回到编辑状态；选择“下一张”命令播放当前幻灯片的下一张；选择“上一张”命令播放当前幻灯片的上一张；选择“指针选项”命令可以把鼠标设置成各种笔型，在幻灯片上写字或画图。

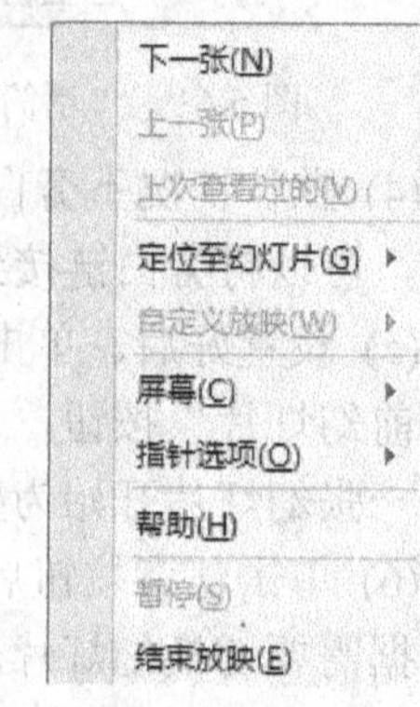

图 5.66 快捷菜单

3. 创建交互式演示文稿

1) 创建超级链接

没有设置超级链接的演示文稿，只能按照幻灯片的前后顺序从第一张放映到最后一张。而超级链接可以在幻灯片播放时，实现幻灯片之间的跳转功能，即从当前幻灯片直接跳转到其他任意一张幻灯片。可按照用户的意图随意设置幻灯片的放映顺序，完成交互功能。创建超级链接的具体操作步骤如下：

(1) 在当前幻灯片中，选中需要设置超级链接的文字或图片。

(2) 单击“插入”菜单中的“超链接”命令，弹出“插入超链接”对话框，如图 5.67 所示。

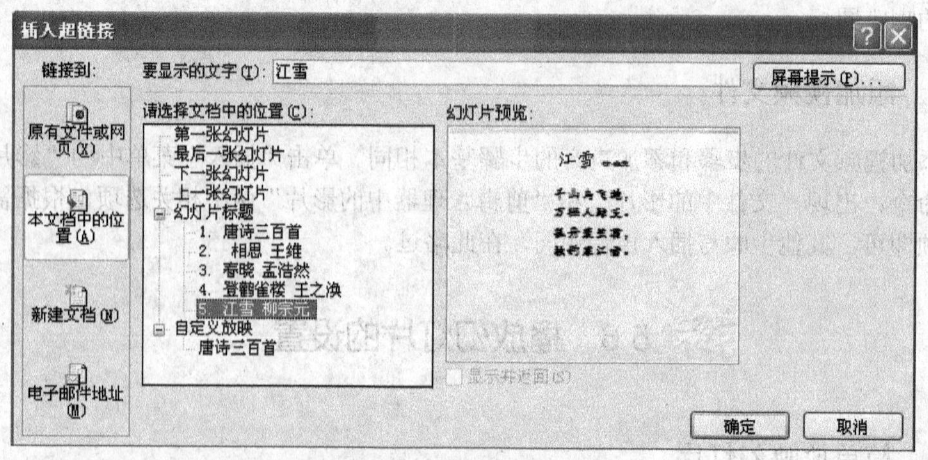

图 5.67 “插入超链接”对话框

(3) 在“链接到”列表框中，选择“本文档中的位置”选项，此时在“请选择文档中的位置”列表框中显示出该演示文稿中的所有幻灯片；在“要显示的文字”文本框中显示要

建立超级链接的文字内容，把它作为超级链接的关键字；在“幻灯片预览”区域显示要链接到的目标幻灯片。

(4) 在“请选择文档中的位置”列表框中，选择要链接到的目标幻灯片，单击“确定”按钮，完成创建任务。此时，可以看到超级链接的关键字出现下划线，表示建立超链接。

播放幻灯片以后，就可以单击超级链接的关键字，实现幻灯片的跳转放映功能。

在超级链接创建以后，也可以编辑或删除它。具体方法是：选中设置超级链接的关键字，右键单击弹出的快捷菜单，执行“编辑超链接”命令，弹出“编辑超链接”对话框。在该对话框中，可以重新选择目标幻灯片，对超链接进行编辑。如果在弹出的快捷菜单中执行“删除超链接”命令，则删除超链接。

例如：要求在“唐诗三百首”演示文稿中，把第一张幻灯片中的文字“江雪”作为超链接的关键字链接到第五张幻灯片，再把第五张幻灯片中的“柳宗元”作为超链接的关键字链接到第一张幻灯片，并放映幻灯片，实现超链接。操作步骤如下：

(1) 选择第一张幻灯片为当前幻灯片，拖动鼠标选中“江雪”。

(2) 单击“插入”菜单中的“超链接”命令。

(3) 在弹出的“插入超链接”对话框中，单击“本文档中的位置”选项并在“请选择文档中的位置”列表框中选择“江雪 柳宗元”幻灯片标题，单击“确定”按钮即可。此时在“江雪”下出现下划线且颜色发生变化，表示已创建超链接，如图 5.68 所示。

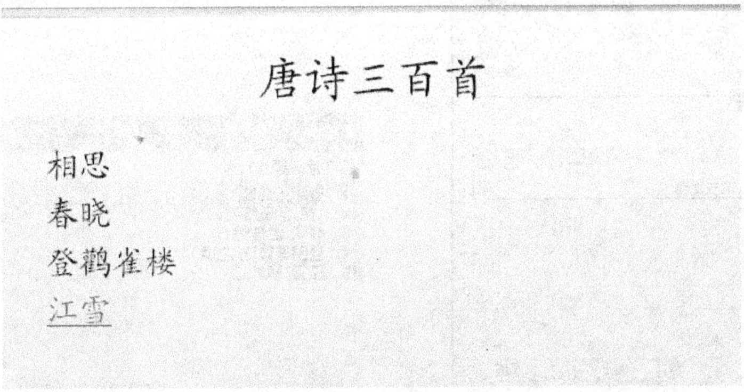

图 5.68　超链接的效果

(4) 选择第二张幻灯片为当前幻灯片，拖动鼠标选中“柳宗元”。

(5) 单击“插入”菜单中的“超链接”命令。

(6) 在弹出的“插入超链接”对话框中，单击“本文档中的位置”选项并在“请选择文档中的位置”列表框中选择“第一张幻灯片”幻灯片标题，单击“确定”，再单击“幻灯片放映”选项卡中“开始放映幻灯片”组中的“从头开始”按钮，放映后单击“江雪”即放映第五张幻灯片，然后单击“柳宗元”即可放映第一张幻灯片。

2) 创建动作按钮

要想在幻灯片放映时，随心所欲地观看任意的幻灯片，除了创建超级链接，还可以添加动作按钮，通过单击动作按钮来控制幻灯片的放映顺序，使幻灯片能按照用户的想法和意愿调整幻灯片的播放顺序。创建动作按钮的具体步骤如下：

(1) 选择欲添加动作按钮的幻灯片为当前幻灯片。

(2) 单击“幻灯片放映”菜单中的“动作按钮”命令，弹出子菜单，如图 5.69 所示，在子菜单中包含多个命令按钮，把鼠标指向一个按钮就会出现相应的提示信息。

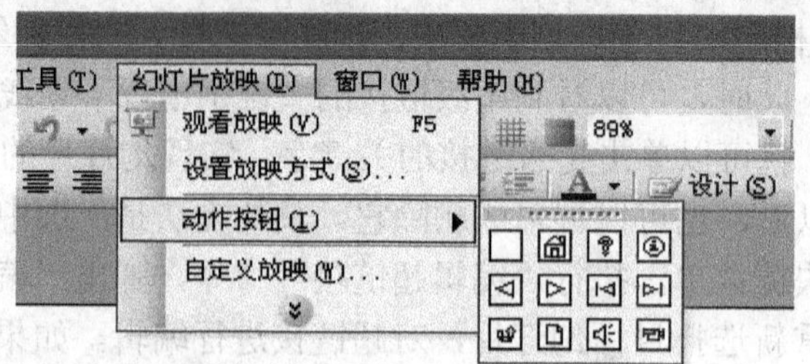

图 5.69 “动作按钮”命令

(3) 在子菜单中单击选择所需的按钮。

(4) 按住鼠标指针不放，拖动鼠标，在需要的位置画一个按钮，释放鼠标则弹出“动作设置”对话框，如图 5.70 所示。

(5) 选择“单击鼠标”选项卡中的“超链接到”单选按钮，打开下拉列表框，显示如图 5.70 所示的列表项。

(6) 这里单击“幻灯片...”列表项，弹出“超链接到幻灯片”对话框，如图 5.71 所示。

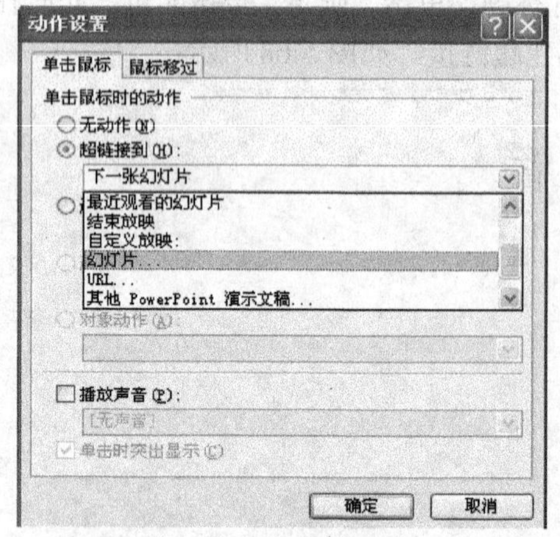

图 5.70 “动作设置”对话框

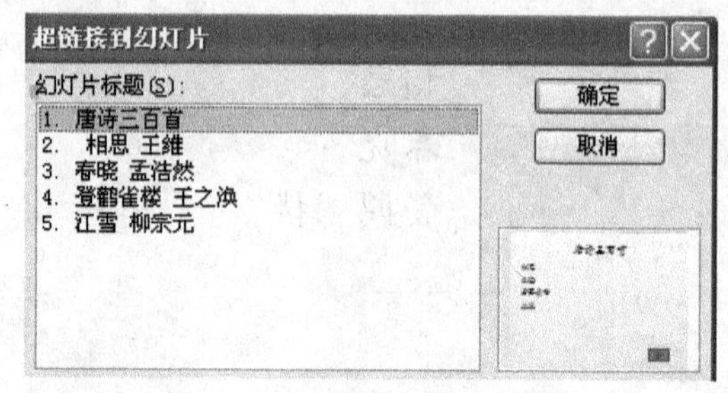

图 5.71 “超链接到幻灯片”对话框

(7) 在“超链接到幻灯片”对话框中，选择要链接的目标幻灯片，单击“确定”按钮。返回到“动作设置”对话框后，再单击“确定”按钮。

例如：要求在“唐诗三百首”演示文稿中的第一张幻灯片右下角创建动作按钮，链接到标题为“春晓 孟浩然”的第三张幻灯片，然后在第三张幻灯片中添加动作按钮，链接到第一张幻灯片，并放映幻灯片，实现超链接。操作步骤如下：

(1) 选择第一张幻灯片为当前幻灯片。

(2) 单击“幻灯片放映”菜单中的“动作按钮”命令，在子菜单中选择“前进或下一项”按钮。按住鼠标指针不放，拖动鼠标在幻灯片右下角画一个按钮，释放鼠标后弹出如图 5.65 所示的“动作设置”对话框，在“超链接到”的下拉列表框中选择“幻灯片...”列表项。

(3) 在弹出的“超链接到幻灯片”对话框中，选择“3. 春晓 孟浩然”标题，单击“确定”按钮。返回到“动作设置”对话框，再单击“确定”按钮，效果如图 5.72 所示。

图 5.72　添加动作按钮的效果

(4) 选择标题为“3. 春晓 孟浩然”的第三张幻灯片。

(5) 单击“幻灯片放映”菜单中的“动作按钮”命令，在子菜单中选择“后退或前一项”按钮◁。按住鼠标指针不放，拖动鼠标在右下角画一个按钮，释放鼠标，在弹出“动作设置”对话框中，打开“超链接到”下拉列表框，选择“幻灯片...”列表项。

(6) 在弹出的“超链接到幻灯片”对话框中，选择第一张幻灯片，单击“确定”按钮。返回到“动作设置”对话框，再单击“确定”按钮，然后单击“幻灯片放映”选项卡中“开始放映幻灯片”组中的“从头开始”按钮，单击动作按钮可实现幻灯片之间的转换。

如果想删除动作按钮，则单击该动作按钮，按 BackSpace 键或 Delete 键完成删除；也可以右键单击，在弹出的快捷菜单中执行“编辑超链接”和“删除超链接”来完成动作按钮的编辑工作。

4. 创建摘要幻灯片

在创建一个演示文稿后，还可以制作一张包含所有幻灯片主题的摘要幻灯片。制作摘要幻灯片的具体步骤如下：

(1) 单击“视图”菜单中的“幻灯片浏览”命令，进入幻灯片浏览视图。此时会弹出“幻灯片浏览”工具栏，如图 5.73 所示。

图 5.73　“幻灯片浏览”工具栏

(2) 按住 Ctrl 键，依次选中摘要幻灯片中包含其主题的所有幻灯片。

(3) 单击“幻灯片浏览”工具栏中的“摘要幻灯片”按钮，可以看到添加了一张摘要幻灯片。

5.6.2　自定义放映幻灯片

1. 自定义放映幻灯片

当一个演示文稿创建完毕后，如果不同的观众要求放映的范围不同就可以使用自定义放映功能。比如，一部分观众要观看编号为 10 到 15 的幻灯片，而第二部分观众要观看编号为 30 到 35 的幻灯片，此时就可以设置自定义放映方式了，具体操作步骤如下：

(1) 单击“幻灯片放映”菜单中的“自定义放映”命令，出现如图 5.74 所示的“自定义放映”对话框。

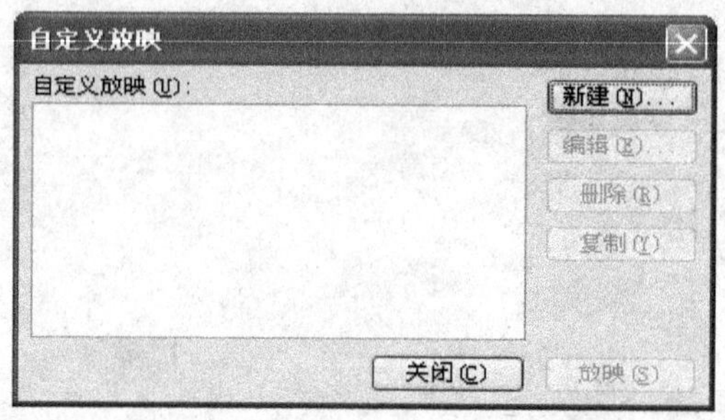

图 5.74 “自定义放映”对话框

(2) 单击“新建”按钮，出现如图 5.75 所示的“定义自定义放映”对话框，在“幻灯片放映名称”文本框中输入自定义放映的名称，如“相思和江雪”，在左侧“在演示文稿中的幻灯片”列表框中选择幻灯片，然后单击“添加”按钮，将该幻灯片添加到“在自定义放映中的幻灯片”列表框中。如果要删除添加在“在自定义放映中的幻灯片”列表框中的幻灯片，则选择要删除的幻灯片，单击“删除”按钮即可。

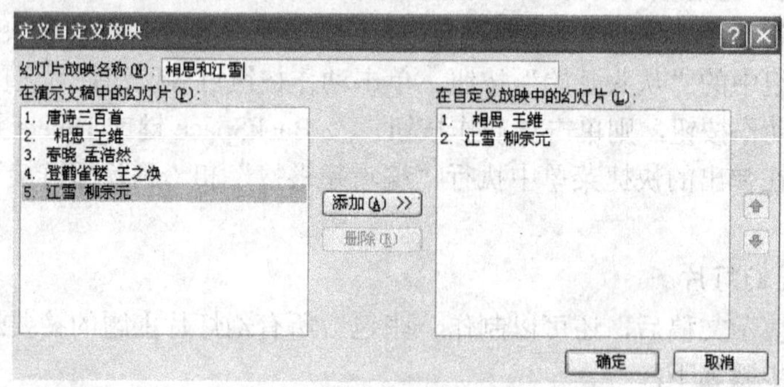

图 5.75 “定义自定义放映”对话框

(3) 单击“确定”按钮，返回到“自定义放映”对话框。

(4) 单击“放映”按钮，进行放映。

(5) 单击“关闭”按钮，关闭该对话框。

放映自定义放映的步骤如下：

单击“幻灯片放映”菜单中的“自定义放映”命令，出现如图 5.76 所示的“自定义放映”对话框，选择具体的自定义放映项目，单击“放映”按钮即可。

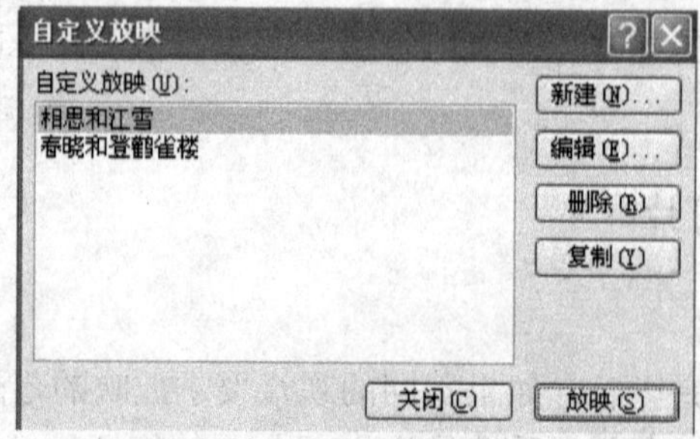

图 5.76 “自定义放映”对话框

还可以在“自定义放映”对话框中，对用户自定义的放映方式进行编辑、删除和复制。首先，选择一个自定义放映方式，比如选择“相思和江雪”，然后单击“编辑”按钮，弹出“定义自定义放映”对话框，通过“添加”、“删除”、“向上”和“向下”按钮编辑自定义放映“相思和江雪”。选择“相思和江雪”后，如果选择“删除”则删除该自定义放映，如果选择“复制”则复制一个当前选择的自定义放映，添加到列表框中。

例如：在“唐诗三百首”演示文稿中，创建用户自定义放映。要求名称为“春晓和江雪”，包含第一张幻灯片和标题为“春晓”及“江雪”的共三张幻灯片，然后放映。操作步骤如下：

(1) 单击“幻灯片放映”菜单中的“自定义放映”命令，打开“自定义放映”对话框。

(2) 单击“新建”按钮，弹出“定义自定义放映”对话框。

(3) 在“幻灯片放映名称”文本框中输入“春晓和江雪”，然后分别选中题目要求的三张幻灯片，单击“添加”按钮添加到“在自定义放映中的幻灯片”列表框中，如图 5.75 所示。

(4) 单击“确定”按钮即可。

(5) 在“自定义放映”对话框中选择“春晓和江雪”，单击“放映”按钮，观看放映效果。

2. 设置放映时间

演示文稿为用户提供了使用排练计时的放映方式。可以事先利用排练时间，按照用户的意愿设定每张幻灯片的播放时间，放映时就根据设定的时间来播放演示文稿。设置排练计时的具体步骤如下：

(1) 单击“幻灯片放映”菜单中的“排练计时”命令，激活排练计时方式，出现幻灯片放映视图和“预演”工具栏，如图 5.77 所示。

图 5.77　“预演”工具栏

(2) 在“预演”工具栏的“幻灯片放映时间”框中显示了当前幻灯片的放映时间，右侧显示的是各个幻灯片累计的放映时间。单击“下一项”按钮或单击下一张幻灯片，可以播放下一张幻灯片，“幻灯片放映时间”框中自动从 0 开始新的计时。如果不需要再记录播放时间，单击“暂停”按钮可以暂停播放，单击“重复”按钮可以重新设置排练计时。

(3) 按照实际情况，自行设置幻灯片的放映时间，可以单击“下一项”按钮，转到下一张幻灯片。

(4) 全部录制完毕后，结束排练计时，会弹出确认对话框，如图 5.78 所示。单击“是”按钮保存此次排练的时间，单击“否”按钮则不保存该排练时间。

图 5.78　是否保存接受排练计时对话框

(5) 单击“幻灯片放映”菜单中的“设置放映方式”命令，在如图 5.79 所示的“设置放映方式”对话框中的“换片方式”中选择“如果存在排练时间，则使用它”单选按钮。

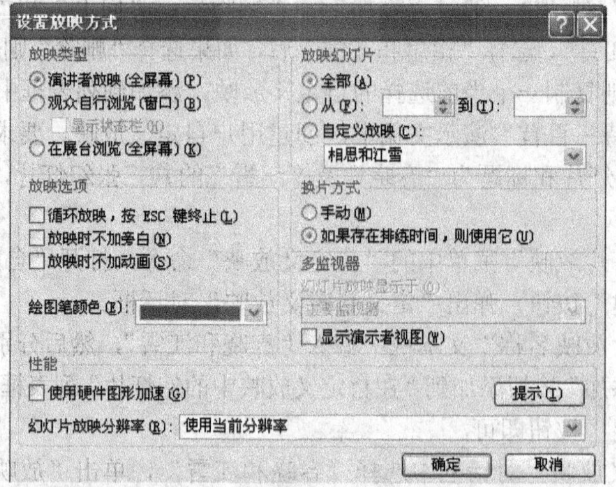

图 5.79 “设置放映方式”对话框

(6) 单击“幻灯片放映”菜单中的“观看放映”命令，即可观看设置的排练计时放映了。

5.6.3 设置放映方式

设置放映方式是放映幻灯片的第三种方式。完成该功能的方法是单击“幻灯片放映”菜单中的“设置放映方式”命令，执行该命令后，将在屏幕上出现“设置放映方式”对话框，如图 5.79 所示。用户可以在该对话框中设置放映类型、幻灯片放映范围和换片方式。

可设置如下选项。

1．设置放映幻灯片范围

在“放映幻灯片”区域中有以下三个单选钮：

- “全部”：放映演示文稿的所有幻灯片。
- “从….到….”：在中间的数字格内输入开始和结束的幻灯片编号，在其间的所有幻灯片都将参加放映。
- “自定义放映”：允许用户在下拉列表框中选择已经设置好的自定义放映。

2．设置放映选项

在“放映选项”区域中，有以下三种放映方式：

- 循环放映，按 Esc 键终止。
- 放映时不加旁白。
- 放映时不加动画。

3．设置放映类型

在“放映类型”区域中，有以下三种放映方式。

- 演讲者放映(全屏幕)：该单选钮是默认选项，为用户提供了一种既正式又灵活的放映方式。放映是在全屏幕上实现的，且鼠标指针将出现在屏幕上。在放映过程中允许使用控制菜单控制幻灯片的放映。

● 观众自行浏览(窗口)：该方式适用于小规模的演示，此时不能单击鼠标按键进行放映，只能自动放映或利用滚动条来放映。在菜单栏中提供了放映时的编辑、复制、打印幻灯片的相关命令。

● 在展台浏览(全屏幕)：该方式适用于展览会场或者会议，演示文稿会自动放映，并且在放映过程中，除了保留鼠标指针用于选择屏幕对象进行放映外，其他的功能将全部失效，终止放映只能使用 Esc 键。也可以在复选框中设置放映时不加旁白和动画效果。

4. 换片方式

● “手动”：在该方式下，放映时需要使用鼠标按键或键盘，控制幻灯片的放映。

● “如果存在排练时间，则使用它”：指事先排练放映，放映时，根据用户规定的每张幻灯片的播放时间来控制播放。

5.7　打印演示文稿

5.7.1　页面设置

1. 页面设置

演示文稿在打印以前可以设置幻灯片的外观格式，比如大小、方向等，并根据需要调整页面格式以适应打印的需求。设置页面的方法是单击“文件”菜单中的“页面设置”命令，打开“页面设置”对话框，如图 5.80 所示。

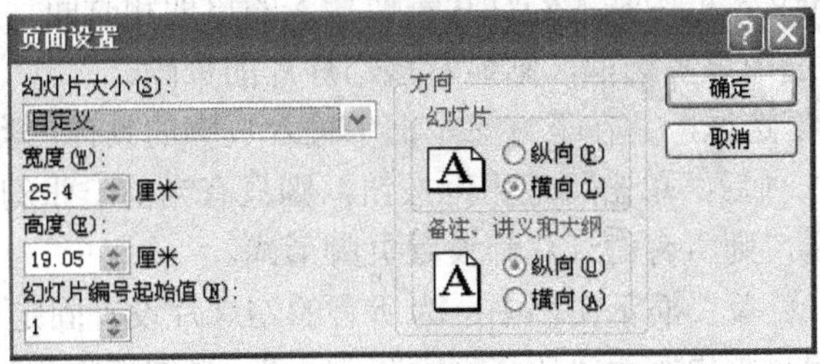

图 5.80　“页面设置”对话框

可设置如下选项。

1) 设置幻灯片大小

打开“幻灯片大小”下拉列表框，其中有若干选项用来设置幻灯片大小，如“A4 纸张”或“B5(ISO)纸张”，用户可根据自己使用的纸张选择幻灯片大小。如果用户选择“自定义”，则可以在“宽度”和“高度”数值框中指定幻灯片的高度和宽度。

2) 设置幻灯片起始编号

用户可以为演示文稿的第一张幻灯片设置任意编号，该编号是所有幻灯片的起始号码，显示在“幻灯片”选项卡的左上角。用户在“幻灯片编号起始值”数值框中指定即可。

3) 设置幻灯片方向

在“方向”选项区域中的“幻灯片”选项组中选择“横向”或“纵向”单选按钮即可。

2. 添加页眉页脚

页眉页脚出现在幻灯片的上边界或下边界的位置，是对日期、编号等信息进行解释说

明的注释文字。用户可以通过页脚为整个演示文稿中的幻灯片编排序号，也可以为幻灯片设置创建日期，还可以对幻灯片进行注释和说明。页眉页脚对演示文稿的整体编排有很大作用，添加页眉页脚的具体操作步骤如下：

(1) 选择要插入页脚的幻灯片。

(2) 单击“视图”菜单中的“页眉和页脚”命令，打开“页眉和页脚”对话框，如图5.81所示。在“幻灯片”选项卡中可以设置如下选项。

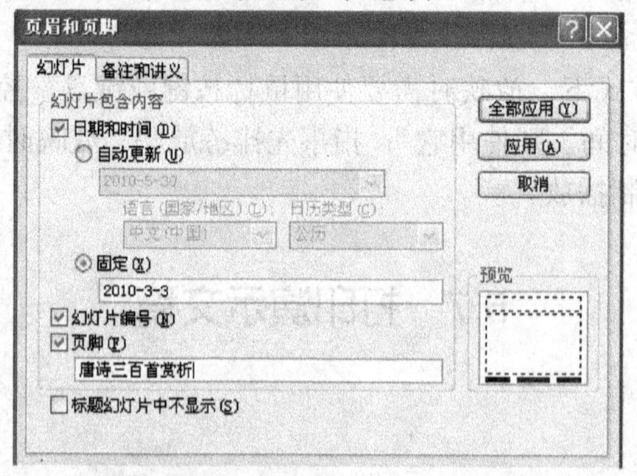

图 5.81　“页眉和页脚”对话框

① 日期和时间。它可以设置日期和时间的具体内容。选中该复选框则在幻灯片上出现日期，不选则没有。如果选中“自动更新”单选按钮，则自动在幻灯片中相应位置添加系统当时的日期和时间。此时，日期值会随着系统日期的改变而自动更新。选中“固定”单选按钮，可以在下方的文本框中输入幻灯片需要插入的日期和时间，且该日期不可更新。

② 幻灯片编号。选中该复选框，则显示该幻灯片的页码。

③ 页脚。选中该复选框，并在下方文本框中输入页脚的具体内容。

(3) 设置完各个选项后，单击“应用”按钮，则只有当前一张幻灯片设置页脚形式；单击“全部应用”按钮，则所有幻灯片都设置页脚形式。

例如：在“唐诗三百首”演示文稿中，为所有的幻灯片设置固定日期“2010-03-03”，添加幻灯片编号，设置页脚内容为“唐诗三百首赏析”。操作步骤如下：

(1) 单击“视图”菜单中的“页眉和页脚”命令，在弹出的“页眉和页脚”对话框中设置各个选项，如图 5.77 所示。

(2) 单击“全部应用”按钮，显示效果如图 5.82 所示。

相思 王维

红豆生南国，
春来发几枝。
愿君多采撷，
此物最相思。

图 5.82　添加页脚的幻灯片

如果选择“标题幻灯片中不显示”复选框，则演示文稿中的第一张幻灯片将不显示页眉和页脚。另外，如果需要设置备注或讲义的日期、页码、页眉和页脚，就在“页眉和页脚”对话框的“备注和讲义”选项卡中设置，如图 5.83 所示。

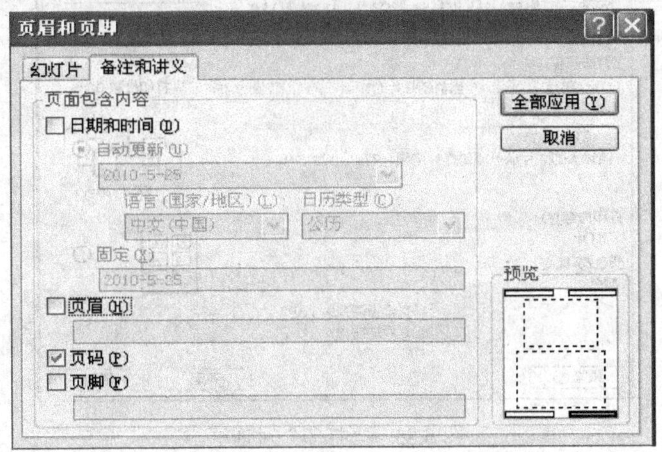

图 5.83　“页眉和页脚”对话框

5.7.2　打印预览

1. 打印预览

用户在打印之前可以通过打印预览功能查看打印效果，如果发现不满意的地方可以及时修改，以达到最好的打印效果。使用打印预览功能可以通过单击“文件”菜单中的“打印预览”命令，进入预览视图，出现如图 5.84 所示的“打印预览”工具栏。

图 5.84　“打印预览”工具栏

它可以实现以下功能：

- 单击“上一页”和“下一页”按钮可以实现页面的转换。
- 单击“打印”按钮可以将演示文稿打印一份。
- 单击“打印内容”下拉列表框可以选择版式。
- 单击“显示比例”按钮可以选择在该视图下幻灯片的显示比例。
- 单击“纸张方向”按钮可以设置页面方向。
- 单击“关闭”按钮将关闭预览视图，返回到普通视图。

2. 打印幻灯片

通过打印预览观看打印的效果后，就可以打印幻灯片了。“常用”工具栏提供了“打印”命令按钮，用户单击该按钮，系统将按照当前的打印设置打印整个演示文稿。也可以单击“文件”菜单中的“打印”命令，弹出“打印”对话框，如图 5.85 所示，在对话框中设置打印选项，按要求打印演示文稿。

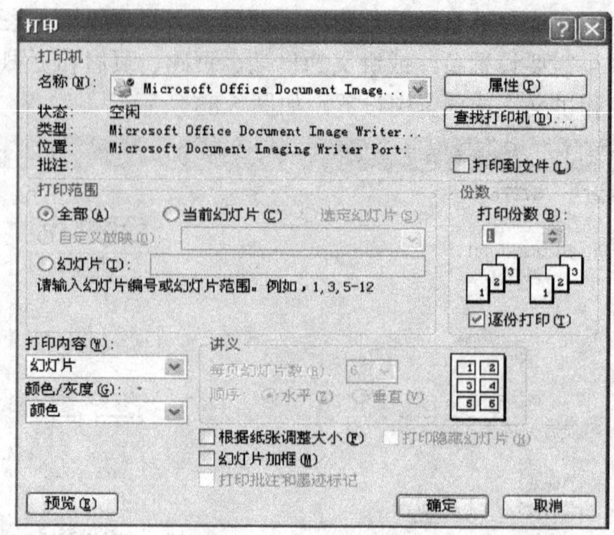

图 5.85 “打印”对话框

“打印”对话框可设置如下选项。

1) 打印机

在“打印机”区域的名称下拉列表框中显示当前所选打印机的名字，也就是说通过该打印机来打印演示文稿。如果想使用其他的打印机打印文稿，用户可以从“名称”下拉列表框中选择需要的打印机。

2) 打印范围

通过设置“打印范围”区域，可以打印演示文稿的全部或所选择的幻灯片。

- “全部”：选中该单选按钮可以打印整个演示文稿的所有幻灯片。
- “当前幻灯片”：选中该单选按钮只打印当前的一张幻灯片。
- “自定义放映”：如果事先设置了“自定义放映”，就可以在下拉列表框中选择一种自定义放映的类型。
- “幻灯片”：可以通过在文本框中输入数值来打印特定范围内的幻灯片。如果打印非连续的幻灯片需在编号之间用逗号(，)分隔，一个区间内连续的幻灯片在编号之间用短线(-)分隔。例如，要打印第 1 张、第 3 张和第 5 到 12 张，可以在文本框中输入“1,3,5-12”。

3) 份数

用户可以在“打印份数”数值框中输入打印的份数。如果选择“逐份打印”复选框，则按照页数从第一页打印到最后一页，打印完一份后，再打印第二份，以此类推。如果不选中，那么先打印出设置份数的第一页，再打印设置份数的第二页，按页打印而不是按照份数打印。

3. 加密演示文稿

用户可以通过为演示文稿加密的方式，来防止别人偷看幻灯片或恶意修改幻灯片的内容，这样大大增强了演示文稿的安全性。为演示文稿设置密码的具体操作步骤如下：

(1) 单击“工具”菜单中的“选项”命令，打开“选项”对话框，再单击“安全性”选项卡，如图 5.86 所示。

(2) 在“打开权限密码”对话框中输入打开密码，以后再打开演示文稿时，需要输入该密码。在“修改权限密码”对话框中输入修改密码，此密码可以与打开权限密码相同，也可以不同。注意：此处的密码可以包含字母、数字、空格和符号。输入密码后单击“确定”按钮，立即弹出“确定密码”对话框，如图 5.87 所示。

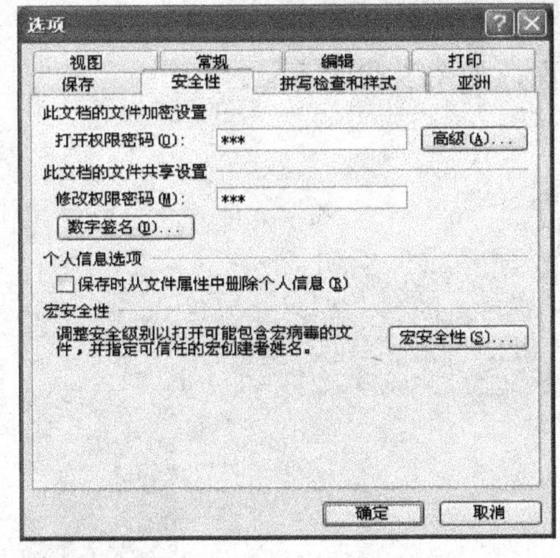

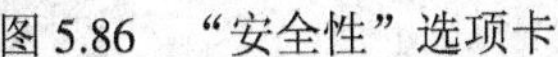
图 5.86 “安全性”选项卡

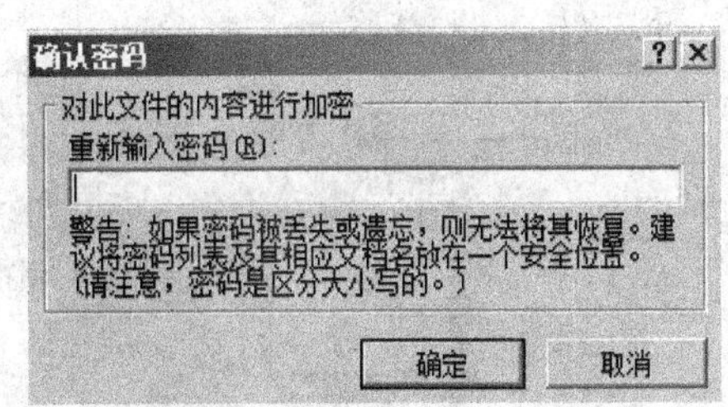

图 5.87 “确认密码”对话框

(3) 在“确认密码”对话框中重新输入一次密码，要求与第一次输入的一致。单击“确定”按钮即可。

5.8 PowerPoint 2007 简介

PowerPoint 2007 是 Microsoft Office 2007 软件包中用于制作演示文稿的办公软件。同以前版本相比，用户利用它可以快捷地创建极具感染力的动态演示文稿，而所用的时间也大大缩短。从重新设计的用户界面到新的图形以及格式设置功能，PowerPoint 2007 使用户拥有控制能力，以创建具有精美外观的演示文稿。

1. PowerPoint 2007 简介

(1) 具有全新的界面，使用户使用更加直观、便捷。大家以往非常熟悉的“菜单栏”和“工具栏”被集中在一个经过改进的、整齐有序的功能区中。“功能区”由若干选项卡组成，每个选项卡则是围绕特定功能组成的相关命令。PowerPoint 2007 的“功能区”中集中了比 PowerPoint 2003 更丰富的内容，令操作变得更加直观、便捷。

(2) 具有全新的 Smart Art 功能，提供了强大的图形化工具。利用 SmartArt 图形，用户可以在 PowerPoint 2007 演示文稿中以简便的方式创建强大的动态关系、工作流或层次结构图。借助与用户界面上下文相关的 Smart Art 图形工具，用户可以方便地设置选项，做出更加美观的图形。

(3) 图片美化特效功能大大加强。PowerPoint 2007 美化图片非常便捷，可以直接把图片变成想要的形状，还提供了图片特效的快捷设置功能和丰富的“图片效果”功能，使得为图片增加艺术特效的功能大大增强。

(4) 重复使用 PowerPoint 2007 的幻灯片内容。用户可以将个别幻灯片文件存储到运行 Office SharePoint Server 2007 服务器上的幻灯片库，从而共享并重复使用幻灯片内容。

2. PowerPoint 2007 窗口的基本操作

Microsoft Office 2007 的用户界面较之以前版本的 Office 界面有了比较大的变化，当然，PowerPoint 2007 的用户界面也就随着 Office 2007 的新风格产生了很大变化。

下面介绍一下 PowerPoint 2007 的基本工作界面，如图 5.88 所示。

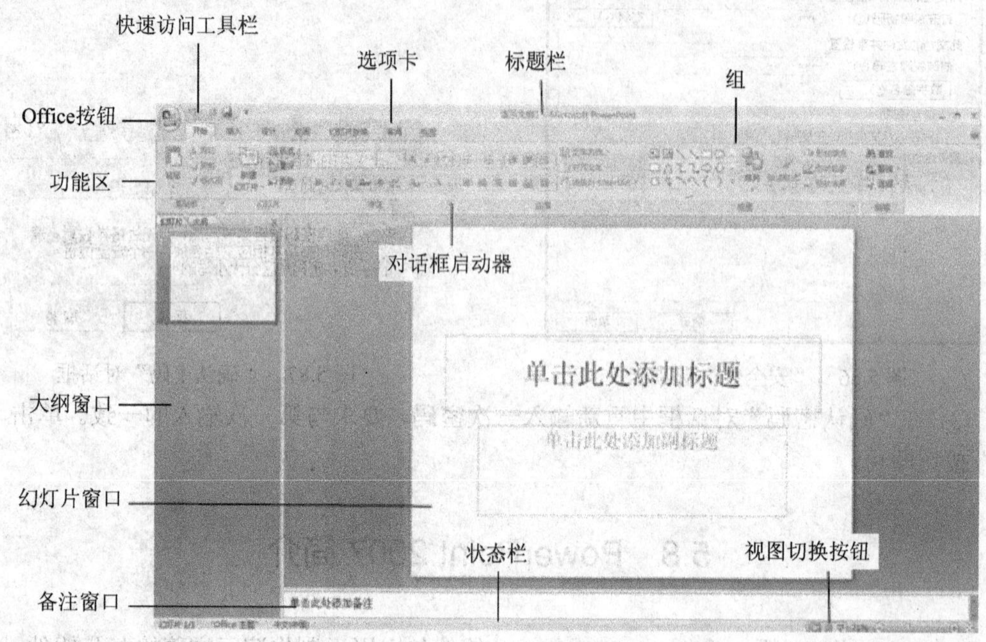

图 5.88 PowerPoint 工作界面

PowerPoint 2007 的窗口界面与 Word 2007、Excel 2007 非常相似，由 Office 按钮、快速访问工具栏、功能区、状态栏组成，功能也基本相同。所不同的是，PowerPoint 2007 主体部分由幻灯片窗口、大纲窗口、备注窗口和视图切换按钮组成，其介绍如下。

1) 幻灯片窗口

幻灯片窗口即工作区，是制作演示文稿的主要窗口。它显示的是当前幻灯片，可以在“幻灯片窗口”中编辑幻灯片的内容，如插入图片、表格、图表、绘图对象、文本框、声音、电影、超链接等。

2) 大纲窗口

大纲窗口中有“大纲”和“幻灯片”两个选项卡。有关两个选项卡的用途在视图部分介绍。

3) 备注窗口

备注窗口中可以写入与每个幻灯片的内容相关的备注，用于给演讲者在使用演示文稿进行演讲时提供一定的提示。

4) 视图切换按钮

在 PowerPoint 2007 中，提供了三种视图按钮：普通视图、幻灯片浏览视图、幻灯片放映视图，可以通过单击三个视图按钮进行不同视图的切换。

当幻灯片放映视图时，在屏幕上单击右键，从弹出菜单中选择屏幕命令中的演讲者备注选项，便可以看到在备注窗口中所添加的备注内容。

思考题

1. PowerPoint 2003 的工作界面由哪几部分组成？
2. 浏览幻灯片有几种方法，各适用于什么情况？
3. 如何撤消原定义的幻灯片模板和幻灯片切换？
4. 在自定义动画的添加效果中可以设置几种动画效果？
5. 自定义动画和设置动画方案的区别是什么？
6. 设置好一个动画效果后，如何修改动画的播放速度，是否可以删除该动画效果？
7. 既为幻灯片设置了背景，又为幻灯片添加了配色方案，二者是否会出现冲突？
8. 排练计时和录制旁白有什么区别？
9. 设置幻灯片背景有几种填充效果？
10. 超级链接和动作按钮有什么区别，各适用于什么场合？
11. 在打印演示文稿时，使用“文件”菜单的“打印”命令和使用工具栏上的“打印”按钮有什么区别？

第6章 网络技术基础

网络技术是计算机技术和通信技术紧密结合的产物。它在商业、军事、科研、教育、信息服务、生活等各个领域有着十分广泛的应用。本章主要介绍网络技术的基本概念、局域网的组建和Internet的应用。读者可以通过本章，学习如何使用网络进行工作和学习。

6.1 网络基础知识

6.1.1 计算机网络的基本概念

一般来讲，计算机网络就是将不同地理位置的、具有独立功能的多台计算机、终端和外部设备通过通信设备和通信线路连接起来，实现彼此通信，并且使得计算机共享软件、硬件和数据资源的整个体系。计算机网络必须具备以下几点要求：

(1) 必须是多台具有独立操作系统的各种类型的计算机，且相互间有共享资源。

(2) 计算机间通过通信线路互连，如双绞线、同轴电缆、光纤等有线传输介质，或微波、卫星等无线通信媒体。

(3) 遵循一定的网络协议。网络协议是指计算机在网络中进行通信时需要共同遵守的规则和约定。它负责解释、协调和管理计算机之间的通信和相互间的操作。

6.1.2 计算机网络的分类

按照网络的规模和作用范围，可将计算机网络分为局域网、城域网和广域网三种。

- 局域网(Local Area Network，LAN)：是指一个单位、校园或一个相对独立范围内的计算机之间为了实现相互通信，共享硬件资源(如打印机、大容量的硬盘)、数据及应用程序等而建立的计算机网络。典型的局域网由一台(或多台)服务器和若干个客户端组成。
- 城域网(Metropolitan Area Network，MAN)：可以认为是一种大型的LAN网，通常使用与局域网相近的技术，但作用范围比局域网大，例如一个城市。
- 广域网(Wide Area Network，WAN)：作用范围更大，通常是几十到几千千米，甚至可以跨国、跨洲，网络之间通过特定方式进行互连。Internet是当今世界上最大的广域网。

6.1.3 局域网的拓扑结构

网络的拓扑结构是指网络上各种设备的物理连接方式。局域网是一定范围内的网络，目前，局域网最主要的拓扑结构有星型、环型和总线型三种。

1．星型拓扑结构

星型拓扑结构是指计算机之间通过电缆连接到集线器(HUB)上，如图 6.1 所示。

网络中的计算机直接连接到集线器的各个端口上，数据通过 HUB 中转至每个计算机，这样，如果一台计算机出现故障，不会影响整个网络的运行。所以，星型拓扑结构的优点是故障易诊断、可靠性较高，缺点是需要的电缆较长且对节点的依赖性较强。

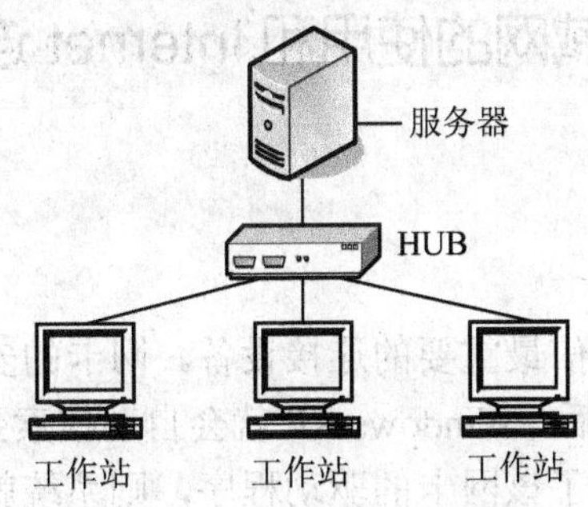

图 6.1　星型拓扑结构

2．环型拓扑结构

环型拓扑结构是指将网络中的计算机连接成环状，如图 6.2 所示。它使用传递令牌的方法在网络中传递数据，令牌沿环的一个方向传播，通过每一台计算机，如果网络中的任何一台计算机出现故障，都将会影响整个网络的运行。环型拓扑结构的优点是每一台计算机都有平等访问的机会，缺点是网络可靠性较差，不易管理和维护。

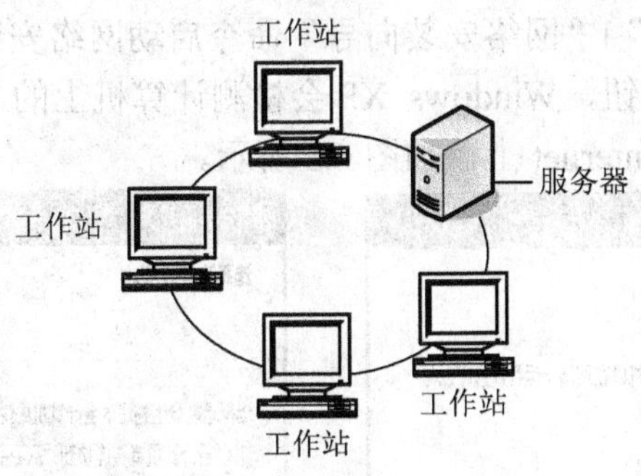

图 6.2　环型拓扑结构

3．总线型拓扑结构

总线型拓扑结构是指网络上的所有计算机通过一根线缆连接，即所有计算机共用一条通信线路，这条线路称为总线，如图 6.3 所示。

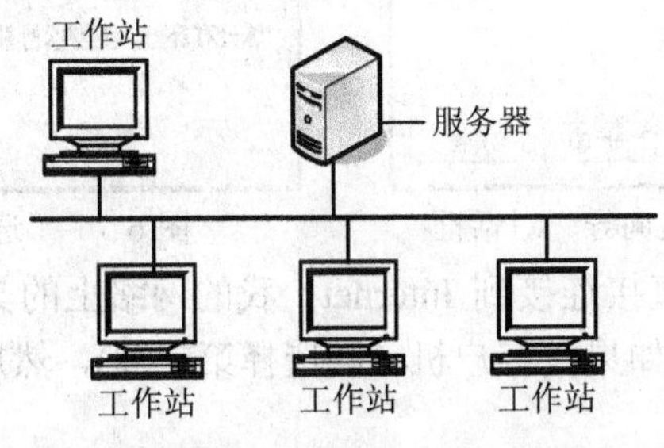

图 6.3　总线型拓扑结构

在总线型拓扑结构中，所有的计算机都通过相应的接口与总线相连。它的优点是布线简单、建网成本比较低，对于节点较少的、对传输速度要求不高的网络来说可靠性较高；缺点是只适合连接少量的计算机，若网络中有一处出现故障，则整个网络都将无法运行，因此它的稳定性比较差。

6.2 局域网的使用和 Internet 连接技术

6.2.1 网卡的安装

网卡是计算机之间相互通信最重要的连接设备。网卡的安装非常方便，只需要将其安装到主板上，重新启动计算机后，Windows XP 就会自动搜索到网卡，并提示用户安装它的驱动程序。如果操作系统集成了该网卡的驱动程序，则系统就会自动完成安装。否则要通过厂商提供的驱动程序来安装。

6.2.2 局域网的组建

在组建局域网之前首先要正确地安装好网卡和局域网中的所有硬件，然后打开局域网中的计算机和其他网络设备。在 Windows XP 中组建局域网的具体操作步骤如下：

(1) 确定一台服务器，该服务器应该是一台有 Internet 连接的计算机。选择“开始”|“程序”|“附件”|“通讯”|“网络安装向导”命令启动网络安装向导，如图 6.4 所示。

(2) 单击“下一步”按钮，Windows XP 会检测计算机上的 Internet 连接，然后提示用户选择某一种方式连接到 Internet 上，如图 6.5 所示。

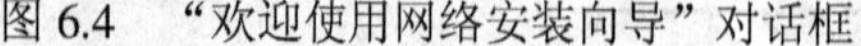

图 6.4 “欢迎使用网络安装向导”对话框

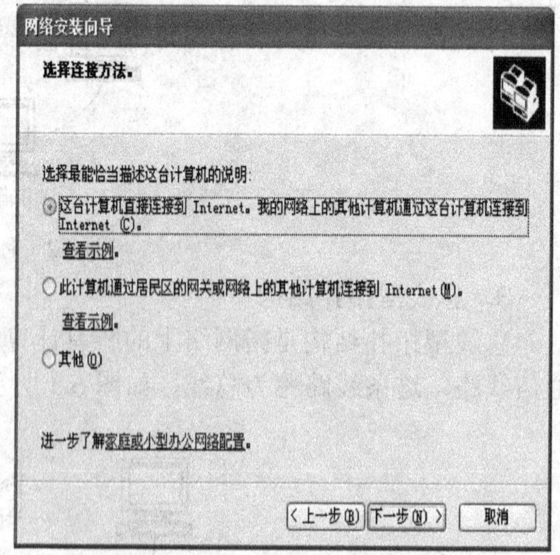

图 6.5 “选择连接方法”对话框

(3) 选中“这台计算机直接连接到 Internet。我的网络上的其他计算机通过这台计算机连接到 Internet。”单选按钮(如果是客户机，则选择第二项)，然后单击“下一步”按钮，打开如图 6.6 所示的对话框。

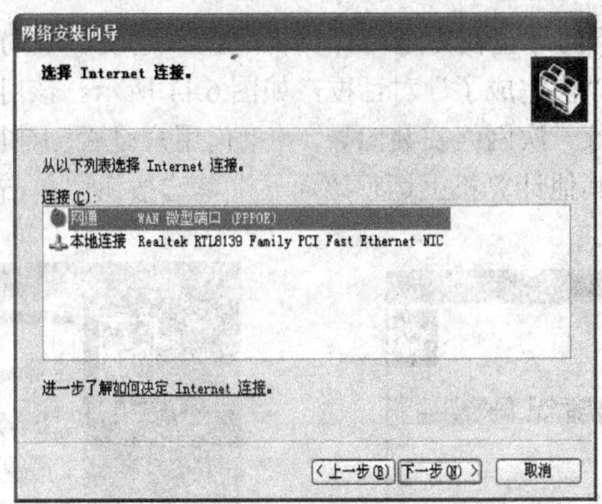

图 6.6　“选择 Internet 连接”对话框

(4) 选中列表框中已接入 Internet 的连接，单击“下一步”按钮，打开如图 6.7 所示的对话框。在“计算机描述”文本框中输入对这台计算机的描述，在“计算机名”文本框中输入这台计算机的名称或接受默认名称。单击“下一步”按钮，打开如图 6.8 所示的对话框。

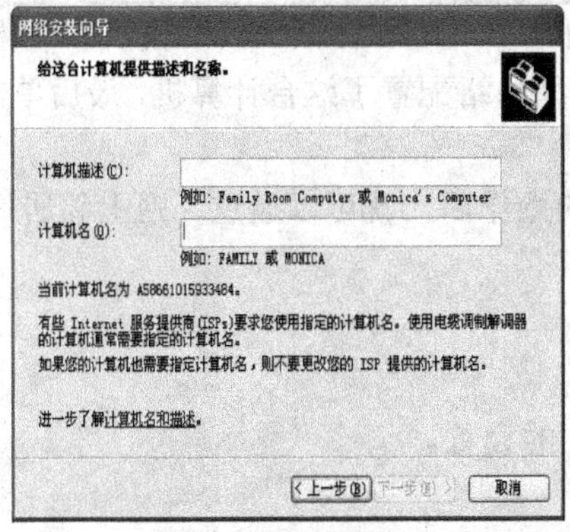

图 6.7　填写计算机信息

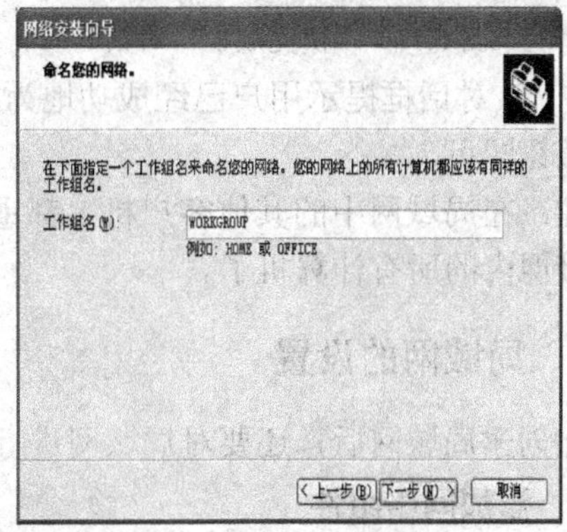

图 6.8　填写工作组名

(5) 该对话框提示用户需要为局域网的工作组取一个名称。给工作组命名后单击“下一步”按钮(在局域网内的其他计算机，也应该取相同的工作组名称)，打开如图 6.9 所示的对话框。该对话框提示将应用的有关设置，单击“下一步”按钮打开如图 6.10 所示的对话框。

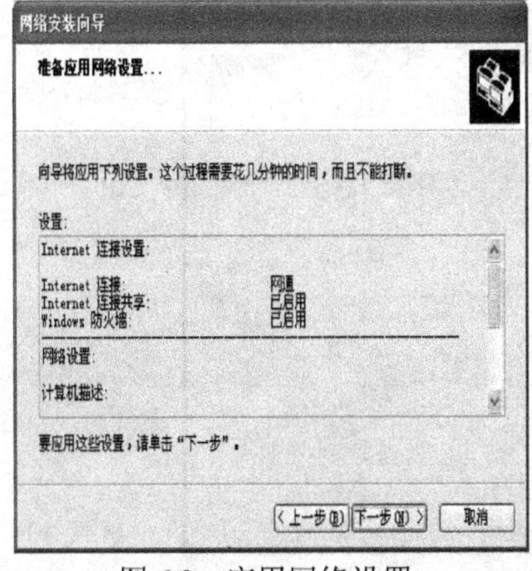

图 6.9　应用网络设置

图 6.10　正在连接网络

(6) 该对话框的提示向导正在为这台计算机配置家庭或小型局域网络，完成配置后单击“下一步”按钮打开“快完成了”对话框，如图6.11所示。该对话框提示用户需要在网络中所有的计算机上运行一次网络安装向导，并询问用户是否创建网络安装磁盘。选中“完成该向导。我不需要在其他计算机上运行该向导”单选按钮，单击“下一步”按钮，打开如图6.12所示的对话框。

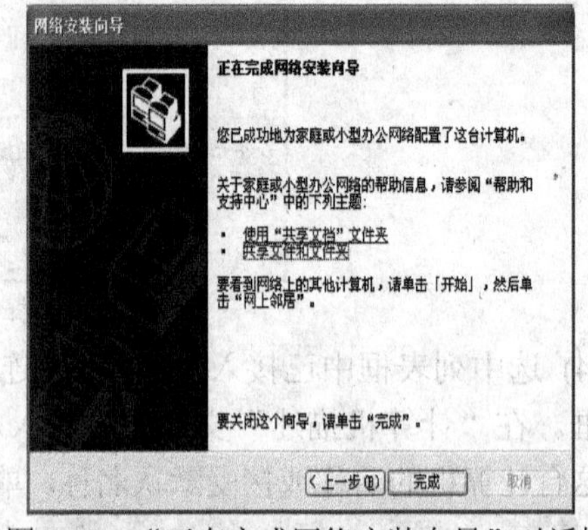

图6.11　“快完成了”对话框　　图6.12　“正在完成网络安装向导”对话框

(7) 该对话框提示用户已经成功地为家庭或小型网络配置了这台计算机，最后单击“完成”按钮即可。

注：在局域网中的其他客户机上都重复以上的操作后，就可以通过“网上邻居”查看到局域网内的所有计算机了。

6.2.3　局域网的设置

在创建局域网后，还要对局域网进行一些必要的设置。

1．添加网络组件

在运行“网络安装向导”程序后，默认情况下将安装并启用常用服务、协议和网络组件。添加网络组件的操作步骤如下：

(1) 选择“开始”|“控制面板”|“网络连接”命令，打开“网络连接”窗口，如图6.13所示。

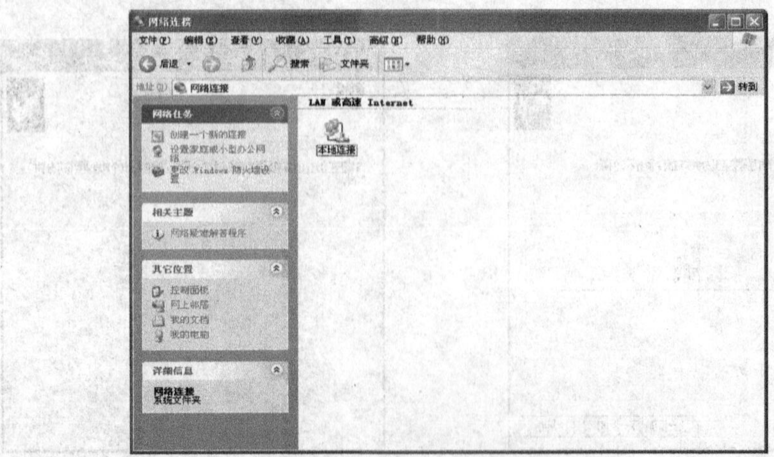

图6.13　“网络连接”窗口

(2) 选中本地连接并单击鼠标右键，在打开的快捷菜单中选择“属性”命令打开“属性”对话框，如图 6.14 所示。单击“安装”按钮打开“选择网络组件类型”对话框，如图 6.15 所示。

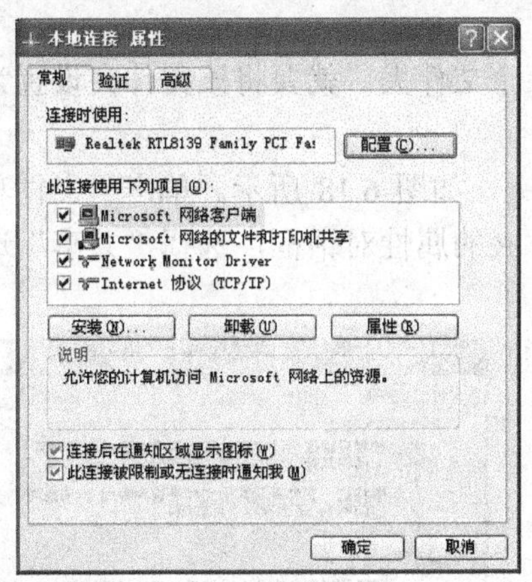

图 6.14　“属性”对话框

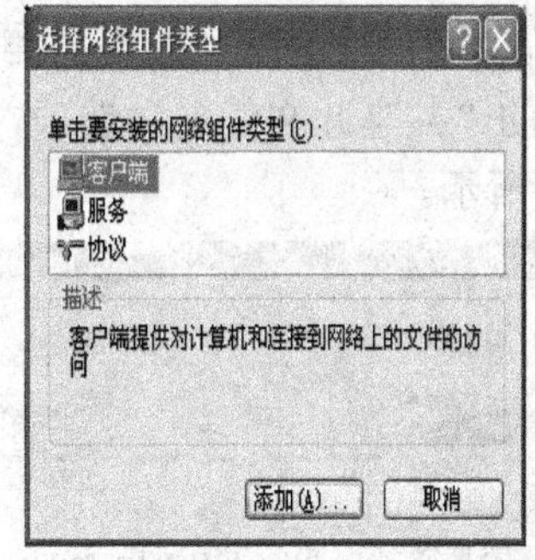

图 6.15　“选择网络组件类型”对话框

(3) 选中“单击要安装的网络组件类型”框中需要安装的组件，然后单击“添加”按钮打开相应的对话框，从中选择要安装的内容，依次单击“确定”按钮即可。

2. 设置网络协议

在运行网络安装向导后，网络协议将自动配置。用户也可以重新设置网络协议，具体操作步骤如下：

(1) 选择“开始”|“控制面板”|“网络连接”命令打开“网络连接”窗口。单击选中要配置的连接，右键单击该连接并选择“属性”命令，打开连接属性对话框，选择“常规”选项卡，如图 6.16 所示。

(2) 在“此连接使用下列项目”列表框中选中“Internet 协议(TCP/IP)”复选框，单击“属性”按钮打开“Internet 协议(TCP/IP)属性”对话框，如图 6.17 所示。

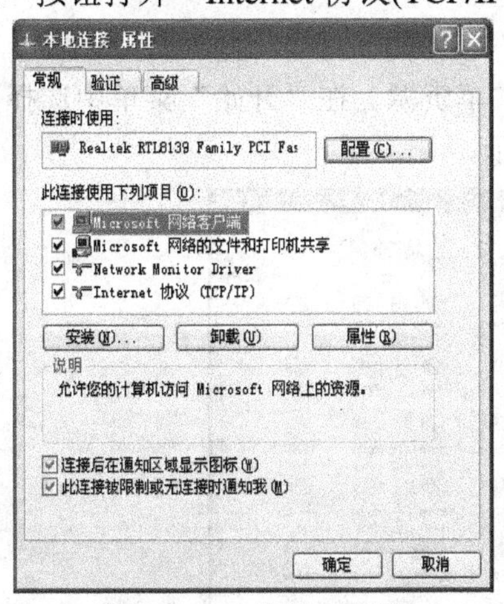

图 6.16　“常规”选项卡

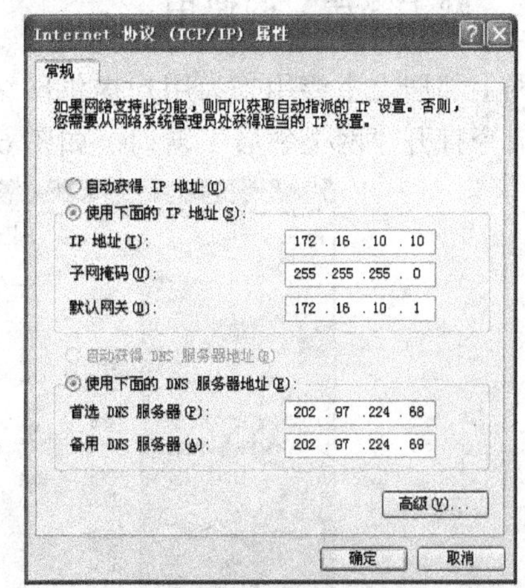

图 6.17　“Internet 协议(TCP/IP)属性”对话框

(3) 选中“使用下面的 IP 地址”单选按钮，在“IP 地址”框中输入为计算机分配的 IP 地址，在“子网掩码”框中输入子网掩码，在“默认网关”框中输入网关的 IP 地址。

(4) 选中“使用下面的 DNS 服务器地址”单选按钮，在“首选 DNS 服务器”框中输入 DNS 服务器的 IP 地址，单击“确定”按钮即可。

6.2.4 文件夹共享的设置

如果用户想要与网络上的其他计算机共享某个文件夹，就要将该文件夹设置为共享。文件夹共享的操作步骤如下：

(1) 在“我的电脑”中选中需要共享的文件夹，如图 6.18 所示。单击“文件和文件夹任务”下的“共享此文件夹”选项，打开该文件夹的属性对话框，选择“共享”选项卡，如图 6.19 所示。

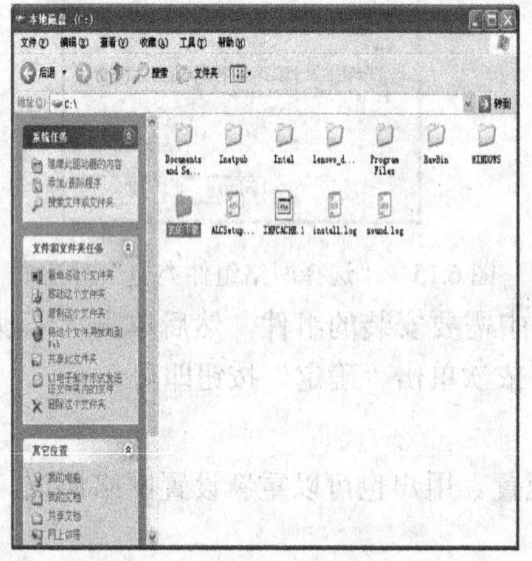

图 6.18 选定共享文件夹

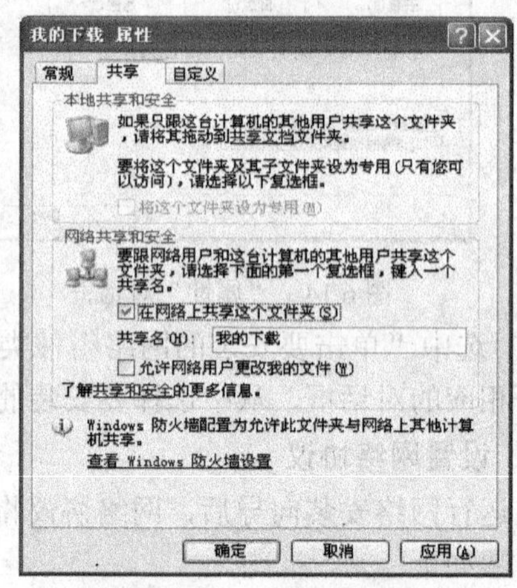

图 6.19 “共享”选项卡

(2) 选中“网络共享和安全”项目下的“在网络上共享这个文件夹”复选框。如果允许其他用户更改该文件夹的内容，则选中“允许网络用户更改我的文件”复选框。单击“确定”按钮即可完成共享设置。

6.2.5 “网上邻居”的使用

“网上邻居”主要用来为用户提供网络上的共享资源。在“开始”菜单中选择“网上邻居”命令打开“网上邻居”窗口，如图 6.20 所示。

图 6.20 “网上邻居”窗口

1. 查看网络上的计算机

在 Windows XP 操作系统中打开“网上邻居”窗口后，就会显示出该网络内的所有共享文件夹。选择某个文件夹，就可以对该文件夹进行访问。如果要查看所在工作组中的所有计算机，则可单击左窗格“网络任务”下的“查看工作组计算机”命令，打开如图 6.20 所示的“网上邻居”窗口，窗口内就会显示出该工作组中的所有计算机。

2. 搜索网络中的计算机

用户可以使用系统中的搜索功能来搜索网络中的计算机。操作步骤如下：

(1) 选择“开始”|“搜索”命令打开“搜索结果”对话框，如图 6.21 所示。单击“搜索助理”下的“计算机或人”，再单击“网络上的一个计算机”，在打开的提示框“计算机名”文本框中输入要搜索的计算机名，单击“搜索”按钮开始搜索，如图 6.22 所示。

(2) 搜索结束后，系统会将搜索结果显示在右边的窗格中。

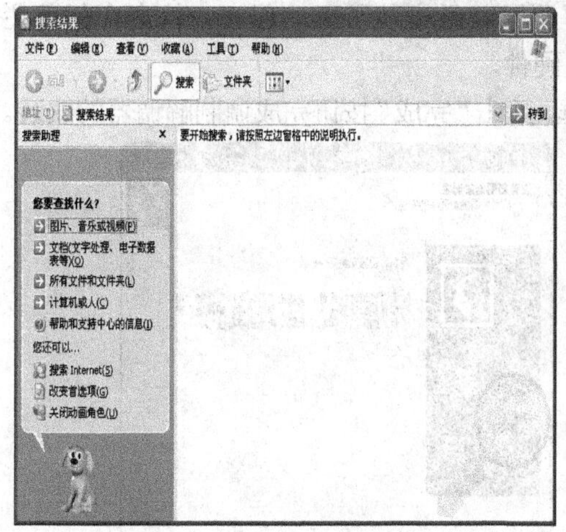

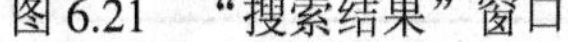

图 6.21　“搜索结果”窗口

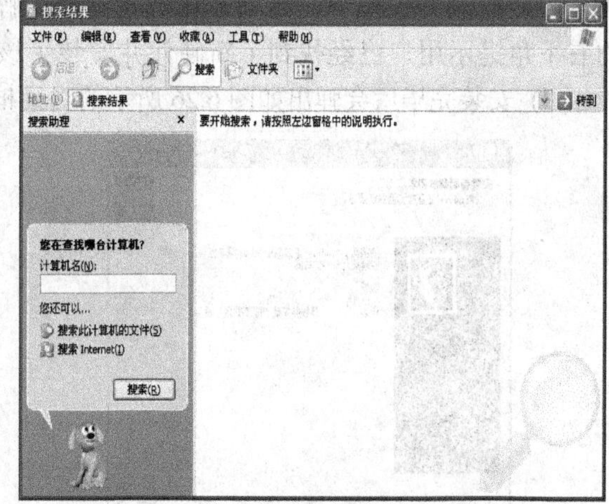

图 6.22　填写搜索条件

6.2.6　建立 Internet 拨号连接

目前常见的接入 Internet 的方式有拨号上网、ISDN、ADSL 等。选择不同的接入 Internet 方式，其接入方法也不同。目前家庭或小型企业上网多数采用拨号上网和 ADSL 两种接入方式。下面以拨号上网为例介绍接入 Internet 的方法。

1. 安装调制解调器

调制解调器是用户通过电话线拨号上网所必需的设备，首先用户应将调制解调器按要求与计算机相连，然后把标有“Line(线路)”的插孔与计算机网线相连。

目前，市场上销售的调制解调器几乎都是即插即用的。当调制解调器与计算机正确连接后，系统会自动检测到该硬件设备，并会提示用户安装驱动程序，如果系统集成了该设备的驱动程序将会自动进行安装，否则会提示用户插入驱动程序磁盘进行安装。

若系统没有检测到该硬件设备，具体安装步骤如下：

(1) 双击“控制面板”中的“电话和调制解调器选项”，打开“电话和调制解调器选项”对话框，选择“调制解调器”选项卡，如图 6.23 所示。单击“添加”按钮打开“添加硬件向导”对话框，如图 6.24 所示。

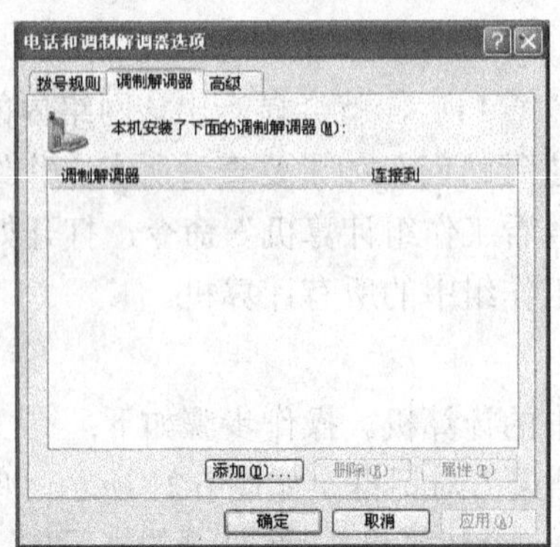

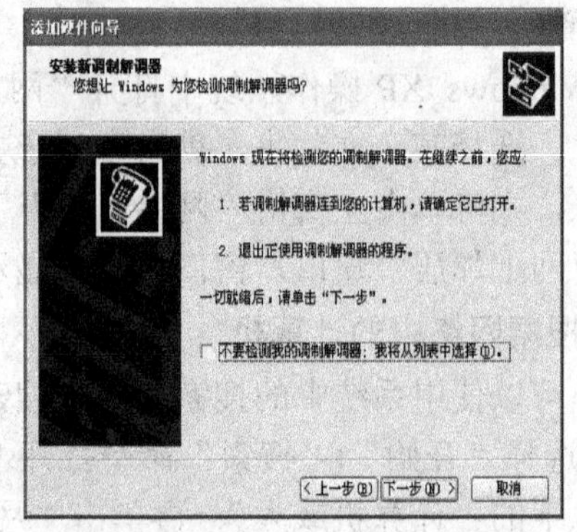

图 6.23 “调制解调器”选项卡　　图 6.24 “添加硬件向导”对话框

(2) 单击“下一步”按钮，系统将自动检测连接在计算机上的调制解调器，如图 6.25 所示。在检测的过程中，如果计算机找到调制解调器并且安装了驱动程序，就会在任务栏的右下角提示用户已经找到了新硬件并安装了该硬件。

(3) 安装完毕后会弹出如图 6.26 所示的对话框，单击“完成”按钮完成调制解调器的安装。

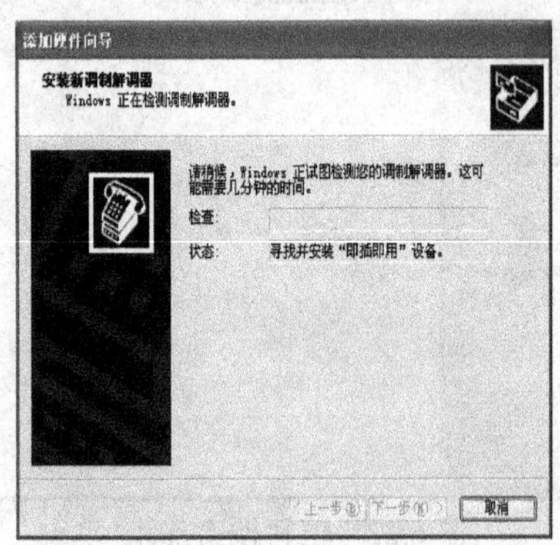

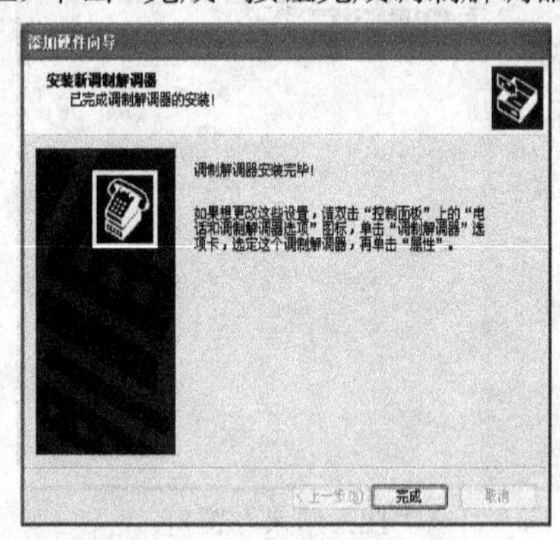

图 6.25 检测调制解调器　　图 6.26 调制解调器安装完毕

2．新建拨号连接

用户要想连入 Internet，还需要在计算机中建立 Internet 连接。Windows XP 自带的“新建连接向导”可以帮助用户方便地建立 Internet 连接，操作步骤如下：

(1) 打开“控制面板”中的“网络连接”窗口，选择“网络任务”下的“创建一个新的连接”选项，打开如图 6.27 所示的“新建连接向导”对话框。

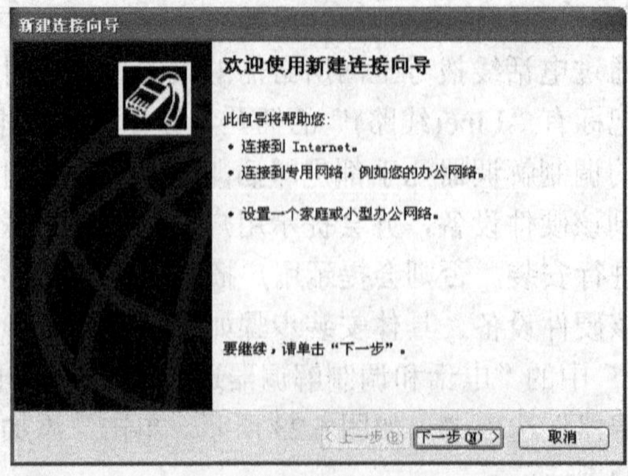

图 6.27 “新建连接向导”对话框

(2) 单击“下一步”按钮，打开如图 6.28 所示的对话框。选中“连接到 Internet”单选按钮，单击“下一步”按钮，打开如图 6.29 所示的对话框。

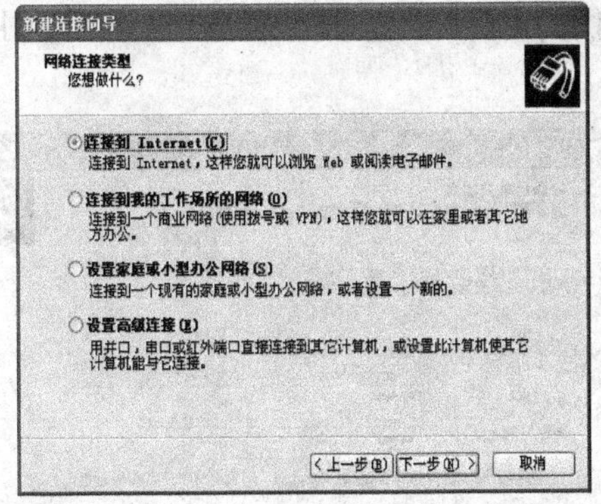

图 6.28　“网络连接类型”对话框

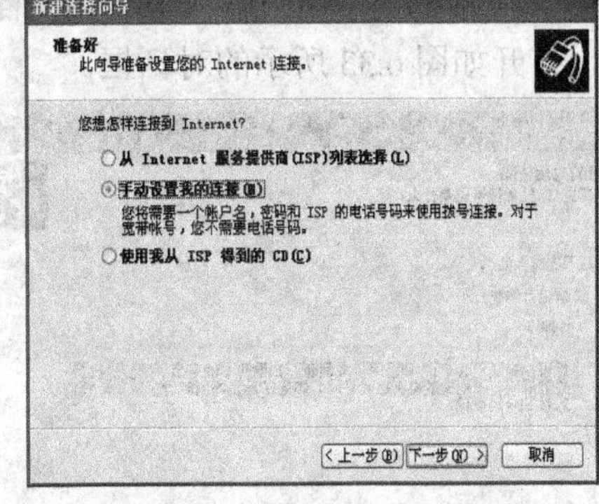

图 6.29　“准备好”对话框

(3) 选择“手动设置我的连接”单选按钮，然后单击“下一步”，打开如图 6.30 所示的对话框。

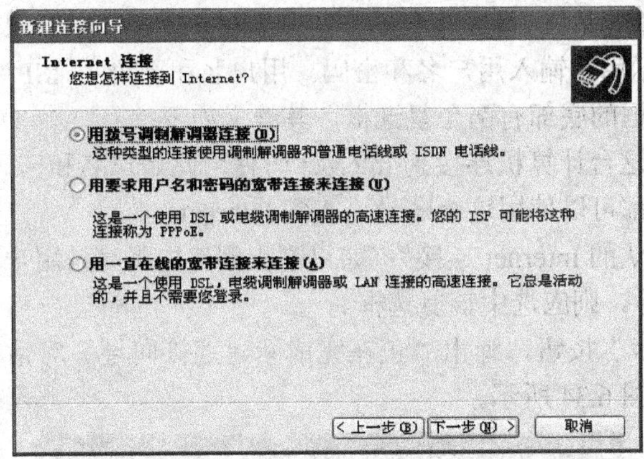

图 6.30　“Internet 连接”对话框

(4) 如果用户使用电话线拨号上网(或 ISDN)，应选中“用拨号调制解调器连接”单选按钮；如果用户使用 ADSL 宽带上网，应选中“用要求用户名和密码的宽带连接来连接”单选按钮。选中第一个单选按钮，然后单击“下一步”，打开如图 6.31 所示的对话框。

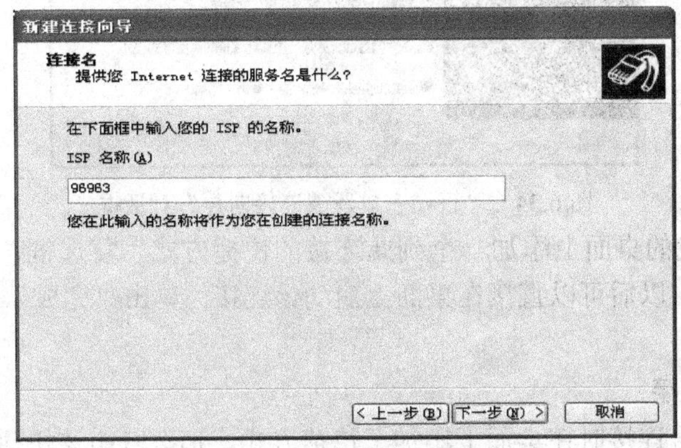

图 6.31　“连接名”对话框

该对话框要求用户输入ISP名称，即ISP提供商的名称，添加后单击“下一步”，打开如图6.32所示的对话框。

(5) 该对话框提示用户输入ISP提供商所提供的电话号码，如“96963”。然后单击“下一步”，打开如图6.33所示的对话框。

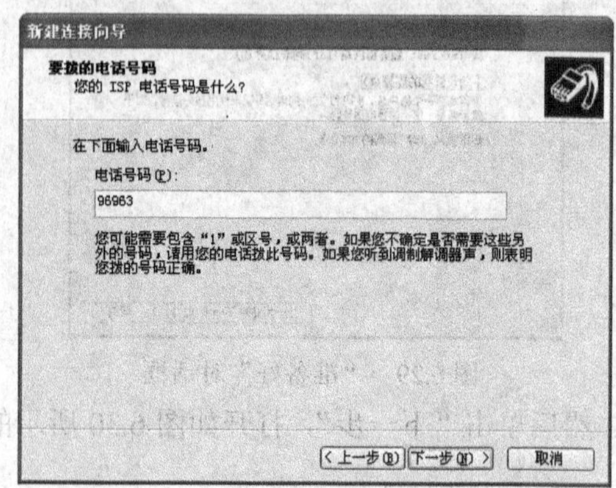

图6.32 “要拨的电话号码”对话框

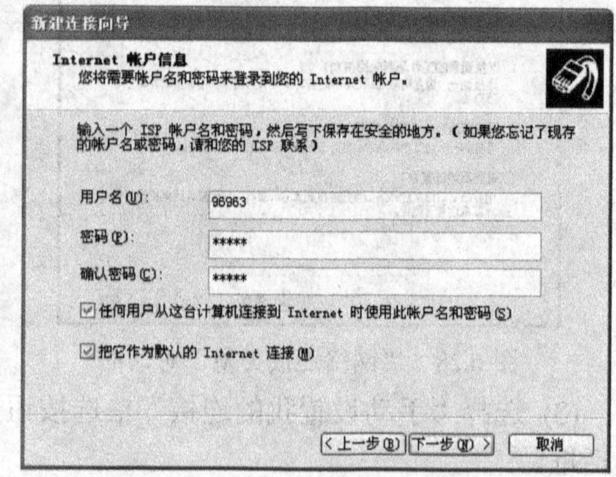

图6.33 “Internet账户信息”对话框

(6) 该对话框提示用户输入用户名和密码。用户名和密码是ISP提供商提供的，均为“96963”。在该对话框的底部有两个复选框，其含义如下：

- “任何用户从这台计算机连接到Internet时使用此账户名和密码”：选中该复选框，该计算机的所有用户都可以使用这个账号连接到Internet。
- “把它作为默认的Internet连接”：如果刚刚创建的账号是用户的唯一账号，或者是访问Internet的主账号，则应选中该复选框。

(7) 单击“下一步”按钮，弹出“正在完成新建连接向导”对话框，显示已成功完成创建连接的步骤，如图6.34所示。

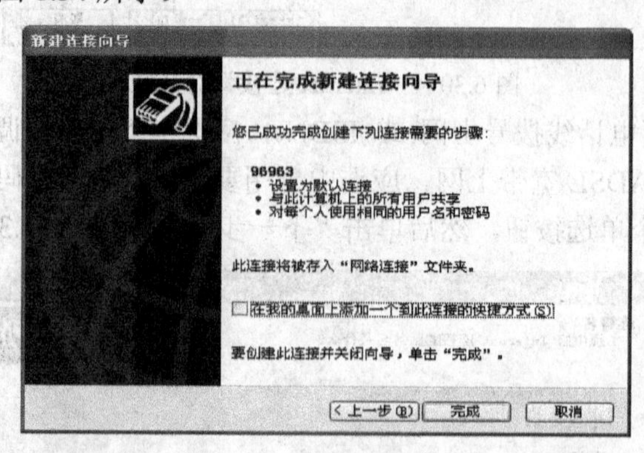

图6.34 “正在完成新建连接向导”对话框

(8) 选中“在我的桌面上添加一个到此连接的快捷方式”复选框，即可在桌面上创建此连接的快捷方式，以后可以直接在桌面上启动该连接。单击“完成”按钮，完成Internet的连接创建。

3．使用拨号连接

如果在创建拨号连接时在桌面上添加了快捷方式，那么双击该快捷方式就可以启动拨号连接。

如果没有在桌面上添加连接的快捷方式，则要通过“网络连接”窗口进行拨号连接。下面介绍通过“网络连接”窗口启动拨号连接的方法，操作步骤如下：

(1) 打开“控制面板”中的“网络连接”窗口，如图 6.35 所示。

(2) 在该窗口中双击“96963”图标打开“连接 96963”对话框，如图 6.36 所示。

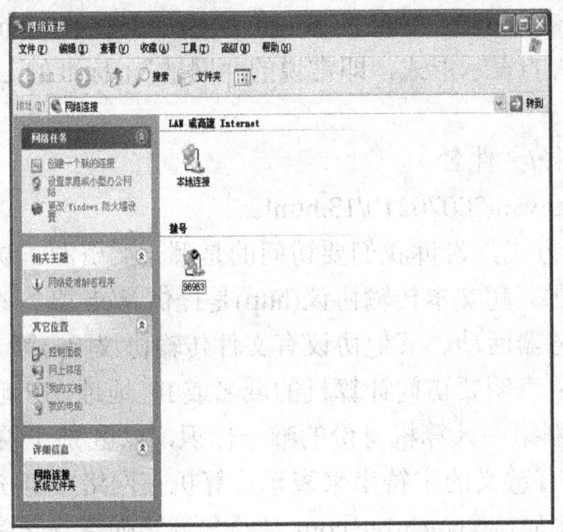

图 6.35　“网络连接”窗口

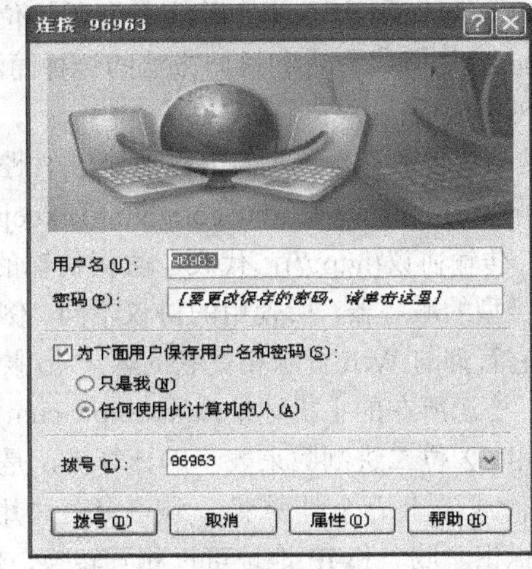

图 6.36　“连接 96963”对话框

(3) 单击“拨号”按钮，弹出拨号信息对话框，显示当前的拨号状态，如图 6.37 所示。

图 6.37　“正在连接 96963”对话框

(4) 拨号连接成功后，在任务栏的通知区域将出现一个小的网络图标。双击该图标，将显示该连接的相关信息，表明已接入 Internet。

如果要断开拨号连接，则可单击任务栏中的网络图标，在打开的对话框中单击“断开连接”按钮即可。

6.3　IE 浏览器的使用

6.3.1　WWW 服务

1．客户机/服务器工作模式

WWW 称为万维网，其主要目的是建立一个统一管理各种资源、文件和多媒体信息的服务系统。接入 Internet 的计算机各自扮演不同的角色，有的计算机存储丰富的信息资源，向网络提供各种服务，这样的计算机称做服务器；而那些用于访问服务器资源的计算机则被称做客户机。WWW 服务采用客户机/服务器工作模式，信息资源以页面形式存储在 Web 服务器中。用户通过客户端的 IE 浏览器向服务器发送请求，Web 服务器根据请求内容，

执行服务器端程序，将程序执行结果以页面形式发送给客户端，IE 浏览器在接收到该页面后对其进行解析，并最终将页面显示给用户。

2．URL 地址

在 Internet 上有成千上万台 Web 服务器，每台服务器又包含了很多页面，如何找到所需要的页面呢？用户可以使用统一资源定位器(URL)。URL(Uniform Resource Location)是 Internet 上资源的位置和访问方法的一种简洁的表示形式，即常说的“网址”。标准的 URL 由三部分组成：

传输协议://资源所在的主机地址/文件路径/文件名

例如：http://www.hrbtc.com/html/kexuejiaoyan/20070210/13.html。

- 传输协议(http://)：代表了数据传输的方式，告诉我们要访问的是哪一类资源。访问不同类型的服务器，所使用的协议不同。例如，超文本传输协议(http)是提供 Web 服务的协议，它管理与 Web 资源相关联的客户机/服务器活动。其他协议有文件传输协议(ftp)等。
- 资源所在的主机地址(www.hrbtc.com)：表明要访问计算机的域名或 IP 地址。IP 地址是指用 32 位二进制数来表示的计算机，是网络中计算机身份的唯一标识，以区别于网络上其他成千上万个计算机。域名是一种用有意义的字符串来表示计算机在网络中身份的唯一标识。域名和 IP 地址可以相互转换，例如，www.hrbtc.com 是哈尔滨德强商务学院的服务器的域名。
- 文件路径/文件名(html/kexuejiaoyan/20070210/13.html)：表明所要访问的资源在计算机中的路径名和文件名。

6.3.2 使用 IE 浏览器浏览信息

1．使用 URL 地址浏览信息

用户要访问某个已知 URL 地址的网站，需要在地址栏中输入该网站的地址，然后按回车键。例如要访问“新浪”网站(地址为 http://www.sina.com.cn)的操作步骤如下：

(1) 打开 Internet Explorer 6.0 窗口，然后在地址栏中输入新浪网站的地址。按回车键即可进入该网站的首页，如图 6.38 所示。

(2) 在该网页中有许多文字或图片的超链接，当把鼠标移动到它们上面时，鼠标指针会变成手形状。单击这些超链接就可以链接到相应的网页上。

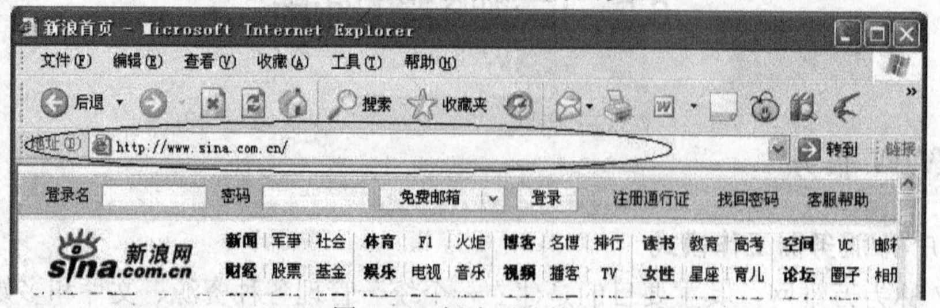

图 6.38　新浪网站首页

2．使用标准按钮工具栏浏览信息

在使用 IE 浏览器浏览信息时，经常使用标准按钮工具栏的一些按钮，如图 6.39 所示。下面介绍一下有关按钮的使用。

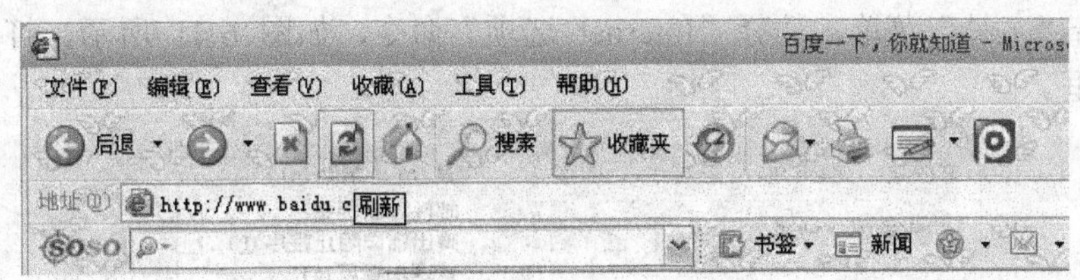

图 6.39　标准按钮工具栏

- “后退”：单击“后退”按钮返回上一次浏览的 Web 页。“后退”按钮的右边有一个向下的箭头，单击箭头，弹出最近浏览的 Web 页列表，单击某页就可以浏览该页面。
- “前进”：单击“前进”按钮返回到单击“后退”按钮前浏览的 Web 页。“前进”按钮右边也有一个向下的箭头，功能与“后退”按钮右边的箭头相似。
- “停止”：如果打开某一 Web 页面的速度太慢，可以单击“停止”按钮取消此次浏览。
- “刷新”：如果在显示页面的过程中出现无法显示信息的情况或想获取此 Web 页面的最新版本，可单击“刷新”按钮。
- “主页”：单击“主页”按钮将重新打开在 IE 浏览器中设置的起始页面。起始页的具体设置方法见 6.3.5 节。

6.3.3　历史记录

1. 使用历史记录浏览信息

历史记录记录了一段时间内 IE 浏览器曾经访问过的 Web 页地址。通过历史记录可以快速浏览最近几天访问过的 Web 页面。具体操作步骤如下：

(1) 在标准按钮工具栏上，单击“历史”按钮，在浏览器栏中出现“历史记录”列表，其中包含了最近几天或几星期内访问过的 Web 页面和站点的链接，如图 6.40 所示。

(2) 在“历史记录”列表中，单击星期或日期，然后单击文件夹以显示各个 Web 页的地址，最后单击 Web 页图标浏览该 Web 页面内容，如图 6.40 所示。

图 6.40　历史记录浏览网页

2. 设置历史记录保存天数

设置历史记录保存天数可以更改在“历史记录”列表中保存的 Web 页地址的天数。指定的天数越多，保存该信息所需的磁盘空间就越大。具体操作步骤如下：

(1) 单击“工具”菜单，选择“Internet 选项”命令，如图 6.41 所示，打开“Internet 选项”对话框。

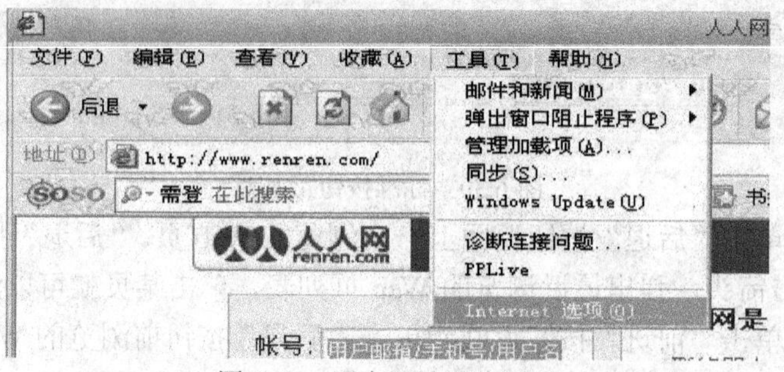

图 6.41　历史记录浏览网页

(2) 单击“常规”选项卡，在“历史记录”区域单击网页保存在历史记录中的天数方框旁边的微调箭头，更改历史记录列表保存的 Web 页的天数，如图 6.42 所示。

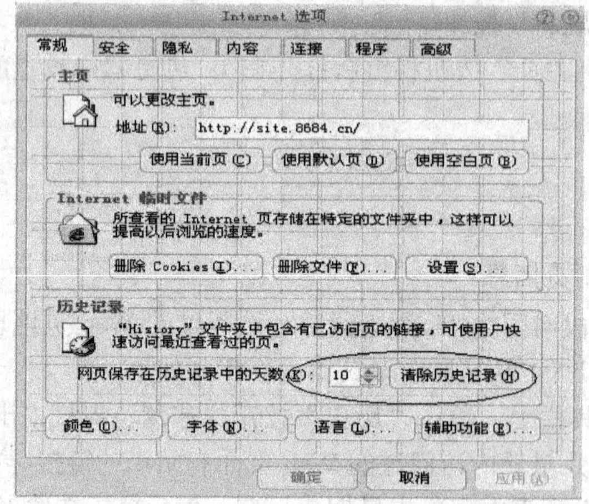

图 6.42　“Internet 选项”对话框

3．删除某个历史记录

删除某个历史记录的具体操作步骤如下：

(1) 在“历史记录”列表中单击要删除的历史记录。

(2) 右击要删除的记录后，屏幕上弹出快捷菜单，选择“删除”命令即可，如图 6.43 所示。

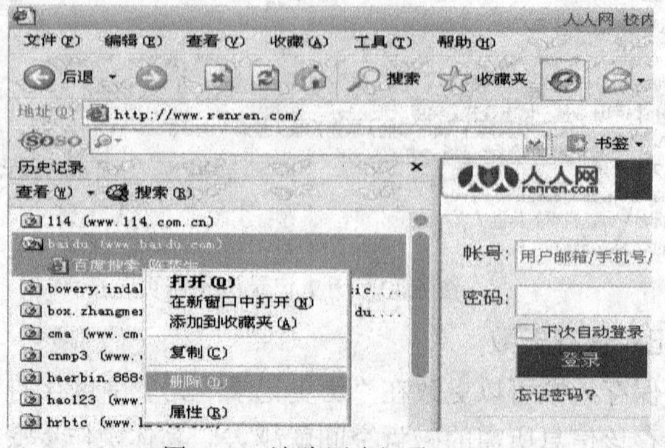

图 6.43　清除历史记录

6.3.4　收藏夹

在浏览 Web 页时，每个人都会保留一些自己珍藏的网址，通常的做法是把这些网址整理并添加在 IE 的收藏夹中。这样既保存了珍贵的网址，又可以通过收藏夹直接访问，使用起来非常方便。单击标准按钮工具栏的“收藏夹”按钮，在浏览器栏弹出的“收藏夹”列表中便包含了保存的网址。

1．将 web 页添加到收藏夹

用户可以将重要的或者喜欢的网站地址添加到收藏夹中，以后就能通过收藏夹直接访问该地址。收藏网页的步骤如下：

(1) 打开需要收藏的网页，单击“收藏”菜单，选择“添加到收藏夹”命令，如图 6.44 所示，打开“添加到收藏夹”对话框。

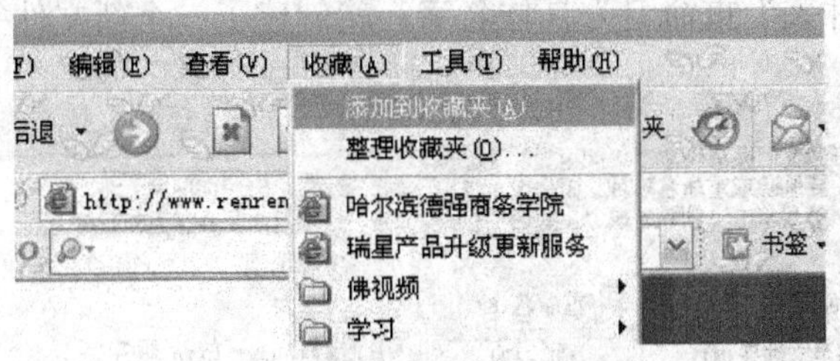

图 6.44　添加 Web 页到收藏夹

(2) 在“名称”框中输入名称或者接受默认的名称，在“创建到”选择框中选择其中一个文件夹，单击“确定”按钮即可，如图 6.45 所示。

图 6.45　“添加到收藏夹”对话框

2．整理收藏夹

Web 页地址信息一直保存在收藏夹中，经过一段时间后，有些失去价值需要删除，而有些则需要整理细化，这就要分类、整理收藏夹的信息。整理方式包括创建文件夹、移至文件夹、重命名、删除四项操作。

1) 创建文件夹

可以把收藏夹中的 Web 页地址根据不同类别分别存储到不同的文件夹中。新建文件夹的具体操作步骤如下：

(1) 单击“收藏”菜单，选择“整理收藏夹”命令，打开“整理收藏夹”对话框，如图 6.46 所示。

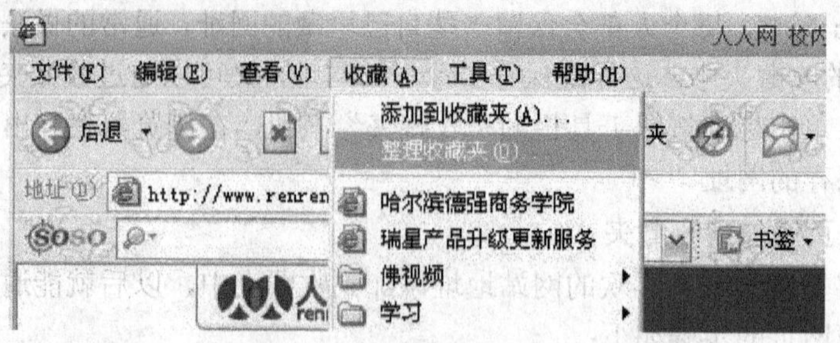

图 6.46 “整理收藏夹”对话框

(2) 单击“创建文件夹”按钮，在对话框的右边出现“新建文件夹”。

(3) 将“新建文件夹”重命名为具体名字，就创建了一个新文件夹，如图 6.47 所示。

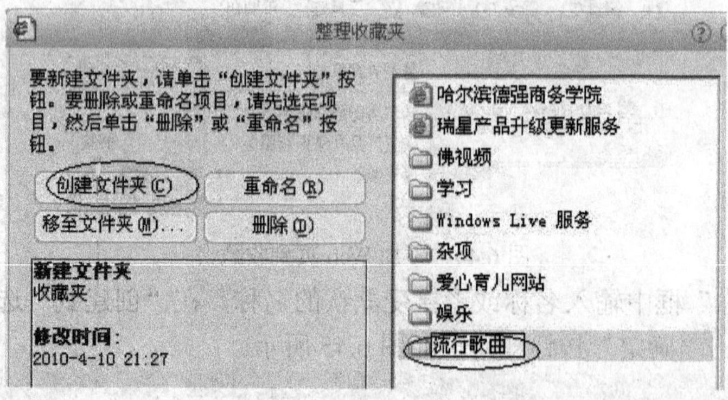

图 6.47 命名“新建文件夹”

2) 将 Web 页地址移至文件夹

新建好文件夹后就可以把 Web 页地址移动到相应的文件夹，具体操作步骤如下：

(1) 单击标准按钮工具栏的“收藏夹”按钮，在浏览器栏中弹出“收藏夹”列表。

(2) 单击“收藏夹”列表中的“整理”按钮，如图 6.48 所示。打开“整理收藏夹”对话框。

图 6.48 “整理”按钮

(3) 选中一个需要移动的 Web 页地址。

(4) 单击“移至文件夹”按钮，打开“浏览文件夹”对话框。

(5) 选中需要移动的目标文件夹，如图 6.49 所示。

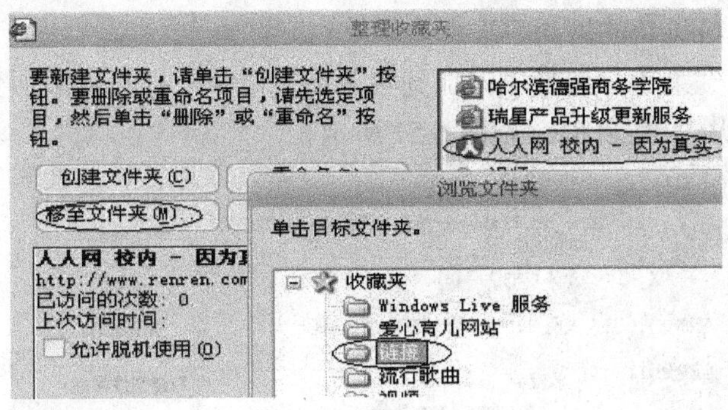

图 6.49 选择文件夹

(6) 单击“确定”按钮。

3) Web 页地址重命名

可以将收藏夹中的 Web 页地址名称重命名，具体操作步骤如下：

(1) 单击“收藏”菜单，选择“整理收藏夹”命令，打开“整理收藏夹”对话框。

(2) 选中需要重命名的 Web 页地址。

(3) 单击“重命名”按钮。

(4) 在网址上输入新的名称，按回车键完成，如图 6.50 所示。

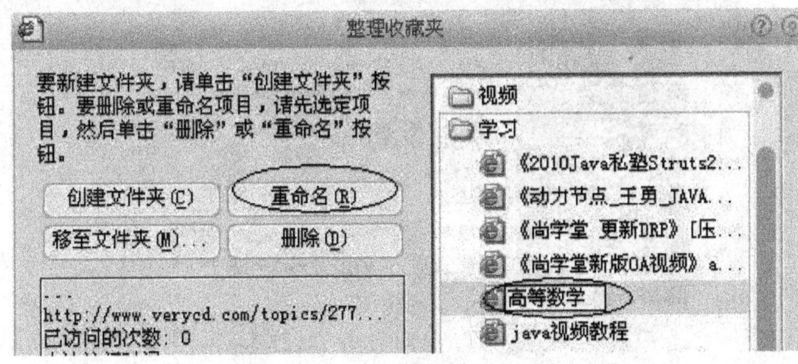

图 6.50 “整理收藏夹”对话框

4) 删除 Web 页地址

删除一个 Web 页地址的具体步骤如下：

(1) 单击“收藏”菜单，选择“整理收藏夹”命令，打开“整理收藏夹”对话框。

(2) 选中需要删除的 Web 页地址。

(3) 单击“删除”按钮，弹出“确认文件删除”对话框。

(4) 单击“是”按钮，即删除了该 Web 页地址。

3．使用收藏夹浏览信息

使用收藏夹中的信息访问 Web 页的具体操作步骤如下：

(1) 单击标准按钮工具栏的“收藏夹”按钮，在浏览器栏中弹出“收藏夹”列表。

(2) 单击要访问的 Web 页地址，就可以浏览该网页内容了。

4．脱机浏览和同步

1) 脱机浏览

设置脱机查看网页后，即可以在计算机未与 Internet 连接时阅读网页的内容。例如，在无法连接网络或 Internet 时，可以在计算机上查看网页或者不用连接电话线就可以在家中阅读网页。把一个 Web 网页以脱机浏览的形式保存，具体操作步骤如下：

(1) 打开想要脱机浏览的网页。

(2) 单击“收藏”菜单，选择“添加到收藏夹”命令，打开“添加到收藏夹”对话框。选中“允许脱机使用”复选框，如图 6.51 所示。

图 6.51 “添加到收藏夹”对话框

(3) 单击“自定义”按钮，启动“脱机收藏夹向导”，单击“下一步”，此时系统会提示“如果要收藏夹的该页包含其他链接，是否要使链接的网页也可以脱机使用？”，选择“是”选项，再指定下载与该页链接的网页层数，单击“下一步”按钮，如图 6.52 所示。

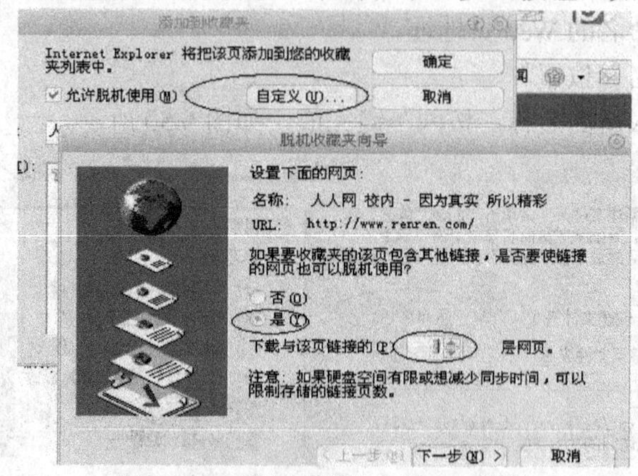

图 6.52 “脱机收藏夹向导”对话框

(4) 在询问如何同步该页时，选择一种后单击“下一步”，系统提示“该站点是否有密码”，依照个人喜好自由选择(一般选择不使用密码)，单击“完成”按钮。

(5) 选择具体文件夹，把该 Web 网页添加到所选收藏夹中保存，弹出“添加到收藏夹”对话框后进行网页内容同步，如图 6.53 所示。同步完成后关闭该对话框。

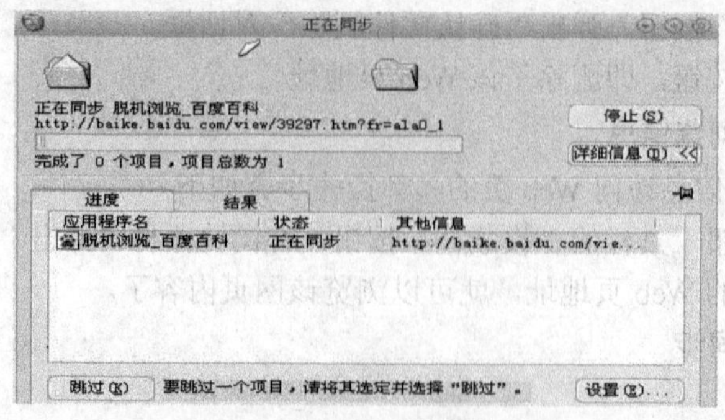

图 6.53 “正在同步”对话框

将要浏览的网页添加到收藏夹后，就可以进行脱机浏览了，具体操作步骤如下：

(1) 单击“收藏”菜单，选择“整理收藏夹”命令，打开“整理收藏夹”对话框。

(2) 单击选中要脱机浏览的网页，再选中左边“允许脱机使用”复选框，单击“属性”按钮，如图 6.54 所示，打开“属性”对话框。

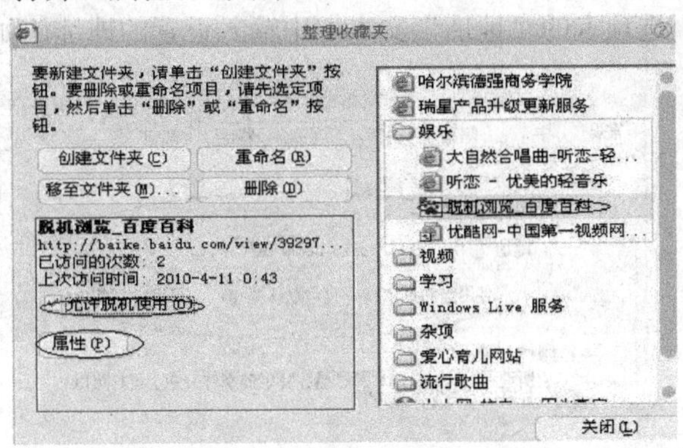

图 6.54　“属性”按钮

(3) 点击“Web 文档”选项卡，选中“允许该页脱机使用”复选框，如图 6.55 所示。单击“下载”选项卡，选择下载的层数，可以指定脱机浏览网站用的硬盘空间和该页更改后发送电子邮件，一般可以缺省，如图 6.56 所示，完成后单击“确定”按钮返回。

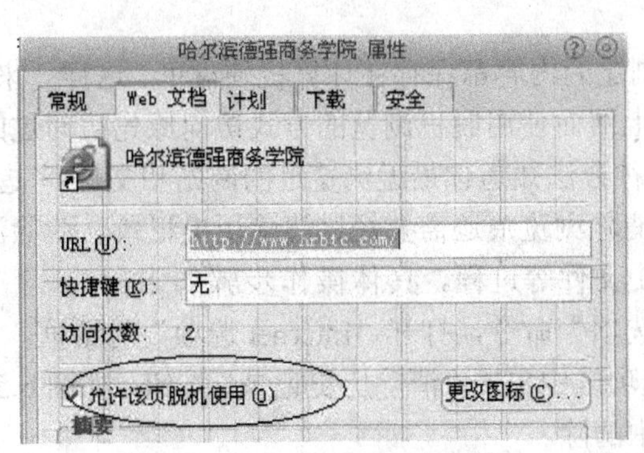

图 6.55　选中“允许该页脱机使用”复选框

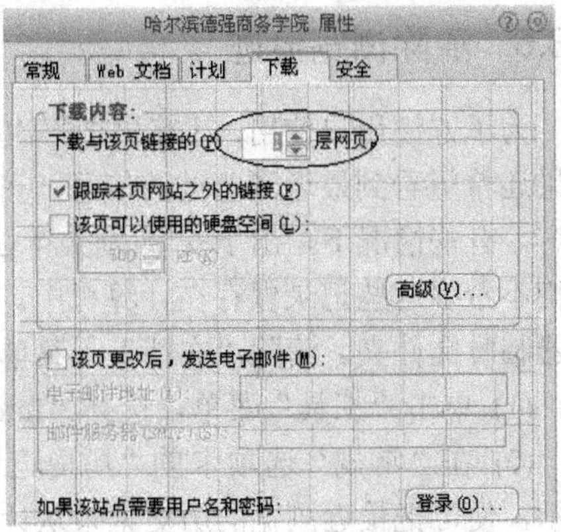

图 6.56　“属性”对话框

(4) 单击“文件”菜单，选择“脱机工作”命令，单击该命令后将在其前面打勾，在这种情况下，IE 浏览器只能浏览本地硬盘中的信息，不能浏览 Internet 上的信息。

(5) 通过收藏夹浏览该 Web 页面，即为脱机浏览形式。

2) 设置同步

当连接到 Internet 后，可以使用同步功能下载脱机浏览的网页，更新网页内容。具体操作步骤如下：

(1) 单击“工具”菜单，选择“同步”命令，打开“要同步的项目”对话框。

(2) 在“选定要同步的项目”列表框中选择需要同步的项目，单击“同步”按钮，打开“正在同步”对话框，同步完成后关闭。

6.3.5　设置 IE 浏览器起始页

启动 IE 浏览器后，默认打开的网页是预先设置好的起始页。用户可以根据需要更改这个默认的起始页。具体操作步骤如下：

(1) 单击“工具”菜单，选择“Internet 选项”命令，打开“Internet 选项”对话框。

(2) 在“常规”选项卡的“地址”文本框中输入设置的地址，如图 6.57 所示。

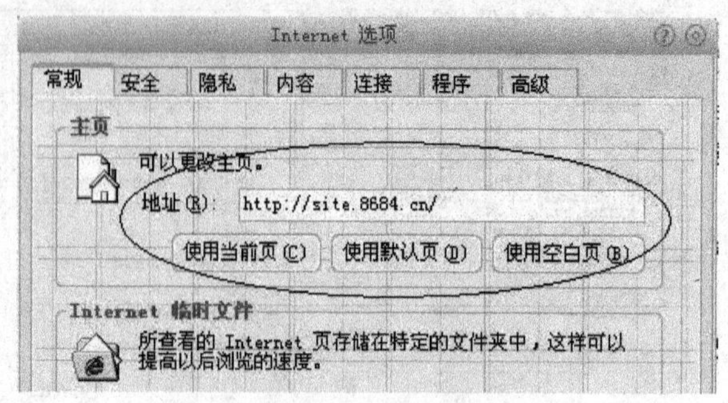

图 6.57 “Internet 选项”对话框

(3) 单击“确定”按钮，下次打开浏览器时系统就会自动打开设置的首页。

如果已经打开了要设置为起始页的网页，可直接单击“使用当前页”按钮，就可以把当前页设置为起始页了。

6.3.6 清除浏览痕迹

为了方便用户使用，计算机把每次上网浏览的内容都保存在计算机硬盘里。这样一来，如果还希望看到最近浏览过的信息，可以不上网而使用脱机浏览的方式访问原先访问过的内容。有些情况下，出于安全(别人可以用这种方法知道你最近浏览过的网站和文件)考虑，我们不希望这些记录保存在计算机中。彻底清除浏览痕迹需要经过清除历史记录、清除浏览器临时文件夹、清除“文档”子菜单中历史文件等过程。具体操作步骤如下：

(1) 单击“工具”菜单，选择“Internet 选项”命令，打开“Internet 选项”对话框。

(2) 在“常规”选项卡的“历史记录”选项区中单击“清除历史记录”按钮，如图 6.58 所示，便可把最近浏览的历史记录从计算机中清除。

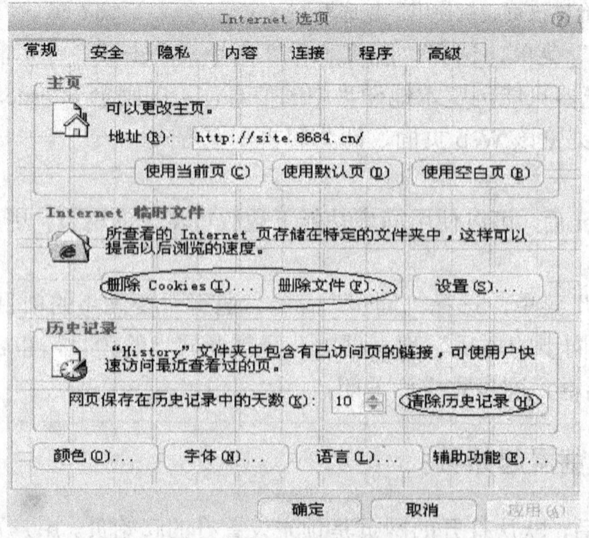

图 6.58 “Internet 选项”对话框

(3) 在“常规”选项卡的“Internet 临时文件”选项区中单击“删除文件”按钮，打开“删除文件”对话框，询问“是否删除 Internet 临时文件夹中的所有内容”，选择“删除所有脱机内容”复选框，单击“确定”按钮，再单击“删除 Cookies”按钮，打开“删除 Cookies”对话框，返回到“常规”选项卡。最后按“Internet 选项”对话框下方的“确定”按钮。此操作可以把浏览器临时文件夹中保存的网站和网页内容清除，如图 6.58 所示。

(4) 右键点击 Windows XP 操作系统的“开始”按钮，选择“属性”命令，如图 6.59 所示。在弹出的“任务栏和开始菜单属性”对话框中，选择“开始菜单”选项卡，再单击“自定义”按钮，如图 6.60 所示。在弹出“自定义开始菜单”对话框后，单击“高级”选项卡，再单击“清除列表”按钮，如图 6.61 所示，最后单击“确定”按钮返回。此清除系统操作是为了快速打开最近使用的文件，而保存“文档”中的最后文件记录。若要让系统永不记住使用文档的记录，可去掉“列出我最近打开的文档”复选框前的对号。

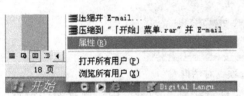

图 6.59 “属性”命令

图 6.60 “任务栏和开始菜单属性”对话框

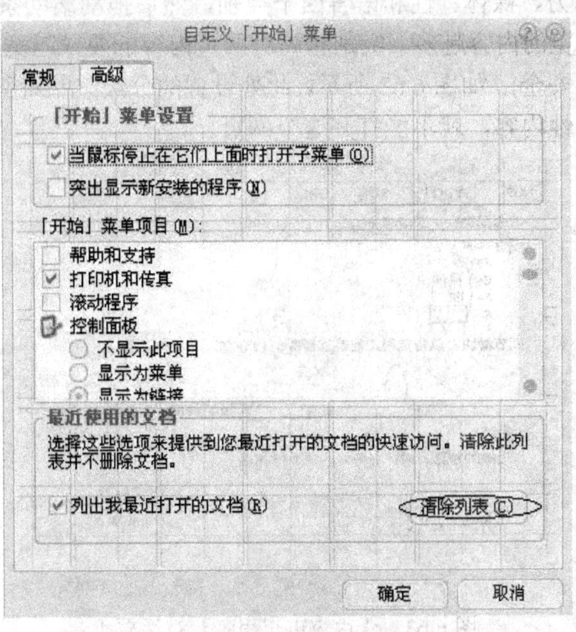

图 6.61 “清除列表”按钮

(5) 清空回收站。

经过以上步骤才可保证最近使用过的文件和浏览过的网页内容从计算机中彻底清除。

6.3.7 限制浏览有害的网页和网站

有些页面包含暴力、色情等内容，我们可以通过IE的“分级审查”功能来达到限制浏览有害网站的目的。IE的“分级审查”是用分级系统来帮助用户控制在计算机上能看到的Internet内容，它可以过滤掉一部分不健康的信息，即根据用户的要求，由系统自动对那些包含暴力、性、裸体、语言等不良信息的网页进行过滤，仅仅留下健康的内容以供浏览，从而起到去其糟粕、取其精华的目的。打开“分级审查”功能后，只有满足或超过标准的已分级的内容才能显示出来。启动IE“分级审查”功能的具体操作步骤如下：

(1) 单击“工具”菜单，选择“Internet选项”命令，打开“Internet选项”对话框。

(2) 选择“内容”选项卡，单击“分级审查”选项区域中的“启用”按钮，打开“内容审查程序”对话框，如图6.62所示。

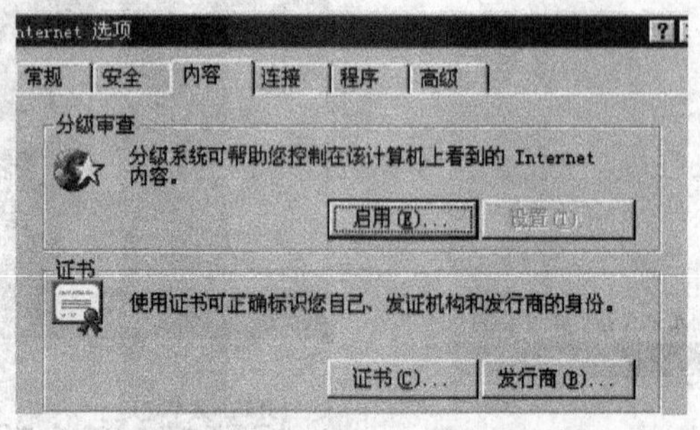

图6.62 “Internet选项”对话框

(3) 单击“级别”选项卡，在“请选择类别，查看级别”列表框中，选择希望设置的内容种类，其中有暴力、裸体、性和语言四个类别，然后拖动滚动条设置限制级别，滑块越向右移动，允许浏览的内容越多。级别越高对网页内容的要求越宽松(一般来说，将所有选项都设置为0比较安全)，如图6.63所示。此处设置的分级限制对所有站点产生作用，只要这个站点含有限制性内容，就不能打开这个网页。

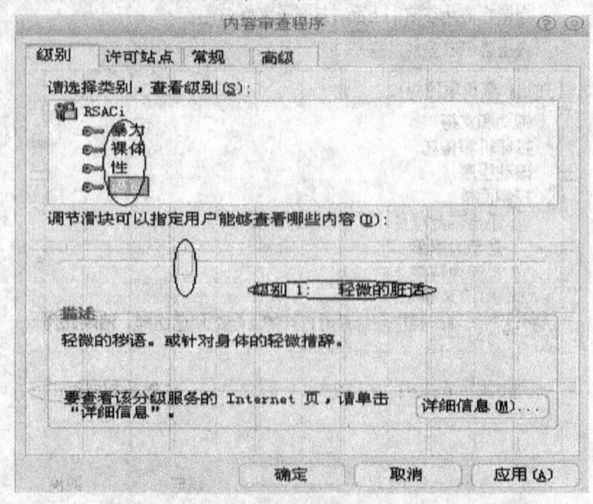

图6.63 【内容审查程序】对话框1

(4) 选择“许可站点”选项卡，在“允许该网站”输入框中输入具体的 Web 地址。如果选择“始终”按钮添加，表示该站点不受设置级别的限制，无论页面内容级别如何，都能够被打开；如果选择“从不”按钮添加，表示该站点无论页面内容级别如何都不能够被打开，往往有害站点都选择“从不”按钮添加，如图 6.64 所示。

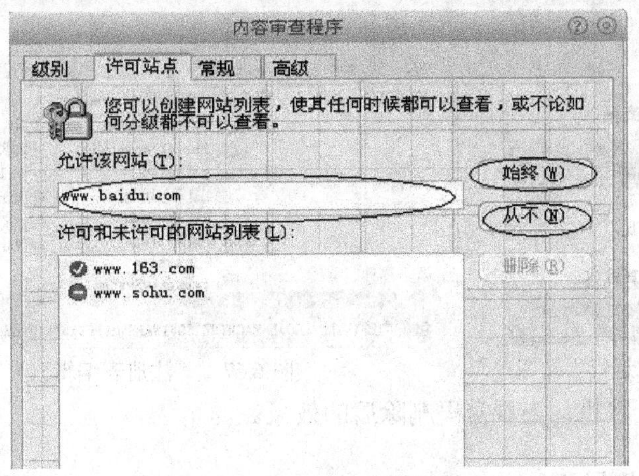

图 6.64 “内容审查程序”对话框 2

(5) 选择“常规”选项卡，根据实际情况选择“用户选项”区域的复选框，对是否允许查看未分级站点进行适当设置。然后单击“更改密码”按钮来设置监督人密码，如图 6.65 所示，注意需要记住该密码。设置密码后，“内容”选项卡中的“启动”变成了“禁用”，如果需要修改监督人密码，可选择“内容”选项卡中的“设置”按钮。

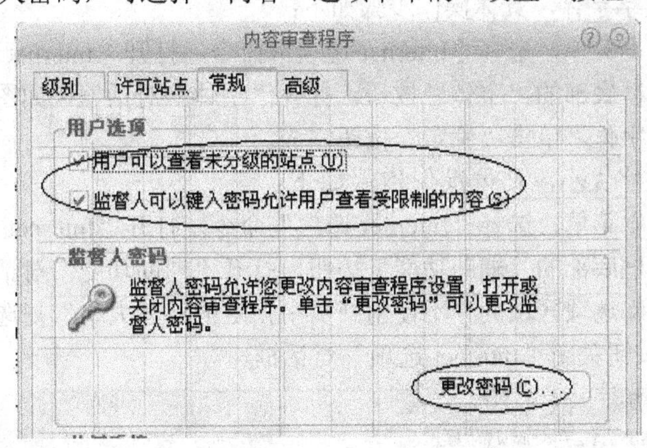

图 6.65 “内容审查程序”对话框 3

(6) 单击“确定”按钮完成。

有很多用户在了解了 IE“分级审查”的功能之后，都会设置 IE 分级审查密码，以使计算机利用分级系统来帮助控制在计算机上看到的 Internet 内容，过滤掉那些不健康的网页内容。但是，如果某一天忽然忘记了密码，麻烦就来了。比如：登录了一个网站，忽然在屏幕上显示一个密码提示框，要求输入 IE 分级审查密码，如果忘记了这个密码，那么在常规状态下是无法登录到这个网站的。清除 IE 分级审查密码的操作步骤如下：

(1) 打开 Windows XP 操作系统的“开始”菜单，单击“运行”按钮，如图 6.66 所示，在运行框中输入“regedit”命令(这是打开注册表编辑器的命令)。

(2) 按照下面文件夹的包含关系一步一步进入所需文件(在所指的文件夹上双击或单击其前面的加号)。文件夹具体顺序是：HKEY_LOCAL_MACHINE\Soft ware\Microsoft\Windows\Current Version\Policies\Ratings，当您打开 Ratings 文件夹后会看到在右面的窗口中有 Key 键值，直接在这个键上点右键选择删除，然后关闭注册表编辑器即可，如图 6.67 所示。

图 6.66 “运行”按钮

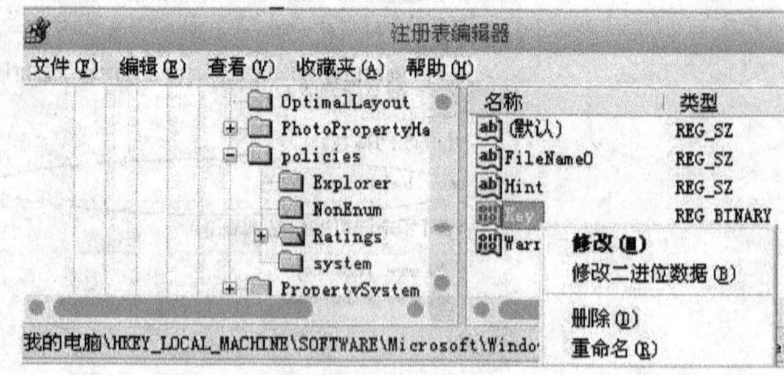

图 6.67 “注册表编辑器”对话框

(3) 重新启动计算机，查看密码删除后的效果。

6.3.8 设置个性化显示

如果对当前浏览器的显示效果不满意，认为不够漂亮，可以通过设置页面字体、字号大小、页面文字颜色、页面背景颜色、超级链接的颜色等方式，实现对页面显示的美化和定制个性化显示方案。

(1) 设置页面文字字体，具体操作步骤如下：

① 单击“工具”菜单，选择“Internet 选项”命令，打开“Internet 选项”对话框。

② 单击该对话框底部的“字体”按钮，打开“字体”对话框，如图 6.68 所示。

③ 选择需要的字体。单击“确定”按钮完成。

(2) 设置页面文字大小，具体操作步骤如下：

① 单击“工具”菜单，选择“Internet 选项”命令，打开“Internet 选项”对话框。

② 单击该对话框底部的“辅助功能”按钮，打开“辅助功能”对话框。

③ 选择“格式”选项区域的“不使用网页中指定的字体大小”复选框，如图 6.69 所示。单击“确定”按钮关闭“Internet 选项”对话框。

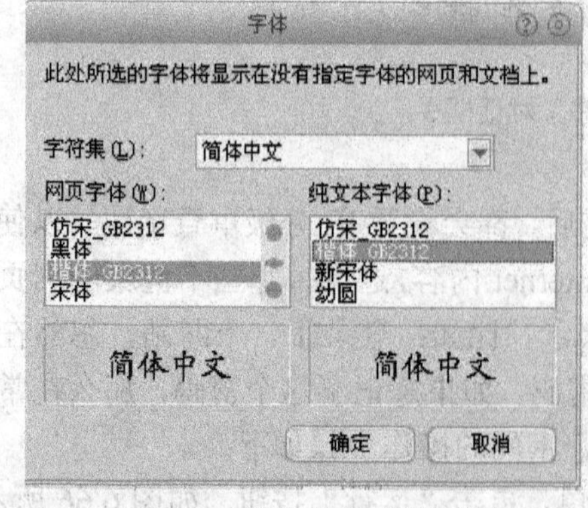

图 6.68 “字体”对话框

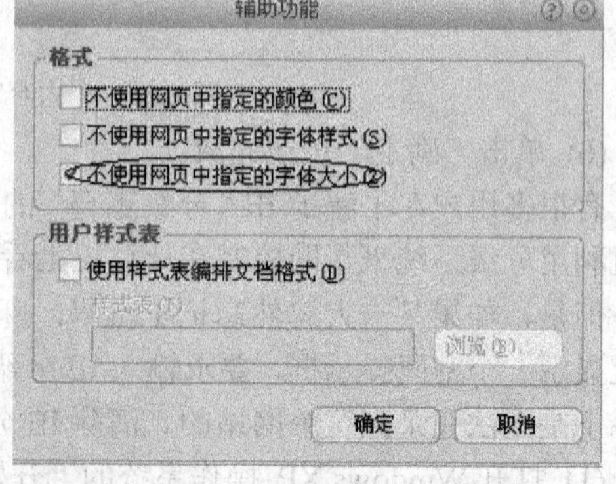

图 6.69 “辅助功能”对话框

④ 单击“查看”菜单，选择“文字大小”命令，即可选择文字大小。

(3) 设置页面文字颜色，具体操作步骤如下：

① 单击“工具”菜单，选择“Internet 选项”命令，打开“Internet 选项”对话框。

② 单击该对话框底部的“辅助功能”按钮，打开“辅助功能”对话框。

③ 选择“格式”选项区域的“不使用网页中指定的颜色”复选框。单击“确定”按钮返回到“Internet 选项”对话框。

④ 单击该对话框底部的“颜色”按钮，打开“颜色”对话框。

⑤) 取消“颜色”选项区域的“使用 Windows 颜色”复选框。选择所需要的文字颜色单击“确定”按钮即可，如图 6.70 所示。

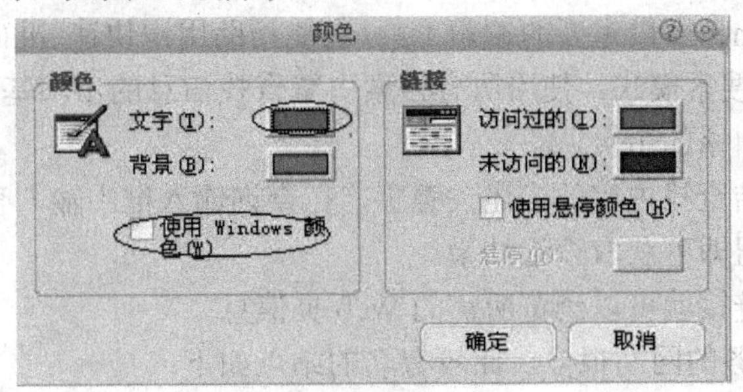

图 6.70 “颜色”对话框

⑥ 单击“确定”按钮关闭“Internet 选项”对话框。

通过图 6.70 中“颜色”对话框的“链接”选项区域可以设置超级链接的颜色。

6.3.9 保存网页

如果某个网页的内容对你非常有价值，可以将该网页保存到本地硬盘的文件夹中，具体操作步骤如下：

(1) 打开需要保存的网页。

(2) 选择“文件”菜单中的“另存为”命令，打开“保存网页”对话框，如图 6.71 所示。在“保存在”下拉列表框中选择网页保存的位置。在“保存类型”下拉列表框中根据需要选择保存的类型，单击“保存”按钮即可。

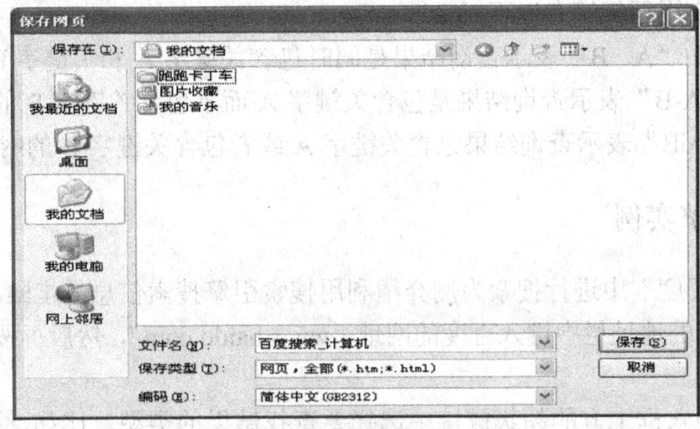

图 6.71 “保存网页”对话框

如果只想保存图片，则右击该图片，在弹出的快捷菜单中选择“图片另存为”命令。在打开的“保存图片”对话框中选择保存图片的位置，单击“保存”按钮即可。如果只想保存网页中的部分文字到文本文件中，其操作方法与Word文档的操作方法相同。

6.4 搜索引擎

6.4.1 搜索引擎网站

搜索引擎是Internet上最重要的搜索工具，它能帮助用户快速、准确地查找所需的信息。搜索引擎采取关键字搜索模式。使用所有搜索引擎查找信息的步骤基本相同，大致如下：

(1) 打开某搜索引擎的主页。

(2) 用户需要总结查找内容的描述关键字，在查询输入框中输入查询关键字。

(3) 单击查询按钮即可获取查询结果。

(4) 单击相应的链接就可以浏览所需的Web页信息。

提供搜索引擎服务的网站很多，比较有名的站点如下：

百度：http://www.baidu.com；

谷歌：http://www.google.com；

雅虎中国：http://cn.yahoo.com；

网易搜索：http://dir.so.163.com；

新浪搜索：http://dir.sina.com.cn；

搜狐：http://www.sohu.com；

北大天网：http://bingle.pku.edu.cn；

中华网搜索：http://searcher.china.com/search。

6.4.2 搜索逻辑运算符

为了快速而准确地查找内容，用户可以使用逻辑运算符来连接关键字从而进行多关键字的复杂查询。常用运算符有以下三个：

- 空格：例如“A　B”表示查询结果是同时包含关键字A和关键字B的网页。
- -：例如“A-B”表示查询结果是包含关键字A而不包含关键字B的网页。
- |：例如“A|B”表示查询结果包含关键字A或者包含关键字B的网页。

6.4.3 搜索引擎实例

下面以在“百度”中进行搜索为例介绍利用搜索引擎搜索信息的步骤。

(1) 在浏览器的地址栏中键入百度的网址“www.baidu.com”，然后再按Enter键打开网站的主页。

(2) 在查询输入框上方的超级链接中选择要查找结果的类型。比如，要查找网页点击“网页”链接，要查找图片点击“图片”链接，如图6.72所示。

图 6.72　百度主页

(3) 在输入文本框中键入查询关键字(如键入“计算机二级考试　vf”，尽量使用多关键字查询)，然后单击“百度一下”按钮，搜索引擎便会自动搜索。

(4) 搜索完成后，搜索的结果会显示在窗口中以供用户参考与选择，如图 6.73 所示。

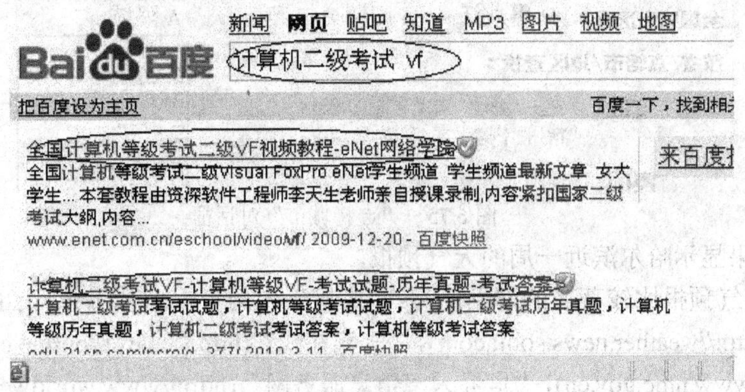

图 6.73　百度搜索结果

(5) 单击搜索结果的超级链接即可打开相应的网页。

6.5　网 络 生 活

网络已经渗透到我们日常生活的各个角落，下面介绍一下生活中常用的网络功能。

6.5.1　查看天气预报

目前有非常多的站点为大家提供查看天气预报的服务，下面介绍通过 http://tool.115.com 来查询哈尔滨的天气情况。具体操作步骤如下：

(1) 在 IE 浏览器的地址栏输入网址 http://tool.115.com，按 Enter 键登录网站，在“推荐工具”区域选择“天气预报”，打开新网页，当前显示北京的天气预报。

(2) 点击“切换城市”超级链接，如图 6.74 所示，弹出“选择城市”对话框。

图 6.74 “切换城市”超级链接

(3) 在“全国城市选择”区域依次选择“黑龙江”、“哈尔滨”、“哈尔滨”选项，如图 6.75 所示。

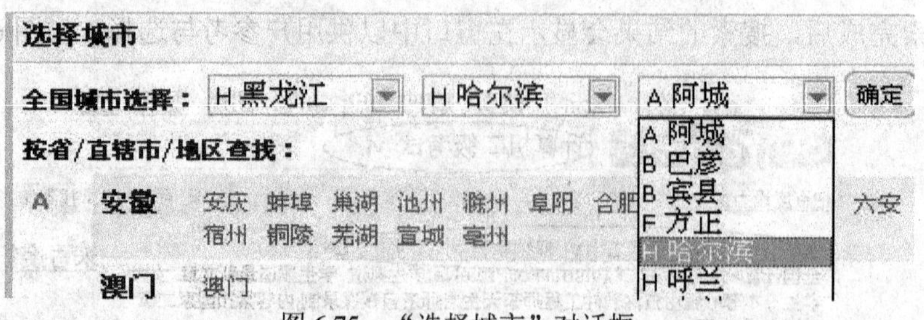

图 6.75 “选择城市”对话框

(4) 结果显示哈尔滨近一周的天气预报。

查询天气预报比较著名的网站还有：“中国天气网”(http://www.weather.com.cn)，“搜狐天气”(http://weather.news.sohu.com)，“天气在线”(http://www.t7online.com)，“中央气象台”(http://www.nmc.gov.cn)，“世界天气信息服务网”(http://www.worldweather.cn)等。

6.5.2 查询城市公交线

到达一个陌生的城市，如何通过乘坐公交车到达目的地是个非常棘手的问题。很多网站都提供了查询公交线路的服务。下面通过全国公交查询网“http://www.8684.cn”介绍查询公交信息的过程。

1. 公交换乘查询

例如：查询城市是哈尔滨，从“哈站”到“德强学院”的乘车路线。具体操作步骤如下：

(1) 在 IE 浏览器的地址栏输入网址“http://www.8684.cn”，按 Enter 键登录网站。

(2) 单击“切换城市”超级链接，在弹出的“切换城市—网页”对话框中选择“哈尔滨”选项，如图 6.76 所示。

图 6.76　切换城市

(3) 单击“公交换乘查询”单选按钮，在起始框中输入“哈站”，在终止框中输入“德强学院”，如图 6.77 所示。

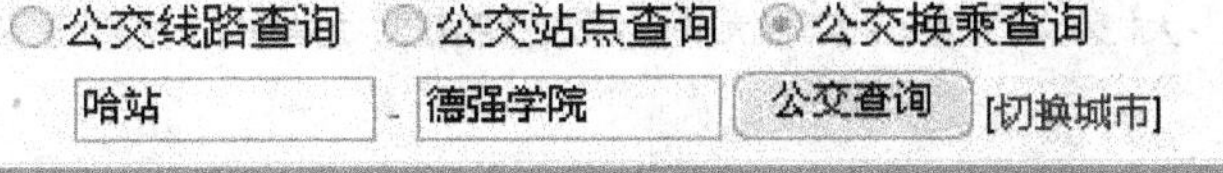

图 6.77　“公交换乘查询”单选按钮

(4) 单击“公交查询”按钮，显示结果如图 6.78 所示。

搜索的结果如下:

一次换乘线路 共 **2** 种乘车方案[返程方案] **[复制结果] 2元赢取1000万的秘密 最新肯德基优惠券**

第1种方案(约27站)

在 哈站 坐 14路/14路(区间)/88路 到 公路大桥 换乘 213路 到 德强学院

第2种方案(约27站)

在 哈站 坐 551路/88路 到 太阳岛道口 换乘 213路 到 德强学院

图 6.78　公交查询结果

注意：由于站点名称是确定的，如果输入的不是准确名称将得不到准确的乘车路线。用户可以选择站点名称，如图 6.78 所示，首先，在第一个下拉列表框中选择起始站点的首字母，在第二个下拉列表框中选择起始站点名称，然后，在第三个下拉列表框中选择终止站点的首字母，再在第四个下拉列表框中选择终止站点名称，最后单击“公交搜索”按钮即可。

2．公交线路查询

如果希望查询某条公交线路的站点分布情况，可以对其进行线路查询。例如查询哈尔滨市“213 路”的站点分布，具体操作步骤如下：

(1) 在 IE 浏览器的地址栏输入网址“http://www.8684.cn”，按 Enter 键登录网站。

(2) 单击“切换城市”超级链接，在弹出的“切换城市—网页”对话框中选择“哈尔滨”选项。

(3) 单击“公交线路查询”单选按钮，在查询框中输入“213 路”，再单击“公交查询”按钮，查询结果如图 6.79 所示。

公告:8684公交网（www.8684.cn）创建于2005年8月，是最好的公交查询网站，曾获得2007年十大创新网站。

哈尔滨213路

市区线路 公路大桥 冬季首末车：6:00-20:00 夏季首末车：6:00-20:00 德强学院 冬季首末车：6:00-20:00 夏季首末车：6:00-20:00

去程：公路大桥 -太阳岛道口 -世茂大道 -龙华渔村 -军安绿色家园 -省农机大市场 -李家道口 -大耿家 -星外国语学院道口 -秦家道口 -志华商城 -黑龙江省公安干部学校(哈工大华德应用技术学院) -黑龙江农垦职业学院 -黑龙江科技学院(北校区) -生物职业学院 -二水厂 -华夏职业学院(建筑职业学院) -地理信息产业园 -德强学院 (19站)

回程：德强学院 -地理信息产业园 -华夏职业学院(建筑职业学院) -二水厂 -生物职业学院 -黑龙江科技学院(北校区) -黑龙江农垦职业学院 -黑龙江省公安干部学校(哈工大华德应用技术学院) -志华商城 -秦家道口 -恒外国语学院道口 -大耿家 -李家道口 -省农机大市场 -军安绿色家园 -龙华渔村 -世茂大道 -太阳岛道口 -路大桥 (19站)

图 6.79　线路查询结果

其他提供公交线路查询的站点还有“公交线路查询网”(http://www.bus84.com/)，“全国公交查询网”(http://bus.58.com/)等。

6.6　收发电子邮件

6.6.1　电子邮件服务概述

利用计算机网络来发送或接收的邮件叫做电子邮件，英文名为 E-mail。用户可以通过电子邮件完成通信功能。电子邮件服务采用客户—服务器(Client/Server)方式。其实它就是一个电子邮局，全天候、全时段开机，运行着电子邮件服务程序，并为每一个用户开设一

个电子邮箱，用以存放任何时候从世界各地寄给该用户的邮件，等待用户在任何时刻上网后收取。用户在自己的计算机上可以发送、接收、阅读邮件等。

要发送电子邮件必须知道收件人的 E-mail 地址(电子邮件地址)，即收件人电子邮箱的所在。E-mail 地址的格式为：用户名@电子邮件服务器域名，如 dq2000@126.com，dq2000 为用户名，126.com 为该电子邮件服务器域名。其中，用户名由英文字符组成，不分大小写，用于鉴别用户身份。@的含义和读音与英文介词 at 相同，表示“位于”之意。电子邮件服务器域名是电子邮件邮箱所在的电子邮件服务器域名，在邮件地址中不分大小写。整个 E-mail 地址的含义是“在某电子邮件服务器上的某人”。

目前，国内提供电子邮件服务的站点有：“网易 163 免费邮箱”(http://mail.163.com)、“126 免费邮箱”(http://mail.126.com)、“新浪免费邮箱”(http://mail.sina.com.cn)，“北京信息港免费邮箱”(http://freemail.yeah.net)。收发电子邮件常用两种方式进行：方式一，通过专门的客户端软件进行；方式二，直接使用浏览器完成。我们只介绍使用浏览器收发电子邮件。

6.6.2　申请和使用电子邮件

1．申请电子邮件地址

使用电子邮箱首先要在提供服务的站点申请电子邮件地址。例如，要在“网易 163”(http://www.163.com)站点申请一个名字叫“wanghaiping1980112@163.com”的邮箱，具体操作步骤如下：

(1) 启动 IE 浏览器，在地址栏输入“http://www.163.com”，按 Enter 键登录网站，点击“注册免费邮箱”超级链接，如图 6.80 所示，打开注册页面。

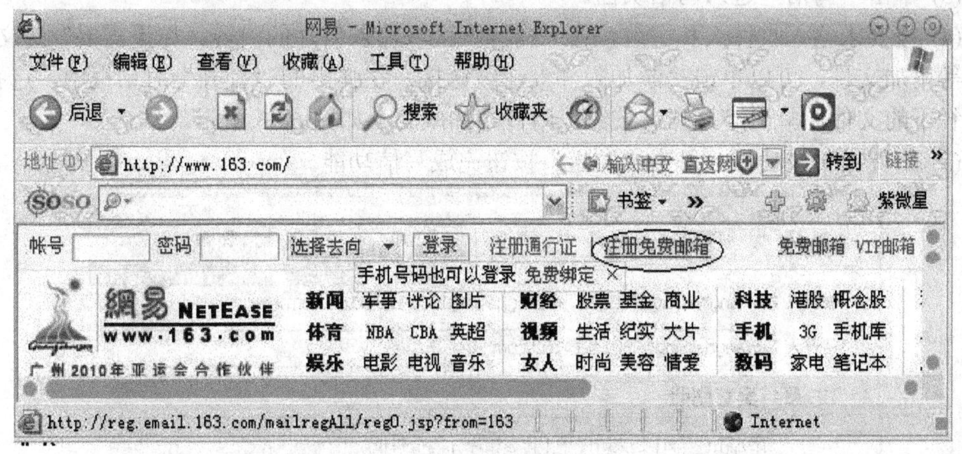

图 6.80　“注册免费邮箱”超级链接

(2) 按照提示输入相关信息后，单击“创建账号”按钮，完成申请邮箱的操作(注意：带*号的项目必须填写，并且要记住注册密码，登录时必须知道用户名和密码)。

2．写信

(1) 启动 IE 浏览器，在地址栏输入“http://www.163.com”，按 Enter 键登录网站，点击“免费邮箱”超级链接，如图 6.81 所示，打开登录页面。

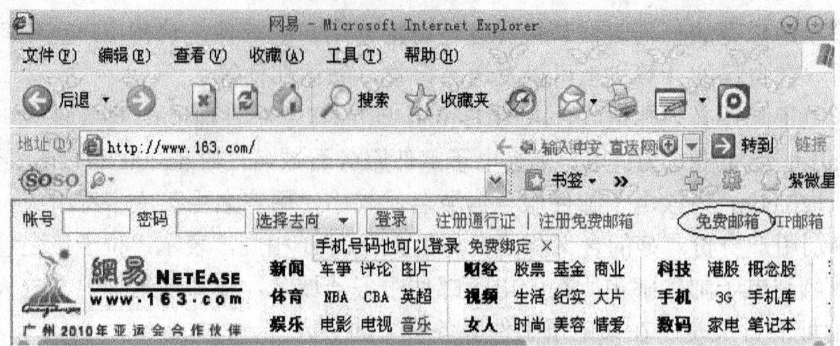

图 6.81 “免费邮箱”超级链接

(2) 输入邮箱的用户名和密码，单击“登录”按钮进入我的邮箱，如图 6.82 所示。

图 6.82 登录页面

(3) 单击“写信”进入写信页面。

(4) 按要求输入收件人和主题，在“内容”区域输入信件的内容。如果需要发送文档、图片等附加文件，可以单击“添加附件”超级链接，在弹出的“打开”对话框中，选择相应路径下的文件，单击“打开”按钮，附件添加成功，如图 6.83 所示。

(5) 附件上传成功后，单击“发送”按钮完成写信功能。

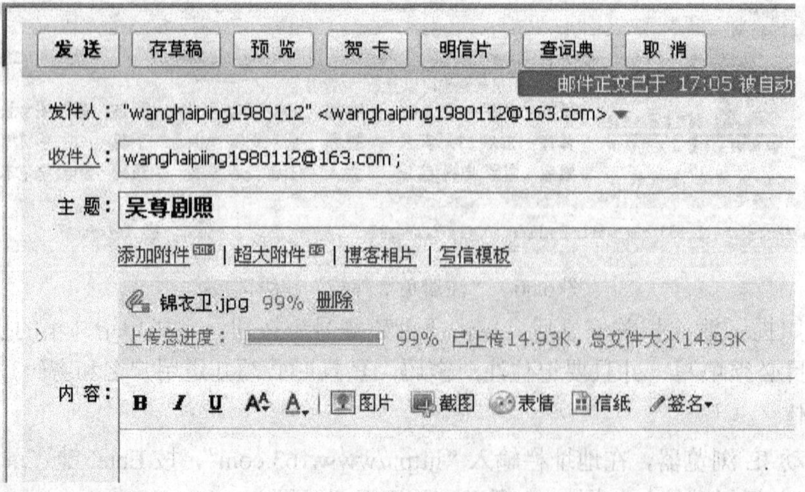

图 6.83 写信页面

收信的操作过程和写信类似，读者可以按照提示独立完成。

思考题

1. 简述计算机网络的功能和应用。
2. 什么是网络拓扑结构，局域网的主要拓扑结构有哪些？
3. 组建局域网需要哪些设置？
4. 使用系统自带的“Internet 连接共享”功能和代理服务器软件来共享 Internet 连接的区别是什么？
5. 目前家庭常用的 Internet 接入方式有哪些？
6. 收发电子邮件的方式有哪些？

第7章　图像处理软件 Photoshop CS3

本章较全面地介绍了 Photoshop CS3 的功能和使用方法，包括基础操作、工具的使用、图层、通道、路径和滤镜等。通过本章的学习，使学生对 Photoshop 有一个初步的了解，能简单地处理一些图形图像，为以后深入的学习打下基础。

7.1　概　　述

Photoshop CS3 是由 Adobe 公司推出的最新版本的图像处理软件。与其早期版本相比，Photoshop CS3 的界面更加人性化，且提供了更多的新功能。例如，工具箱可以自由折叠，调板可灵活伸缩，从而扩大了操作空间；利用新增的快速选择工具，可以“画”出想要的区域；使用新增的“黑白”调整命令，可以制作灰色或单一颜色的图像；利用“转换为智能滤镜”命令，可以随心所欲地应用任何非破坏性的滤镜效果。

本章主要介绍 Photoshop CS3 的功能、使用方法和使用技巧，具体包括 Photoshop CS3 基本操作，图像基本编辑，绘图与修饰工具的使用，图层、通道、蒙版和滤镜的运用等。

7.1.1　初识 Photoshop CS3

1．Photoshop 概述

Photoshop 是目前市场上最流行的图像处理软件之一，也是 Adobe 公司著名的平面图像设计处理软件，它的强大功能和易用性深受广大用户的喜爱。Photoshop 是 Adobe 公司于 1990 年推出的图像处理软件，它被广大的设计师称为图像处理的“魔法师”。Photoshop 发展至今已经有好几个不同的版本，比较早的有 Photoshop 4.0、Photoshop 5.0、Photoshop 5.5、Photoshop 6.0、Photoshop 7.0 等。

2．Photoshop 的应用领域

在图像处理领域，计算机图形图像数字化处理技术得到了广泛的应用。图像处理功能及其特效是 Photoshop 最优秀的地方，它可以把一些质量很差的图片加工处理成效果不错的图片，可以把多张图片合成为一张图片，也可以把图片原来的颜色改变为想要的任意颜色。

从大的方面来说，它被广泛应用于广告业、商业、影视娱乐业、机械制造业、建筑业等领域；从具体的细节方面来说，它被应用于包装设计、广告设计、服装设计、招贴和海报、网页设计等传播媒体，利用它可以进行各种平面处理、图像格式转换、颜色模式转换、改变图像分辨率等。

3．Photoshop CS3 新增功能

(1) 新增的“快速选择”工具：利用该工具制作选区时，选区边缘会自动查找并向外

扩展，使用起来非常方便。

(2) 新增的“黑白”命令：新增加的 Black and White 功能，可以直接将彩色图像转换为黑白图像，并且可以控制很多色彩的转换。

(3) 新增的“转换为智能对象”命令：在 Photoshop CS3 中，用户可以将任意图层转换为智能对象，并可对智能对象执行诸如缩放、旋转及扭曲等非破坏性操作，且不会影响原文件中的数据。

(4) 新增的“仿制源”调板：利用该调板可以将五种不同的图像设置为样本图像，并将样本图像应用到其他图像中。

7.1.2　Photoshop CS3 的运行环境

安装 Photoshop CS3 的运行环境有以下要求。

(1) Windows 2000、Windows XP(家庭版、专业版、Media Edition、64 位或 Tablet PC Edition)或含最新 Service Pack 的 Windows Server 2003。

(2) Microsoft Internet Explore 6 或更高版本。

7.1.3　Photoshop CS3 的操作界面

启动 Photoshop CS3 软件后，选择“文件”|“打开”命令，打开一个图像文件，可以看到 Photoshop CS3 的工作界面，如图 7.1 所示。

图 7.1　Photoshop CS3 工作界面

(1) 标题栏：位于程序窗口的最上方。当图像窗口最大化显示时，标题栏中会显示当前文档的名称、视图比例和颜色模式等信息。

(2) 菜单栏：共有 10 个菜单，依次为“文件”、“编辑”、“图像”、“图层”、“选择”、“滤镜”、“分析”、“视图”、“窗口”、“帮助”。每一个菜单中都包含不同类型的命令，通过执行菜单中的命令可以完成图像处理的操作。

(3) 属性栏：也称工具栏，通过设置参数来控制工具的状态。选择不同的工具，工具栏的内容也随着发生改变。

(4) 工具箱：Photoshop CS3 的工具箱中包含 50 多种工具，有选择工具、绘图工具、填充工具、编辑工具、颜色选择工具、屏幕视图工具、快速蒙版工具等。某些工具图标的右下角有一个三角符号，表示该工具位置上存在一个工作组，其中包括了若干相关工具，可在该工具图标上按住鼠标左键不放，在弹出的工具列表框中选择相应工具，如图 7.2 所示。

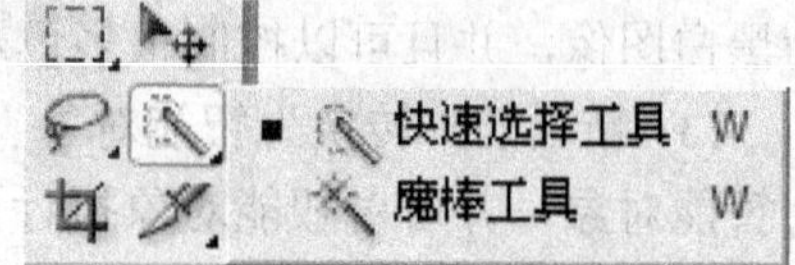

图 7.2 工具名称

(5) 图像窗口：显示当前编辑文件，是用户的图像编辑区域。窗口的标题包括文件的名称、文件的格式、显示比例以及色彩模式等内容。

(6) 状态栏：显示了与当前操作的文档有关的信息，可以是文档大小、文档尺寸、当前工具和视图比例等。

(7) 控制面板：Photoshop CS3 中共有 19 个面板，主要用于设置色彩和图层、观察视图、修改图像等。面板的位置总在文件窗口之上，可以从“窗口”菜单中控制各类面板的显示和隐藏。

7.2 图像文件的基本操作和工具简介

本节介绍 Photoshop CS3 的基本操作，如图像的创建、保存、打开与关闭，以及常用工具的使用方法。

7.2.1 图像文件的基本操作

1. 创建图像文件

选择“文件”|“新建”命令或按 Ctrl+N 组合键，打开“新建”对话框，如图 7.3 所示。在对话框中进行相应的设置后，单击“确定”按钮，即可创建新图像文件。

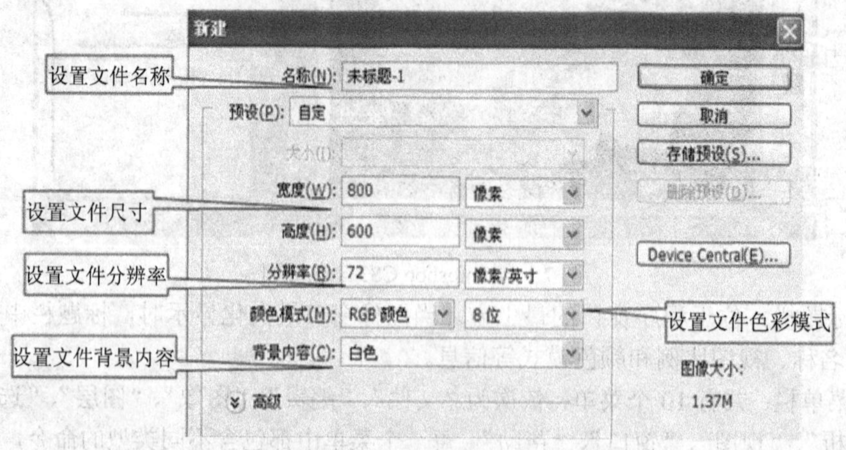

图 7.3 “新建”对话框

2. 保存图像文件

要保存图像文件，可选择“文件”|“存储”命令或按 Ctrl+S 组合键。如果保存的是新图像文件，系统将打开“存储为”对话框。用户可通过该对话框设置文件名称和文件格式、创建新文件夹、切换文件夹，以及决定以何种方式显示目标文件夹中的所有文件等。

3. 打开图像文件

要打开一幅或多幅已经存在的图像，可选择“文件”|“打开”命令或按 Ctrl+O 组合键。弹出“打开”对话框。选择要打开的图像，然后单击“打开”按钮或直接双击要打开的图像文件名，即可打开选定的图像。

在“打开”对话框中，也可以一次同时打开多个文件，只要在文件列表中将所需的几个文件选中，并单击“打开”按钮，Photoshop CS3 将按先后次序逐个打开这些文件，以免多次反复调用“打开”对话框。

4. 关闭图像文件

如果用户不想继续编辑某个图像文件，可以通过选择“文件”|“关闭”命令或按 Ctrl+W 组合键或 Ctrl+F4 组合键以及单击图像窗口右上角的☒按钮等方法来关闭图像文件。

7.2.2　工具简介

本节主要介绍一些常用工具的使用，由于篇幅有限，只对工具作简单的介绍。

1. 建立规则选区

1) 矩形选框工具

矩形选框工具用于选取矩形或正方形区域，在工具箱中选择“矩形选框工具”，然后拖动鼠标指针至图像窗口中，拖动鼠标即可，按下 shift 键同时拖动鼠标即可得到正方形选区，如图 7.4 所示。用户选择“矩形选框工具”后，属性栏中会自动出现矩形选取工具，如图 7.5 所示。

图 7.4　选取矩形范围

图 7.5　矩形选取工具属性栏

设置羽化选项可以对图像进行柔化，使边界产生过渡，其数值的有效范围在 0~255 之间，图 7.6 所示分别为没有进行羽化和进行了羽化的图像。

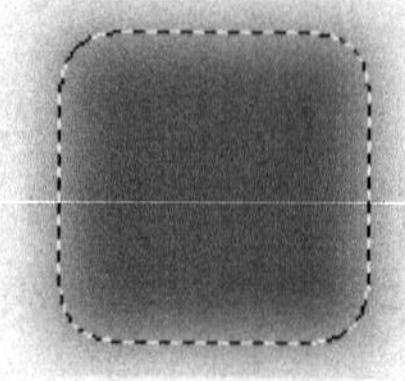
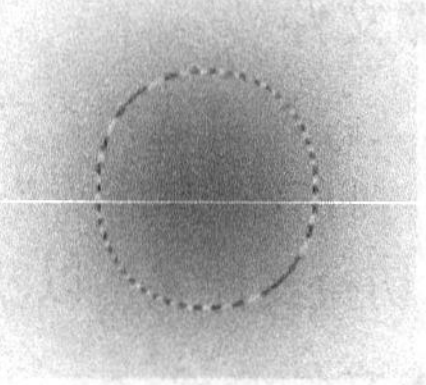

羽化为 0 像素　　羽化为 10 像素　　羽化为 30 像素

图 7.6　不同羽化数值的选区效果

2) 椭圆选框工具

椭圆选框工具可以建立椭圆或圆形选区。在工具箱中选择"椭圆选框工具"，然后拖动鼠标指针至图像窗口中，拖动鼠标即可，按下 shift 键的同时拖动鼠标即可得到椭圆形选区，如图 7.7 所示。椭圆选框工具的具体操作和属性与矩形选框工具相似，在这里就不多介绍了。

图 7.7　椭圆选区

3) 单行选框工具和单列选框工具

单行选框工具和单列选框工具的使用不是很频繁，它们只能建立高为 1 像素或宽为 1 像素的选区，用户在工具箱中选择"单行选框工具"按钮或"单列选框工具"按钮，然后在窗口中单击即可得到选区，如图 7.8 所示。

图 7.8　单行与单列选区

2．建立不规则选区

1) 套索工具

选择套索工具，可任意按住鼠标不放并拖动来选择一个不规则的选择范围，一般对于一些模糊图形可选择套索工具，如图 7.9 所示。

图 7.9　使用套索工具选取

图 7.10　使用多边形套索工具选取

2) 多边形套索工具

选择多边形套索工具，可用鼠标在图像上定位某一点，然后进行多线连接所要选择的范围，没有圆弧的图像勾边可以用这个工具，但不能勾出弧线，所勾出的选择区域都是由

多条线组成的，如图 7.10 所示。

3) 磁性套索工具

磁性套索工具似乎有磁力一样，不需按鼠标左键而直接移动鼠标，在工具头处就会出现自动跟踪的线，这条线总是走向颜色与颜色边界处，边界越明显磁力越强，将首尾连接后可完成选择，一般用于颜色与颜色差别比较大的图像选择，如图 7.11 所示。

图 7.11　使用磁性套索工具选取

4) 魔棒工具

选择魔棒工具，用鼠标单击图像中某颜色即可对图像颜色进行选择，选择的颜色范围要求是相同的颜色，在属性栏中容差值处调整容差度，数值越大，表示魔棒所选择的颜色差别就越大，反之，颜色差别越小。

3. 基本绘图工具

1) 画笔工具

在 Photoshop 中，画笔是一个比较常用的工具，但要想真正用好画笔工具其实并不容易，主要原因是其属性相当复杂多样，功能非常丰富，在这里简单介绍一下。

选中画笔工具后，在画笔的常用属性中，最常见的设置就是“主直径”和“硬度”，前者决定了画笔的大小，后者决定了画笔的边缘过渡效果，如图 7.12 所示。画笔的硬度为 100%和 0%时的效果如图 7.13 所示。画笔的流量为 50%和透明度为 50%时的效果如图 7.14 所示。

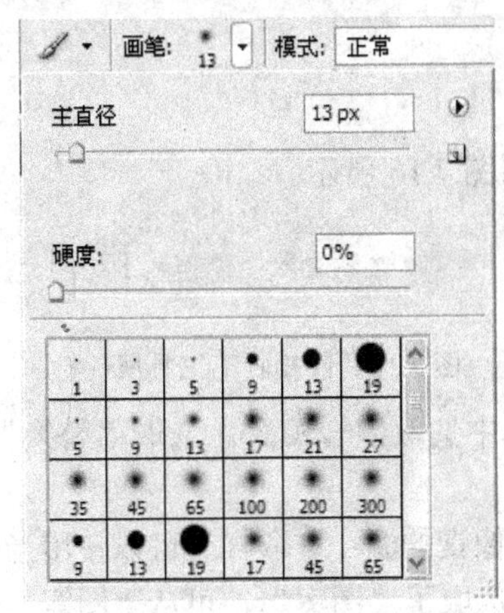

图 7.12　主直径和硬度

图 7.13　硬度为 100%和 0%的效果　　图 7.14　流量为 50%和透明度为 50%的效果

单击属性栏右侧的▤按钮，打开“画笔属性”，可以进行很多的设置，比如“形状动态”可以让画笔的形状动态变化，特别适用于不规则画笔，“散布”可以让画笔随机分布等。以下是选择“枫叶”画笔进行相应设置得到的效果，如图 7.15 所示。

图 7.15 “枫叶”画笔设置

2) 铅笔工具

铅笔工具主要是模拟平时画画所用的铅笔。选用铅笔工具后，在图像内按住鼠标左键不放并拖动，即可以画线，此工具比较简单，这里就不详细介绍了。

4．图像处理工具

1) 修复画笔工具

修复画笔工具的属性栏如图 7.16 所示。

图 7.16 修复画笔工具属性栏

从属性栏的“模式”菜单中选取混合模式。选取“替换”可以保留画笔描边的边缘处的杂色、胶片颗粒和纹理。

在属性栏中选取用于修复像素的源：“取样”可以使用当前图像的像素，而“图案”可以使用某个图案的像素。如果选取了“图案”，可从“图案”弹出的调板中选择一个图案。

在选项栏中选择“对齐”，会对像素连续取样，而不会丢失当前的取样点，即使松开鼠标也是如此。如果取消选择“对齐”，则会在每次停止并重新开始绘画时使用初始取样点中的样本像素。

2) 污点修复画笔工具

污点修复画笔工具可以快速移去照片中的污点和其他不理想部分。污点修复画笔的工作方式与修复画笔类似：它使用图像或图案中的样本像素进行绘画，并将样本像素的纹理、光照、透明度和阴影与所修复的像素相匹配。与修复画笔不同，污点修复画笔不要求指定样本点，而自动从所修饰区域的周围取样，如图 7.17 所示。

图 7.17　使用污点修复画笔工具

3) 修补工具

通过使用修补工具，可以用其他区域或图案中的像素来修复选中的区域。与修复画笔工具一样，修补工具会将样本像素的纹理、光照和阴影与源像素进行匹配。还可以使用修补工具来仿制图像的隔离区域，如图 7.18 所示。

图 7.18　使用修补工具

4) 红眼工具

红眼工具可移去闪光灯拍摄的人物照片中的红眼，也可以移去闪光灯拍摄的动物照片中的白、绿色反光。红眼工具的属性栏如图 7.19 所示，其中“瞳孔大小”可设置瞳孔(眼睛暗色的中心)的大小，“变暗量”可设置瞳孔的暗度，效果如图 7.20 所示。

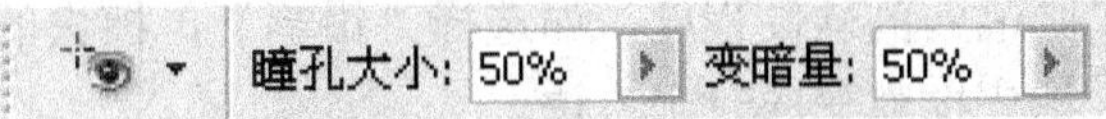

图 7.19　红眼工具属性栏

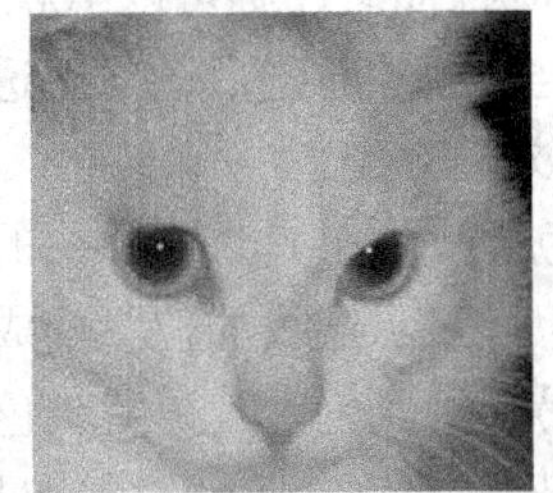

图 7.20　使用红眼工具

5) 仿制图章工具

在工具箱中选取仿制图章工具，然后把鼠标放到要被复制的图像的窗口上，这时鼠标将显示一个图章的形状，和工具箱中的图章形状一样，按住 Alt 键，单击一下鼠标进行定点选样，这样复制的图像被保存到剪贴板中。把鼠标移到要复制图像的窗口中，选择一个点，然后按住鼠标拖动即可逐渐出现复制的图像，如图 7.21 所示。

图 7.21 使用仿制图章工具

6) 图案图章工具

图案图章工具用来复制预先定义好的图案。使用图案图章工具可以利用图案进行绘画，也可以从图案库中选择图案或者自己创建图案，如图 7.22 所示。

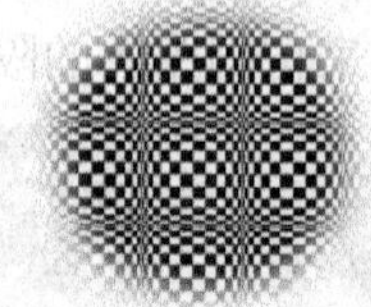

图 7.22 使用图案图章工具

7) 橡皮擦工具

橡皮擦工具主要用来擦除不必要的像素，如果对背景层进行擦除，则背景色是什么色擦出来的是什么色；如果对背景层以上的图层进行擦除，则会将这层颜色擦除，显示出下一层的颜色，擦除笔头的大小可以在左边的画笔中选择一个合适的笔头。橡皮擦工具的属性栏如图 7.23 所示。

画笔: 13 模式: 画笔 不透明度: 100% 流量: 100% □抹到历史记录

图 7.23 橡皮擦工具属性栏

模式有三种，即“画笔”、“铅笔”和“块”。如果选择“画笔”擦除，其边缘显得柔和的同时还可改变“画笔”的软硬程度；如选择“铅笔”，擦去的边缘就会显得尖锐；如果选择的是“块”，橡皮擦就变成一个方块。

在使用“画笔”后的“不透明度”时，如果在原有图片上再加一张图片，且将“不透明度”设定为 100%擦图时，则可以 100%地把后图擦除，如果“不透明度”设置为 50%再擦图时，则不能全部擦除而使后图呈现透明的效果。

8) 背景色橡皮擦工具

使用“背景色橡皮擦工具”，擦头的对象是鼠标中心点所触及到的颜色，如果把鼠标放在图片某一点上，显示擦头的位置变成鼠标中心点所接触到的颜色；如果把鼠标中心点接触到图片上的另一种颜色时，“背景色”也相应变更。

“背景色橡皮擦工具”属性栏的取样中有三个选择：“连续”、“一次”和“背景色版”。

如果选择“连续”，按住鼠标不放的情况下鼠标中心点所接触的颜色都会被擦除掉。

如果选择“一次”，按住鼠标不放的情况下只有第一次接触到的颜色才会被擦掉，且在经过不同颜色时这个颜色不会被擦除，除非再点击一下其他的颜色才会被擦掉。

如果在图片中选择“背景色版”中设置的颜色，在图片中擦掉的仅仅是与背景色一样的颜色。假如，背景色设定为黄色，某图片有蓝、黄颜色，黄色与背景色设定的颜色一样，那么把鼠标放在蓝色上，蓝色没有被擦掉，只有鼠标经过图上的黄色区域与背景色相同的颜色被擦掉了。

9) 魔术橡皮擦工具

魔术橡皮擦工具比较类似魔棒工具，魔棒工具是选取色块用的，可以改变它的“容差”来选取不同范围的色块，例如图片上有蓝、黄两种颜色，我们可以看到“容差”值是 32，用鼠标在图片上点一下，蓝色的区域即被擦除，再在黄色上点一下也被擦除掉了，这就是魔术橡皮擦工具的使用。在属性栏上有“连续”选项和“对所有图层取样”选项，使用方法是：例如，如果不把“连续”勾选，只要点击一下某个颜色，就会把这个颜色全部擦掉。如果当前这个图像是由多个图层组成的，勾选“对所有图层取样”选项，能在多个图层上将颜色擦掉，如果取消勾选仅仅修改当前图层的颜色。

5. 编辑工具

1) 模糊工具

模糊工具是一种通过笔刷使图像变模糊的工具，它的工作原理是降低像素之间的反差，如图 7.24 所示。

图 7.24　使用模糊工具对照图

2) 锐化工具

与模糊工具相反，锐化工具是一种使图像色彩锐化的工具，也就是增大像素间的反差，如图 7.25 所示。

图 7.25　使用锐化工具对照图

3) 涂抹工具

涂抹工具使用时产生的效果好像是用干笔刷在未干的油墨上擦过，也就是说笔触周围的像素将随笔触一起移动，如图 7.26 所示。

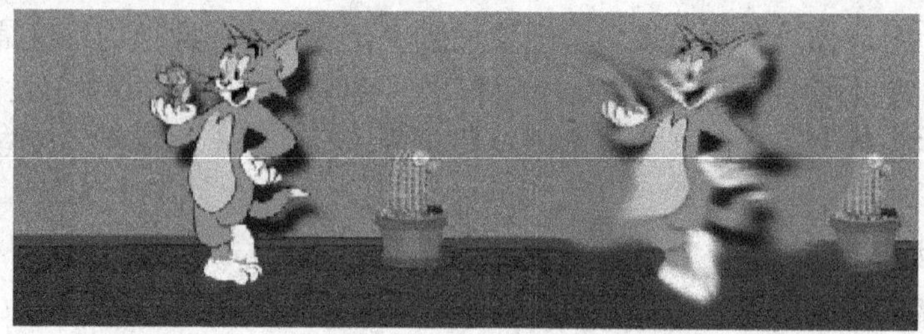

图 7.26　使用涂抹工具对照图

4) 减淡工具

减淡工具可以改变图像的曝光程度，对于图像中局部曝光不足的区域，使用减淡工具后可以使局部区域的图像亮度增加，如图 7.27 所示。

图 7.27　使用减淡工具对照图

5) 加深工具

加深工具可以改变图像的曝光程度，对于图像中局部曝光过度的区域，使用加深工具后可以使局部区域的图像变暗，如图 7.28 所示。

图 7.28　使用加深工具对照图

6) 海绵工具

海绵工具用于改变图像的饱和度，当需要增加颜色饱和度时，选择“加色”，需要减少饱和度时，选择“去色”，如图 7.29 所示。

原图　　去色　　加色

图 7.29　使用海绵工具对照图

6. 油漆桶工具和渐变工具

1) 油漆桶工具

油漆桶工具主要用于填充颜色，其填充的颜色和魔棒工具相似：将前景色填充一种颜色，填充的程度由属性栏中的“容差”值决定，其值越大，填充的范围越大。

2) 渐变工具

渐变工具主要是对图像进行渐变填充。选择渐变工具后，在属性栏中出现渐变的类型，分别是线性渐变、径向渐变、角度渐变、对称渐变和菱形渐变，在图像中需要渐变的方向按住鼠标拖动到另一处放开鼠标。如果想图像局部渐变，则要先选择一个选区范围再渐变，如图 7.30 所示。

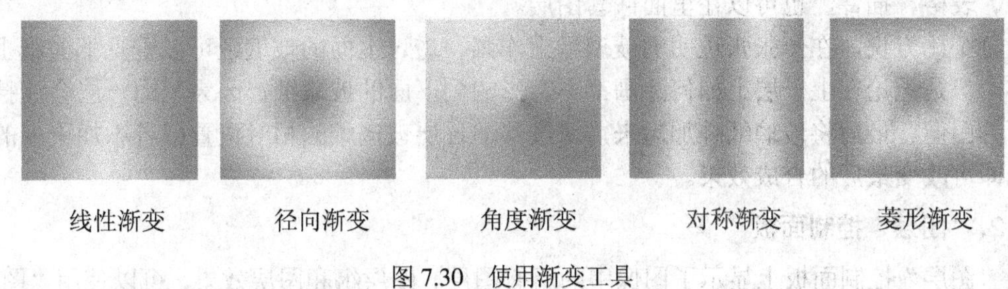

线性渐变　　径向渐变　　角度渐变　　对称渐变　　菱形渐变

图 7.30　使用渐变工具

7. 其他工具

1) 文字工具

文字工具可在图像中输入文字。选中该工具后，在图像中单击一下便可输入文字，但只是横向输入文字。输入文字后还可双击图层对文字进行编辑，在属性栏中可对文字进行各种设置。

2) 裁切工具

裁切工具可以对图像进行剪裁。选择该工具，按住鼠标拖出选区框后一般出现八个节点，用鼠标对节点进行缩放，选择好范围后，按回车键即可结束裁切。

3) 缩放工具

缩放工具主要用来放大和缩小图像。当出现“+”号对图像单击一下，可以放大图像，或者按下鼠标不放拖出一个矩形框，则可以局部放大图像，按住 Alt 键不放，则鼠标会变为“-”号，单击一下即可缩小图像。快捷操作 Ctrl+“+”为放大，Ctrl+“-”则为缩小。

4) 抓手工具

抓手工具主要用来翻动图像，但前提条件是当图像未能在 Photoshop 文件窗口全部显示出来时用，一般用于勾边操作，当选为其他工具时，按住空格键不放，鼠标自动转成抓手工具。

5) 吸管工具

吸管工具主要用来吸取图像中的某一种颜色，并将其变为前景色。一般用于需使用相同的颜色，而在色板上又难以达到相同时，可以选择该工具。用鼠标对着该颜色单击一下即可吸取。

7.3 图层与通道

7.3.1 图层

1. 图层的含义

通俗地讲，图层就像是含有文字或图形等元素的胶片，一张张按顺序叠放在一起，组合起来形成页面的最终效果。图层可以将页面上的元素精确定位。图层中既可以加入文本、图片、表格、插件，也可以在里面嵌套图层。

打个比方说，在一张张透明的玻璃纸上作画，透过上面的玻璃纸可以看见下面纸上的内容，但是无论在上一层上如何涂画都不会影响到下面的玻璃纸，因为上面一层会遮挡住下面的图像。最后将玻璃纸叠加起来，通过移动各层玻璃纸的相对位置或者添加更多的玻璃纸即可改变最后的合成效果。

2. "图层"控制面板

"图层"控制面板上显示了图像中的所有图层、图层组和图层效果，可以使用"图层"控制面板上的各种功能来完成一些图像编辑任务，例如创建、隐藏、复制和删除图层等，还可以使用图层模式改变图层上图像的效果。执行"窗口"|"图层"命令，打开"图层"控制面板，如图 7.31 所示。

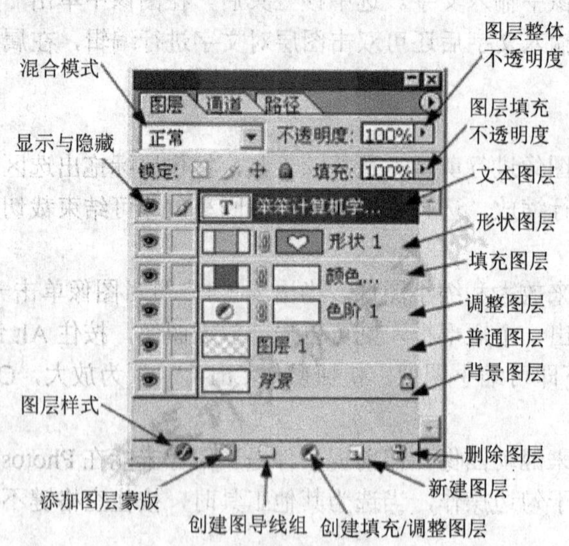

图 7.31 "图层"控制面板

3. 创建图层

新建一个图层主要有两种方法。

(1) 单击"图层"菜单，选择"新建"中的"图层"，然后在弹出的"新图层"对话框中进行设置即可。

(2) 单击"图层"控制面板下方的 按钮，即可增加一个名为"图层 1"的空白图层。

4．复制图层

复制图层主要有两种方法。

(1) 单击“图层”菜单，选择“复制图层”，然后在弹出的“复制图层”对话框中进行设置即可。

(2) 在“图层”控制面板中选择要复制的图层，然后将它拖动到下方的创建图层按钮上，当鼠标指针变为形状时即可放开鼠标。这样就复制出一个该图层的副本，并在原图层的上方。

5．删除图层

删除图层有很多方法，在这里介绍常用的两种。

(1) 在“图层”控制面板中将要删除的图层拖到下方的“删除图层”按钮上即可。

(2) 在要删除的图层上单击鼠标右键，在弹出的快捷菜单中选择“删除图层”命令。

6．合并图层

当各个图层中的图像都编辑好之后，可以将多个图层合并成一个图层。单击“图层”控制面板右上方的图标，在弹出的快捷菜单中选择“向下合并”命令，或按 Ctrl+E 组合键即可合并图层。

7.3.2 通道

1．认识通道

在 Photoshop 中打开一个图像文件，系统会自动创建颜色信息通道。其创建的颜色通道的数量取决于图像的颜色模式，不同颜色模式的图像会产生不同的颜色信息通道。在 Photoshop 中，通道主要涉及三种常用模式：RGB、CMYK 和 Lab 模式。例如，打开一个 RGB 模式的图像文件，在通道面板中我们可以看见四个默认的通道：红、绿、蓝和一个 RGB 复合通道，如图 7.32 所示。

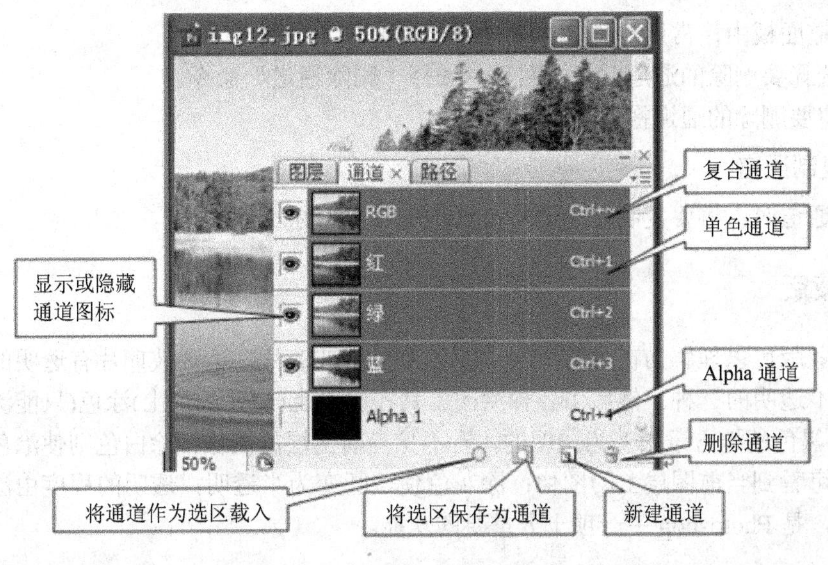

图 7.32　“通道”控制面板

2．通道分类

(1) 复合通道：不包含任何信息，实际上它只是同时预览并编辑所有颜色通道的一个快捷方式。它通常用于在单独编辑完一个或多个颜色通道后使通道面板返回到它的默认状态。对于不同模式的图像，其通道的数量是不一样的。在 Photoshop 中，通道涉及三个模式。对于一个 RGB 图像，有 RGB、R、G、B 四个通道；对于一个 CMYK 图像，有 CMYK、C、M、Y、K 五个通道；对于一个 Lab 模式的图像，有 Lab、L、a、b 四个通道。

(2) 颜色通道：在 Photoshop 中编辑图像，实际上就是在编辑颜色通道。这些通道把图像分解成一个或多个色彩成分，图像的模式决定了颜色通道的数量，RGB 模式有三个颜色通道，CMYK 图像有四个颜色通道，灰度图只有一个颜色通道，它们包含了所有将被打印或显示的颜色。

(3) 专色通道：是一种特殊的颜色通道，它可以使用除了青、品红、黄、黑以外的颜色来绘制图像。

(4) Alpha 通道：是计算机图形学中的术语，指的是特别的通道。有时，它特指透明信息，但通常的意思是"非彩色"通道。可以说，在 Photoshop 中制作出的各种特殊效果都离不开 Alpha 通道，它最基本的用处在于保存选取范围，且不会影响图像的显示和印刷效果。

(5) 单色通道：这种通道的产生比较特别，也可以说是非正常的。试想一下，如果在通道面板中随便删除其中一个通道，就会发现所有的通道都变成"黑白"的，原有的彩色通道即使不删除也变成灰度的了。

3．创建 Alpha 通道

单击图标 ☐ 可以新建一个 Alpha 通道。创建的新通道按照顺序命名，如 Alpha1、Alpha2。在 Alpha 通道中，白色是最终要载入选择的部分，黑色是不被载入选择的部分，透明的部分以不同的灰度显示。

4．删除通道

在通道面板中，常用的删除通道方法有两种：

(1) 选择要删除的通道，点击右键，选择"删除通道"命令。

(2) 将要删除的通道拖拽到图标 ☐ 中。

5．复制通道

复制通道时，将要复制的通道拖拽到新建通道图标 ☐ 中即可。

7.3.3 蒙版

图层蒙版可以理解为在当前图层上面覆盖一层玻璃片，这种玻璃片有透明的、半透明的和完全不透明的三种。然后用各种绘图工具在蒙版上(即玻璃片上)涂色(只能涂黑、白、灰色)，涂黑色的地方蒙版变为透明的，看不见当前图层的图像；涂白色则使涂色部分变为不透明，可看到当前图层上的图像；涂灰色使蒙版变为半透明，透明的程度由涂色的灰度深浅决定，是 Photoshop 中一项十分重要的功能。

1. 建立图层蒙版

如果当前图层为普通图层(不是背景图层)，可直接在“图层”调板中单击添加图层蒙版按钮，此时系统将为当前图层创建一个空白蒙版，如图 7.33 所示。也可以使用“图层”|“图层蒙版”菜单中的各命令制作图层蒙版。

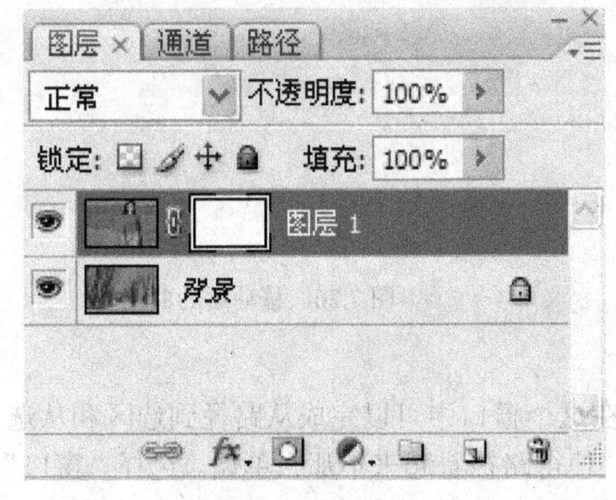

图 7.33　创建空白蒙版

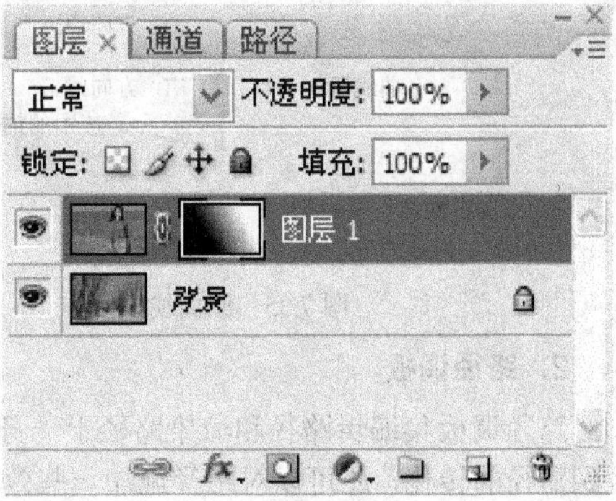

图 7.34　编辑图层蒙版

2. 编辑图层蒙版

要编辑蒙版图像，在“图层”调板中单击该图层的蒙版缩览图即可。当前景色为黑色时，用画笔工具和渐变工具在蒙版中绘画可增加蒙版区，用橡皮擦工具在蒙版中擦除可减少蒙版区；当前景色为白色时，用画笔工具和渐变工具在蒙版中绘画可减少蒙版区，用橡皮擦工具在蒙版中擦除可增加蒙版区，如图 7.34 所示。

3. 删除图层蒙版

要删除图层蒙版，可用鼠标右键单击蒙版缩览图，在弹出的快捷菜单中选择“删除图层蒙版”，或者直接将其拖动到删除图层按钮上。

7.4 路径的使用

路径其实是一些矢量形式的线条，用户可以利用路径功能绘制各种线条或曲线，路径在 Photoshop 中的作用是不可替代的，它在创建复杂选区、准确绘制图形方面具有更快捷、更实用的优点，使用路径的功能可以完成一些较为精密的选区范围。

7.4.1　路径的基本概念

路径是可以转换为选区或者使用颜色填充和描边的轮廓，通过编辑路径的锚点，可以灵活地改变路径的形状。路径是矢量对象，矢量对象与分辨率无关，因此，在对它们进行缩放、打印、存储或导入到基于矢量的图形应用程序时，会保持清晰的边缘，而不会出现锯齿。

1. 路径和锚点的特征

路径是由一个或多个直线段或曲线段组成的，而锚点则标记了路径段的端点。在曲线路径段上，每个选中的锚点都会显示一条或两条方向线，方向线以方向点结束，如图 7.35 所示。方向线和方向点的位置决定了曲线段的大小和形状，移动它们将改变路径中曲线的形状，如图 7.36 所示。路径可以是没有起点或终点的闭合式路径，例如圆形，也可以是有明显终点的开放式路径，例如波浪线。

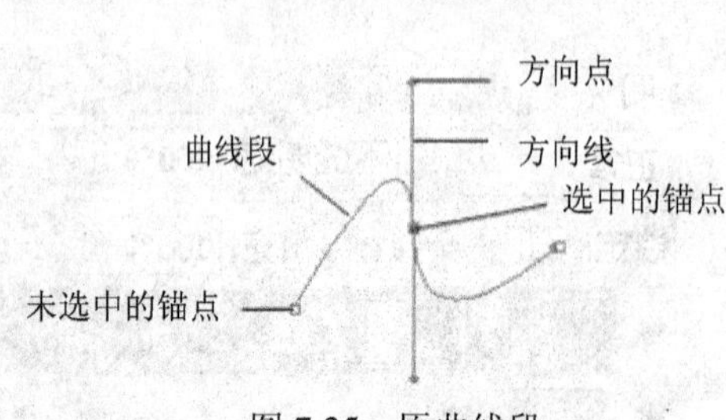

图 7.35　原曲线段

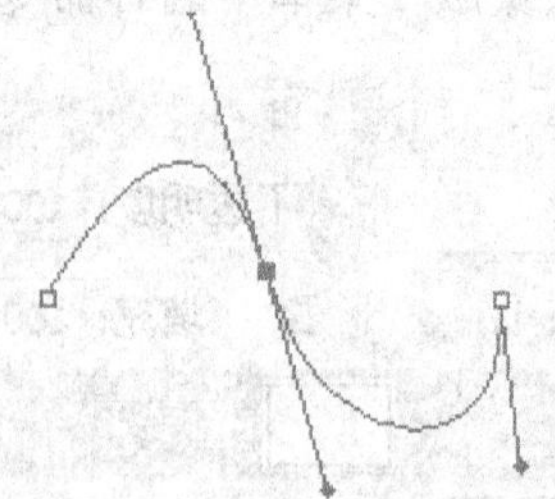

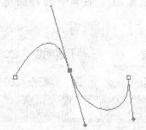

图 7.36　移动后的曲线段

2．路径调板

路径调板集编辑路径和渲染路径于一身。在这个窗口中可以完成从路径到选区和从选区到路径的转化，还可以对路径施加一些效果，使得路径看起来不那么单调。选择“窗口”|“路径”命令，可以打开路径调板，如图 7.37 所示。下面介绍一下各个选项的含义：

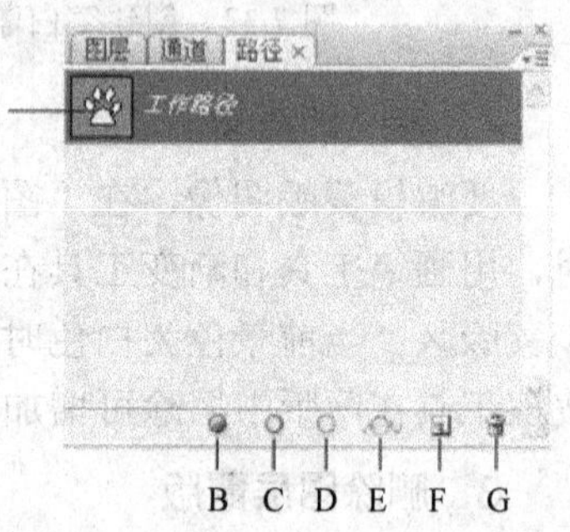

图 7.37　路径调板

A：路径的缩略图，可以通过右上角的下拉菜单来改变它的显示模式。

B：用前景色填充路径。

C：用前景色描边路径。

D：载入路径作为选区。

E：从选区建立工作路径。

F：建立新的工作路径或者复制路径。

G：删除路径或者工作路径。

3．设置绘图模式

绘图包括创建矢量形状和路径，可以使用任何形状工具、钢笔工具或自由钢笔工具进行绘制。但无论使用哪种工具，在开始绘图之前，都必须从属性栏中选择一种绘图模式。按下形状图层按钮□可以创建形状图层，如图 7.38 所示。按下路径按钮 可以创建工作路径，如图 7.39 所示。

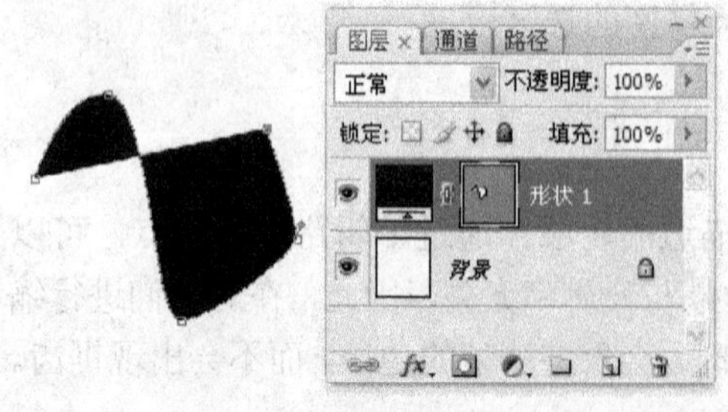

图 7.38　形状图层

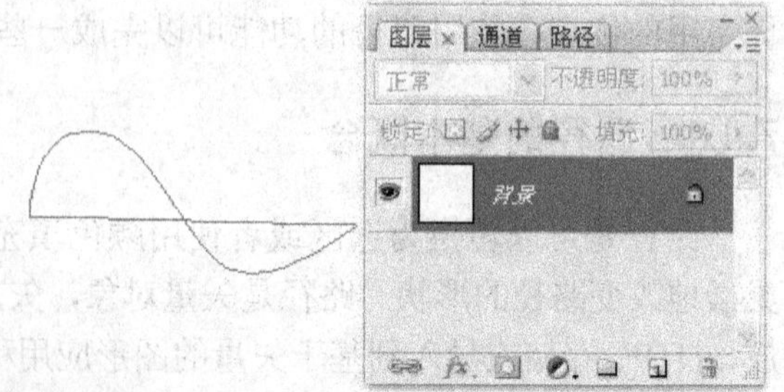

图 7.39　工作路径

7.4.2　建立路径

1．利用钢笔工具创建路径

创建路径的方法很多，选择钢笔工具，然后移动鼠标到图像窗口中单击创建第一个锚点，然后移动鼠标到第二个要创建的锚点的位置单击，即可在第二个锚点与第一个锚点之间以直线连接，如图 7.40 所示。

图 7.40　绘制路径

用同样的方法完成绘制其他线段，当绘制线段回到开始的锚点时，在鼠标指针右下方会出现一个圆圈，表示终点与起点连接在一起，此时单击光标即可绘制一个封闭的路径。

使用钢笔工具也可以绘制曲线，具体操作步骤如下：

(1) 在工具箱中选择。

(2) 然后移动鼠标到图像窗口单击并拖动鼠标制作出路径开始的锚点。

(3) 移动鼠标到要建立第二个锚点的位置单击并拖动，如图 7.41 所示。

在拖动锚点时会产生一根方向线，方向线两端的锚点为方向点，拖动方向点即可改变方向线的长度和位置，同时也改变了曲线的形状。

用同样的方法绘制其他锚点，当绘制线段回到开始的锚点时，在光标指针右下方会出现一个圆圈，表示终点与起点路径连接在一起，此时单击即可绘制一个封闭式的路径，若有必要可以对绘制的路径进行调整，如图 7.42 所示。

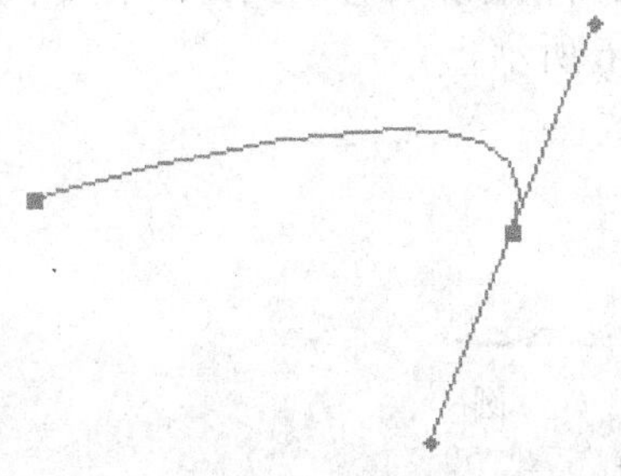

图 7.41　绘制曲线图

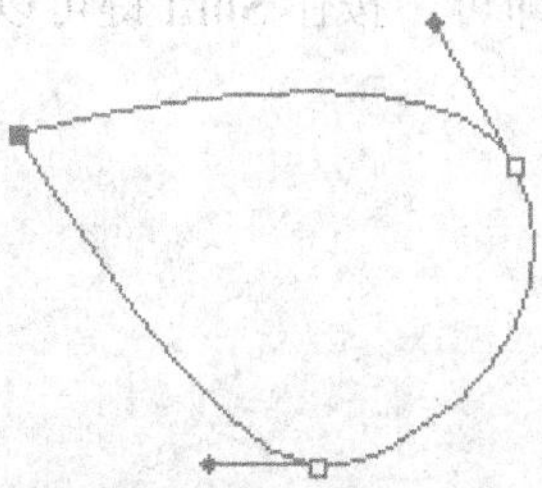

图 7.42　调整后的路径效果

2．利用形状工具创建路径

利用形状工具可以迅速制作出某些特定的造型，形状工具包括 矩形工具 、圆角矩形工具、椭圆工具、多边形工具、直线工具、自定形状工具，如图 7.43 所示。

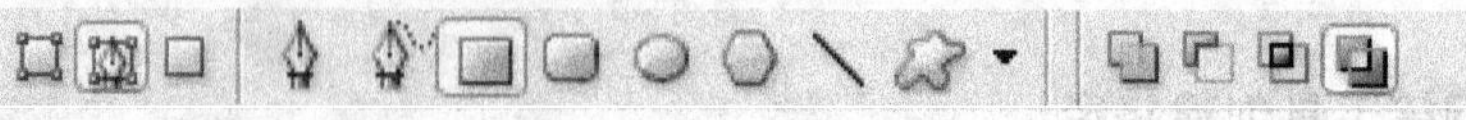

图 7.43　形状工具选项栏

1) 矩形工具

使用矩形工具可以很方便地绘制出矩形或正方形。先在工具箱中选择矩形工具，然后将鼠标指针移动到图像窗口中按下鼠标左键拖动，即可绘制一个矩形框，如图 7.44 所示。按住 Shift 键可以绘制出正方形。

形状图形　　路径　　填充像素

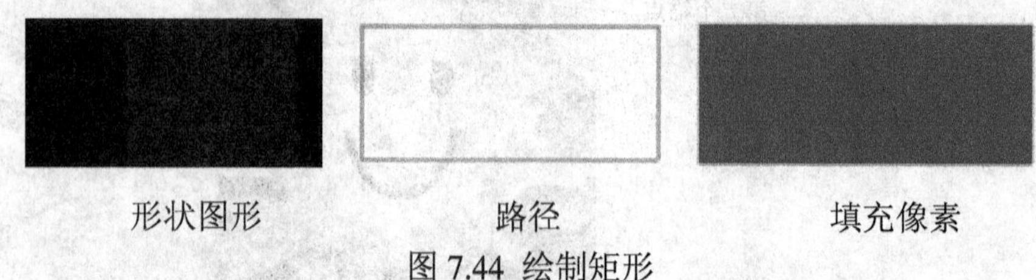

图 7.44 绘制矩形

2) 圆角矩形工具

使用圆角矩形工具可以绘制圆角矩形或椭圆形，其使用方法与矩形工具相似。先在工具箱中选择圆角矩形工具，在“属性”栏中设置合适的样式，然后将鼠标指针移动到窗口中按下鼠标左键拖动即可。在默认状态下半径的数值是 10 像素，数值越大，矩形四个角越圆滑，如图 7.45 所示。

半径为 10 像素　　半径为 50 像素

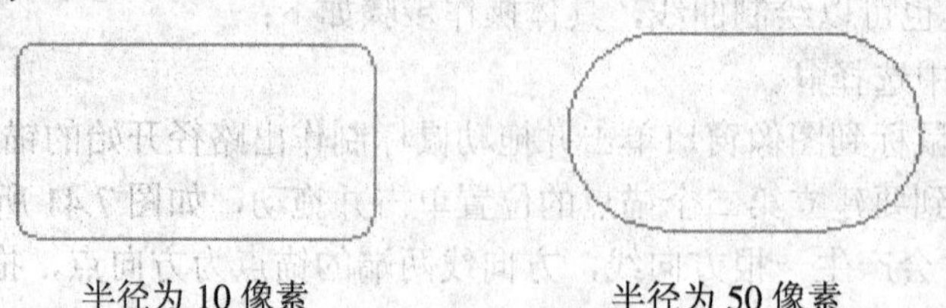

图 7.45　绘制圆角矩形

3) 椭圆工具

使用椭圆工具可以绘制椭圆形或圆形，其使用方法与矩形工具相似。先在工具箱中选择椭圆工具，在“属性”栏中设置合适的样式，然后将鼠标指针移动到窗口中按下鼠标左键拖动即可，按住 Shift 键可以绘制出圆形，如图 7.46 所示。

椭圆　　圆

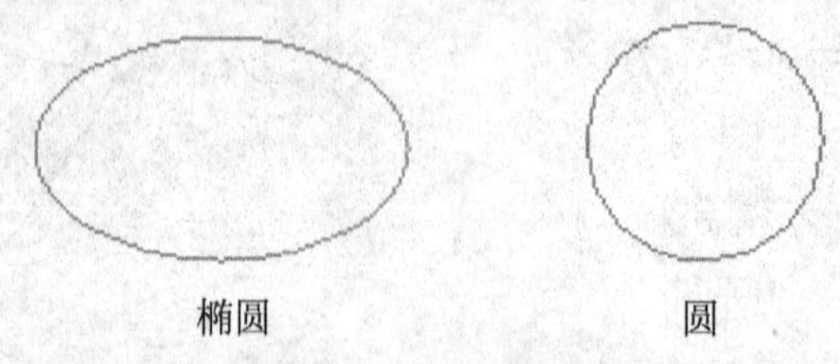

图 7.46　绘制椭圆

4) 多边形工具

使用多边形工具可以绘制三角形、五边形、星形等，先在工具箱中选择多边形工具，在“属性”栏中设置合适的样式，然后将鼠标指针移动到窗口中按下鼠标左键拖动即可，

按住 Shift 键可以绘制出正多边形，如图 7.47 所示。

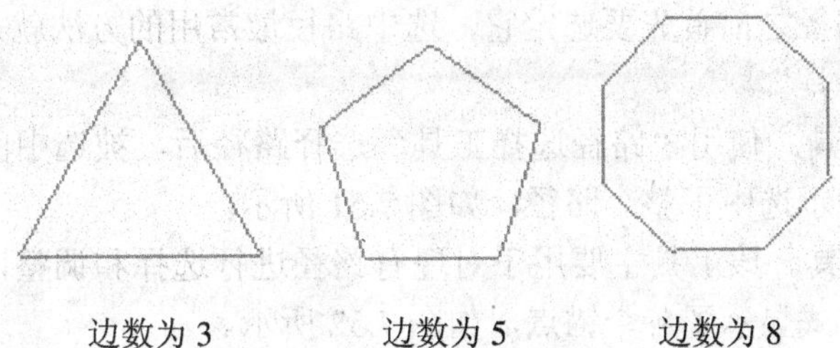

边数为 3　　边数为 5　　边数为 8

图 7.47　绘制多边形

5) 直线工具

使用直线工具可以绘制出直线、箭头等，其绘制方法与矩形相似。先在工具箱中选择 直线工具，在“属性”栏中设置合适的样式，然后将鼠标指针移动到窗口中按下鼠标左键拖动即可，如图 7.48 所示。

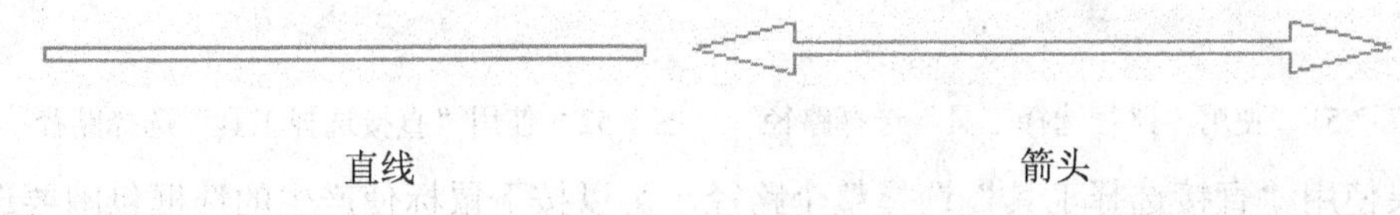

直线　　箭头

图 7.48　绘制直线

6) 自定义形状工具

使用自定义形状工具可以绘制各种预设的形状，比如伞、飞鸟、箭头、蝴蝶等，其绘制方法是，先在工具箱选择 自定形状工具，然后在“属性”栏中单击“形状”下拉列表框，打开一个下拉面板，如图 7.49 所示。

在下拉面板中显示有很多预设的形状，选择其中一个(比如兔)，然后将光标指针移动到图像窗口中按下鼠标左键拖动即可，如图 7.50 所示。

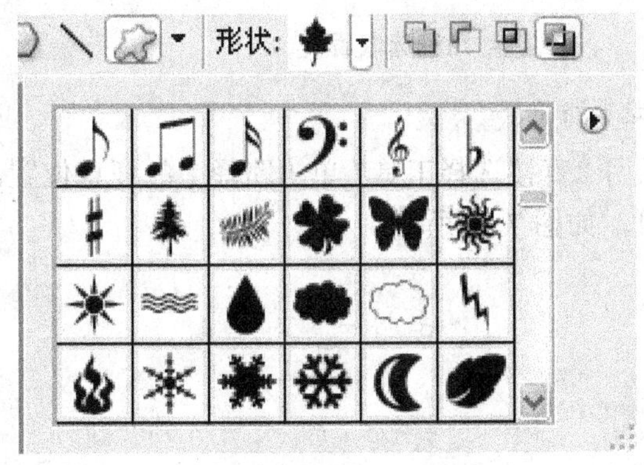

图 7.49　选择预设形状

图 7.50　绘制兔形状

7.4.3　编辑路径

初步绘制的路径往往不够完美，需要对整体或局部进行调整。用任何方法建立的路径都是可以修改和编辑的，下面介绍路径编辑的基本方法。

1．选择路径和锚点

在编辑和修改路径之前首先要选定它，选中路径最常用的方法就是运用“路径选择工具”和“直接选择工具”。

(1) 路径选择工具。使用“路径选择工具”选择路径后，被选中的路径以实心点的方式显示各个锚点，表示选中了整个路径，如图 7.51 所示。

(2) 直接选择工具。该工具主要用于对现有路径进行选择和调整，选择路径后被选中的路径以空心点的方式显示了各个锚点，如图 7.52 所示。

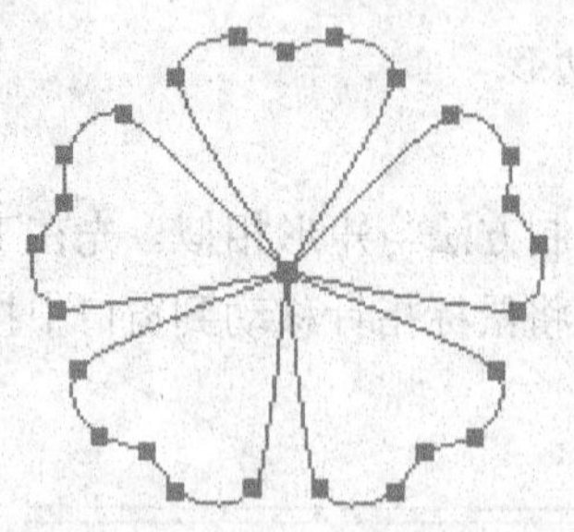

图 7.51　使用“路径选择工具”选择路径

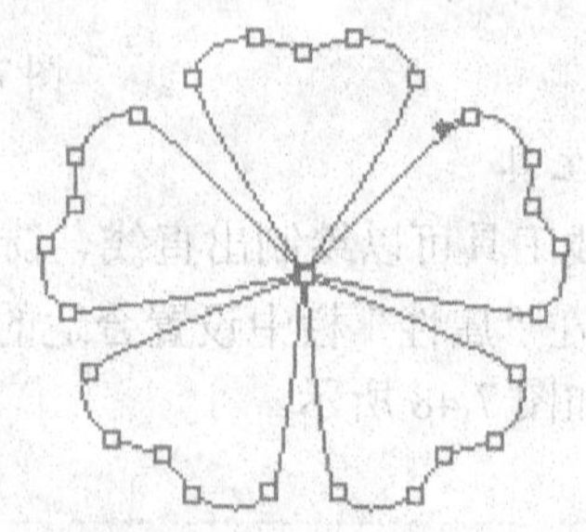

图 7.52　使用“直接选择工具”选择路径

如果使用“直接选择工具”选择整个路径，可以按下鼠标使产生的选框包围要选取的锚点，释放鼠标后被选中的锚点变成以实心点的方式显示，如图 7.53 所示。

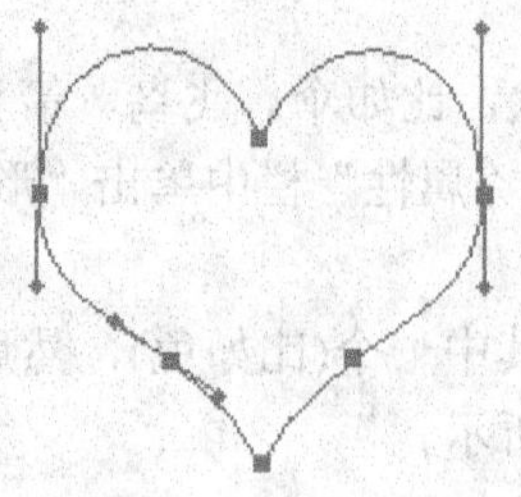

路径选取前

路径选取后

图 7.53　选择路径

如果需要调整路径中的某一锚点时，可以用“直接选择工具”单击路径上的任意位置，选中当前路径，然后单击需要选中的锚点即可，如图 7.54 所示。

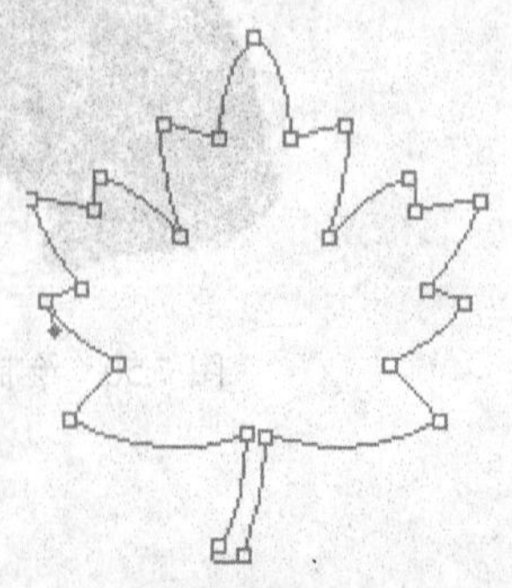

锚点选取前

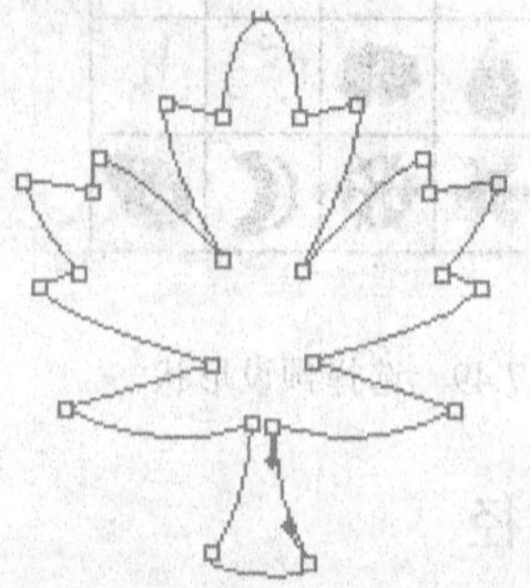

锚点选取后

图 7.54　选择路径的锚点

2. 增加和删除锚点

用户可以通过增加和删除锚点来改变路径的形状或增加路径的弯曲程度，使用“增加锚点工具”可以在路径上增加锚点，方法是：选择“增加锚点工具”后，移动光标指针到需要增加锚点的路径上单击即可，如图 7.55 所示。

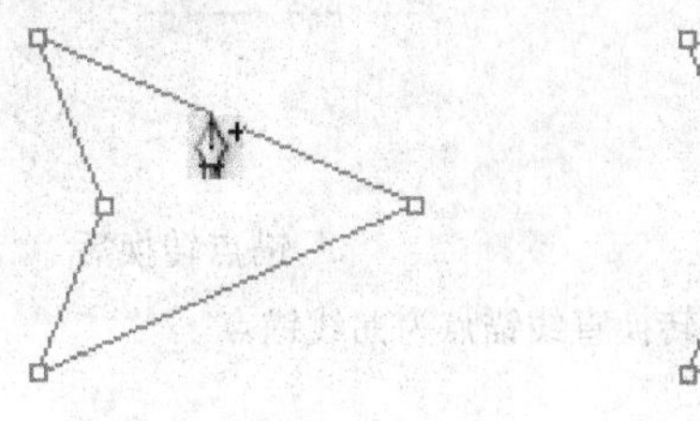

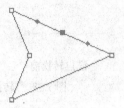

锚点添加前　　锚点添加后

图 7.55　添加锚点

使用“删除锚点工具”可以删除多余的锚点，方法是：选择“删除锚点工具”后，移动光标指针到需要删除的锚点上单击即可，如图 7.56 所示。

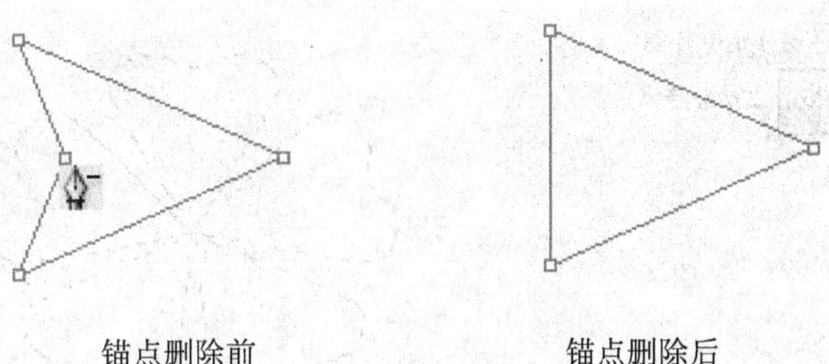

锚点删除前　　锚点删除后

图 7.56　删除锚点

3. 改变锚点属性

使用转换点工具可以将原直线改变为曲线，将原曲线的弧度任意改变。如果需要将一个曲线锚点转换为一个直线锚点，先在工具箱中选择转换点工具，然后移动光标指针到图像的路径锚点上单击即可，如图 7.57 所示。

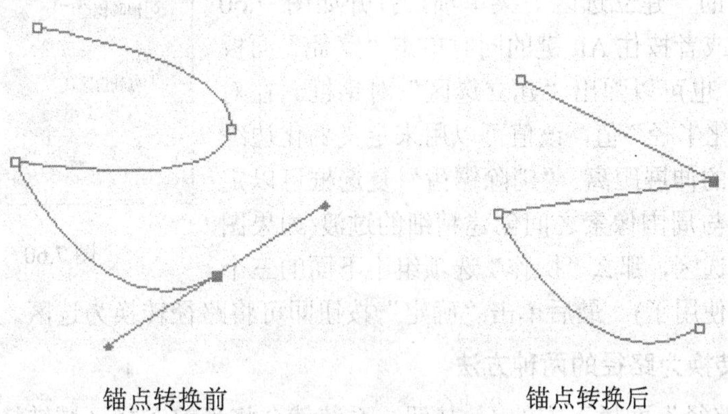

锚点转换前　　锚点转换后

图 7.57　转换曲线锚点为直线锚点

如果需要将一个直线锚点转化为一个曲线锚点，只需要用转换点工具在路径锚点上单击拖动即可，如图 7.58 所示。

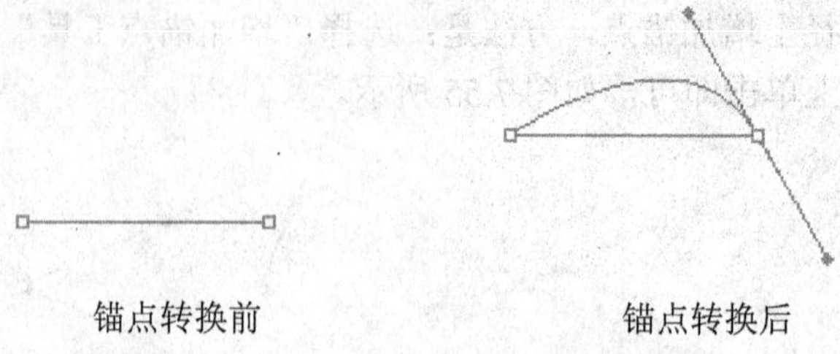

图 7.58　转换直线锚点为曲线锚点

7.4.4　路径和选区之间的相互转换

1．将路径转换为选区的几种方法

(1) 单击“路径”面板下方的 按钮，如图 7.59 所示。系统将使用默认设置将当前路径转换为选区。

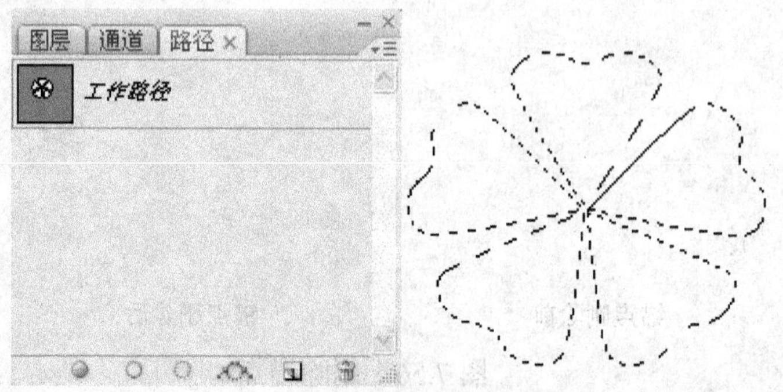

图 7.59　将路径作为选区载入

(2) 按住 Ctrl 键并单击“路径”面板中的路径缩览图，也可以将选区载入到图像中。

(3) 在“路径”面板中选择一个路径，然后选择“路径”面板菜单中的“建立选区”菜单项，打开如图 7.60 所示的对话框。或者按住 Alt 键的同时单击“路径”面板下方的 按钮，也可以弹出“建立选区”对话框。在对话框中设置“羽化半径”值，该值可以用来定义羽化边缘在选区边框内外的伸展距离。“消除锯齿”复选框可以定义选区中的像素与周围像素之间创建精细的过渡(如果图像中已经建立了选区，那么“操作”选项组中下面的三个单选按钮就可以使用了)。最后单击“确定”按钮即可将路径转换为选区。

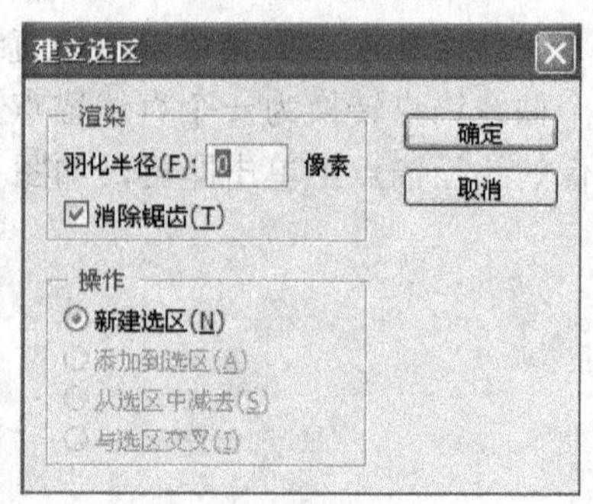

图 7.60　建立选区

2．将选区转换为路径的两种方法

(1) 单击“路径”面板下方的 按钮，系统就会将当前选择区域转换为路径状态。

(2) 按住 Alt 键单击“路径”面板下方的 按钮，或者单击“路径”面板菜单中的“建

立工作路径”菜单项，打开“建立工作路径”对话框，如图 7.61 所示。在“容差”文本框中填入 0.5～10.0 之间的数值，可以控制转换后路径的平滑程度(设置的容差值越大，用于绘制路径的锚点越少，路径也就越平滑)，然后单击“确定”按钮即可将选区转换为路径。

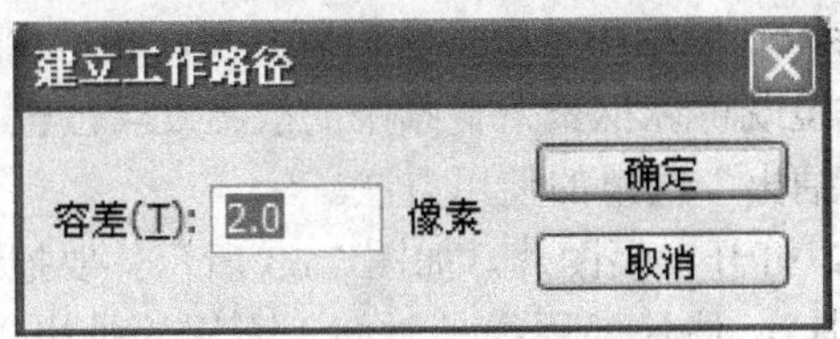

图 7.61　“建立工作路径”对话框

7.5　滤镜的应用

滤镜是 Photoshop 的一大特色，使用滤镜可以快速制作出一些特殊效果，如风吹效果、球面化效果、浮雕效果、光照效果、模糊效果和云彩效果等。

在 Photoshop 中，用户可以使用“滤镜库”命令快速而方便地应用滤镜。要使用“滤镜库”命令，可以选择“滤镜”|“滤镜库”命令，Photoshop 将打开如图 7.62 所示的“滤镜库”对话框。

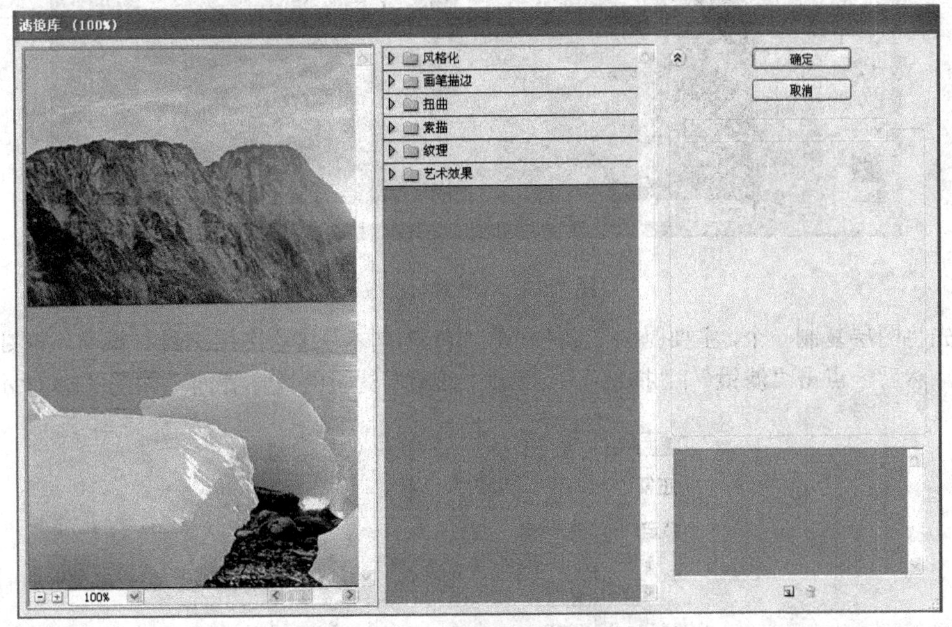

图 7.62　“滤镜库”对话框

在“滤镜库”对话框中集中放置了一组常用滤镜，并分别放置在不同的滤镜组中。例如，要使用“玻璃”滤镜，可先单击“扭曲”滤镜组名，展开滤镜文件夹，然后单击“玻璃”滤镜即可。同时，选中某个滤镜后，在其右侧选项区会自动显示该滤镜的相关参数，用户可根据情况进行调整。

7.5.1 “抽出”滤镜的使用

“抽出”滤镜是 Photoshop 里的一个滤镜，其作用是用来抠图。“抽出”滤镜功能强大，使用灵活，是 Photoshop 的抠图工具，它简单易用，容易掌握，如果使用得好抠出的效果非常好，“抽出”滤镜既可以抠繁杂背景中的散乱发丝，也可以抠透明物体和婚纱。下面以一个例子来介绍“抽出”滤镜的使用方法。

启动 Photoshop CS3，打开一幅图片，如图 7.63 所示。要把这个美女抠出来，如果按照老办法(钢笔或套索工具)，估计要用很长时间，而用“抽出”滤镜只要很短时间就能完成。

图 7.63　打开素材图像

先将图层复制一个，主要是为了备份。在“背景 副本”这个图层上进行操作，如图 7.64 所示。然后，点击“滤镜”|“抽出”，弹出“抽出”滤镜的操作界面，如图 7.65 所示。

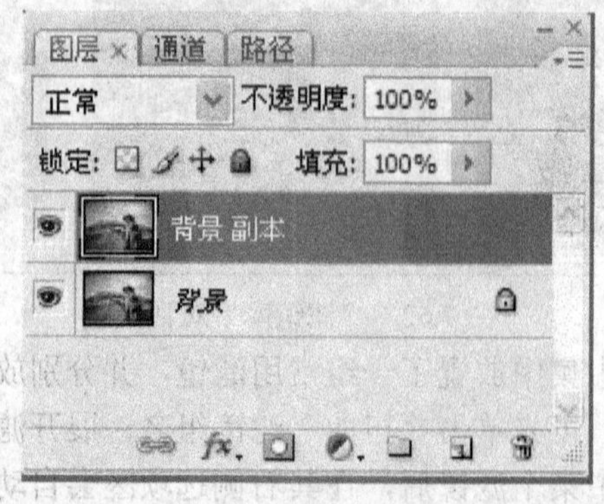

图 7.64　复制图层

图 7.65　“抽出”滤镜界面

下面开始抠图，点击“抽出”滤镜左边工具栏的第一个工具“边缘高光器工具…”，沿着美女的边缘进行绘制。右侧的数值面板可以调整画笔的大小和颜色。原则是画笔越细，抠出的图的边缘也越精准。在抠的过程中配合放大镜(快捷键“Z”)和抓取工具(快捷键“H”)进行操作，可以更好地节省时间。在绘制边缘的时候要注意，首先画的轮廓线尽量位于图片要抠的部分和扔掉的部分之间；其次对于一些比较细的部分，如图中的香烟，直接涂满就可以了，如图 7.66、图 7.67 所示。

图 7.66　细节图 1

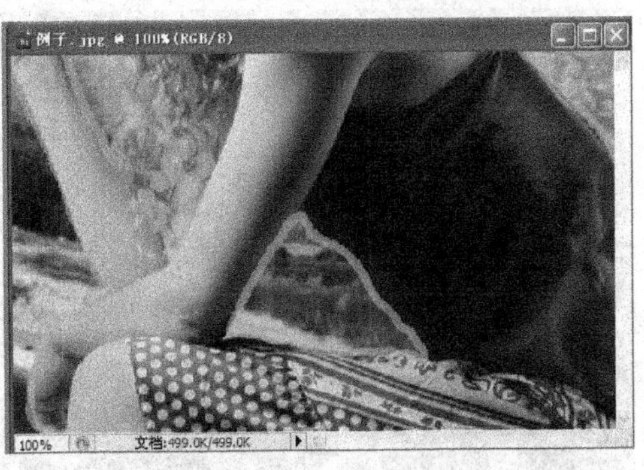

图 7.67　细节图 2

一定要事先看好要抠哪一部分，把边缘全部描绘出来。待边缘都描好了，点击左侧的第二个工具“填充工具”，在想要留下的部分填充一下，如图 7.68 所示。

图 7.68　填充图

填充好后，单击“预览”，不要单击“确定”按钮，在预览状态下还可以对细节进行修改，修改好后再单击“确定”完成。如果要预览图片效果，可单击“预览”，如图 7.69 所示。整体效果还不错，只是图片下边的部分有点毛边，修整一下，这就要用到“清除工具”和“边缘修饰工具”了。“清除工具”就是橡皮擦，将不想要的部分擦掉；边缘修饰工具正好相反，有的地方抠多了，可以用它来恢复。用法都和画笔工具一样，涂抹即可。修饰完成后，单击“确定”按钮，关闭“抽出”对话框即可得到提取的图像。

图 7.69　预览图

最后，对比效果如图 7.70 所示。

图 7.70　效果对比图

7.5.2　“液化”滤镜的使用

“液化”滤镜可以逼真地模拟液体流动的效果。使用该滤镜，可以非常方便地制作出弯曲、漩涡、扩展、收缩、移位以及反射等效果。不过，该滤镜不能用于索引颜色、位图或多通道模式的图像。下面通过一个实例来介绍“液化”滤镜的使用方法。

启动 Photoshop CS3，打开一幅图片，如图 7.71 所示。选择“滤镜”|“液化”命令，在打开的“液化”对话框的工具箱中选择冻结蒙版工具，并设置画笔大小，在图像中头发以外的部分进行涂抹，以冻结该部分，如图 7.72 所示。

图 7.71　素材图像

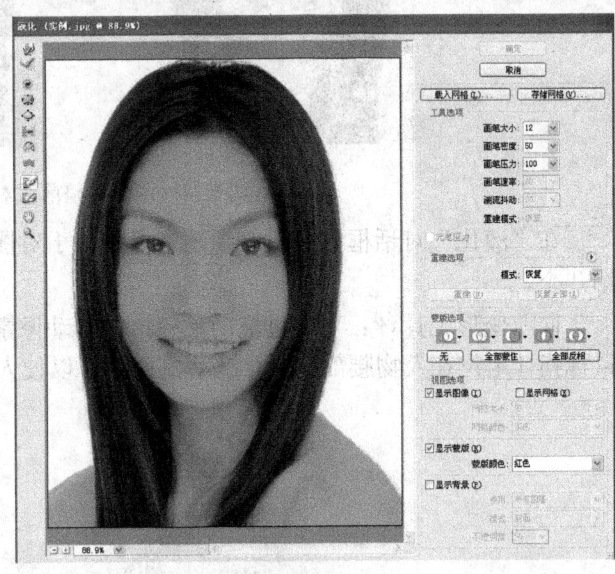

图 7.72　冻结头发以外部分

选择顺时针旋转扭曲工具，在“工具选项”选项区中设置画笔大小与画笔压力，在人物头发处按住鼠标左键使其呈现扭曲状，达到满意效果后释放鼠标，可根据需要重复此操作，如图 7.73 所示。

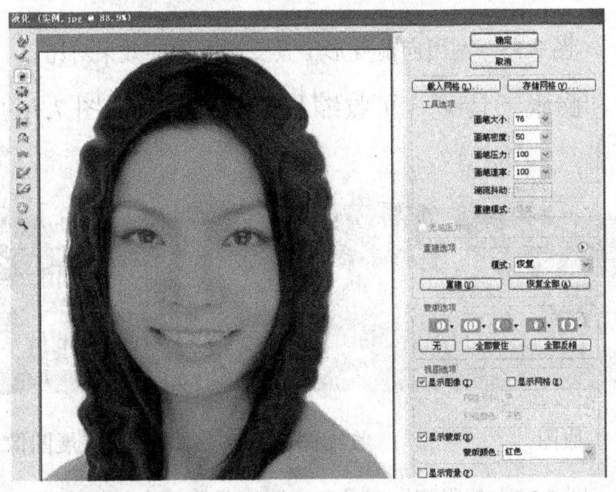

图 7.73　用顺时针旋转扭曲工具变形头发

操作完毕后，单击“确定”按钮关闭“液化”对话框，图 7.74 所示即为使用“液化”命令调整图像的前后对比效果。

图 7.74 图像调整前后对比效果

在“液化”对话框的工具箱中还有很多用于对图像进行特殊编辑的工具，下面简单介绍几个。

向前变形工具：可通过拖动鼠标指针移动像素。例如，图 7.75 中选中该工具后，将鼠标指针定位在人物腰部位置并拖动鼠标，可以使人物的腰部看起来细些。

图 7.75 利用向前变形工具变形图像的效果对比

使用褶皱工具和膨胀工具，可收缩和扩展像素，如图 7.76 所示。

原图　　收缩图像　　扩展图像

图 7.76 使用褶皱工具和膨胀工具收缩和扩展图像

选择左推工具，在图像窗口拖动鼠标，则在垂直于鼠标指针移动的方向上移动像素，如图 7.77 所示。

图 7.77　使用“左推”工具移动图像

思考题

1. Photoshop 经历了哪些不同的版本？你比较喜欢哪个版本？
2. 打开 Photoshop CS3 软件后，工作界面由哪几部分组成？
3. 使用魔棒工具选取选区时，属性栏中的“容差”值代表什么意思？请举例说明。
4. 抠图时，经常会用到哪些工具？请举例说明。
5. 修复画笔工具和仿制图章工具都可以修复残疵的图片，但二者有区别，请举例说明其区别。
6. 什么是图层，使用图层的好处。
7. 通道分为哪几类？你是怎样理解蒙版的？
8. 滤镜库中有哪些滤镜？你使用过哪些？请举例说明。

第 8 章 动画制作软件 Flash CS3

本章主要介绍动画制作软件 Flash CS3，从入门到工具按钮，最后对 Flash 中常用到的逐帧动画、补间动画、引导层动画、遮罩动画及声音的插入逐步进行介绍，使学生能够掌握基本的动画制作方法。

8.1 Flash CS3 入门

8.1.1 Flash CS3 简介

Flash 是一款优秀的用来制作动画、视频、网站、游戏和课件等复杂多媒体应用程序的矢量动画制作软件。Flash 是由美国 Macromedia 公司推出的，2005 年，Adobe 公司收购后，将其更名为 Adobe Flash，并于 2007 年推出了 Adobe Flash CS3 版本。现在网上已经有成千上万个 Flash 站点，著名的如 Macromedia 专门 ShockRave 站点，全部采用了 Shockwave Flash 和 Director。Flash 已经渐渐成为交互式矢量的标准，是当前网页的主流之一。

8.1.2 Flash CS3 的主要应用领域

全球现有运行的网站中大多都使用了 Flash。例如，绝大多数网站上的广告、动画以及很多 Web 数据库应用的用户界面都是采用 Flash 来实现的，它能够兼容多种设备，播放丰富的 Internet 内容和多媒体应用程序。Flash 动画支持流媒体技术，用户在浏览动画时可边播放、边下载，这也是 Flash 被应用在多种领域的原因之一。

1．Flash 网站

Flash 网站是宣传企业形象、扩展企业业务的重要途径之一，为了能吸引浏览者的注意，现在许多企业都使用 Flash 制作动态的网站，如图 8.1 所示。

图 8.1　Flash 网站

图 8.2　Flash 娱乐短片

2. 娱乐短片

娱乐短片是当前最为火爆，也是广大 Flash 爱好者最热衷应用的领域之一，在此可以发掘爱好者们的潜力，展现自我。利用 Flash 可制作动画短片、娱乐短片等，如图 8.2 所示。

3. 网站广告

通常情况下一个浏览量较大的网站，其站内都会嵌套许多网络广告，而为了不影响网站本身的正常运作，网站广告就必须占用空间小、具有视觉冲击力、内容直接明了，Flash 动画正好满足这些条件，如图 8.3 所示为某网站嵌套的汽车广告。

4. Flash 游戏

网络游戏充斥着我们的生活，有很多大型游戏更是受到广大玩家的推崇。而使用 Flash 中特有的 ActionScript 语句，可以制作一些小巧的 Flash 游戏供大家娱乐，如图 8.4 所示。

图 8.3　网站广告

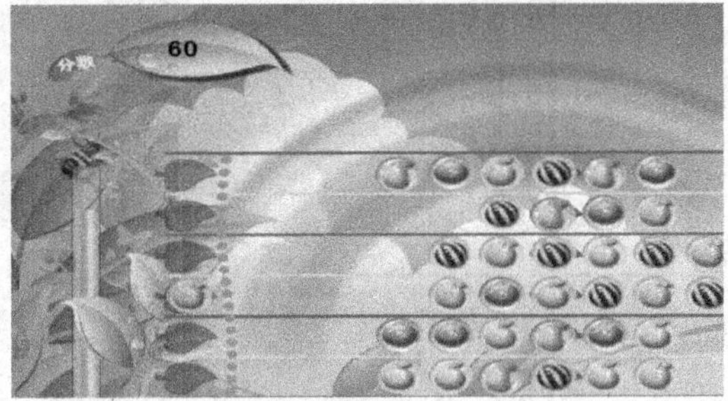

图 8.4　Flash 游戏

5. Flash MTV

在一些 Flash 制作的网站，几乎每周都有新的 MTV 作品产生。许多网站为了克服 MTV 在观看时因为网速过慢而时断时续的缺点，作品一般都采用 Flash 来制作，如图 8.5 所示。

6. 教学课件

为了能让学生在轻松愉快的氛围中学到知识，很多学校都开展了多媒体教学。使用 Flash 制作多媒体课件并添加一些动画效果，能更加吸引学生的注意力，提高学生的兴趣，因而 Flash 动画课件在多媒体教学中占据了非常重要的位置，如图 8.6 所示。

图 8.5　Flash MTV

图 8.6　教学课件

8.1.3　Flash CS3 的工作界面

启动 Flash CS3 后，弹出如图 8.7 所示的 Flash CS3 的初始用户界面，用户可在“新建”选项卡中选择 Flash 文件(ActionScript 3.0 或 ActionScript 2.0)选项进入 Flash 的操作界面，可以根据需要选择所要创建的新文件类型。

ActionScript 3.0 可以更容易地创建高度复杂的应用程序，也可在应用程序中包含大型数据集和面向对象的可重用代码集。ActionScript 代码执行速度比以前版本的速度快 10 倍，如果用户对 Flash 8.0 的 ActionScript 2.0 用得非常熟练，在制作动画时可使用该版本来进行脚本的编写。

图 8.7　Flash CS3 的初始界面

选择创建一个新的 Flash 文件(ActionScript 2.0)，进入 Flash CS3 的工作界面，如图 8.8 所示。

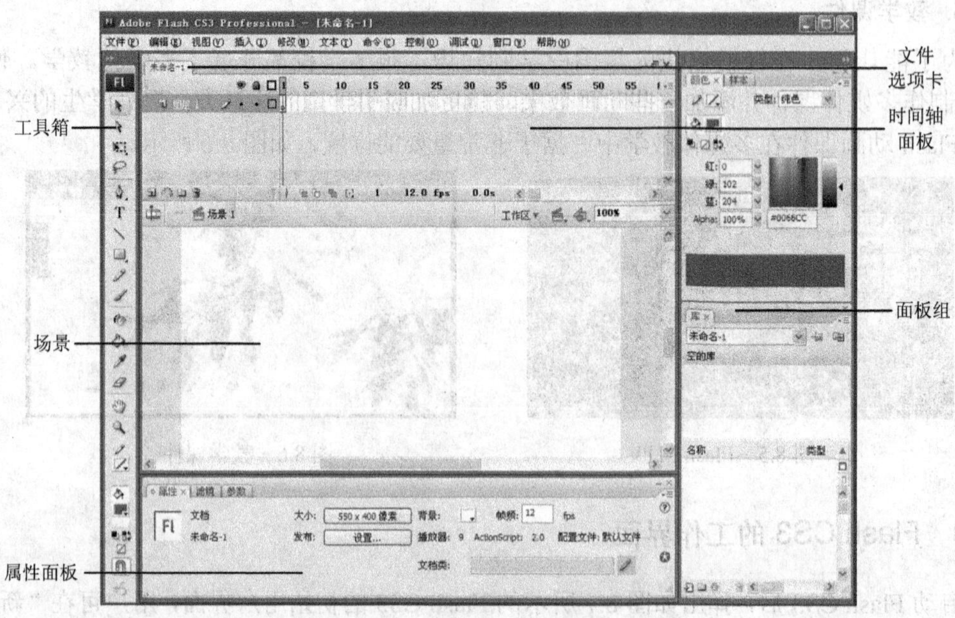

图 8.8　Flash CS3 的工作界面

1．工具箱

工具箱是 Flash 中使用最频繁的一个面板，位于窗口的左侧，上半部分是各种常用的工具；中间是两种颜色，分别用来设定边线颜色和填充颜色；下边是选中某种工具后相应的选项。

2．文件选项卡

在 Flash CS3 中可以同时打开多个 Flash 文档，文件选项卡显示各个文档的名字。用户可通过单击选项卡的名字进行多个文档之间的切换，也可以通过右击文件选项卡快速进行新建、打开、关闭和保存等常用操作。

3．时间轴面板

时间轴面板分为左侧的图层栏和右侧的时间轴，它们用于组织和控制文档内容在一定时间内播放的图层内容和帧数。制作动画时为了便于管理，应把不同的动画对象放在不同的图层。时间轴由各种帧和播放头组成，将动画内容存放在不同的帧中，播放时播放头由左到右扫描各帧，播放出各帧的内容最终形成连续的动画。

4．场景

场景是 Flash 动画制作的主要区域，包括白色区域和灰色区域。白色区域可以称为“舞台”，只有在舞台上的内容才是能导出 Flash 影片且被观众看到的内容；灰色区域可以称为“后台”，为舞台内容的进入做准备，是观众看不到的部分。

5．面板组

面板组位于工作界面的右侧，由多个功能面板组成，单击某个面板的名称即可将其打开。在“窗口”菜单中可以打开更多功能的面板，也可使用快捷键打开。

6．属性面板

属性面板位于场景的下方，用来快速设置对象的属性。它显示的是当前文件、对象以及绘图工具的具体选项设置。对象不同，属性面板中的选项设置也不同。

制作动画的画面大小和颜色以及播放时的频率都是由文件属性设置的，通过选择“修改”|“文档”菜单命令或在“文件属性”面板单击“大小”按钮，弹出“文档属性”对话框，如图 8.9 所示，在此可以设置舞台尺寸、背景颜色、帧频(每秒播放的帧数)等参数。

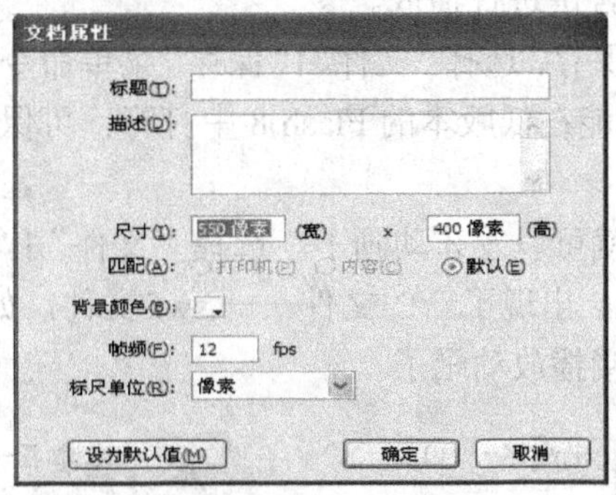

图 8.9 “文档属性”对话框

8.1.4 创建第一个 Flash 动画

下面通过制作一个简单的动画，使读者加深对整个 Flash 工作流程的了解。

【例 8.1】 让黄色的圆逐渐向右移动。

(1) 选择菜单“文件”|“新建”命令，新建 Flash 文件(ActionScript 2.0)。

(2) 点击“矩形”工具按钮停留一下，打开下拉菜单，然后选择“椭圆”工具，按 Shift 键在舞台中绘制一个正圆，点击“填充颜色”工具，在弹出的调色板中选择黄色，选择“颜料桶”工具，再单击正圆，黄色的圆就绘制完成了，并且该圆自动出现在第 1 帧上。

(3) 在时间轴的第 20 帧处单击鼠标右键，在弹出的快捷菜单中选择“插入关键帧”命令，如图 8.10 所示。

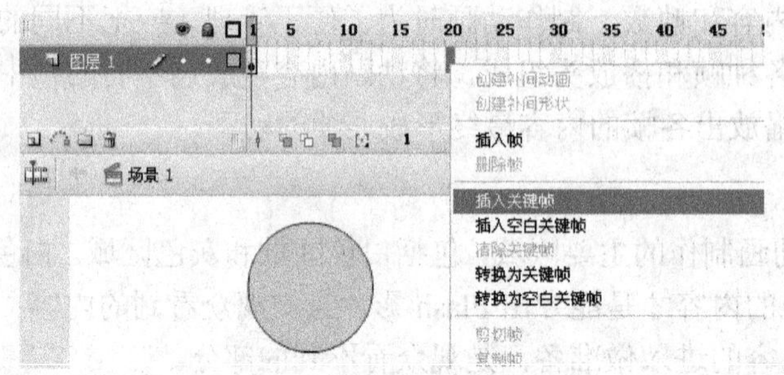

图 8.10 插入关键帧

(4) 在第 20 帧处，用选择工具框选整个圆，向右移动一段距离而第 1 帧的位置不变，在第 1 帧上单击鼠标右键，在弹出的快捷菜单中选择“创建补间动画”命令，这时两个关键帧中间的区域变成了浅紫色，并且有一条带箭头的线段贯通，如图 8.11 所示。

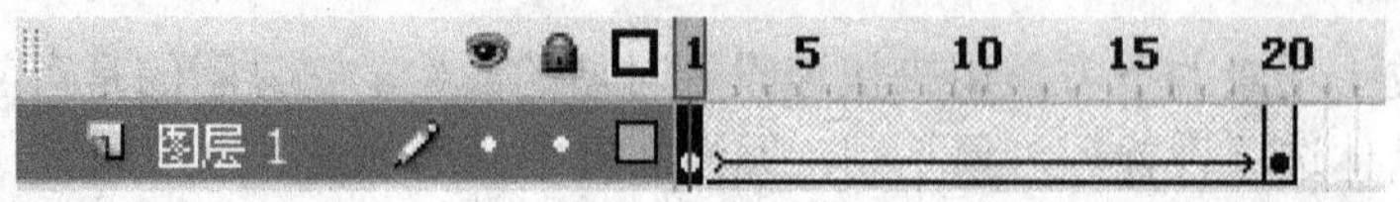

图 8.11 补间动画

(5) 至此，动画已经制作完成，可以进行动画的测试。选择“控制”|“测试影片”命令，也可以按 Ctrl+Enter 组合键进行播放。

(6) 播放效果满意即可保存，选择“文件”|“保存”菜单命令保存 Flash 的源文件，以.fla 为扩展名。如果要使该文件能在低版本的 Flash 8 中打开，可保存为“Flash 8 文档(*.fla)”类型。

(7) 保存好源文件后，就可以发布动画了。选择“文件”|“发布”命令，这时在 Flash 源文档(.fla)的同一个文件下，出现了新的文件——.swf 文件，如图 8.12 所示。双击“未命名-1.swf”文件，就可以直接播放动画了。

图 8.12 .fla 文件和 .swf 文件

8.2　Flash CS3 绘图基础

在 Flash 动画制作中，动画中所用到的图形既可以通过工具箱上的相应工具绘制，也可以将外部图片导入到文件中，本节主要介绍如何通过工具箱上的工具绘制图形。

8.2.1　矢量图形和位图

在计算机中，图像可以分为位图和矢量图两类。一般来说，在 Photoshop 软件中绘制的图形称为位图，而在 Flash 中绘制的图形称为矢量图。

位图图像是通过一个个点来描述的，每一个点都要存储该点在图像中的位置和颜色。例如，一张一寸照片大小的图像由 15 000 个左右的点组成，而这些点又存储着它们各自在图像中的位置和颜色。位图图像的体积很大，放大后图像会变模糊，但是它可以表现丰富多彩的颜色。

矢量图形通过带有方向的直线和曲线来描述图形，而不是通过点。因此，矢量图形的体积比位图小很多，放大时图形也不会失真。但是，矢量图不能存储太丰富的颜色，比较适用于界限分明、色块较大、具有图画特点的图形，如卡通动画、标志等。

8.2.2　使用绘图工具绘图

在 Flash 中绘制图形主要有两种方式：合并绘制图形和对象绘制图形。

1. 合并绘制图形

默认情况下，在 Flash 的同一图层上，合并绘制图形、填充颜色时，所绘制的图形对象会自动合并，对图形进行编辑会影响到同一图层的其他形状。例如，绘制一个大圆形，并在其上叠加一个小圆形，然后将小圆形移开，则会删除大圆形与小圆形重叠的部分，如图 8.13 所示。

2. 对象绘制图形

在选择绘图工具后，在工具箱的选项区选中“对象绘制”按钮，即可使用对象绘制图形方式。使用该方式绘制图形时，可以将多个图形绘制成独立的对象，这些对象在叠加时不会自动合并，这样在分离或重新调整图形对象时，就不会改变图形原来的外观，如图 8.14 所示。

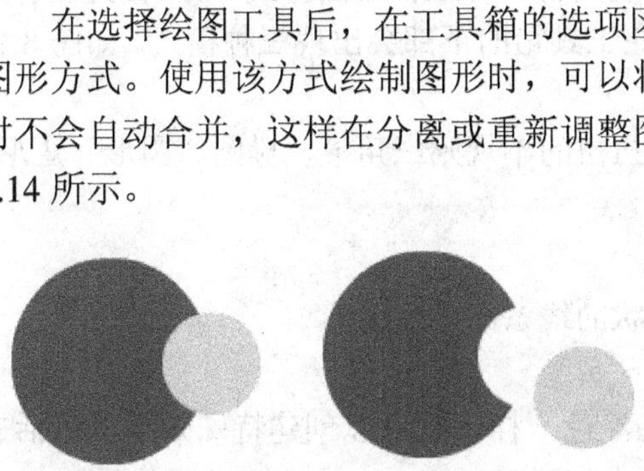

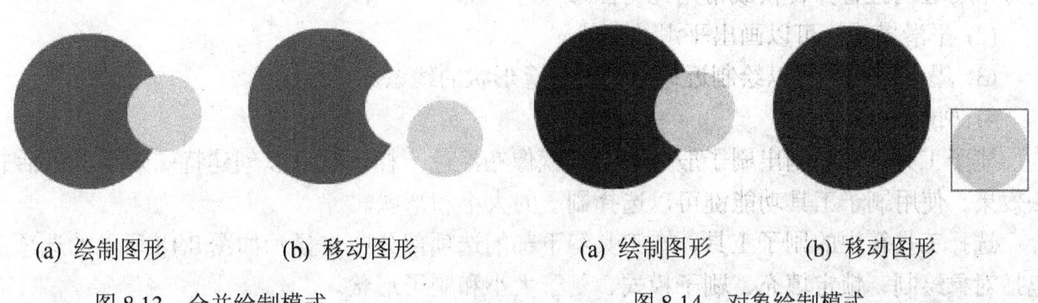

(a) 绘制图形　(b) 移动图形

图 8.13　合并绘制模式

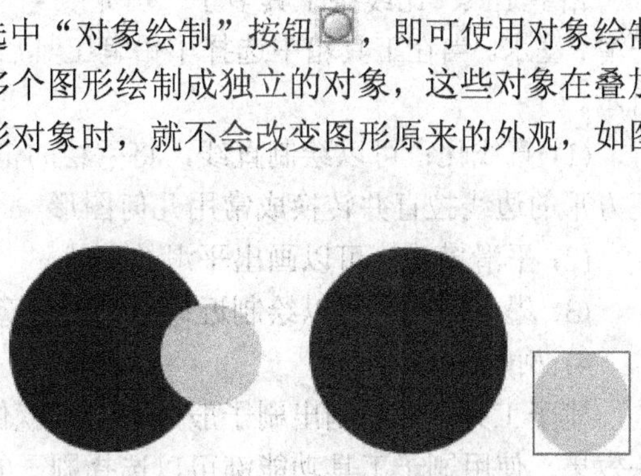

(a) 绘制图形　(b) 移动图形

图 8.14　对象绘制模式

如果选择“修改”|“合并对象”|“联合”命令可将“合并绘制”方式绘制的图形转为“对象绘制”方式的图形对象。

3. 基本绘图工具介绍

1) 直线工具

直线工具＼用来绘制直线，配合 Shift 键可以绘制水平、垂直和 45°角的直线。如图 8.15 所示为直线工具的属性面板，在属性面板中可以设置直线的颜色、粗细和线型等属性。

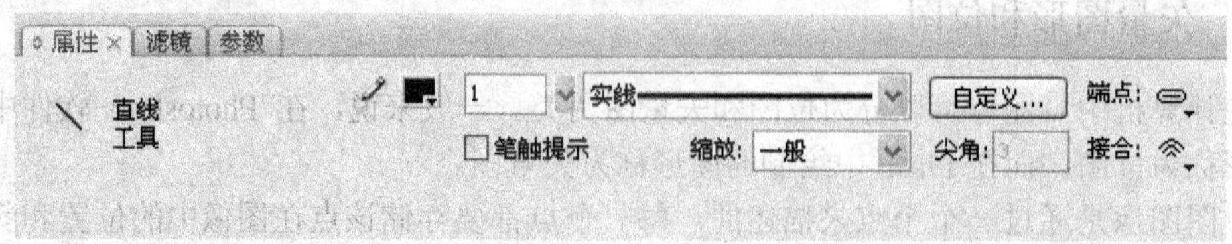

图 8.15 直线工具的属性面板

2) 椭圆工具和矩形工具

椭圆工具用来绘制椭圆和圆，矩形工具用来绘制矩形和正方形。绘制的图形有填充内容和描边设置，这里的描边设置和直线工具的设置相同，而填充内容可在如图 8.16 所示的属性面板中设置。

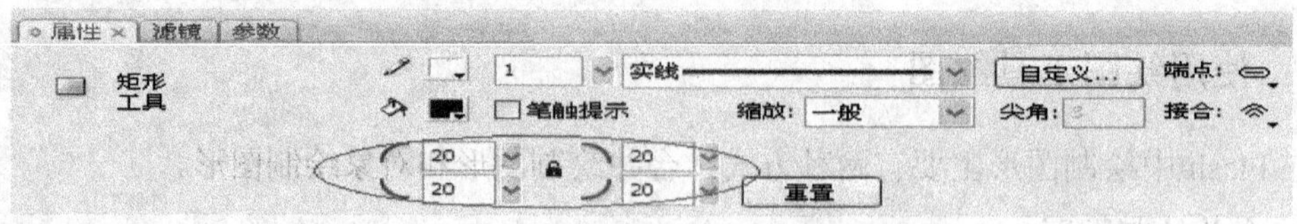

图 8.16 矩形工具的属性面板

说明：基本矩形工具和基本椭圆工具可在绘制完图形后的任意时刻调整内角半径，而矩形工具和椭圆工具只能在绘制时调整，确定后不能再调整。多角星形工具可以设置图形的样式和边数等。

3) 铅笔工具

铅笔工具比线条工具多了“填充颜色”的设置。它有三种绘图方式，分别为直线化、平滑、墨水。当在工具箱中选择了铅笔工具后，在工具箱的下部会出现三种模式，如图 8.17 所示。

(1) 直线化：可以绘制直线，将手绘的歪歪扭扭的不规则三角形、椭圆、圆形、矩形、正方形的边线拉直并转换成常用几何图形。

(2) 平滑模式：可以画出平滑的曲线。

(3) 墨水模式：可以绘制近似手绘的任意形状的线条。

4) 刷子工具

刷子工具能绘制出刷子般的笔触，就像在涂色一样。它可以创建特殊效果，包括书法效果。使用刷子工具功能键可以选择刷子的大小和形状。

选择工具箱中的刷子工具，在工具箱下部的选项部分中将显示如图 8.18 所示的选项，包括对象绘制、锁定填充、刷子模式、刷子大小和刷子形状。

(1) 对象绘制：用于绘制互不干扰的多个图形。

(2) 锁定填充：选中该按钮，将不能再对图形进行填充颜色的修改，因此可以防止错误操作而使填充色被改变。

(3) 刷子大小：共有八种从细到粗的刷子可供选择。

(4) 刷子形状：共有九种不同类型的刷子可供选择。

(5) 刷子模式：单击该按钮会弹出如图 8.19 所示的面板，其中包括标准绘画、颜料填充、后面绘画、颜料选择、内部绘画五种模式。

- 标准绘画：可对同一层的线条和填充涂色。
- 颜料填充：对填充区域和空白区域涂色，不影响线条和填充。
- 后面绘画：在舞台上同一层的空白区域涂色，不影响线条和填充。
- 颜料选择：在填充颜色或属性面板的填充框中选择填充时，新的填充将应用到选区中，就像选中填充区域然后应用新填充一样。
- 内部绘画：对开始刷子笔触时所在的填充进行涂色，但从不对线条涂色。如果在空白区域中开始涂色，则填充不会影响任何现有填充区域。

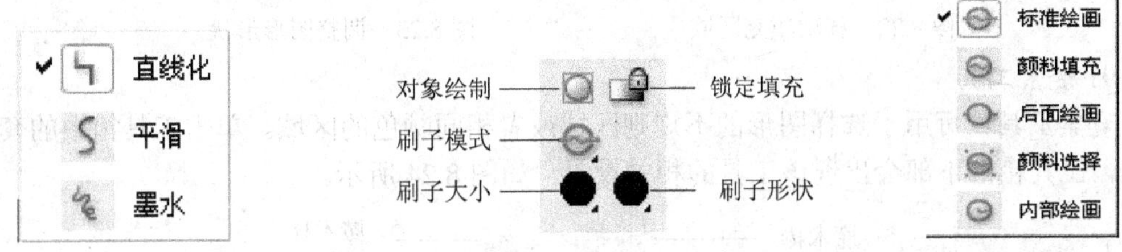

图 8.17　铅笔绘制模式　　图 8.18　刷子工具选项　　图 8.19　刷子模式

5) 墨水瓶工具

墨水瓶工具适用于改变线条的颜色。单击工具按钮进入墨水瓶的涂色方式，这时图标也变为墨水瓶形状。单击线条，可以将其改为指定的颜色，参数的设置同直线工具的设置。

6) 颜料桶工具

颜料桶工具的作用是使用单色、渐变色或位图对某一区域进行填充，只能作用于填充区域而不能作用于线条。单击按钮进入颜料桶填色状态，除了可以进行填充颜色的设置外，还可以设置空隙大小，给不同空隙的图形填充颜色。

说明：如果在笔触颜色和填充颜色的调色板中选中按钮，可以关闭笔触或填充颜色。在颜色面板的“类型”选项中如果选择线性或放射状类型，可通过单击下方颜色条中的按钮增加色块或向下拖拽减少色块来调整颜色。Alpha 是用于设置透明度的。

7) 渐变变形工具

渐变变形工具用来对填充的渐变色(线性或放射状)进行变形，调整渐变色的角度、宽度和中心点。选择渐变变形工具后单击渐变色图形，可以看到三个控制点，如图 8.20 所示。拖动右上角的圆，改变渐变色的角度，拉动右侧边点改变渐变色的范围，拖动中心圆点改变渐变色的中心，结果如图 8.21 所示。

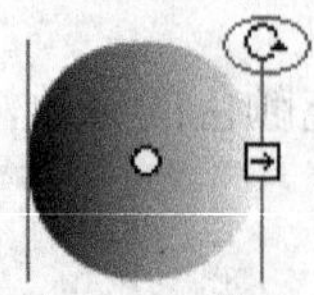
图 8.20　渐变控制点

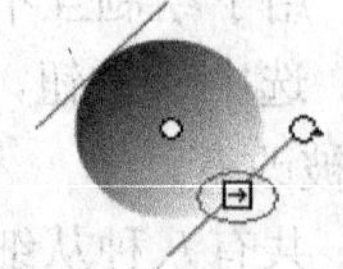
图 8.21　改变渐变角度、方向和中心

8) 选择工具

选择工具 的作用有以下几种：

- 选择并移动图形和线条。如图 8.22 所示，左边为原图，右边为移动填充后的图形效果。
- 调整线条和图形的形状。选择选择工具，将其移到线条或图形需要变换的点上，待鼠标指针变为修改形状状态 时，按住鼠标拖动即可，如图 8.23 所示。

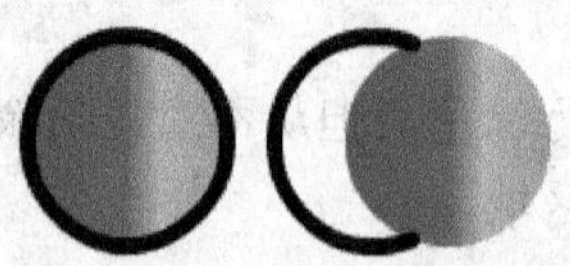
图 8.22　移动填充区域

图 8.23　调整图形形状

9) 套索工具

套索工具 可用于选择图形的不规则区域或者相同颜色的区域。单击工具箱中的套索工具，工具箱的下部会出现该工具的相关设置，如图 8.24 所示。

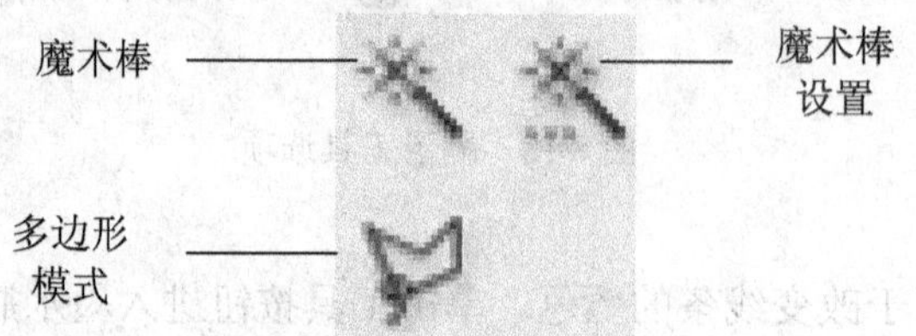

图 8.24　套索工具选项

(1) 直接拖拽鼠标可选择图形的不规则区域。

(2) 单击多边形模式，可选择图形的多边形区域。

(3) 单击魔术棒，可选择相同颜色的区域，如果操作的是导入的位图，需按 Ctrl+B 键将其打散为矢量图。

10) 文字工具

单击文字工具 T 按钮进入文字编辑状态，在属性面板上可以设置其参数，包括字体、字号、颜色、加粗、倾斜和对齐方式等。分离的字体也可像图形一样作变形动画。

图 8.25　输入文字

进入文字编辑状态后，在要输入文字的地方单击，会出现如图 8.25 左图所示的形状标志，文字的输入如图 8.25 右图所示。

11) 其他工具

除了上面介绍的这些工具外，其他一些工具如部分选取工具 、钢笔工具 、橡皮工具 、抓手工具 、缩放工具 等，它们的使用方法和 Photoshop 中的这些工具的使用方法类似，这里就不再复述。

8.2.3　实例——绘制熟透的樱桃

在 8.2.2 节中，介绍了有关绘图工具箱的基本工具的操作，现绘制一个相对较复杂的造型——熟透的樱桃，来巩固所学知识。

【例 8.2】　绘制熟透的樱桃。

(1) 选择“文件”|“新建”菜单命令，新建 Flash 文件(ActionScript2.0)。

(2) 在属性面板中，设置其大小为“400 × 300 像素”，背景色为“白色”，帧频为“12fps”。

(3) 在时间轴面板中，把“图层 1”重新命名为“樱桃”。

(4) 选择绘图工具栏中的椭圆工具，设置其颜色为“黑色”，粗细为“1”，线型为“实线”，如图 8.26 所示，在舞台上绘制一个大小适当的圆。

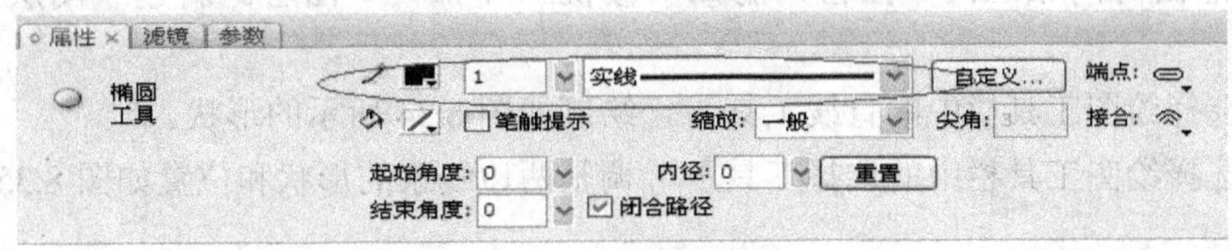

图 8.26　椭圆工具属性面板

(5) 选择绘图工具栏中的颜料桶工具，在颜色面板(若颜色面板没有显示出来可通过选择“窗口”|“颜色”命令来打开)中选择颜色为“放射性渐变”，并调整其颜色如图 8.27 所示。左边颜色块为 RGB(255.204.0)，右边颜色块为 RGB(255.51.0)。

(6) 在绘制的圆上单击，填充颜色如图 8.28 所示。

(7) 选择绘图工具栏中的选择工具，并在舞台中拖动覆盖椭圆的位置来选择它，如图 8.29 所示。

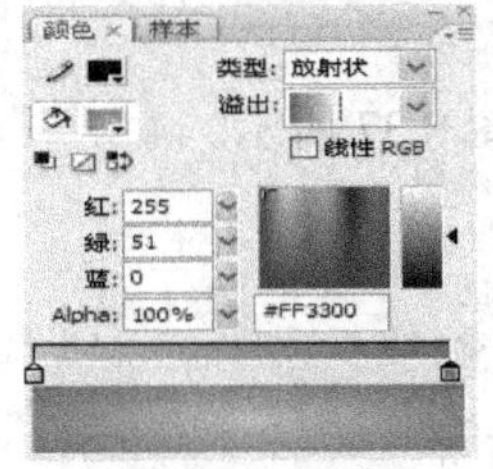

图 8.27　颜色面板

图 8.28　填充放射状颜色的圆

图 8.29　选择对象

(8) 按快捷键 Ctrl+C 复制该对象，并按快捷键 Ctrl+V 来粘贴此对象。使用 Ctrl+T 打开变形面板，在变形面板中调整其大小为原来的 80%，如图 8.30 所示。

(9) 在时间轴面板上，新建立一个图层，命名为“枝”。

(10) 选择绘图工具栏中的直线工具，并设置描边色为黑色。在舞台中绘制一条直线，如图 8.31 所示。

(11) 选择绘图工具栏中的选择工具，调整其形状如图 8.32 所示。

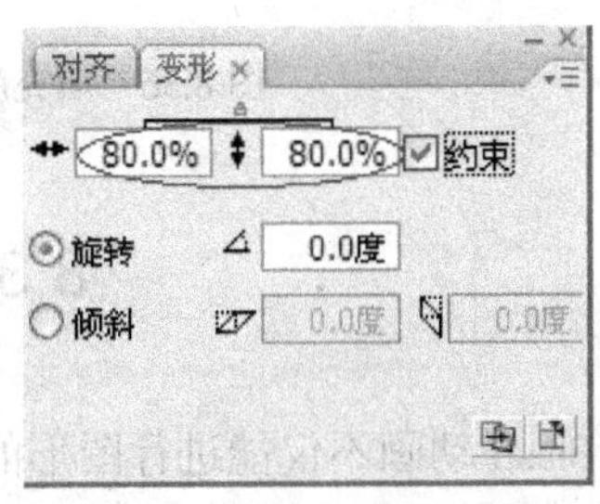

图 8.30　使用变形面板调整对象大小

(12) 用同样的方法为小樱桃制作枝，如图 8.33 所示。

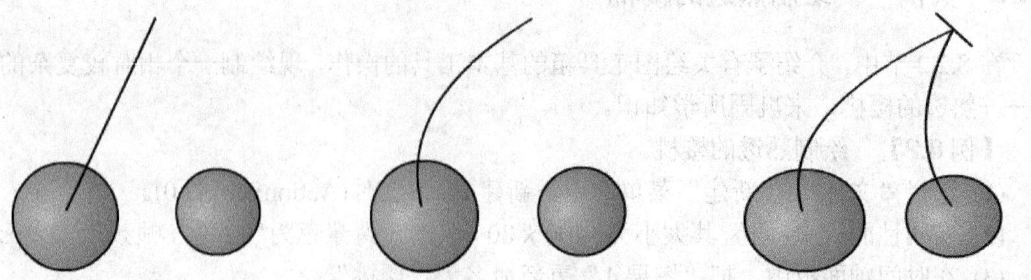

图 8.31　绘制直线　　图 8.32　调整形状　　图 8.33　绘制另一个直线并调整形状

(13) 点击时间轴上的●按钮，隐藏“樱桃”和“枝”图层。新建一图层，命名为“叶子”。

(14) 选择绘图工具栏中的直线工具╲，绘制如图 8.34 所示的形状。

(15) 选择绘图工具栏中的选择工具↖，调整两边线条的形状和位置如图 8.35 所示。

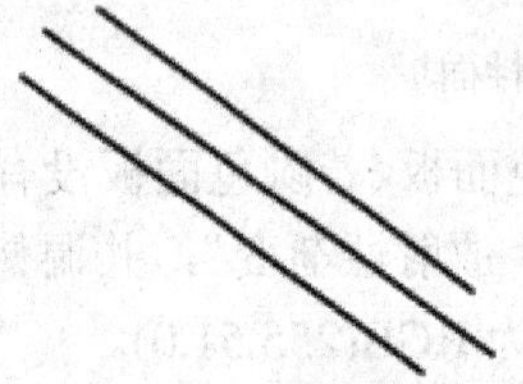

图 8.34　绘制三条直线

图 8.35　调整形状

(16) 选择绘图工具栏中的颜料桶工具，并在颜色面板中选择纯色，设置绿色 RGB(153.204.0)进行填充，如图 8.36 所示。

(17) 显示“樱桃”和“枝”图层，并调整它们的相对位置如图 8.37 所示。

(18) 制作完毕，保存并发布文件。

图 8.36　填充颜色

图 8.37　绘制的完整图形

8.3　Flash 基础动画制作

Flash 动画不仅能进行图形的绘制，更重要的是可以进行动画的制作。用户可根据需要来创建图形，并在图形之间设置动画。

首先，需要了解元件的概念。元件其实就是对象，是一种可以重复使用的对象，重复

使用它并不会增加文件的大小，而且还方便简化了影片的修改。Flash 中有图形、按钮、影片剪辑三种元件。图形元件的作用是创建补间动画或存储一些不动的静态图像；按钮元件主要用来创建一些按钮；影片剪辑元件可以创建可重用的动画片段，是能力最强、适应性最广的元件，它的功能涵盖了按钮元件和图形元件。

8.3.1　Flash 动画的基本原理

动画是通过连续播放一组静态图像而产生的视觉动感。动画的播放速度以 fps(帧每秒)为计算单位，即每秒播放多少帧。Flash 利用播放连续帧的方式产生动画效果，默认动画效果为 12fps。

在 Flash 的工作界面中，时间轴中的每一个小方格就代表一个帧，一个帧包含了动画中某个时刻的画面。帧是组成动画的基本单位，分为关键帧、空白关键帧和普通帧三种。

1. 关键帧

关键帧显示为实心圆点，它定义了动画的变化环节，是动画中呈现关键性内容或变化的帧。关键帧中的内容可以编辑，快捷键为 F6。

2. 空白关键帧

空白关键帧显示为空心圆点，是指没有内容的关键帧，一旦有了内容就会转变成关键帧。关键帧主要用于在画面与画面之间形成间隔，或是为了添加动作和注释，快捷键为 F7。

3. 普通帧

普通帧是不可编辑的帧，它的内容与它前面一个关键帧的内容完全相同，在制作动画时可以用它来延长动画的播放时间。普通帧用一个矩形表示，快捷键为 F5。

8.3.2　逐帧动画

逐帧动画在每一帧中都会更改舞台内容，它适合于图像在每一帧中都在变化而不是在舞台上移动的复杂动画。逐帧动画是最基本的动画，它的每一帧都是关键帧，都需要制作者修改制作，然后将一个一个关键帧中的内容按时间顺序播放出来，进而形成动画效果。

【例 8.3】　制作扇子的收缩和展开动画，效果如图 8.38 所示，并将文件保存为“扇子.fla”。

图 8.38　效果图

(1) 选择“文件”|“新建”菜单命令，新建 Flash 文件(ActionScript 2.0)。

(2) 在文档的第 1 帧中绘制扇子的第 1 片扇叶。选择矩形工具绘制一矩形，并按 Shift+F9 组合键打开颜色面板给矩形内部填充位图，如图 8.39(a)所示。

(3) 用选择工具 把矩形上方的线进行拖拽，拖成曲线，如图 8.39(b)所示。

(4) 再选择矩形工具在此图形的下方绘制一小矩形来制作扇子手柄，如图 8.39(c)所示。

(5) 框选整个图形，按 F8 键，将图形转换为影片剪辑，并命名为“扇子”，并把中心移至扇子的下方，如图 8.39(d)所示。

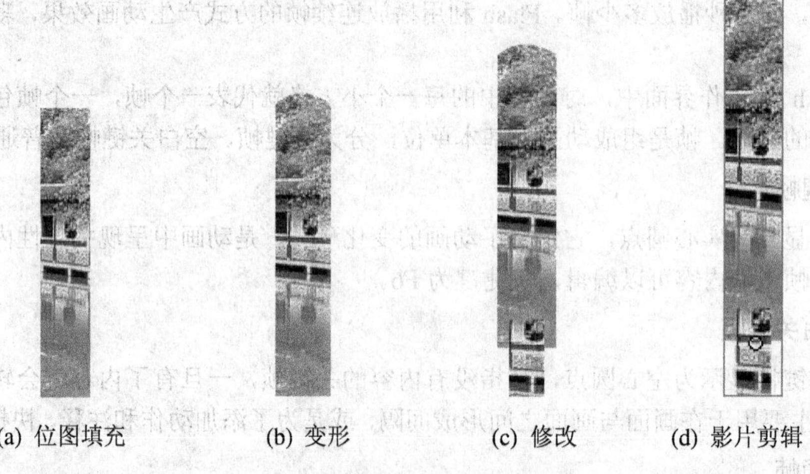

(a) 位图填充　(b) 变形　(c) 修改　(d) 影片剪辑

图 8.39　制作步骤

(6) 按下 Ctrl+T 组合键，打开变形面板，如图 8.40 所示。在该面板中设置物体的旋转角度为 10 度，并按下若干次“复制并应用变形”按钮 ，将物体旋转并复制若干次。这时扇子的形状就出来了，使用任意变形工具 旋转，结果如图 8.38 所示。

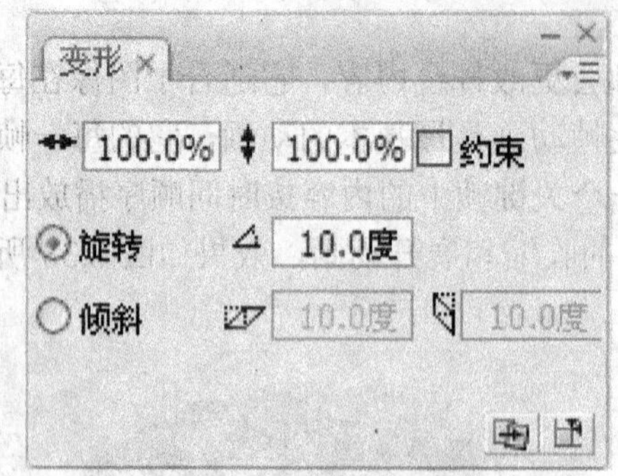

图 8.40　变形面板

(7) 以上操作都在第 1 帧中完成。选中第 1 帧并按下 F6 键，复制了第 1 帧，这时第 2 帧的内容和第 1 帧是一样的，接着用选择工具将第 2 帧最后一片叶子选中，并删除它。

(8) 再按下 F6 键，复制第 2 帧成第 3 帧，将第 3 帧中的最后一片叶子删除。如此重复下去，直到只剩下一片叶子。时间轴如图 8.41 所示。按 Ctrl+Enter 组合键测试，发现扇子是收起来的，而不是展开的。

图 8.41　时间轴

(9) 用选择工具选择所有的帧，单击鼠标右键，在弹出的菜单中选择“翻转帧”命令，这时再测试，扇子就是慢慢展开的。

(10) 用选择工具选择所有的帧，并复制帧。在第 21 帧处点击鼠标右键，在弹出的菜单中选择“粘贴帧”命令，然后将后粘贴的帧翻转再选择“翻转帧”命令，扇子就呈慢慢展开又慢慢关闭的状态了。

8.3.3　形状补间动画

在时间轴的某一帧中绘制形状，然后在另外的关键帧中绘制另外的形状，在这两个形状之间形成渐变变形的动画效果。在形状补间动画中，起始帧和终止帧放置的必须是形状，其他形式的对象需要先选择“修改”|“分离”菜单命令再进行变形动画的设置。

【例 8.4】　控制数字“1”到数字“2”的变化过程。

(1) 选择“文件”|“新建”菜单命令，新建 Flash 文件(ActionScript 2.0)。

(2) 使用“文字”工具 T 在属性面板中设置字体为“华文行楷”，字号为“100”，颜色为红色，在舞台中输入数字“1”。

(3) 使用“选择”工具选中文字后，按 Ctrl+K 组合键打开对齐面板，并单击“相对于舞台”、“水平中齐”和“垂直中齐”按钮，使其相对于舞台居中，如图 8.42 所示。

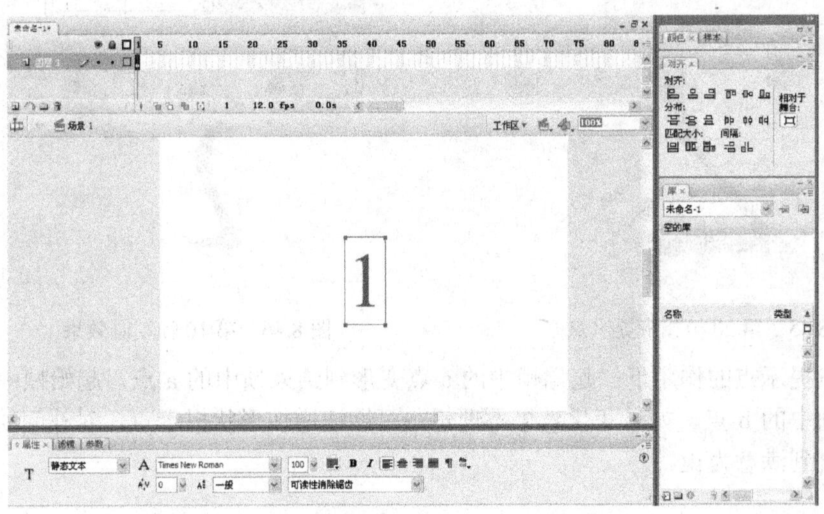

图 8.42　文字居中对齐

(4) 按 Ctrl+B 组合键将文字分离成形状。

(5) 在第 20 帧处按 F7 键输入空白关键帧，用同样的方法输入数字“2”，将其对齐到舞台的中央，并分离成形状。

(6) 在时间轴第 1 帧和第 20 帧两个关键帧之间右击，从弹出的快捷菜单中选择“创建

补间形状”。

(7) 按 Ctrl+Enter 键测试动画，看到的是数字“1”变成数字“2”，由于这个过程是随机产生的，因此变形过程比较乱，如图 8.43 所示是第 10 帧的内容。

(8) 在时间轴上选择第 1 帧，选择“修改”|“形状”|“添加形状提示”菜单命令添加一个形状提示点，在舞台上出现带字母 a 的红色圆圈就是提示点，将其放到数字“1”的左上角。再次选择“修改”|“形状”|“添加形状提示”菜单命令添加第 2 个形状提示点 b，将带字母 b 的红色圆圈放到数字“1”的右下角，如图 8.44 所示。

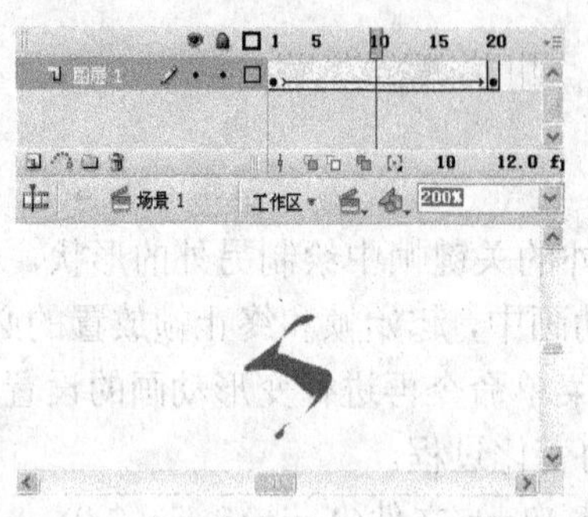

图 8.43 第 10 帧变形效果

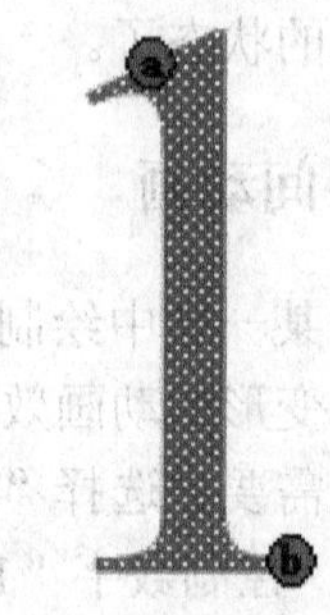

图 8.44 第 1 帧提示点

(9) 选择时间轴上的第 20 帧，将 a 提示点放到数字“2”的左上角，将 b 提示点放到数字“2”的右下角，如图 8.45 所示。

(10) 按 Ctrl+Enter 键测试影片，观察动画效果，如图 8.46 所示。

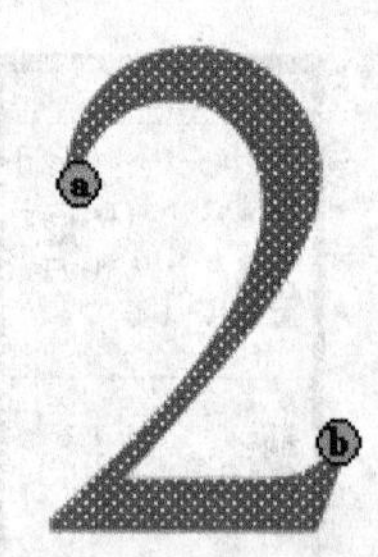

图 8.45 第 20 帧相应提示点

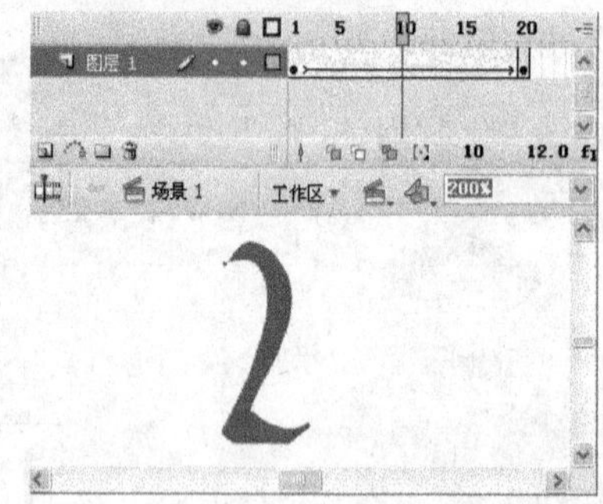

图 8.46 第 10 帧动画效果

在形状提示点的作用下，起始帧中的 a 点变形到结束帧中的 a 点，起始帧中的 b 点变形到结束帧中的 b 点。如果变化效果不理想，可继续增加形状提示点，对补间动画效果进行微调，直到满意为止。

8.3.4 运动补间动画

在起始帧和结束帧中为同一对象设置不同的属性，如位置、大小及颜色等，并在这两个关键帧之间建立一种变化关系。动画补间创建后，两个关键帧之间的过渡帧变成浅紫色并出现一条带箭头的黑色线。

【例 8.5】 模拟篮球运动的动画，并将文件保存为“篮球运动.fla”。

动画描述：篮球从上往下加速运动，在落地的一刹那间篮球被挤压了一下，然后从下往上进行减速运动，这里篮球在上下运动的同时自身也在旋转。

(1) 选择“文件”|“新建”菜单命令，新建 Flash 文件(ActionScript 2.0)，在文件属性面板中，将舞台背景设为“灰色”。

(2) 选择“椭圆”工具，按 Shift 键在舞台中绘制一个正圆，并给圆填充红色到深红色的径向渐变色，然后绘制两条曲线交叉放在球的上面，如图 8.47 所示。选择绘制好的篮球，按下 F8 键，将其转变为“篮球”影片剪辑。

(3) 按 Ctrl+F8 组合键新建“篮球运动”影片剪辑，进入影片剪辑的编辑界面，把“篮球”影片剪辑放置在第 1 帧，选中第 15 帧插入关键帧，再选择第 1 帧，在帧属性栏中选择补间为“动画”，旋转为“顺时针”，次数为“1”，如图 8.48 所示。这样篮球就可以进行自转了。

(4) 返回场景，把场景中的物体全部删除。然后在“图层 1”绘制地平线，并将“图层 1”命名为“地平线”。

(5) 新建图层 2，并命名为“篮球运动”。并把“篮球运动”影片剪辑拖拽到该层的第 1 帧中，并将其放置在高处，然后在第 15 帧插入关键帧，同时在图层 1 的 40 帧按 F5 键插入帧。在图层 2 的 15 帧，把篮球移动到低处并接触到地平线。选择第 1 帧，创建补间动画，并在帧属性栏中设置缓动为“–100”(负数代表加速)，如图 8.49 所示。这样自转的篮球就从上往下作加速运动。

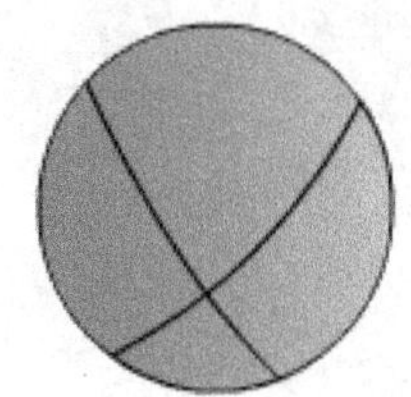

图 8.47　篮球

图 8.48　旋转设置 1

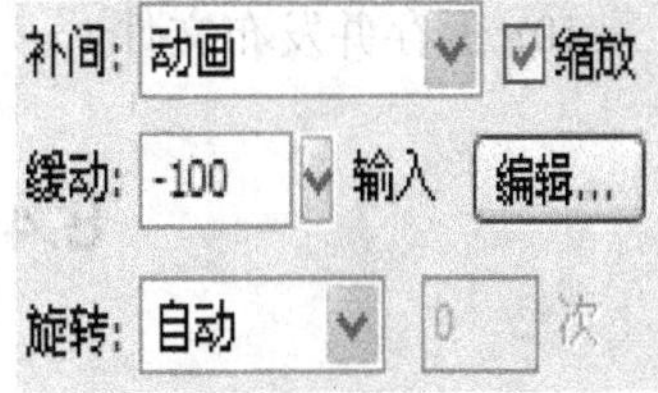

图 8.49　旋转设置 2

(6) 在第 16、17 帧处分别插入关键帧，并把第 16 帧处的篮球进行挤压。挤压方法是：选择任意变形工具对篮球进行缩放，把中心点移至篮球底部，然后把篮球向下压一点点，如图 8.50 所示。

(7) 选择第 1 帧，单击鼠标右键，在弹出的菜单中选择“复制帧”命令；再选择第 40 帧，单击鼠标右键，选择“粘贴帧”命令。

(8) 选择第 17 帧，设置其帧属性，选择补间动画，缓动设置为“100”(正数代表减速)，如图 8.51 所示。这时自转篮球就从下往上作减速运动。

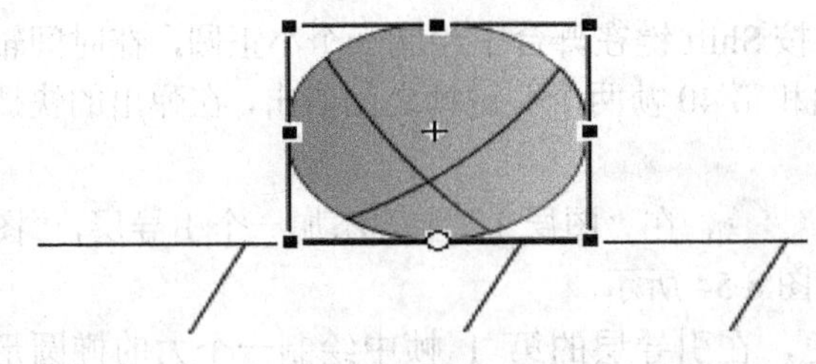

图 8.50　旋转设置

图 8.51　缓动设置

(9) 动画设置全部完成，其时间轴如图 8.52 所示。按下 Ctrl+Enter 组合键测试动画，效果图如 8.53 所示。

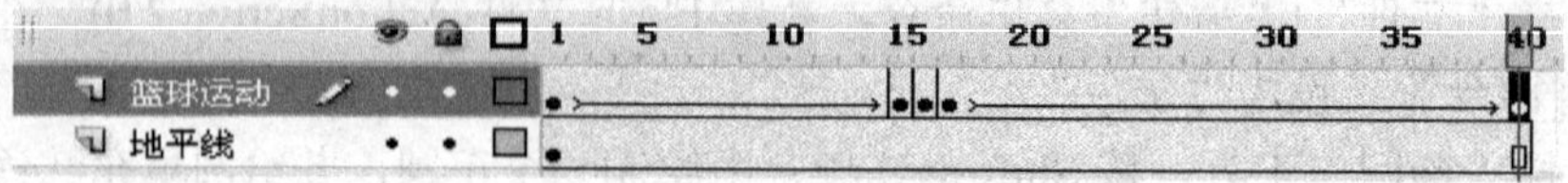

图 8.52　时间轴

图 8.53　效果图

(10) 保存并发布文件。

8.4　引导层动画和遮罩动画

8.4.1　引导层动画

前面讲的动画都是沿直线运动的，而在现实生活中很多运动是不规则的，在 Flash 中可以通过使用引导层动画来实现曲线运动。引导层动画需要一个“引导层”和一个“被引导层”。“引导层”是用来指示对象运行的路径的，可以使用铅笔工具、钢笔工具、直线工具及椭圆工具等绘制引导线；“被引导层”中的对象沿着引导线运动，被引导的对象可以是影片剪辑元件、图形元件、按钮元件和文字等，但不能是形状。

【例 8.6】　制作“围绕运动”效果。

(1) 选择“文件”|“新建”菜单命令，新建 Flash 文件(ActionScript 2.0)。

(2) 选择椭圆工具，关闭边线颜色，按 Shift 键在舞台中绘制一个小正圆，在时间轴上第 40 帧处按 F6 键插入关键帧，在第 1 帧和第 40 帧两个关键帧之间右击，在弹出的快捷菜单中选择“创建补间动画”。

(3) 在图层栏中单击“添加运动引导层”，在“图层 1”上方添加一个引导层，“图层 1”自动变成被引导层并向后退一格，如图 8.54 所示。

(4) 使用“椭圆”工具，关闭填充颜色，在引导层的第 1 帧中绘制一个大的椭圆形

轨道。

(5) 使用“选择”工具，将“图层 1”起始帧中绘制的圆放在引导线上，结束帧中的圆放在引导线的另一端，与起始帧的位置错开一些，如图 8.55 所示。

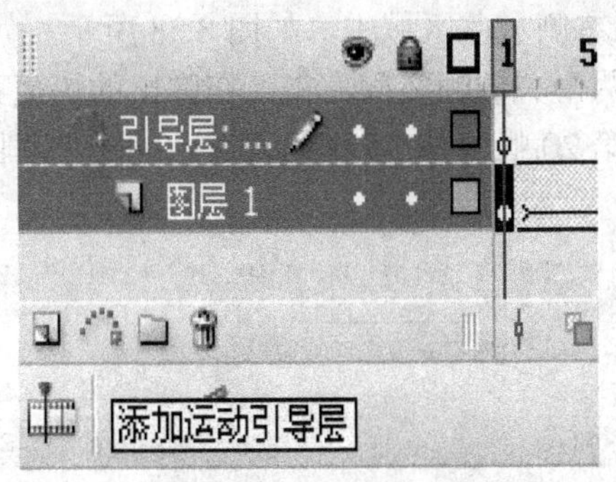

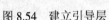

图 8.54 建立引导层

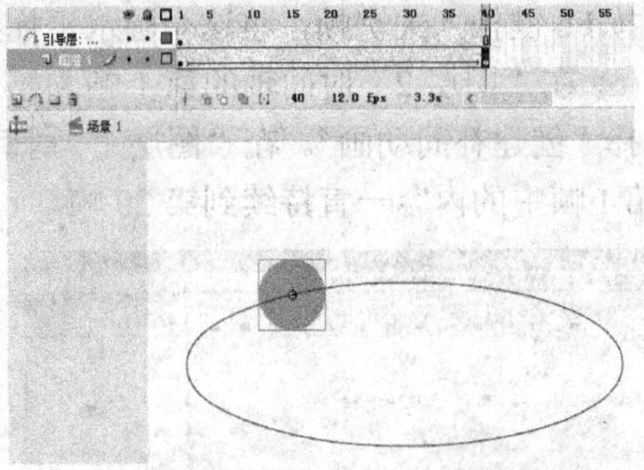

图 8.55 将对象移到引导线上

(6) 在第 10 帧、20 帧和 30 帧分别插入关键帧，将圆按逆时针方向移动到引导线的不同位置，如图 8.56 所示。

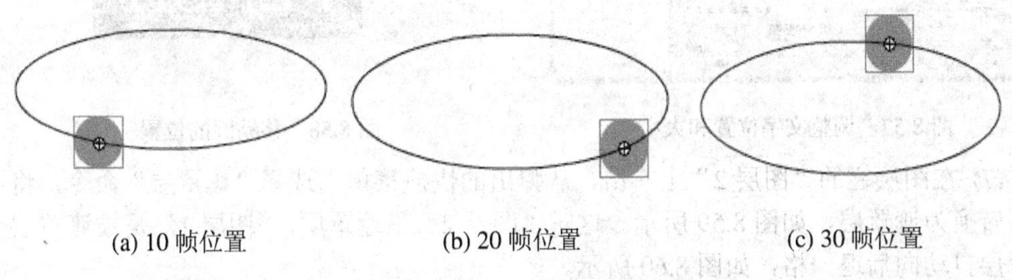

(a) 10 帧位置　(b) 20 帧位置　(c) 30 帧位置

图 8.56 将圆移动到引导线的不同位置

(7) 按 Ctrl+Enter 组合键测试动画，看到圆球沿着椭圆形的引导线逆时针运动。

8.4.2 遮罩动画

在 Flash 中，遮罩层用于控制被遮罩层内容的显示，从而制作一些复杂的动画，以达到某种特殊的效果。在创建时，用户无法直接创建遮罩层，只能将某个图层转换为遮罩层。使用遮罩层建立一个小孔，通过这个小孔可以看见它下面被遮罩层上的内容。遮罩的对象可以是填充的形状、文字、对象和图形等，但不能使用线条，如果一定要用线条，可以将线条转化为“填充”。在遮罩层和被遮罩层中可以分别或同时使用各种动画手段。

【例 8.7】 制作“探罩灯”效果。

(1) 新建一文件，设置其大小为“300 × 100 像素”，背景色为“黑色”，其他采用默认值。

(2) 选择“文本”工具，在属性面板中设置字体为“Times New Roman”，字号为“75”，颜色为“白色”，在舞台中输入文本“FLASH”。

(3) 使用“任意变形”工具选中舞台中的文本，通过拖动鼠标调整文本在舞台中的大小和位置，如图 8.57 所示。

(4) 在图层栏中单击“插入图层”按钮，建立“图层 2”，选择“椭圆”工具，关闭边线颜色，在舞台中绘制一个稍高于文本的圆，将来就是通过这个圆来观看“图层 1”中的文字的。

(5) 使用“选择”工具将圆移到舞台的左侧灰色区域中，在“图层 2”时间轴的第 20 帧上按 F6 键插入关键帧，将这个圆水平拖到舞台右侧灰色区域中，如图 8.58 所示。

(6) 在“图层 2”时间轴的第 1 帧和第 20 帧两个关键帧之间右击，在弹出的快捷菜单中选择“创建补间动画”。在“图层 1”时间轴的第 20 帧上按 F5 键插入普通帧，使“图层 1”第 1 帧中的内容一直持续到第 20 帧。

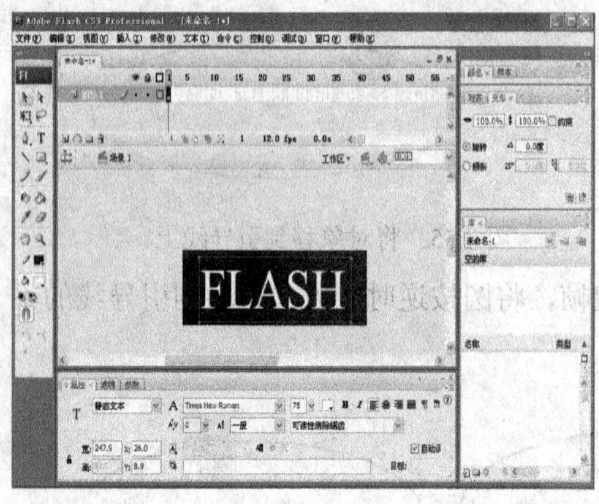

图 8.57　调整文字位置和大小

图 8.58　移动圆的位置

(7) 在图层栏的“图层 2”上右击，从弹出的快捷菜单中选择“遮罩层”命令，将当前图层转换为遮罩层，如图 8.59 所示。这时“图层 2”是遮罩层，“图层 1”是被遮罩层，被遮罩层自动向后退一格，如图 8.60 所示。

图 8.59　“图层 2”右键快捷菜单

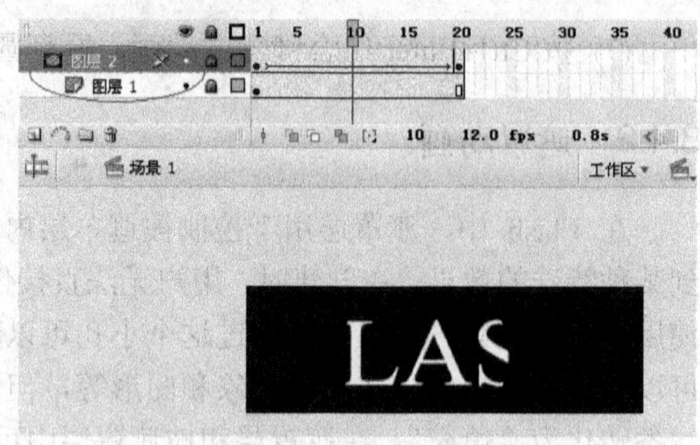

图 8.60　“图层 2”转换为遮罩层

(8) 按 Ctrl+Enter 键测试影片，观看效果，随着遮罩层的横向移动，下层的文字依次出现，又依次消失，这就是遮罩效果。

(9) 在“图层 1”时间轴的第 1 帧上右击，在弹出的快捷菜单中选择“复制帧”。在图层栏中单击“插入图层”按钮，在“图层 1”和“图层 2”之间增加一个新的图层“图层 3”，将刚刚复制的帧粘贴到“图层 3”时间轴的第 1 帧。

(10) 选中刚刚被粘贴进来的文字，在工具箱的填充颜色库中，选择深灰色作为文字的

颜色。

(11) 在图层栏中将“图层 3”拖到“图层 1”的左下方，右键单击“图层 3”，在快捷菜单中选择属性，在弹出的图层属性的对话框中将类型由“被遮罩”改为“一般”，使其处于遮罩层约束范围之外。

(12) 按 Ctrl+Enter 键测试影片，看到的是黑暗中隐约有一排文字，一束灯光反复扫过，将灰暗的文字依次照亮，如图 8.61 所示。

图 8.61　“图层 3”处于底层

遮罩层和被遮罩层都可以使用任何形式的动画。

8.5 导入声音

声音和音效对于任何一个动画来说都是必不可少的。在 Flash 中搭配合适的音乐或音效，会给动画增色不少，使其更加富有表现力和感染力。

Flash 不仅直接支持最流行的 WAV 和 MP3 两种格式，还支持 ASF 及 WMV4 等其他很多格式，如果遇到 Flash 不支持的声音文件格式，可以用音频编辑软件进行格式转换，然后再倒入到文件中。

1. 声音的导入

选择“文件”|“导入”|“导入到库”菜单命令，在弹出的“导入到库”对话框中，选择打开所需的声音文件，如图 8.62 所示，单击“打开”按钮即可。导入到库的声音与图片和元件一样都存放在“库”中，如图 8.63 所示。

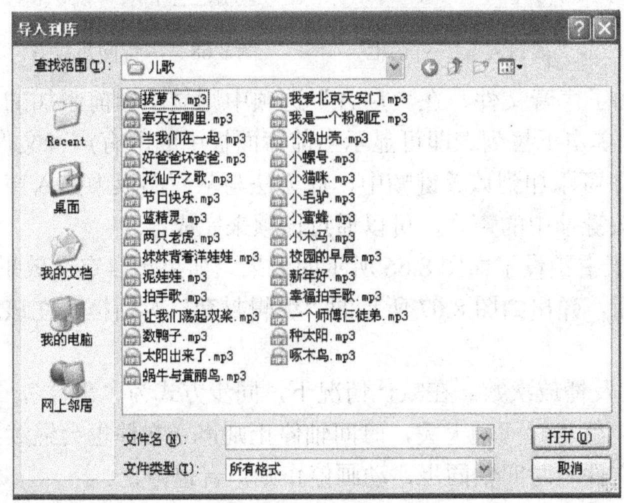

图 8.62　“导入到库”对话框

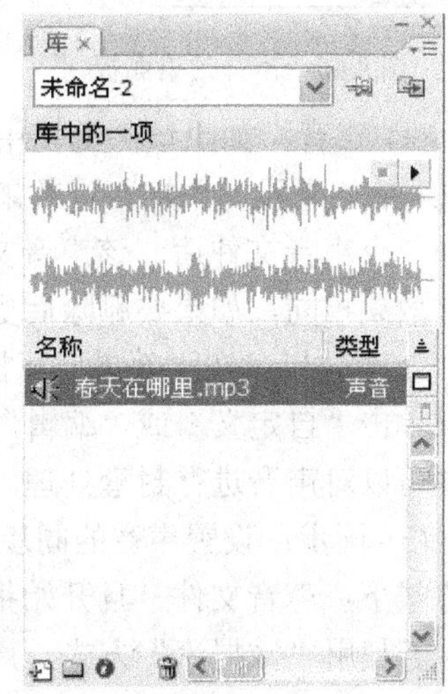

图 8.63　库面板

2. 向文档中添加声音

选择需要添加声音的关键帧，将要导入到库中的声音，直接拖到舞台上即可。添加了声音的时间轴上会出现声音的波形，如图 8.64 所示。也可以在属性面板中，选择“声音”下拉列表中已经导入到库中的声音文件，如图 8.65 所示。

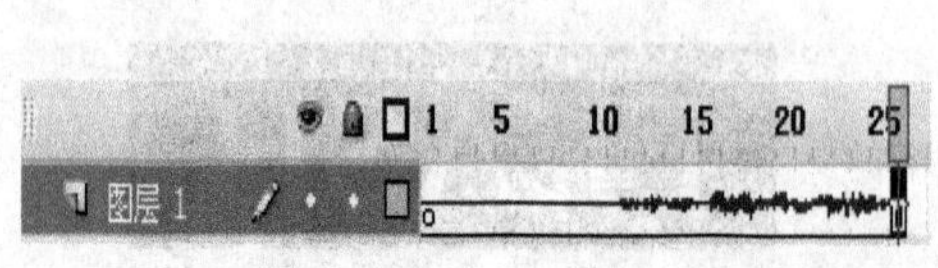

图 8.64　声音波形

图 8.65　在属性面板中添加声音

Flash 可以把声音放在包含其他对象的层上，但是，建议将每个声音放在一个独立的层上，每个层都作为一个独立的声道，播放文件时，Flash 会混合所有层上的声音。

删除时间轴上引用的声音，只需选中引用了声音的帧，在属性面板的“声音”下拉列表框中选择“无”选项，或者彻底删除库中的声音对象(选中库面板上的声音，按 Delete 键)即可。

3. 声音属性的设置

在 Flash 动画中，声音必须添加到关键帧(包括空白关键帧)上，选中关键帧后，在属性面板中会显示如图 8.65 所示的属性，主要包括“声音”、“效果”、“同步”三个选项，界面如图 8.66～图 8.68 所示。

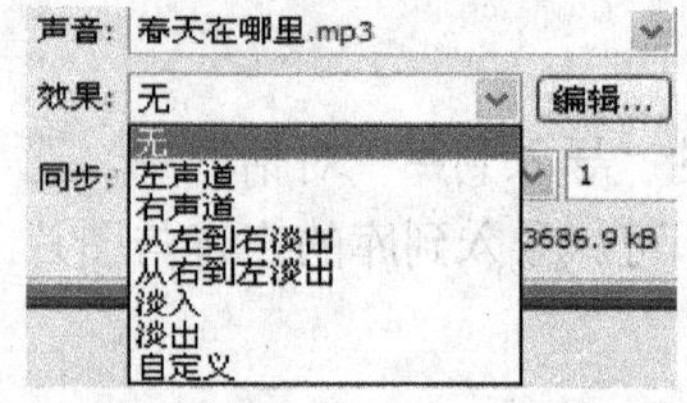

图 8.66　声音效果面板

图 8.67　“编辑封套”对话框

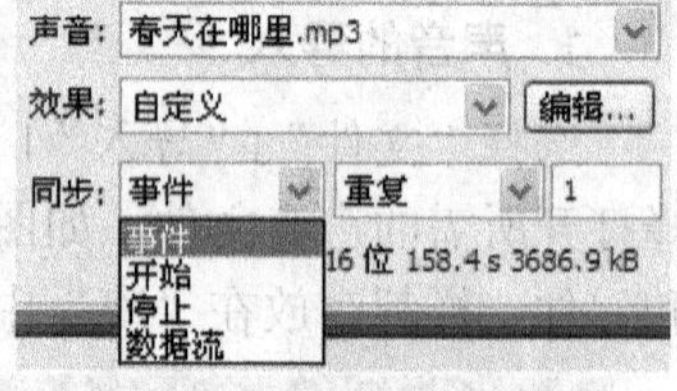

图 8.68　声音同步设置

(1) 声音：如果该关键帧中添加了声音文件，在“声音”选项中则显示当前添加的声音文件；如果没有添加声音效果，则单击下拉列表即可显示当前库面板中的所有声音文件，选中一个声音文件后，该声音文件即可添加到该关键帧中，此方法与从库面板中拖入声音文件效果相同，如果要删除后更新关键帧中的声音，可以通过该项来完成。

(2) 效果：在“效果”下拉列表中预设了如图 8.66 所示的效果。如果想自定义效果，可以单击“自定义”或“编辑”按钮，弹出如图 8.67 所示的“编辑封套”对话框，在该对话框可以对声音进行封套处理。

(3) 同步：设置声音的同步方式及播放次数。在默认情况下，同步方式为“事件”，在该方式下，声音文件一旦开始播放，就与时间轴无关，时间轴停止则声音文件也会继续播放；若使用“数据流”方式，声音文件与时间轴同步，动画停止则声音也停止。

4. 声音的控制

可以使用行为控制声音的播放和停止，执行菜单“窗口”|“行为”命令，弹出行为面

板，如图 8.69 所示。可以使用“从库加载声音”或“加载流式 mp3 文件”行为将声音添加到文档，可以使用“停止声音”行为停止加载声音文件的播放，如图 8.70 所示。

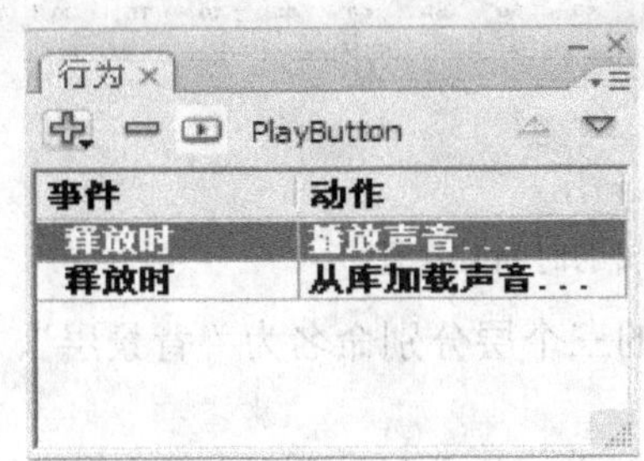

图 8.69 播放文件行为面板

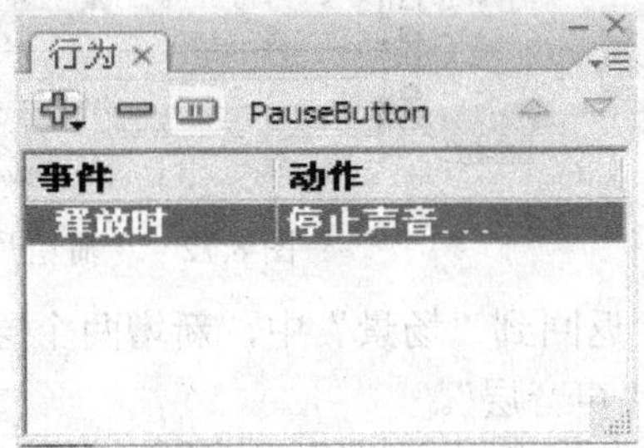

图 8.70 停止播放行为面板

【例 8.8】 创建动画，使用行为通过按钮控制声音的播放与停止。

(1) 选择“文件”|“新建”菜单命令，新建 Flash 文件(ActionScript 2.0)。设置其大小为“500 × 400 像素”，背景色为“白色”，帧频为“12fps”。

(2) 执行菜单“插入”|“新建元件”命令，在弹出的对话框中设置元件名为“荷塘月色”，类型为“影片剪辑”。

(3) 在“荷塘月色”影片剪辑窗口中，执行菜单“文件”|“导入”|“导入到库”命令，将素材文件“荷塘月色 1.jpg”～“荷塘月色 4.jpg”导入到当前正在编辑的 Flash 文档库中。

(4) 在“荷塘月色”影片剪辑中建立四个图层，在“图层 1”的第 1 帧将“荷塘月色 1.jpg”拖拽到舞台，设置图片大小为“400 × 300 像素”，并使用任意变形工具调整图片的中心点使其正好与注册点重合，如图 8.71 所示。

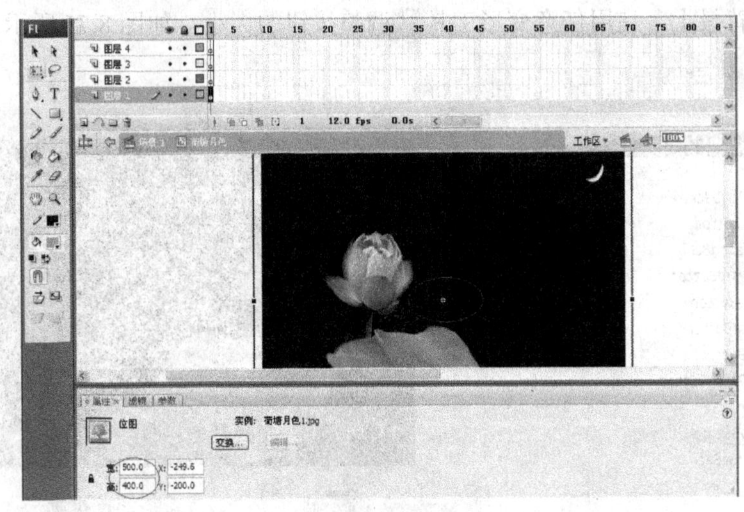

图 8.71 图片的调整

(5) 在“图层 1”的第 20 帧插入关键帧，右键单击第 1 帧，在弹出的下拉菜单中选择“创建补间动画”。

(6) 分别在“图层 2”的第 21 帧、“图层 3”的第 41 帧和图层 4 的第 61 帧插入关键帧，并将 “荷塘月色 2.jpg”、“荷塘月色 3.jpg”和“荷塘月色 4.jpg”分别拖拽到各图层的 21

帧、41 帧和 61 帧舞台中，图片的大小、位置即补间动画的设置同“图层 1”。设置完成后的时间轴如图 8.72 所示。

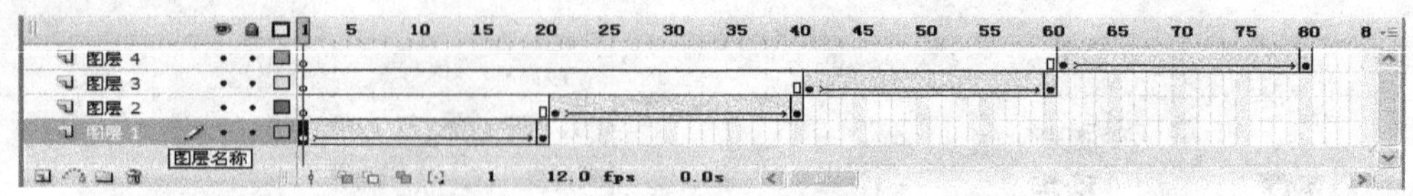

图 8.72　“荷塘月色”影片剪辑的时间轴设置

(7) 返回到“场景”中，新增两个层，将已有的三个层分别命名为“背景层”、“动画层”和“声音层”。

(8) 执行菜单“文件”|“导入”|“导入到库”命令，将素材文件“荷塘月色.mp3”及“背景.jpg”导入到当前编辑的 Flash 文档的库中。

(9) 单击“背景层”中的第 1 帧，将库中的背景图片拖放在舞台中调整大小为“500×400 像素”，坐标为(0,0)，这样背景图片正好与舞台重合。

(10) 单击“动画层”的第 1 帧，将“荷塘月色”影片剪辑从库面板拖拽到舞台中，调整到适当的位置，如图 8.73 所示。

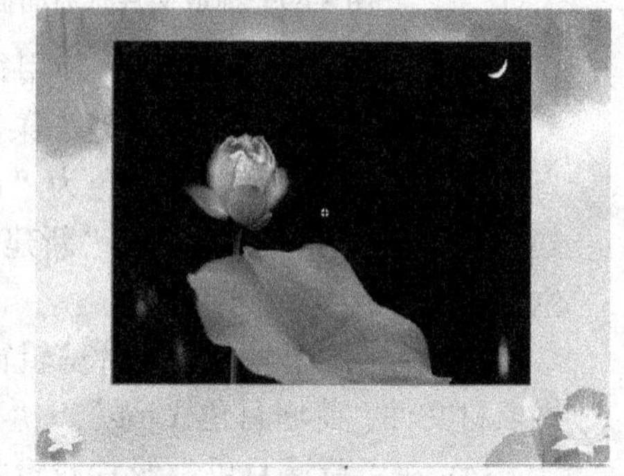

图 8.73　影片剪辑拖拽到动画层

(11) 单击“声音层”的第 1 帧，在该层添加两个组件，用于控制音乐文件的播放和停止。执行菜单“窗口”|“组件”命令，打开“组件”面板如图 8.74 所示，在 Video 中选择 PlayButton 和 StopButton 两个按钮，并按住左键拖拽到背景上，使用任意变形工具调整按钮的大小，如图 8.75 所示。

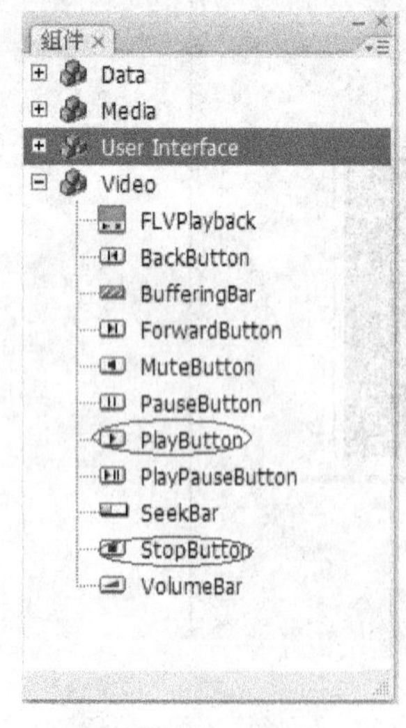

图 8.74　组件面板

图 8.75　添加按钮后的场景

(12) 更改声音文件的标识符，在库面板中右键单击“荷塘月色.mp3”，选择“链接属性”，把“为 ActionScript 导出”选项打上对勾，把标识符文本框中的音乐文件名改为“ht”，如图 8.76 所示，然后单击“确定”按钮即可。

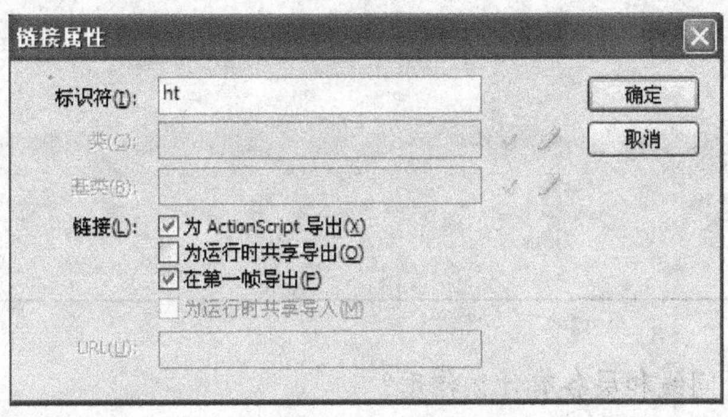

图 8.76　更改音乐文件标识符

(13) 选中播放按钮，单击菜单“窗口”|“行为”，打开行为面板，点击下拉菜单，在声音选项中选择“从库加载声音”和“播放声音”，如图 8.77 所示。

(14) 此时会弹出对话窗口，要求输入声音文件的链接及名称，如图 8.78 所示，在文本框中都输入“ht”，确定后播放按钮的行为就设置完成了。

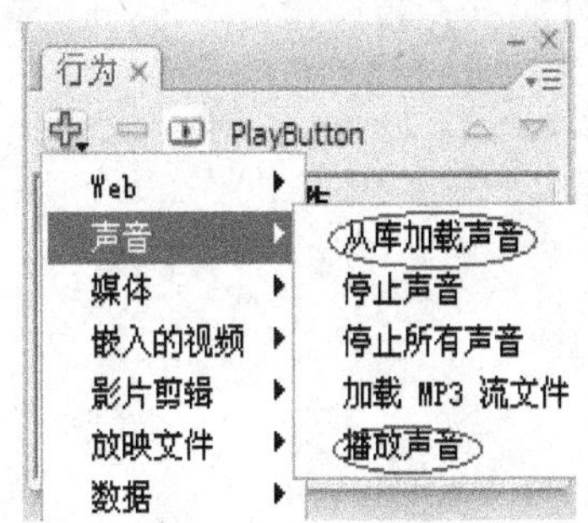

图 8.77　行为面板的设置

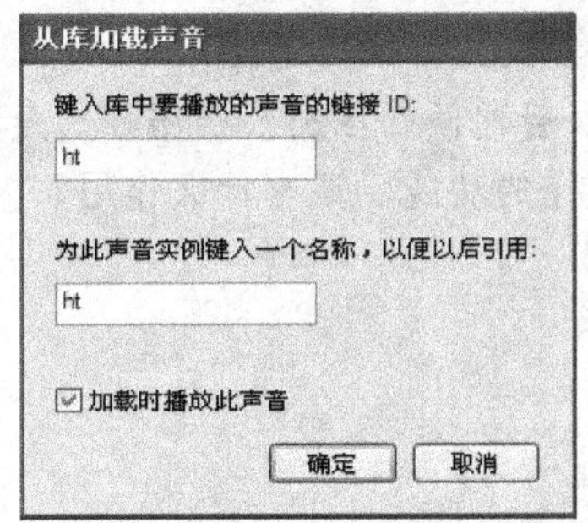

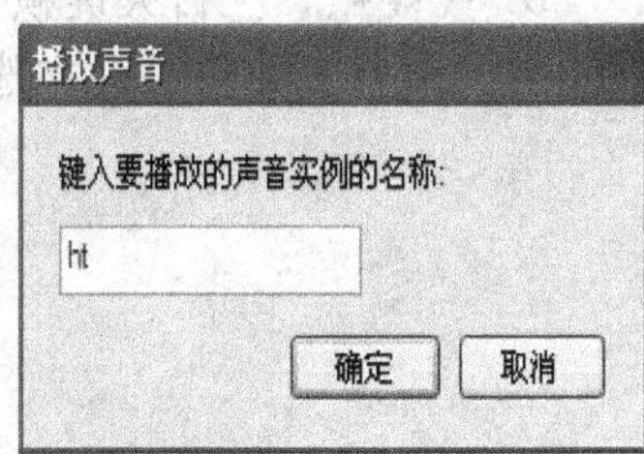

图 8.78　加载声音和播放声音设置对话框

(15) 暂停按钮的行为设置与播放按钮的行为设置基本相同，只是在图 8.77 所示的下拉菜单中选择“停止声音”，并在弹出的对话框中输入“ht”名称即可，动画文件完成如图 8.79 所示。

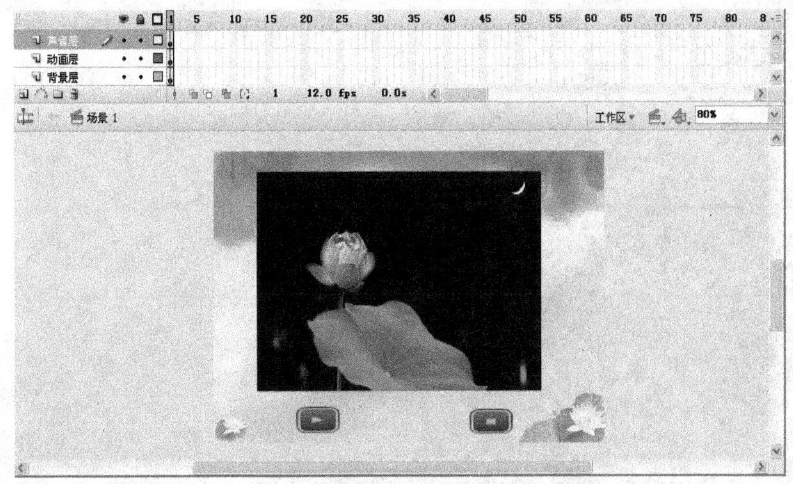

图 8.79　按钮控制声音播放完成的效果图

(16) 执行菜单“文件”|“保存”命令，保存源文件，然后按下 Ctrl+Enter 组合键测试动画的效果。

思考题

1. Flash 中的时间线和层各有什么作用？
2. Flash 的绘图模式有几种，它们有什么区别？
3. 椭圆工具和基本椭圆工具有什么区别？
4. 简述元件的概念及分类。
5. 影片剪辑元件与图形元件的区别是什么？
6. 动作补间动画与形状补间动画的区别是什么？
7. 时间轴特效动画有哪些？
8. Flash 中可以导入的声音文件格式有哪些？
9. 关键帧、空白关键帧、普通帧的区别及作用分别是什么？
10. 选择工具除了具有选择的功能，还有什么作用？

第 9 章　Dreamweaver 网页设计基础

Dreamweaver 网页制作软件是众多网页制作软件中的佼佼者。它具有强大的功能和简便的操作平台，是一款所见即所得的网页制作软件。该软件集网页制作、网站管理、程序开发于一身，利用它能制作出千姿百态、丰富多彩的网页。

9.1　网站基础知识

9.1.1　基本概念

1．网站(Website)

网站是指在因特网上根据一定的规则，使用 HTML 等工具制作的，用于展示特定内容的相关网页的集合。

2．网页

网页是互联网中用于传达信息的 Web 页面，该页面会显示文字、图片、声音、视频等内容，从而使浏览者能够在网页的页面上了解到所需的信息。网页实际上是一个文件，它存放于互联网中某一台服务器内。

3．HTML

HTML(Hyper Text Mark-up Language)即超文本标记语言或超文本链接标示语言，是为“网页创建和其他可在网页浏览器中看到的信息”设计的一种置标语言。HTML 文件最常用的扩展名是 .html，但是像 DOS 这样的旧操作系统限制扩展名为最多为三个字符，所以.htm 扩展名也可使用。

4．Java

Java 是一种可以撰写跨平台应用软件的面向对象的程序设计语言，是由 Sun 公司推出的 Java 程序设计语言和 Java 平台(即 JavaSE，JavaEE，JavaME)的总称。

5．JavaScript

JavaScript 是一种能让网页更加生动活泼的程序语言，也是目前网页设计中最容易学又最方便的脚本语言之一。

9.1.2　网页组成元素

1．网站 Logo

网站 Logo 是网站形象的重要体现，一个好的标志往往能反映网站的主题，特别是一个商业网站 Logo，从中可以基本了解到这个网站的类型或者内容。Logo 一般出现在页面的左上端。

2．网站 Banner

网站 Banner 是横幅广告，是互联网广告中最基本的广告形式，一般位于 Logo 的右侧。Banner 的标准大小为 468×60 像素，使用 Gif 格式的图像文件可以使用静态图形，也可以使用动画图像。除普通 Gif 格式外，采用 Flash 能赋予 Banner 更强的表现力和交互内容。

3．导航栏

导航栏是网页的重要组成元素，它的任务是帮助浏览者在站点内快速查找信息。导航栏可以是简单的文字链接，也可以是精美的图片或是丰富多彩的按钮。导航的位置一般有四种：页面的左侧、右侧、顶部和底部。有时候在同一个页面中运用了多种导航。

4．文本

无论制作网页的目的是什么，文本都是网页中最基本的、必不可少的元素。文本是传达信息最重要的方式。

5．图像

图像是文本的说明和解释，在网页的适当位置放置一些图像，不仅可以使文本清晰易读，而且使得网页更加有吸引力。

6．Flash 动画

Flash 动画是网页中最吸引人的地方，好的动画能够使页面显得活泼生动，从而达到比以往静态页面更好的宣传效果。

9.1.3 网页设计步骤

1．收集资料和素材

在制作网页前应先收集要用到的文字资料、图片素材及用于增添页面效果的动画等。

2．规划站点

规划站点时，可以将自己假想为浏览者，考虑浏览者如何访问网站、如何从一个页面跳到另一个页面。

根据浏览者的访问顺序可以将内容设计为树形目录，级数一般不要太多，尽可能少于四级，否则会让人感觉繁琐，也不方便管理。

3．制作网页

网站一般由多个网页链接而成。一般情况下，制作网页需要配合多种工具，可以使用 Dreamweaver 布局页面、编排页面资料、建立超链接、添加多媒体素材以及添加网页特效等，同时，也可以为素材美化需求而使用 Photoshop 编修图像外观等。

4．测试站点

在发布站点前需对站点进行测试。测试站点可根据客户需求、网站大小及浏览器种类等进行。一般来说，应将站点移到一个模拟调试服务器上对其进行测试或编辑。

5. 发布站点

发布站点前，必须在 Internet 上申请一个主页空间，用于指定网站或主页在 Internet 上的放置位置。

发布站点一般是使用 FTP(远程文件传输)软件(如 LeapFTP、GuteFTP 等)将站点上传到服务器申请的网址目录下。

6. 更新和维护站点

将站点上传到服务器上后，每隔一段时间就应对站点中的页面进行更新，保持网站内容的新鲜感，以吸引更多的浏览者。此外，还应定期打开浏览器检查页面元素显示是否正常以及各种超链接是否正常等。

9.2 Dreamweaver CS3 的基本操作

使用 Dreamweaver 可以创建站点和设计网页，还可以帮助用户轻松制作炫目的网页特效，开发具有动态功能的站点等。随着 Dreamweaver 功能的不断完善，创建网站将变得越来越简单。

9.2.1 Dreamweaver CS3 工作界面

启动 Dreamweaver CS3 后，将首先显示一个开始页，新建或打开一个网页后将打开其工作界面，如图 9.1 所示。

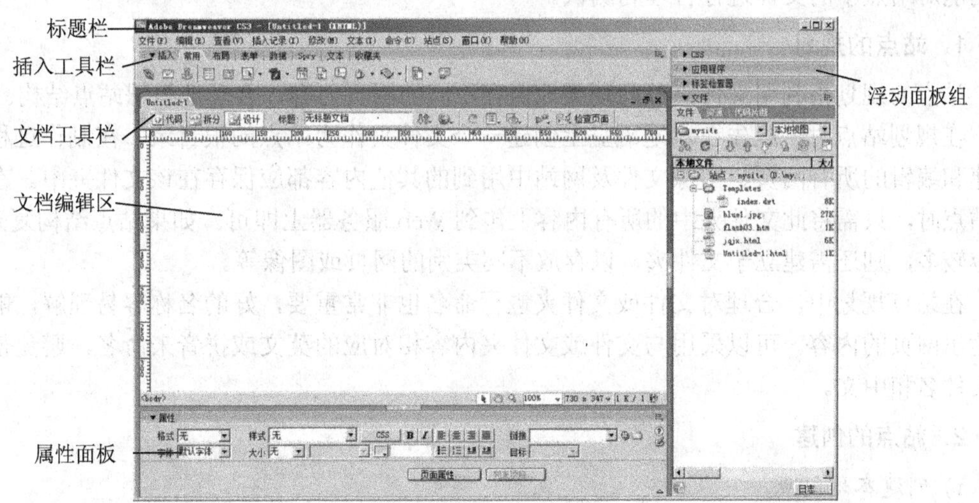

图 9.1 Dreamweaver CS3 工作界面

1. 标题栏

标题栏位于 Dreamweaver 窗口的顶部，显示了软件名称及当前编辑文档的名称。

2. 文档工具栏

文档工具栏主要用于文档的工作布局切换和预览等操作。

网页元素虽然多种多样，但是都可以称为对象。简单的对象有文字、图像、表格等，复杂的对象包括导航条、程序等。大部分的对象都可以通过“插入”工具栏插入到文档中，如图 9.1 所示。

3．浮动面板组

浮动面板组是浮动面板的集合，位于窗口右侧，是执行站点管理和事件添加等操作的场所，如图 9.1 所示。

4．属性面板

属性面板用于设置和查看所选对象的各种属性，如图 9.1 所示。不同对象的属性面板的参数设置项目不同。

5．插入栏

插入栏用于方便用户在网页制作过程中快速插入网页元素，默认显示的是常用插入栏。单击不同的选项卡，可进行插入栏的切换操作，图 9.1 显示了“常用”插入栏。

6．文档编辑区

文档编辑区用于显示当前正在编辑的网页页面，绝大部分页面设计都在此区域中进行，例如布局页面元素，插入和调整图像、表格、文本等。

9.2.2　本地站点的创建和管理

在制作网页之前，应先对要制作的网页站点进行规划和创建，这样就可利用站点的管理功能对站点中的文件进行管理和测试。

1．站点的规划

站点的规划指利用文件夹分门别类地保存不同的网页内容，合理地组织站点结构。

在规划站点时，应先在本地磁盘上创建一个文件夹作为站点的根目录，在制作过程中创建和编辑的所有网页、图像文件及网站中用到的其他内容都应保存在该文件夹中。在发布站点时，只需将此文件夹中的所有内容上传到 Web 服务器上即可。如果站点结构复杂，内容较多，则还需建立子文件夹，以存放不同类别的网页或图像等。

在站点规划中，合理对文件或文件夹进行命名也非常重要，好的名称容易理解，能够表达出网页的内容。可以采用与文件或文件夹内容相对应的英文或拼音来命名，避免使用长文件名和中文。

2．站点的创建

1) 创建本地站点

首先在硬盘的 D 盘创建文件夹 mysite 作为根目录，具体操作步骤如下：

(1) 在 Dreamweaver CS3 中选择“站点”|“新建站点”命令，打开“未命名站点 1 的站点定义为”对话框，如图 9.2 所示。

(2) 在“基本”选项卡的“您打算为您的站点起什么名字？”栏中输入“mysite”，在设置“您的站点的 HTTP 地址(URL)是什么？”栏时，可为空，如图 9.2 所示。

(3) 单击“下一步”按钮，在打开的对话框中选择将要采用的服务器技术，选择“否，

我不想使用服务器技术”选项，如图 9.3 所示。

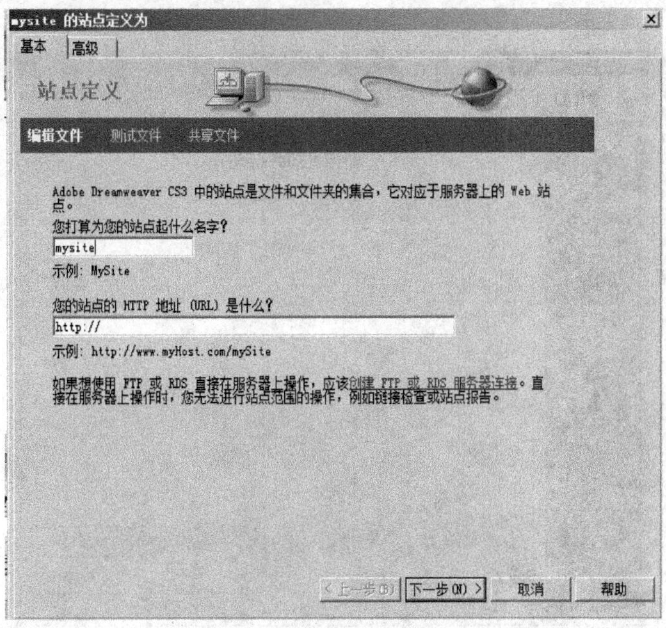

图 9.2　站点定义对话框

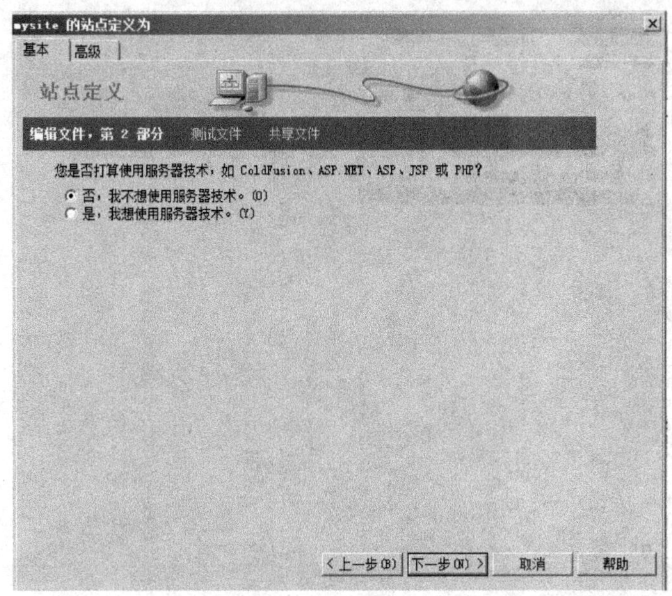

图 9.3　选择服务器技术

(4) 继续单击“下一步”按钮，出现文件保存位置对话框。在打开的对话框顶部的两个选项中选择第 1 项。在文本框中输入站点文件夹的路径 D:\mysite 或单击文本框旁边的浏览按钮，在打开的“选择站点 mysite 的本地根文件夹”对话框中，找到将要存放站点文件的文件夹，如图 9.4 所示。单击“选择”按钮后，就会将选中文件夹的路径加入到文本框中。

(5) 单击“下一步”按钮，出现如何连接远程服务器选择对话框，在这里选择“无”，如图 9.5 所示。

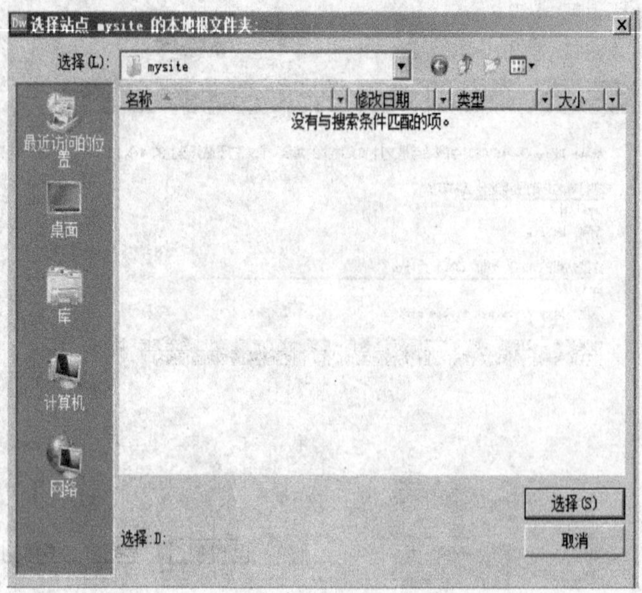

图 9.4　选择“站点 mysite 的本地根文件夹”对话框

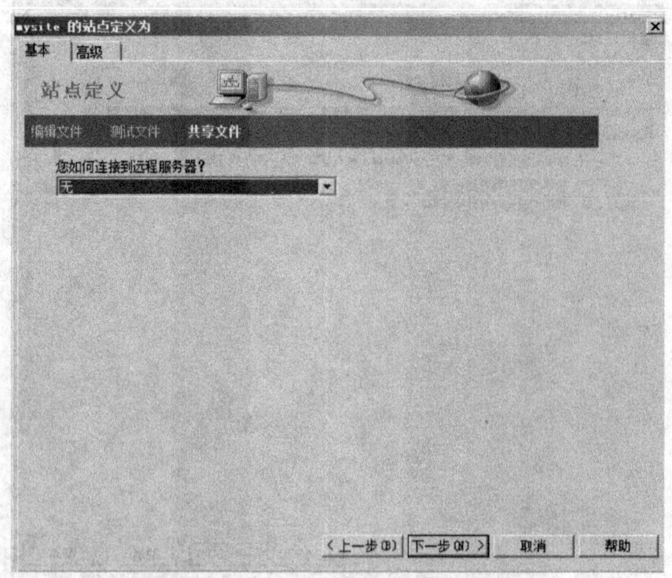

图 9.5　选择如何连接远程服务器

(6) 单击“下一步”按钮进入结束对话框，其中列出了设置中的关键信息。如果需要修改设置，可以单击“上一步”按钮修改对话框中的内容，如图 9.6 所示。

(7) 单击“完成”按钮，完成本站点的创建。在文件面板中出现刚才创建的站点，如图 9.1 所示。

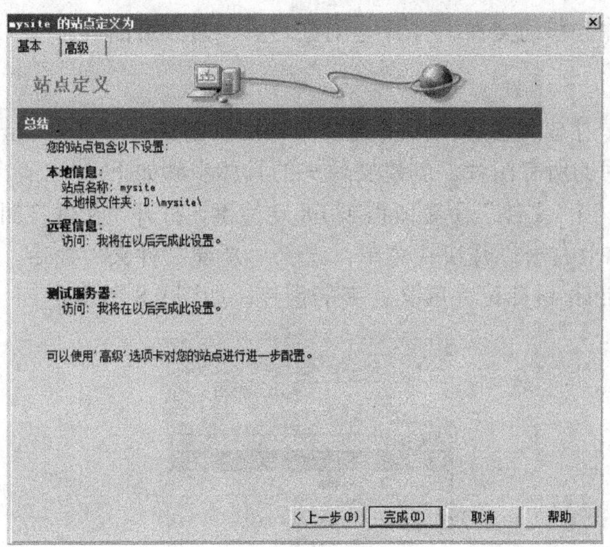

图 9.6　结束对话框

2) 管理站点

在 Dreamweaver CS3 中可以对站点进行各种管理，如修改站点名称和本地根文件夹等，具体操作步骤如下：

(1) 在 Dreamweaver CS3 选择“站点”|“管理站点”命令，在打开的“管理站点”对话框中选中需要管理的站点，如图 9.7 所示。

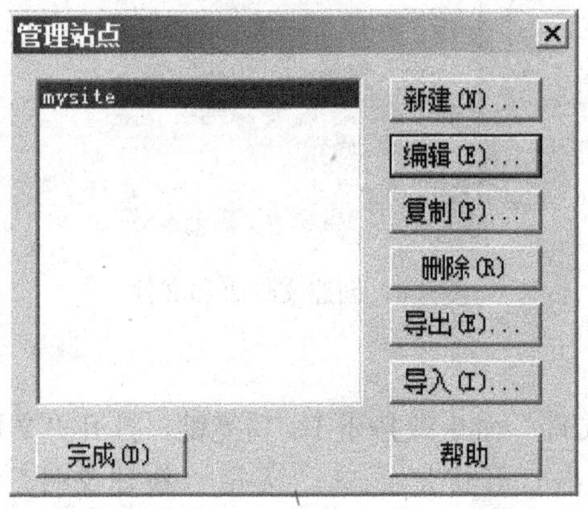

图 9.7　“管理站点”对话框

(2) 单击“编辑”按钮，在打开的“mysite 的站点定义为”对话框中修改相关参数，完成后单击“确定”按钮，如图 9.2 所示。

(3) 单击“编辑站点”对话框中的“完成”按钮，完成站点编辑。

(4) 如果要删除站点，在“管理站点”对话框中单击“删除”按钮。

9.2.3　文件操作

定义本地网站后，即可通过 Dreamweaver 为网站创建和管理各种网站资源，例如创建

文件夹、创建新文件、移动文件、打开与浏览网页、修改页面等。

1. 新建文件夹

网站文件夹用于存放和管理网络资源，例如可以创建一个名为“images”的文件夹，用于存放网站中应用的所有图片。创建文件夹的具体步骤如下：

(1) 选择“窗口”|“文件”命令或按下 F8 功能键，打开“文件”面板，如图 9.1 所示。

(2) 在网站名称上右击打开快捷菜单，选择“新建文件夹”命令，输入文件夹的名称 images，然后按下 Enter 键即可完成文件夹的创建，如图 9.8 所示。

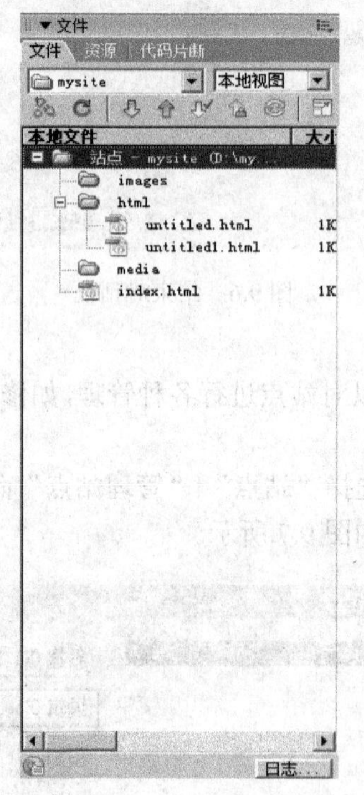

图 9.8 创建文件夹和文件

2. 新建文件

(1) 选择“窗口”|“文件”命令或按下 F8 功能键，打开“文件”面板，如图 9.1 所示。

(2) 在网站名称上右击打开快捷菜单，选择“新建文件”命令，输入文件的名称 index.html，然后按下 Enter 键即可创建主页文件，如图 9.8 所示。

(3) 按同样的方法，继续创建子页文件，并把子页文件放在文件夹下(如放在 html 文件夹)，如图 9.8 所示。

注意：若用户右击网站名称，则新建的文件将直接放置在网站根目录下；若是右击某个文件夹，则新建的文件将放置在该文件夹中。

3. 打开与预览网页

打开和预览网页是两个不同的操作，打开网页是为了编辑网页内容，而预览网页是为了查看网页的设计效果。

(1) 打开网页。打开网页的方法很简单，只需在“文件”面板中双击某个需要打开的

文档即可。

(2) 预览网页。在网页设计过程中经常要通过预览器来浏览网页效果。预览网页的方法是，单击“文档”工具栏中的“在浏览器中预览/调试”按钮或按下 F12 功能键即可。

预览网页时，若网页经过编辑而未执行保存，则将弹出提示框，询问是否保存修改，而只有在保存修改后才可以打开浏览器，显示网页页面。

9.3　网页布局设计基础

9.3.1　网页布局基础

网页设计者要把网页相关的内容合理地安排到页面中，从而达到内容与形式的完美结合，这就要掌握一些关于网页布局的知识。网页的布局方式主要从用户使用的方便性、界面大方美观、网页特色等方面考虑。如今互联网上的大部分网页都采用通栏、二分栏、三分栏等版型结构布局网页。

1．通栏结构设计

通栏结构版式一般使用页面水平(或垂直)的大范围来显示网页内容，常见于一些网站的首页设计，如图 9.9 所示。

图 9.9　网页通栏结构设计

2．二分栏结构设计

二分栏结构是所有网页设计中最常用的版型之一，它通常将主页页面分成左右两部分，左侧为网站的导航项目，右侧主要用来显示信息主体。若是遇到一些信息量较大的页面设计，则会在二分栏结构的右侧分割出多个横向分栏，以便显示更多不同类的信息，如图 9.10 所示。

图 9.10　网页二分栏结构设计

3. 三分栏结构设计

三分栏结构是网页设计中最常用的另一种页面版型，由于这种结构版式结构清晰、分类明确，所以一般应用在信息量大的网站，设计者在不同的分栏中发布不同类型的信息，让访问者十分清楚地获取这些信息，如图 9.11 所示。

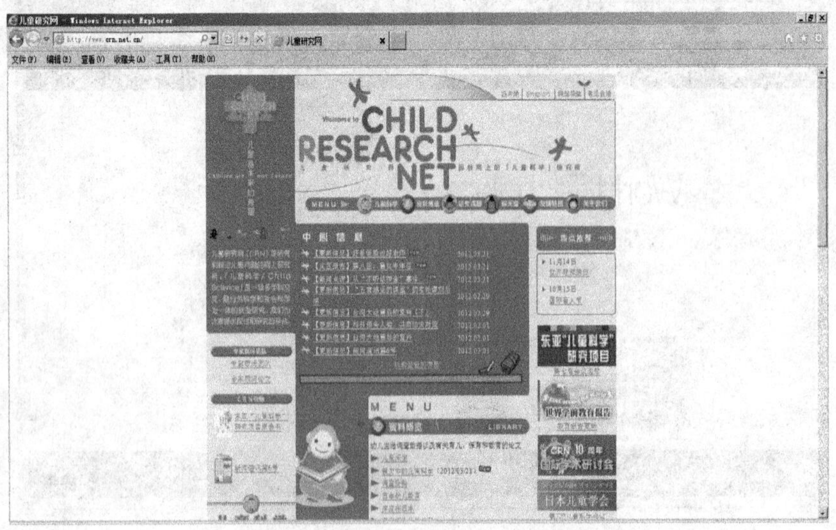

图 9.11　网页三分栏结构设计

9.3.2　使用表格布局网页

表格是进行页面布局非常有用的工具。利用表格进行页面布局时，可以将图像或文本放置在表格的各个单元格中，从而精确控制其位置。

1. 创建表格

在 Dreamweaver CS3 中，表格分为普通表格和嵌套表格。普通表格即是传统意义上的表格，嵌套表格是在表格的某个单元格内插入的表格，即表格之中再嵌套表格。

1) 创建普通表格

创建普通表格的具体操作步骤如下：

(1) 将光标定位到需创建表格的位置。

(2) 选择“插入记录”|“表格”命令或单击“常用”插入栏中的按钮，打开“表格”对话框。

(3) 在该对话框中进行表格行数、列数、表格宽度、边框粗细和单元格边距等属性的设置，如图 9.12 所示。

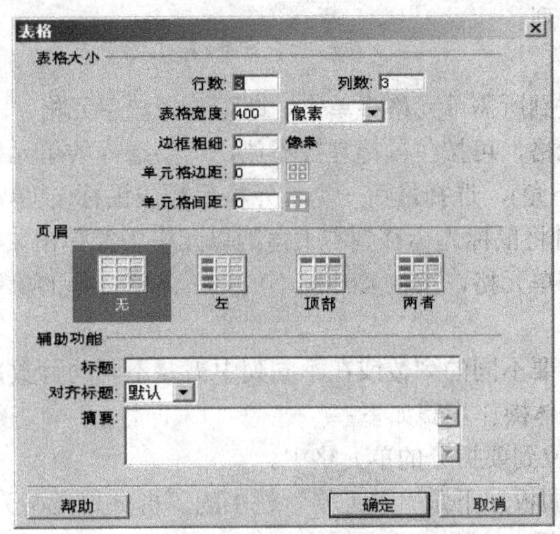

图 9.12　“表格”对话框

(4) 单击“确定”按钮，完成表格的创建。

2) 创建嵌套表格

当单个表格不能满足布局需求时，可以创建嵌套表格，其具体操作步骤如下：

(1) 将光标定位到需插入嵌套表格的单元格内。

(2) 选择“插入记录”|“表格”命令或在“常用”插入栏中单击按钮，打开“表格”对话框。

(3) 在对话框中根据需要进行行数、列数、表格宽度和边框粗细等属性的设置(与直接插入表格的设置相同)。

(4) 单击“确定”按钮，完成嵌套表格的创建。

2. 编辑表格

表格创建好后，可以对表格进行合并或拆分单元格、删除或添加行(或列)等编辑操作。在表格中添加图像和文本等内容后，根据实际需要，也可对表格的大小等进行调整。

1) 选择整个表格

在对表格进行编辑操作之前，需先对表格进行选择。选择整个表格主要有以下几种方法：

● 单击表格的边框。

● 将鼠标光标定位到表格的任意单元格中，单击窗口左下角标签选择器中的<table>标签。

● 将光标定位到表格的任意单元格中，选择菜单中的“修改”|“表格”|“选择表格”命令。

2) 选择行或列

● 将鼠标光标移到需选择行的左侧，当其变为“→”形状且该行的边框线变为红色时单击鼠标，即可选择该行。

● 将鼠标光标移到需选择列的上端，当其变为“↓”形状且该列的边框线变为红色时单击鼠标，即可选择该列。

3) 选择单元格

● 将鼠标光标定位到所需单元格中单击，即可选择该单元格。

● 要选择相邻单元格，可按住鼠标左键不放，从要选择的单元格区域的对角拖动鼠标(如从左上角拖动到右下角)，选择最后一个单元格后释放鼠标(或单击左上角的单元格，然后在按住 shift 键的同时将鼠标光标移到右下角的单元格中并单击鼠标)。

● 要选择不相邻的单元格，按住 Ctrl 键不放，单击要选择的单元格即可。

4) 拆分单元格

如果在不同行中需要不同的列数或在不同列中需要不同的行数，则需要对单元格进行拆分。拆分单元格的具体操作步骤如下：

(1) 将鼠标光标定位到要拆分的单元格中。

(2) 单击“属性”面板左下角“单元格”栏中的“拆分单元格为行或列”按钮，打开“拆分单元格”对话框。

(3) 在“把单元格拆分”栏中选择将其拆分为行或列，如选中“行”单选按钮。

(4) 在“行数”数值框中输入要拆分的行数，如“2”(如果前面选中的是“列”单选按钮，则在“列数”数值框中设置列数)。

(5) 单击“确定”按钮，完成单元格的拆分。

5) 合并单元格

合并单元格的操作比较简单：选择要合并的连续单元格，单击“属性”面板左下角的“合并所选单元格，使用跨度”按钮即可将选取中的单元格合并。

6) 添加行或列

根据制作需要，可添加一些行或列。

● 添加单行或单列。

将鼠标光标定位到相应单元格中，单击鼠标右键，在弹出的快捷菜单中选择“表格”|“插入行”命令，即可在所选单元格的上方插入新的一行；若在弹出的快捷菜单中选择“表格”|“插入列”命令，则可在所选单元格的左侧插入新的一列。

● 添加多行或多列。

添加多行或多列的具体操作步骤如下：

(1) 将光标定位到相应单元格中。

(2) 单击鼠标右键，在弹出的快捷菜单中选择“表格”|“插入行或列”命令，打开“插入行或列”对话框。

(3) 在“插入”栏中选中“行”单选按钮或“列”单选按钮，在“行数”或“列数”数值框中设置插入的行数或列数，在“位置”栏中选择插入的位置。

(4) 单击“确定”按钮。

7) 删除行或列

将光标插入点定位到相应单元格中，单击鼠标右键，在弹出的快捷菜单中选择“表格”|“删除行”命令，可以删除光标所在的行；选择“表格”|“删除列”命令，可以删除光标所在的列。

3. 设置表格的属性

选中插入的表格，在表格“属性”面板中可以调整表格的各种属性，如图 9.13 所示。

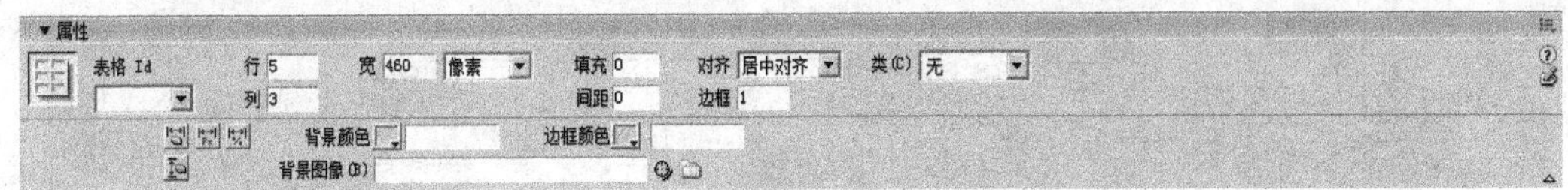

图 9.13　表格“属性”面板

1) 表格名称

在“表格 Id”文本框内可以给表格起名，该名称只有在涉及编程时才会用到，一般都不需要指定。

2) 行和列

“行”和“列”两个文本框中显示的是选中表格的行数和列数。表格插入之后，仍然可以通过修改这两项的数值来改变行数或列数。

3) 宽

“宽”文本框中显示的是表格的宽度。设置数值前可以在旁边的下拉列表框中设置单位，可选择的单位有像素和百分比。

提示：通常只需要设置表格的宽度，高度会根据内容自动调整，因此不用设置。设置表格宽度时，普通表格通常设置为具体的像素；而嵌套表格通常设置为百分比，设置为百分比后，嵌套表格会根据其所在单元格的宽度进行自适应，如果对外层单元格进行宽度调整，嵌套表格也会自动进行调整。

4) 边框

设置表格边框的大小时，可以直接在“边框”文本框中输入边框的宽度值。一般用来布局的表格边框宽度都设为 0，此时表格边框在 Dreamweaver 中以虚线显示，这样的表格在浏览器中是不会显示的。

5) 填充和间距

单元格填充指单元格中的对象与表格边框间的距离；单元格间距指单元格之间的距离。

6) 对齐

表格的“对齐”属性可以设置表格的水平对齐方式。“对齐”属性可以有三个值：左对齐、右对齐和居中对齐，其中最常用的是居中对齐，利用它可以将表格放置到整个页面的中央。

7) 背景颜色和背景图像

背景颜色：单击“背景颜色”后的色块，打开拾色器，在其中选择一种颜色后，表格的背景色就会相应地发生改变。

背景图像：单击“背景图像”后的“浏览文件”按钮，将打开“选择图像源文件”对话框，当选中图片后，单击“确定”按钮，表格背景就会加上背景图片。

8) 边框颜色

设置表格边框颜色的方法和设置背景颜色一样。

4. 设置单元格属性

1) 设置单元格宽度和高度

(1) 将光标放在单元格中，此时单元格“属性”面板显示的是单元格的属性，如图 9.14 所示。

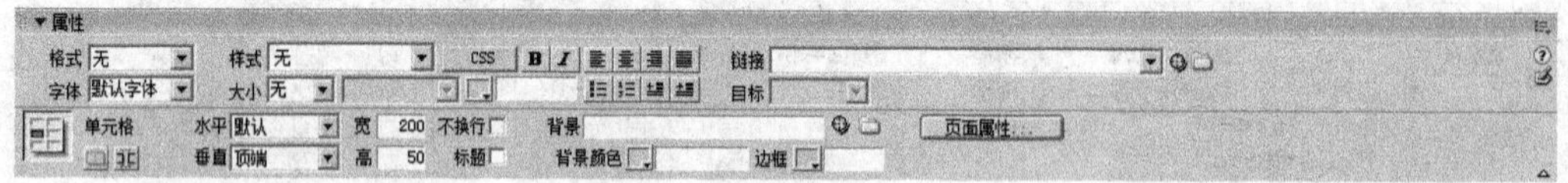

图 9.14　单元格“属性”面板

(2) 在“属性”面板中的“宽”和“高”文本框中分别输入数值“200”和“50”，调整表格的宽和高。

2) 对齐设置

单元格的对齐包括水平对齐和垂直对齐两个部分。水平对齐可以将单元格中所有的内容居中到单元格的水平中央，水平对齐可以用“水平”下拉列表框来调整，如图 9.14 所示。

但如果要让单元格内的对象对齐到单元格的顶部，此时用水平对齐是办不到的，需要用“垂直”下拉列表框来调整，如图 9.14 所示。

单元格的背景颜色、背景图像的设置和表格完全一致，这里不再赘述。

9.4 网页文本处理

文本是网页的主体内容，是向浏览者传递信息的主要方式。从某种意义上说，文本是网页存在的基础，是网页中不可或缺的元素。

9.4.1 文本对象的添加、编辑及修饰

1. 添加文本

文本是网页中最简单，也是最基本的部分，无论当前的网页多么绚丽多彩，占多数的还是文本。

在网页中可直接输入文本信息，也可以将其他应用程序中的文本直接粘贴到网页中，此外还可以导入 Word 文档。在网页中添加文本的具体操作步骤如下：

(1) 打开素材文件 09\9.4\素材\text01.html，如图 9.15 所示。

图 9.15　打开素材文件

(2) 将光标放置在要输入文本的位置，输入文本，如图 9.16 所示。

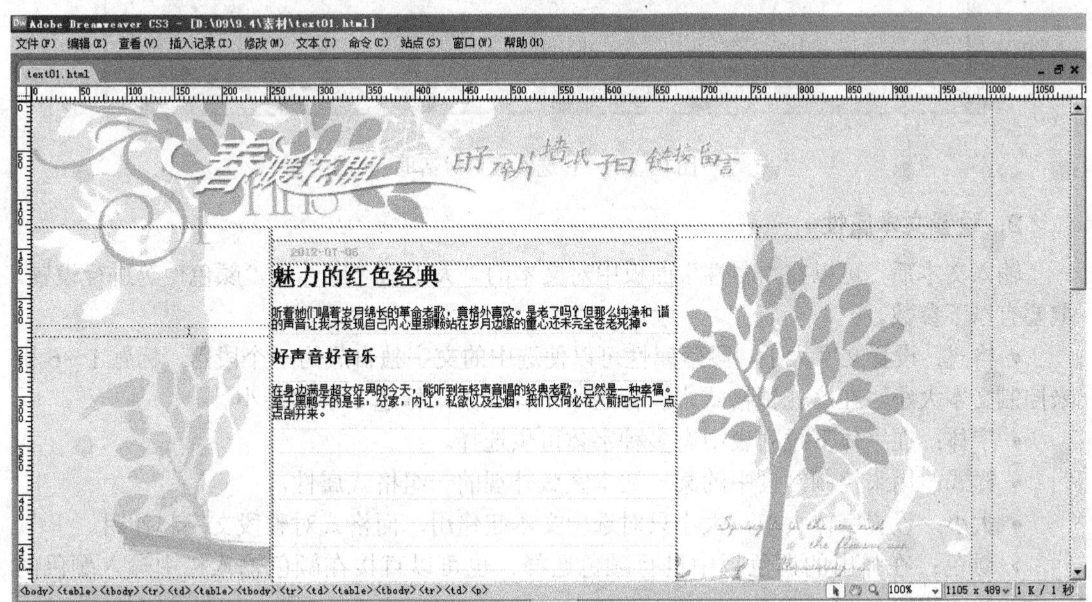

图 9.16　输入文本

(3) 保存文档，按 F12 键在浏览器中预览效果。

输入文本需要注意以下问题：

- 换行：按快捷键 Shift+回车(对应代码为
)。

• 分段：直接按回车键(对应代码为<p>字符串</p>)。

• 输入空格：第一种方法是插入不换行空格，按快捷键 Ctrl+Shift+Space(对应代码为)；第二种方法是切换到“文本”插入栏，在“字符”下拉列表中选择“不换行空格”选项，就可直接输入空格；第三种方法是选择“编辑”|“首选参数”命令，打开“首选参数”对话框，在“分类”列表中选择“常规”，在“编辑选项”中选中“允许多个连续空格”复选框，启用连续空格功能，如图 9.17 所示。

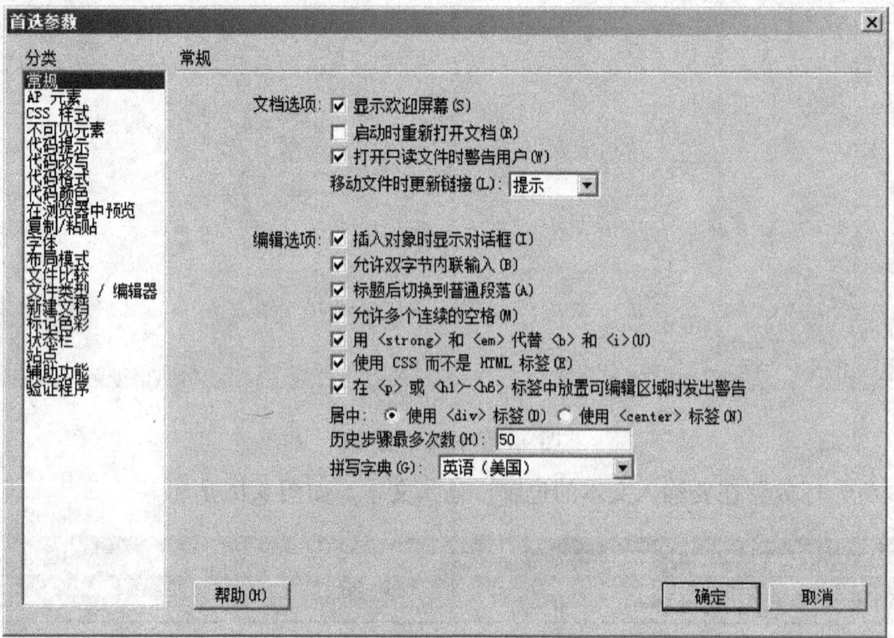

图 9.17 “首选参数”对话框

2. 设置文本属性

输入文本后，可以在“属性”面板中对文本的“大小”、“字体”、“颜色”等进行设置。主要有以下参数。

• 格式：设置文字大小，段落属性可以使选中的文字独自成为一个段落，标题 1～6 用来控制文本大小。在这几种格式中，标题 1 字体最大，标题 6 字体最小。

• 字体：在字体下拉列表中有多种字体可供选择。

• 样式：用来控制网页中的某一文本区域外观的一组格式属性。

• 大小：设置字体大小，大小只对选中文本起作用，而格式对整段文字起作用。

• 颜色：在弹出的调色板中进行颜色选择，也可以直接在颜色输入栏中输入颜色的十六制数作代码。

• 粗体、斜体：使文字加粗、倾斜。

• 居左、居中、居右：使整段文本居左、居中、居右排列。

设置文本属性的具体操作步骤如下：

(1) 继续打开素材文件 09\9.4\素材\text01.html，如图 9.16 所示。

(2) 选中第 1 个标题下面的文本内容，在“属性”面板中的“字体”下拉列表中选择

"宋体"选项，如图 9.18 所示。

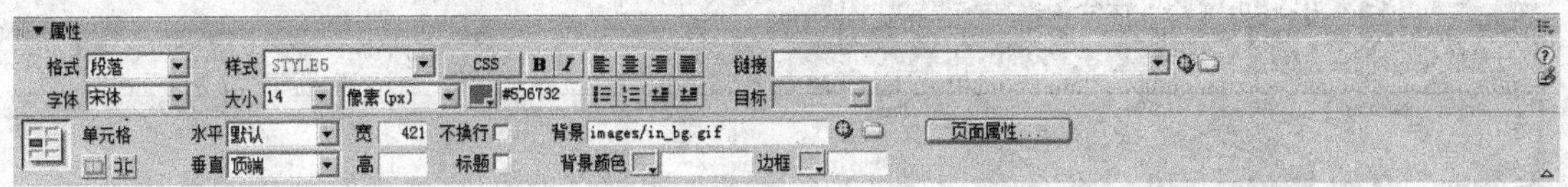

图 9.18　设置文本"属性"面板

(3) 在"大小"下拉列表中选择字号为"14"，如图 9.18 所示。

(4) 单击文本"颜色"按钮，弹出一个调色板，在调色板中选择文本颜色为"#506732"，如图 9.18 所示。

(5) 保存文档，按 F12 键在浏览器中预览效果。

3. 创建项目列表和编号列表

在网页编辑中，有时会使用列表。包含层次关系、并列关系的标题都可以制作成列表形式，这样有利于访问者理解网页内容。

1) 创建项目列表

如果项目列表之间是并列关系，则需要生成项目符号列表。创建项目列表的具体操作步骤如下：

(1) 打开素材文件 09\9.4\素材\text03.html，如图 9.19 所示。

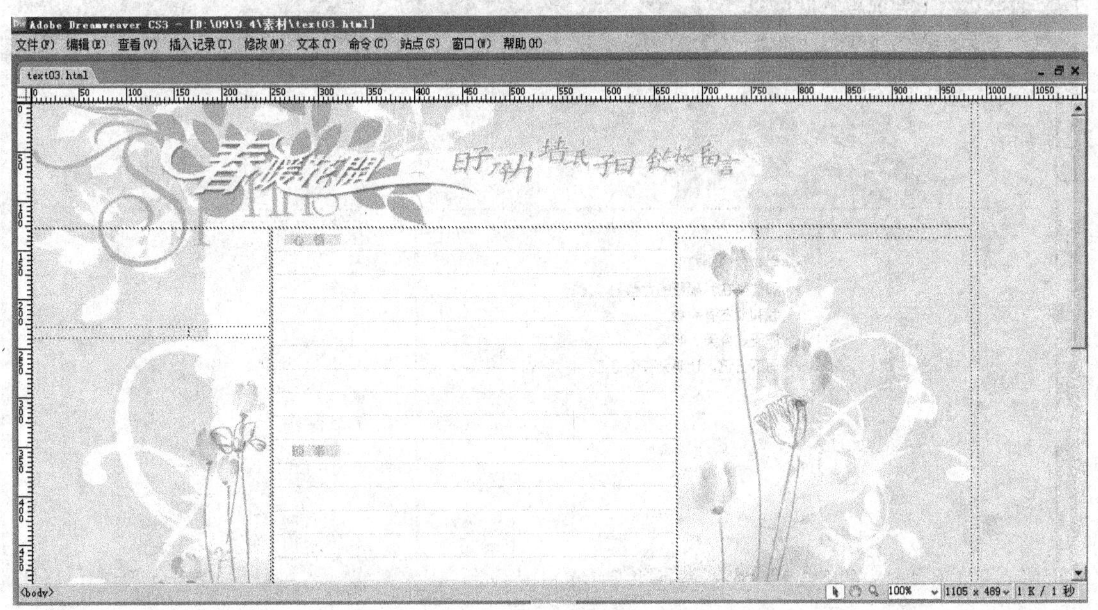

图 9.19　打开素材文件

(2) 将光标放置在要创建项目列表的位置，选择菜单中的"文本"|"项目列表"命令，创建项目列表，输入文本，如图 9.20 所示。

(3) 将光标插入到项目列表的最后一个字后面，按下 Enter 键，新建一个项目并输入文本。这样重复操作，可以添加多个项目，完成后如图 9.21 所示。

提示：单击"属性"面板中的"项目列表"按钮，即可创建项目列表。

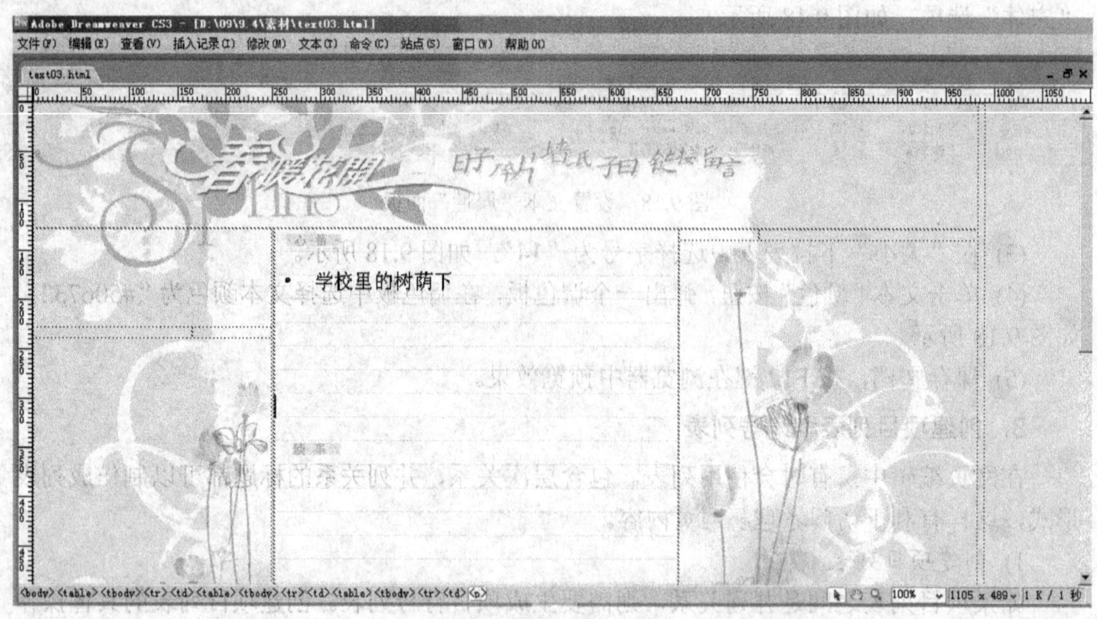

图 9.20　创建第 1 项目

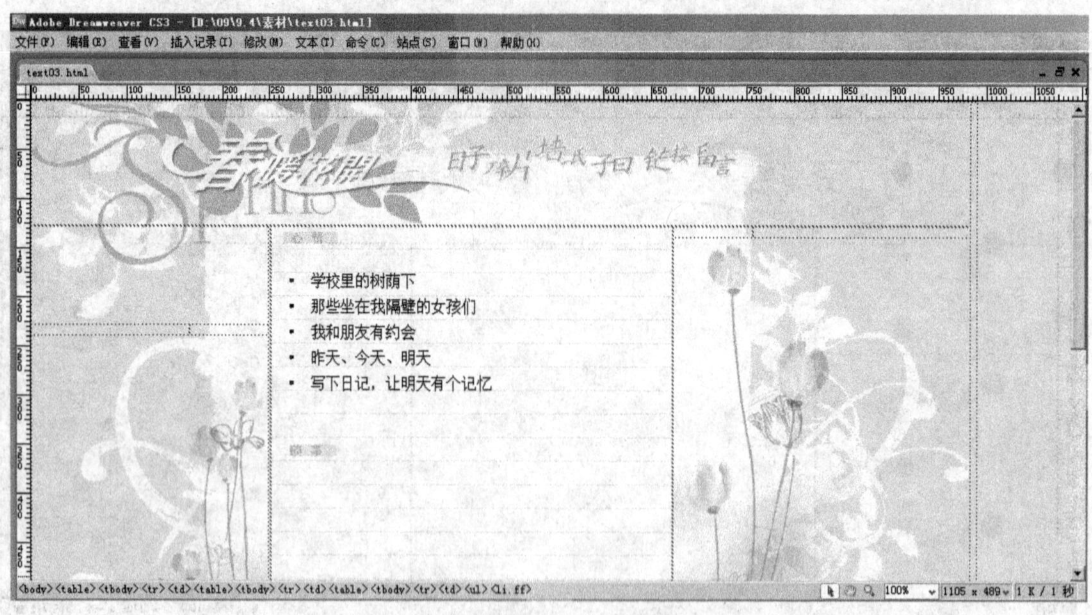

图 9.21　项目列表

2) 创建编号列表

当网页内的文本需要按序排列时，就应该使用编号列表。编号列表的项目符号可以在阿拉伯数字、罗马数字和英文字母中选择。

继续打开素材文件 09\9.4\素材\text03.html，将光标放置在要创建编号列表的位置，选择菜单中的“文本”|“编号列表”命令，创建编号列表，如图 9.22 所示。

提示：单击“属性”面板中的“编号列表”按钮，即可创建编号列表。

图 9.22　创建编号列表

9.4.2　插入其他字符对象

1．插入特殊符号

插入特殊符号具体步骤如下：

(1) 打开素材文件 09\9.4\素材\text04.htm，如图 9.23 所示。

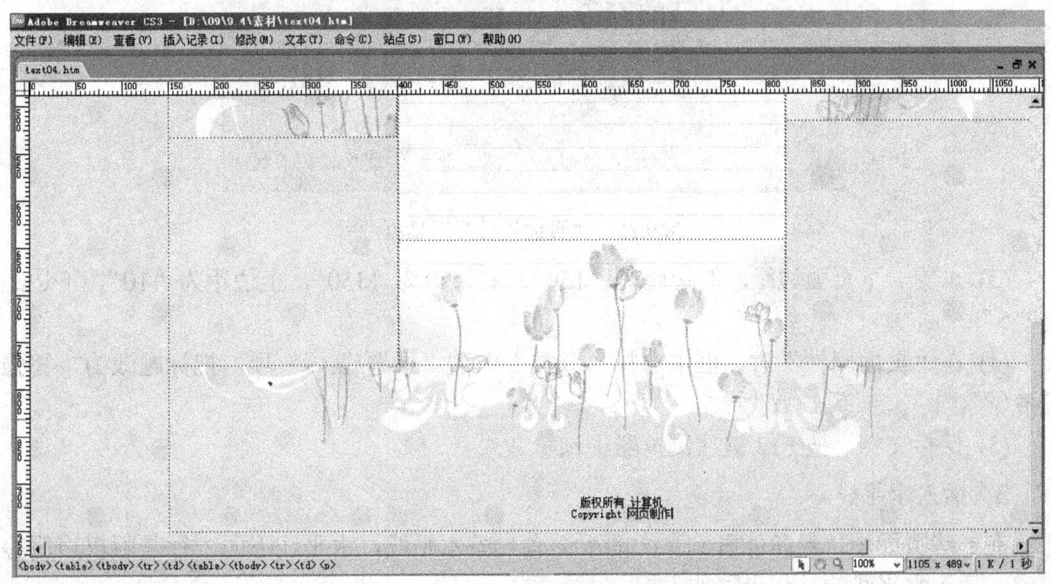

图 9.23　打开素材文件

(2) 将光标放在“Copyright”后面，选择菜单中的“插入”|“HTM”|“特殊字符”命

令，在弹出的子菜单选择“版权(C)”，即可插入版权符号，如图 9.24 所示。

图 9.24　插入版权符号

2．设置网页属性

一般来说，设置文本后，默认的网页属性并不能完全满足用户的需求，因此设置网页属性是必不可少的。使用“页面属性”对话框，可以设置网页的整体效果。

(1) 打开素材文件 09\9.4\素材\text04.htm，如图 9.23 所示。

(2) 单击“属性面板”中“页面属性”按钮，打开“页面属性”对话框，在左边“分类”项中选择“外观”，在“外观”项中把背景颜色的颜色值改为“#D8E6C8”，最好用颜色选择器来选择，如图 9.25 所示。

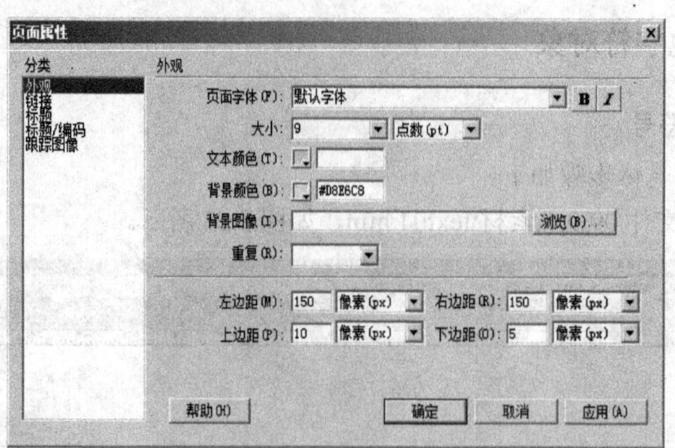

图 9.25　“页面属性”对话框

(3) 设置一下页面边距，左边距为“150”，右边距为“150”，上边距为“10”，下边距为“5”。

(4) 在“页面属性”对话框中选择“分类”中的“标题/编码”项，把标题改为“德强商务学院”。

(5) 保存文档，按 F12 键在浏览器中预览效果。

3．插入水平线

在一些页面中，经常能看到页面的下面有一条水平线，水平线下面一行是版权声明等内容。插入水平线的具体步骤如下：

(1) 打开素材文件 09\9.4\素材\text04.htm，如图 9.23 所示。

(2) 将光标插入到编号列表最后一行下面的文本行中，选择“插入”|“HTML”|“水

平线”命令，则在页面相应处插入了一条水平线，也可以利用 HTML 工具栏来插入水平线，如图 9.26 所示。

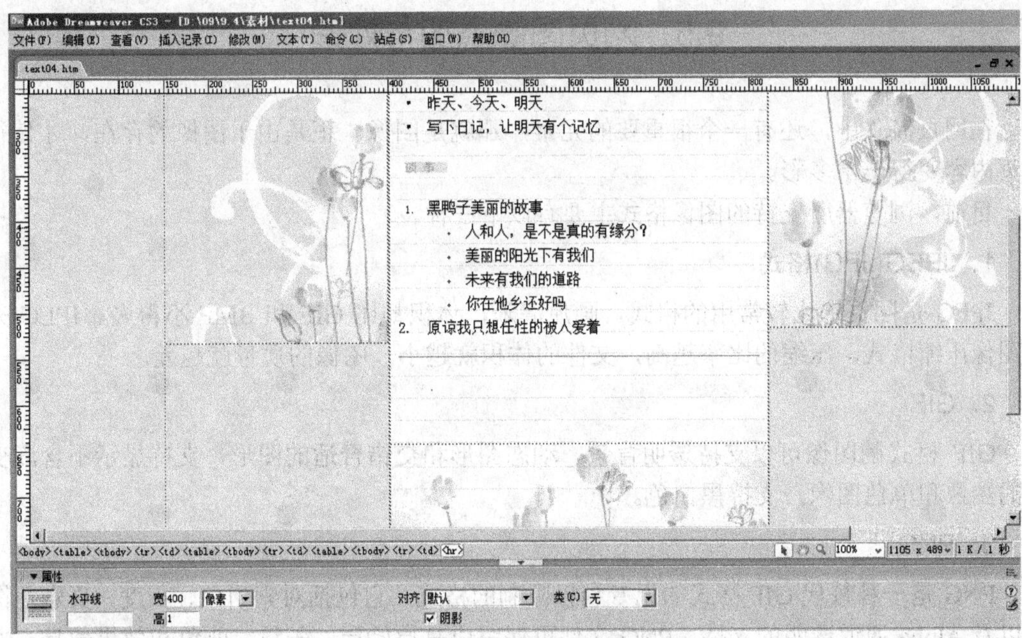

图 9.26　插入水平线

(3) 选中水平线，在水平线“属性”面板中将“宽”设置为“400 像素”、“高”设置为“1”，如图 9.26 所示。

(4) 选中水平线，切换到拆分视图，在相应的位置输入代码 color=“#FF0000”，如图 9.27 所示，水平线颜色只有预览时才能看见效果。

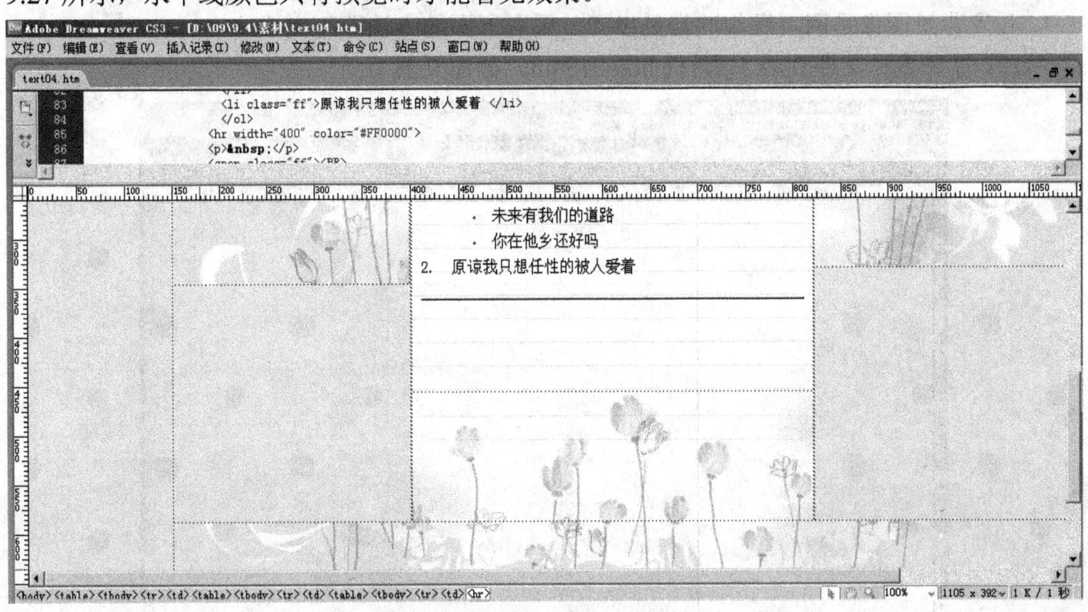

图 9.27　更改水平线颜色

(5) 保存文档，按 F12 键在浏览器中预览效果。

9.5 网页图像添加与处理

在网页制作中，还有一个很重要的元素，那就是图像。正是由于图像的存在，才使得网页内容变得丰富多彩。

目前，浏览器所支持的图像格式主要有以下三种。

1. JPEG(JPG)格式

JPEG 是网页中比较常用的格式，画质清晰，体积却比 GIF 和 BMP 小得多。JPEG 采用图像压缩格式，压缩的比率越高，文件的体积就越小，图像的质量就越差。

2. GIF

GIF 格式的图像可以支持透明背景、动态图形和交错合适的图形，支持显示不含渐变色的图像和单色图像，支持黑白色。

3. PNG

PNG 是一种替代 GIF 格式的无专利权限制的格式，它包括对索引色、灰度、真彩色图像以及 Alpha 通道透明的支持。PNG 文件可保留所有原始层、矢量、颜色和效果信息，并且在任何时候所有元素都是可以完全编辑的。

9.5.1 在网页中插入图像

1. 插入背景图像

设置背景图像是网页操作的常见步骤，采取下面的方法即可完成。

(1) 打开素材文件 09\9.5\素材\photo01.htm，如图 9.28 所示。

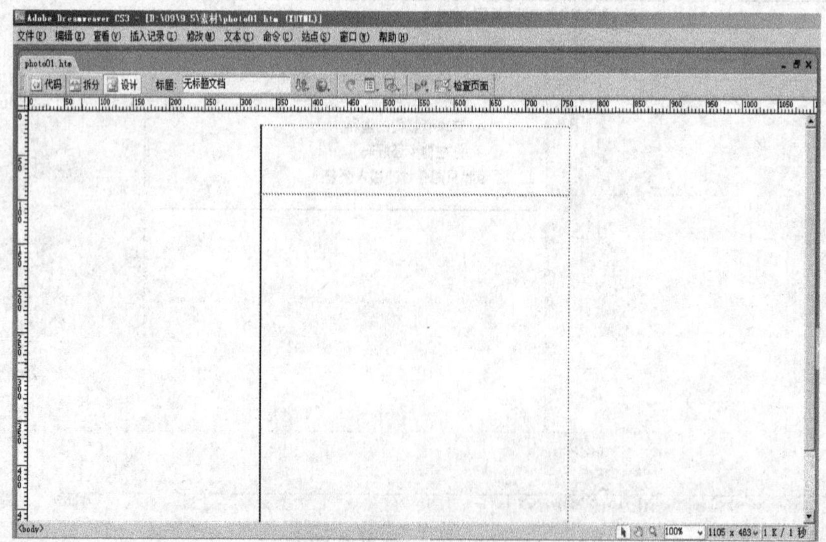

图 9.28　打开素材文件

(2) 选择“修改”|“页面属性”命令，打开“页面属性”对话框，如图 9.29 所示。

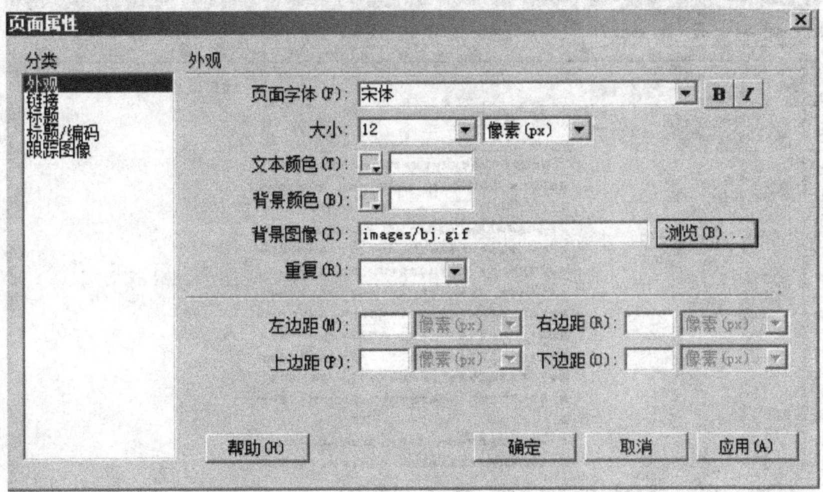

图 9.29　“页面属性”对话框

(3) 单击对话框中“背景图像”文本框后面的“浏览”按钮选择图像 bj.gif，或者在文本框中直接输入背景图像文件的路径和名称。

(4) 单击“确定”按钮，插入背景图像，如图 9.30 所示。

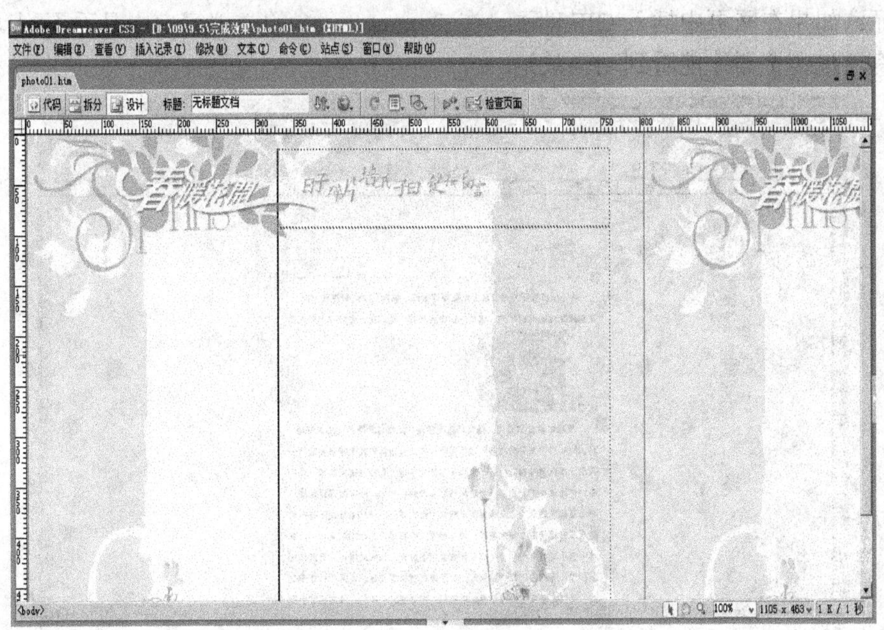

图 9.30　显示背景图像

(5) 保存文档，按 F12 键在浏览器中预览效果。

2．插入页面图像

在页面中插入图像和插入其他页面元素没什么区别，其操作步骤如下：

(1) 打开素材文件 09\9.5\素材\photo02.htm，如图 9.31 所示。

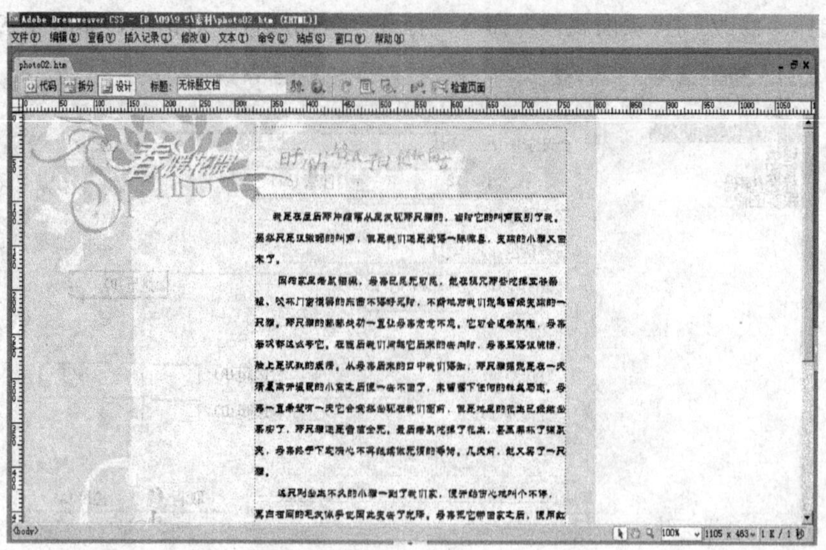

图 9.31　打开素材文件

(2) 将光标放在第 1 段文字的后面，选择菜单中的“插入”|“图像”命令，打开“选择图像源文件”对话框，在对话框中选择图像 images02.jpg，单击“确定”按钮即可，如图 9.32 所示。

提示：如果在网页中插入 GIF 动画，在 Dreamweaver 的文档窗口中是看不到动画效果的，只有通过浏览器才能看到动画效果。

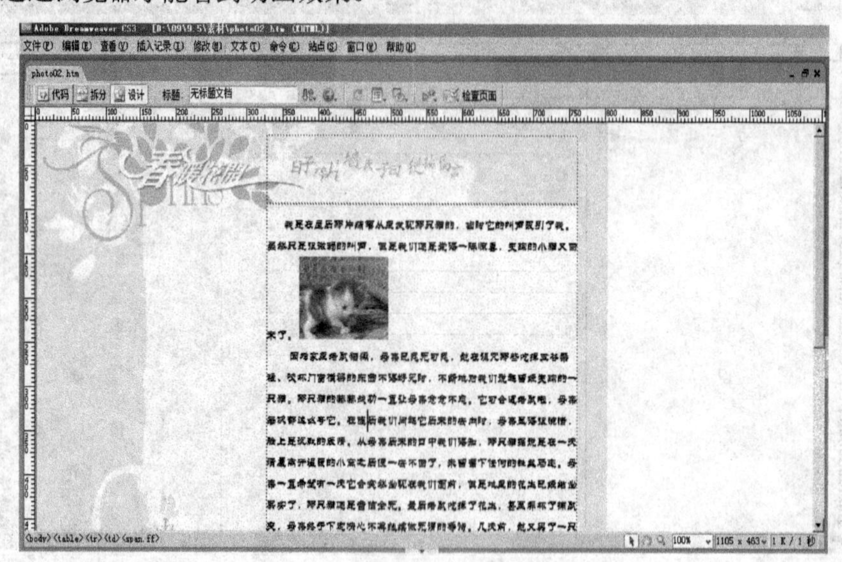

图 9.32　插入图像

3. 创建鼠标经过图像

鼠标经过图像就是当鼠标经过图像时，原图像会变成另外一张图像。创建鼠标经过图像的具体操作步骤如下：

(1) 续打开素材文件 09\9.5\素材\photo02.htm，如图 9.32 所示。

(2) 将光标定位到第 3 段文本的前面，选择“插入记录”|“图像对象”|“鼠标经过图像”命令，打开“插入鼠标经过图像”对话框，如图 9.33 所示。

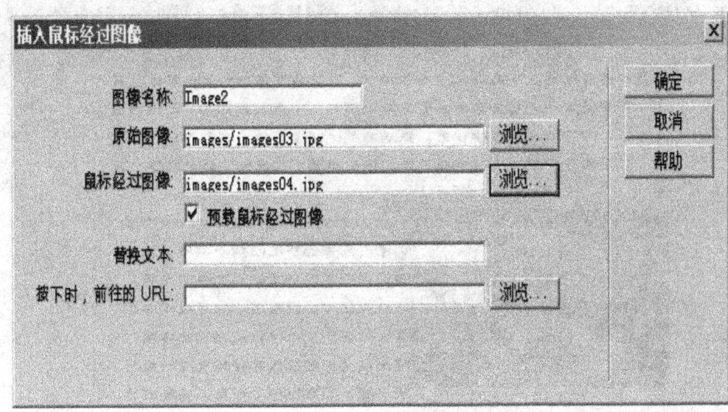

图 9.33　“插入鼠标经过图像”对话框

(3) 在“图像名称”文本框中输入图像名称，单击“原始图像”文本框后的“浏览”按钮，在打开的对话框中选择原始图像 images03 并单击“确定”按钮，返回“插入鼠标经过图像”对话框，用同样的方法设置鼠标经过图像 images04。

(4) 选中“预载鼠标经过图像”复选框，可避免图像显示延迟。在“替换文本”文本框中输入所需内容，单击“按下时，前往的 URL”文本框后的“浏览”按钮，在打开的对话框中选择要链接到的网页文档并单击“确定”按钮，返回“插入鼠标经过图像”对话框。

(5) 单击“确定”按钮，插入鼠标经过图像。

(6) 保存文档，按 F12 键在浏览器中预览效果，如图 9.34 和图 9.35 所示。

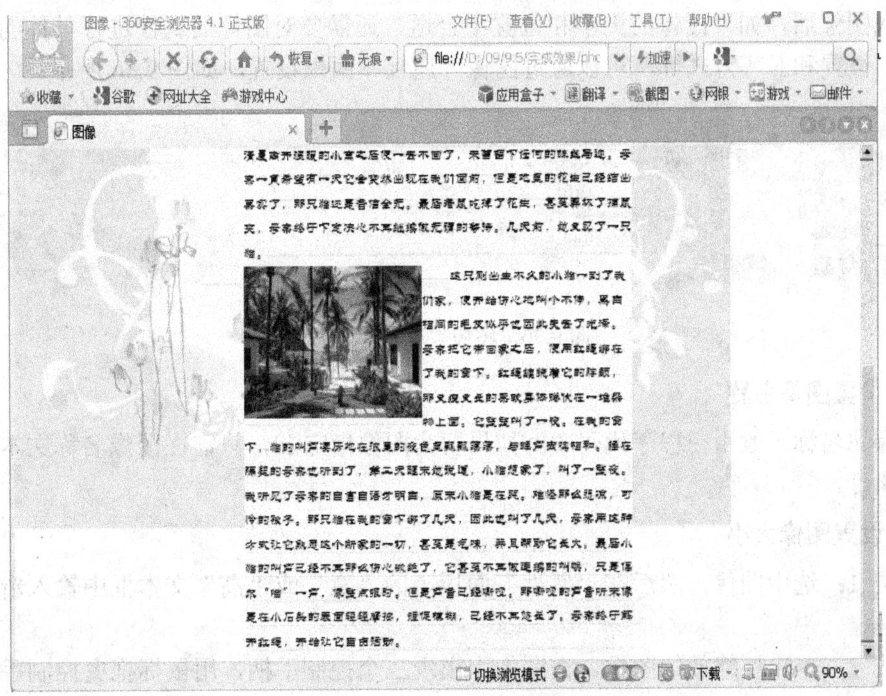

图 9.34　鼠标经过前图像

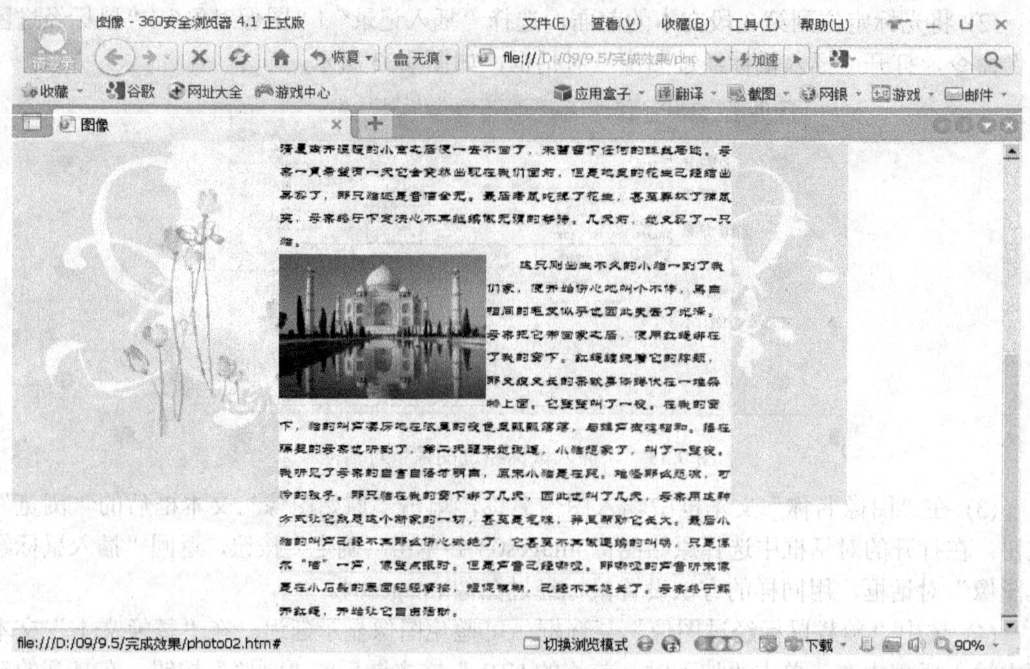

图 9.35　鼠标经过后图像

9.5.2　图像的编辑与设置

插入图像后，如果图像的大小和位置不合适，还需要对图像的属性进行具体的调整，如大小、位置和对齐方式等，可以通过图像“属性”面板设置，如图 9.36 所示。

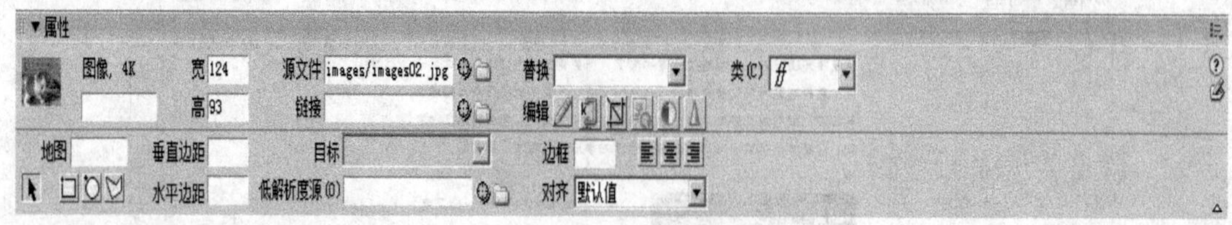

图 9.36　图像“属性”面板

1. 设置图像名称

图像的名称一般用在程序代码中。如果要为图像指定 id，只需在图像名称文本框中输入名称即可。

2. 设置图像大小

方法 1：选中图像，然后在“属性”面板上的“宽”或“高”文本框中输入新的图像大小。

方法 2：单击要缩放的图像，在图像上出现三个控制手柄，用鼠标拖曳控制手柄调整图像大小。

3．设置边框宽度

选中图像后，通过在“边框”文本框中输入数值来定义边框的宽度。

4．设置对齐方式

在“属性”面板中的“对齐”下拉列表框中共包含九种对齐方式，它们定义了图像与附近文字之间的相对位置。

5．设置边距

边距分为“垂直边距”和“水平边距”两部分，可以分别设定在水平或垂直方向上的若干像素内为空白区域。

6．设置链接

选中图像后，在“链接”文本框中可以直接输入要链接对象(如网页等)的路径，或者单击“浏览文件”按钮找到要链接的文件。

7．裁剪图像

Dreamweaver 提供了直接在文档中裁剪图像的功能，不再需要在其他图像编辑软件中进行操作。裁剪图像的具体步骤如下：

(1) 打开素材文件 09\9.5\素材\photo03.htm，如图 9.37 所示。

图 9.37 打开素材文件

(2) 选中要裁剪的图像，单击“属性”面板中的“裁剪”按钮。

(3) 此时在图像的周围会出现调整图像大小的控制点，调整控制点到图像合适的范围，如图 9.38 所示。

图 9.38　调整控制点范围

(4) 调整图像范围后，鼠标双击图像或按下 Enter 键，完成图像裁剪。

(5) 保存文档，按 F12 键在浏览器中预览效果。

设置图像属性的具体步骤如下：

(1) 继续打开素材文件 09\9.5\素材\photo02.htm，如图 9.32 所示。

(2) 选择图像，在“属性”面板中的“替换”下拉列表中输入“小猫咪”，将“对齐”设置为“右对齐”，如图 9.39 所示。

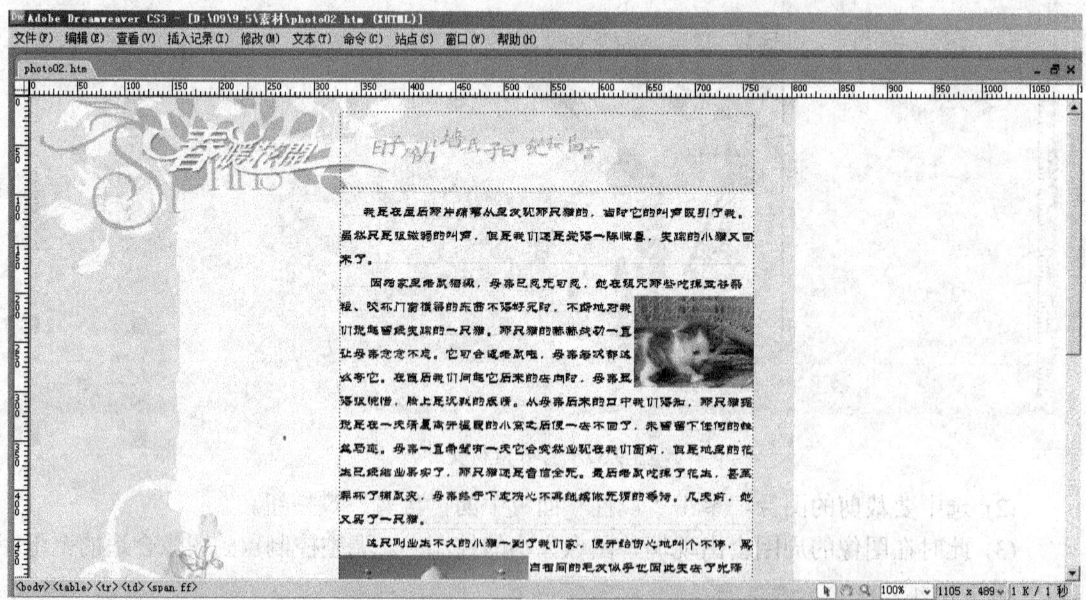

图 9.39　图像右对齐显示

(3) 保存文档，按 F12 键在浏览器中预览效果。

9.6 常用多媒体对象的添加

网页中可以包含各种各样的对象，多媒体是其中最为耀眼的部分。下面介绍在页面中插入各种常见多媒体对象的方法。

9.6.1 添加 Flash 对象

1. 了解 Flash 文件格式

要想在网页中插入合适的 Flash 媒体元素，首先要了解其文件格式。Flash 文件主要有以下几种文件类型。

- .swf：该类型文件是 Flash 电影文件，是运行于网络中的最佳文件格式，是一种压缩格式的 Flash 文件。
- .fla：该类文件是 Flash 源文件，在 Flash 应用程序中创建并且只能在 Flash 应用程序中打开。

2. 插入 Flash 动画

制作网页时必须考虑到网络的下载速度，所以在插入 Flash 动画文件之前最好将其压缩为 .swf 格式。在网页中插入 Flash 动画后，可在“属性”面板中对其进行大小调整和预览等操作。具体的操作步骤如下：

(1) 打开素材文件 09\9.6\素材\flash.htm，如图 9.40 所示。

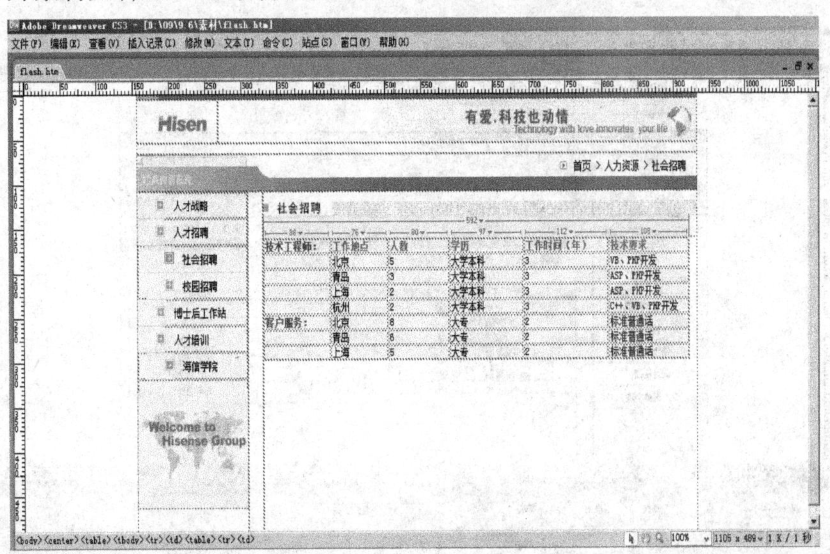

图 9.40 打开素材文件

(2) 将光标定位到需插入 Flash 动画的位置。

(3) 选择“插入记录”|“媒体”|“Flash”命令，打开“选择文件”对话框。

(4) 在该对话框的“查找范围”下拉列表框中选择文件所在的位置，然后在文件列表框中选择 hr01.swf 文件，如图 9.41 所示。

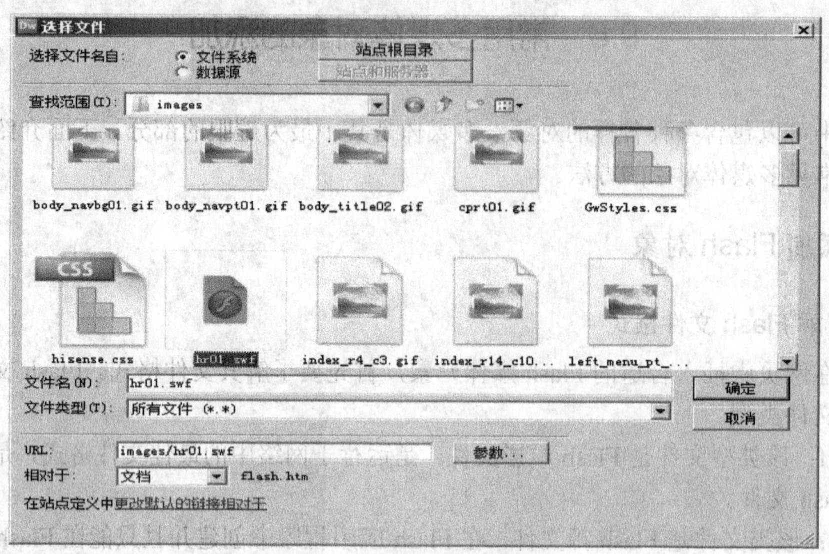

图 9.41　“选择文件”对话框

(5) 单击“确定”按钮，完成 Flash 动画的插入。

(6) 选中插入的 Flash 动画，其“属性”面板如图 9.42 所示，在其中设置相关属性，如宽和高等。

(7) 在“属性”面板中单击“播放”按钮，可在窗口中播放插入的 Flash 动画；这时“播放”按钮变为“停止”按钮，单击该按钮，可停止播放 Flash 动画。

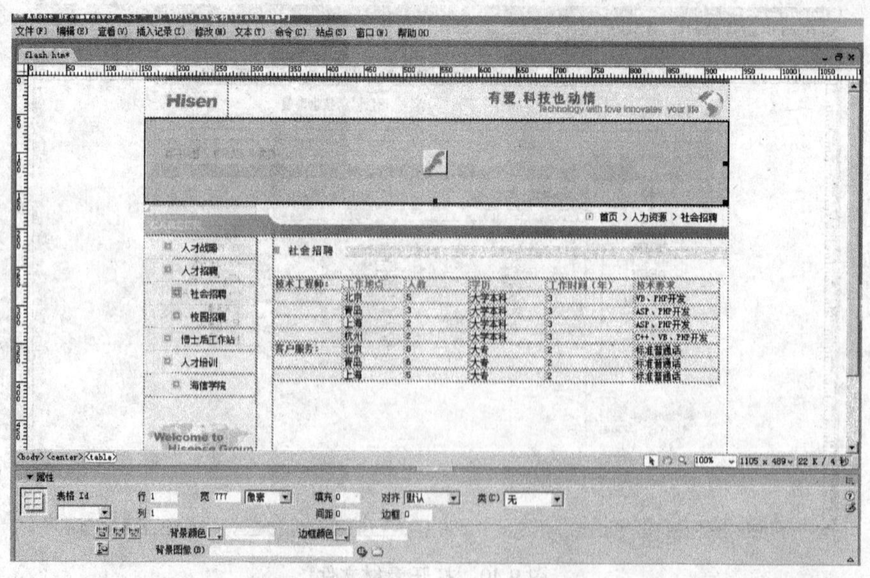

图 9.42　flash 动画“属性”面板

(8) 保存文档，按 F12 键在浏览器中预览效果，如图 9.43 所示。

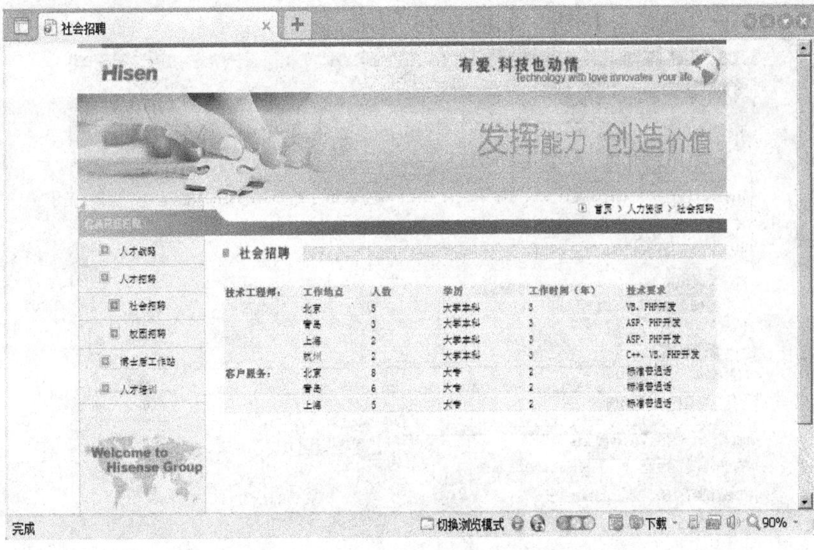

图 9.43 预览效果

3. 插入 Flash 视频

插入 Flash 视频也是目前网页制作中常用的方法。在 Dreamweaver CS3 中，可以轻松地在网页中插入 Flash 视频。插入 Flash 视频的具体操作步骤如下：

(1) 打开素材文件 09\9.6\素材\flash02.htm，如图 9.44 所示。

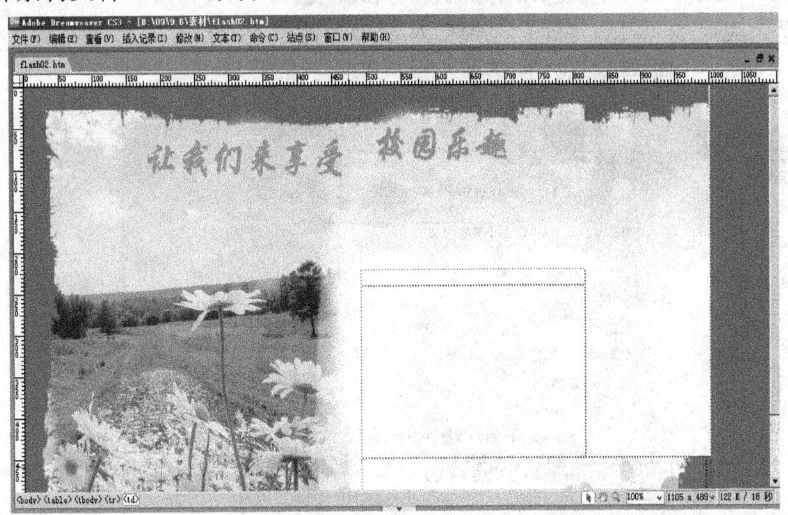

图 9.44 打开素材文件

(2) 将光标定位到需要插入 Flash 视频的位置。

(3) 选择“插入记录”|“媒体”|“Flash 视频”命令(或单击“常用”插入栏中的媒体按钮后的 ▼ 按钮，在弹出的下拉菜单中选择“Flash 视频”命令)，打开“插入 Flash 视频”对话框。

(3) 在“视频类型”下拉列表框中选择视频的类型，如选择“累进式下载视频”选项。

(4) 单击“URL”文本框后面的“参数”按钮，在打开的“选择文件”对话框中选择校园.flv 文件，单击“确定”按钮，如图 9.45 所示。

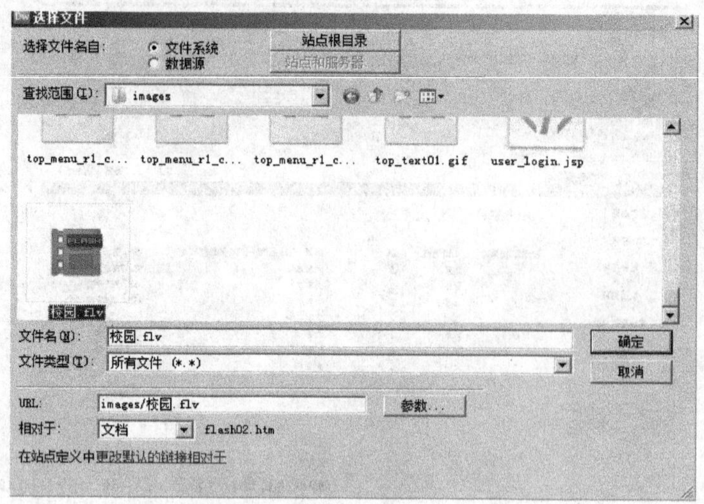

图 9.45　“选择文件”对话框

(5) 返回“插入 Flash 视频”对话框，在“外观”下拉列表框中选择视频播放器的外观界面，如选择“Clear Skin 3(最小宽度：260)”选项。在“外观”下拉列表框下方会显示选择的界面效果。

(6) 单击“检测大小”按钮，自动获取选择的视频文件的宽度或高度；也可以在“宽度”和“高度”文本框中输入视频画面的宽度和高度。

(7) 设置完成后的“插入 Flash 视频”对话框如图 9.46 所示。

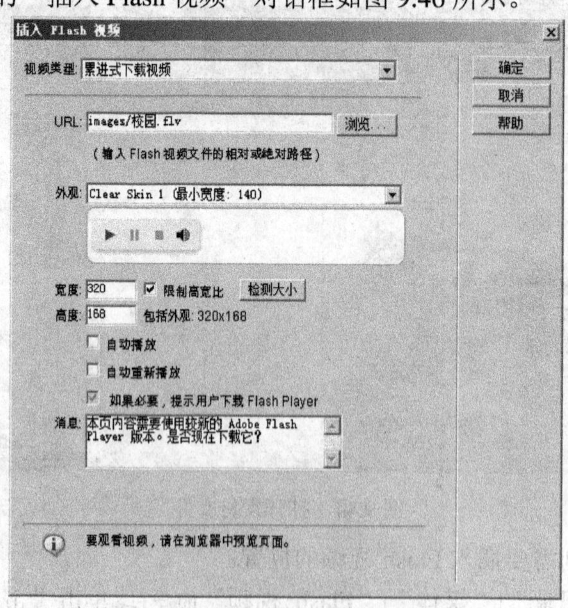

图 9.46　“插入 Flash 视频”对话框

(8) 单击“确定”按钮，插入 Flash 视频，如图 9.47 所示。

(9) 保存文档，按 F12 键在浏览器中预览效果。

注意：只能插入 .flv 格式的视频文件，若要插入其他格式的视频文件，可以通过 Flash 软件自带的 Flash Video Encoder 将其转换为.flv 格式。

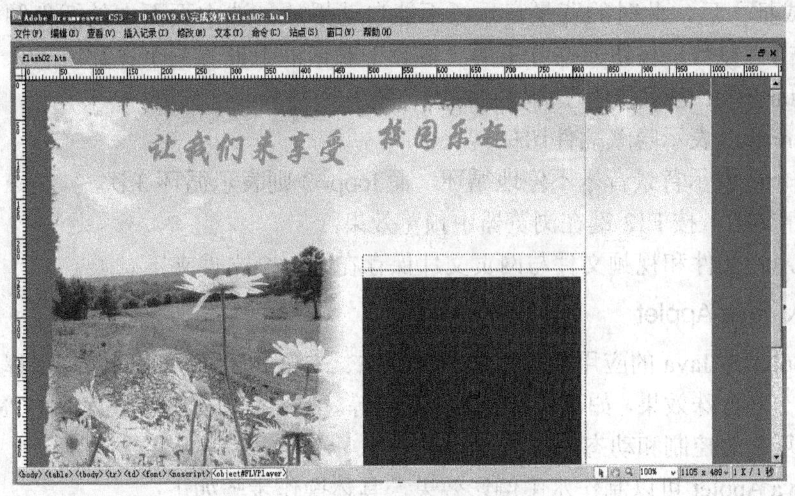

图 9.47 插入 Flash 视频

9.6.2 插入其他媒体对象

1. 插入背景音乐和视频文件

在网页中可以插入 mid、wav 和 mp3 等格式的音乐文件和视频文件。

插入音乐文件和视频文件方法一样，下面以插入背景音乐为例介绍插入插件的步骤：

(1) 打开素材文件 09\9.6\素材\flash02.htm，如图 9.44 所示。

(2) 将光标定位到网页中的任何位置。

(3) 选择"插入记录"|"媒体"|"插件"命令(或单击"常用"插入栏中的媒体按钮后的▼按钮，在弹出的下拉菜单中选择"插件"图标)，打开"选择文件"对话框。

(4) 在打开的对话框选择所需的音乐文件，如"春天在哪里.mp3"，如图 9.48 所示。单击"确定"按钮即可在网页中插入背景音乐。

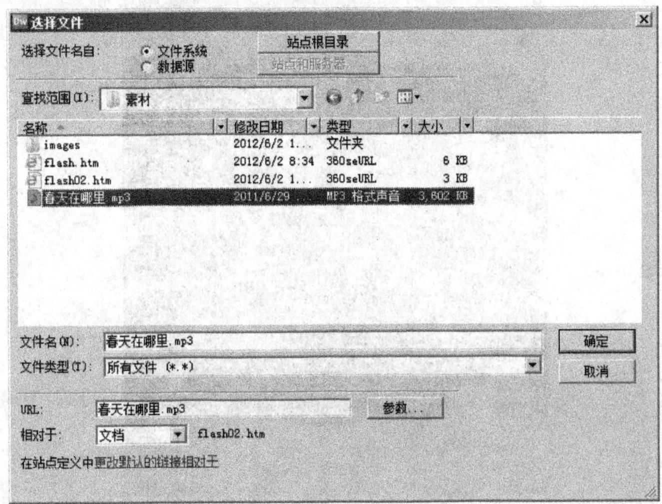

图 9.48 "选择文件"对话框

(5) 完成插入后，此时的背景音乐还不能自动播放。选中页面中的插件图标，在“属性”面板单击“参数”按钮，在弹出的“参数”对话框中设置三个参数：

- autostart=true 表示音乐在浏览页面时自动开始播放。
- hidden=true 表示隐藏插件图标。
- loop=true 表示背景音乐不停地循环，而 loop=3 则表示循环 3 次。

(6) 保存文档，按 F12 键在浏览器中预览效果。

提示：声音文件和视频文件与网页文件保存在同一个文件夹下。

2. 插入 Java Applet

Java Applet 是 Java 的应用程序，是一种动态、安全和跨平台的网络应用程序，它能在网页中实现一些特殊效果，如下雪、水纹和下雨等。Java Applet 常被嵌入到 HTML 语言中，以实现较为复杂的控制和动态效果。

利用 Java Applet 可以制作水中倒影效果，具体操作步骤如下：

(1) 新建文件并将保存到 09\9.6\素材\applet 文件夹下，命名为 flash03.html。

(2) 将光标定位到需插入 Java Applet 的位置。

(3) 选择“插入记录”|“媒体”|“Applet”命令，打开“选择文件”对话框。

(4) 在“选择文件”对话框中选择 Lake.class。

(5) 单击“确定”按钮，插入 Applet 图标，在“属性”面板上修改其宽度为“300”，高度为“500”(该数值由 Applet 程序引用的图像的宽度来确定)。

(6) 切换到代码视图，在代码视图的编辑窗口中的<applet>和</ applet>之间输入相应的代码。

```
<applet code="Lake.class"    width="300" height="500">
<param name="image" value="tuxiang.jpg">//设置水中倒影的图像
</applet>
```

(6) 保存文档，按 F12 键在浏览器中预览效果，如图 9.49 所示。

图 9.49　水中倒影效果

提示：Lake.class 文件、图像和网页必须放在同一个文件夹下；如果用户使用的是 Windows XP 操作系统，默认情况下是不能正常观察到效果的，必须安装 Java 虚拟机。

9.7 创建网页链接

网站由很多网页组成，网页之间通常是通过超级链接的方式联系到一起的。在 Dreamweaver 中，超链接的应用范围很广泛，利用它不仅可以进行网页间的相互链接，还可以使用网页链接相关的图像文件、多媒体文件及下载程序等。

9.7.1 超链接基础

1．路径

在创建超链接之前，首先得清楚文档的链接路径。概括起来，文档的链接路径主要有三种形式。

(1) 绝对路径。绝对路径一般是指服务器上的文件，它是完整的文件路径，包含其应用协议。例如 http://www.baidu.com。

(2) 相对路径。相对路径是指本地站点内常用的文件路径，如果文件都在同一个目录中，使用相对路径极为有效。

(3) 根目录相对路径。使用多个服务器的大型站点需要用到这种文档路径，但是，对于一般的 Web 站点，就没有必要使用这种文档路径。

2．创建超链接的方法

使用 Dreamweaver 创建超链接既简单又方便，只要选中要设置成超链接的文字或图像，然后应用以下几种方法添加相应的 URL 即可。

(1) 使用“属性”面板创建链接。利用“属性”面板创建超链接的方法很简单，选中要创建超链接的对象，在面板中的“链接”文本框中输入要链接的路径，或单击“链接”文本框右边的“浏览文件”按钮，如图 9.50 所示，打开“选择文件”对话框，在对话框中选择要链接的对象即可。

图 9.50 “属性”面板

(2) 通过插入栏创建链接。这种方法只能创建文本链接。选中要创建链接的文本，单击“常用”插入栏中的按钮，打开“超级链接”对话框，如图 9.51 所示。在对话框中的“链接”文本框输入链接的目标，或单击“链接”文本框右边的“浏览文件”按钮，选择相应的链接目标，单击“确定”按钮，即可创建链接。

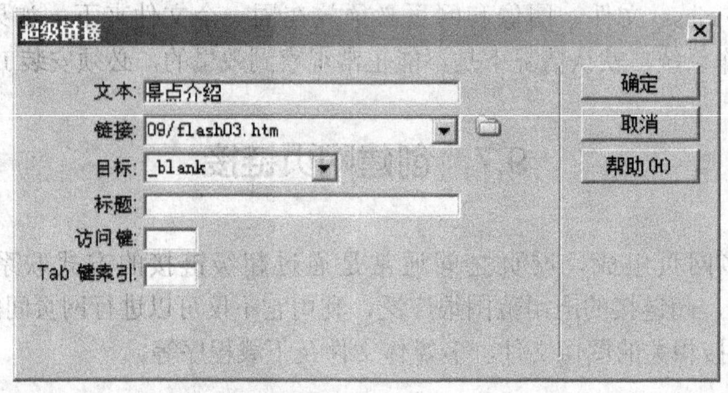

图 9.51 “超级链接”对话框

9.7.2 创建超链接

1. 外部链接

外部链接是相对于本地链接而言的，与本地链接不同的是，外部链接的链接目标文件在远程服务器上。创建外部链接的具体步骤如下：

(1) 打开素材文件 09\9.7\素材\ index.html，如图 9.52 所示。

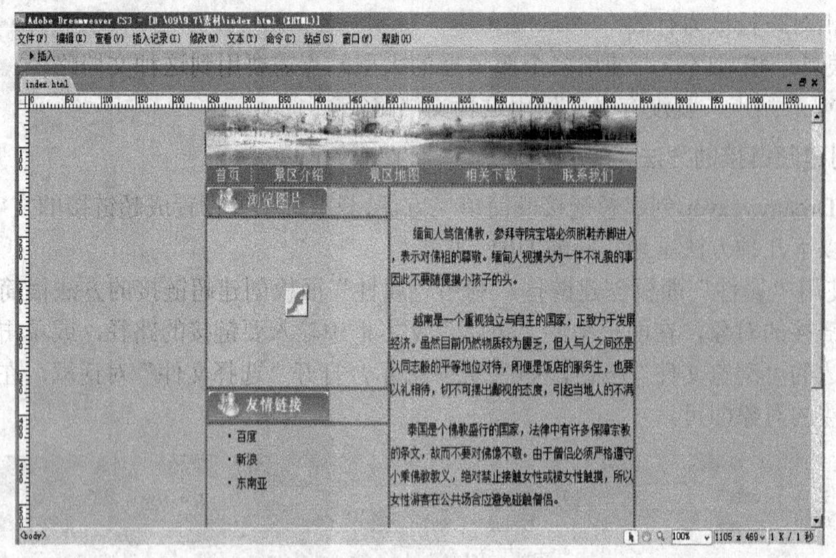

图 9.52 打开素材文件

(2) 选中文字“百度”，在“属性”面板中的“链接”文本框中直接输入外部链接的地址“http://www.baidu.com”，如图 9.53 所示。

图 9.53 “属性”面板

(3) 保存文档，按 F12 键在浏览器中预览效果。

2. 内部链接

内部链接只能链接网站内部的页面或资源。创建内部链接的具体步骤如下：

(1) 打开素材文件 09\9.7\素材\ index.html，如图 9.52 所示。

(2) 选中文字“景区介绍”，在“属性”面板中单击“链接”文本框右边的“浏览文件”按钮，打开“选择文件”对话框，在对话框中找到要链接的网页文件，这里选择素材 09\9.7\素材\ html\jqjx.html，如图 9.54 所示。

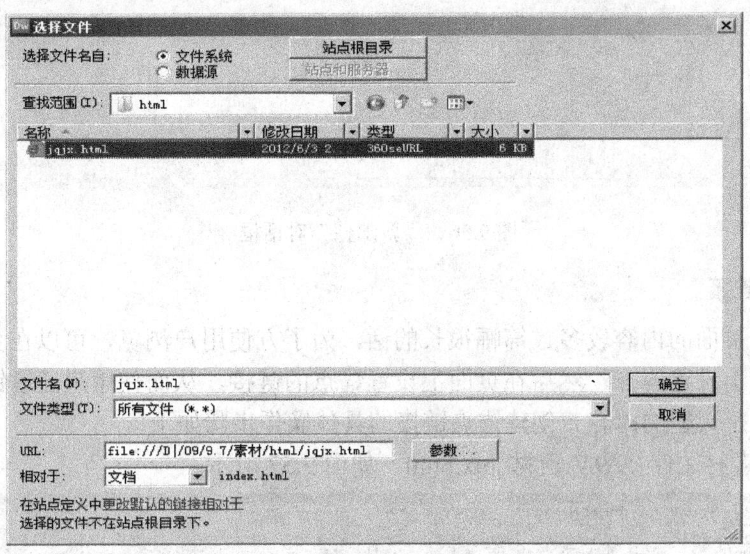

图 9.54　“选择文件”对话框

(3) 保存文档，按 F12 键在浏览器中预览效果。

3. 电子邮件链接

在制作网页时，有些内容需要创建电子邮件链接。单击此链接时，将启动相关的邮件程序发送 E-mail 信息。创建电子邮件链接的具体步骤如下：

(1) 打开素材文件 09\9.7\素材\ index.html，如图 9.52 所示。

(2) 选中文本“联系我们”，单击“常用”插入栏中的按钮，打开“电子邮件链接”对话框，如图 9.55 所示。

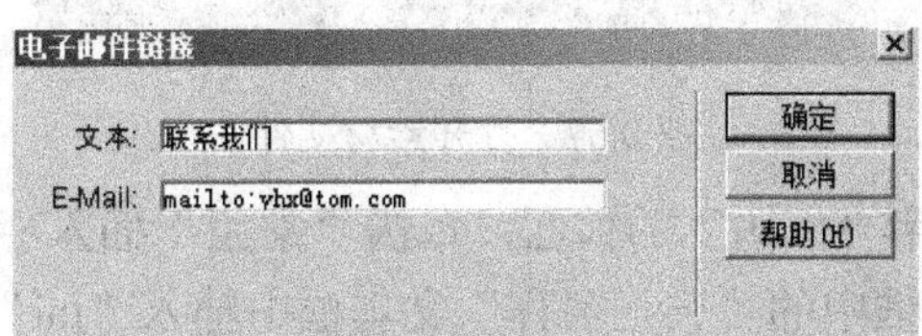

图 9.55　“电子邮件链接”对话框

(3) 在 E-mail 文本框中输入“mailto:yhx@tom.com”，设置 E-mail 地址，如图 9.55 所示。

(4) 单击“确定”按钮，创建 E-mail 地址。

(5) 保存文档，按 F12 键在浏览器中预览效果，单击创建的 E-mail 链接，打开图 9.56 所示的“新邮件”对话框。

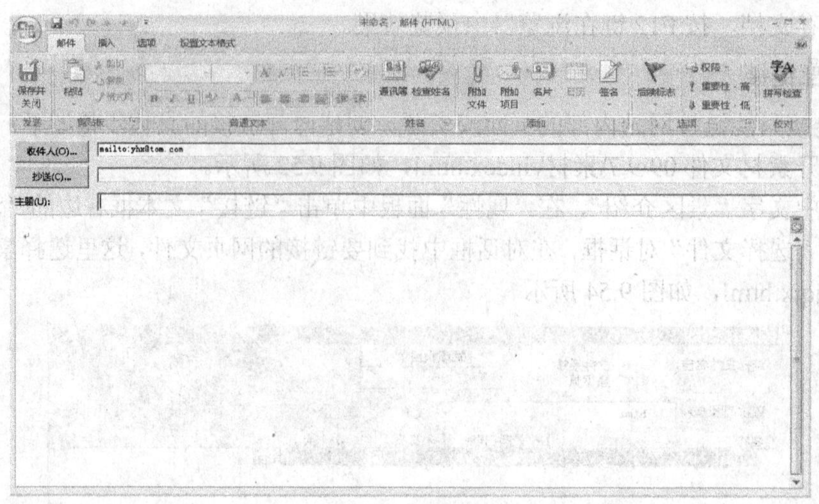

图 9.56　“新邮件”对话框

4．锚点链接

如果一个页面的内容较多、篇幅很长的话，为了方便用户浏览，可以在页面的某个分项内容的标题上设置锚点，然后在页面上设置锚点的链接，从而使用户通过锚点链接快速直接地跳转到感兴趣的内容。创建锚点链接的具体操作步骤如下：

(1) 打开素材文件 09\9.7\素材\jqjx.html，如图 9.57 所示。

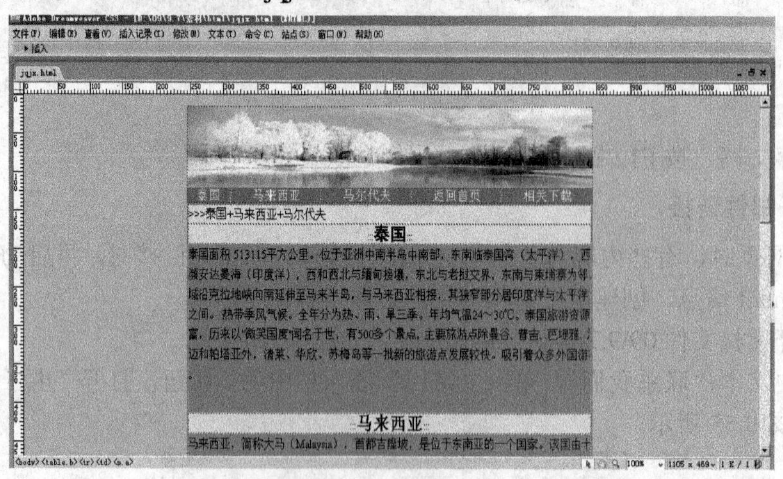

图 9.57　打开素材文件

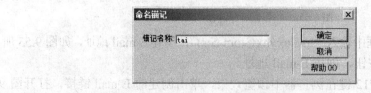

(2) 将光标放置在文字“泰国”的前面，单击“常用”插入栏中的按钮，打开“命名锚记”对话框，在对话框中的“锚记名称”文本框中输入“tai”，如图 9.58 所示。

图 9.58　“命名锚记”对话框

(3) 单击“确定”按钮，插入锚记，如图 9.59 所示。

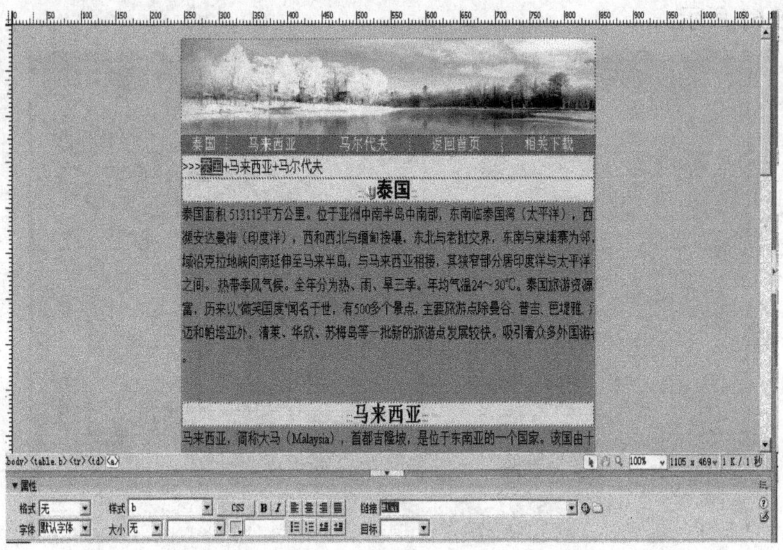

图 9.59　插入锚记

(4) 选中文档顶部的文本“泰国”，在“属性”面板中的“链接”文本框中输入“#tai”，设置链接，如图 9.59 所示。

(5) 保存文档，按 F12 键在浏览器中预览效果。

5. 图像热点链接

有时候我们希望能在图像的某个区域添加链接，而在其他部分添加其他链接或不添加任何链接。要做到这一点，就需要用到热点链接。创建图像热点链接的具体操作步骤如下：

(1) 打开素材文件 09\9.7\素材\jddt.htm，如图 9.60 所示。

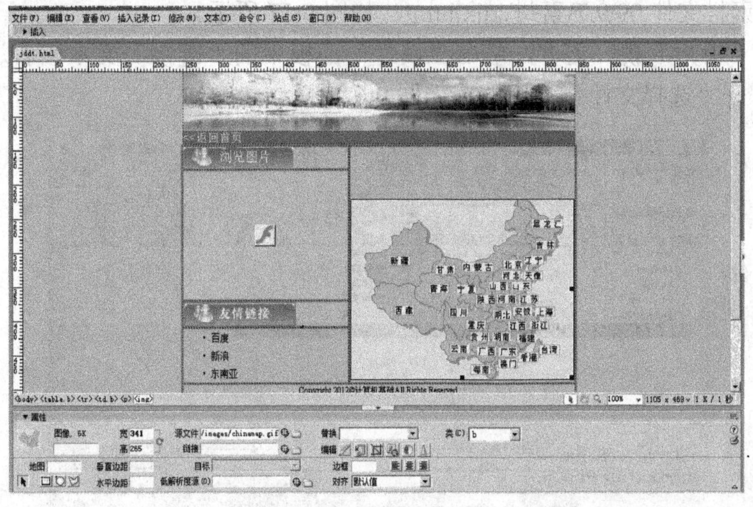

图 9.60　打开素材文件

(2) 选中要创建图像热点链接的图像，在“属性”面板中单击“矩形热点工具”按钮，如图 9.60 所示。

(3) 将光标移动到要绘制的热点图像上，按住鼠标左键不放，拖动鼠标绘制一个矩形热点，如图 9.61 所示。

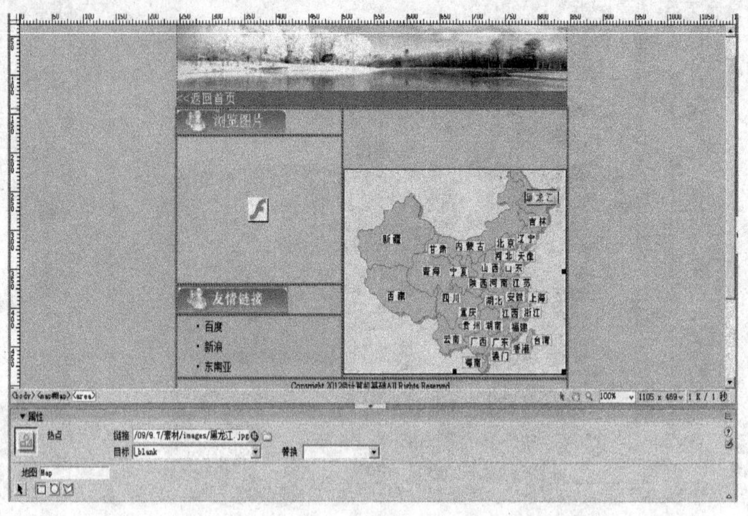

图 9.61　创建图像热点

(4) 选中矩形热点，在“属性”面板上单击“链接”文本框右边的“浏览文件”按钮，打开“选择文件”对话框，选择链接目标，单击“确定”按钮，创建链接，如图 9.61 所示。

(5) 保存文档，按 F12 键在浏览器中预览效果。

6. 文件链接

互联网上的资源丰富多样，浏览者可以自由下载，当单击下载链接时，就会弹出一个提示对话框，让我们选择是“运行(打开)”还是“保存”。

创建文件链接的具体操作步骤如下：

(1) 打开素材文件 09\9.7\素材\jqjx.html，如图 9.57 所示。

(2) 选中“相关下载”文本，单击“属性”面板中的“链接”文本框右边的“浏览文件”按钮，打开“选择文件”对话框，如图 9.62 所示。

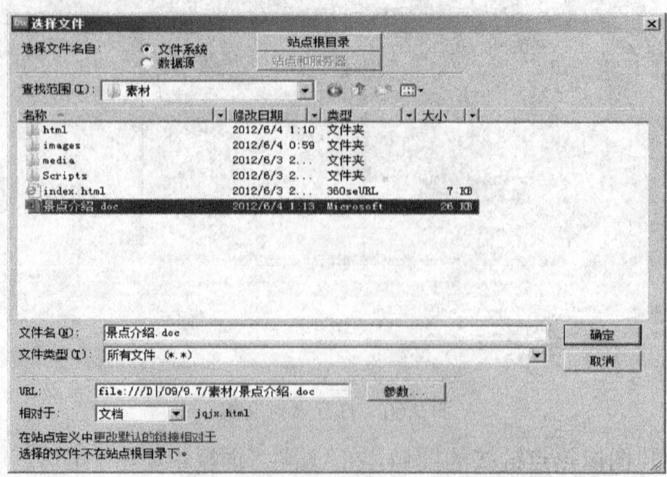

图 9.62　“选择文件”对话框

(3) 在该对话框中选择文件，单击“确定”按钮设置链接，如图 9.62 所示。

(4) 保存文档，按 F12 键在浏览器中预览效果。

思考题

1. 网页组成元素有哪些？
2. 简述网站设计步骤。
3. 布局网页主要采用哪些版式结构？
4. 如何在 Dreamweaver 中创建本地站点？
5. 如何在 Dreamweaver 中插入特殊符号©？
6. 如何在 Dreamweaver 中插入鼠标经过图像？
7. 如何在 Dreamweaver 中创建邮件链接？
8. 如何在 Dreamweaver 中插入视频？

第10章 常用工具软件介绍

本章通过理论知识与实践案例相结合的方式，深入浅出地介绍目前应用最为广泛的计算机常用工具软件的使用方法和技巧，其中包括文件工具、多媒体工具、反病毒工具、网络工具、翻译和词典工具、光盘刻录工具等。由于计算机工具软件的种类繁多，任何一本教材都不可能面面俱到，本书力图使读者从典型到一般，逐渐掌握计算机工具软件的使用规律，提高计算机的使用水平，更方便、有效地利用计算机解决工作当中遇到的问题，提高工作效率。

10.1 计算机病毒及其防治

人们在使用计算机的过程中，经常会出现稀奇古怪的故障，最后发现是计算机病毒的原因。由于病毒的神秘性和破坏性，导致用户对计算机病毒非常恐惧，甚至断绝了计算机与外界的一切联系。在21世纪的网络时代，如果计算机不接入到网络，就无法充分利用网络上的各种资源。因此，了解计算机病毒，采取主动防御的措施，才是最佳的解决办法。

10.1.1 计算机病毒概述

计算机病毒是一些人蓄意编制的一种寄生性的计算机程序，它能在计算机系统中生存，通过自我复制来传播，在一定条件下被激活从而给计算机系统造成一定损害甚至严重破坏，这种有破坏性的程序被人们形象地称为“计算机病毒”。所有计算机病毒都是人为制造出来的，一旦扩散开来，制造者自己都很难控制。它的出现不单是技术问题，而且是一个严重的社会问题。

在《中华人民共和国计算机信息系统安全保护条件》中，明确给出了计算机病毒的定义：“计算机病毒，是指编制或者在计算机程序中插入的破坏计算机功能或者破坏数据，影响计算机使用，并能自我复制的一组计算机指令或者程序代码”。

10.1.2 计算机病毒的特性

计算机病毒会使文件出现长度增加、减少及不寻常的错误信号，而且可以不断地去感染其他程序的特殊程序代码，具有其特殊性，一般具有以下特性：

(1) 破坏性。不同的病毒对系统的破坏性也不同，但都会使计算机效率降低，并占用系统资源，较为严重的会破坏系统文件或导致系统崩溃。

(2) 潜伏性。许多病毒在进入系统后并不马上发作，而是隐藏在系统中，悄悄地传染其他文件，潜伏期越长，传染范围越大。在病毒潜伏期，用户很难察觉到它的存在，直到满足触发条件，才开始实行破坏工作。

(3) 传染性。病毒程序在运行时，自动搜索其他符合传染条件的程序或存储介质，并将其代码插入其中，达到自我繁殖的目的。例如，计算机系统已感染病毒，当使用 U 盘时，病毒自动感染 U 盘中的文件，当 U 盘在其他计算机上使用时，U 盘中被感染的文件又会迅速感染正在使用的计算机中的文件。

(4) 寄生性。病毒程序附加在其他程序当中，依赖其他程序的运行而生存。

(5) 可执行性。病毒寄生在其他程序上后，当计算机运行这些程序时，病毒程序也随之运行。

(6) 可触发性。只有满足一定条件时，病毒才开始发作。例如，某些病毒只有在某月某日同时又是星期五时，才会发作。

(7) 不可预见性。不同种类的病毒，其代码千差万别，即使有各种查杀病毒的工具软件，也很难防范不断出现的新病毒。

10.1.3　计算机病毒的种类

从第一个病毒出现以来，世界上究竟有多少种病毒，说法不一。无论多少种，病毒的数量仍在不断增加。据国外统计，计算机病毒以 10 种/周的速度递增，另据我国公安部统计，国内以 4～6 种/月的速度递增。

按照计算机病毒的特点及特性，计算机病毒的分类方法有许多种，同一种病毒可能有多种不同的分法。

1．按照计算机病毒攻击的系统分类

(1) 攻击 DOS 系统的病毒。这类病毒出现最早、最多，变种也最多。

(2) 攻击 Windows 系统的病毒。由于 Windows 的图形用户界面(GUI)和多任务操作系统深受用户的欢迎，从而成为病毒攻击的主要对象。

(3) 攻击 UNIX 系统的病毒。当前，UNIX 系统应用非常广泛，并且许多大型的操作系统均采用 UNIX 作为其主要的操作系统，所以 UNIX 病毒的出现，对人类的信息处理是一个严重的威胁。

(4) 攻击 OS/2 系统的病毒。世界上已经发现第一个攻击 OS/2 系统的病毒，它虽然简单，但是一个不祥之兆。

2．按照病毒的攻击机型分类

(1) 攻击微型计算机的病毒。这是世界上传染最为广泛的一种病毒。

(2) 攻击小型机的计算机病毒。小型机的应用范围是极为广泛的，它既可以作为网络的一个节点机，也可以作为小的计算机网络的主机。起初，人们认为计算机病毒只有在微型计算机上才能发生，而小型机则不会受到病毒的侵扰，但自 1988 年 11 月份 Internet 网络受到 worm 程序的攻击后，使得人们认识到小型机也同样不能免遭计算机病毒的攻击。

(3) 攻击工作站的计算机病毒。近几年，计算机工作站有了较大的进展，并且应用范围也有了较大的发展，所以不难想象，攻击计算机工作站的病毒也是对信息系统的一大威胁。

3．按照计算机病毒的连接方式分类

由于计算机病毒本身必须有一个攻击对象以实现对计算机系统的攻击，计算机病毒所攻击的对象是计算机系统可执行的部分。

(1) 源码型病毒。源码型病毒攻击高级语言编写的程序，该病毒在编译前插入到原程序中，经编译成为合法程序的一部分。

(2) 嵌入型病毒。嵌入型病毒是将自身嵌入到现有程序中，把计算机病毒的主体程序与其攻击的对象以插入的方式连接。这种计算机病毒是难以编写的，一旦侵入程序体后也较难消除。如果同时采用多态性病毒技术、超级病毒技术和隐蔽性病毒技术，将给当前的反病毒技术带来严峻的挑战。

(3) 外壳型病毒。外壳型病毒将其自身包围在主程序的四周，对原来的程序不作修改。这种病毒最为常见，易于编写，也易于发现，一般测试文件的大小即可知。

(4) 操作系统型病毒。操作系统型病毒意图用自身程序加入或取代部分操作系统进行工作，具有很强的破坏力，可以导致整个系统瘫痪。圆点病毒和大麻病毒就是典型的操作系统型病毒。

4．按照计算机病毒的破坏情况分类

按照计算机病毒的破坏情况可将病毒分为良性和恶性两类。

(1) 良性计算机病毒。良性病毒是指不包含立即对计算机系统产生直接破坏作用的代码。这类病毒为了表现其存在，只是不停地进行扩散，从一台计算机传染给另一台，但并不破坏计算机内的数据。有些人对这类计算机病毒的传染不以为然，认为这只是恶作剧，没什么关系。其实，良性、恶性都是相对而言的。良性病毒取得系统控制权后，会导致整个系统运行效率降低，系统可用内存总数减少，使某些应用程序不能运行。它还与操作系统和应用程序争抢 CPU 的控制权，导致整个系统死锁，给正常操作带来麻烦。有时系统内还会出现几种病毒交叉感染的现象，一个文件不停地反复被几种病毒所感染。例如原来只有 10 KB 的文件变成约 90 KB，就是被几种病毒反复感染了数十次。这不仅消耗掉大量宝贵的磁盘存储空间，而且整个计算机系统也会由于多种病毒寄生于其中而无法正常工作。因此不能轻视所谓良性病毒对计算机系统造成的损害。

(2) 恶性计算机病毒。恶性病毒就是指在代码中包含有损伤和破坏计算机系统的操作，在其传染或发作时会对系统产生直接破坏作用的代码。因此这类恶性病毒是很危险的，应当注意防范。

5．按照计算机病毒的寄生部位或传染对象分类

传染性是计算机病毒的本质属性，根据寄生部位或传染对象分类，也即根据计算机病毒传染方式进行分类，计算机病毒有以下几种。

(1) 磁盘引导区传染的计算机病毒。磁盘引导区传染的病毒主要是用病毒的全部或部分逻辑取代正常的引导记录，而将正常的引导记录隐藏在磁盘的其他地方。由于引导区是磁盘能正常使用的先决条件，因此，这种病毒在运行的一开始(如系统启动)就能获得控制

权，其传染性较大。由于在磁盘的引导区内存储着需要使用的重要信息，如果对磁盘上被移走的正常引导记录不进行保护，则在运行过程中就会导致引导记录的破坏。

(2) 操作系统传染的计算机病毒。操作系统是一个计算机系统得以运行的支持环境，它包括 COM、EXE 等许多可执行程序及程序模块。操作系统传染的计算机病毒就是利用操作系统中所提供的一些程序及程序模块寄生并传染的。通常，这类病毒作为操作系统的一部分，只要计算机开始工作，病毒就处在随时被触发的状态。而操作系统的开放性和不绝对完善性给这类病毒出现的可能性与传染性提供了方便。操作系统传染的病毒目前已广泛存在，“黑色星期五”即为此类病毒。

(3) 可执行程序传染的计算机病毒。可执行程序传染的病毒通常寄生在可执行程序中，一旦程序被执行，病毒也就被激活，病毒程序首先被执行，并将自身驻留内存，然后设置触发条件进行传染。

6. 按照计算机病毒激活的时间分类

按照计算机病毒激活的时间可将计算机病毒分为定时病毒和随机病毒。定时病毒仅在某一特定时间发作，而随机病毒一般不是由时钟来激活的。

7. 按照传播媒介分类

按照计算机病毒的传播媒介来分类，计算机病毒可分为单机病毒和网络病毒。

(1) 单机病毒。单机病毒的载体是磁盘，常见的是病毒从软盘传入硬盘，感染系统，然后再传染其他软盘，软盘又传染其他系统。

(2) 网络病毒。网络病毒的传播媒介不再是移动式载体，而是网络通道，这种病毒的传染能力更强，破坏力也更大。

10.1.4 计算机病毒的防治

由于病毒的技术越来越复杂，新的防/杀病毒软件出现后，又会有更新的病毒出现。为了有效地防治计算机病毒，首先应该掌握病毒的识别和检测技术，尽早发现和清除病毒，就可以避免发作时造成的严重损失。

1. 计算机病毒检查

计算机病毒通常在发作前会尽可能地广为扩散，感染病毒后的系统会表现出一些异常症状。因此，用户平时应注意和检查以下现象：

(1) 文件大小和日期突然改变。

(2) 文件莫名其妙丢失。

(3) 系统运行速度异常变慢。

(4) 有特殊文件自动生成。

(5) 用软件检查内存时，发现不该驻留的程序。

(6) 磁盘空间自动产生坏区或磁盘空间减少。

(7) 系统启动速度突然变得很慢或系统异常死机次数增多。

(8) 计算机屏幕出现异常提示信息、异常滚动、异常图形显示。

(9) 硬件接口出现异常，例如在打印时经常再现“No Paper”等提示信息。

(10) 右击硬盘弹出的快捷菜单中有“Auto”等命令，通过双击不能打开硬盘或不能正常打开硬盘。

(11) 不能显示隐藏文件和系统文件。

2. 计算机病毒防范

计算机病毒尽管危害很大，但用户若能采取良好的防范措施，完全可以使系统避免遭受严重的破坏。几乎所有感染病毒并遭受严重破坏的计算机，都是因为用户没有提高病毒防范意识，在不知不觉中受到侵害。以下是防范病毒的基本措施：

(1) 安装防病毒软件并及时升级，扫描安全漏洞和安全设置并修复。

(2) 如果软盘或优盘在其他计算机上使用过，在自己的计算机上使用前先查毒。

(3) 不使用盗版光盘。

(4) 从局域网其他计算机复制到本地计算机的文件，先查毒再使用。

(5) 上网下载的文件，查毒后再使用。

(6) 接收到不明来历、具有诱惑性标题的电子邮件时，不要打开，并删除邮件。

(7) 电子邮件的附件，查毒后再使用。

(8) 经常备份重要的文件和数据。

(9) 制作“干净”的系统盘、急救盘。

(10) 如果发现计算机感染了病毒，杀毒后应立即重新启动计算机，并再次查毒。

10.1.5 查杀计算机病毒软件

为了对抗计算机病毒，许多软件公司推出了各种反病毒软件，能够有效地查出和消除计算机中的病毒。反病毒软件种类繁多，一般都具有查毒、杀毒的基本功能。较出色的软件可以进行实时监测，随时关注系统中是否存在病毒。

尽管许多反病毒软件都可以自动保护系统免受新病毒的感染，但有些新的病毒手段高明，可能会躲过反病毒软件的检测，因此，制作反病毒软件的公司都在不断推出新的病毒数据库，增加可查杀的病毒数量。用户应每隔一段时间升级病毒库，否则，遇到新病毒也会无法查杀。

目前国内常用的杀毒软件有 Kaspersky(卡巴斯基)、瑞星、金山毒霸、360 安全卫士等。本节为大家介绍 360 杀毒软件的使用。360 杀毒是 360 安全中心出品的一款免费的云安全杀毒软件。360 杀毒软件具有查杀率高、占用资源少、升级迅速等优点。同时，360 杀毒软件完全免费，无需激活码，轻巧快速不卡机，适合中低端机器。

1. 下载和安装

(1) 启动 IE 浏览器，在地址栏输入“http://sd.360.cn/”，按 Enter 键打开主页，如图 10.1 所示。

图 10.1　360 杀毒官方网站

(2) 单击“免费下载”按钮，弹出“文件下载”对话框，如图 10.2 所示。

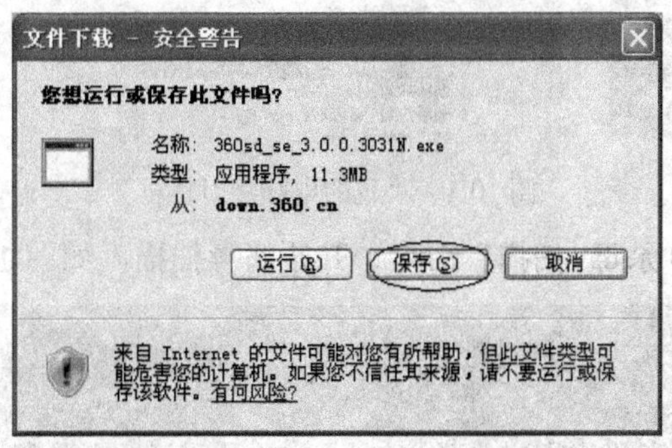

图 10.2　“文件下载”对话框

(3) 单击“保存”按钮，弹出“另存为”对话框，如图 10.3 所示。在该对话框中选择保存文件的路径，也可以更改文件名称，单击“保存”按钮，即开始下载 360 杀毒软件的安装文件。

图 10.3　“另存为”对话框

(4) 下载完成后，双击该安装文件，按默认设置安装软件即可。安装完毕就可以使用该软件查杀病毒。

2. 查杀病毒

查杀病毒的具体操作步骤如下:

(1) 在资源管理器中选中要查杀病毒的文件、文件夹或驱动器，单击右键，弹出如图10.4所示的快捷菜单。

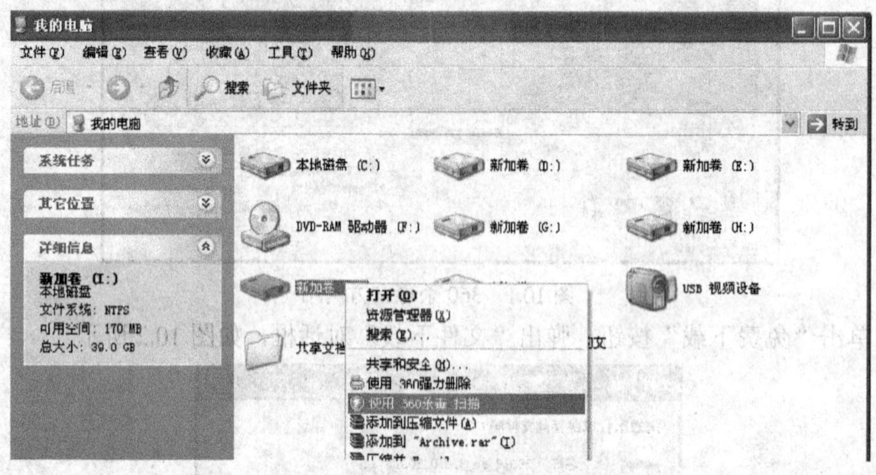

图 10.4 “我的电脑”对话框

(2) 执行“使用360杀毒 扫描”命令，开始病毒扫描，如图10.5所示。

图 10.5 360杀毒界面

(3) 杀毒软件对文件进行扫描，如果发现病毒会通过提示窗口警告，如图 10.6 所示。

图 10.6　360 杀毒提示病毒结果

(4) 单击“开始处理”按钮，对病毒进行处理，待病毒处理结束后，出现如图 10.7 所示窗口。

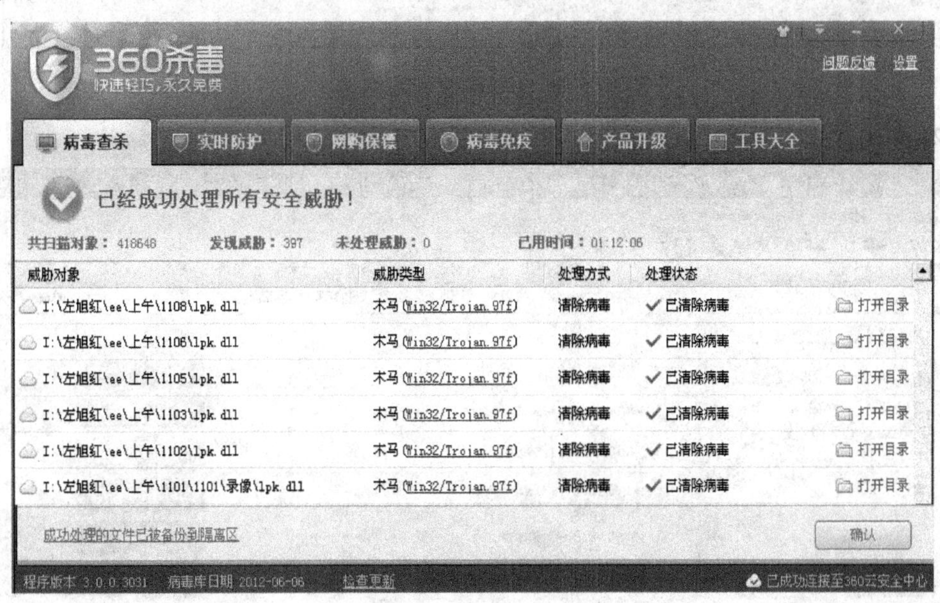

图 10.7　360 杀毒清除病毒界面

(5) 单击“确定”按钮，完成查杀病毒的操作。

10.2 文件的压缩与解压缩

用户可能会发现，从网上下载的文件大部分是压缩文件，它是经压缩软件压缩而成的。将文件压缩的好处是可以最大限度地将文件缩小，以节省在 Internet 上的传输时间。压缩文件如果不经过解压缩是不能直接使用的。常用的软件主要有 WinZIP 和 WinRAR，下面以 WinRAR 为例介绍压缩软件的使用。

1. 下载和安装

(1) 启动 IE 浏览器，在地址栏输入"http://www.winrar.com.cn"，按 Enter 键打开主页，如图 10.8 所示。

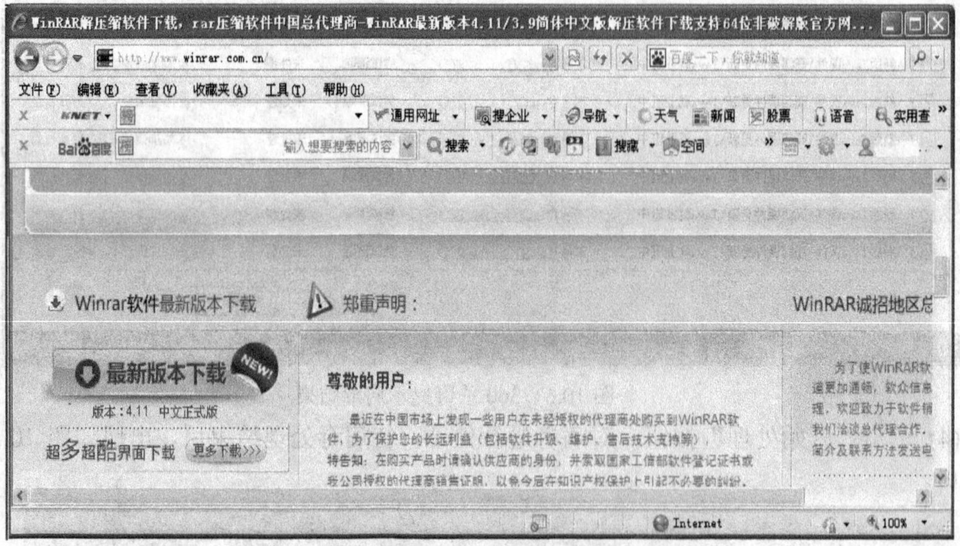

图 10.8 WinRAR 官方网站

(2) 单击"最新版本下载"按钮，弹出如图 10.9 所示的网页。

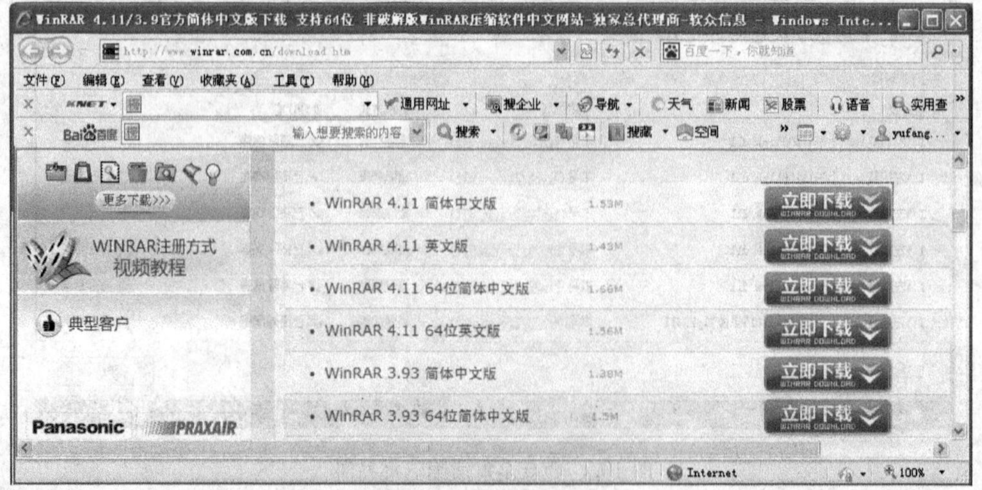

图 10.9 下载 WinRAR

(3) 在该网页中选择需要的版本，单击“立即下载”超级链接，弹出“文件下载”对话框，如图 10.10 所示。单击“保存”按钮，弹出“另存为”对话框，在该对话框中选择要保存文件的路径，单击“确定”按钮即开始下载该安装文件。

(4) 下载完成后，双击该安装文件，按默认设置安装 WinRAR 软件即可。安装完毕就可以使用该软件进行压缩和解压缩了。

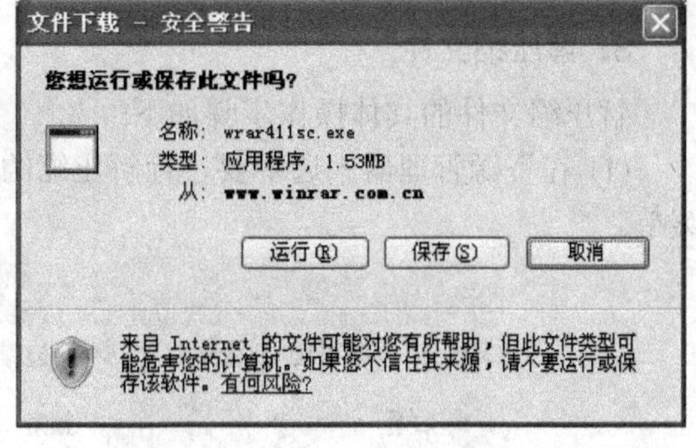

图 10.10　“文件下载”对话框

2. 压缩文件

压缩文件的具体操作步骤如下:

(1) 在资源管理器中选中要压缩的文件或文件夹，右键单击，弹出如图 10.11 所示的快捷菜单。

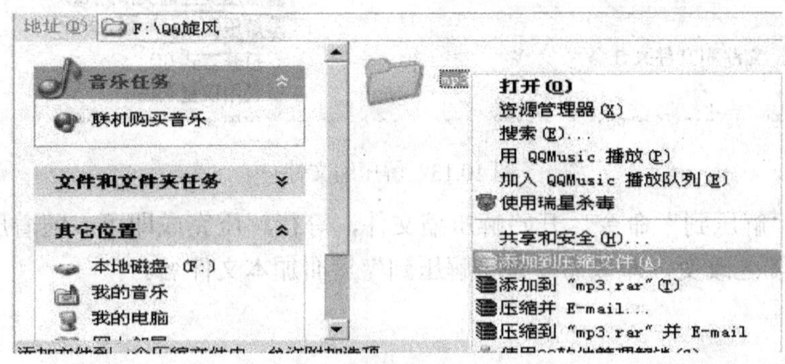

图 10.11　压缩文件快捷菜单

(2) 选择“添加到压缩文件”命令，打开“压缩文件名和参数”对话框。如图 10.12 所示，可以重新设置压缩后文件名和选择压缩文件格式。

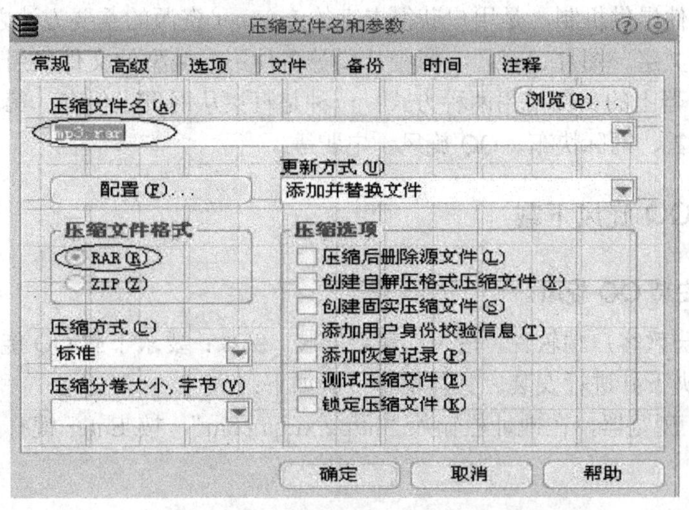

图 10.12　“压缩文件名和参数”对话框

(3) 单击“确定”按钮，开始压缩，完成后即可得到压缩文件。

3. 解压缩文件

解压缩文件的具体操作步骤如下：

(1) 在资源管理器中选中要进行解压缩的文件，单击右键，弹出如图 10.13 所示的快捷菜单。

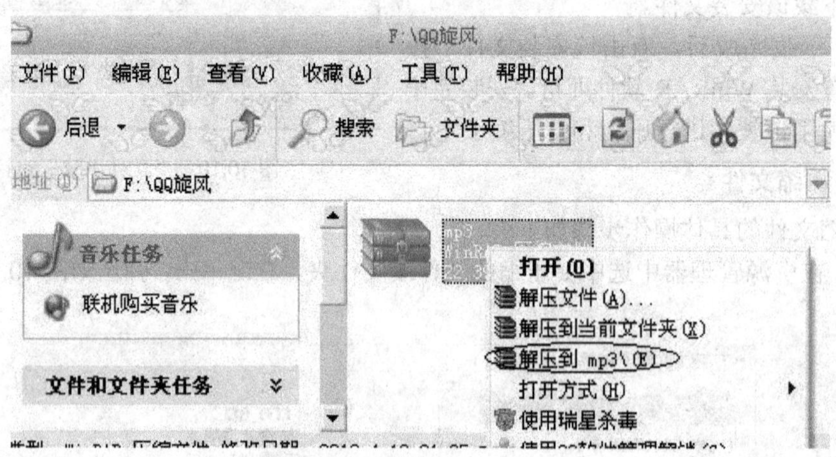

图 10.13 解压缩文件

(2) 选择“解压到”命令，开始解压缩文件，等待解压完成即可。随着压缩文件名称不同，该命令随之改变，即该命令是“解压到”后面加本文件名。

10.3 网络下载工具

文件传输服务是 Internet 上最广泛的应用之一，文件传输服务为 Internet 上两台计算机之间相互传输文件提供机制，是用户获得丰富的 Internet 资源的重要方法之一。Internet 上有大量的程序、文字、图片、音乐、影视片段等多种不同类型的文件供用户下载。如果要下载 HTTP 服务器上的文件常用两种方式：一种是直接从网页上保存；第二种是使用专门软件下载，如迅雷、网际快车、QQ 旋风、电驴等。

10.3.1 使用 QQ 旋风下载

1. 下载和安装 QQ 旋风

QQ 旋风是一款客户端软件，使用前需要安装。例如：要求下载 QQ 旋风，保存到“F:\QQ 旋风”文件夹下并进行安装。具体操作步骤如下：

(1) 启动 IE 浏览器，在地址栏输入“http://xf.qq.com”，按 Enter 键打开下载网页，如图 10.14 所示。

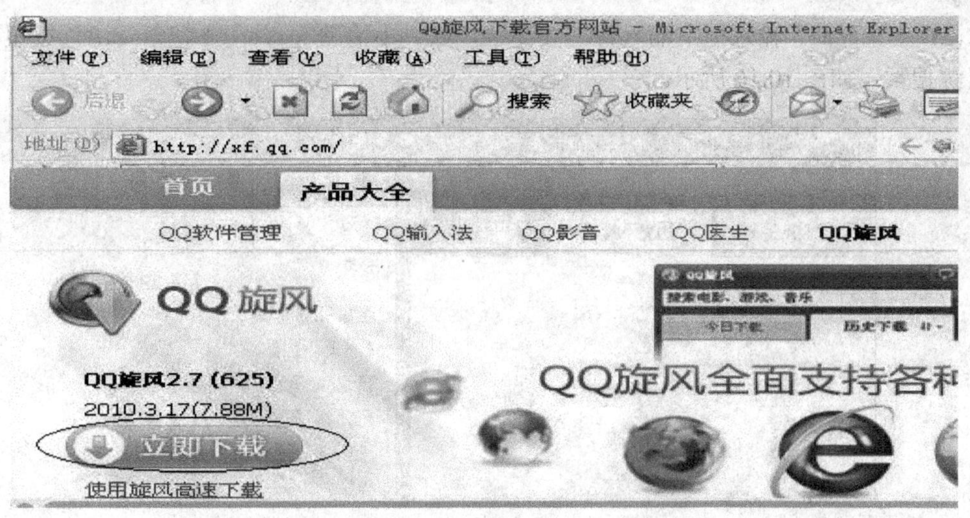

图 10.14　下载 QQ 旋风

(2) 单击“立即下载”按钮，打开“文件下载”对话框，如图 10.15 所示。单击“保存”按钮，在打开的“另存为”对话框中选择目标文件夹，单击“立即下载”按钮即可。下载完成后，QQ 旋风的安装文件就存放在目标文件夹“F:\ QQ 旋风”中。

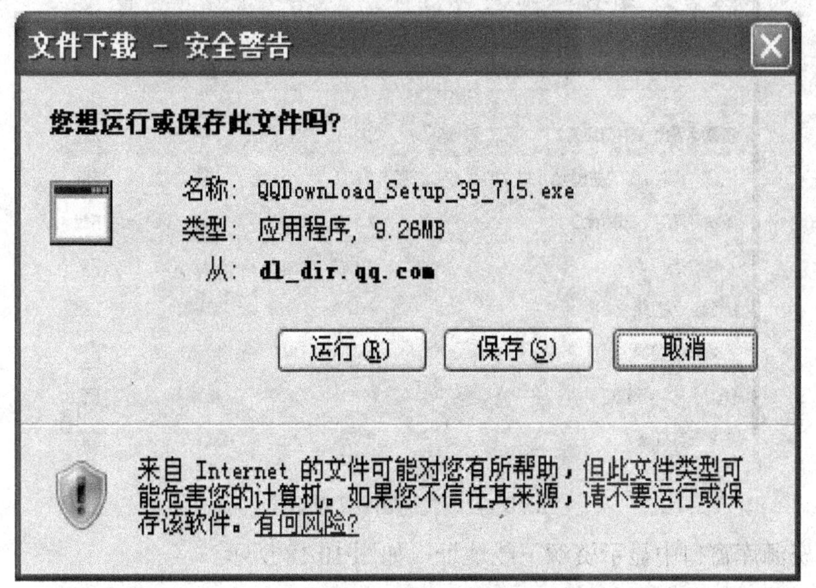

图 10.15　“文件下”对话框

(3) 双击 QQ 旋风的安装文件，全都选择“下一步”命令按钮，按默认设置完成安装。

2．使用 QQ 旋风下载文件

使用 QQ 旋风下载歌曲“小情歌”，并保存到“F:\ QQ 旋风”文件夹下，具体操作步骤如下：

(1) 执行“开始”|“程序”|“腾讯软件”|“QQ 旋风”|“QQ 旋风”命令运行程序，弹出程序主界面。

(2) 在“查询”输入框中输入查询关键字，如“小情歌”，单击“搜索资源”按钮，进行资源搜索，如图 10.16 所示。

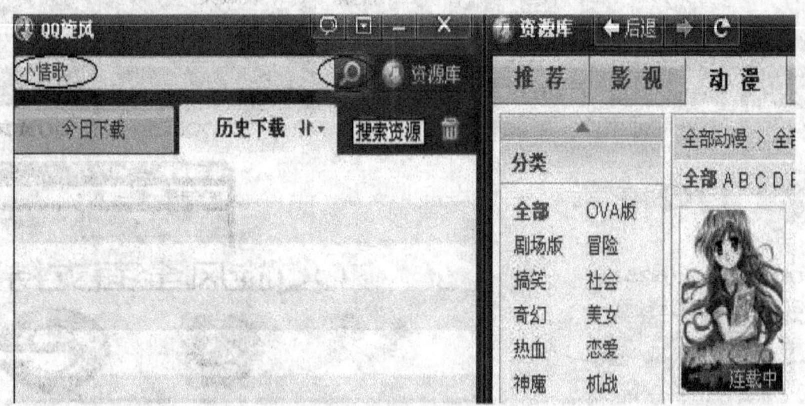

图 10.16 QQ 旋风界面

(3) 在资源库窗口中显示查询结果，单击要选择的超级链接，如图 10.17 所示。

资源库 后退

推 荐 | 影 视 | 动 漫 | 游 戏 | 软 件 | 排行榜 | 搜

全部 小情歌 搜 索

资源名称：（共500条）	大小	格式	下载热度	下载
巴黎小情歌.2007.法国.dvd.中文字幕.640x336	321M	mkv		下载
曾轶可复习小情歌mp3	2.75M	mp3		下载
小情歌-苏打绿	3.14M	mp3		下载
小情歌 苏打绿	2.12M	wma		下载
小情歌-苏打绿	4.17M	mp3		下载
复习小情歌-曾轶可	940K	mp3		下载
小情歌苏打绿	2.09M	mp3		下载

图 10.17 “资源库”对话框

(4) 在资源库窗口中显示资源下载地址，如图 10.18 所示。

图 10.18 资源下载链接

(5) 单击“下载地址 1”超级链接，打开“新建任务”对话框，如图 10.19 所示。

图 10.19　“新建任务”对话框

(6) 单击“浏览”按钮，打开“浏览文件夹”对话框，选择保存路径“F:\ QQ 旋风”，单击“确定”完成，开始下载文件，当下载完成后即保存在目标文件夹中。

10.3.2　使用迅雷下载

迅雷软件使用先进的基于网格原理的超线程技术，它能够将存在于第三方服务器和计算机上的数据文件进行有效整合。通过这种先进的超线程技术，用户能够以更快的速度从第三方服务器和计算机获取所需的数据文件。这种超线程技术还具有互联网下载负载均衡功能，在不降低用户体验的前提下，迅雷网络可以对服务器资源进行均衡，有效降低服务器负载。

1. 下载和安装迅雷

下载和安装迅雷软件的具体操作步骤如下：

(1) 启动 IE 浏览器，在地址栏输入“http://dl.xunlei.com/”，按 Enter 键打开下载网页，如图 10.20 所示。

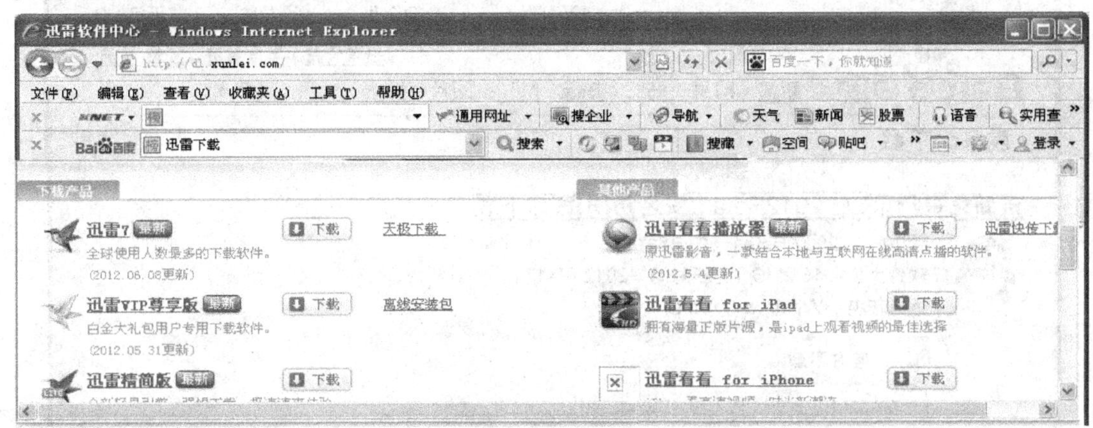

图 10.20　迅雷网站界面

(2) 右键单击“下载”按钮，弹出快捷菜单，选择“使用 QQ 旋风下载”命令，如图 10.21 所示。

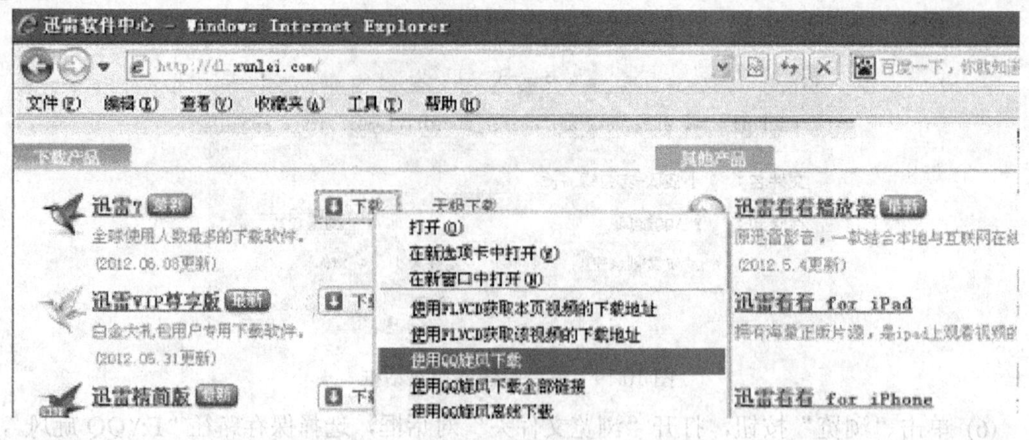

图 10.21 下载迅雷

(3) 弹出“新建任务”对话框。在该对话框中可以修改文件名称和下载路径，然后单击“确定”按钮开始下载。当下载完成后即保存在目标文件夹中。

(4) 双击迅雷安装程序文件，全都选择“下一步”命令按钮，按默认设置完成安装。

2. 使用迅雷下载文件

例如，使用迅雷下载“腾讯 QQ”软件的具体操作步骤如下：

(1) 启动 IE 浏览器，在地址栏输入百度的网站“http://www.baidu.com”，按 Enter 键打开网页，然后在“网页”选项中输入查找关键字，比如“腾讯 qq 下载”，单击“百度一下”按钮，查找结果如图 10.22 所示。

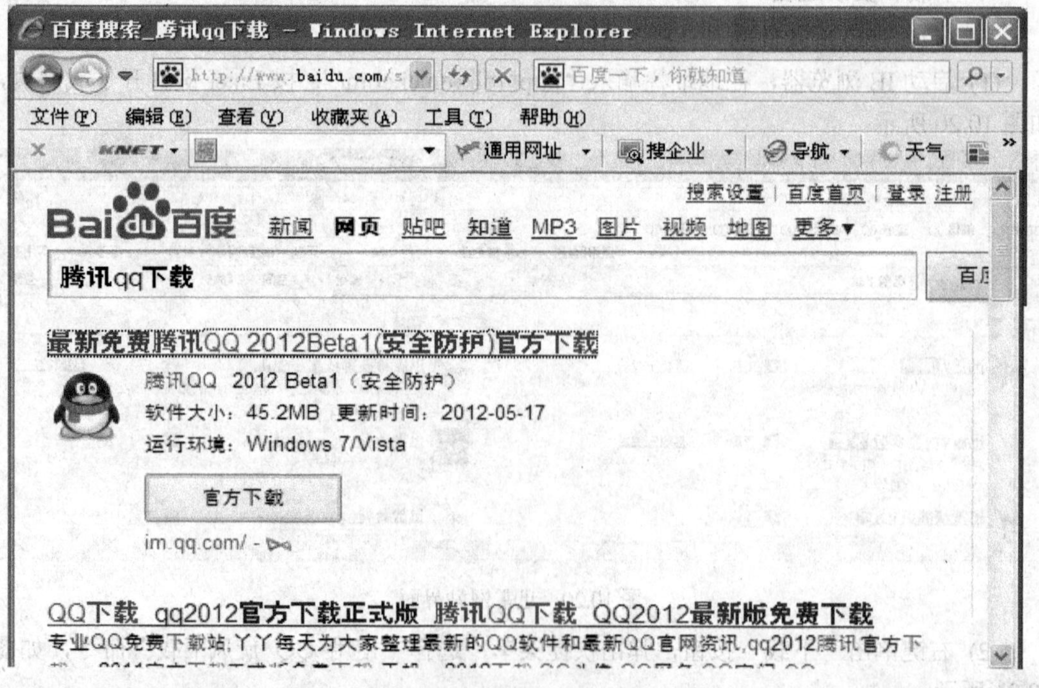

图 10.22 百度查找

(2) 单击第一个超级链接，打开“腾讯 QQ”下载网页，如图 10.23 所示。

图 10.23　下载“腾讯 QQ”

(3) 右键单击“立即下载”按钮，弹出如图 10.24 所示的快捷菜单。

图 10.24　下载“腾讯 QQ”

(4) 选择“使用迅雷下载”命令，弹出“新建任务”对话框，如图 10.25 所示。双击文件名可以修改下载文件的名称，单击文本框右侧的“浏览”按钮可以修改下载文件的保存路径。然后单击“立即下载”按钮，开始下载文件。

图 10.25 “新建任务”对话框

10.3.3 使用电驴下载

电驴是一个可以快速免费地进行文件搜索、文件下载和文件共享的软件。使用电驴可以快速方便地和驴友共享或下载电影、电视剧、游戏、动漫、音乐、书籍、课程视频等资源文件。

1. 下载和安装电驴

下载和安装电驴软件的具体操作步骤如下：

(1) 启动 IE 浏览器，在地址栏输入“http://www.emule.org.cn/”，按 Enter 键打开下载网页，如图 10.26 所示。

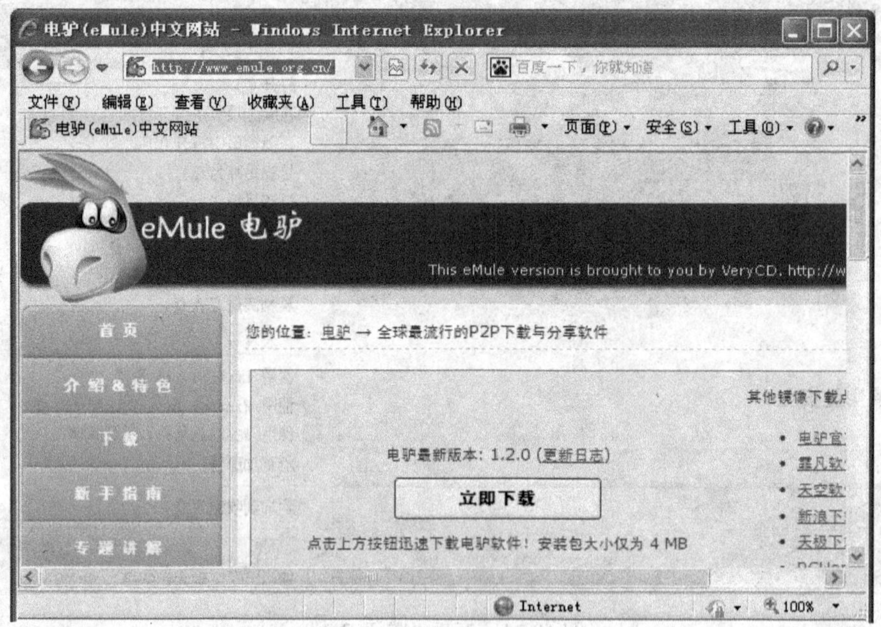

图 10.26 电驴首页

(2) 单击“立即下载”按钮，弹出“新建任务”对话框，如图 10.27 所示。可以在该对话框中修改文件名称和下载路径，然后单击“立即下载”按钮，使用迅雷进行下载。当下载完成后即保存在目标文件夹中。

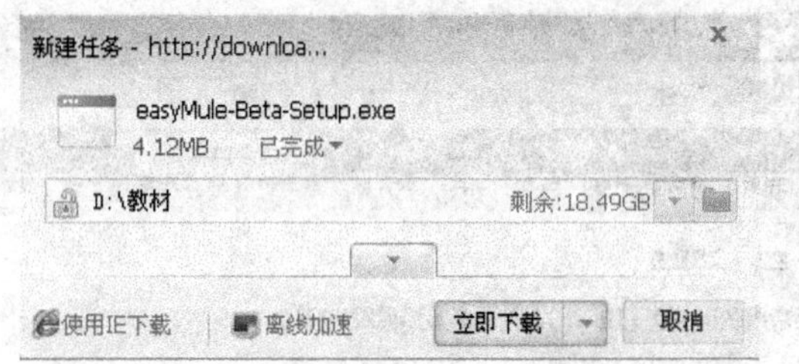

图 10.27　“新建任务”对话框

(3) 双击电驴安装程序文件，全都选择“下一步”命令按钮，按默认设置完成安装。

2. 使用电驴下载文件

例如，使用电驴下载“英语四级”的教学视频的具体操作步骤如下：

(1) 执行“开始”|“所有程序”|“电驴”|“电驴”命令运行程序，弹出电驴程序主界面，在文本框中输入查找关键字“英语四级”，如图 10.28 所示。

图 10.28　电驴主页

(2) 单击“搜索”按钮，打开查找结果页面，如图 10.29 所示。

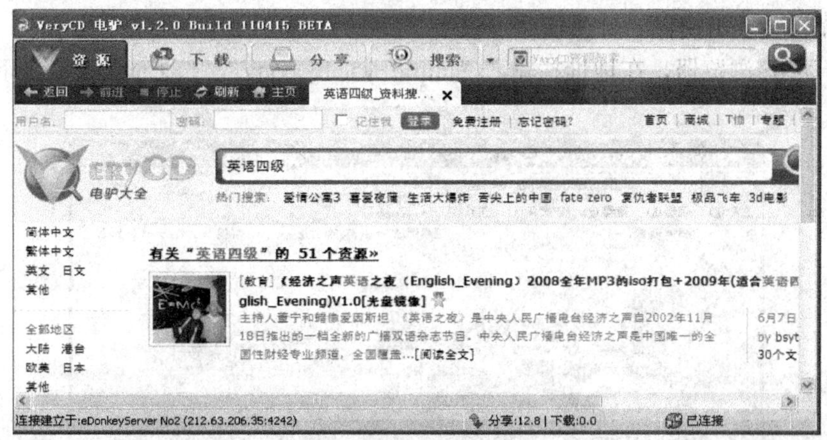

图 10.29　搜索资源

(3) 单击“有关‘英语四级’的 51 个资源”超级链接，在打开的网页中查找感兴趣的资源，单击它的超级链接即可打开下载资源的网页，如图 10.30 所示。

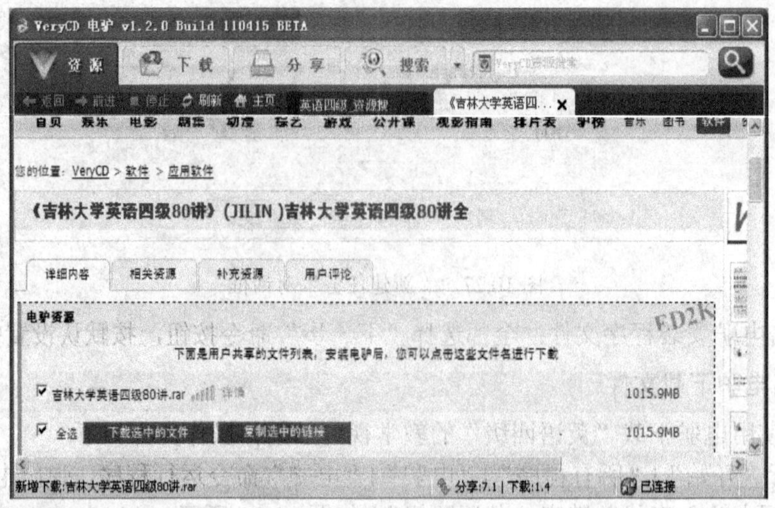

图 10.30　下载资源

(4) 选择“吉林大学英语四级 80 讲”的超级链接，立即开始下载选中文件，等待下载成功即可。

10.4 金山快译

金山快译个人版是金山软件凭借多年丰富的经验和用户反馈，精心打造的一款出色的翻译软件和专业的网页文本翻译专家，是金山快译系列产品的全功能免费版产品。金山快译帮助用户在 Microsoft Office 和 WPS Office 等办公软件、IE 浏览器以及聊天工具里快速便捷地实现中日英等语言的文本翻译。

1．下载和安装金山快译

下载和安装金山快译的具体操作步骤如下：

(1) 启动 IE 浏览器，在地址栏输入“http://ky.iciba.com/”，按 Enter 键打开下载网页，如图 10.31 所示。

图 10.31　下载金山快译

(2) 单击“免费下载”按钮，弹出“新建任务”对话框，如图 10.32 所示。可以在该对话框中修改文件名称和下载路径，然后单击“立即下载”按钮，使用迅雷进行下载。当下载完成后即保存在目标文件夹中。

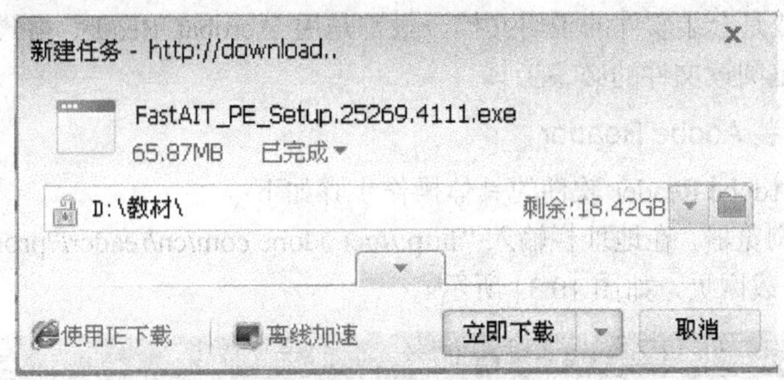

图 10.32 “新建任务”对话框

(3) 双击金山快译安装程序文件，全都选择“下一步”命令按钮，按默认设置完成安装。

2. 使用金山快译进行网页翻译

如果用户对网页上的英文感到费解的时候，金山快译可以很快地完成翻译，具体操作步骤如下：

(1) 右键点击 IE 图标，执行“属性”命令，选择“程序”选项卡，单击“设为默认值”命令按钮，将 IE 设置为默认浏览器。

(2) 执行“开始”|“所有程序”|“金山快译”|“金山快译”命令运行程序，金山快译便开始启动运行了，并自动在屏幕的右上角生成一个如图 10.33 所示的工具栏。

图 10.33 金山快译工具栏

(3) 在下拉列表框中选择“英→中”选项，单击“翻译”命令按钮，即将网页中的英文翻译成中文。

下拉列表框中包含英中、日中、中英等 6 项翻译引擎，它不仅可以翻译简体中文，而且可以翻译繁体中文，用户可以根据需求选择相应的选项进行翻译。

3. 使用金山快译翻译文章

使用金山快译翻译文章的具体操作步骤如下：

(1) 打开要翻译的文件并使其处于激活状态。

(2) 在金山快译工具栏的下拉列表框中选择相应的选项(如“英→中”)，单击“翻译”命令按钮，即可完成文章内容的翻译工作。

10.5 电子阅读工具

PDF 是 Adobe 公司制定的一种适用于在不同计算机平台之间传送和共享文件的开发式

电子文件格式。Acrobat Reader(也称为 Adobe Reader)是一个集查看、阅读和打印 PDF 文件于一体的最佳工具。它允许保留文档的原貌而将其转换为 Adobe Portable Document Format (PDF)文件，然后将其分发到任一系统上进行查看和打印。目前大部分产品的说明书，或者是网络电子书，或是套装软件的说明文档一般都是用 Acrobat Reader 格式，所以 Acrobat Reader 是利用电脑阅读文件的必备工具。

1. 下载和安装 Adobe Reader

下载和安装 Adobe Reader 软件的具体操作步骤如下：

(1) 启动 IE 浏览器，在地址栏输入“http://get.adobe.com/cn/reader/?promoid=HRZAC”，按 Enter 键打开下载网页，如图 10.34 所示。

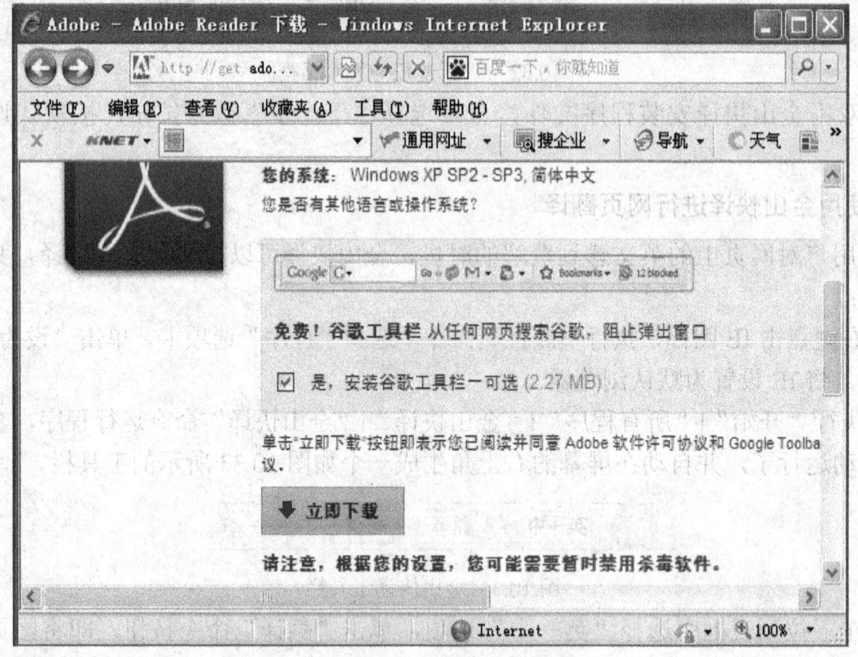

图 10.34　下载 Adobe Reader 软件

(2) 单击“立即下载”按钮，弹出“新建任务”对话框，如图 10.35 所示。可以在该对话框中修改文件名称和下载路径，然后单击“立即下载”按钮，使用迅雷进行下载。当下载完成后即保存在目标文件夹中。

图 10.35　“新建任务”对话框

(3) 双击 Adobe Reader 安装程序文件，全都选择“下一步”命令按钮，按默认设置完

成安装。

2．Adobe Reader 的应用

执行“开始”|“所有程序”|“Adobe Reader”命令运行程序，则显示应用程序界面，如图 10.36 所示。

图 10.36　Adobe Reader 主界面

(1) PDF 文件的打开。打开 PDF 文件的方法有以下两种：

方法一：打开 Adobe Reader 应用程序窗口，执行“文件”|“打开”菜单命令，在“打开”对话框中选择要打开的 PDF 文件即可。

方法二：直接双击要打开的 PDF 文件即可。

(2) PDF 文件的阅读。打开 PDF 文件后，文档内容将显示在文档窗格内，可以根据实际情况使用“放大/缩小工具”将页面放大/缩小。

单击窗口左侧“书签”选项卡，出现“导览”窗格，单击其中的书签可以浏览与之对应的页面，如图 10.37 所示。

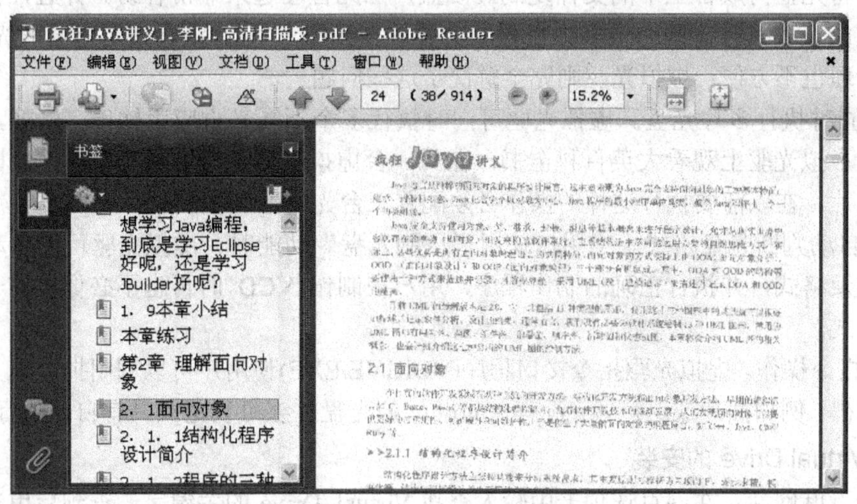

图 10.37　PDF 文件的阅读

(3) 在 PDF 文件中搜索文本。这里介绍常用的两种方法。

方法一：执行“编辑”|“搜索”菜单命令，在打开的“搜索”任务窗格中，输入要搜索的单词或短语，然后选定要搜索的位置及其相关选项，单击“搜索”按钮即可。

方法二：执行“编辑”|“查找”菜单命令，在弹出的“查找”对话框中输入要查找的文本，单击“上一个”按钮或“下一个”按钮，即可以完成在本文档内的查找。

10.6 虚拟光驱工具

虚拟光驱是一种模拟(CD/DVD-ROM)工作的工具软件，可以生成与电脑上所安装的光驱功能一模一样的光盘镜像。一般光驱能做的事，虚拟光驱一样可以做到，它的工作原理是先虚拟出一部或多部虚拟光驱后，将光盘上的应用软件、镜像存放在硬盘上，并生成一个虚拟光驱的镜像文件，然后就可以将此镜像文件放入虚拟光驱中来使用，所以当日后要启动此应用程序时，不必将光盘放在光驱中，也无需等待光驱的缓慢启动，只需要在插入图标上轻按一下，虚拟光盘立即装入虚拟光驱中运行，快速又方便。

1. Virtual Drive 的功能

(1) 部分收纳。虚拟光驱可将用户硬盘或是其他储存设备中的资料直接制成虚拟光盘文件，而不必再花时间将所需的文件利用光盘驱动备份出来。

(2) 执行时免光盘。执行时光盘不需要放入光驱，没有真实光驱也可执行，虚拟光盘全部在计算机中，随手可得，方便用户的使用。

(3) 高速 CD-ROM。虚拟光盘直接在硬盘上执行，速度达 200X 以上；虚拟光盘的反应速度快，播放影像顺畅、不停顿。一般硬盘速度为 10 Mb/s～15 MB/s，换算成光盘传输速度(150 kB/s)等于 100X。现在的计算机大都配备有 Ultra DMA 硬盘控制卡，其传输速度可高达 33 MB/s(即 220X)。

(4) 复制光盘。虚拟光驱复制光盘时只产生一个相对应的虚拟光盘文件，并非像传统方式那样将光盘内成百上千的文件复制到硬盘，因此管理起来非常容易。并且，传统的方法不一定能正确执行，因为很多光盘程序会要求在光驱上执行(锁码或定时读取光驱)，而且删除管理也不方便；虚拟光驱则完全解决了这些问题。

(5) 同时执行多片光盘。虚拟光驱可同时执行多个不同光盘应用软件。例如，我们可以在一台虚拟光驱上观看大英百科全书，在另一台虚拟光驱上查看英汉字典，同时用真实光驱听唱片。在以前要执行这样的操作必须配置三台光驱才能做到。

(6) 自动判断光盘格式。当用户使用“压制光盘”功能时，虚拟光驱可以自动判断光盘的种类及格式，并执行正确的制作程序，用户在制作 VCD 时再也不必像以前一样考虑光盘的格式。

(7) 指令操作。虚拟光驱指令接口程序(VDRIVE.EXE)使用户可以利用批处理文件来操作虚拟光碟，例如插片或退片等。没有 Autorun 的光盘片亦可设定成具有自动执行的功能。

2. Virtual Drive 的安装

登录百度网站，在网页选项卡中输入查找 Virtual Drive 的关键字，查到后用迅雷下载安装软件。双击该安装文件，按标准的应用程序安装模式默认安装虚拟光驱应用程序。安装结束后，程序会自动运行 Virtual Drive，运行时会在系统栏内显示 Tray 图标。

3. 复制光盘

复制光盘的具体步骤如下：

(1) 双击系统任务栏上的 Tray 图标，激活“虚拟光盘总管”界面。

(2) 将要虚拟的光盘放入计算机的物理光驱中。

(3) 单击工具栏上的“压制”按钮，弹出“虚拟光驱—选择光驱”对话框。在该对话框中选择光驱、光盘内容。这时会显示此张光盘的卷标、格式、大小、文件及文件夹的数量和原始光盘的内容。

(4) 单击“下一步”按钮，进入“虚拟光驱—选择目标路径”对话框，可以重新确定虚拟光盘文件路径及其卷标。

(5) 单击“下一步”按钮，进入“虚拟光驱—设定”对话框。这里软件为我们提供了三种不同的数据转换算法：

“普通算法”——最常用的压制光盘的方法；

“智慧型算法”——适用于某些保护类游戏格式的光盘，采用该方法制作的虚拟光盘文件尺寸可能比原光盘大，因此建议第一次压制时不要使用。如果用普通算法压制后不能正确访问时，可采用该算法；

“压缩算法”——虚拟光碟使用的专业压缩方法，有不压缩、适中、最大压缩等三种选择。最大压缩会将光盘压缩到最小容量，但需要较多的运算时间。

(6) 单击“下一步”按钮，进入“虚拟光驱—选项设置”对话框。在该对话框中可以设置“光盘描述说明”、“作者”、“密码”，还可以设定“指定执行程序”、“压制完成后，弹出光驱托盘”。

(7) 单击“下一步”按钮，进入“虚拟光驱－统计信息”对话框。

(8) 确认所有设置无误后，单击“下一步”按钮，进入“虚拟光驱－压制数据光盘”对话框。到此为止制作过程中的大部分设置已经完成了，在随后的对话框中可以设定并了解虚拟文件的所有信息，确认无误后就可以开始数据转换了，在此过程中能够看到压制进度、已压制的数据量、已压制的文件数等信息，并且可以选择“暂停”、“继续”、“停止”等按钮来决定是否继续压制，任务完成后软件会弹出“成功压制光盘”的提示框，而且压制成功的虚拟光盘文件会自动加入到虚拟光驱总管中。

已建立的虚拟光盘可随时插入指定的虚拟光驱上播放，右击后可以显示并修改该虚拟光盘图标插片，然后就可以播放了。

4．从文件制作虚拟光盘文件

Virtual Drive 可以把硬盘上的资料直接制作为虚拟光盘文件，从而节省刻盘备份消耗的时间，具体操作步骤如下：

(1) 双击系统任务栏上的 Tray 图标，激活“虚拟光盘总管”界面。

(2) 执行“文件”|“部分收纳”菜单命令，弹出“部分收纳”对话框。

(3) 利用复制和粘贴的方式将要执行部分收纳功能的文件添加到“部分收纳”对话框的下半部分。

(4) 单击“开始录制”按钮，弹出“虚拟光盘—选择目标路径”对话框。此后可以按照提示步骤操作，直到提示部分收纳压制成功，并且压制成功的虚拟光盘会自动加入到虚拟光盘总管中。

5．使用虚拟光盘

这里介绍三种使用虚拟光盘的方法。

方法一：直接在虚拟光盘图标上双击，虚拟光盘总管便会将此虚拟光盘插入选定的虚拟光驱中。

方法二：使用拖拽功能，将选取的虚拟光盘直接拖拽到要插入的虚拟光驱中。

方法三：在资源管理器中，在虚拟光盘文件上右击，在弹出的快捷菜单中执行“插入”命令即可。

6. 退出虚拟光盘

这里介绍三种退出光盘的方法。

方法一：选中已插入的虚拟光盘图标后单击“弹出”按钮，即可将选定的已插入的虚拟光盘从虚拟光驱中退出。

方法二：使用拖拽功能，直接从已插片的虚拟光驱中将虚拟光盘拖拽出来，从而完成退片的操作。

方法三：在资源管理器中，选中已插片的虚拟光盘后右击，在弹出的快捷菜单中执行“弹出”命令即可。

10.7 媒体播放工具暴风影音

暴风影音是暴风网际公司推出的一款视频播放器，该播放器兼容大多数的视频和音频格式。暴风影音涵盖了互联网用户观看视频的所有服务形式，包括本地播放、在线直播、在线点播、高清播放等。数十家合作伙伴通过暴风为上亿互联网用户提供超过 2000 万部/集电影、电视、微视频等内容。暴风影音成功地实现了自己服务的全面升级，成为中国最大的互联网视频平台。

1. 下载和安装暴风影音

下载和安装暴风影音的具体操作步骤如下：

(1) 启动 IE 浏览器，在地址栏输入“http://www.baofeng.com/”，按 Enter 键打开下载网页，如图 10.38 所示。

图 10.38 暴风影音主页

(2) 单击“立即下载”按钮，弹出“新建任务”对话框，如图 10.39 所示，可以在该对话框中修改文件名称和下载路径。然后单击“立即下载”按钮，使用迅雷进行下载。当下载完成后即保存在目标文件夹中。

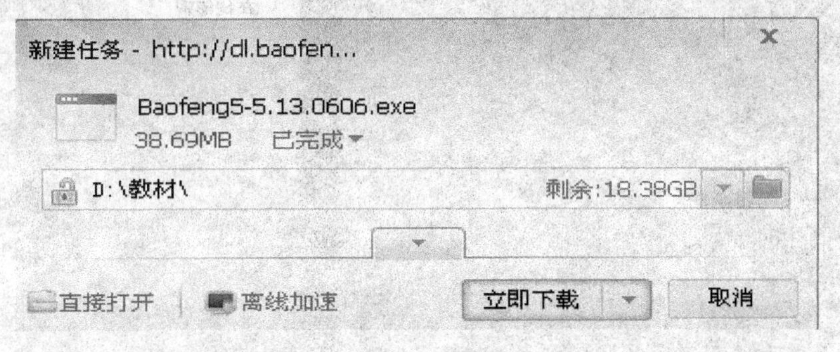

图 10.39　“新建任务”对话框

(3) 双击暴风影音安装程序文件，全都选择“下一步”命令按钮，按默认设置完成安装。

2．暴风影音的启动

正确安装了暴风影音后，可以通过以下两种方法启动程序。

方法一：双击桌面暴风影音的快捷图标。

方法二：执行“开始”|“所有程序”|“暴风影音”|“暴风影音”菜单命令，运行程序后弹出应用程序主界面，如图 10.40 所示。

图 10.40　暴风影音界面

3．暴风影音播放本地文件

使用暴风影音播放本地音频、视频文件的步骤如下：

(1) 启动暴风影音，进入应用程序主界面。

(2) 执行“暴风影音”|“文件”|“打开文件”菜单命令，在弹出的“打开”对话框中查找要播放的影音文件即可。

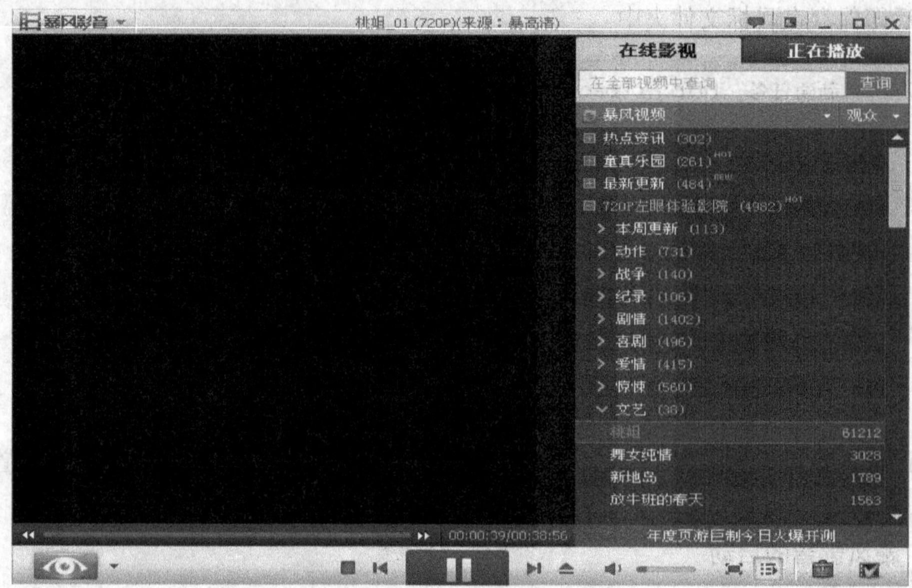

图 10.41　在线播放

4．暴风影音在线播放

(1) 启动暴风影音，进入应用程序主界面。

(2) 在“在线影视”选项卡中选择相应的选项即可。如观看电影“桃姐”，如图 10.41 所示。连接成功后，经过缓冲，即可以播放了。

思考题

1. 什么是计算机病毒？它有哪些特性？
2. 列举目前国内常用的杀毒软件有哪些，它们各自有什么特点？
3. 简述文件压缩的意义，你熟悉的压缩与解压缩的工具有哪些？
4. 列举常用的网络下载软件有哪些，它们各自有什么特点？
5. 为什么要使用虚拟光驱？退出虚拟光驱有几种方案？

参 考 文 献

[1] 程六生，徐祥生. 轻松学上网. 北京：航空工业出版社，2002.

[2] 杨振山，龚沛曾. 大学计算机基础. 4 版. 北京：高等教育出版社，2004.

[3] 张殿龙，吴宏伟. 大学计算机基础. 北京：高等教育出版社，2006.

[4] CEAC 国家信息化培训认证管理办公室. 信息化办公配套教材. 北京：人民邮电出版社，2002.

[5] 黄斐. 大学计算机基础. 2 版. 北京：机械工业出版社，2008.

[6] 微软公司. Microsoft Office Word 2003. 北京：高等教育出版社，2006.

[7] 杨克昌，王岳斌. 计算机导论. 2 版. 北京：中国水利水电出版社，2005.

[8] 谢希仁. 计算机网络. 4 版. 北京：电子工业出版社，2002.

[9] 李秀，等. 计算机文化基础. 4 版. 北京：清华大学出版社，2003.

[10] 周建国. Photoshop 平面设计实用教程. 北京：人民邮电出版社，2009.

[11] 晋华菊. Photoshop CS3 基础入门与范例提高. 北京：北京科海电子出版社，2008.

[12] 张艳钗. Photoshop CS 中文版教程与实训. 北京：科学出版社，2005.

[13] 邹利华. Flash CS3 动画设计实例教程. 北京：机械工业出版社，2009.

[14] 李丽萍. 多媒体技术. 北京：清华大学出版社，2010.

[15] 曾帅，代华，严欣荣，等. Flash CS3 从入门到精通. 北京：清华大学出版社，2008.

[16] 邢素萍，李琼. 中文版 Flash8.0 闪客动画. 北京：航空工业出版社，2007.

[17] 王红梅. 图像处理与动画设计基础教程. 北京：清华大学出版社，2008.

[18] 郭泽荣，鲍嘉，等. Dreamweaver CS3 网页设计商业应用篇. 北京：清华大学出版社，2008.

[19] 卓越科技. Dreamweaver CS3 网页设计培训教程. 北京：电子工业出版社，2009.

[20] 文东. Dreamweaver CS3 网页设计基础与项目实训. 北京：北京科海电子出版社，2009.

[21] 王贺明. 大学计算机基础. 3 版. 北京：清华大学出版社，2011.